“十二五”国家重点图书出版规划项目

智能电网研究与应用丛书

微电网分析与仿真理论

Analysis and Simulation Theory of Microgrids

王成山 著

科学出版社

北京

内 容 简 介

微电网的提出旨在实现分布式发电技术的灵活、高效应用，解决数量庞大、形式多样的分布式电源在并网运行时出现的一些问题，随着近年来智能电网的建设，其研究和发展日益受到广泛关注。由于微电网构成及运行方式复杂，针对传统电力系统发展的一些分析与仿真方法不再完全适用，需要发展更有针对性的理论和方法。本书旨在对微电网分析与仿真相关领域的研究工作进行系统性的总结，以期推动微电网的科学化发展。本书第 1 章概述微电网的概念及结构特征；第 2 章介绍各种分布式电源的建模方法；第 3 章给出微电网的一些典型控制策略；第 4 章介绍微电网的稳态分析方法；第 5 章和第 6 章分别总结微电网的电磁暂态和稳定性仿真理论；第 7 章介绍微电网小扰动稳定性分析方法。

本书适合从事微电网系统研究、设备研发、工程建设和运行管理等相关领域的科技工作者阅读，也可供高等院校电力系统及其自动化专业的教师、研究生和高年级本科学生参考。

图书在版编目(CIP)数据

微电网分析与仿真理论＝Analysis and Simulation Theory of Microgrids/王成山著. —北京：科学出版社，2013.11

(“十二五”国家重点图书出版规划项目：智能电网研究与应用丛书)

ISBN 978-7-03-039161-2

Ⅰ.①微…　Ⅱ.①王…　Ⅲ.①电网-电力工程-研究　Ⅳ.①TM727

中国版本图书馆 CIP 数据核字(2013)第 271325 号

责任编辑：范运年 / 责任校对：张小霞
责任印制：徐晓晨 / 封面设计：陈　敬

科学出版社出版
北京东黄城根北街 16 号
邮政编码：100717
http://www.sciencep.com
北京厚诚则铭印刷科技有限公司印刷
科学出版社发行　各地新华书店经销

*

2013 年 11 月第　一　版　开本：720×1000 B5
2024 年 7 月第九次印刷　印张：24 1/4
字数：467 000

定价：158.00 元

(如有印装质量问题，我社负责调换)

《智能电网研究与应用丛书》编委会

《智能电网研究与应用丛书》序

迄今为止，世界电网经历了“三代”的演变。第一代电网是第二次世界大战前以小机组、低电压、孤立电网为特征的电网兴起阶段；第二代电网是第二次世界大战后以大机组、超高压、互联大电网为特征的电网规模化阶段；第三代电网是第一、二代电网在新能源革命下的传承和发展，支持大规模新能源电力，大幅度降低互联大电网的安全风险，并广泛融合信息通信技术，是未来可持续发展的能源体系的重要组成部分，是电网发展的可持续化、智能化阶段。

同时，在新能源革命的条件下，电网的重要性日益突出，电网将成为全社会重要的能源配备和输送网络，与传统电网相比，未来电网应具备如下四个明显特征：一是具有接纳大规模可再生能源电力的能力；二是实现电力需求侧响应、分布式电源、储能与电网的有机融合，大幅度提高终端能源利用的效率；三是具有极高的供电可靠性，基本排除大面积停电的风险，包括自然灾害的冲击；四是与通信信息系统广泛结合，实现覆盖城乡的能源、电力、信息综合服务体系。

发展智能电网是国家能源发展战略的重要组成部分。目前，国内已有不少科研单位和相关企业做了大量的研究工作，并且取得了非常显著的研究成果。在智能电网研究与应用的一些方面，我国已经走在了世界的前列。为促进智能电网研究和应用的健康持续发展，宣传智能电网领域的政策和规范，推广智能电网相关具体领域的优秀科研成果与技术，在科学出版社“中国科技文库”重大图书出版工程中隆重推出《智能电网研究与应用丛书》这一大型图书项目，本丛书同时入选“十二五”国家重点出版规划项目。

《智能电网研究与应用丛书》将围绕智能电网的相关科学问题与关键技术，以国家重大科研成就为基础，以奋斗在科研一线的专家、学者为依托，以科学出版社“三高三严”的优质出版为媒介，全面、深入地反映我国智能电网领域最新的研究和应用成果，突出国内科研的自主创新性，扩大我国电力科学的国内外影响力，并为智能电网的相关学科发展和人才培养提供必要的资源支撑。

我们相信，有广大智能电网领域的专家、学者的积极参与和大力支持，以及编委的共同努力，本丛书将为发展智能电网，推广相关技术，增强我国科研创新能力做出应有的贡献。

最后，我们衷心地感谢所有关心丛书并为丛书出版尽力的专家，感谢科学出版社及有关学术机构的大力支持和赞助，感谢广大读者对丛书的厚爱；希望通过大家的共同努力，早日建成我国第三代电网，尽早让我国的电网更清洁、更高效、更安全、更智能！

周孝信

《智能电网研究与应用丛书》序

前　言

微电网是指由分布式电源、储能装置、能量转换装置、负荷、监控和保护装置等组成的小型发配电系统，是一个能够实现自我控制、保护和管理的自治系统。微电网技术的提出旨在实现分布式电源的灵活、高效应用，解决数量庞大、形式多样的分布式电源并网运行问题。由于分布式电源数量多而分散，并且电源具有不同归属，无法保证调度指令能够被快速、准确、有效地执行，因此在配电系统中直接调度和管理大量的分布式电源会存在很大的困难，而微电网正是解决这一问题的关键。通过微电网实施对分布式电源的有效管理，可以使未来配电网运行调度人员不再直接面向各种分布式电源，既降低了分布式电源对配电系统安全运行的影响，又有助于实现分布式电源的“即插即用”，同时可以最大限度地利用可再生能源和清洁能源。配电系统中大量微电网的存在将改变电力系统在中低压层面的结构与运行方式，实现分布式电源、微电网和配电系统的高度有效集成，充分发挥各自的技术优势，解决配电系统中大规模分布式可再生能源的有效接入问题，这也正是智能配电系统面临的主要任务之一。

近年来，微电网的研究和发展获得了我国社会各方面的广泛关注，政府部门希望借助微电网技术为分布式可再生能源的发展探索出新的运营和管理模式，电网公司拟通过微电网示范工程的建设解决大量分布式电源并网后的运行和管理问题，包括各种蓄电池生产厂家在内的大批分布式能源设备制造企业希望微电网的建设能够为制造业带来新的商机，一些能源管理公司、发电商等希望利用微电网自我组织及自我管理的优势探索新的能源服务机制，而大学和研究机构则希望通过微电网技术的研究探索出新的理论和方法。总之，人们从各自不同的角度在关注微电网的建设和发展，期待微电网技术获得更加广泛的应用。

面对微电网建设和发展的重大需求，本书从微电网建模、控制、稳态分析、电磁暂态仿真、稳定性仿真以及小扰动稳定性分析等方面系统地介绍了相关的理论和方法，帮助读者了解微电网的相关技术发展现状，认识微电网发展中面临的关键理论和技术问题，并期待能为发展先进的微电网运行与管理技术等奠定科学的理论和技术基础，进而促进微电网技术的发展和应用，以及为可再生能源的高效利用和智能电网的科学发展做出贡献。

本书所介绍的内容是作者所在研究组在微电网研究领域多年来科研工作成果的总结。研究组于 2006 年承担了教育部科学技术研究重大项目“分布式能源发电系统并网运行关键技术”(编号:306004),开始了针对微电网技术的系统性研究工作;2009年本书作者作为首席科学家承担了国家重点基础研究发展计划(973)项目“分布式发电供能系统相关基础研究”(编号:2009CB219700),使得相关研究工作更加深入,系统化程度也获得了较大提高。研究组还获得了国家自然科学基金委员会杰出青年基金项目“分布式发电系统运行仿真与优化控制”(编号:50625722)以及一批国家高技术研究发展计划(863)项目的支持,主持或参与完成了数十项微电网示范工程的建设。在此期间,研究组获得了来自实际生产部门许多专家的大力帮助,从实际工作出发,这些专家提出了许多需要解决的难点问题,正是与他们的合作促成了本书中许多理论成果的取得以及成果的实用化。在此,对曾经给予本研究组大力帮助的专家表示衷心的感谢。

在微电网研究领域,作者所在的研究组已经培养了数十名博士和硕士研究生,其中一些人毕业后留在了研究组继续开展相关工作,另一些人则离开学校走向了实际工作岗位,正是他们的创新性工作,深化了微电网的基础理论,促进了相关技术的实际应用,本书的一些内容直接引自这些研究生的学位论文,在这里对为本书做出贡献的肖朝霞、马力、王丹、李鹏、黄碧斌、高毅、范孟华、杨占刚、彭克、高菲、于波、刘梦璇、洪博文、李琰、李霞林、丁承第、杨献莘、武震、于浩、陈健、孙充勃、富晓鹏、原凯、周越、焦冰琦、孙晓倩、宋关羽等同学表示衷心的感谢。对在本书写作过程中给予大力支持的研究组教师葛少云、贾宏杰、王守相、郭力、李鹏、曾沅、肖峻、魏炜、刘洪、孔祥玉、车延博、王继东、赵金利、罗凤章、徐弢、王议峰、杨挺、穆云飞等表示感谢。同时,特别感谢余贻鑫院士对本书相关研究工作的指导和支持。

本书共分 7 章,第 1、2、3、4、6 章由王成山教授执笔,第 5 章由李鹏博士执笔,第 7 章由李琰博士执笔,全书由王成山教授统稿。

本书的很多内容都在微电网实际示范工程中获得了应用或经历了实验验证,理论研究与生产实际相结合,始终是本书作者及所在研究组在研究工作中遵循的原则。作者希望本书能够达到抛砖引玉的效果,对广大微电网领域的工作者来说有一定的参考价值,能够为推动我国微电网的技术进步有所贡献。本书写作过程历时三年多,尽管作者把写好这本书视作一种责任,但也有很大的压力。在写作过程中虽然作者对体系的安排、素材的选取、文字的叙述试图精心构思和安排,但由于微电网相关的理论和技术很多尚处于探索和研究阶段,有些还很不成熟,而微电网涉及的技术领域又比较多,限于作者水平,文字中可能会有疏漏或不足,内容中可能还存在不妥之处,真诚地期待专家和读者批评指正。

作　者

2013 年 6 月于天津大学

目　　录

第1章 绪 论

1.1 引 言

能源是人类赖以生存和发展的基础，电力作为最清洁便利的能源形式，是国民经济发展的命脉，而传统的煤炭、石油等一次能源是不可再生的，终归要走向枯竭。提高能源利用效率、开发新能源、加强可再生能源的利用，是解决各国经济和社会发展过程中日益凸显的能源需求增长与能源紧缺、能源利用与环境保护之间矛盾的必然选择。

当前，在能源需求与环境保护的双重压力下，国际上已将更多目光投向了既可提高传统能源利用效率又能充分利用各种可再生能源的分布式发电相关技术领域[1−3]。所谓分布式发电，是指利用各种分散存在的能源，包括可再生能源(太阳能、生物质能、小型风能、小型水能、波浪能等)和本地可方便获取的化石类燃料(天然气、煤制气、柴油等)进行发电供能的技术[4]。小型分布式电源(distributed generation，DG)的容量一般几百千瓦以内，大型分布式电源容量则可达到兆瓦级。采用分布式发电技术，有助于充分利用各地丰富的清洁和可再生能源，向用户提供“绿色电力”，是实现“节能减排”的重要举措。灵活、经济与环保是分布式发电技术的主要特点。另一方面，一些可再生能源具有的间歇性和随机性，使得这些电源仅依靠自身的调节能力满足负荷的功率平衡比较困难，通常还需要其他电源(内部或外部)的配合。

作为集中式发电的有效补充，分布式发电技术正日趋走向成熟。随着电能生产价格的不断下降以及各国政府相关政策层面的有力支持，相关技术正得到越来越广泛的应用，而日益增多的各种分布式电源并网发电对电力系统的运行也提出了新的挑战[5,6]，大量分散的小容量分布式电源对于电力系统运行人员而言往往是“不可见”的，其中一些分布式电源通常又是“不可控”或“不易控”的。正像大容量风电场或大容量光伏电站的接入会对输电网的安全稳定运行带来诸多影响一样，当中、低压配电系统中的分布式电源容量达到较高的比例(即高渗透率)时，要实现配电系统的功率平衡与可靠运行，并保证用户的供电可靠性和电能质量，对运行人员而言也会有很大的困难，常规配电系统的结构及运行策略并不能很好地适应分布式电源大规模接入的要求。

微电网是指由分布式电源、能量转换装置、负荷、监控和保护装置等汇集而成的小型发配电系统，是一个能够实现自我控制和管理的自治系统[7]。图 1.1 给出了一个微电网系统示意图[8]，其内部分布式电源包括微型燃气轮机、燃料电池以及风/光可再生能源发电系统，微电网内的负荷既包含有常规电力负荷，也包含家居或者商业建筑中的冷、热负荷。系统正常情况下工作在并网模式，通过联络点（point of common coupling，PCC）与外部电网连接，当 PCC 断开与主网联络时，系统能够运行在孤网模式下，持续对微电网内的重要负荷供电。系统中还包含若干较小规模的微电网，例如在商业大楼中通过光伏和储能设备发电供能的小型微电网，以及向居民负荷供电的由微型燃气轮机或者光伏加储能设备供能的小型微电网等。在必要的情况下，这些小型微电网也可以独立运行。

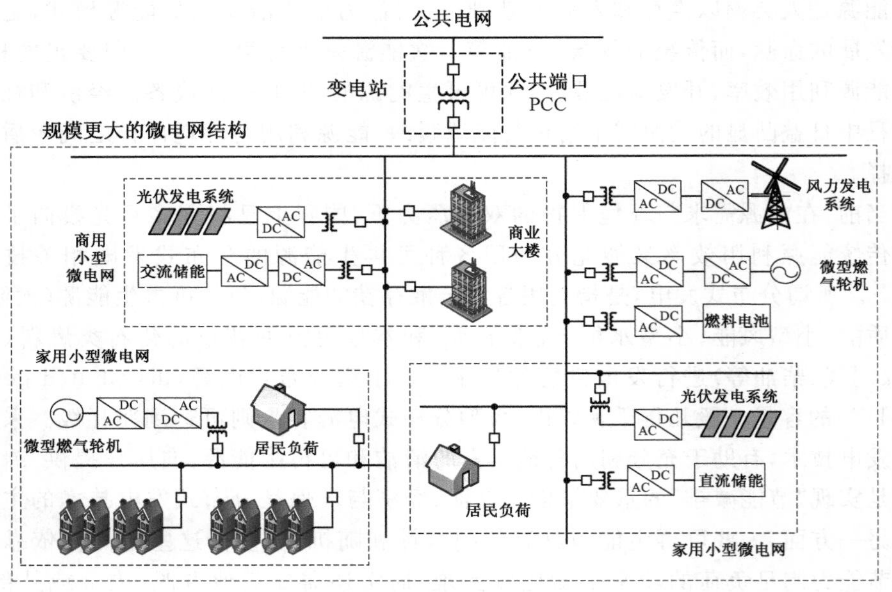

图 1.1　典型微电网系统示意图

微电网靠近用户侧，有时不仅可以向用户提供所需的电能，同时还可以向用户提供热能，满足用户供热和制冷的需要，这种情况下的微电网也被称为微网，此时的微电网实际上是一个综合能源系统。微电网一般具有能源利用效率高、供能可靠性高、污染物排放少、运行经济性好等优点。

一方面，微电网可以被看作小型的电力系统，由于其本身具备很好的能量管理功能，可以有效地维持能量在微电网内的优化分配与平衡，保证微电网的运行经济性；另一方面，微电网又可以被认为是配电系统中的一个“虚拟”的电源或负荷，通过网内分布式电源输出功率的协调控制，可以对电网发挥负荷移峰填谷的作用，也可实现微电网和外部配电网间功率交换量的定值或定范围控制，减少由于分布式可再生能源发电功率的波动对外部配电网及周边用户的影响，并有效降低系统运行人员的运行调度难度。

常规意义下的微电网一般指联网型微电网，这种微电网具有并网和独立两种运行模式。在并网工作模式下，微电网与中(低)压配电网并网运行，互为支撑，实现能量的双向交换。在外部电网故障情况下，微电网可转为独立运行模式，继续为网内重要负荷供电，提高重要负荷的供电可靠性。通过采取先进的控制策略和控制手段，可在保证微电网高电能质量供电的同时，实现微电网两种运行模式间的平滑切换。

作为常规微电网的一种特例，独立型微电网是微电网的一种特殊形式。这种微电网不和外部配电系统相连接，完全利用自身的分布式电源满足微电网内负荷的长期供电需求。当网内存在可再生能源分布式电源时，常常需要配置储能系统以抑制这类电源的功率波动，在充分利用可再生能源的基础上，满足不同时段负荷的需求。这类微电网一般应用于海岛、边远地区等常规配电系统接入比较困难的地方，满足用户对电能的基本需求。

现有研究和实践表明，将分布式发电系统与负荷等一起组织成微电网形式运行，是发挥分布式电源效能的有效方式，可以有效提高分布式电源的利用效率，有助于电网灾变时向重要负荷持续供电，避免间歇式电源对周围用户电能质量的直接影响，具有重要的经济意义和社会价值。此外，由于微电网所具有的自组织性，它可由电力用户自己建设并运营，或者由电力公司建设并运营，也可以由独立的第三方能源公司建设并运营，这种多方运营模式有助于调动社会各方参与可再生能源等发电设施建设的积极性，在更深层次实现能源领域的市场化改革[9]。

有关微电网的研究工作近年来已经成为电力系统的热点研究领域之一，国际上很多国家都投入了大量研究经费予以支持[10]，包括美国、日本、欧洲、中国在内的很多国家和地区都建设了一批实验示范工程[11－13]，以验证微电网技术层面和经济层面的可行性。

1.2　微电网结构特征

1.2.1　直流与交流微电网

1. 直流微电网

直流微电网的特征是系统中的分布式电源、储能装置、负荷等均连接至直流母线，直流网络再通过电力电子逆变装置连接至外部交流电网，例如图 1.2 所示[14]的结构形式。直流微电网通过电力电子变换装置可以向不同电压等级的交流、直流负荷提供电能，分布式电源和负荷的波动可由储能装置在直流侧调节。

考虑到分布式电源的特点以及用户对不同等级电能质量的需求，两个或多个直流微电网也可以形成双回或多回路供电方式[15]，例如图 1.3 所示结构。图中，直流

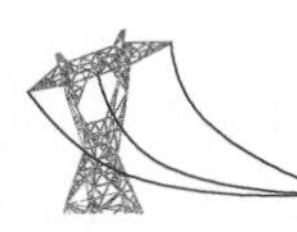

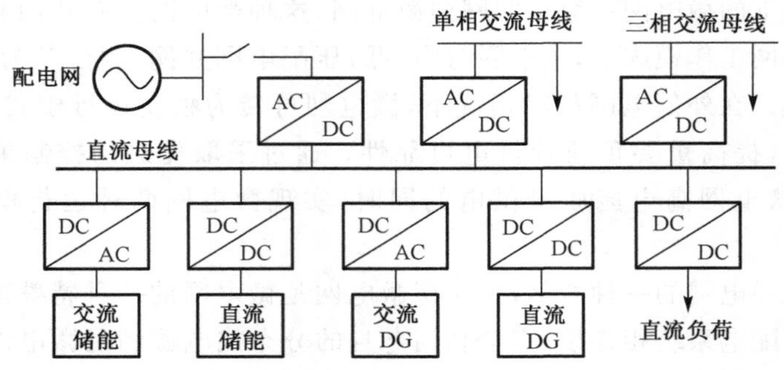

图 1.2 直流微电网结构

馈线 1 上接有间歇性特征比较明显的分布式电源,用于向普通负荷供电;直流馈线 2 连接运行特性比较平稳的分布式电源以及储能装置,向要求比较高的负荷供电。相较于交流微电网,直流微电网由于各分布式电源与直流母线之间仅存在一级电压变换装置,降低了系统建设成本,在控制上更易实现;同时由于无需考虑各分布式电源之间的同步问题,在不同分布式电源间的环流抑制方面更具优势。

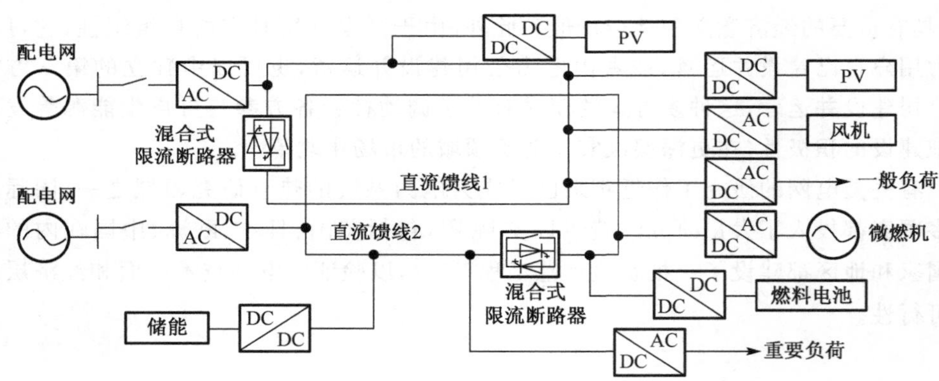

图 1.3 多直流馈线微电网结构

2. 交流微电网

目前,交流微电网仍然是微电网的主要形式。在交流微电网中,分布式电源、储能装置等均通过电力电子装置连接至交流母线,例如图 1.4 所示[16]系统。通过对 PCC 处开关的控制,可实现微电网并网运行与孤岛运行模式的转换。

3. 交直流混合微电网

交直流混合微电网结构如图 1.5 所示。在这一微电网中,既含有交流母线又含有直流母线,既可以直接向交流负荷供电又可以直接向直流负荷供电,因此称为交直流混合微电网[17],但从整体结构分析,实际上仍可看作交流微电网,直流微电网可看作一个独特的电源通过电力电子逆变器接入交流母线。

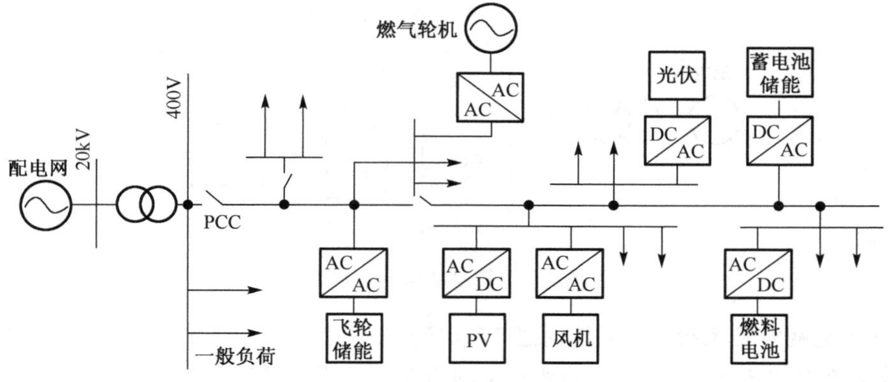

图 1.4 交流微电网结构

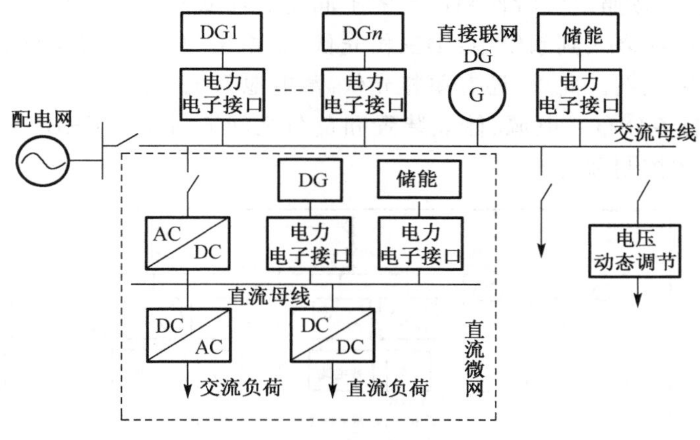

图 1.5 交直流混合微电网结构

1.2.2 简单与复杂结构微电网

1. 简单结构微电网

所谓简单结构微电网是指系统中分布式电源的类型和数量较少，控制和运行比较简单的微电网[18]，例如图 1.6 所示系统。这种简单结构的微电网在实际中应用很多，例如分布式电源为微型燃气轮机的热电冷联产系统系统(combined cooling healing and power，CCHP)，在向用户提供电能同时，还满足用户热和冷的需求。但与传统的 CCHP 系统不同，当形成微电网后，该系统具备并网和孤网运行两种模式，并可在两种模式间灵活切换，这可以在保证能源有效利用的同时，提高用户的供电可靠性。

2. 复杂结构微电网

所谓复杂结构微电网是指系统中分布式电源类型多，分布式电源接入系统的形式多样，运行和控制相对复杂的微电网。图 1.7 给出了可称为复杂结构的德国 De-

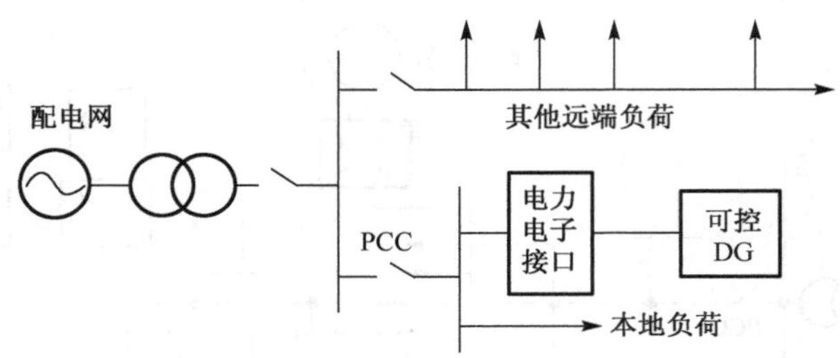

图 1.6　简单结构的微电网

Motec 微电网实验系统[19]，系统通过 175kV·A 和 400kV·A 的变压器与外部电网相连，系统中的 80kV·A 和 15kV·A 的电源用于模拟与之相连的其他微电网，分布式电源包括光伏、风机、柴油机、微燃机等多钟类型，储能装置采用蓄电池储能。在这一微电网中，按照电气特性和位置的不同将分布式电源和储能装置组成了两种类型的小型微电网嵌入到系统中：①三相光伏-蓄电池-柴油机微电网；②单相光伏-蓄电池带负荷微电网。此外，还有单相光伏-蓄电池系统。该微电网存在一个上层控制器，与底层的各分布式电源、储能装置和负荷之间通过 INTERBUS 总线通信，以实现系统有效的控制和管理。

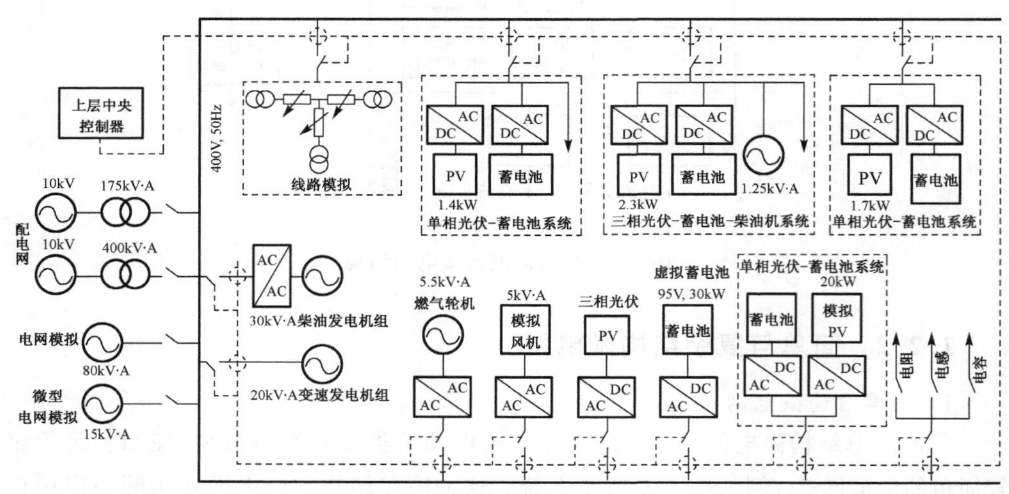

图 1.7　典型复杂微电网结构

在复杂结构微电网中含有多种不同电气特性的分布式电源，具有结构上的灵活多样性。但对控制提出了相对较高的要求，需要保证微电网在不同运行模式下安全、稳定的运行。

1.2.3　微电网电压等级及规模

从供应独立用户的小型微电网到供应千家万户的大型微电网，微电网的规模

千差万别。按照电压等级及接入配电系统模式的不同，可以把微电网分为三个规模等级：高压配电变电站级微电网、中压馈线级微电网以及低压微电网，如图 1.8 所示[8]。

高压配电变电站级微电网和中压馈线级微电网是较大规模的微电网组成形式。高压配电变电站级微电网包含整个变电站主变二次侧所接的多条馈线；中压馈线级微电网则包括一条 10kV 或者 35kV 配电主干线路内所有单元。变电站级微电网和馈线级微电网适用于容量稍大、有较高供电可靠性要求、较为集中的用户区域，这两种类型的微电网对配电系统自动化控制和保护有较高的要求。变电站级微电网内可以包含多个馈线级微电网，而馈线级微电网内还可以包含多个中压配电支线微电网和低压微电网。各子微电网既可以独立运行，也可以组成更大的区域微电网联合运行。

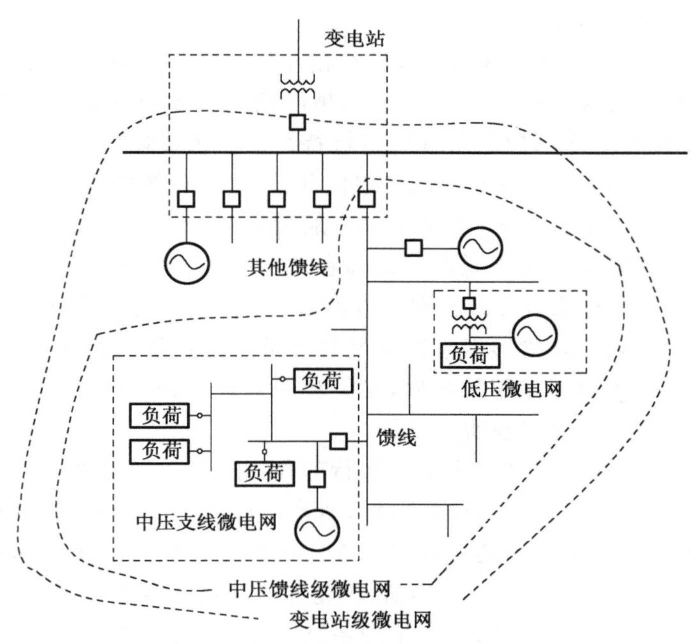

图 1.8 微电网电压等级及规模示意

所谓中压配电支线微电网，是指以中压配电支线为基础将分布式电源和负荷进行有效集成的微电网，它适用于向容量中等、有较高供电可靠性要求、较为集中的用户区域供电。这类微电网通过断路器以支线形式接入配电系统中压主干网，同样对配电系统自动化的控制和保护有较高要求。所谓低压微电网，是指在低压电压等级上将用户的分布式电源及负荷适当集成后形成的微电网，这种微电网大多由电力或能源用户拥有，规模相对较小。

1.3 微电网相关技术问题

微电网内集成了多种能源输入、多种产品输出以及多种能源转换单元，是化学、热力学、电动力学等行为相互耦合的复杂系统。微电网可以存在多种运行状态，当微电网处于并网运行状态时，功率可以双向流动；在外部电网故障时，通过保护动作和解列控制，可使微电网与外网解列形成孤岛运行，独立向其所辖重要负荷供电；在外网故障消除后，通过并网控制可再次将微电网并入外部配电系统，重新进入并网运行状态。微电网的运行特性既与其内部的分布电源特性以及负荷特性有关，也与其内部的储能系统运行特性密切相关，同时还与外部电网相互作用。微电网的发展将面临多方面的技术挑战[6,20]。

(1)高渗透率下微电网与外部配电系统相互作用机理。当大量分布式发电供能系统以微电网形式接入到外部配电系统后，微电网与外部配电系统间的相互作用将十分复杂，微电网将对外部配电系统的运行特性产生重要影响，而对于这种影响的分析则需要以全新的方法为基础。以稳定性分析为例，传统的电力系统稳定性分析问题一般仅涉及高压电力系统，而微电网一般接入中压或者低压配电系统，配电系统的安全稳定问题完全是由于微电网的存在而提出的。由于高压电力系统与含微电网的中压或低压配电系统在结构和运行参数等方面存在很大的差异，其稳定性分析方法会有很大差别。高渗透率下微电网与外部配电系统相互作用机理研究的目的就是要揭示出二者相互作用的本质，发展相关的理论和方法，为含微电网配电系统的稳定性分析与控制奠定基础。

(2)分布式储能对微电网安全稳定运行的作用机理。微电网中的分布式电源，如光伏电池、风力发电等属于间歇式电源，所产生的电能具有显著的随机性和不确定性特征，微电网中各类负荷的变化也存在一定的随机性。当微电网独立运行时，分布式储能环节，如蓄电池、超级电容器、飞轮储能系统等成为支持微电网自主稳定运行不可或缺的重要组成部分，起到平抑系统扰动、维持发电/负荷动态平衡、保持电压/频率稳定的重要作用。考虑到分布式储能系统的多样性，各种储能系统在微电网扰动过程中的响应特性存在很大的差异，对微电网安全稳定的作用机理也会有很大不同，需要充分认识分布式储能系统对微电网运行特性的影响。

(3)微电网规划理论与方法。建设微电网的目的是实现分布式电源的有效管理，尽可能利用清洁和可再生能源满足用户的用能需求。同常规的供电方式相比，微电网的经济性对用户而言尤为重要。考虑到光伏等可再生能源发电的经济性较常规电源有一定的劣势，若希望保证微电网在充分发挥其供能优势的同时，在经济上具有竞争性，必须对微电网进行科学的规划，使其在电源构成、电源容量、网架结构等方面为微电网建设和运行的经济性创造条件，这是微电网是否得以可持续发展

的关键所在。在微电网优化规划设计中主要面临的难点包括:①微电网规划方案的制定需要建立在对综合用能情况、可再生能源资源情况长期预测的基础上,受外部条件,如气候等因素的影响,预测结果存在较大的不确定性;②微电网常常具有特定的运行控制目标、灵活多变的系统组合方案和运行策略,规划工作必须充分考虑具体运行策略的影响;③微电网在优化规划阶段需要充分融合不同用户对供电可靠性的要求,需根据可靠性评估结果对规划设计方案进行评估和修正。

(4)微电网及含微电网配电系统的保护。含多个分布式电源及储能装置的微电网的接入,很大程度上改变了配电系统的故障特征,使故障后电气量的变化更加复杂,传统的故障检测方法将受到较大影响,可能导致无法准确地判断故障的位置。在微电网正常并网运行的系统中,微电网内部的电气设备发生故障时,应确保故障设备切除后微电网继续安全稳定地并网运行。在微电网外部的配电系统部分发生故障时,应在可靠定位与切除故障的前提下,确保微电网在与主网解列后继续可靠运行。同时,由于微电网既要能够并网运行又要能够脱网独立运行,运行模式常常需要切换,这就要求对传统的保护与控制方法做出必要调整才能满足系统要求。微电网接入配电系统带来的这些变化使保护的工作原理和动作逻辑复杂化,传统继电保护方法可能无法满足要求,需要探讨新的保护技术。

(5)微电网并网控制及微电网中多分布式电源协调控制。相对于所连接的外部配电系统,微电网可看作具有独特运行特征的虚拟发电机,并网运行时可以向外部配电系统供电(有时为负值)。与常规发电机组并网运行时相似,微电网并网运行需要满足一定的电压和频率条件。但与常规的发电机组不同的是,由于微电网中分布式电源的种类和特征不同,需要一些特殊的协调控制方式才可能使其满足并网运行条件。微电网作为自治系统,具有脱网独立运行的能力,此时为了满足负荷对系统电压和频率的要求,跟踪微电网中负荷的变化,也需要针对微电网中的分布式电源采取相关的协调控制措施。由于其设备种类繁多、运行模式多样、可控程度不同(集中控制/分散控制/自动控制/用户控制),微电网中分布式电源的协调控制问题比较复杂。

(6)微电网及含微电网配电系统的电能质量分析与控制。随着科学技术的发展,各种精密电子仪器和数字化电器设备在用户中大量使用,对电力系统的供电可靠性和电能质量提出了越来越高甚至苛刻的要求。在微电网中,由于可能存在一些间歇式电源,其频繁的起停操作、功率输出的变化,都可能给所接入系统的用户带来电能质量问题。此外,由于微电网中很多类型的电源都需要借助电力电子装置输出满足用户负荷频率和电压要求的电能,依据所采用的电力电子技术不同,相关装置可能产生不同水平的谐波,随着微电网渗透率的提高,配电系统的谐波水平也将会上升。另一方面,对于一个谐波水平已经比较高的配电系统,微电网中的分布式电源也可能会成为谐波的汇点,导致分布式发电设备的工作异常。而微电网中大量单相分布式电源的存在,也增加了配电系统的三相不平衡水平。总之,微电网及含微电网的配电系统中存在很多与电能质量相关的独特问题。

(7)微电网综合仿真分析。在微电网中，既有同步发电机等具有较大时间常数的旋转设备，也有响应快速的电力电子装置。在系统发生扰动时，既有在微秒级快速变化的电磁暂态过程，也有毫秒级变化的机电暂态过程和以秒级变化的慢动态过程。综合考虑它们之间的相互影响，实现动态全过程的数字仿真将十分困难。将数字仿真系统与物理模拟仿真平台加以有机结合，形成数字/模拟混合仿真系统，对于微电网运行特性的研究、保护与控制器的设计等将更加具有实际价值。目前，混合仿真技术也是常规电力系统研究的热点领域，尽管有一些仿真思路可供借鉴，但因微电网中的物理设备多样，模型复杂，不同设备暂态响应的时间尺度分散，必须有针对性地发展相关的混合仿真理论和方法。

(8)微电网经济运行与能量优化管理。正如在常规的电力系统中可以通过对发电机的节能调度实现节能降损一样，通过微电网经济运行理论与能量优化管理方法的研究，也可以实现微电网的高效经济运行。同常规的电力系统相比，微电网中的可调节变量更加丰富，如分布式电源的有功输出功率、电压型逆变器接口母线的电压、电流型逆变器接口的电流、储能系统的有功输出、可调电容器组投入的无功补偿量、热/电联供机组的热负荷和电负荷的比例等，通过对这些变量的控制调节，可以在满足系统运行约束的条件下，实现微电网的优化运行与能量的合理分配，最大限度地利用可再生能源，保证整个微电网运行的经济性。同时，当微电网并网运行时，尤其是在微电网高渗透率情况下，还可以通过对微电网输出的有效控制，降低配电系统中的配电变压器损耗和馈线损耗。由于储能系统的运行策略直接影响其使用寿命，进而影响微电网全生命周期的经济性，在能量优化策略制定过程中对这样的因素也需科学地加以考虑。

1.4 微电网与智能配电系统

智能配电系统是智能电网的重要组成部分[21]。智能配电系统将以先进的信息与通信技术为基础，通过应用和融合先进的测量和传感技术、控制技术、计算机和网络技术、高级自动化技术等，集成各种具有高级应用功能的信息系统，利用智能化的开关设备、配电终端设备，实现配电网在正常运行状态下可靠的监测、保护、控制和优化，并在非正常运行状态下具备自愈控制功能，最终为电力用户提供安全、可靠、优质、经济、环保的电力供应和其他附加服务。配电系统中大量微电网的存在将改变电力系统在中低压层面的结构与运行方式，实现分布式电源、微电网和配电系统的高度有效集成，充分发挥各自的技术优势，解决配电系统中大规模可再生能源的有效分散接入问题，也正是智能配电系统面临的主要任务之一[6]。

当前，分布式发电技术、微电网技术和智能配电网技术分别处于不同的发展阶段。很多类型的分布式发电技术已经比较成熟，并处于规模化应用阶段，各国政府政策上的支持加快了分布式发电技术的推广与应用，未来影响分布式发电技术广泛应用的障碍将不仅仅是分布式发电本身的技术问题，其并网后带来的电网运行问题同样重要；微电网技术从局部解决了分布式电源大规模并网时的运行问题，同时，它在能源效率优化等方面与智能配电网的目标相一致。从某种意义上看，微电网已经具备了智能配电网的雏形，它能很好地兼容各种分布式电源，提供安全、可靠的电力供应，实现系统局部层面的能量优化，起到了承上启下的作用。微电网技术的成熟和完善关系到分布式发电技术的规模化应用以及智能配电网的发展[22]；相对于微电网，智能配电网则是站在电网的角度来考虑未来系统中的各种问题，它具有完善的通信功能与更加丰富的商业需求，分布式发电和微电网的广泛应用构成了智能配电网发展的重要推动力，智能配电网本身的发展也将更加有助于分布式发电与微电网技术的大规模应用。

分布式发电、微电网、智能配电系统都将是智能电网的重要组成部分，相关领域需要研究的问题很多。在后续章节中，本书将重点针对微电网的建模、控制策略、稳态分析方法、电磁暂态仿真、稳定性仿真以及小扰动稳定性分析理论加以介绍，有关微电网能量优化管理方法、规划理论以及与分布式电源和智能配电网等相关的问题本书不做详细介绍。

参考文献

[1] Lopes J A P, Hatziargyriou N, Mutale J, et al. Integrating distributed generation into electric power systems: A review of drivers, challenges and opportunities[J]. Electric Power Systems Research, 2007, 77(9): 1189-1203.

[2] European Commission. Green paper: A European strategy for sustainable, competitive and secure energy[R]. COM(2006) 105 Final, 2006.

[3] Driesen J, Katiraei F. Design for distributed energy resources[J]. IEEE Power and Energy Magazine, 2008, 6(3): 30-40.

[4] Ackermann T, Andersson G, Soder L. Distributed generation: A definition[J]. Electric Power Systems Research, 2001, 57(3): 195-204.

[5] 王建，李兴源，邱晓燕. 含有分布式发电装置的电力系统研究综述[J]. 电力系统自动化，2005，29(24): 90-97.

[6] 王成山，李鹏. 分布式发电、微网与智能配电网的发展与挑战[J]. 电力系统自动化，2010，34(2): 10-14，23.

[7] Lasseter R H, Piagi P. Microgrid: A conceptual solution[C]. Power Electronics Specialists Conference, IEEE 35th Annual, Aachen, 2004, 6: 4285-4290.

[8] Herman D. Investigation of the technical and economic feasibility of micro-grid-based power systems[R]. Palo Alto: Electric Power Research Institute, 2001.

[9] 蔡声霞,王守相,王成山,等.智能电网的经济学视角思考[J].电力系统自动化,2009,33(20):13-16,87.

[10] 王成山,高菲,李鹏,等.可再生能源与分布式发电接入技术——欧盟研究项目述评[J].南方电网技术,2008,2(6):1-6.

[11] 王成山,杨占刚,王守相,等.微网实验系统结构特征及控制模式分析[J].电力系统自动化,2010,34(1):99-105.

[12] Stevens J, Vollkommer H, Klapp D. CERTS microgrid system tests[C]. IEEE Power Engineering Society General Meeting, Tampa, 2007,(5):2060-2063.

[13] 郭力,王成山,王守相,等.两类双模式微型燃气轮机并网技术方案比较[J].电力系统自动化,2009,33(8):84-88.

[14] Ise T. Advantages and circuit configuration of a DC microgrid[C]. Proceedings of the Montreal 2006 Symposium on Microgrids, Montreal, 2006.

[15] Saisho M, Ise T, Tsuji K. DC loop type quality control center for FRIENDS-system configuration and circuits of power factor correctors[J]. Proceedings of IEEE/PES Transmission and Distribution Conference and Exhibition 2002: Asia Pacific, Yokohama, 2002,(3):2117-2122.

[16] Papathanassiou S, Hatziargyriou N, Strunz K. A benchmark LV microgrid for steady state and transient analysis[C]. Proceedings of the Cigre Symposium Power Systems with Dispersed Generation, Athens, 2005:1-8.

[17] Hirose K. An update on Sendai demonstration of multiple power quality supply system[C]. Proceedings of the Kythnos 2008 Symposium on Microgrids, Kythnos Island, 2008.

[18] Stevens J. Characterization of microgrids in the United States [EB/OL]. http://www.electricdistribution.ctc.com/pdfs/RDC_Microgrid_Whitepaper_1-7-05.pdf[2008-03-25].

[19] Braun M, Degner T, Vandenbergh M. Deliverable 6.3: Laboratory DG grid [EB/OL]. http://www.iset.uni-kassel.de/abt/FB-A/demotec/bilder/demotec.pdf[2008-03-25].

[20] 王成山,王守相.分布式发电供能系统若干问题研究[J].电力系统自动化,2008,32(20):1-4,31.

[21] 余贻鑫.面向21世纪的智能配电网[J].南方电网技术研究,2006,2(6):14-16.

[22] 李振杰,袁越.智能微网——未来智能配电网新的组织形式[J].电力系统自动化,2009,33(17):42-48.

第 2 章　分布式发电系统模型

2.1　引　　言

分布式发电系统通常由能量转换装置及相关控制系统组成，如图 2.1 所示。分布式发电技术的千差万别使得一些分布式电源具有完全不同的动态特性。除少数直接并网的分布式电源外，大多数分布式电源通过电力电子变流装置并网，这使得分布式发电系统的动态特性直接与电力电子变流装置及其控制系统相关。从数学上讲，分布式发电系统是一个由上述各环节相互耦合的强非线性动力学系统，其动态特性是各环节在各个时间尺度上动态特性的叠加。

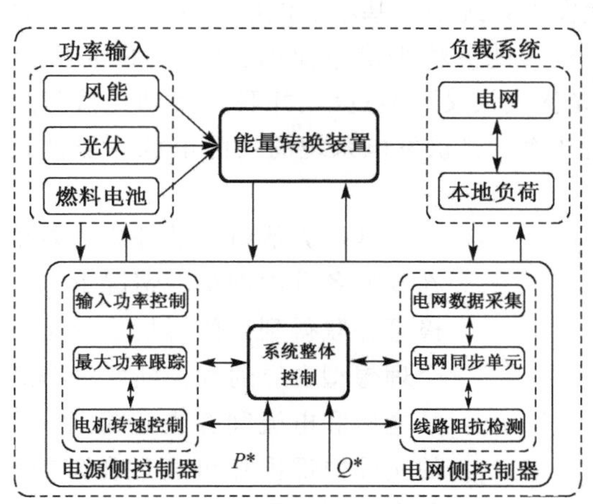

图 2.1　分布式发电系统组成[1]

分布式电源种类繁多，控制和并网方式多样，这直接造成了在微电网分析和仿真过程中模型描述的困难。特别是分布式电源及其控制系统的模型还在不断发展变化中，对每一种可能的分布式电源都给出详细的模型描述几乎是不可能的。为此，本章仅对目前比较常用的几种典型分布式电源（包括储能系统）进行模型描述，介绍其相关的控制系统，并对部分分布式发电系统模型的适应性进行分析，同时给出一些模型的简化方法。

2.2 光伏发电系统

利用太阳能发电的方式很多,其中最典型的是太阳能热发电和太阳能光伏发电,后者又称为光伏电池。同太阳能热发电系统相比,光伏电池具有结构简单、体积小、清洁无噪声、可靠性高、寿命长等优点,近年来发展十分迅速。按照采用的材料不同,光伏电池可分为硅型光伏电池、化合物光伏电池、有机半导体光伏电池等多种[2]。目前,硅型光伏电池应用最为广泛,这种电池又可分为单晶硅、多晶硅和非晶硅薄膜光伏电池等。其中,单晶和多晶硅光伏电池光电转换效率较高;非晶硅薄膜光伏电池虽然光电转换效率相对较低,但由于具备其他一些优点近年来的应用也日益广泛。从光伏电池的技术发展现状看,硅型光伏电池在今后相当长的一段时间内将是太阳能光伏电池的主流。本节将主要针对硅型光伏电池的建模问题进行介绍。

2.2.1 数学模型

光伏电池是光伏发电系统中最基本的电能产生单元,其单体输出电压和输出电流都很低,功率也较小,为此需将光伏电池串、并联构成光伏模块,其输出电压可提高到十几至几十伏;光伏模块又可通过串、并联后得到光伏阵列,进而获得更高的输出电压和更大的输出功率。光伏发电系统的实际电源一般就是指光伏阵列,它是一种直流电源。

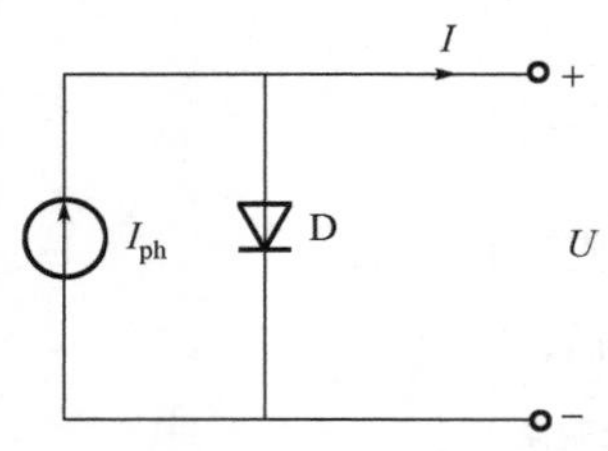

图 2.2 光伏电池理想电路模型

常用光伏电池的理想等效电路如图 2.2 所示[3],在忽略各种内部损耗情况下,由光生电流源和一个二极管并联得到。值得指出的是,这里的二极管不是一个理想型在导通和关断两种模式间切换的开关元件,其电压和电流间存在连续性非线性关系。光伏电池的实际内部损耗可通过在理想模型中增加串联电阻 R_s 和并联电阻 R_{sh} 来模拟,如图 2.3(a)所示。在增加两个电阻的同时,图 2.3(b)给出的电路模型中还增加了一个二极管来模拟空间电荷的扩散效应,称为双二极管等效电路[4-6]。双二极管等效电路能够更好地拟合多晶硅光伏电池的输出特性,并且在光辐照度较低的条件下更加适用。

由双二极管模型给出的光伏电池输出伏安特性为

$$I = I_{ph} - I_{s1}\left(e^{\frac{q(U+IR_s)}{kT}} - 1\right) - I_{s2}\left(e^{\frac{q(U+IR_s)}{AkT}} - 1\right) - \frac{U+IR_s}{R_{sh}} \tag{2.1}$$

当简化为单二极管模型时,相应的伏安关系为

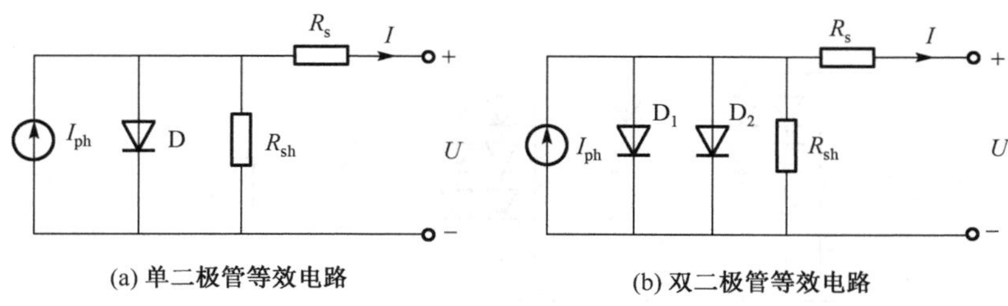

(a) 单二极管等效电路　　(b) 双二极管等效电路

图 2.3　考虑损耗的光伏电池等效电路

$$I = I_{ph} - I_s\left(e^{\frac{q\left(U+IR_s\right)}{AkT}} - 1\right) - \frac{U + IR_s}{R_{sh}} \tag{2.2}$$

式中，U 为光伏电池输出电压；I 为光伏电池输出电流；I_{ph} 为光生电流源电流；I_{s1} 为二极管扩散效应饱和电流；I_{s2} 为二极管复合效应饱和电流；I_s 为二极管饱和电流；q 为电子电量常量，为 1.602×10^{-19}C；k 为玻尔兹曼常量，为 1.381×10^{-23}J/K；T 为光伏电池工作绝对温度值；A 为二极管特性拟合系数，在单二极管模型中是一个变量，在双二极管模型中可取为 2。

当光伏模块通过串、并联组成光伏阵列时，通常认为串并联在一起的光伏模块具有相同的特征参数，若忽略光伏电池模块间的连接电阻并假设它们具有理想的一致性，则与单二极管等效电路图对应的光伏阵列等效电路如图 2.4 所示[7]。

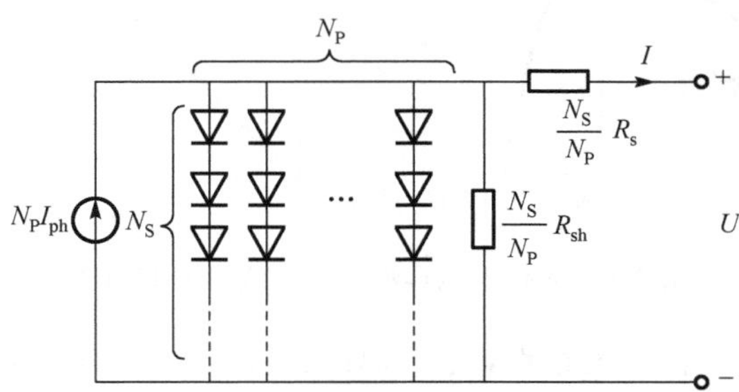

图 2.4　单二极管模型光伏阵列的等效电路

在图 2.4 给出的等效电路中，其输出电压和电流的关系如式(2.3)所示。其中，N_S和 N_P分别为串联和并联的光伏电池数。

$$I = N_PI_{ph} - N_PI_s\left(e^{\frac{q}{AkT}\left(\frac{U}{N_S}+\frac{IR_s}{N_P}\right)} - 1\right) - \frac{N_P}{R_{sh}}\left(\frac{U}{N_S} + \frac{IR_s}{N_P}\right) \tag{2.3}$$

若光伏电池采用双二极管等效电路，也可以给出类似的等效电路如图 2.5 所示，相应的输出电压和电流的关系如式(2.4)所示[4]。

$$I = N_PI_{ph} - N_PI_{s1}\left(e^{\frac{q}{kT}\left(\frac{U}{N_S}+\frac{IR_s}{N_P}\right)} - 1\right) - N_PI_{s2}\left(e^{\frac{q}{AkT}\left(\frac{U}{N_S}+\frac{IR_s}{N_P}\right)} - 1\right) - \frac{N_P}{R_{sh}}\left(\frac{U}{N_S} + \frac{IR_s}{N_P}\right) \tag{2.4}$$

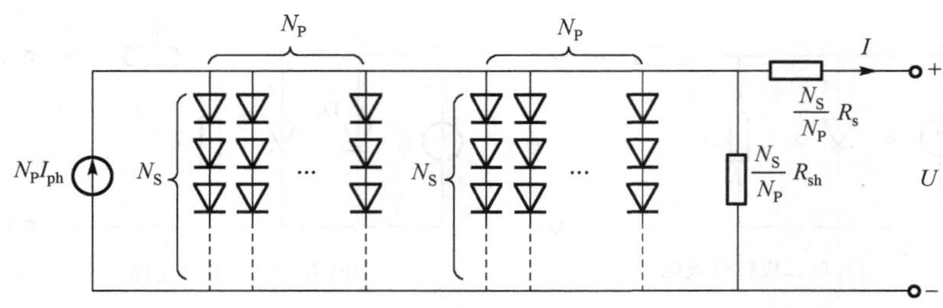

图 2.5　双二极管模型光伏阵列的等效电路

2.2.2　输出特性与最大功率点跟踪算法

1. 输出特性

光伏电池或光伏阵列典型的 I-U 曲线和 P-U 曲线如图 2.6 所示，曲线上有三个特殊点[8]。

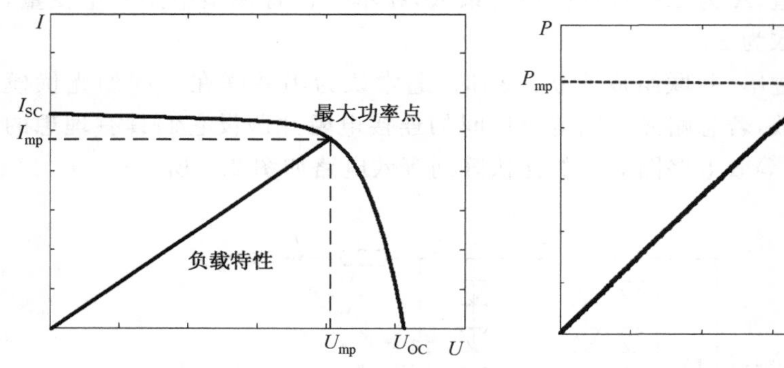

图 2.6　光伏电池典型 I-U 曲线和 P-U 曲线

(1) $(0, I_{SC})$：称为输出短路点，I_{SC} 为对应输出电压为零时的短路电流。

(2) $(U_{OC}, 0)$：称为输出开路点，U_{OC} 为对应输出电流为零时的开路电压。

(3) (U_{mp}, I_{mp})：称为最大功率输出点，该点处满足 $\frac{dP}{dU}=0$，输出功率为 $P_{mp}=U_{mp}I_{mp}$，是对应伏安特性上所能获得的最大功率。在实际运行的光伏系统中，应该尽量通过负载匹配使整个系统运行在最大功率点附近，以最大限度地提高运行效率。

光伏电源的输出特性与光辐照度和环境温度密切相关，图 2.7 和图 2.8 分别给出了光辐照度和温度变化时一组光伏阵列的实际 I-U 曲线和 P-U 曲线。从图中可以看出，随着温度的升高，光伏电池的短路电流增大，但开路电压却不断降低，而且明显比电流的变化幅度大，因此在光辐照度恒定的条件下，温度越高，最大功率反而越小，而且最大功率点电压变化较大。相比而言，光辐照度的提高对于短路电流、开路电压和最大功率都是增大作用，而且最大功率点电压变化较小，在某些条件下可近似认为不变。

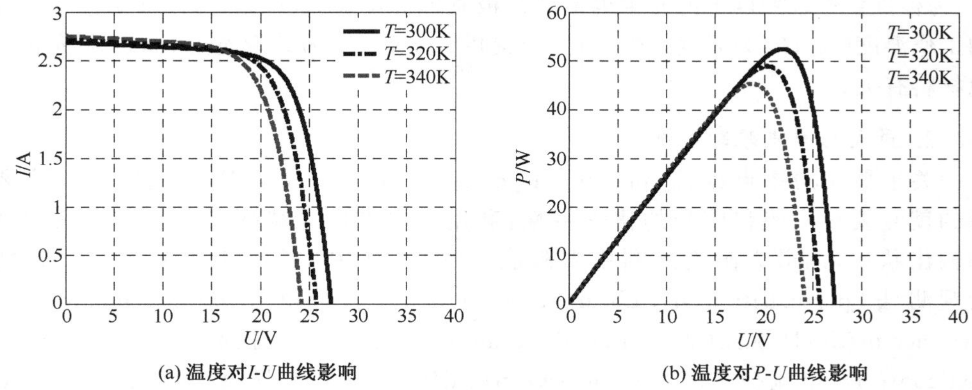

(a) 温度对I-U曲线影响 (b) 温度对P-U曲线影响

图 2.7 温度的影响

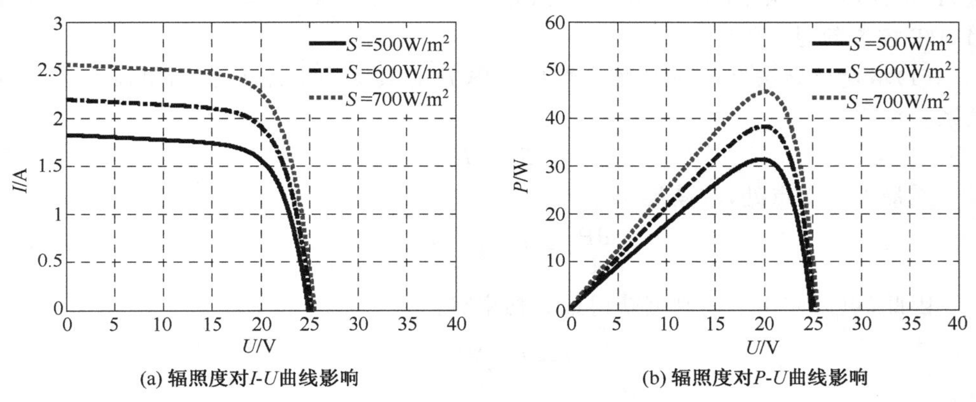

(a) 辐照度对I-U曲线影响 (b) 辐照度对P-U曲线影响

图 2.8 辐照度的影响

在分布式发电系统仿真中,光伏电池(或阵列)的主要运行方程由式(2.1)、式(2.2)或式(2.3)描述。通过对光伏电池板的输出特性进行测试,可以得到其电压/电流外特性曲线,即 *I-U* 曲线,在此基础上进行参数拟合就可以获得上述方程或电路模型中的参数值。一般来说,厂家给出的 *I-U* 曲线是在 IEC 标准条件下得到的。此时,辐照度为 1000W/m²,电池工作温度为 25℃,即 298K。考虑到光照和温度对 *I-U* 曲线存在如图 2.7 和图 2.8 所示的影响,当实际光辐照度和温度与标准条件有差异时,需对参数进行一些修正,以式 (2.2)为例,其重点修正量为光生电流 I_{ph}和二极管饱和电流 I_s,修正公式如下[9]:

$$I_{ph} = \left(\frac{S}{S_{ref}}\right)[I_{phref} + C_T(T - T_{ref})] \tag{2.5}$$

$$I_s = I_{sref}\left(\frac{T}{T_{ref}}\right)^3 e^{\left[\frac{qE_g}{Ak}\left(\frac{1}{T_{ref}}-\frac{1}{T}\right)\right]} \tag{2.6}$$

式中,S 为实际光辐照度(W/m²);S_{ref} 为标准条件下辐照度,即 1000W/m²;I_{phref} 和

I_{sref}为标准条件辐照度下的光生电流和二极管饱和电流(A);T_{ref}为标准条件下电池的工作温度(K);C_T为温度系数,由厂家提供(A/K);E_g为禁带宽度(eV),与光伏电池材料有关。

2. 最大功率点跟踪控制

关于最大功率点跟踪(maximum power point tracking,MPPT)控制,其主要目的就是要根据光伏阵列的伏安特性,利用一些控制策略保证其工作在最大功率输出状态,以最大限度地利用太阳能。目前,MPPT控制算法很多[10],如:扰动观测法(perturbation and observation method)、增量电导法(incremental conductance method)、爬山法(hill-climbing method)、波动相关控制法(ripple correlation control)、电流扫描法(current sweep)、$\mathrm{d}P/\mathrm{d}U$ 或 $\mathrm{d}P/\mathrm{d}I$ 反馈控制法($\mathrm{d}P/\mathrm{d}U$ or $\mathrm{d}P/\mathrm{d}I$ feedback control)、模糊逻辑控制法(fuzzy logic control)、神经网络控制法(neural network control)等。下面以增量电导法和扰动观测法为例,介绍MPPT控制算法。

(1)增量电导法[11]。光伏阵列输出功率 P 和其输出电流 I、输出电压 U 有如下关系:

$$P = IU \tag{2.7}$$

在最大功率点处,应满足

$$\frac{\mathrm{d}P}{\mathrm{d}U} = I + U\frac{\mathrm{d}I}{\mathrm{d}U} = 0 \tag{2.8}$$

因此,可以应用下述判据获得最大功率点:

$$I + U\frac{\Delta I}{\Delta U} = 0 \tag{2.9}$$

因为式(2.9)中涉及增量电导 $\frac{\Delta I}{\Delta U}$ 的计算,故称为增量电导法。以式(2.9)为依据,可以得到增量电导法的算法流程图如图2.9所示。

图2.9中,I_k和U_k是光伏阵列当前的电流和电压值,I_{k-1}和U_{k-1}为上一步光伏阵列的电流和电压值,U^*为整流器电压控制信号参考值。图2.9所示的获取最大功率点的过程也就是搜寻满足式(2.8)条件运行点的过程,所获得的最大功率点处的电压和电流将被用于相应控制系统的控制,保证光伏阵列工作在最大功率点。

(2)扰动观测法[11]。扰动观测法的原理是周期性地对光伏阵列电压施加一个小的增量,并观测输出功率的变化方向,进而决定下一步的控制信号。如果输出功率增加,则继续朝着相同的方向改变工作电压,否则朝着相反的方向改变。扰动观测算法只需要测量 U 和 I,同增量电导法一样具有实现简单的特点。扰动观测法的算法流程图如图2.10所示。

在光伏发电系统仿真过程中,如果仿真的时间尺度比较大,而MPPT算法响应比较快,此时可以假定系统工作在最大功率状态,相应的控制器模型可加以简化。当MPPT算法的响应时间与仿真时间尺度相耦合时,此时需要考虑到具体算法的影

响。考虑到 MPPT 算法较多，而一旦算法给定，实现其仿真模型并不困难，这里不再对具体 MPPT 算法加以介绍。

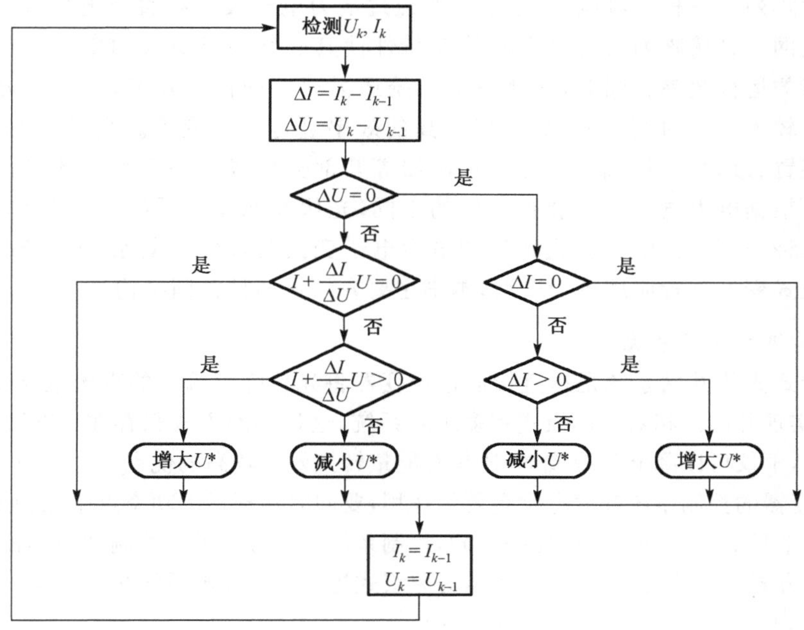

图 2.9　增量电导法算法流程图

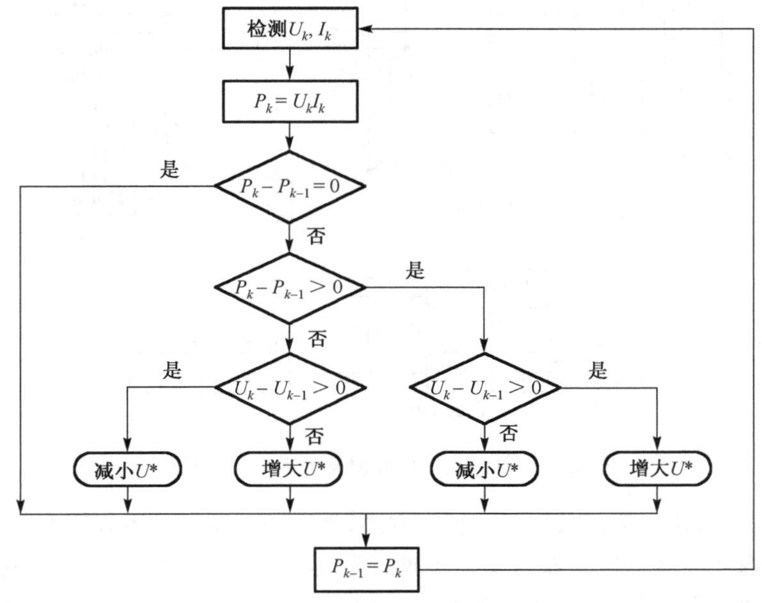

图 2.10　扰动观测法算法流程图

2.2.3 光伏并网发电系统

光伏阵列为一种直流电源，通常需要经过电力电子装置将直流电变换为交流电后接入电网。光伏阵列自身具有的伏安特性使其必须通过最大功率跟踪环节才能获得理想的运行效率。同时，光伏发电系统还需要并网控制环节，以保证光伏阵列的输出在较大范围内变化时，始终以较高的效率进行电能变换。光伏阵列、电力电子变换装置、最大功率控制器、并网控制器等几部分构成了一个完整的光伏并网发电系统。根据电力电子变换装置结构的不同，光伏并网发电系统可分为单级、双级和多级三种类型。其中多级式结构的电力电子变换装置较为复杂，成本较高；单级式和双级式变换装置应用更为广泛，本书主要介绍这两种并网结构。

1. 单级式并网系统

单级式光伏并网系统是指直接通过逆变器将光伏阵列输出的直流电能变换成交流电能，实现并网。相对于两级式和多级式系统，这种并网方式只存在逆变环节，电路结构简单，不仅可以降低系统成本，还具有能量转换效率较高的优点。由于只存在逆变环节，逆变器的控制系统起着非常重要的作用，要同时实现最大功率点跟踪和逆变器并网控制两个目的。根据控制回路的不同，控制系统可以分为单环控制和双环控制，其中双环控制方式应用广泛。图 2.11 所示为单级式光伏并网发电系统拓扑结构。

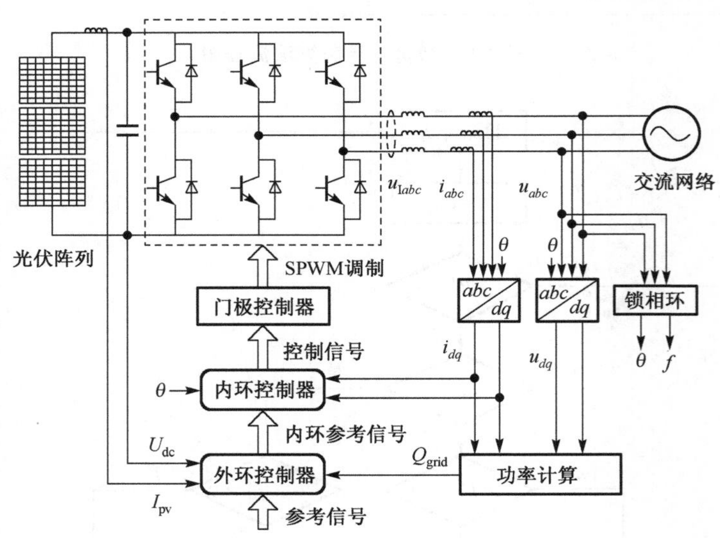

图 2.11　单级式光伏并网发电系统拓扑结构

图 2.11 中，控制系统采取双环控制方式，常用的控制方式为直流电压/无功功率外环、电流内环控制。逆变器与交流电网并联运行，对逆变器而言可将电网看作恒压源，因此逆变器的输出电流决定了输出功率的大小。假设逆变器的功率损耗很小，可忽略不计，则逆变器的输出功率等于光伏阵列的输出功率。因此并网电流的

大小反映了光伏阵列输出功率的大小,控制并网电流的幅值即可控制光伏阵列的输出功率。在实际外环控制信号选择时,由于光伏阵列的输出电流或电压需要根据MPPT 算法确定,依据 MPPT 算法确定的电压与电流存在一一对应关系,所以也可以选择直流电压进行控制,这实际上等同于电流控制,进而等同于输出最大功率控制。另一方面,光伏阵列通过并网逆变器并网时,在向系统输出有功功率的同时,也可以向电网输出无功功率,起到对电网进行无功补偿的作用,因此在外环控制信号选择光伏直流电压控制的同时,还可以选择无功功率作为给定控制信号,使光伏发电系统发出给定的无功功率值。

1)外环控制

单级式并网系统外环控制分为两部分:最大功率点跟踪环节和直流电压及无功功率控制环节。典型的结构如图 2.12 所示。

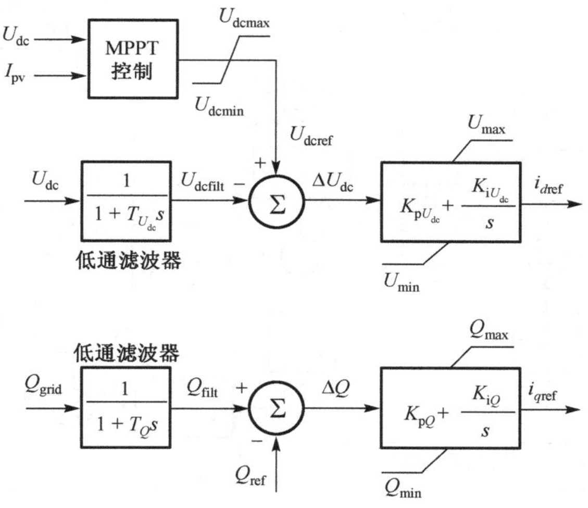

图 2.12 单级式并网系统外环控制器典型结构

在图 2.12 所示外环控制器中,在逆变器典型外环控制模式的基础上增加了光伏发电系统特有的 MPPT 控制。光伏阵列的输出电流 I_{pv} 和输出电压 U_{dc} 经过 MPPT 算法环节,得到直流电压参考信号 U_{dcref},其中 MPPT 控制可通过前面所介绍的各种"最大功率点跟踪算法"实现。实际测量得到的直流电压 U_{dc} 和逆变器输出的无功功率经滤波器后分别与"参考信号"U_{dcref} 与 Q_{ref} 进行比较,并对误差进行 PI 控制,从而得到内环控制器的参考信号 i_{dref} 与 i_{qref}。当外界条件发生变化时(光辐照度变化、温度变化或网络变化),直流电压或无功功率的误差信号不为零,从而 PI 调节器进行调节(无静差跟踪调节),直至误差信号为零,控制器达到稳态,实现运行点的过渡。

2)内环控制

光伏并网发电系统的内环控制器可以采取多种控制方法,应用较为普遍的是 $dq0$ 旋转坐标系下的内环控制。具体控制系统可参考第 3 章 3.2.3 节"逆变器控制方法”，在此不再赘述。一种典型的单级式光伏并网发电系统的整体结构如图 2.13 所示。

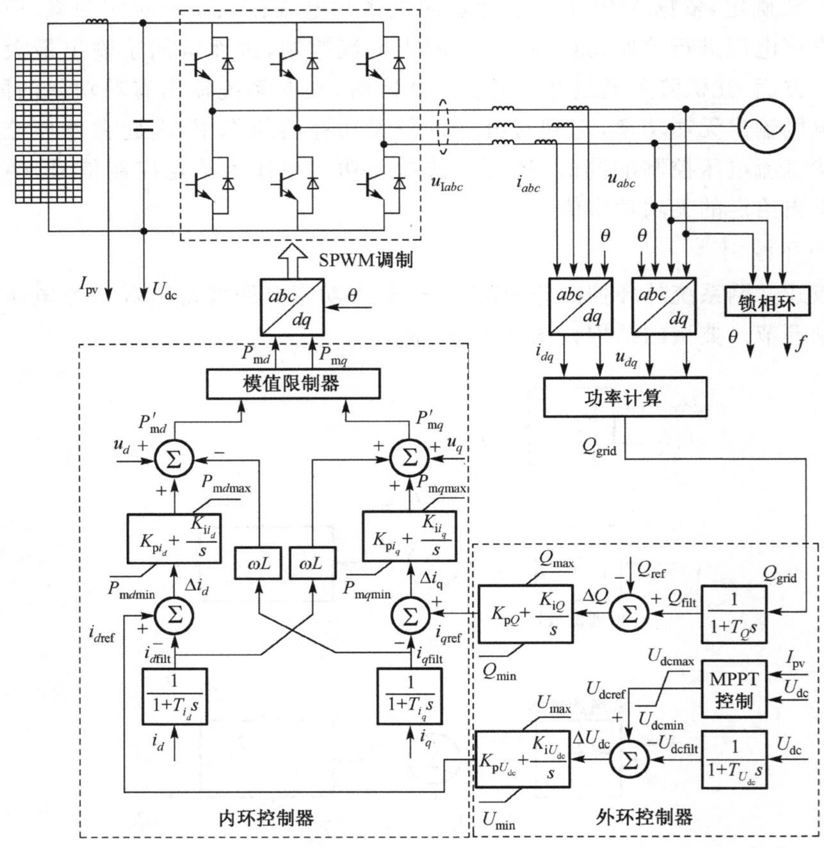

图 2.13 单级式光伏并网发电系统示意图

2. 双级式并网系统

双级式光伏并网系统是指光伏阵列首先经过 DC/DC 斩波器进行电压幅值变换，然后通过逆变器将直流电变换成交流电，实现并网。斩波器可以采取多种变换电路实现，既可以采用基本斩波电路，又可以采用复合斩波电路或多相多重斩波电路，其中复合斩波电路和多相多重斩波电路均通过基本斩波电路复合得到。基本斩波电路包括 Buck 斩波电路、Boost 斩波电路、Boost-Buck 斩波电路、Cuk 斩波电路、Sepic 斩波电路、Zeta 斩波电路等。Buck 斩波电路只能实现降压功能；Boost 斩波电路只能实现升压功能；其余 4 种斩波电路既可实现升压功能，又可实现降压功能。但 Buck 斩波电路输入电流不连续，若不加入储能电容，则光伏发电系统的工作时断时续，不能处于最佳工作状态；而在大功率情况下，储能电容始终处于大电流充放电状态，对其可靠性不利；而且通常光伏阵列的输出电压较低，经 Buck 斩波电路降压后逆变器无法正常工作。因此，实际系统中一般选用 Boost 斩波电路，既可以保证光伏阵列始终工作在输入电流连续的状态，又可以升压保证逆变器正常工作。

如图 2.14 所示为典型的双级式光伏并网系统结构图，主要包括光伏阵列、滤波电容器、斩波器、逆变器、滤波器、线路和交流电网等几部分，图中斩波器采取 Boost 斩波电路。当斩波器的输入电感足够大时，电感上的电流接近平滑的直流电流，可以省去滤波电容器，避免了加入电容器带来的种种弊端。

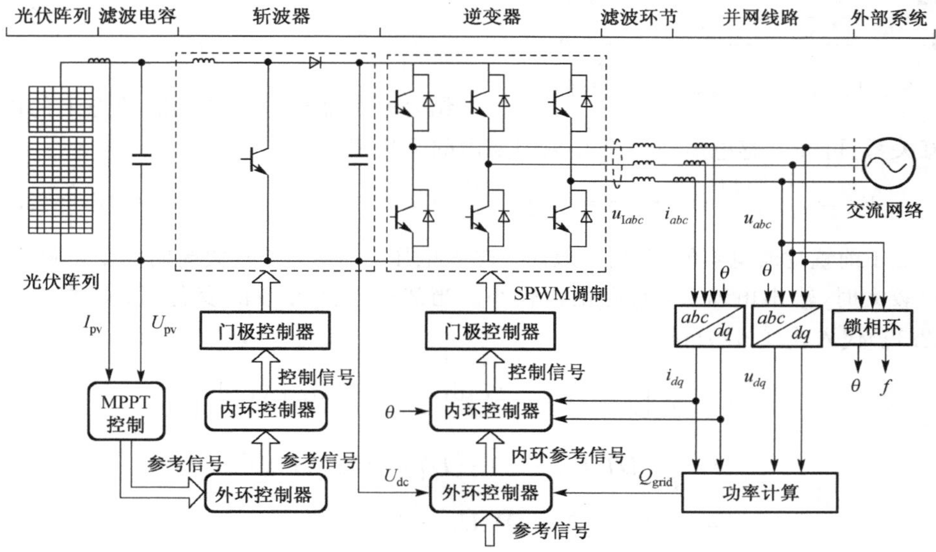

图 2.14　双级式光伏并网发电系统拓扑结构

在图 2.14 所示并网方式中，通过控制斩波器的开关器件动作策略，可以实现光伏阵列最大功率点跟踪；其中逆变器主要实现并网控制，与单级式并网方式下逆变器的控制类似。由于双级式光伏系统的斩波器与逆变器分别具有独立的控制目标和拓扑结构，因此这种控制器的设计更加简单。另一方面，双级式光伏并网系统具有两级能量变换环节，包含更多的独立元件，因此整个系统的能量转换效率会有所降低。

1）Boost 斩波器及其控制

在图 2.15 中，假设电路中的电感 L 和电容 C 较大，根据可控开关器件所处的导通和关断状态，可将一个开关周期$[t,t+T_s]$分为两个阶段进行分析。

（1）开关器件导通状态。假设在时间区间$[t,t+DT_s]$内，开关器件处于导通状态，D 为占空比（$0<D<1$）。此时一方面直流电源经开关器件向电感 L 充电，电感储存能量，另一方面电容 C 向后级电路供电，释放能量，如图 2.15 中路径①所示。此时有

$$\begin{cases} L\dfrac{\mathrm{d}I_{\mathrm{pv}}}{\mathrm{d}t}=U_{\mathrm{pv}}=u_{L(\mathrm{on})} \\ C\dfrac{\mathrm{d}U_{\mathrm{dc}}}{\mathrm{d}t}=I_{\mathrm{dc}}=i_{C(\mathrm{on})} \end{cases} \tag{2.10}$$

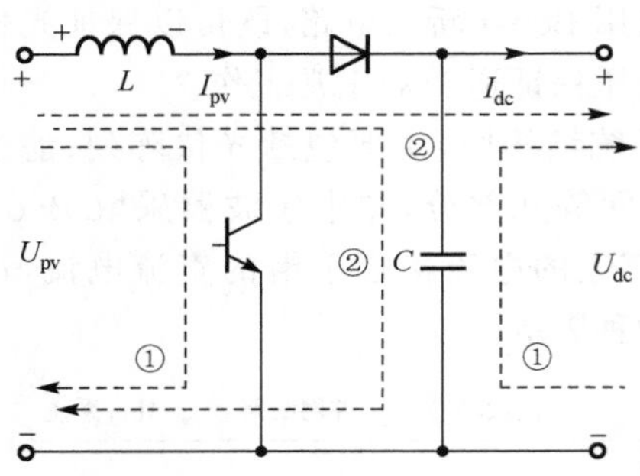

图 2.15　Boost 斩波电路工作原理

(2)开关器件关断状态。假设在时间区间$[t+DT_s, t+T_s]$内，开关器件处于关断状态。此时光伏电源和电感 L 共同向电容 C 充电，并向后级电路供电，如图 2.15 中路径②所示。此时有

$$\begin{cases} L\dfrac{\mathrm{d}I_{pv}}{\mathrm{d}t} = U_{pv} - U_{dc} = u_{L(\mathrm{off})} \\ C\dfrac{\mathrm{d}U_{dc}}{\mathrm{d}t} = I_{dc} - I_{pv} = i_{C(\mathrm{off})} \end{cases} \tag{2.11}$$

结合开关器件导通和关断状态下的电压电流关系，可知电感电压在一个开关周期内的平均值为

$$\bar{u}_L = \frac{1}{T_s}\int_t^{t+T_s} u_L(\tau)\mathrm{d}\tau = \frac{1}{T_s}\left[\int_t^{t+DT_s} u_{L(\mathrm{on})}(\tau)\mathrm{d}\tau + \int_{t+DT_s}^{t+T_s} u_{L(\mathrm{off})}(\tau)\mathrm{d}\tau\right] \tag{2.12}$$

由于前置滤波电容的存在，一般而言输入电压 U_{pv} 在一个开关周期内变化较小；电容 C 较大时，输出电压 U_{dc} 的变化也较小。当忽略上述参数的变化时，将式(2.10)、式(2.11)代入式(2.12)可得

$$\begin{aligned} \bar{u}_L &= \frac{1}{T_s}\left[\int_t^{t+DT_s} u_{L(\mathrm{on})}(\tau)\mathrm{d}\tau + \int_{t+DT_s}^{t+T_s} u_{L(\mathrm{off})}(\tau)\mathrm{d}\tau\right] \\ &= \frac{1}{T_s}[DT_sU_{pv} + (1-D)T_s(U_{pv} - U_{dc})] \\ &= DU_{pv} + (1-D)(U_{pv} - U_{dc}) \end{aligned} \tag{2.13}$$

同理可得电容电流在一个开关周期内的平均值为

$$\begin{aligned} \bar{i}_C &= \frac{1}{T_s}\int_t^{t+T_s} i_C(\tau)\mathrm{d}\tau = \frac{1}{T_s}\left[\int_t^{t+DT_s} i_{C(\mathrm{on})}(\tau)\mathrm{d}\tau + \int_{t+DT_s}^{t+T_s} i_{C(\mathrm{off})}(\tau)\mathrm{d}\tau\right] \\ &= \frac{1}{T_s}[DT_sI_{dc} + (1-D)T_s(I_{dc} - I_{pv})] \\ &= DI_{dc} + (1-D)(I_{dc} - I_{pv}) \end{aligned} \tag{2.14}$$

当电路达到稳态时，在一个开关周期内，电感电压和电容电流的平均值均为 0，即

$$\begin{cases} \bar{u}_L = DU_{pv} + (1-D)(U_{pv} - U_{dc}) = 0 \\ \bar{i}_C = DI_{dc} + (1-D)(I_{dc} - I_{pv}) = 0 \end{cases} \tag{2.15}$$

由式(2.15)可得 Boost 斩波器的稳态模型为

$$\begin{cases} U_{dc} = \dfrac{1}{1-D}U_{pv} \\ I_{dc} = (1-D)I_{pv} \end{cases} \tag{2.16}$$

对斩波器的控制主要是通过调节占空比 D，实现对光伏阵列的控制，其控制原理如图 2.16 所示。其中假设 R 为纯电阻负载，代表输出电压与电流关系；R_{eq} 为从光伏阵列端口看出去的等效电阻，其数值等于 U_{pv} 与 I_{pv} 的比值，也即代表图 2.16 中的负载特性。

由式(2.16)可得 $U_{pv}I_{pv} = U_{dc}I_{dc}$，即光伏阵列的输出功率 100％转化为负载消耗，

不存在能量损失。而负载消耗的功率又可以表示为$U_{dc}I_{dc}=U_{dc}^2/R$，结合式(2.16)有如下关系：

$$U_{pv}I_{pv}=\frac{U_{dc}^2}{R}=\frac{U_{pv}^2}{(1-D)^2R} \tag{2.17}$$

进一步整理可得

$$R_{eq}=\frac{U_{pv}}{I_{pv}}=(1-D)^2R \tag{2.18}$$

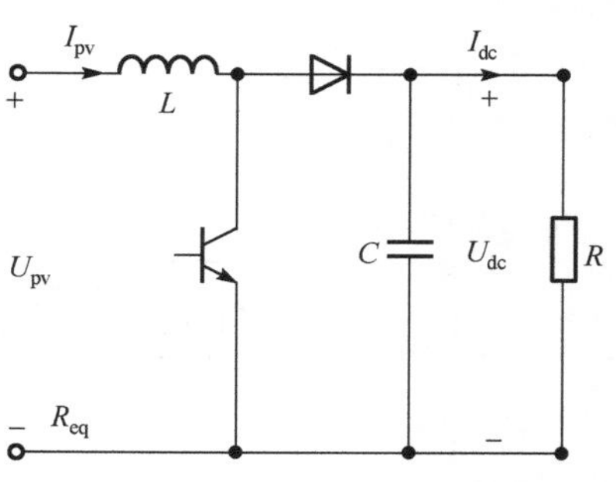

图 2.16　Boost 斩波电路工作原理

由式(2.18)可知，改变占空比 D 即可改变光伏阵列输出端等效电阻，相当于改变了负载特性曲线的斜率，负载特性曲线与光伏阵列 I-U 曲线的交点也随之改变。因此通过控制 D 即可在限定范围内调节光伏阵列的输出电压，使其运行在最大功率点。如图 2.17 所示为斩波器控制系统常用的双环控制方式，外环控制直流电压，内环控制直流电流。

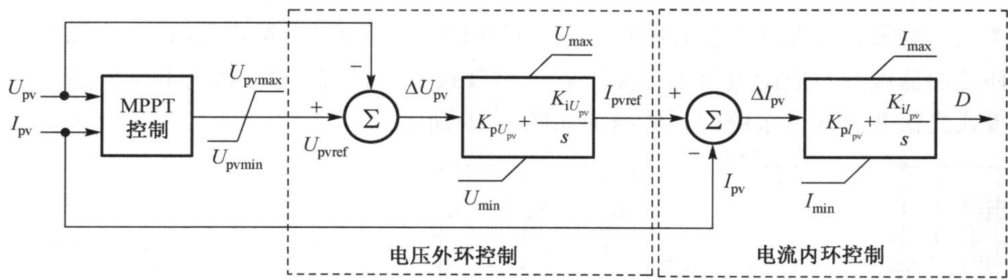

图 2.17　斩波器控制系统典型结构

在图 2.17 所示控制系统中，首先通过 MPPT 算法获得最大功率点对应的光伏阵列直流电压，作为外环电压控制的参考信号。该参考信号 U_{pvref} 与实际直流电压 U_{pv} 进行比较，并通过电压控制器进行调节，产生内环电流参考信号 I_{pvref}，然后与实际电流 I_{pv} 进行比较，经电流控制器产生控制开关器件通断的脉冲信号。通常电压控制器和电流控制器均采用 PI 调节器进行调节，实现无静差跟踪效果。当外界条件发生变化时(光辐照度变化或温度变化)，光伏阵列的输出特性发生变化，实际运行点一般并非最大功率点，因此直流电压的误差信号 ΔU_{pv} 不为零，从而进行调节，直至误差信号为零，控制器达到稳态，实现光伏阵列在最大功率点运行。

2)逆变器控制

双级式光伏并网系统的逆变器控制与单级式类似，仍然可以采用直流电压和无功功率外环、电流内环控制，其中外环控制如图 2.18 所示。

与单级并网系统的控制方式有所不同，电流内环的参考信号 i_{dref} 包括两部分：一部分是来自直流侧电压 U_{dc} 的闭环控制，由直流电压的误差信号经过 PI 调节器得到，输出参考电流 i_{dref1}；另一部分来自于有功功率闭环控制，由 MPPT 算法得到的最大功率 P_{max} 除以并网侧 d 轴电压 u_d 得到，输出参考电流 i_{dref2}。其中，直流电压控制环用于维持逆变

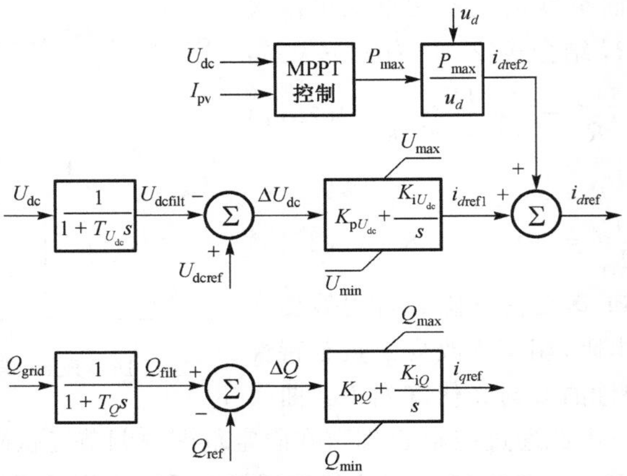

图 2.18 双级式并网系统逆变器外环控制典型结构

器直流侧电压不变，是给定值 U_{dcref}，在系统工作在理想的稳态时，ΔU_{dc} 为零，相应的 $i_{d\mathrm{ref1}}$ 为零，$i_{d\mathrm{ref}}$ 为保证光伏组件输出最大功率时对应的注入电流（参见式(3.16)）。无功功率外环控制器以及对应的电流内环控制器与单级式并网情况一致，在此不再赘述。一种双级式光伏并网发电系统的整体结构如图 2.19 所示。

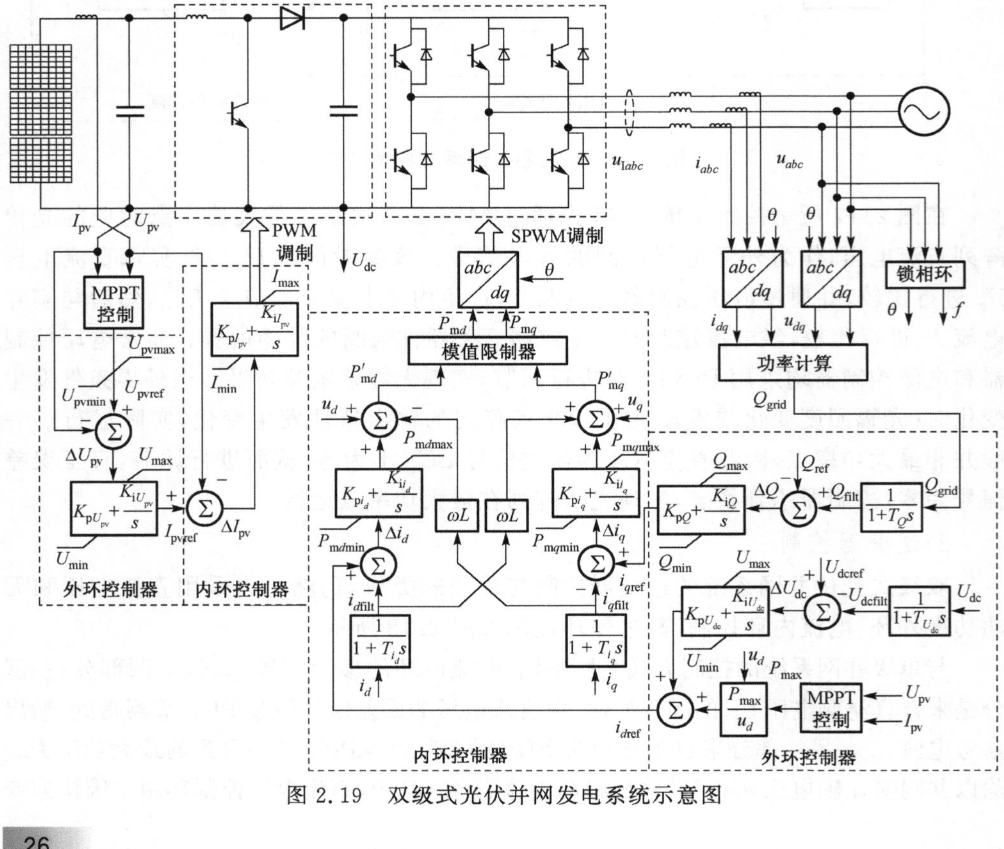

图 2.19 双级式光伏并网发电系统示意图

2.3　燃料电池发电系统

燃料电池是一种把燃料中的化学能通过电化学反应直接变成电能的高效、环保和安静的能量转换系统，它在将化学能转换为电能时不经过燃烧过程，因而具有很多的优点。燃料电池的种类很多，不同类型的燃料电池其输出特性亦不相同，需要采用不同的动态模型加以描述，本节以比较典型的高温固体氧化物燃料电池(SOFC)和低温质子交换膜燃料电池(PEMFC)为例，以氢气和氧气反应生成水作为主要化学反应过程，说明燃料电池的详细动态模型。由于系统仿真时间尺度不同，燃料电池模型可按动态过程的时间尺度划分为三种：①考虑双电层效应的短期动态模型；②考虑反应物气体压力变化电化学过程的中期动态模型；③考虑温度变化热力学过程的长期动态模型。

2.3.1　短期动态模型

在进行燃料电池短期动态特性仿真时，因为仿真时间比较短，而气体分压力和温度的时间常数比较大，如气体分压力时间常数一般在 1s 到 100s 之间，温度时间常数一般以分钟来衡量，所以气体分压力和温度在短期动态仿真中可以认为是恒定的，此时的燃料电池模型称为短期动态模型。

燃料电池短期动态模型可以依据燃料电池的工作原理分析得到解析模型，这种模型在较宽的运行条件范围内都有效，但是需要一定的电化学知识，而且实现完全解析非常困难。通常，在解析模型不容易获得时通常采用经验模型，经验模型的参数是在外特性实验的基础上，通过数据拟合获得的，其适用的运行条件范围相对较小，但是变量少，比较简单。其中，一种适合于系统动态特性仿真的模型是等效电路模型。单个燃料电池的等效电路模型如图 2.20 所示，这是最简单也是使用最广泛的等效电路模型，不仅可以用于表示低温燃料电池，如 PEMFC，也可以表示高温燃料电池，如 SOFC，两者只是在参数的计算上稍有不同[13]。图 2.20 中，U_{FC}表示燃料电池的输出电压；I_{FC}表示燃料电池的运行电流；E_{nernst}是电池的可逆开路电压，也称为“能斯特电压”；R_{ohm}称为欧姆过电压等效电阻，其压降 U_{ohm}称为欧姆过电压，是离子通过电解质和电子通过电极及连接部件时引起的电压降部分；R_{act}称为活化过电压等效电阻，其压降 U_{act} 为燃料电池阳极和阴极激活产生的活化过电压；R_{con}称为浓度过电压等效电阻，其压降 U_{con} 表示反应气体浓度发生变化引起的浓度过电压；C 为反映燃料电池双电层效应的等

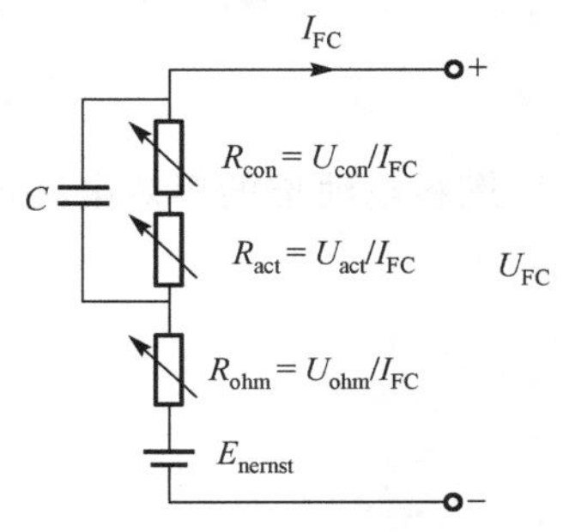

图 2.20　单个燃料电池的等效电路模型

效电容，该电容主要用于模拟由于双电层效应引起的活化和浓度过电压的延迟特性。双电层效应延迟特性的时间常数 τ 可以用下式表示：

$$\tau = CR_a \tag{2.19}$$

式中，R_a 是等效电阻(Ω)，由运行电流和活化、浓度过电压决定，可以由下式得到：

$$R_a = \frac{U_{\text{act}} + U_{\text{con}}}{I_{\text{FC}}} \tag{2.20}$$

双电层效应使燃料电池具有良好的电压动态性能，当电流发生改变时，电压会平稳地过渡到新状态。虽然双电层效应等效电容较大，但是当燃料电池运行在线性欧姆过电压区域时，R_a 很小，所以时间常数 τ 相对较小，一般在 1s 之内。

图 2.20 给出的等效电路模型能够与电化学理论充分结合，将燃料电池固有的过电压损耗和电路元件联系起来，能够在保证仿真精度的条件下，具备更广泛的通用性，并且该模型可以很方便地扩展为燃料电池堆的等效电路模型。除了图 2.20 所示的等效电路外，还有其他一些不同结构的等效电路模型，如一些研究者认为燃料电池的浓度过电压不应该用纯电阻表示，而应该用阻抗来表示，因为在利用阻抗波谱法测量燃料电池的阻抗特性时，在低频区域会显示电感特性。但是这个模型过于复杂，而且各元件的参数是在某一特定运行条件下通过拟合得出的，当运行条件发生改变时会导致各参数发生改变，并不具有通用性[13]。

根据图 2.20 所示的单个燃料电池的等效电路模型，当将 N 个单个燃料电池进行串联组成燃料电池堆的时候，假设各个电池的参数相同，燃料电池堆的电路结构如图 2.21(a)所示，简化后的电路结构如图 2.21(b)所示[14]。

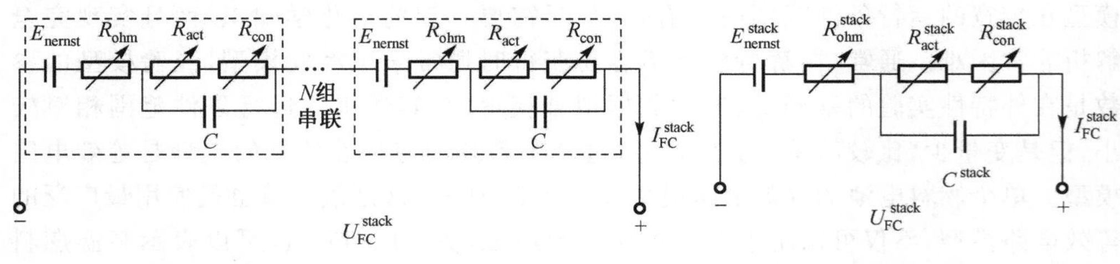

图 2.21　燃料电池堆的等效电路模型

燃料电池堆的等效电路模型参数可以根据基本的电路公式推出

$$\begin{aligned} E_{\text{nernst}}^{\text{stack}} &= N \times E_{\text{nernst}} \\ R_{\text{ohm}}^{\text{stack}} &= N \times R_{\text{ohm}} \\ R_{\text{act}}^{\text{stack}} &= N \times R_{\text{act}} \\ R_{\text{con}}^{\text{stack}} &= N \times R_{\text{con}} \\ C^{\text{stack}} &= C/N \end{aligned} \tag{2.21}$$

燃料电池堆的参数都可以从单个燃料电池的参数获得，使得燃料电池堆的可扩

展性提高，当燃料电池堆包含不同个数的燃料电池时，在仿真过程中只要改变电池个数的参数即可。

上述等效电路模型可以看作燃料电池解析模型和经验模型的结合，对于本节重点介绍的两种不同的燃料电池，其参数可以按照下述求解思路获得[15,16]。

1)PEMFC 等效电路模型参数

可逆开路电压(E_{nernst})。可逆开路电压是单个燃料电池在开路时和给定的温度和分压力下计算所得的电动势，可由公式(2.22)给出：

$$E_{nernst} = \frac{\Delta G}{2F} + \frac{\Delta S}{2F}(T - T_{ref}) + \frac{RT}{2F}(\ln p_{H_2} + \frac{1}{2}\ln p_{O_2}) \tag{2.22}$$

式中，ΔG 表示吉布斯自由能的变化值(J/mol)；F 是法拉第常量(96485C/mol)；ΔS 是熵的变化值(J/(K·mol))；R 是气体常数(8.314J/(K·mol))；p_{H_2} 和 p_{O_2} 分别是氢气和氧气的分压力(atm①)；T 是电池的工作温度(K)；T_{ref} 表示参考温度(K)。用一个标准大气压和 T_{ref} 为室温 25℃情况下的 ΔG 和 ΔS 代入式(2.22)，可得到简化的式子：

$$E_{nernst} = 1.229 - 0.85 \times 10^{-3}(T - 298.15) + 4.308 \times 10^{-5} T(\ln p_{H_2} + \frac{1}{2}\ln p_{O_2}) \tag{2.23}$$

活化过电压等效电阻(R_{act})。活化过电压是燃料电池阳极和阴极激活所损耗的电压。PEMFC 的活化过电压可以由下式得出：

$$U_{act} = -[\xi_1 + \xi_2 T + \xi_3 T\ln C_{O_2} + \xi_4 T\ln(I_{FC} + I_n)] \tag{2.24}$$

式中，I_n 表示内部短路电流(A)，由于 PEMFC 的交换电流密度较小，所以在计算活化过电压时需要考虑 I_n 的影响；C_{O_2} 是阴极催化剂表面的氧气浓度(mol/cm^3)，可以利用亨利定律从 p_{O_2} 计算得到，亨利定律说明在一定温度下，气体在液体中的饱和浓度与液面上该气体的平衡分压成正比，且系数和溶质、溶剂的特性以及温度等因素有关，计算公式如下：

$$C_{O_2} = \frac{p_{O_2}}{5.08 \times 10^6 \times e^{\frac{-498}{T}}} \tag{2.25}$$

式中，ξ_i $(i = 1, \cdots, 4)$代表活化过电压的系数，它们的值决定于动力学、热力学和电化学的理论平衡，其中参数 ξ_1、ξ_3 和 ξ_4 对输出电压影响比较大。一般情况下，大部分 PEMFC 燃料电池可采用下式进行计算：

$$\begin{aligned} \xi_1 &= -0.948(\pm 0.004) \\ \xi_2 &= 0.00286 + 0.0002\ln A + (4.3 \times 10^{-5})\ln C_{H_2} \\ \xi_3 &= (7.6 \pm 0.2) \times 10^{-5} \\ \xi_4 &= -(1.93 \pm 0.05) \times 10^{-4} \end{aligned} \tag{2.26}$$

① 1 atm 为 1 个标准大气压，即 101.325kPa，在本节中压力统一采用 atm 为单位。

式中，A 表示电池的活性面积(cm^2)；C_{H_2} 是阳极催化剂表面的氢气浓度(mol/cm^3)，可以利用亨利定律从 p_{H_2} 计算得到，计算公式如下：

$$C_{H_2} = \frac{p_{H_2}}{1.09 \times 10^6 \times e^{\frac{77}{T}}} \tag{2.27}$$

等效电路模型中的活化过电压等效电阻为

$$R_{act} = \frac{U_{act}}{I_{FC}} \tag{2.28}$$

欧姆过电压等效电阻(R_{ohm})。欧姆过电压是由于电子通过电极和连接部件产生的电阻和离子通过电解质产生的电阻之和。这种电压降总是与电流密度呈线性关系，所以被称为欧姆过电压。欧姆过电压的等效电阻等于交换膜电阻和连接电阻之和，如下所示：

$$R_{ohm} = R_M + R_C \tag{2.29}$$

式中，R_C 表示连接电阻，通常把它当作一个常量，一般在燃料电池供应商提供的参数中可以得到。交换膜的电阻常常表示为

$$R_M = \frac{\rho_M \times l}{A} \tag{2.30}$$

式中，ρ_M 表示电解质膜的电阻率($\Omega \cdot cm$)；l 表示电解质膜的厚度(cm)。广泛应用于 PEMFC 的 Nafion 型交换膜的电阻率用下式表示：

$$\rho_M = \frac{181.6\left[1 + 0.03\frac{I_{FC}}{A} + 0.062\left(\frac{T}{303}\right)^2\left(\frac{I_{FC}}{A}\right)^{2.5}\right]}{\left(\lambda - 0.634 - 3\frac{I_{FC}}{A}\right)\exp\left(4.18\frac{T-303}{T}\right)} \tag{2.31}$$

式中，在零电流和 30℃条件下的电阻率为 $181.6/(\lambda-0.634)$，分母中指数部分是电池不工作在 30℃温度时的修正系数；参数 λ 是一个调整系数，其可能最大值为 23，膜预备过程对这个参数有影响，它是阳极气体湿度的函数，在 100%的理想相对湿度下，其值为 14。在过饱和条件下，其值一般取 22 或 23。

浓度过电压等效电阻(R_{con})。浓度过电压的产生是由于电极表面反应物的浓度发生变化引起的。为了计算出这个电压降，需要定义一个最大电流密度 J_{max}(A/cm^2)，在最大电流密度条件下，燃料以最大供应速度输送给电池工作。因为燃料的供给速度是有限的，运行电流密度不能超过最大电流密度。浓度过电压可以表示为

$$U_{con} = -B\ln\left(1 - \frac{J}{J_{max}}\right) \tag{2.32}$$

式中，B 是浓度过电压的系数(V)，它是由燃料电池本身和运行状态决定的一个常数；J 表示电池的实际电流密度(A/cm^2)，其大小为 I_{FC}/A。浓度过电压只有在大电流密度时影响才比较大，在正常运行条件下影响较小。浓度过电压的等效电阻计算公式为

$$R_{con} = \frac{U_{con}}{I_{FC}} \tag{2.33}$$

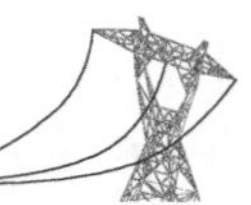

2)SOFC 等效电路模型参数

SOFC 是一种完全固态的装置,它使用可传导离子的氧化物陶瓷材料作为电解质。由于只存在气相和固相,原理比其他燃料电池简单。SOFC 没有电解质管理问题,也不需要贵金属催化剂。在对 SOFC 进行建模时,由于 SOFC 的交换电流密度很大,所以可以不考虑其内部短路电流对输出电压的影响。因为管式 SOFC 比平板式 SOFC 更为普遍,且技术更为成熟,所以下面以管式 SOFC 为例介绍等效电路模型参数的计算。

可逆开路电压(E_{nernst})。由于 SOFC 中的水为气态,所以在 SOFC 的可逆开路电压的计算中需要考虑水蒸气分压力的影响,可逆开路电压的计算如下式:

$$E_{nernst} = E_0 + \frac{RT}{2F}\left(\ln p_{H_2} + \frac{1}{2}\ln p_{O_2} - \ln p_{H_2O}\right) \tag{2.34}$$

式中,F 是法拉第常量(96485C/mol);p_{H_2}、p_{O_2} 和 p_{H_2O} 分别是氢气、氧气和水蒸气的分压力(atm);R 是气体常数(8.314J/(K·mol));T 是电池的工作温度(K);E_0 是标准大气压下的可逆开路电压(V),是以温度 T 为变量的表达式。和 PEMFC 类似,将常量代入可得到简化后的计算表达式为

$$\begin{aligned} E_{nernst} = {} & 1.253 - 2.4516\times10^{-4}T + 4.308 \\ & \times 10^{-5}T\left(\ln p_{H_2} + \frac{1}{2}\ln p_{O_2} - \ln p_{H_2O}\right) \end{aligned} \tag{2.35}$$

由于两种燃料电池运行温度不一样,使得吉布斯自由能的变化值和熵的变化值不一样,所以简化后的式子中的前半部分也略有不同。

活化过电压等效电阻(R_{act})。SOFC 的活化过电压可以用布特勒-伏尔默(Butler-Volmer)方程来表示:

$$J = J_0\left\{\exp\left(\frac{\alpha zFU_{act}}{RT}\right) - \exp\left[-\frac{(1-\alpha)zFU_{act}}{RT}\right]\right\} \tag{2.36}$$

式中,α 为传输系数;z 为每分子燃料转移的电子数;J_0 为交换电流密度(A/m^2);J 为电池运行电流密度(A/m^2)。对于 SOFC 来说,z 和 α 常取值为 2 和 0.5,阳极和阴极的活化过电压可分别表示为

$$U_{act.i} = \frac{RT}{F}\operatorname{arsinh}\frac{J}{2J_{0.i}} = \frac{RT}{F}\ln\left[\frac{J}{2J_{0.i}} + \sqrt{\left(\frac{J}{2J_{0.i}}\right)^2 + 1}\right] \quad (i = a, c) \tag{2.37}$$

式中,$J_{0.i}$ 和运行条件有关,可以由下面的表达式计算得到:

$$\begin{aligned} J_{0.a} &= \gamma_a\left(\frac{p_{H_2}}{p_{ref}}\right)\left(\frac{p_{H_2O}}{p_{ref}}\right)\exp\left(-\frac{E_{act.a}}{RT}\right) \\ J_{0.c} &= \gamma_c\left(\frac{P_{O_2}}{p_{ref}}\right)^{0.25}\exp\left(-\frac{E_{act.c}}{RT}\right) \end{aligned} \tag{2.38}$$

式中,p_{ref} 是分压力基准值(1.0 atm);$E_{act.a}$ 和 $E_{act.c}$ 是阳极和阴极的激活能(J/mol);γ_a 和 γ_c 为阳极和阴极的交换电流密度系数(A/m^2)。活化过电压等效电阻可以表示为

$$R_{act} = \frac{U_{act.a} + U_{act.c}}{I_{FC}} \tag{2.39}$$

欧姆过电压等效电阻(R_{ohm})。欧姆过电压等效电阻由阳极、阴极、电解质和连接部件的电阻决定,可以用如下表达式计算:

$$R_{ohm} = \sum \frac{\rho_i l_i}{A_i} \tag{2.40}$$

式中,l_i 是电流流经电阻时的流动距离(cm);A_i 表示电流流经电阻时的流动面积(cm^2);ρ_i 为阳极、阴极、电解质和连接部件的电阻率(Ω·cm),ρ_i 受温度的影响较大。在实际的应用中,因为电解质的电阻要比其他电阻都要大得多,所以常常只考虑电解质的电阻。

浓度过电压等效电阻(R_{con})。SOFC 中阳极和阴极的浓度过电压可以分别表示为

$$\begin{aligned} U_{con.c} &= \frac{RT}{2F}\ln\left(\frac{p^r_{H_2}\, p_{H_2O}}{p_{H_2}\, p^r_{H_2O}}\right) \\ U_{con.a} &= \frac{RT}{4F}\ln\left(\frac{p^r_{O_2}}{p_{O_2}}\right) \end{aligned} \tag{2.41}$$

式中,$p^r_{H_2O}$、$p^r_{H_2}$ 和 $p^r_{O_2}$ 分别表示 H_2O、H_2 和 O_2 在电极和电解质结合处的分压力(atm),可以通过菲克(Fick)扩散定律求得。活化过电压等效电阻可以表示为

$$R_{con} = \frac{U_{con.a} + U_{con.c}}{I_{FC}} \tag{2.42}$$

值得指出的是,图 2.20 和图 2.21 所示模型完全是为了系统仿真算法开发给出的等效电路,根据上述分析可知其电阻实际是一种受控电压源,电阻值(或其电压值)是电流 I_{FC} 的函数。在实际仿真过程中,可以不计算这些电阻值,而直接根据电流 I_{FC} 计算相应电阻的压降。

2.3.2 中期动态模型

在图 2.21 所示短期动态模型中,等效参数除与燃料电池堆运行电流 I_{FC}^{stack} 直接相关外,同时还受燃料电池中氢气分压力(p_{H_2})、氧气分压力(p_{O_2})和水蒸气分压力(p_{H_2O})以及燃料电池温度(T)的影响,在用于燃料电池的短期动态过程分析时,由于这些量的变化比较缓慢,可看作常量,也就是在短期动态模型中假定这些量是不变的。当考虑的动态过程较长进入中期动态过程时,由于 p_{H_2}、p_{O_2}、p_{H_2O} 会发生变化,此时需要考虑这些气体分压力变化对燃料电池动态特性的影响,假如考虑的动态过程时间不足以长到温度显著影响系统动态特性,燃料电池温度(T)仍可视为常数,此时的燃料电池模型称为中期动态模型,可用图 2.22 所示的框图表示[17,18]。

图 2.22 中所示的典型燃料电池中期动态模型由四部分组成[17-19]:运行电流量测环节、燃料平衡控制系统、电化学动态过程和电气部分。该模型基于下列三点假设:

(1)中期动态过程仿真的时间尺度远大于双电层效应的时间尺度,故可以忽略双电层效应电容的影响,即在图 2.20 所示等效电路图中不考虑电容 C 的影响。

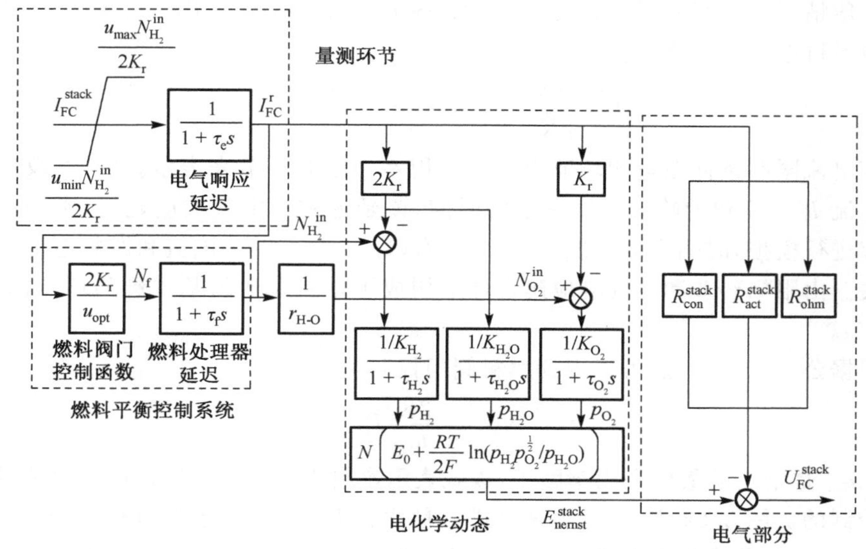

图 2.22 燃料电池堆典型中期动态模型框图

(2)燃料电池堆中温度的变化由热力学方程决定,其时间常数相对中期动态仿真的时间尺度而言较大,因此在中期模型建模中认为温度是常数,即图 2.22 中 T 为常数。

(3)若反应物 H_2、O_2、H_2O 均以气态形式存在,则相对应的分压力均需计及;若 H_2O 为液态形式,则其分压力可以忽略。图 2.22 中假设反应堆中的反应物均以气态形式存在。

1)燃料平衡控制系统和量测环节[17,18]

燃料平衡控制系统和量测环节的作用是使燃料电池运行在安全可靠的范围之内,其中燃料平衡控制系统控制燃料的进量流速率 N_f (mol/s),量测环节对燃料电池堆运行电流 I_{FC}^{stack} 进行控制,图 2.22 中 I_{FC}^{r} 为经过量测环节后的运行电流值。

燃料电池燃料利用率的公式为

$$u=\frac{N_{H_2}^{r}}{N_{H_2}^{in}} \tag{2.43}$$

式中,$N_{H_2}^{in}$ 和 $N_{H_2}^{r}$ 分别代表氢气进量和反应量的流速率(mol/s)。根据基本的电化学关系,氢气的反应流速率为

$$N_{H_2}^{r}=\frac{NI_{FC}^{r}}{2F}=2K_r I_{FC}^{r} \tag{2.44}$$

式中,N 为串联电池单元个数;F 为法拉第常数(96485C/mol);$K_r=N/(4F)$ 为一常数。将式(2.44)代入式(2.43)可得

$$u=\frac{N_{H_2}^{r}}{N_{H_2}^{in}}=\frac{2K_r I_{FC}^{r}}{N_{H_2}^{in}} \tag{2.45}$$

一般情况下利用率因子 u 设定在 80%～90%(即 $u_{\min}=0.8$，$u_{\max}=0.9$)，由此导出电池运行电流的安全运行范围为[20]

$$\frac{0.8N_{\mathrm{H_2}}^{\mathrm{in}}}{2K_{\mathrm{r}}} \leqslant I_{\mathrm{FC}}^{\mathrm{stack}} \leqslant \frac{0.9N_{\mathrm{H_2}}^{\mathrm{in}}}{2K_{\mathrm{r}}} \tag{2.46}$$

该电流限制条件在量测环节中需要采用终端限幅环节来表示。同时，反应堆对运行电流 $I_{\mathrm{FC}}^{\mathrm{stack}}$ 变化的响应需要一定的时间，该延迟称为电气响应延迟，常用一阶惯性环节进行模拟，时间常数一般为 0.8s 左右(即 $\tau_{\mathrm{e}}=0.8\mathrm{s}$)，该值和燃料电池自身特性有关。由限幅环节和电气响应延迟环节构成了燃料电池的基本量测环节，其输出值为 $I_{\mathrm{FC}}^{\mathrm{r}}$。

根据公式(2.45)，还可以得到燃料阀门控制函数

$$N_{\mathrm{H_2}}^{\mathrm{in}} = \frac{2K_{\mathrm{r}}}{u_{\mathrm{opt}}} I_{\mathrm{FC}}^{\mathrm{r}} \tag{2.47}$$

式中，u_{opt} 是给定的最佳利用率因子，该式表示燃料进量阀门是通过运行电流的变化进行控制的。图 2.22 中，$r_{\mathrm{H-O}}$为氢氧进气量比。天然气经过燃料处理部分分解为氢气与氧气，燃料平衡控制系统含有燃料处理器，其延迟通常用一阶惯性环节进行模拟，延迟的时间常数和燃料电池自身特性有关，对于 SOFC 而言该响应一般在 5s 左右(即 $\tau_{\mathrm{f}}=5\mathrm{s}$)。燃料阀门控制函数和燃料处理器延迟环节构成了燃料电池的基本燃料平衡控制系统。

2)电化学动态过程描述

燃料电池中期动态仿真模型最重要的部分是模拟反应物(H_2、O_2或 H_2O)在反应堆中的气体分压力变化过程，该过程由化学平衡方程确定，模型状态变量为反应物分压力值，结合反应堆内温度即可计算出整个燃料电池堆可逆开路电压 $E_{\mathrm{nernst}}^{\mathrm{stack}}$，因此中期动态仿真模型也称为电化学模型。下面以 H_2为例简单介绍气体分压力变化的计算原理[20-22]。

H_2分压力的变化可以用理想气体方程表示为

$$p_{\mathrm{H_2}} V_{\mathrm{an}} = n_{\mathrm{H_2}} RT \tag{2.48}$$

式中，$p_{\mathrm{H_2}}$ 是氢气分压力(atm)；V_{an} 是阳极处反应物(这里为氢气)体积($\mathrm{m^3}$)；$n_{\mathrm{H_2}}$ 是阳极处氢气物质的量(mol)；R 为气体常数(8.314J/(K·mol))；T 是电池堆运行温度(K)。对上式两边微分，并进行相应的变换得到

$$\frac{\mathrm{d}}{\mathrm{d}t} p_{\mathrm{H_2}} = \frac{RT}{V_{\mathrm{an}}} \frac{\mathrm{d}}{\mathrm{d}t} n_{\mathrm{H_2}} = \frac{RT}{V_{\mathrm{an}}} (N_{\mathrm{H_2}}^{\mathrm{in}} - N_{\mathrm{H_2}}^{\mathrm{out}} - N_{\mathrm{H_2}}^{\mathrm{r}}) \tag{2.49}$$

式中，$N_{\mathrm{H_2}}^{\mathrm{in}}$、$N_{\mathrm{H_2}}^{\mathrm{out}}$、$N_{\mathrm{H_2}}^{\mathrm{r}}$ 分别是氢气进量、出量和反应量的流速率(mol/s)。

由于反应物的出量流速率和反应堆管道中的反应物分压力之间存在正比例关系：

$$N_{\mathrm{H_2}}^{\mathrm{out}} / p_{\mathrm{H_2}} = K_{\mathrm{H_2}} \tag{2.50}$$

式中，$K_{\mathrm{H_2}}$ 是氢气阀门摩尔常数(mol/(s·atm))。将式(2.44)、式(2.50)代入式(2.49)，并进行拉普拉斯(Laplace)变换可得到

$$p_{H_2}(s) = \frac{1/K_{H_2}}{1+s\tau_{H_2}}(N_{H_2}^{in} - 2K_r I_{FC}^r) \tag{2.51}$$

式中，$\tau_{H_2} = V_{an}/(RTK_{H_2})$。$O_2$ 和 H_2O 对应的气体分压力同理具有类似上式的形式。

式(2.48)～式(2.51)及 O_2 和 H_2O 的对应公式构成了燃料电池反应堆的气体分压力动态方程。

2.3.3 长期动态模型

在前面介绍的短期和中期动态模型中，燃料电池温度 T 在仿真过程中始终认为不变。当动态过程的仿真时间尺度大到需要考虑温度变化的影响时，燃料电池就需要用长期动态模型来描述。由于长期动态仿真的时间尺度远大于双电层效应和气体压力变化的时间尺度，故可以假定双电层效应和气体压力变化的动态过程已经结束，只考虑由于温度变化所引起的动态过程。

在长期动态模型建模过程中，假设燃料电池堆各部分具有相同的温度，忽略相邻电池单元之间的温度差异。PEMFC 和 SOFC 的长期动态模型均可通过能量守恒方程确定[22-24]：

$$\begin{aligned}\frac{d}{dt}Q_{stack} &= C_{pstack}M_{stack}\frac{dT}{dt} \\ &= \frac{d}{dt}Q_{chem} - \frac{d}{dt}Q_{elec} - \frac{d}{dt}Q_{loss,total} \\ &= P_{chem} - P_{elec} - \frac{d}{dt}Q_{loss,total}\end{aligned} \tag{2.52}$$

式中，C_{pstack} 是燃料电池堆的平均比热容量(J/(kg·K))；M_{stack} 是燃料电池堆的质量(kg)；T 是燃料电池堆内温度(K)；$\frac{d}{dt}Q_{stack}$ 是燃料电池堆吸热速率(W)；P_{chem} 是化学反应过程中释放的总功率(W)；P_{elec} 是输出的电功率(W)；$\frac{d}{dt}Q_{loss,total}$ 是总热流量(W)，热流量是指物体两侧存在温差时，单位时间内由导热、对流、辐射方式通过物体所传递的热量，当关注燃料电池的电能使用效率时，该部分能量视为损耗，如果燃料电池这部分热量被用作供热、制冷时，该部分能量仍然可以被循环利用，在此不再详细讨论。PEMFC 和 SOFC 的 P_{chem} 和 P_{elec} 计算原理相同，具体如下。

(1)总功率 P_{chem} 可用氢气的消耗速率表达为

$$P_{chem} = \frac{d}{dt}n_{H_2\_used}\Delta H = N_{H_2}^r\Delta H = 2K_r I_{FC}^r \Delta H \tag{2.53}$$

式中，ΔH 是氢气的焓变化值(J/mol)；$n_{H_2\_used}$ 是氢气的消耗量(mol)。

(2)输出的电功率 P_{elec} 为

$$P_{elec} = U_{FC}^{stack} I_{FC}^{stack} \tag{2.54}$$

两种燃料电池的不同特性导致总热流量 $\frac{\mathrm{d}}{\mathrm{d}t}Q_{\text{loss,total}}$ 有所不同，下面分别介绍PEMFC和SOFC总热流量的计算原理。

1)PEMFC 总热流量[22,23]

图 2.23 给出了 PEMFC 中输入化学功率、输出电功率以及各种热流量功率的关系示意图。

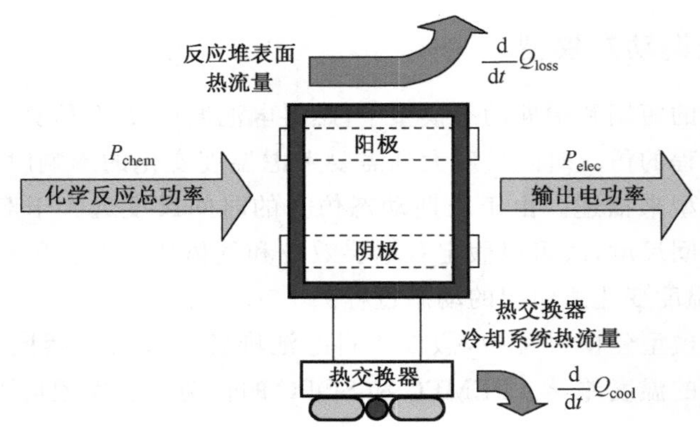

图 2.23　PEMFC 热流量关系示意图

图 2.23 中，PEMFC 的总热流量包括热交换器中冷却系统热流量 $\frac{\mathrm{d}}{\mathrm{d}t}Q_{\text{cool}}$（W）和反应堆表面热流量 $\frac{\mathrm{d}}{\mathrm{d}t}Q_{\text{loss}}$（W），即

$$\frac{\mathrm{d}}{\mathrm{d}t}Q_{\text{loss,total}} = \frac{\mathrm{d}}{\mathrm{d}t}Q_{\text{cool}} + \frac{\mathrm{d}}{\mathrm{d}t}Q_{\text{loss}} \tag{2.55}$$

(1)热交换器中冷却系统热流量计算：

$$\frac{\mathrm{d}}{\mathrm{d}t}Q_{\text{cool}} = \mu A_{\text{HX}} \cdot \text{LMTD(T)} \tag{2.56}$$

式中，μA_{HX} 代表热交换器在单位温度(K)内传递热功率值的量度(W/K)；μ 是热交换器的热交换系数(W/(m^2·K))；A_{HX} 是热交换器的散热面积(m^2)；LMTD(T)是对数平均温差(K)，是燃料电池温度 T 的函数。

$$\mu A_{\text{HX}} = h_{\text{cond}} + h_{\text{conv}} I_{\text{FC}}^{\text{stack}} \tag{2.57}$$

式中，h_{cond} 是热交换器传导系数(W/K)；h_{conv} 是热交换器对流系数(W/(A·K))。

$$\text{LMTD}(T) = \frac{(T - T_{\text{cw,in}}) - (T - T_{\text{cw,out}})}{\ln[(T - T_{\text{cw,in}})/(T - T_{\text{cw,out}})]} \tag{2.58}$$

式中，$T_{\text{cw,in}}$ 是冷却水入口处温度(K)；$T_{\text{cw,out}}$ 是冷却水出口处温度(K)。

(2)反应堆表面的热流量计算：

$$\frac{\mathrm{d}}{\mathrm{d}t}Q_{\text{loss}} = hA_{\text{stack}}(T - T_{\text{amb}}) \tag{2.59}$$

式中，h 是反应堆的传热系数（$W/(m^2 \cdot K)$）；A_{stack} 是反应堆的散热面积（m^2）；T_{amb} 是环境温度（K）。由式(2.52)～式(2.59)构成的 PEMFC 反应堆长期动态模型方程为

$$
\begin{aligned}
C_{pstack} M_{stack} \frac{dT}{dt} = & 2K_r I_{FC}^r \Delta H - U_{FC}^{stack} I_{FC}^{stack} \\
& - (h_{cond} + h_{conv} I_{FC}^{stack}) \frac{(T - T_{cw,in}) - (T - T_{cw,out})}{\ln[(T - T_{cw,in})/(T - T_{cw,out})]} \\
& - hA_{stack}(T - T_{amb})
\end{aligned}
\tag{2.60}
$$

2）SOFC 总热流量[24]

图 2.24 给出了 SOFC 中输入化学功率、输出电功率以及各种热流量功率的关系示意图。

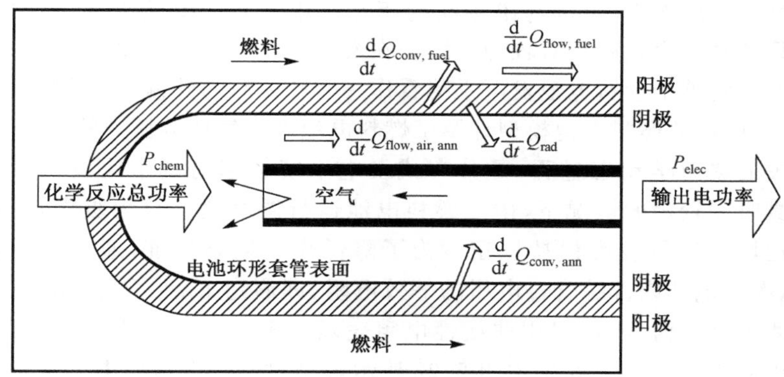

图 2.24　SOFC 热流量关系示意图

图 2.24 中，SOFC 总热流量构成如下所示：

$$
\begin{aligned}
\frac{d}{dt}Q_{loss,total} = & \frac{d}{dt}Q_{rad} + \frac{d}{dt}Q_{conv,ann} + \frac{d}{dt}Q_{flow,air,ann} \\
& + \frac{d}{dt}Q_{conv,fuel} + \frac{d}{dt}Q_{flow,fuel}
\end{aligned}
\tag{2.61}
$$

式中，$\frac{d}{dt}Q_{rad}$ 是电池环形套管表面辐射部分的热流量（W）；$\frac{d}{dt}Q_{conv,ann}$ 是电池环形套管表面对流部分的热流量（W）；$\frac{d}{dt}Q_{flow,air,ann}$ 是电池环形套管中空气流动换热部分的热流量（W）；$\frac{d}{dt}Q_{conv,fuel}$ 是燃料对流部分的热流量（W）；$\frac{d}{dt}Q_{flow,fuel}$ 是燃料流动换热部分的热流量（W）。具体计算公式可以参考文献[24]。

2.3.4　燃料电池并网系统

燃料电池是一种直流电源，通常需经电力电子装置将直流电变换为交流电后接

入电网。燃料电池、电力电子变换装置及并网控制器构成了一个完整的燃料电池并网发电系统。与光伏发电系统一样，根据电力电子变换装置拓扑结构的不同，燃料电池并网发电系统也可分为单级方式和双级方式。总体上讲，无论是单级方式还是双级方式，燃料电池与光伏发电系统的并网控制方式基本相同，与光伏发电系统并网控制方式略有不同的是，燃料电池并网控制系统还常常采用单环控制方式。所谓单环控制方式是指控制回路中仅存在“外环控制器”，这是燃料电池并网系统中应用比较广泛的一种控制方式[25−27]。

2.3.5 模型适应性分析

1. 详细及简化模型

一个完整的燃料电池发电系统的动态过程包含电化学过程、热力学动态过程以及电磁场间相互作用过程。燃料电池发电系统中的各个动态过程体现出不同的时间尺度特性。一般而言，电场与磁场间的相互作用时间尺度较小，而热力学过程和电化学过程的动态变化则相对较为迟缓。在燃料电池作为分布式电源接入电网时，真正关心的是将整个燃料电池发电系统看作一个整体后的外输出响应特性。

图 2.22 所示的燃料电池模型计及了燃料电池内部气体分压力的变化，忽略了温度变化相关的热力学动态过程，是分布式发电系统暂态仿真中比较常用的动态模型。在仿真时间较短的情况下，由于燃料电池运行温度变化较为缓慢，通常可以假定燃料电池堆的运行温度保持恒定。为了降低模型复杂程度，通常采用固定电阻 R_{FC} 来表示燃料电池内部综合过电压的等效电阻，即假定 $R_{FC}=R_{con}+R_{act}+R_{ohm}$。如果仿真需要更高的精度，可以用非线性电阻表示过电压等效电阻，其阻值通常可以用电流的函数表示[16,17]。在采用图 2.22 所示模型对燃料电池发电系统进行动态特性研究时，由于仿真模型较为复杂，通常需要在保证仿真精度的基础上对该模型进行化简以提高计算速度。根据研究工作的需要，详细模型可化简为恒压力模型和理想电压源模型。

1)恒压力模型

在进行实际分布式发电系统仿真时，图 2.22 所示详细模型中各气体分压力变化的时间常数较大，而电力电子变流装置的开关动作很快，对应控制器的时间常数也较小，忽略气体分压力变化的影响，即可得到恒压力模型[28]。恒压力模型将气体分压力当作固定值进行处理，省略了量测环节和燃料平衡控制系统，降低了模型的复杂程度，可用下式表示：

$$U_{FC}=N\left[E_0+\frac{RT}{2F}\ln\left(p_{H_2}p_{O_2}^{\frac{1}{2}}/p_{H_2O}\right)-R_{FC}I\right] \tag{2.62}$$

式中，R_{FC} 为内部过电压等效电阻(Ω)；I 为 SOFC 输出电流(A)。此时，气体分压力可采用燃料电池输出额定功率时的对应值。

2)理想电压源模型

在恒压力模型中，由于内部过电压等效电阻的影响，燃料电池输出电压受输出电流影响。在此基础上,文献[29]、[30]对燃料电池恒压力模型进一步进行了简化,忽略该等效电阻,此时燃料电池模型成为理想电压源形式,电压值可采用燃料电池在输出额定功率时的对应值。

2. 算例系统参数

系统参数主要包括燃料电池并网逆变器控制参数和燃料电池本体参数,考虑到后续分析与燃料电池发电系统和外部系统间连接线路的参数关系不大,这里没有给出线路有关参数值。

1)逆变器控制策略及参数

SOFC 发电系统通常包括 SOFC、三相逆变器、LC 滤波器、线路以及负荷等,如图 2.25(a)所示,其中,C 点为后续分析涉及的短路的故障点。考虑到 SOFC 发电系统具备稳定的输出特性,在微电网中常常作为主电源运行,此时,需要其兼备独立运行和并网运行两种工作模式。在并网运行状态下工作于恒功率控制模式,在独立运行状态下工作于恒压/恒频控制模式。有关燃料电池并网逆变器的控制策略有多种,本章及第 3 章介绍的很多分布式电源并网逆变器控制策略都可以采用。在这里介绍的模型适应性分析算例中,所采用的并网逆变器控制系统结构如图 2.25(b)所示。

在图 2.25(b)所示系统中,无论是处于带负载独立运行模式,还是处于并网运行模式,燃料电池系统的控制结构基本保持不变。这里,在燃料电池系统并网运行时采用了间接电流控制方法,其原理可以用图 2.26 所示的电路模型描述。

在图 2.26 中,$U_{\mathrm{F}}\angle\delta$ 表示逆变器经滤波器滤波后的输出电压,$U\angle 0$ 表示经并网点电网电压,阻抗 $R+\mathrm{j}X$ 代表线路和变压器的阻抗。电源向网侧输送的有功功率 P 和无功功率 Q 可由下式计算得到

$$P=\frac{UU_{\mathrm{F}}}{Z}\cos(\theta_z-\delta)-\frac{U^2}{Z}\cos\theta_z$$

$$Q=\frac{UU_{\mathrm{F}}}{Z}\sin(\theta_z-\delta)-\frac{U^2}{Z}\sin\theta_z$$

式中,$Z=\sqrt{R^2+X^2}$;$\theta_z=\arctan(X/R)$。可知燃料电池经逆变器向外送出的有功 P 和无功 Q 由 U_{F} 和 δ 决定。在给定有功功率 P 和无功功率 Q 的情况下,U_{F} 和 δ 的值可通过下式计算得到

$$U_{\mathrm{F}}=\left[\frac{Z^2}{U^2}(P^2+Q^2)+U^2+2PZ\cos\theta_z+2QZ\sin\theta_z\right]^{\frac{1}{2}}$$

$$\delta=\theta_z-\arccos\left(\frac{ZP}{UU_{\mathrm{F}}}+\frac{E}{U_{\mathrm{F}}}\cos\theta_z\right)$$

利用 U_{F} 和 δ 可获得三相电压值,进而经过派克(Park)变换可获得 $dq0$ 坐标系下的电压值作为逆变器输出电压控制的参考值,即图 2.25(b)中的 $u_{\mathrm{F}d\mathrm{ref}}$ 和 $u_{\mathrm{F}q\mathrm{ref}}$。

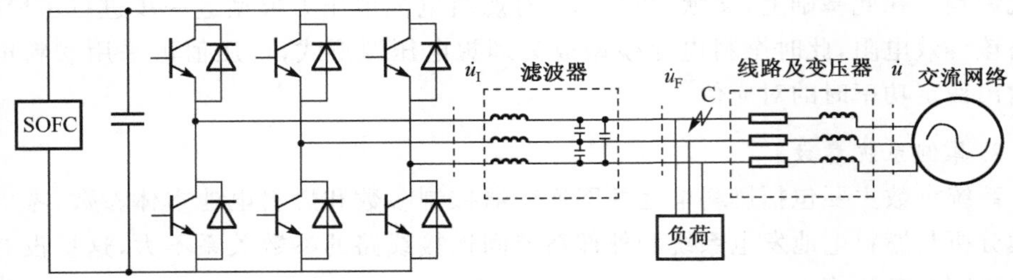

(a) 单级式燃料电池并网发电系统

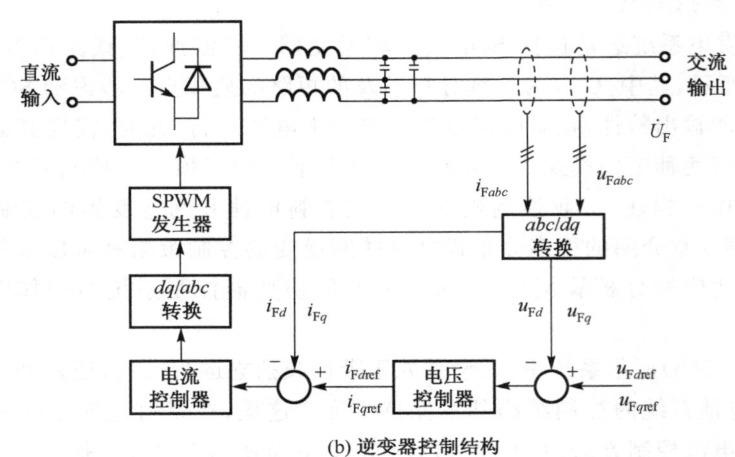

(b) 逆变器控制结构

图 2.25 燃料电池并网及控制系统

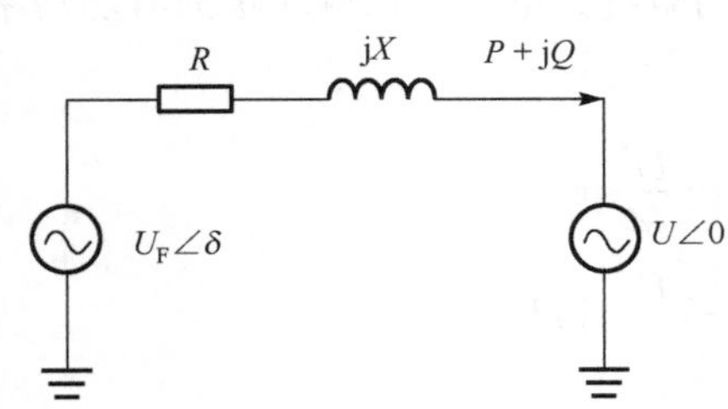

图 2.26 间接电流控制原理示意图

综上所述，当需要燃料电池工作于恒功率控制模式（微电网并网运行）时，可以根据给定的有功功率和无功功率值，按照上述方法确定 u_{Fdref} 和 u_{Fqref}；但需要燃料电池工作于恒压/恒频控制模式（微电网独立运行，燃料电池作为主电源）时，可根据要求的输出电压值直接确定 u_{Fdref} 和 u_{Fqref}。因此，图 2.25(b)所示系统控制框图在两种运行模式下都可适用。在图 2.25(b)中，电压控制器和电流控制器均为 PI 控制，参数如表 2.1 所示。

表 2.1 控制器参数

参　数	参数含义	参数值
$K_{pu_{Fd}}$，$K_{pu_{Fq}}$	逆变器电压环控制器比例系数	0.2,0.2
$K_{iu_{Fd}}$，$K_{iu_{Fq}}$	逆变器电压环积分系数	25,25
$K_{pi_{Fd}}$，$K_{pi_{Fq}}$	逆变器电流环比例系数	2.5,2.5
$K_{ii_{Fd}}$，$K_{ii_{Fq}}$	逆变器电流环积分系数	250,250

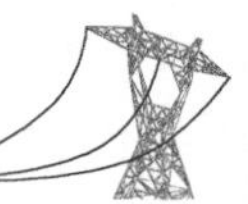

2)燃料电池参数

作为分析算例，燃料电池参数如表 2.2 所示[17,19]。

表 2.2 燃料电池参数

参数	参数描述	参数值
T	燃料电池堆绝对温度	1273K
F	法拉第常数	96485C/mol
R	气体常数	8.314J/(K·mol)
N	燃料电池个数	500
E_0	理想开路电压	1.18V
u_{max}	最大燃料利用率	0.9
u_{min}	最小燃料利用率	0.8
u_{opt}	最佳燃料利用率	0.85
K_{H_2}	氢气阀门摩尔常数	8.43×10^{-4} kmol/(s·atm)
K_{H_2O}	水蒸气阀门摩尔常数	2.81×10^{-4} kmol/(s·atm)
K_{O_2}	氧气阀门摩尔常数	2.52×10^{-3} kmol/(s·atm)
τ_{H_2}	氢气流响应时间	26.1s
τ_{H_2O}	水蒸气流响应时间	78.3s
τ_{O_2}	氧气流响应时间	2.91s
R_{FC}	单个电池欧姆电阻	3.2813×10^{-4}
τ_e	电气响应延迟	0.8s
τ_f	燃料处理器延迟	5s
$r_{H\text{-}O}$	氢氧进气量比	1.145

3.模型适应性分析

主要针对三种场景，分别使用详细模型、恒压力模型和理想电压源模型进行仿真分析[31]。

1)功率输出变化时的短时间动态分析

燃料电池发电系统并网运行时，负载功率需求发生突变会导致电池本体输出电压发生改变。在详细模型中，由于燃料平衡控制系统和量测环节的存在，输出电流的改变会引起内部气体分压力发生变化，但恒压力模型和理想电压源模型并没有计及内部气体分压力的变化，此时三种模型下燃料电池本体输出会存在一定差别。

假设 1s 时有功功率需求发生改变，从 50kW 突变到 30kW，无功功率需求保持为 0。分别采用详细模型、恒压力模型和理想电压源模型进行快动态过程仿真的结果如图 2.27 所示。

由于燃料电池发电系统并网运行时，并网逆变器输出电压受电网电压约束，基本不会发生变化或变化很小。从图 2.27 的仿真结果看出，采用理想电压源模型、恒压力模型和详细模型进行仿真得到的 SOFC 本体输出电压存在一定差别，但在实际分布式发电系统中，燃料电池输出需经逆变器并入外部系统，逆变器的开关动作很快且其控制器的时间常数较小，此时，SOFC 本体输出电压仿真结果虽略有差异，但

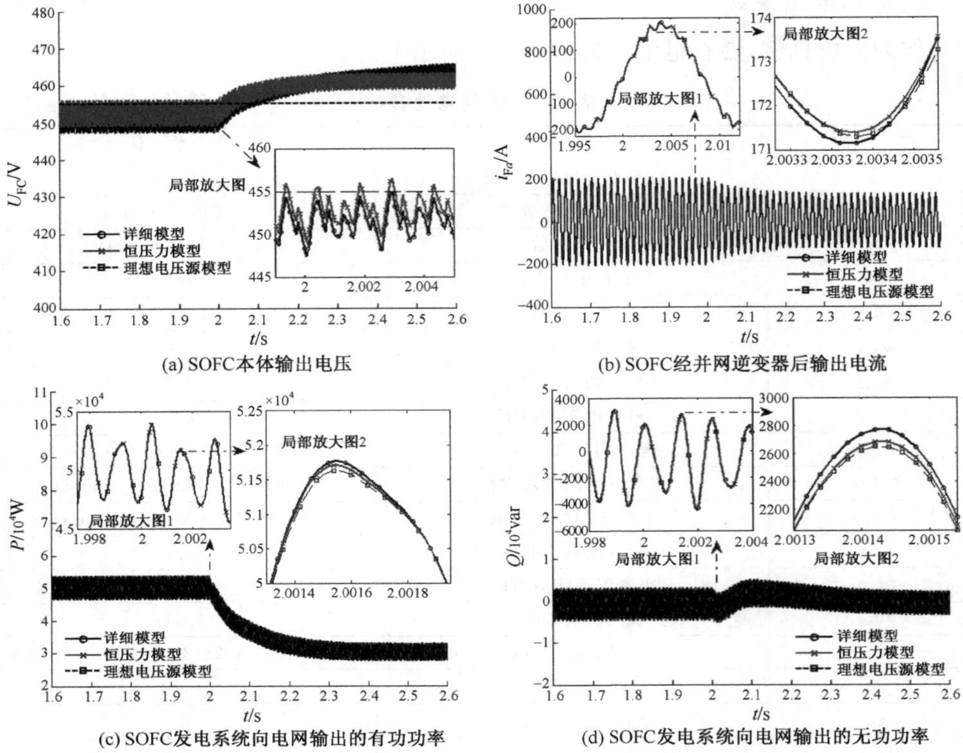

(a) SOFC本体输出电压

(b) SOFC经并网逆变器后输出电流

(c) SOFC发电系统向电网输出的有功功率

(d) SOFC发电系统向电网输出的无功功率

图 2.27 并网运行时负荷功率发生突变的仿真结果

对逆变器的输出影响很小，从整个 SOFC 发电系统角度看，其外部特性仍然能够较好地吻合。因此，在较短时间尺度内，SOFC 发电系统的负荷功率在一定范围内发生突变时，可以使用理想电压源模型和恒压力模型代替详细模型进行负荷跟踪特性的研究。

2）发生单相接地故障时的暂态过程分析

短路故障的暂态过程属于快动态过程，对燃料电池系统进行快动态特性研究时有必要考虑短路故障情况。为了单独考查燃料电池模型对故障动态特性的影响，这里选取燃料电池独立带负载运行时发生单相接地故障的情况进行仿真研究。

假设燃料电池发电系统在 1s 时在图 2.25(a)所示的 C 点发生 c 相接地故障，持续时间为 0.3s。分别采用详细模型、恒压力模型和理想电压源模型进行动态特性仿真的结果如图 2.28 所示。由于 a 相和 b 相的电压电流仿真结果相似，这里不再给出 B 相仿真结果。

从图 2.28 所示的仿真结果可以看出，在这一故障情况下，采用恒压力模型和详细模型得到的对外输出特性仿真结果仍然能够较好地吻合；但采用详细模型和理想电压源模型时的仿真结果差别较大，此时逆变器的快速开关动作也难以使燃料电池发电系统的对外输出特性保持一致，尤其是在故障切除后系统向新的稳态过渡时存在较大误差，采用理想电压源模型的燃料电池发电系统将更快过渡到新的稳态。因此，在对燃料电池发电系统进行短路故障研究时，可以使用恒压力模型代替详细模型进行动态特性的研究，但采用理想电压源模型会带来一定的仿真误差。

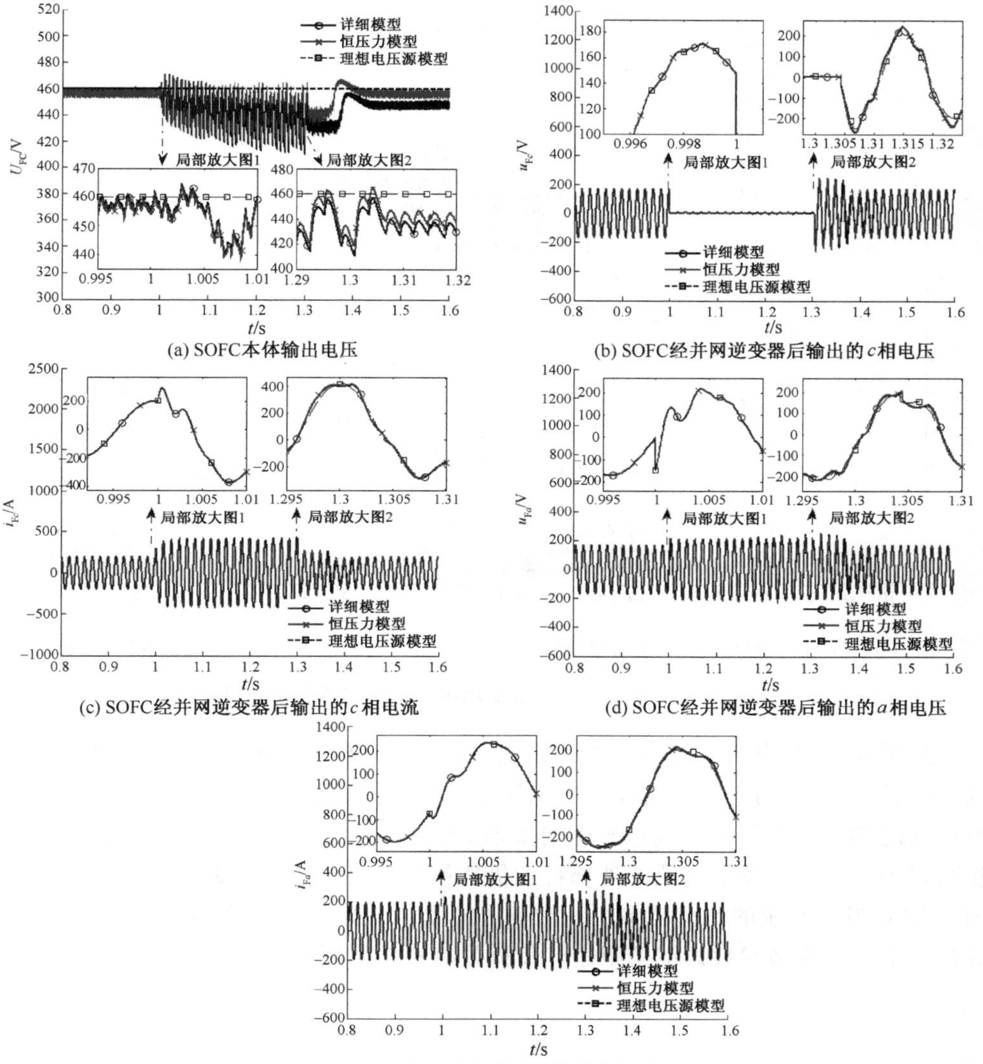

(a) SOFC本体输出电压

(b) SOFC经并网逆变器后输出的c相电压

(c) SOFC经并网逆变器后输出的c相电流

(d) SOFC经并网逆变器后输出的a相电压

(e) SOFC经并网逆变器后输出的a相电流

图 2.28　独立运行时线路发生故障的仿真结果

3）输出功率变化时的长时间动态分析

在并网条件下，假设系统 5s 时有功功率需求发生改变，从 25kW 突变到 45kW，无功功率需求保持 0，仿真时间为 100s。分别采用详细模型、恒压力模型和理想电压源模型进行慢动态过程仿真的结果如图 2.29 所示。

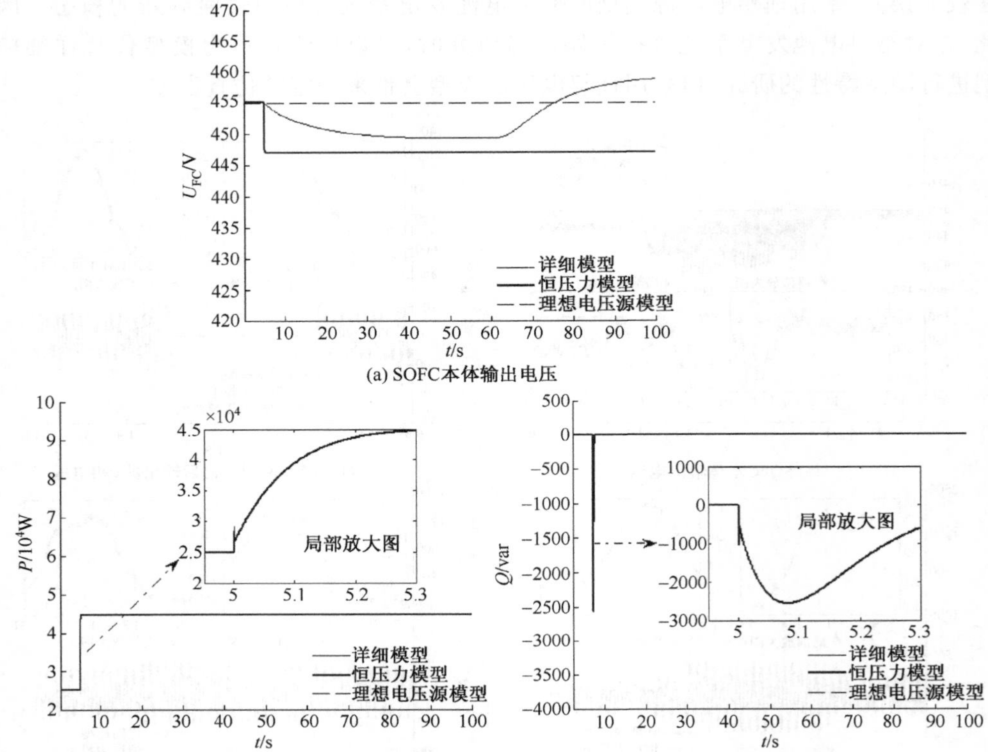

(a) SOFC本体输出电压

(b) SOFC经并网逆变器后输出的有功功率

(c) SOFC经并网逆变器后输出的无功功率

图 2.29　并网运行时负荷功率发生突变的仿真结果

从图 2.29 给出的仿真结果可以看出，由于燃料电池气体分压力的时间常数较大，采用详细模型的 SOFC 本体输出电压在 100s 时仍然没有到达稳态，三种模型仿真得到的 SOFC 本体输出电压虽略有差异，但是由于逆变器的作用，采用三种模型仿真得到的 SOFC 发电系统的外部特性仍然能够保持一致。因此，在较长时间尺度内，SOFC 发电系统的负荷功率在一定范围内发生突变时，仍然可以使用恒压力模型和理想电压源模型代替详细模型进行负荷跟踪特性的研究。

2.4　风力发电系统

风力发电系统是一种将风能转换为电能的能量转换系统。作为一种可再生能源，风能的开发利用近年来得到了极大的关注，大量的风力发电系统已经投入运行，各种风力发电技术日臻成熟。本节将从仿真计算建模的需要出发，重点介绍典型风力发电系统的并网方式以及相关仿真模型。

2.4.1 风力发电系统典型形式

风力发电系统的分类方法有多种。按照发电机的类型划分，可分为同步发电机型和异步发电机型；按照风力机驱动发电机的方式划分，可分为直驱式和使用增速齿轮箱驱动式；另一种更为重要的分类方法是根据风机转速将其分为恒频/恒速和恒频/变速两种。

1)恒频/恒速风力发电系统

在恒频/恒速风力发电系统中，发电机直接与电网相连，风速变化时，采用失速控制维持发电机转速恒定。这种风力发电系统一般以异步发电机直接并网的形式为主，如图 2.30 所示。

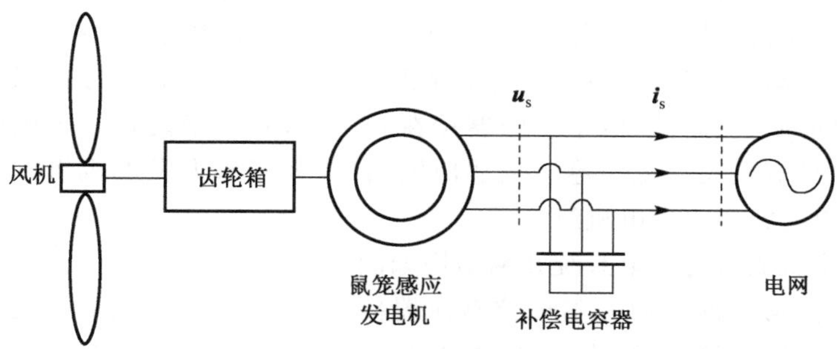

图 2.30 异步发电机直接并网风力发电系统

这种类型风力发电系统的优点是结构简单、成本低，但缺点也比较明显，如：无功不可控，需要电容器组或 SVC 进行无功补偿；输出功率波动较大；风速的改变通常会使风机偏离最佳运行转速，降低运行效率。由于这些缺点的存在，这种风力发电系统的容量通常较小。

2)恒频/变速风力发电系统

在恒频/变速风力发电系统中，根据风速的状况可实时地调节发电机的转速，使风机运行在最佳叶尖速比附近，优化风机的运行效率，同时通过控制手段可以保证发电机向电网输出频率恒定的电功率。这种风力发电系统中较为常见的是双馈风力发电系统和永磁同步直驱风力发电系统。

双馈风力发电系统如图 2.31 所示。与恒频/恒速风力发电系统不同，这种风力发电系统的控制方式为变桨距控制，从而使风机在较大范围内按最佳参数运行，提高了风能利用率。双馈电机的定子与电网直接相连，转子通过变频器连接到电网中，变频器可以改变发电机转子输入电流的频率，进而可以保证发电机定子输出跟电网频率同步，实现变速恒频控制。

双馈风力发电系统最大的特点是转子侧能量可双向流动。当风机运行在超同步速度时，功率从转子流向电网；而当运行在次同步速度时，功率从电网流向转

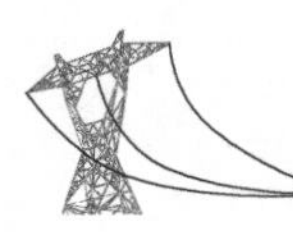

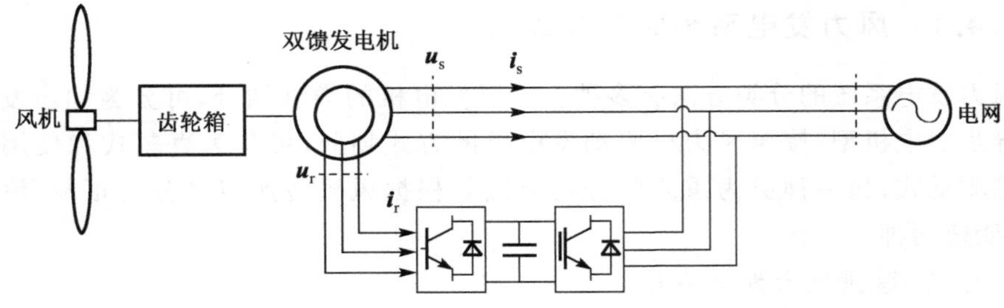

图 2.31　双馈风力发电系统

子[32]。相对于恒频/恒速风力发电系统,双馈风力发电系统控制方式相对复杂,机组价格较贵,但性能上较恒频/恒速风力机具有较大的优势:转子侧通过变频器并网,可对有功和无功进行控制,不需要无功补偿装置;风机采用变桨距控制,可以追踪最大风能功率,提高风能利用率;由于转子侧采用电力电子接口,可以降低输出功率的波动,提高电能质量;此外,由于变频器接在转子侧,相对于装在定子侧的全功率变频器,损耗及投资大大降低。鉴于上述原因,目前大型风力发电机组一般为该种变桨距控制的双馈式风力发电机组。

永磁同步直驱风力发电系统并网结构如图 2.32 所示。该风力发电系统一般有三种并网结构,第一种是通过不可控整流器接 PWM 逆变器并网,如图 2.32(a)所示,采用二极管进行整流,结构简单,在中小变频调速装置中有较多的应用,成本会相应降低,但是由于在低风速时发电机输出电压较低,能量将无法回馈至电网。

为克服低风速时的运行问题,当采用不控整流器时,实际中往往采用第二种拓扑结构,即在直流侧加入一个 Boost 升压电路,如图 2.32(b)所示。该电路结构具有如下优点:由于具有升压斩波环节,可以对发电机输出的电压放宽要求,拓宽了风机的工作范围;整流桥采用二极管不可控整流,成本相对较低,在大功率的时候更加明显;控制相对简单。但是该种电路结构形式中,发电机侧功率因数不为 1.0 且不可控,发电机功率损耗相对较大。

第三种并网结构是通过两个全功率 PWM 变频器与电网相连,如图 2.32(c)所示。与二极管整流相比,这种方式可以控制有功功率和无功功率,调节发电机功率因数为 1.0;不需要并联电容器作为无功补偿装置;风机采用变桨距控制可以追踪最大风能功率,提高了风能利用率;定子通过两个全功率变频器并网,可以与直流输电的换流站相连,以直流电的形式向电网供电。但是,该种结构要求有两个与发电机功率相当的可控桥,当发电机功率较大时,成本显著增加。

此外,这种类型的风力发电系统也可以采用普通同步发电机或异步发电机通过变频器并网,但由于这类发电机转速要求较高,风机与发电机间需要通过齿轮箱进行啮合,如图 2.33 所示。

在对风力发电系统进行仿真建模时,一般需要考虑以下几个子系统模型:空气动力系统模型、桨距控制模型、发电机轴系模型、发电机模型、变频器及其控制系统

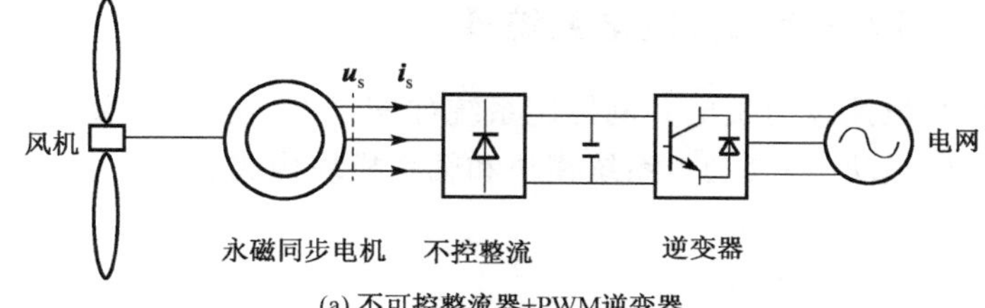

(a) 不可控整流器+PWM逆变器

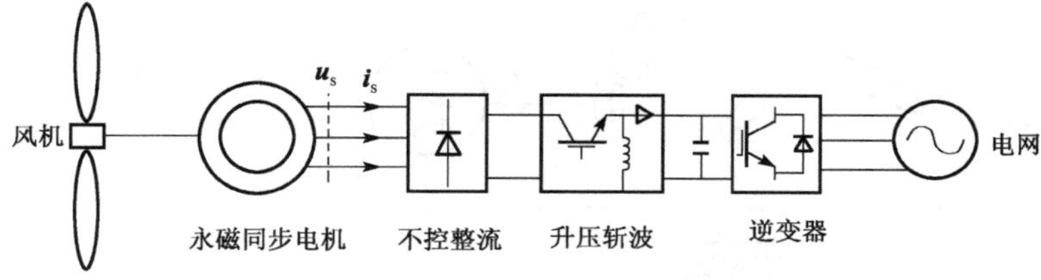

(b) 不可控整流器+升压斩波电路+PWM逆变器

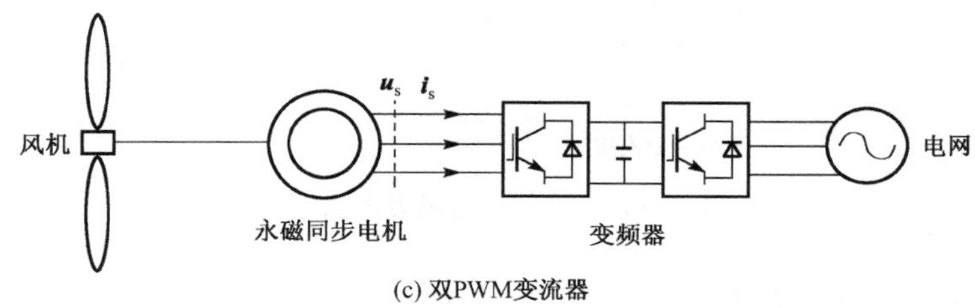

(c) 双PWM变流器

图 2.32 永磁同步直驱风力发电系统并网结构

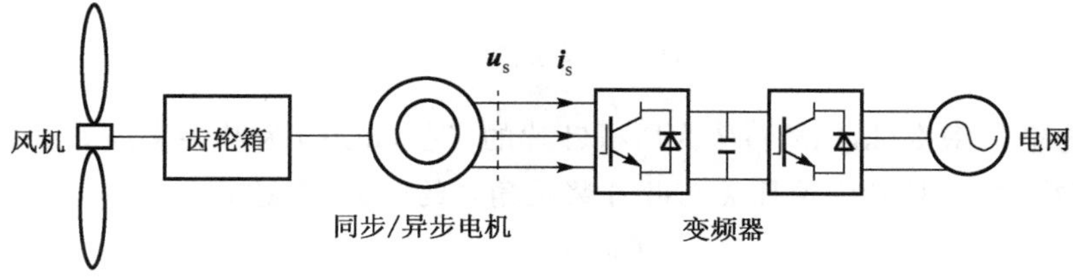

图 2.33 普通同步/异步发电机并网系统

模型等。不同风力发电系统并网结构上的不同决定了控制策略及物理结构上的差异：空气动力系统模型根据控制方式不同而略有差别；桨距控制模型根据控制方式不同分为定桨距控制模型和变桨距控制模型；轴系模型根据系统的不同，可考虑三质块模型、两质块模型和单质块模型；发电机需要分别考虑鼠笼式异步感应发电机、双馈感应发电机和永磁同步发电机模型；变频器及其控制系统模型适用于恒频/变速风力发电系统，变频器一般是背靠背的电压源型 PWM 可控换流器。

2.4.2 恒频/恒速风力发电系统模型

典型的恒频/恒速风力发电并网控制系统如图 2.34 所示，主要由异步感应发电机模块、桨距控制模块、空气动力系统模块和轴系模块构成。

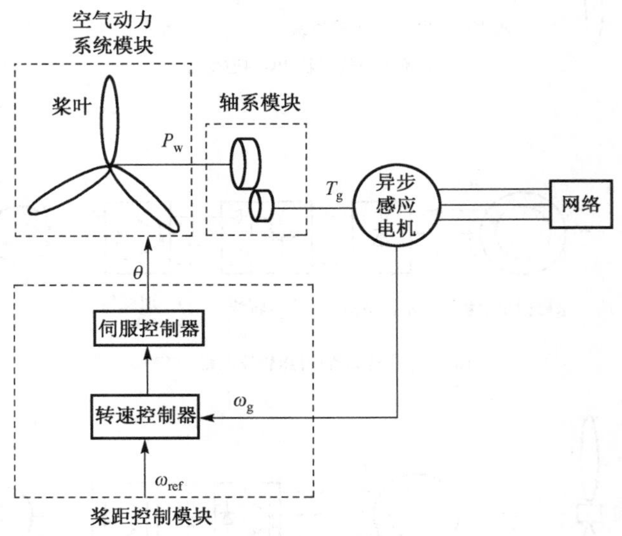

图 2.34 恒频/恒速风力发电控制系统

1. 空气动力系统模型

空气动力系统模型用于描述将风能转化为风机功率输出的过程，其能量转换公式为

$$P_w = \frac{1}{2}\rho\pi R^2 v^3 C_P \tag{2.63}$$

式中，ρ 为空气密度（kg/m^3）；R 为风机叶片的半径（m）；v 为叶尖来风速度（m/s）；C_P 为风能转换效率，是叶尖速比 λ 与叶片桨距角 θ 的函数，表达式为

$$C_P = f(\theta,\lambda) \tag{2.64}$$

叶尖速比 λ 定义为

$$\lambda = \frac{\omega_w R}{v} \tag{2.65}$$

式中，ω_w 为风机机械角速度（rad/s）。

典型的风力发电系统 C_P 特性曲线如图 2.35 所示。

由图 2.35 可见，对于变桨距系统，C_P 与叶尖速比 λ 和桨距角 θ 均有关系，随着桨距角 θ 的增大，C_P 曲线整体降低。当采用变桨距变速控制时，控制系统先将桨距角置于最优值，进一步通过变速控制使叶尖速比 λ 等于最优值 λ_{opt}，从而使风机在最大风能转换效率 C_P^{max} 下运行。对于定桨距系统，桨距角为 0°不作任何调节，C_P 只与叶尖

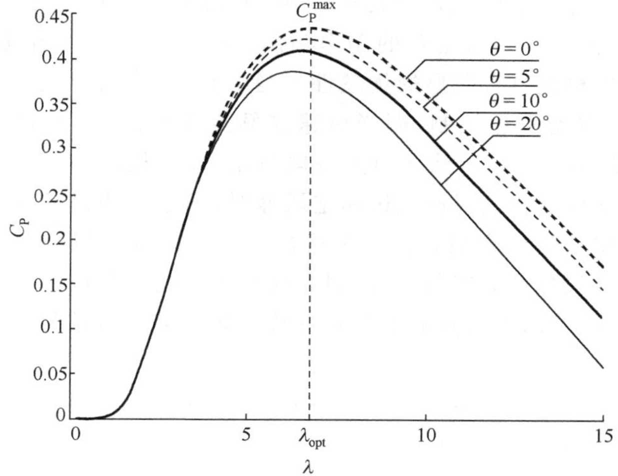

图 2.35 典型的 C_P 特性曲线

速比 λ 有关,因此风机只能在某一风速下运行在最优风能转换效率 C_P^{max} 点,而更多时候则运行在非最佳状态。

对于恒频/恒速定桨距型风力发电机组,下式给出了一种 C_P 特性曲线近似描述[33]:

$$C_P = \frac{16}{27}\frac{\lambda}{\lambda + \dfrac{1.32 + [(\lambda - 8)/20]^2}{B}} - 0.57\frac{\lambda^2}{\dfrac{L}{D}\left(\lambda + \dfrac{1}{2B}\right)} \tag{2.66}$$

式中,B 为叶片数;$\frac{L}{D}$ 为升力比。当叶片数为 1、2、3,且满足 $4 \leqslant \lambda \leqslant 20$ 和 $\frac{L}{D} \geqslant 20$ 时,能够较高精度地拟合实际 C_P 特性曲线。对于变桨距型风力发电机组,与上式对应的一种 C_P 特性曲线近似式为

$$C_P = 0.5\left(\frac{RC_f}{\lambda} - 0.022\theta - 2\right)e^{-0.255\frac{RC_f}{\lambda}} \tag{2.67}$$

式中,C_f 为叶片设计参数,一般取 1~3。

2. 桨距控制模型

早期的风力发电系统以定桨距(失速型)风力发电机组为主导机型。定桨距是指桨叶与轮轴的连接是固定的,当风速变化时,桨叶的迎风角度不能随之变化。当风速高于额定风速时,气流将在桨叶的表面产生涡流,导致升力系数减小,阻力系数增大,使效率降低,从而产生失速,限制发电机的功率输出。此时,完全由桨叶的物理特性进行自动的调节,仿真中可利用式(2.66)给出的 C_P 特性来模拟被动失速效应。

近年来,随着风力发电系统容量的增大,变桨距控制技术日益获得重视,并逐渐获得了广泛的应用。变桨距风力发电机组的桨距角一般是以发电机的电气量作为

反馈信号加以控制。它不受风速变化的影响，无论风速变大还是变小，控制系统都能调整叶片角度，使之获得较稳定的功率输出。相对定桨距风力发电机组来说，变桨距控制风力发电机组具有明显的优越性。当恒频/恒速风力发电系统采用变桨距控制时，一般采取主动失速控制，即当风速在额定风速以下，控制器将桨距角置于0°，不做变化，可认为等同于定桨距风力发电机组，发电机的功率根据叶片的气动性能随风速的变化而变化。当风速超过额定风速时，通过桨距角控制可以防止发电机的转速和输出功率超过额定值。在实际运行环境下，准确测量风速存在一定困难，往往以发电机的电气量作为控制信号，侧面反映风速的变化情况，如发电机转速、输出功率等。图 2.36 给出了以发电机转速 ω_g 作为控制器输入信号实现主动失速控制的系统框图。

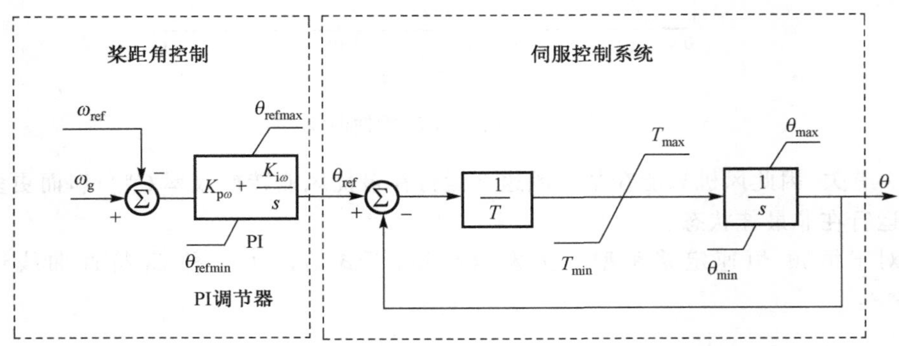

图 2.36　主动失速变桨距控制系统框图

PI 调节器的下限值 θ_{refmin} 一般设为零，这样当发电机转速 ω_g 低于额定转速 ω_{ref} 时，PI 调节器的输出 θ_{ref} 为零，桨距角 θ 相应地被控制在 0°，伺服控制系统不动作。当发电机转速 ω_g 高于额定转速 ω_{ref} 时，PI 调节器的输出 θ_{ref} 大于零，伺服控制系统动作，实现桨距角的调节。伺服系统中相关的限幅环节动作特性如下：

$$\begin{cases}\frac{1}{T}(\theta_{ref}-\theta)<T_{min}:\frac{1}{T}(\theta_{ref}-\theta)=T_{min}\\ \frac{1}{T}(\theta_{ref}-\theta)>T_{max}:\frac{1}{T}(\theta_{ref}-\theta)=T_{max}\\ \theta<\theta_{min}:\theta=\theta_{min}\\ \theta>\theta_{max}:\theta=\theta_{max}\end{cases}\tag{2.68}$$

式中，T 为伺服控制系统的比例控制常数；T_{max} 和 T_{min} 为伺服控制系统比例控制输出的上限和下限幅值；θ_{max} 和 θ_{min} 为桨距角上限和下限幅值。

3. 轴系模型

不同并网类型的风力发电系统，轴系模型具有统一的结构，在恒频/变速风力发电系统中将不再一一介绍。风力发电系统的轴系一般包含有三个质块：风机质块、齿轮箱质块和发电机质块（直驱风力发电系统无齿轮箱质块）。风机质块一般惯性较大,而齿轮箱质块惯性较小,其主要作用是通过低速转轴和高速转轴将风机和发电机啮合在一起。由于各个质块惯性相差较大,不同风力发电系统的质块构成也不完全一致。在系统仿真过程中,三质块模型、两质块模型和单质块模型都可能会涉及。

(1)三质块模型[34]:三质块模型的结构如图 2.37 所示。

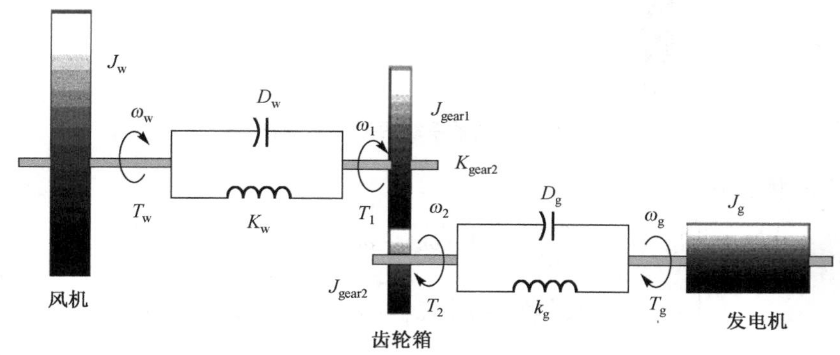

图 2.37 轴系系统三质块示意图

图 2.37 所示的模型中包含了风机质块、齿轮箱质块和发电机质块,考虑轴的刚性系数和阻尼系数,三质块模型对应的状态方程如下:

$$\begin{cases} T_w = J_w \dfrac{d\omega_w}{dt} + D_w\omega_w + k_w(\theta_w - \theta_1) \\ T_1 = J_{gear1} \dfrac{d\omega_1}{dt} + D_w\omega_1 + k_w(\theta_1 - \theta_w) \\ T_2 = J_{gear2} \dfrac{d\omega_2}{dt} + D_g\omega_2 + k_g(\theta_2 - \theta_g) \\ -T_g = J_g \dfrac{d\omega_g}{dt} + D_g\omega_g + k_g(\theta_g - \theta_2) \\ \omega_2 = k_{gear}\omega_1, T_2 = \dfrac{T_1}{k_{gear}} \end{cases} \tag{2.69}$$

式中,T_w 为风机的转矩;J_w 为风机的惯性常数;ω_w 为风机的转速;D_w 为风机阻尼系数;k_w 为风机轴系的刚性系数;θ_w 为风机质块转角;θ_1 为齿轮箱低速轴转角;T_1 为齿轮箱低速轴转矩;J_{gear1} 为齿轮箱低速轴惯性常数;ω_1 为齿轮箱低速轴转速;T_2 为齿轮箱高速轴转矩;J_{gear2} 为齿轮箱高速轴惯性常数;ω_2 为齿轮箱高速轴转速;θ_2 为齿轮箱高速轴转角;T_g 为发电机的机械转矩;J_g 为发电机的惯性常数;ω_g 为发电机的转速;D_g 为发电机阻尼系数;k_g 为发电机轴系的刚性系数;θ_g 为发电机质块转角;k_{gear} 为齿轮箱变比。

(2)两质块模型[34]:由于齿轮箱的惯性相比风机和发电机而言较小,有时可以将齿轮箱的惯性忽略,即假设 $J_{gear1}=J_{gear2}=0$,将低速轴各量折算到高速轴上,此时的两质块轴系系统如图 2.38 所示。

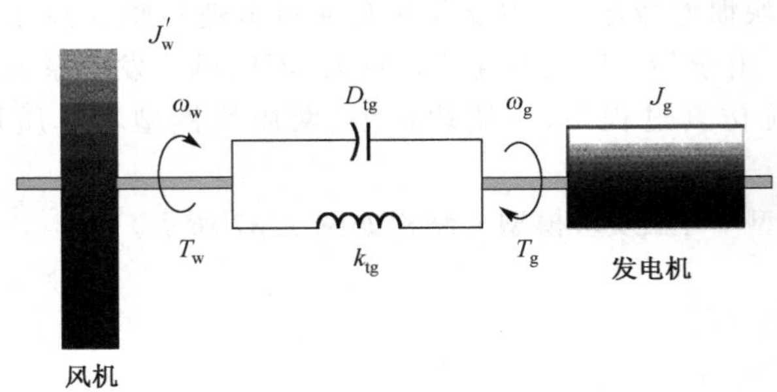

图 2.38　轴系系统两质块示意图

对应的状态方程如下：

$$\begin{cases} T_w = J'_w \dfrac{d\omega_w}{dt} + D_{tg}(\omega_w - \omega_g) + k_{tg}(\theta_w - \theta_g) \\ -T_g = J_g \dfrac{d\omega_g}{dt} + D_{tg}(\omega_g - \omega_w) + k_{tg}(\theta_g - \theta_w) \end{cases} \tag{2.70}$$

式中，J'_w 为折算后风机的惯性常数；D_{tg} 为折算后风机的阻尼系数；k_{tg} 为折算后风机的刚性系数。

(3)单质块模型[34]：如果进一步忽略传动轴的阻尼系数和刚性系数，即假设 $D_{tg}=0$，$k_{tg}=0$，则可以得到传统的单质块模型：

$$T_w - T_g = J_{one} \frac{d\omega_g}{dt} \tag{2.71}$$

不同的轴系模型应用场合不同，在风力发电系统的建模仿真中，两质块的模型较为常用，其仿真框图如图 2.39 所示[35]。

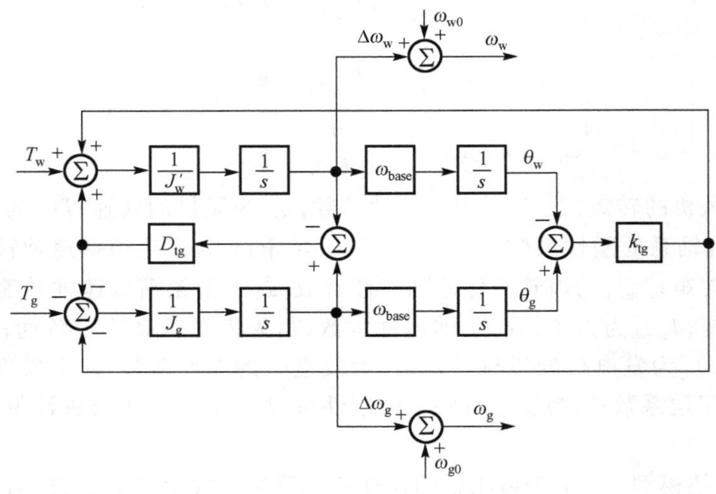

图 2.39　轴系系统两质块仿真框图

图 2.39 中，ω_{g0}和ω_{w0}分别为发电机和风机的额定转速标幺值，在稳态情况下$\omega_{g0}=\omega_{w0}$；$\Delta\omega_g$和$\Delta\omega_w$分别为发电机和风机的转速偏差标幺值；ω_{base}为风机转速基值。

风机和发电机的转矩T_w和T_g作为输入信号，分别输出风机和发电机的转速ω_w、ω_g。其中

$$\begin{cases} T_w = \dfrac{P_w}{\omega_w} \\ T_g = \dfrac{P_g}{\omega_g} \end{cases} \tag{2.72}$$

2.4.3 双馈风力发电系统模型

典型的恒频/变速风力发电并网控制系统如图 2.40 所示[35]，发电机一般为三相绕线式异步发电机，定子绕组直接并网，转子绕组外接变频器，实现交流励磁。根据$f_1=pf_m\pm f_2$的关系（f_1为定子电流频率，与电网频率相同；f_2为转子电流的频率；p为电机的极对数；f_m为转子机械频率），当发电机的转速n低于气隙旋转磁场的转速n_1时，发电机处于亚同步速运行状态，变频器向发电机转子提供交流励磁，发电机由定子发出电能至电网，该式取正号，即$f_1=pf_m+f_2$；当发电机转速n高于气隙旋转磁场的转速n_1时，发电机处于超同步速运行状态，发电机同时由定子和转子发出电能至电网，该式取负号，即$f_1=pf_m-f_2$；当发电机转速n等于气隙旋转磁场的转速n_1时，发电机处于同步速运行状态，变频器向发电机转子提供直流励磁，$f_2=0$，即$f_1=pf_m$。因此，当风速变化引起发电机转速n变化时，即pf_m变化时，应控制转子电流的频率f_2使定子输出频率f_1恒定。由$f_2=sf_1$可知，控制转差率s即可控制f_2，进而实现输出频率f_1恒定。下面分别对各个模块的模型进行详细介绍。

1. 双馈电机模型

双馈电机的控制通常以矢量控制为主。为了获得高性能的控制系统，必须从双馈电机的模型入手，从而找出控制量与被控量。双馈电机在转子参考坐标系下的数学模型[35]，如下式所示：

$$\begin{cases} u_{sd} = -R_s i_{sd} + p\psi_{sd} - \omega\psi_{sq} \\ u_{sq} = -R_s i_{sq} + p\psi_{sq} + \omega\psi_{sd} \\ u_{rd} = R_r i_{rd} + p\psi_{rd} - s\omega\psi_{rq} \\ u_{rq} = R_r i_{rq} + p\psi_{rq} + s\omega\psi_{rd} \end{cases} \tag{2.73}$$

定子、转子磁链表示为

$$\begin{cases} \psi_{sq} = -L_s i_{sq} + L_m i_{rq} \\ \psi_{sd} = -L_s i_{sd} + L_m i_{rd} \\ \psi_{rq} = L_r i_{rq} - L_m i_{sq} \\ \psi_{rd} = L_r i_{rd} - L_m i_{sd} \end{cases} \tag{2.74}$$

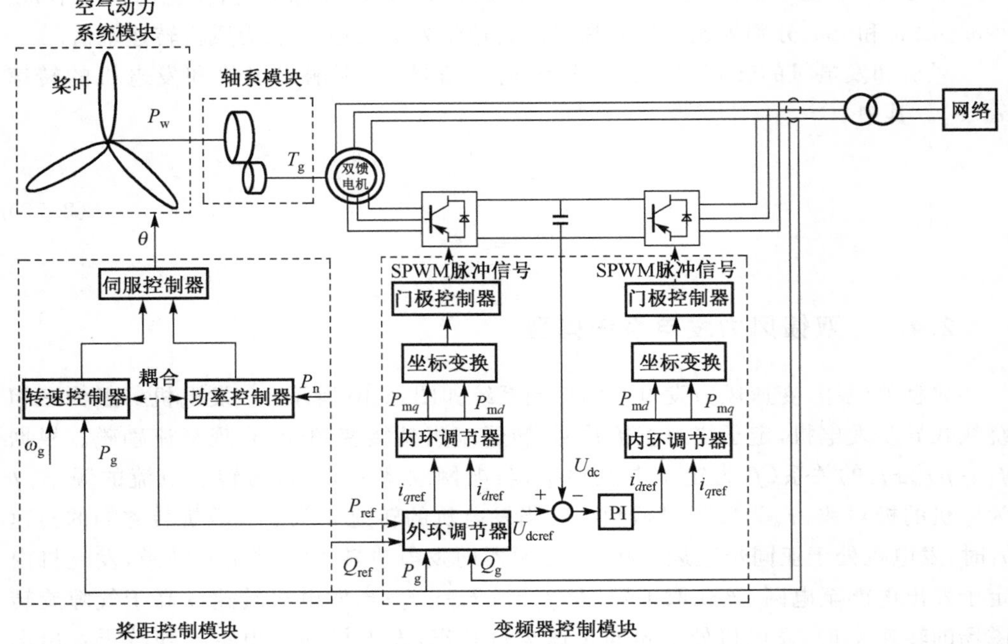

图 2.40　双馈风力发电机控制系统示意图

发电机电磁转矩及转子运动方程为

$$T_e = \psi_{rd} i_{rq} - \psi_{rq} i_{rd} \tag{2.75}$$

$$T_J ps = T_m - T_e \tag{2.76}$$

式中，p 表示微分算子；下标 s 和 r 分别表示电机的定子和转子，L_s、L_r、L_m 分别为定、转子自感和定转子间的互感；下标 d 和 q 分别表示 $dq0$ 坐标系下的 d 轴和 q 轴上的量；u、i、ψ、R 分别表示电压、电流、磁链和电阻；ω 为转子角速度；s 为转差率；T_e 为电磁转矩；T_m 为发电机机械转矩；T_J 为转子惯性时间常数。

2. 双馈电机矢量控制模型

由于双馈风力发电系统是一个高阶非线性强耦合的多变量系统，若用常规的控制方法将十分复杂，而且效果难以令人满意。矢量控制是近 20 年来发展起来的控制技术，可以简化电机内部各变量间的耦合关系，简化控制。理论上，采用矢量控制可以使交流电机获得和直流电机几乎一样的控制效果。双馈风力发电系统的矢量控制思路主要是通过控制转子电流实现转差控制，使之满足：

(1)定子电流频率恒定。

(2)输出功率按给定值变化。

在双馈电机中，共有七个基本矢量：定子电压、转子电压、定子电流、转子电流、定子磁链、转子磁链、气隙合成磁链。选择不同的矢量定向，所得到的控制结构和控制性能不同。常用的参考坐标系有定子磁链参考坐标系（stator flux reference

frame,SFRF),定子电压参考坐标系(stator voltage reference frame,SVRF)及转子参考坐标系(rotor reference frame,RRF),各坐标系间的关系如图 2.41 所示[35]。

在图 2.41 中,$\dot{U}_s$ 为定子电压矢量,ψ_{PM} 为转子磁链,ψ_s 为定子磁链,各坐标系按照如下方式定义。

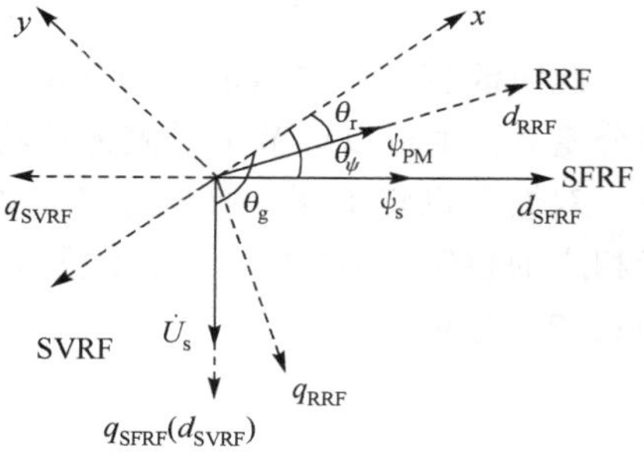

图 2.41　双馈电机矢量坐标变换

(1) xy 坐标系:该坐标为空间旋转速度与电网频率相对应的两相同步旋转坐标系,其他坐标系的定义以该坐标系作为参考,其变换角度为相对于 x 轴的夹角。

(2)定子磁链参考坐标系:该坐标系和定子磁链矢量一起在空间以同步角速度旋转,坐标系 d 轴固定在定子磁链矢量上,其相对 xy 坐标系的变换角度为定子磁链角度 θ_ψ。

(3)定子电压参考坐标系:该坐标系以同步角速度旋转,坐标系 d 轴固定在定子电压矢量上,相对 xy 坐标系的变换角度为定子电压相角 θ_g,一般通过锁相环(PLL)获取。

(4)转子参考坐标系:该坐标系固定在转子上,和转子在空间以转子转速 ω_r 旋转,d 轴相对 xy 坐标系的变换角度为功角 θ_r。

由于双馈电机在忽略定子电阻的情况下,定子绕组磁链与定子电压矢量之间的相位差正好是 90°,当采用定子磁链定向控制时,矢量控制系统将变得较为简单,把以同步速旋转的坐标轴 d 轴置于定子磁链上,即所谓的定子磁链定向。在定子磁链参考坐标系下,双馈电机的数学模型与式(2.73)及式(2.74)具有相同的表达形式,只是各量都是转换至定子磁链参考坐标系下的量。

此时定子磁链 ψ_{sd} 即为 ψ_s,而 $\psi_{sq}=0$。即

$$\begin{cases}\psi_{sd}=\psi_s\\ \psi_{sq}=0\end{cases}\tag{2.77}$$

当忽略定子电阻时,有

$$\begin{cases}u_{sd}=p\psi_s\\ u_{sq}=\omega\psi_s\end{cases}\tag{2.78}$$

感应电动势矢量落后磁链 ψ_s 为 90°,故此时定子电压矢量 $\dot{U}_s$ 位于 q 轴方向,则有

$$\begin{cases}u_{sd}=0\\ u_{sq}=u_s\end{cases}\tag{2.79}$$

对于双馈风力发电机,定子侧直接并入电网,可知定子电压为三相平衡正弦电压,幅值 u_s 为常值,有 $\omega\psi_s=u_s$。双馈电机定子侧的有功功率和无功功率分别如下所示:

$$\begin{cases}P_s=u_{sd}i_{sd}+u_{sq}i_{sq}\\ Q_s=u_{sq}i_{sd}-u_{sd}i_{sq}\end{cases}\tag{2.80}$$

将式(2.79)代入式(2.80)可得

$$\begin{cases} P_s = u_s i_{sq} \\ Q_s = u_s i_{sd} \end{cases} \tag{2.81}$$

此时改变定子电流的 q 轴分量 i_{sq},即可改变定子侧有功功率;改变定子电流的 d 轴分量 i_{sd},则可以调节定子侧无功功率。

双馈电机转子侧一般通过接变频器并网,变频器电流内环控制器对转子电流进行相应的控制,因此进一步需要推导定子电流跟转子电流之间的关系。由式(2.74)和式(2.77)可得

$$\begin{cases} i_{sd} = \dfrac{L_m}{L_s} i_{rd} - \dfrac{1}{L_s}\psi_s \\ i_{sq} = \dfrac{L_m}{L_s} i_{rq} \end{cases} \tag{2.82}$$

将式(2.82)代入式(2.81)有

$$\begin{cases} P_s = u_s \dfrac{L_m}{L_s} i_{rq} \\ Q_s = u_s \left(\dfrac{L_m}{L_s} i_{rd} - \dfrac{1}{L_s}\psi_s \right) \end{cases} \tag{2.83}$$

由式(2.83)可知,通过控制转子电流可分别实现对转子侧有功功率及无功功率的控制。

对于电压源型 PWM 变频器,电流内环控制输出调制信号 P_{md}、P_{mq},实现对转子电压的控制,有

$$\begin{cases} u_{rd} = \dfrac{\sqrt{3}}{2\sqrt{2}} P_{md} u_{dc} \\ u_{rq} = \dfrac{\sqrt{3}}{2\sqrt{2}} P_{mq} u_{dc} \end{cases} \tag{2.84}$$

为此需要找到转子电压与转子电流之间的关系,通过对转子电压的控制最终实现对功率的解耦控制。由电压方程和磁链方程可得

$$\begin{cases} u_{rd} = (R_r + Bp) i_{rd} - Bs\omega i_{rq} \\ u_{rq} = (R_r + Bp) i_{rq} - As\omega \psi_s + Bs\omega i_{rd} \end{cases} \tag{2.85}$$

式中,$A = -\dfrac{L_m}{L_s}$;$B = L_r - \dfrac{L_m^2}{L_s}$。

式(2.85)中,$R_r i_{rd}$、$R_r i_{rq}$ 为转子回路的电阻压降,而 $s\omega i_{rq}$、$s\omega i_{rd}$ 为旋转电动势,体现了 dq 轴的交叉耦合。若采用补偿的办法将这两个旋转电动势消除,则转子电流的有功分量和无功分量即可通过转子电压的 dq 轴分量分别进行控制。仿真框图如图 2.42 所示。

上述方法通过补偿实现了控制的完全解耦,但实际补偿时难以实现完全补偿,原因有两个:第一,补偿量信号的引入有一定的时间滞后;第二,补偿信号需要由电

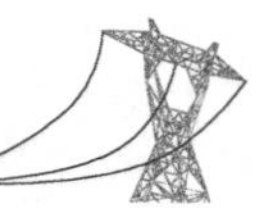

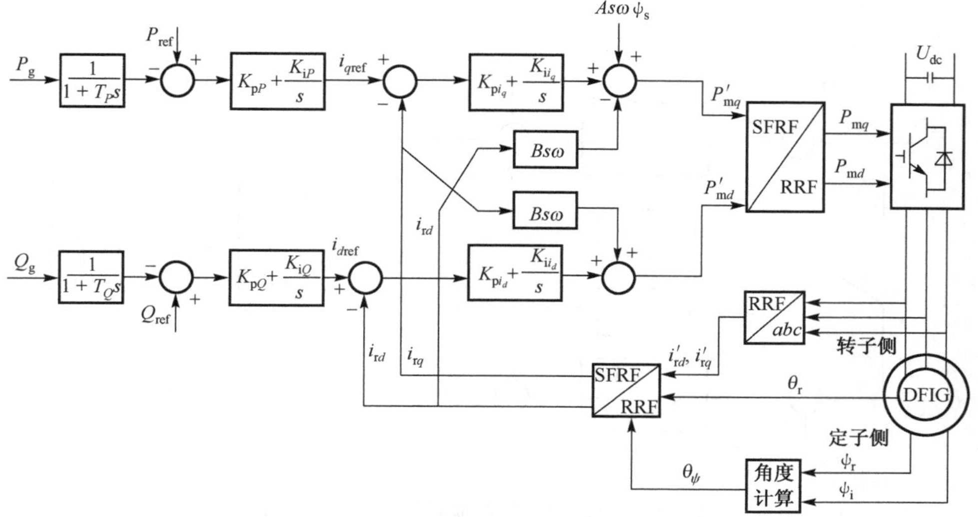

图 2.42　带有补偿的双馈电机矢量控制仿真框图

流量计算得到，而对电流采样时需要对电流进行滤波，时间上又存在一个滞后，因此在实际系统中很难对交叉耦合项进行完全补偿[35]。

双馈电机的控制一般采取电流闭环控制，而电流闭环对旋转电势的扰动也有抑制作用，因此当考虑电流闭环的抑制作用时补偿环节可以省略。如图 2.43 所示，当无补偿环节时，即图中虚线框内的环节省略，内环的调制信号 P_{md}、P_{mq} 会有误差，从而导致转子侧电压 u_{rd}、u_{rq} 及转子侧电流 i_{rd}、i_{rq} 有误差，转子侧电流 i_{rd}、i_{rq} 就不等于给定值 i_{dref}、i_{qref}，PI 调节器会产生输入误差信号 Δi_{rd}、Δi_{rq}，PI 调节器动作导致输出调制系数 P_{md}、P_{mq} 产生变化，通过新的调制信号 P_{md}、P_{mq} 校正转子电压及转子电流，由于 PI 调节器的无静差调节作用，转子电流最终会稳定在给定值 i_{dref}、i_{qref}，这样通过 PI 调节器校正了无补偿环节造成的误差，从而抑制交叉耦合项的干扰，因此采用电流闭环控制可以看成是一种自适应的补偿措施。

无补偿环节的双馈电机矢量控制仿真模型如图 2.44 所示，具体控制过程如下。

如图 2.44 所示，双馈电机采用定子磁链定向控制策略时，需要采集定子磁链的角度 θ_ψ 作为坐标变换的角度，如虚线框①所示，通过定子磁链的实部和虚部 ψ_r、ψ_i，可计算得到定子磁链的角度 θ_ψ。双馈电机本身一般是通过派克变换在转子参考坐标系下建模，因此得到转子参考坐标系下的转子电流 i'_{rd}、i'_{rq} 后，需经坐标变换将其从转子参考坐标系变换至定子磁链参考坐标系下，得到定子磁链参考坐标系下的电流 i_{rd}、i_{rq}，如虚线框②所示。这样经过坐标变换，各量都已经转换至定子磁链参考坐标系下。外环对有功功率及无功功率分别进行控制，输出内环的参考信号 i_{dref}、i_{qref}，如虚线框③所示。内环控制转子电流输出调制信号 P'_{md}、P'_{mq}，如虚线框④所示。由于内环的调制信号 P'_{md}、P'_{mq} 仍然是在定子磁链参考坐标系下的量，为此要实现对转子

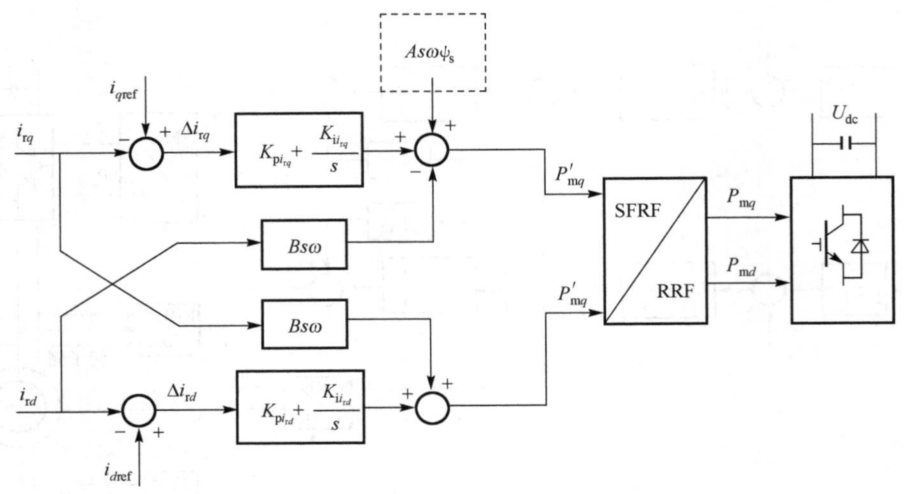

图 2.43 电流闭环控制抑制交叉耦合项原理

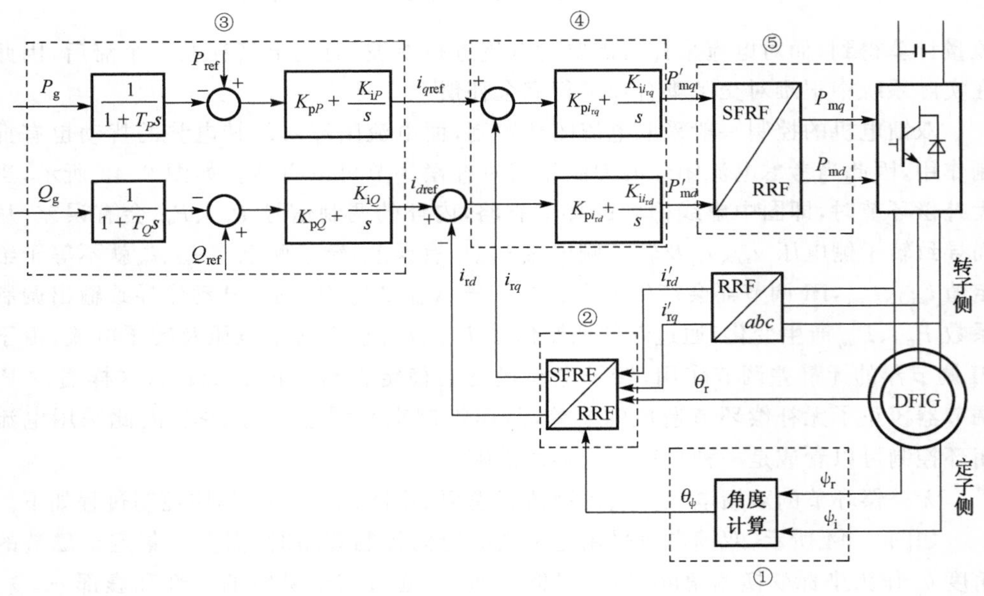

图 2.44 双馈电机矢量控制仿真框图

电压的调制,需从定子磁链参考坐标系变换至转子参考坐标系下,得到转子参考坐标系下的调制信号 P_{md}、P_{mq},如虚线框⑤所示。

3. 最大功率跟踪控制模型

恒频/变速双馈风力发电系统运行控制的总体方案为:在额定风速以下风力机按优化桨距角运行,由发电机控制子系统来控制转速,调节风力机叶尖速比,从而实

现最佳功率曲线的追踪和最大风能的捕获；在额定风速以上风力机变桨距运行，由风力机控制系统通过调节桨距角来改变风能系数，从而控制风电机组的转速和功率，防止风电机组超出转速极限和功率极限运行而可能造成的事故。因此，额定风速以下运行是恒频/变速发电运行的主要工作方式，也是经济高效的运行方式，这种情况下恒频/变速风力发电系统的控制目标是追踪与捕获最大风能。为此，必须研究风电系统最大风能捕获运行的控制机理和控制方法。图 2.45 给出了一个典型的风机输出功率曲线示意图[35]。

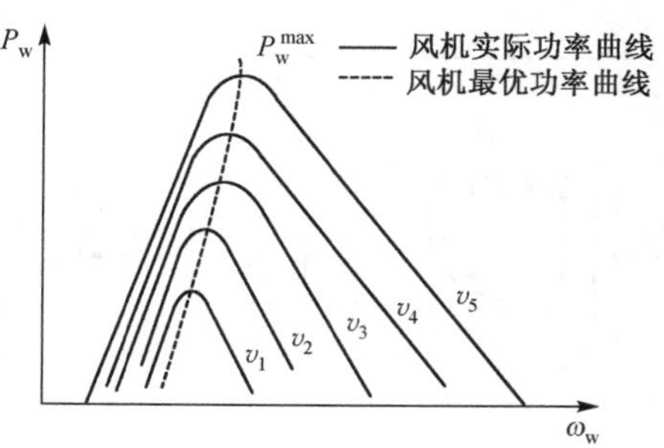

图 2.45　风机功率-转速最优特性曲线

图 2.45 中，$v_i(i=1,2,\cdots,5)$表示风速，实线为不同风速下风机的实际功率-转速特性曲线。从图中可以看出，在同一风速下存在一个最优转速，使得风机获得最大功率输出 P_w^{max}，除此之外，无论转速变小或变大，风机输出功率均会降低。将不同风速下最大功率点 P_w^{max} 连接起来，即为风机的功率-转速最优特性曲线，可用下式表示：

$$P_w^{max} = \frac{1}{2}\rho\pi R^2 v^3 C_P(\theta^{opt},\lambda^{opt}) = \frac{1}{2}\rho\pi R^2 v^3 C_P\left(\theta^{opt},\frac{\omega_w^{opt}R}{v}\right) \tag{2.86}$$

如果能够控制风机系统使其按照功率-转速最优特性曲线运行，则系统将工作在最优状态，即在给定风速下输出的功率最大，变桨距变速控制系统的目的就是实现这一点。由于风机的输出功率减去相关的系统功率损耗等于发电机的实际有功功率输出，而发电机转速可以利用齿轮箱变比由风机转速直接换算得到，因此，图 2.45 给出的风机功率-转速最优特性曲线也可以用发电机功率-转速最优特性曲线来表示，而后者更容易在实际控制系统设计中加以实现。

4. 变桨距控制系统模型

在图 2.40 中，控制系统由桨距控制系统和变频器控制系统组成，主要实现三个控制目的：①风速低于额定风速时，两个控制系统共同进行功率最优控制；②风机转速超过额定转速时进行转速限制，将转速维持在额定转速；③风速超过额定风速时进行功率限制控制，将输出功率维持在额定功率。图 2.40 中桨距控制系统对应的传递函数框图如图 2.46 所示[35]。

在图 2.46 中，框①为发电机的功率-转速最优特性曲线，框②为测量环节，框③④⑤为 PI 控制器，框⑥⑦为伺服系统，这些环节构成了两个互相耦合的控制器[35]：转速控制器和功率控制器。如图中带箭头虚线所示，路径Ⅰ和路径Ⅱ反映了转速控制器包含的各环节，路径Ⅲ为功率控制器包含的各环节，两个控制器之间存在耦合环节（框③）。控制策略主要有以下三种情况。

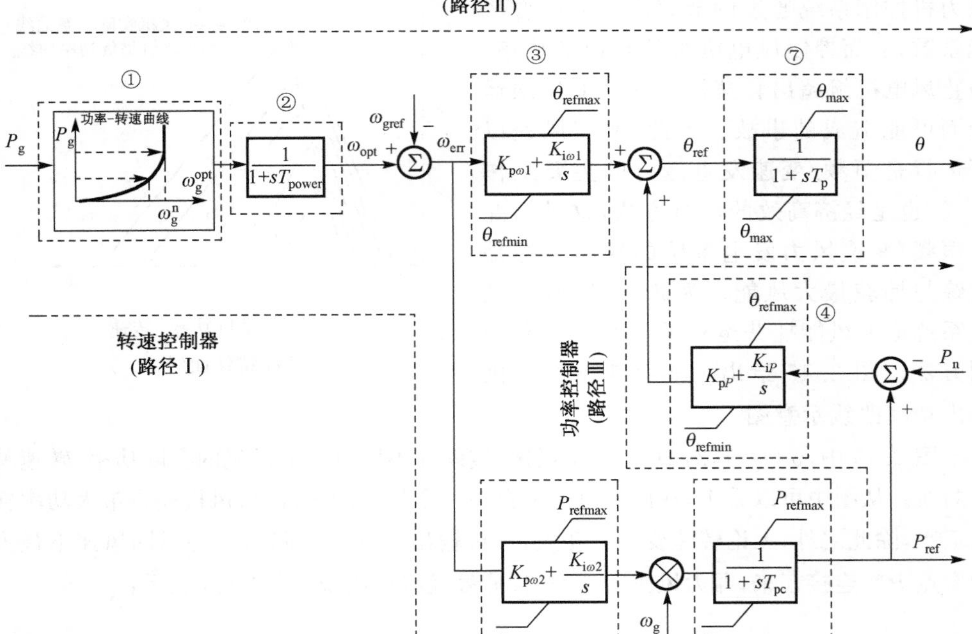

图 2.46 变桨距控制框图

(1)低风速低输出功率情况。当风速较小,即满足 $\omega_{opt}<\omega_{gref}$(给定参考转速)且 $P_{ref}<P_n$ 时,由于功率控制器中的 θ_{refmin} 和耦合环节中的 θ_{refmin} 一般设置为 0,此时桨距角输出为 $\theta=0$ 且不做调节,转速控制器的主要作用是将转速调节到最优值 ω_g^{opt},从而获得最优的叶尖速比 λ_{opt},实现最大功率输出。其控制策略主要基于发电机的功率-转速最优曲线,通过控制路径Ⅰ与变频器控制系统结合实现。注意到,由路径Ⅰ得到的输出量 P_{ref} 将作为变频器控制系统的参考输入信号,用于调节发电系统的输出功率 P_g,而功率 P_g 又作为路径Ⅰ控制器的输入信号,形成一个完整的闭环控制系统,最终目的是实现给定风速下的输出功率最大化。

(2)高风速低输出功率情况。当风速增大,满足 $\omega_{opt}>\omega_{gref}$,且 $P_{ref}<P_n$ 时,由于 $P_{ref}<P_n$,控制路径Ⅲ对桨距角的控制不起作用,即在调节过程中 P_{ref} 对桨距角的控制不发挥作用,转速控制器通过控制路径Ⅱ调节桨距角。此时由于 $\omega_{opt}>\omega_{gref}$,转差信号 ω_{err} 大于 0,该信号首先经过耦合环节中的 PI 调节器输出桨距角的参考值 θ_{ref},然后经过伺服控制系统给出实际的桨距角 θ,最终通过桨距角的控制将转速控制在给定参考值,即 $\omega_{opt}=\omega_{gref}$,从而实现给定风速下的输出功率最大化。

(3)高风速高输出功率情况:当风速进一步增大,满足 $\omega_{opt}>\omega_{gref}$ 且 $P_{ref}>P_n$ 时,此时两种控制会同时作用,一方面功率控制器通过控制路径Ⅲ调节桨距角,最终将发电机输出功率参考值限制在额定功率，即 $P_{ref}=P_n$；另一方面，转速控制器通过控制路径Ⅱ调节桨距角，最终将发电机转速限制在参考值，即 $\omega_{opt}=\omega_{g\,ref}$。

5. 网侧变频器矢量控制模型

网侧变频器的控制相对于电机侧要简单，一般采取网侧变频器电压定向(grid converter voltage reference frame, GCVRF)控制，即将网侧变频器电压矢量 $\dot{U}_s$ 定在 d 轴上即可实现 dq 轴的解耦控制，相对 xy 坐标系的变换角度为网侧变频器电压相角 θ_s，一般通过锁相环获取，坐标变换关系如图 2.47 所示。

逆变器输出的有功功率与无功功率在网侧变频器电压参考坐标系下的表达式为

$$\begin{cases}P=u_d i_d+u_q i_q\\Q=u_q i_d-u_d i_q\end{cases}\tag{2.87}$$

在网侧变频器电压参考坐标下，$u_d=u_s$，$u_q=0$，此时有功功率与无功功率的表达式变为

$$\begin{cases}P=u_s i_d\\Q=-u_s i_q\end{cases}\tag{2.88}$$

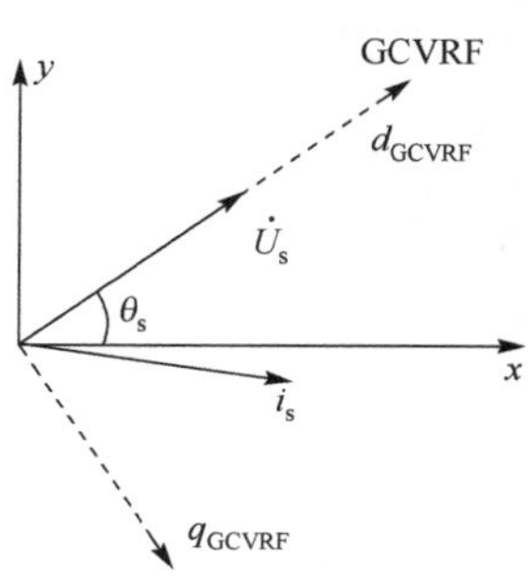

图 2.47　网侧变频器矢量坐标变换

这样，通过控制注入网络侧有功电流 i_d 和无功电流 i_q，即可实现对有功功率和无功功率的解耦控制。

当忽略变频器损耗时，直流回路电容器上的电压满足下式：

$$C\frac{\mathrm{d}U_{dc}}{\mathrm{d}t}=\frac{P_r-P_{grid}}{U_{dc}}\tag{2.89}$$

式中，U_{dc} 为直流电容电压；P_r 为电机侧变频器输出功率；P_{grid} 为网侧变频器注入电网功率(即负荷需求功率)。由式(2.89)可知，当转子侧输出功率大于负荷需求功率时，多余的功率会使直流环节电容电压升高；反之，电容电压会降低。换言之，直流环节电压与转子侧变频器输出的有功功率密切相关，当功率控制稳定时，直流电容上的电压也即达到稳定。因此，通过控制并网电流 d 轴分量 i_d 即可控制有功功率，从而实现对直流电压的控制。只要将直流电容上的电压控制在恒定值，就能保证网侧变频器将风力发电机转子侧的输出功率稳定的输送至电网，或者说网侧变频器按照转子侧的功率需要将电网功率输入至转子。

特别值得强调的是，双馈电机是转子侧接变频器并网，从实际的拓扑结构看，变频器实际的控制及建模都是从电容侧一分为二，左边电机侧的变频器称为电机侧变频器，所有量都与电机转子侧关联，其电流称为转子电流，内环控制的是转子电流；右边并网侧的变频器称为网侧变频器，其各量均与并网侧关联，其电流称为并网侧电流，内环控制的是并网侧电流。由于电容器的隔离，并网侧的变频器从其自身看感受到的是经直流电容后的电流，与转子侧的各量基本关联不大。控制

q 轴电流分量 i_q 可以控制网侧变换器吸收的无功功率，从而可以控制其交流侧的功率因数。因此，可以根据需要的功率因数确定 q 轴参考电流 i_{qref}。双馈风力发电系统一般采取单位功率因数控制，此时有 $i_{qref}=0$。网侧变频器具体框图如图 2.48 所示。

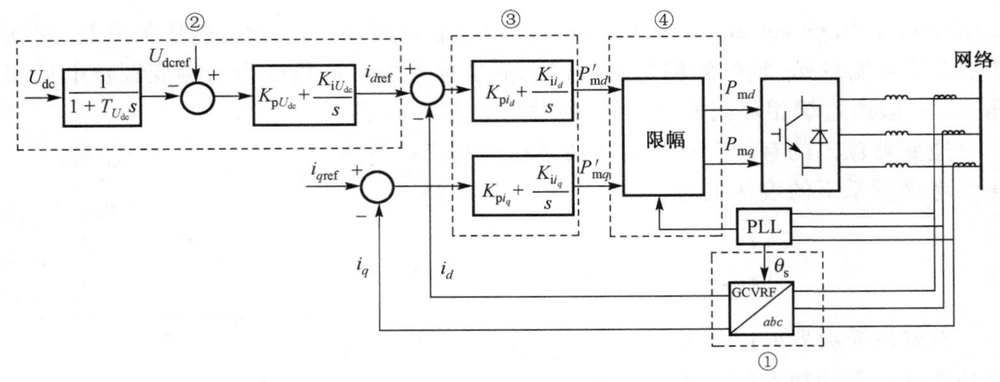

图 2.48　网侧变频器控制框图

在图 2.48 中由于网侧变频器控制是基于网侧变频器电压定向控制的，因此内环电流信号需经坐标变换转换至网侧变频器电压坐标系下，其所需坐标变换角度由锁相环获取，如虚线框①所示。直流电容电压 U_{dc} 经过低通滤波器之后与电压参考信号 U_{dcref} 比较，经 PI 调节器输出电流内环的控制指令 i_{dref}，如虚线框②所示。双馈风力发电系统一般采取单位功率因数控制，此时有 $i_{qref}=0$。电流内环控制通过 PI 调节器产生脉宽调制系数 P'_{md} 与 P'_{mq}，如虚线框③所示。一般控制器的设计都会让逆变器处于线性调制状态，为防止输出调制信号饱和，需对调制信号进行相应的限幅，如虚线框④所示。根据限幅后的调制信号 P_{md} 与 P_{mq}，可实现对 PWM 变频器并网电压的调制，其基波线电压有效值的 dq 轴分量分别为

$$\begin{cases} u_{acd} = \dfrac{\sqrt{3}}{2\sqrt{2}} P_{md} U_{dc} \\ u_{acq} = \dfrac{\sqrt{3}}{2\sqrt{2}} P_{mq} U_{dc} \end{cases} \tag{2.90}$$

式中，u_{acd} 为网侧变频器并网母线电压 d 轴分量；u_{acq} 为网侧变频器并网母线电压 q 轴分量。

2.4.4　直驱风力发电系统模型

典型的直驱风力发电并网控制系统如图 2.49 所示，直驱风力发电系统中的发电机一般采用永磁同步发电机，发电机通过全功率变频器并网。

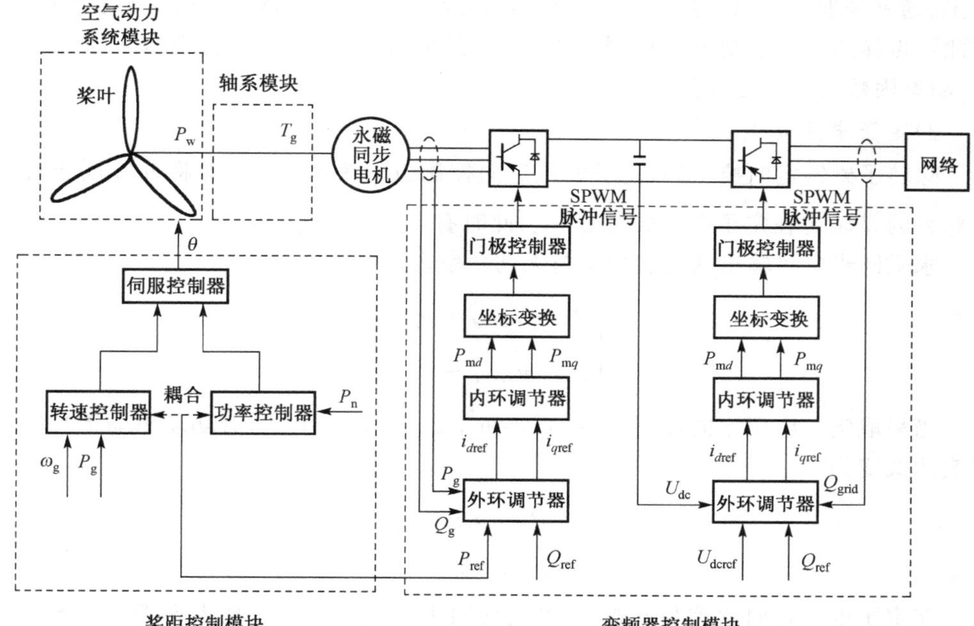

图 2.49 永磁同步直驱风力发电系统全系统仿真框图

1. 永磁同步电机模型

在 $dq0$ 坐标系下永磁同步电机数学方程如下所示[36]。

(1)电压方程为

$$\begin{cases} u_{sd} = p\psi_{sd} - \omega_r\psi_{sq} - r_s i_{sd} \\ u_{sq} = p\psi_{sq} + \omega_r\psi_{sd} - r_s i_{sq} \end{cases} \tag{2.91}$$

(2)磁链方程为

$$\begin{cases} \psi_{sd} = -L_d i_{sd} + \psi_r \\ \psi_{sq} = -L_q i_{sq} \end{cases} \tag{2.92}$$

(3)电磁转矩方程为

$$T_e = i_{sq}\psi_{sd} - i_{sd}\psi_{sq} \tag{2.93}$$

2. 永磁同步电机矢量控制模型

同双馈电机相同,在永磁同步直驱电机中,共有定子电压和转子电压等七个基本矢量,常用的参考坐标系和各坐标系的转换关系如图 2.41 所示。

1)转子磁链定向控制

永磁同步电机转子由永磁材料制作而成,因此转子磁通是恒定不变的,一种常用的控制方式为转子磁链定向控制,即将 $dq0$ 同步旋转坐标系的 d 轴定在转子磁链

ψ_r 上，通常采取 $i_{sd}=0$ 的控制方式，其具体控制原理与微型燃气轮机发电系统相同，在此不再详述。该控制方式控制较为简单，但是由于电枢反应，会造成定子电压上升，功率因数也会随之降低[37]。

2)定子电压定向控制

除转子磁链定向控制外，定子电压定向控制也较为常见[37]，即将 $dq0$ 同步旋转坐标系的 d 轴定在定子电压矢量 $\dot{U}_s$ 上，此时有 $u_{sd}=u_s$，$u_{sq}=0$。

永磁同步电机输出的有功功率与无功功率表达式为

$$\begin{cases} P = u_{sd}i_{sd} + u_{sq}i_{sq} \\ Q = u_{sq}i_{sd} - u_{sd}i_{sq} \end{cases} \tag{2.94}$$

当采取定子电压定向控制时，将 $u_{sd}=u_s$，$u_{sq}=0$ 代入上式，有功功率与无功功率的表达式变为

$$\begin{cases} P = u_s i_{sd} \\ Q = -u_s i_{sq} \end{cases} \tag{2.95}$$

在定子电压定向的控制方式下，可实现同步发电机的有功功率和无功功率的解耦控制，一般将无功功率参考值设为零，保持变频器与发电机无功交换为零。

发电机侧变频器具体控制框图如图 2.50 所示，由于采取定子电压定向控制，需要由锁相环获取定子电压相角作为坐标变换的角度，如虚线框①所示。电机本身都是在转子参考坐标系下建模，因此得到转子参考坐标系下的定子电流 i'_{sq}、i'_{sd} 后，需经坐标变换将其从转子参考坐标系变换至定子电压参考坐标系下，得到定子电压参考坐标系下的电流 i_{sq}、i_{sd}，如虚线框②所示。发电机输出有功功率 P_g 及无功功率 Q_g 经过低通滤波器之后滤除高频分量，其中低通滤波器用

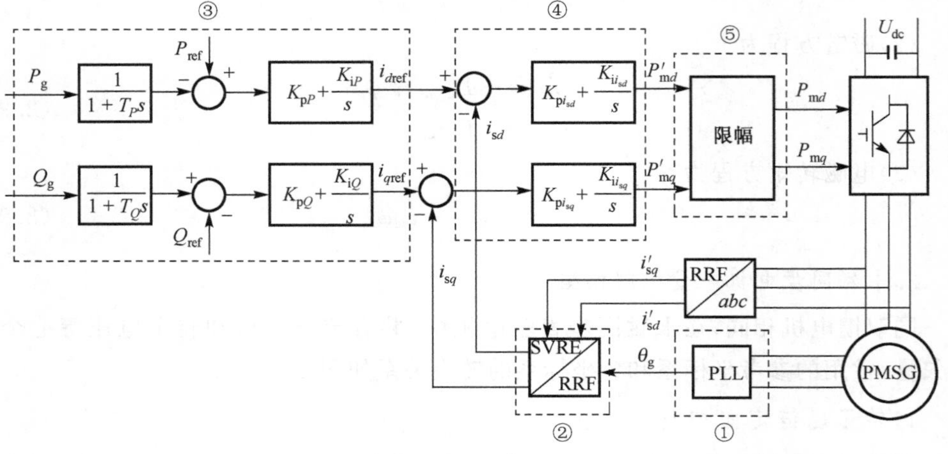

图 2.50 发电机侧变频器矢量控制

一阶惯性环节模拟。滤波后的功率值与参考信号 P_{ref} 及 Q_{ref} 比较，经 PI 调节器输出电流内环的控制指令 i_{dref} 和 i_{qref}，如虚线框③所示。电流内环控制通过 PI 调节器产生 PWM 变频器脉宽调制系数 P'_{md} 和 P'_{mq}，如虚线框④所示。为防止输出调制信号饱和，需对调制信号进行相应的限幅，如虚线框⑤所示。根据限幅后的调制信号 P_{md} 与 P_{mq}，可实现对定子电压的调制，其基波线电压有效值的 dq 轴分量分别为

$$\begin{cases} u_{gq} = \dfrac{\sqrt{3}}{2\sqrt{2}} P_{mq} U_{dc} \\ u_{gd} = \dfrac{\sqrt{3}}{2\sqrt{2}} P_{md} U_{dc} \end{cases} \tag{2.96}$$

式中，u_{gq} 为发电机机端电压 q 轴分量；u_{gd} 为发电机机端电压 d 轴分量。

与之对应的电网侧变频器矢量控制一般对直流电压和无功功率进行控制，采取网侧电压定向的控制策略，其基本原理与双馈电机并网变频器相同，在此不再详述，其控制目标为控制直流电压在设定值，同时保持变频器与电网交换的无功功率按指定的功率因数变化（一般采用恒功率因数 $\cos\varphi = 1.0$ 的控制模式），也就是恒功率因数控制，具体如图 2.51 所示。

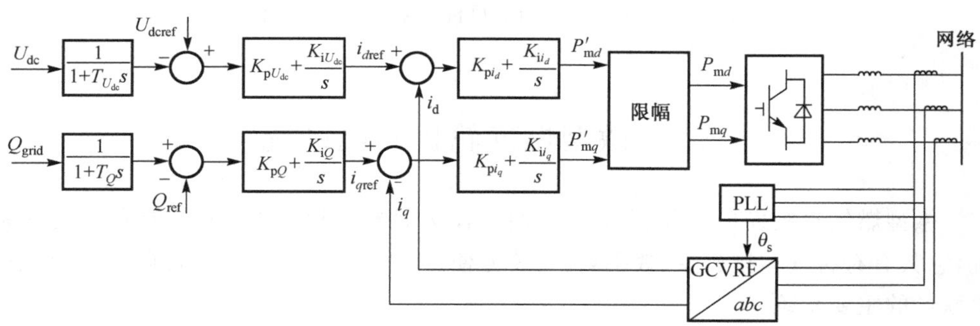

图 2.51　网侧变频器矢量控制

此外，在定子电压参考坐标系下实现有功功率与无功功率解耦后，还可以采用其他类型的控制方式。例如，另一种常见的控制如图 2.52 所示[37]，电机侧变频器分别对直流电压 U_{dc} 与机端交流电压 u_g 进行独立的控制，实现对有功分量及无功分量的调节。与之对应的网侧变频器一般采用 PQ 控制，有功功率按照最优功率曲线变化，无功功率的参考值则根据对风机机组的无功电压控制要求及潮流计算得到，如果要保持与网络无功交换为零，则可将无功功率参考值设为零。

此外，永磁同步直驱风机最大功率跟踪模块、桨矩控制系统等与双馈风力发电系统相同，在此不再详述。

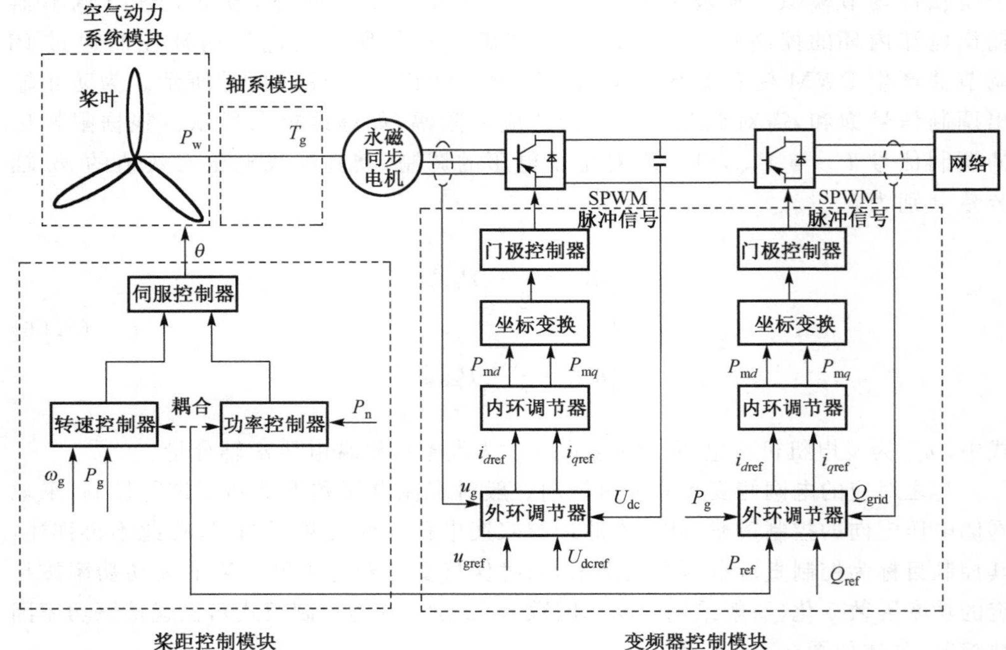

图 2.52　永磁同步直驱风机双端电压矢量控制

2.5　微型燃气轮机发电系统

微型燃气轮机发电系统是以可燃性气体为燃料，可同时产生热能和电能的系统，它具有有害气体排放少、效率高、安装方便、维护简单等特点，是目前实现冷、热、电联产的主要系统。

微型燃气轮机是一种涡轮式热力流体机械，由压气机、燃烧室、燃气涡轮等主要部件组成，为了提高循环热效率，在微型燃气轮机动力装置中通常还附有空气冷却器、回热器、废气锅炉等。压气机的作用是从周围大气吸入空气，并进行压缩增压，连续不断地向燃烧室提供高压空气，实现热力循环中的空气压缩过程。燃烧室的作用是将经压气机增压后的空气与燃料进行混合并进行有效的燃烧，将燃料的化学能以热能的形式释放出来，从而使燃烧室出口的气体（即燃气）温度大大升高，以提高燃气在燃气涡轮中膨胀做功的能力，是微型燃气轮机的重要部件。燃气涡轮的作用是将燃气的热能和压力能转变为轴上的机械能，一部分用于带动压气机工作，另一部分为发电机提供原动力。

目前，微型燃气轮机发电系统主要有两种结构类型：一种为单轴结构，另一种为分轴结构。单轴结构微型燃气轮机发电系统的压气机、燃气涡轮与发电机同轴，发

电机转速高，需采用电力电子装置进行整流逆变，这一点与直驱型风力发电并网系统有些相似，但风力发电系统的轴系转速较低，一般采用低速永磁同步发电机，而单轴结构燃气轮机发电系统中的永磁同步发电机转速比较高；分轴结构微型燃气轮机发电系统的动力涡轮与燃气涡轮采用不同转轴，动力涡轮通过变速齿轮与发电机相连，降低了发电机转速，因此可以直接并网运行。

2.5.1 单轴结构微型燃气轮机发电系统

1. 单轴结构微型燃气轮机模型

单轴结构微型燃气轮机发电系统具有效率高、维护少、运行灵活、安全可靠等优点，其独特之处在于压气机与发电机安装在同一转动轴上，其结构如图 2.53 所示。整个系统的工作原理为[38]：压气机输出的高压空气首先在回热器内由燃气涡轮排气预热；然后进入燃烧室与燃料混合，点火燃烧，产生高温高压的燃气；输出的高温高压燃气导入燃气涡轮膨胀做功，推动燃气涡轮转动，并带动压气机及发电机高速旋转，实现了气体燃料的化学能转化为机械能，并输出电能。通常燃气涡轮旋转速度高达 30 000～100 000r/min[38]，需要采用高能永磁材料（如钕铁硼材料或钐钴材料）的永磁同步发电机，其产生的高频交流电通过电力电子装置（整流器、逆变器及其控制环节）转化为直流电或工频交流电向用户或电网供电。

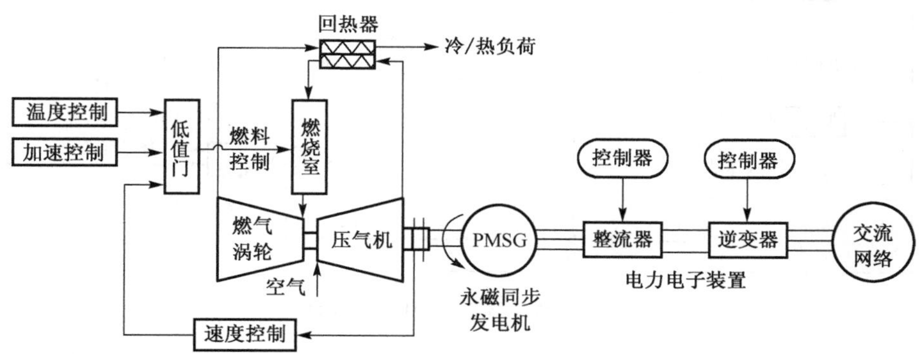

图 2.53 单轴结构微型燃气轮机发电系统结构图

在图 2.53 中，回热器主要用于提高系统的效率以及满足冷热负荷需求，由于其动态过程变化缓慢，在分析微型燃气轮机与电网的相互作用时可以忽略其影响。根据研究目的不同，微型燃气轮机的数学模型也有所不同，暂态稳定性仿真分析中目前普遍采用的是 Rowen 微型燃气轮机仿真模型[39]，如图 2.54 所示。

图 2.54 所示微型燃气轮机系统包括速度控制环节、燃料控制环节、燃气轮机环节和温度控制环节四部分，整个系统的传递函数框图如图 2.55 所示。

1）速度控制环节[40]

正常运行时，微型燃气轮机速度控制环节的作用是在一定的负荷变化范围内维持转速基本不变。微型燃气轮机主要通过改变燃料量来控制转速，与大型发电用燃

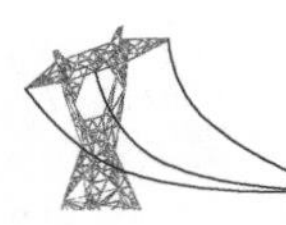

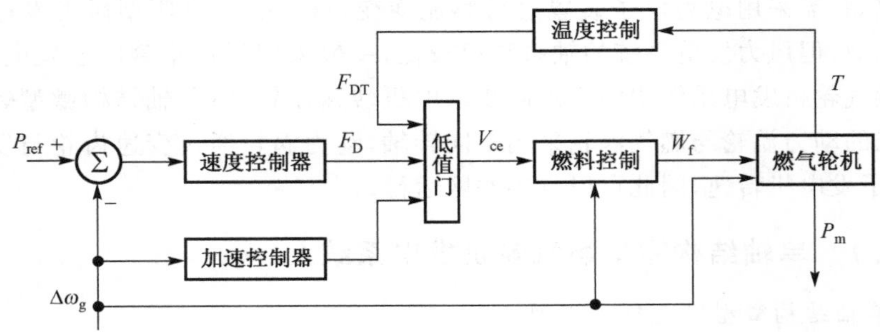

图 2.54　单轴结构微型燃气轮机仿真框图

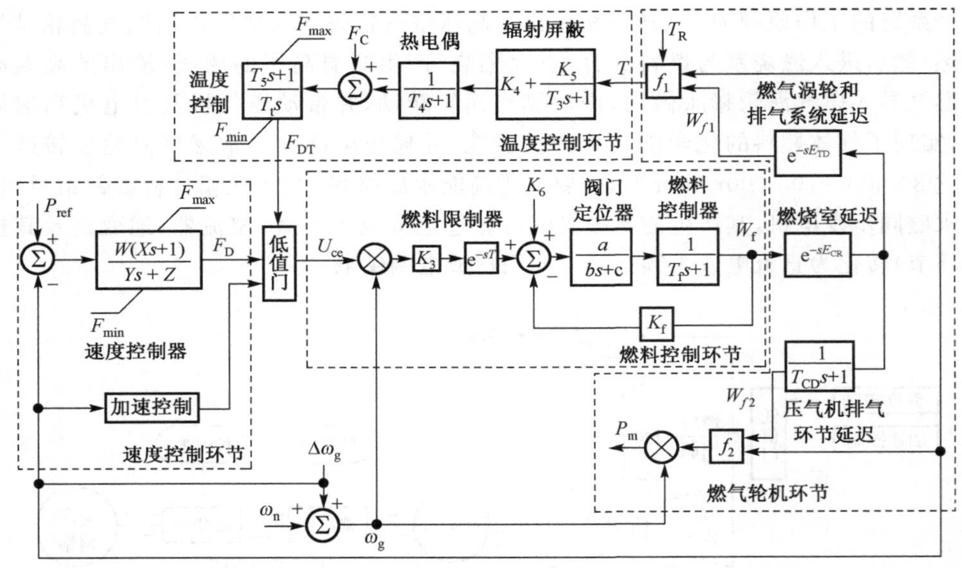

图 2.55　单轴微型燃气轮机传递函数框图

气轮机主要通过改变蒸汽流量来保持转速不变有所不同，该环节的传递函数框图如图 2.56 所示。速度控制器主要通过调节微型燃气轮机的燃料需求量，达到控制机组转速的目的。

此外，速度控制器还包括用于机组启动的加速控制环节，主要限制启动过程中机组的加速率，当机组启动到额定转速后，加速控制将自动关闭，在微型燃气轮机进入正常运行状态后，可以忽略该环节的影响。

2）燃料控制环节[40]

在典型的微型燃气轮机中，燃料控制环节一般由阀门定位器和燃料调节器组成，传递函数框图如图 2.57 所示。输入信号有两个：①低值门的输出 U_{ce}，代表系统某特定运行点所需的最小燃料信号，稳态时与燃气涡轮输出机械功率值 P_m 的关系见式(2.104)；②发电机转速偏差信号 $\Delta\omega_g = \omega_g - \omega_n$，$\omega_n$ 为发电机额定转速，ω_g 为发电机

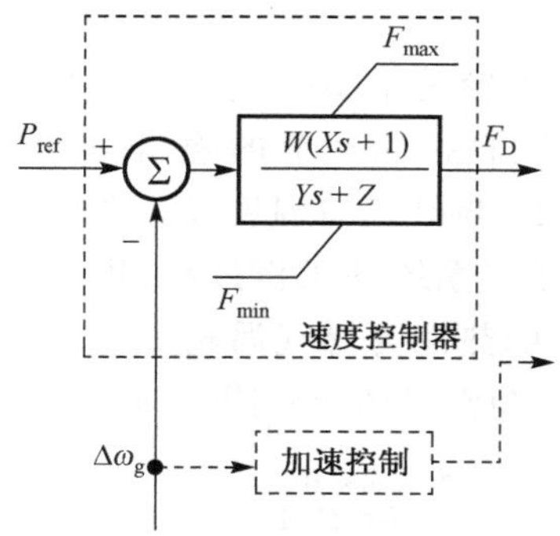

图 2.56　速度控制环节传递函数框图

P_{ref}为负荷参考值；$\Delta\omega_g$为发电机转速偏差信号；F_D为燃料需求量；Z代表控制器的控制模式，当$Z=1$时通过超前滞后环节实现控制，当$Z=0$时通过PI环节实现无差调节；W为控制器的增益；X、Y分别为控制器的超前与滞后时间常数(s)；F_{max}、F_{min}分别为速度控制器中非终端限幅的最大与最小限幅值

实际转速。输出信号为燃料流量信号W_f。燃料限制器常用一个延迟环节模拟；阀门定位器和燃料调节器分别用一阶惯性环节模拟。

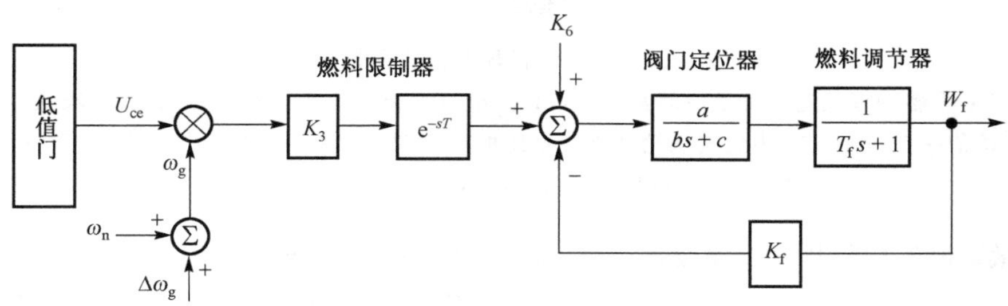

图 2.57　燃料控制环节传递函数框图

K_3为延迟环节比例系数；T为燃料限制器时间常数(s)，与燃料限制器的结构有关；a、c为给定的阀门定位器参数；b为阀门定位器时间常数(s)；T_f为燃料调节器的时间常数(s)；K_f为阀门定位器和燃料调节器的反馈系数；K_6为微型燃气轮机空载条件下保持额定转速的燃料流量系数[41]（说明：同步发电机被原动机拖动到同步转速，转子励磁绕组通入直流励磁电流而定子绕组开路时的运行工况称为空载运行）

由于稳态时$s=0$，微型燃气轮机的转速偏差量$\Delta\omega_g=0$、$\omega_n=1.0$，因此转速标幺值$\omega_g=1.0$，因此稳态时低值门的输出信号U_{ce}与燃料流量信号W_f之间的对应关系为

$$\frac{a}{c}(K_3U_{ce}+K_6-K_fW_f)=W_f \tag{2.97}$$

对式(2.97)进行整理可得稳态时的燃料需求量U_{ce}为

$$U_{ce}=\frac{1}{K_3}\left(\frac{c}{a}W_f+K_fW_f-K_6\right) \tag{2.98}$$

3)燃气轮机环节[40]

燃烧室、压气机和燃气涡轮是微型燃气轮机的核心部分,其传递函数框图如图 2.58 所示。输入信号为燃料控制环节的输出信号 W_f 与发电机转速偏差信号 $\Delta\omega_g$。输出信号为机械功率 P_m 与排气口温度 T。图中分别用两个延迟环节模拟燃烧室中的燃烧过程、涡轮和排气系统的工作过程;用一阶惯性环节模拟压气机释放气体的过程。燃料燃烧产生的热能为燃气涡轮旋转提供机械转矩的同时升高了排气口的温度,其转矩值和排气口温度值分别用不同的函数计算得到。

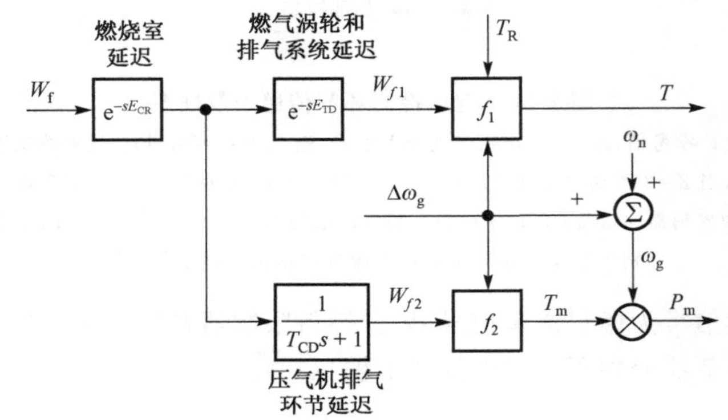

图 2.58 燃气轮机环节传递函数框图

E_{CR} 为燃烧室反应的延迟时间常数(s),其大小与燃烧室的结构有关,由于反应较快,该值一般较小;E_{TD} 为燃气涡轮和排气系统的延迟时间常数(s);W_{f1} 为其输出信号;T_{CD} 为压气机排气时间常数(s);W_{f2} 为其输出信号

微型燃气轮机排气口温度函数 f_1、转矩输出函数 f_2 分别为

$$f_1 = T_R - a_{f1}(1 - W_{f1}) - b_{f1}\Delta\omega_g \tag{2.99}$$

$$f_2 = a_{f2} + b_{f2}W_{f2} - c_{f2}\Delta\omega_g \tag{2.100}$$

式中,T_R 为燃气涡轮的额定运行温度(K),由微型燃气轮机的类型决定;a_{f1}、b_{f1}、a_{f2}、b_{f2}、c_{f2} 为给定常数。根据转矩输出函数 f_2 及微型燃气轮机的转速 ω_g 即可得到其输出的机械功率为

$$P_m = T_m\omega_g = f_2\omega_g = (a_{f2} + b_{f2}W_{f2} - c_{f2}\Delta\omega_g)\omega_g \tag{2.101}$$

在稳态情况下,$\Delta\omega_g = 0$、$\omega_g = 1.0$,由式(2.101)可得到

$$W_{f2} = \frac{P_m - a_{f2}}{b_{f2}} \tag{2.102}$$

由于稳态时 $s=0$,因此燃料控制环节的输出信号与压气机排气环节输出信号之间的关系为

$$W_f = W_{f2} \tag{2.103}$$

根据式(2.98)即可得到“燃料控制环节”中低值门的输出信号 U_{ce} 与稳态时由燃气涡轮输出的机械功率 P_m 之间的对应关系为

$$U_{ce}=\frac{1}{K_3}\left(\frac{c}{a}W_f+K_fW_f-K_6\right)=\frac{1}{K_3}\left[\left(\frac{c}{a}+K_f\right)\frac{P_m-a_{f2}}{b_{f2}}-K_6\right] \tag{2.104}$$

因此，稳态时“速度控制环节”中负荷参考值 P_{ref} 与燃气涡轮输出的机械功率 P_m 之间的对应关系为

$$P_{ref}=\frac{Z}{W}U_{ce}=\frac{Z}{WK_3}\left[\left(\frac{c}{a}+K_f\right)\frac{P_m-a_{f2}}{b_{f2}}-K_6\right] \tag{2.105}$$

4）温度控制环节[41]

温度控制环节主要用于微型燃气轮机的保护，当燃气涡轮的温度过高时会直接影响整个系统的安全性和设备寿命，因此燃气涡轮的温度是很重要的控制参数。在正常运行时，通过改变燃料量来控制燃气涡轮的温度不超过最大设计值，其输入信号为燃气涡轮排气口温度 T，输出信号为燃料需求量信号 F_{DT}。基本工作原理为：使用带辐射屏蔽的热电偶测量排气口温度并与给定的控制温度进行比较，其偏差量作为温度控制环节的输入信号。温度控制环节的传递函数框图如图 2.59 所示。

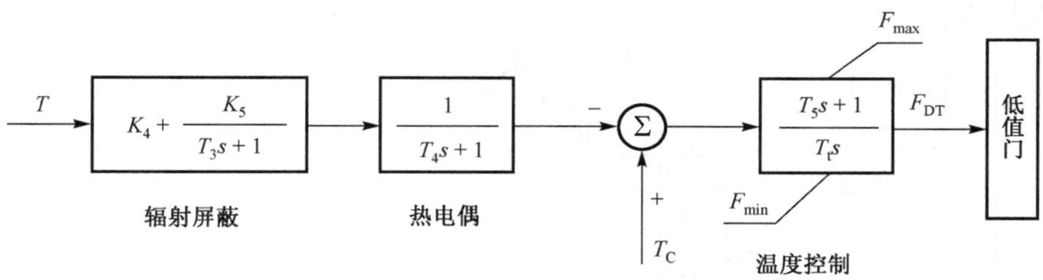

图 2.59　温度控制环节传递函数框图

K_4、K_5 为辐射屏蔽环节比例系数；T_3 为辐射屏蔽环节时间常数(s)；T_4 为热电偶时间常数(s)；T_t 为温度控制器积分时间常数(s)；T_5 为温度控制比例系数(s)；T_C 为给定的控制温度(K)；F_{max}、F_{min} 为限幅值，与速度控制环节中的限幅值一致

低值门输出信号的产生过程为：正常运行时给定的控制温度略高于热电偶的输出信号，因此温度控制环节的输出值停留在最大值 F_{max}，从而使得速度控制环节的输出信号通过低值门。当热电偶输出的温度超过控制温度时，两者差值为负，温度控制环节输出值 F_{DT} 逐渐减小，当温度控制环节的输出信号小于速度控制环节的输出信号 F_D 时，温度控制信号 F_{DT} 会通过低值门，从而限制燃气轮机功率输出，控制燃气涡轮温度，使得机组运行在安全范围之内。因此，对于单轴结构微型燃气轮机而言，燃气涡轮的转速和温度是通过联合控制的方式实现的，两者之间的关系如图 2.60 所示。

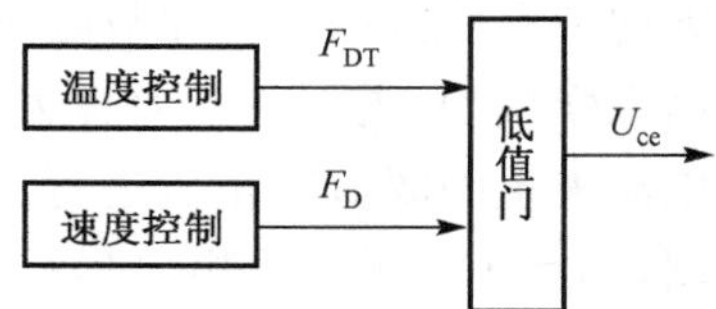

图 2.60　温度控制系统与速度控制系统的关系

2. 单轴结构微型燃气轮机控制系统

在单轴结构的微型燃气轮机发电系统中，一般采用永磁同步发电机，通过整流器、逆变器、滤波器以及线路实现并网运行。其中，整流器用于将永磁同步发电机输出的高频交流电转化为直流电，它既可以采用不可控整流器，又可以采用可控整流器。不可控整流方式虽然成本较低，但是无法控制输出电压和电流，常常会导致发电机功率因数较低，而且电流波形畸变较大；可控整流器可以实现发电机输出的功率因数控制，也可以控制永磁同步发电机的转速以及运行状态等，应用更为广泛。

图 2.61 所示为单轴结构微型燃气轮机系统的典型拓扑结构，逆变器相关部分参见第 3 章 3.2.3 节逆变器控制方法，这里不再赘述，整流器采取三相电压型整流器，本节重点对整流器控制系统加以阐述。

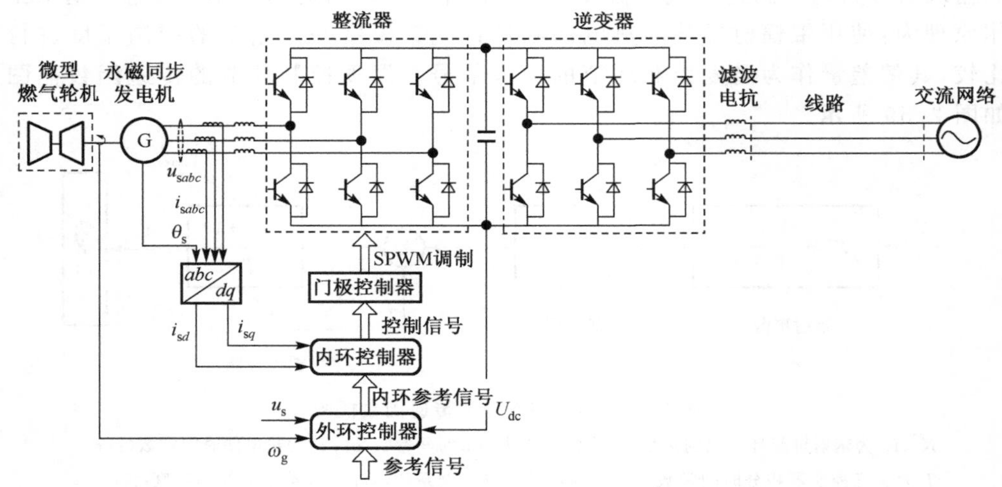

图 2.61　单轴结构微型燃气轮机发电系统典型并网拓扑结构

整流器控制系统主要对永磁同步发电机进行控制。永磁同步发电机有多种控制方式[42-48]，目前应用较为广泛的是矢量控制。矢量控制的基本思想是通过转子磁场定向（假设永磁体位于发电机转子上）和矢量旋转变换，将定子电流分解为与转子磁场方向一致的励磁分量和与磁场方向正交的转矩分量，从而得到与直流电机相似的解耦数学模型，进而达到直流发电机的控制效果。在矢量控制方法中，关键是对定子电流矢量的幅值和相位进行控制，常用的矢量控制方法主要有：定子 d 轴零电流控制（$i_{sd}=0$ 控制）、输出电压控制、$\cos\varphi=1$ 控制（$\cos\varphi$ 为发电机输出侧的功率因数）、最大转矩电流比控制、最大输出功率控制等。其中，$i_{sd}=0$ 控制可使得定子磁场与转子永磁磁场相互独立，控制最为简单；输出电压控制可对永磁同步发电机的输出电压进行调节；$\cos\varphi=1$ 控制可降低与之匹配的整流器容量；最大转矩电流比控制也称为单位电流输出最大转矩控制，是凸极永磁同步电机中应用较多的控制策略，

对于隐极永磁同步电机而言，该种控制即为 $i_{sd}=0$ 控制；最大输出功率控制可实现发电机最大功率输出。

由于永磁同步发电机的控制方法较多，这里不一一加以详细介绍，本节重点介绍对 $i_{sd}=0$ 控制和输出电压控制。考虑到永磁同步发电机也常常用于风力发电系统和飞轮储能系统，对于其他一些控制方法在其他章节适当加以介绍。图 2.62 给出了 $i_{sd}=0$ 矢量控制的控制系统框图。

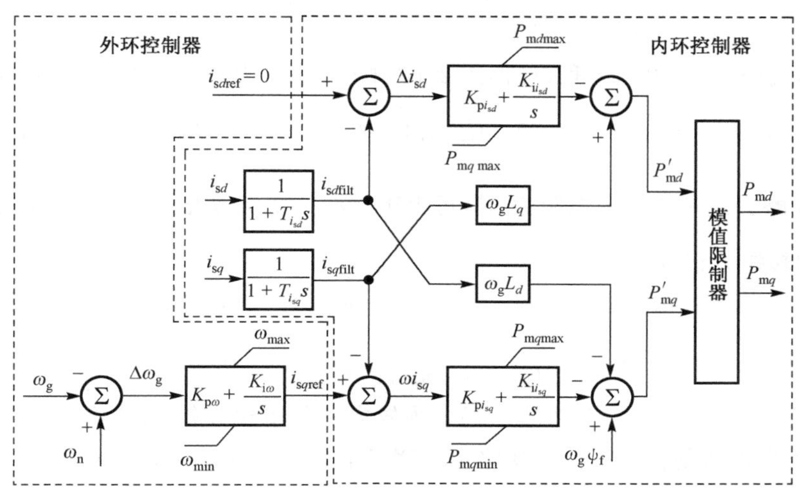

图 2.62　整流侧 $i_{sd}=0$ 控制系统示意图

图 2.62 中，“外环控制器”控制发电机转速 ω_g，将测量得到的发电机转速与额定转速 ω_n进行比较，并对误差进行 PI 控制，从而得到内环控制器 q 轴参考信号 i_{sqref}。d 轴参考信号 i_{sdref}设为零，实现 $i_{sd}=0$ 控制效果。外环控制器除了控制发电机转速外，还可以控制整流器输出侧的电容电压 U_{dc}，将外环控制器中的 ω_g 与 ω_n分别替换为 U_{dc} 与 U_{dcref}，即可控制电容电压恒定。“内环控制器”的结构与永磁同步发电机 $dq0$ 旋转坐标系下的电压方程相关。

假设图 2.61 中永磁同步发电机输出的三相电压为 u_{sabc}，输出的三相电流为 i_{sabc}，采用发电机变量符号定义惯例时，忽略阻尼绕组的影响，$dq0$ 旋转坐标系下永磁同步发电机的磁链方程和电压方程分别如下所示：

$$\begin{cases}\psi_d=-i_{sd}L_d+\psi_f\\ \psi_q=-i_{sq}L_q\end{cases}\tag{2.106}$$

$$\begin{cases}u_{sd}=\dfrac{d\psi_d}{dt}-\omega_g\psi_q-i_{sd}R_s\\[2ex] u_{sq}=\dfrac{d\psi_q}{dt}+\omega_g\psi_d-i_{sq}R_s\end{cases}\tag{2.107}$$

式中，ψ_d、ψ_q分别为定子磁链经派克变换后的 dq 轴分量；ψ_f为永磁体磁链；L_d、L_q分别为 d、q 轴电感；u_{sd}、u_{sq}分别为发电机输出的三相电压经派克变换后的 d、q 轴分量；

i_{sd}、i_{sq}分别为发电机输出的三相电流经派克变换后的 d、q 轴分量；ω_g为发电机转速；$\frac{d\psi_d}{dt}$ 与 $\frac{d\psi_q}{dt}$ 是磁链对时间的导数，称为变压器电势，$\omega_g\psi_q$与$\omega_g\psi_d$是磁链同转速的乘积，称为发电机电势；R_s为定子绕组的电阻。将式(2.106)代入式(2.107)可得

$$\begin{cases} u_{sd} = -L_d \dfrac{di_{sd}}{dt} + \omega_g i_{sq} L_q - i_{sd} R_s \\ u_{sq} = -L_q \dfrac{di_{sq}}{dt} - \omega_g i_{sd} L_d + \omega_g \psi_f - i_{sq} R_s \end{cases} \tag{2.108}$$

根据式(2.108)电压方程，可得图 2.62 中所示的“内环控制器”典型结构，其“模值限制器”可参考第 3 章图 3.27 和图 3.28 的相关介绍。稳态情况下，由于 $\frac{d\psi_d}{dt} = \frac{d\psi_q}{dt} = 0$，略去定子绕组的电阻 R_s时，可得正交派克变换情况下永磁同步发电机的功率方程和转矩方程分别为

$$P_g = u_{sd} i_{sd} + u_{sq} i_{sq} = -\omega_g \psi_q i_{sd} + \omega_g \psi_d i_{sq} = \omega_g (\psi_d i_{sq} - \psi_q i_{sd}) \tag{2.109}$$

$$T_{em} = \frac{P_g}{\Omega} = \frac{P_g}{\omega_g / n_p} = n_p (\psi_d i_{sq} - \psi_q i_{sd}) \tag{2.110}$$

式中，P_g为发电机输出的有功功率；T_{em}为发电机的电磁转矩；Ω 为发电机的机械角速度；n_p为发电机的极对数。当忽略定子绕组电阻时，式(2.108)如下式：

$$\begin{cases} u_{sd} = -L_d \dfrac{di_{sd}}{dt} + \omega_g i_{sq} L_q \\ u_{sq} = -L_q \dfrac{di_{sq}}{dt} - \omega_g i_{sd} L_d + \omega_g \psi_f \end{cases} \tag{2.111}$$

当采用 $i_{sd}=0$ 控制时，由式(2.106)知 $\psi_d=\psi_f$，式(2.108)～式(2.110)可进一步简化为

$$P_g = \omega_g \psi_d i_{sq} = \omega_g \psi_f i_{sq} \tag{2.112}$$

$$T_{em} = n_p \psi_d i_{sq} = n_p \psi_f i_{sq} \tag{2.113}$$

由上述分析可知，由于不存在 d 轴电枢反应，q 轴电流 i_{sq} 即为定子电流矢量，永磁同步电机相当于他励直流电机，电机的控制得到简化；由式(2.112)与式(2.113)可知，有功功率及电磁转矩仅与 q 轴分量有关，故在输出所要求的有功功率及电磁转矩情况下，只需要最小的定子电流，从而使铜耗降低，效率有所提高。同时由于图 2.62 中对发电机转速(或电容电压)的控制产生 q 轴参考信号 i_{sqref}，由上述分析可知有功功率仅与 q 轴分量有关，因此在 $i_{sd}=0$ 控制方式下，对发电机转速(或电容电压)的控制等同于对有功功率的控制。

输出电压控制与 $i_{sd}=0$ 控制类似，通过外环控制器调节永磁同步发电机输出的电压幅值 u_s和整流器输出侧电容电压 U_{dc}，将其维持在给定的参考值，如图 2.63 所示，其内环控制器与 $i_{sd}=0$ 控制中的内环控制器结构一致。

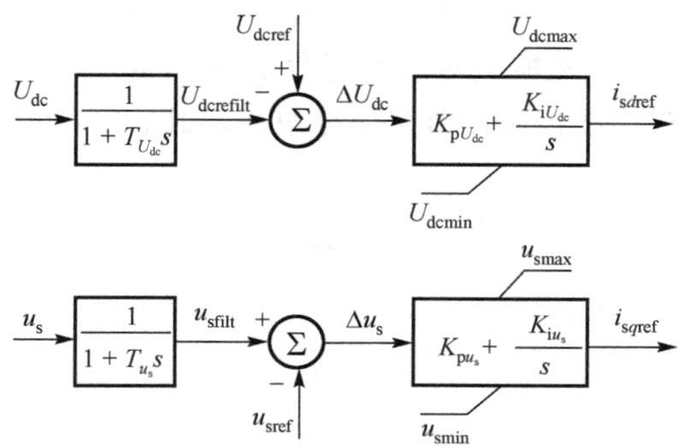

图 2.63　整流侧电压控制系统示意图

2.5.2　分轴结构微型燃气轮机发电系统

分轴结构微型燃气轮机发电系统的燃气涡轮与发电机动力涡轮采用不同的转轴，通过齿轮箱将高转速系统转换至可用于驱动传统发电机的较低转速系统。分轴结构微型燃气轮机发电系统可以直接与电网相连，不需要电力电子变换装置，在减少谐波污染方面相对较好。

分轴结构微型燃气轮机发电系统由压气机、燃气涡轮、动力涡轮、燃烧室、回热器等组成[49]，其基本的工作原理与单轴结构方式相似，不同之处在于燃气涡轮产生的能量除了为压气机提供动力外，其余部分以高温、高压燃气的形式进入动力涡轮，通过齿轮箱带动发电机工作。发电机可以采用同步发电机或感应发电机，直接与电网相连。由于回热器动态过程缓慢，在分析微型燃气轮机与电网的相互作用时可忽略其影响。分轴结构微型燃气轮机发电系统的结构如图 2.64 所示。

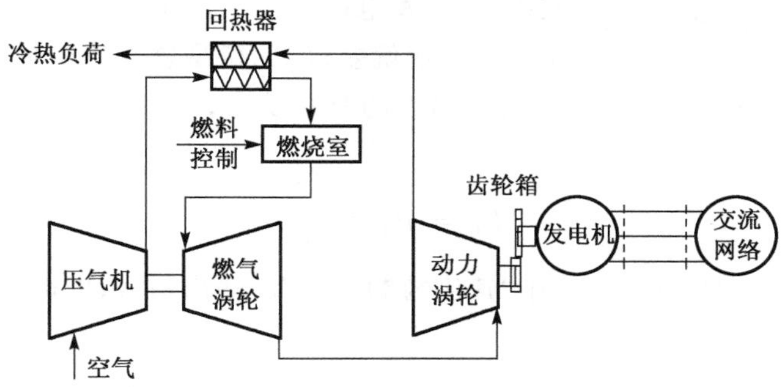

图 2.64　分轴结构微型燃气轮机发电系统结构图

由于分轴结构微型燃气轮机可以通过同步发电机或感应发电机直接与电网相连，其模型及控制方式也与单轴结构有所不同。对于分轴结构的微型燃气轮机发电系统，有功功率控制主要通过微型燃气轮机的调节方式实现，而无功功率控制通过发电机本身的励磁调节系统实现。对于采用感应电机的发电系统，还需要采用无功补偿装置进行无功功率调节。下面给出一种常用的采用 Droop 控制方式的分轴结构微型燃气轮机仿真模型，该模型对微型燃气轮机内部进行了简化，模型由速度控制环节、燃料控制环节、温度控制环节三部分组成，如图 2.65 所示[49]。

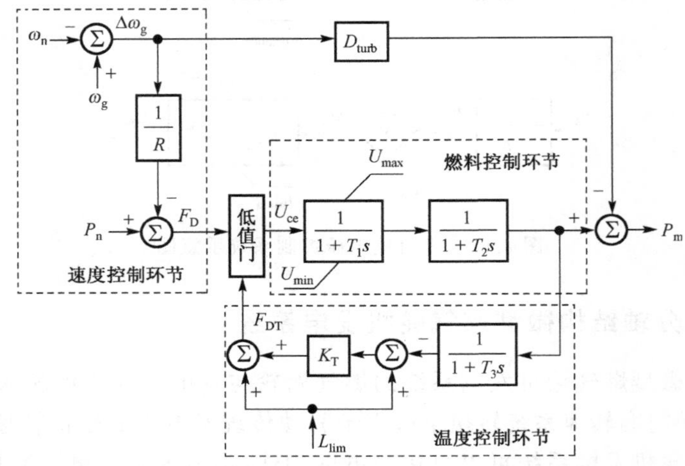

图 2.65　分轴结构微型燃气轮机传递函数框图速度控制环节

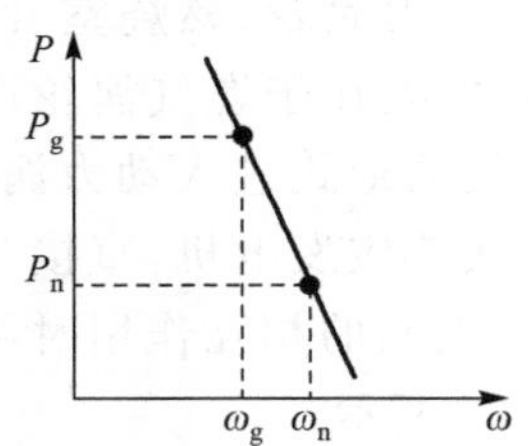

图 2.66　P-ω Droop 特性曲线

Droop 控制是分布式电源典型控制方式之一，分轴燃气轮机采用如图 2.66 所示 P-ω Droop 特性来调节微型燃气轮机的燃料输入量。

由该 Droop 特性曲线所决定的 P-ω 关系式为

$$-\frac{P_g-P_n}{\omega_g-\omega_n}=-\frac{P_g-P_n}{\Delta\omega_g}=\frac{1}{R} \tag{2.114}$$

式中，ω_n为发电机的额定转速；ω_g为发电机转速；$\Delta\omega_g$为发电机转速偏差；P_n为微型燃气轮机输出的额定功率；P_g为当发电机转速为 ω_g时，燃气轮机输出的有功功率；$1/R$ 为给定的 Droop 控制参数。由上式可得

$$P_g=P_n-\frac{\Delta\omega_g}{R} \tag{2.115}$$

式(2.114)中的 P_g即为图 2.65 中“速度控制环节”的输出信号，即燃料需求量 F_D。

1. 燃料控制环节

图 2.65 中采用带非终端限幅的一阶惯性环节模拟燃料阀门调节过程，T_1为一阶惯性环节时间常数(s)，U_{max}、U_{min}分别为非终端限幅的最大限幅值与最小限幅值；采用一阶惯性环节模拟燃烧室中的燃烧反应，T_2为一阶惯性环节时间常数(s)。燃料控制环节的输入信号为低值门的输出信号 U_{ce}，输出信号为燃气轮机产生的总机械功率，该机械功率去除转子阻尼功率后即为燃气轮机输出的机械功率 P_m，D_{turb}为燃气轮机的转子阻尼系数。

2.温度控制环节

温度控制环节主要对微型燃气轮机的运行起保护作用。温度控制环节的输入信号为燃气轮机输出的机械功率，输出信号为与温度约束相关的燃料需求量信号 F_{DT}。图 2.65 中 T_3 为排气温度测量环节的时间常数(s)；K_T 为温度限制环节的增益；L_{lim} 是一个反映温度限制值的参数，具体数据由生产厂家提供。

低值门的输出信号产生过程为：正常运行时，微型燃气轮机运行在正常温度范围内，温度控制环节不起作用，速度控制环节的输出信号 F_D 通过低值门，即 $U_{ce}=F_D$；当微型燃气轮机的运行温度过高时，温度控制环节输出信号 F_{DT} 通过低值门，此时 $U_{ce}=F_{DT}$。因此对于分轴结构的微型燃气轮机而言，其燃气涡轮转速和温度是通过联合控制的方式实现的。

2.6　飞轮储能系统

2.6.1　飞轮储能系统结构

飞轮储能系统是一种基于机电能量转换的储能系统，它将能量以动能的形式储存在高速旋转的飞轮中，利用物理方法实现储能，具有储能密度高、应用范围广、效率高、寿命长、无污染等优点。飞轮储能系统主要包括三部分[50]：轴承、飞轮、电机。另外还有真空室、监测系统等辅助部分。真空室用于减小风损、防止高速旋转的飞轮发生安全事故；监测系统监测飞轮的位置、振动和转速、真空度、电机温度等运行参数。飞轮储能系统的基本结构如图 2.67 所示。

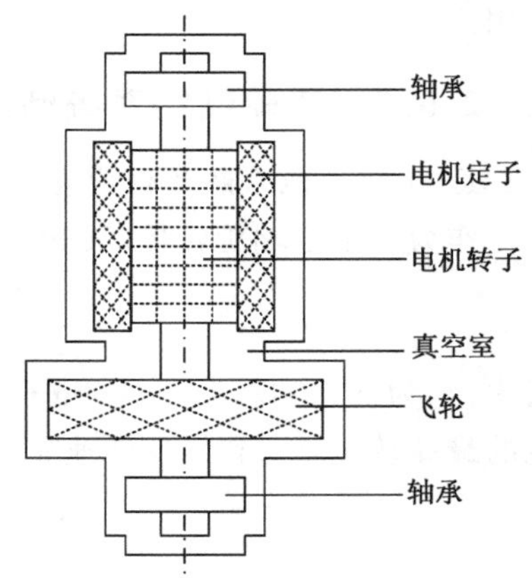

图 2.67　飞轮储能系统结构示意图

(1)轴承：目前飞轮储能系统有机械轴承、超导磁轴承、电磁轴承、永磁轴承等轴承支承方式。飞轮储能系统的一个重要特点是在相当长的能量保持时间内不停地高速旋转。要保持飞轮的旋转功能，消除轴承的摩擦损耗是实现飞轮高效运行的关键，也是延长轴承寿命所必需的。机械轴承的摩擦系数较大，不适宜在高速、重载的飞轮储能装置中用于飞轮转子承重，但其结构简单紧凑、坚固，一般作紧急状态时的备用轴承。超导磁轴承是利用永磁体的磁通被超导体阻挡而产生的排斥力使飞轮处于悬浮状态的原理制造的，具有转速高、摩擦小的优点，而且还可以使轴承结构紧凑和小型化，但目前技术尚不成熟。永磁轴承刚度大、对称性好，但是仅采用永磁轴承，飞轮系统不容易稳定平衡。将永磁轴承和电磁轴承相结合的混合轴承支承系统，既可以利用永磁轴承支承飞轮转子的绝大部分重量，又可以减小电磁轴承的功率损耗，这种系统具有结构简单、能耗低、寿命长等优点，是未来的发展趋势之一。

(2)飞轮：飞轮一般采用高强度复合纤维材料[51]，通过一定的绕线方式缠绕在与电机转子一体的金属轮毂上。飞轮的结构尺寸以及旋转角速度受到材料强度(特别是拉伸强度)的制约，因此飞轮系统能够储存较多能量的先决条件是选用高抗拉强度的飞轮材料。储能密度是储能装置的一个重要性能指标，储能密度是指单位质量或单位体积储能装置的储能量。对于飞轮而言，一般采取单位质量储能量作为其储能密度。考虑复合材料缠绕加工工艺的复杂性，飞轮通常做成圆盘形或圆环形。圆环型飞轮主要有两种结构形式：单层圆环式和多层圆环式，多层圆环式又分为同构式和异构式两种。同构式飞轮的每层都使用相同的复合材料，异构式飞轮则至少使用两种不同的材料。飞轮为了实现高效利用的目的需要进行半径厚度的优化，同构飞轮的优化相对较简单[52]，异构飞轮的优化则要复杂得多。

(3)电机：飞轮储能系统一般采用内置电机，由于电机转速高、运转范围大、且工作在真空之中散热条件差等众多因素决定了飞轮电机必须满足以下条件[50]：应具有可逆性，能运行于电动和发电两种工作状态；要求电机能够高速运行；充电和放电工作模式的转换要求电机能够适应大范围的速度变化；长时间的不间断运行需要电机有较长的稳定使用寿命和较低的空载损耗；电机应有较大的输出转矩和输出功率。总之，系统需具备运行效率高、调速性能好、结构简单、运行可靠、易于维护等能力。根据以上的运行特点和要求，有四种飞轮电机可供选择：感应电机、开关磁阻电机、同步磁阻电机、永磁无刷电机。其中永磁无刷电机具有调节控制方便、恒功率调速范围宽、无励磁损耗、易于实现双向功率转换等优点，在飞轮储能系统中得到了广泛应用。

2.6.2 飞轮储能系统储能量及工作模式

1. 飞轮储能系统的储能量计算

作为一个定轴旋转体，飞轮储存的动能为[50]

$$E = \frac{1}{2} J_{\mathrm{F}} \omega_{\mathrm{g}}^2 \tag{2.116}$$

式中，J_{F}为飞轮的转动惯量($\mathrm{kg \cdot m^2}$)；ω_{g}为飞轮旋转的角速度(rad/s)。当飞轮在给定的最高转速 $\omega_{\max}$和最低转速 $\omega_{\min}$之间旋转时，可以吸收和释放的最大能量为

$$E_{\max} = \frac{1}{2} J_{\mathrm{F}} (\omega_{\max}^2 - \omega_{\min}^2) \tag{2.117}$$

由式(2.116)可知，有两种途径可以提高飞轮系统的储能总量：一是增加飞轮的转动惯量，二是提高飞轮的旋转速度。前者更适宜于低速飞轮，用于固定应用场合；后者更适宜于高速飞轮，用于对质量和体积有严格要求的场合。

飞轮转动惯量的大小取决于物体的质量、质量对轴的分布情况以及转轴的位

置。对于圆盘形飞轮，其转动惯量计算公式为

$$J_{\mathrm{F}} = \frac{1}{2}mR^2 = \frac{1}{2}\rho h\pi R^4 \tag{2.118}$$

式中，R 为飞轮半径(m)；h 为飞轮厚度(m)；m 为飞轮质量(kg)；ρ 为飞轮材料密度($\mathrm{kg/m^3}$)。对于圆环形飞轮，其转动惯量计算公式为[51]

$$J_{\mathrm{F}} = \frac{1}{2}m(R_{\mathrm{e}}^2 + R_{\mathrm{i}}^2) = \frac{1}{2}\rho h\pi(R_{\mathrm{e}}^4 - R_{\mathrm{i}}^4) \tag{2.119}$$

式中，R_{e}为环形飞轮外半径(m)；R_{i}为环形飞轮内半径(m)；m、ρ、h 含义与式(2.118)一致。

2. 飞轮储能系统工作模式

由电机运行原理可知，不平衡转矩是飞轮转速增加或减小的根本原因，由刚体定轴转动的转动定理可知

$$T = J_{\mathrm{F}}\frac{\mathrm{d}\omega_{\mathrm{g}}}{\mathrm{d}t} \tag{2.120}$$

式中，T 为飞轮加速转矩。

当转矩方向与飞轮转动方向一致时，飞轮被施加正方向不平衡转矩而加速，将能量转化为飞轮的动能储存起来；当转矩方向与飞轮旋转方向相反时，飞轮受到负方向不平衡转矩而减速，将动能转化为电能释放出来。飞轮储能系统有三种模式[50]：飞轮能量储存模式、飞轮能量保持模式、飞轮能量释放模式，其工作原理如图 2.68 所示。

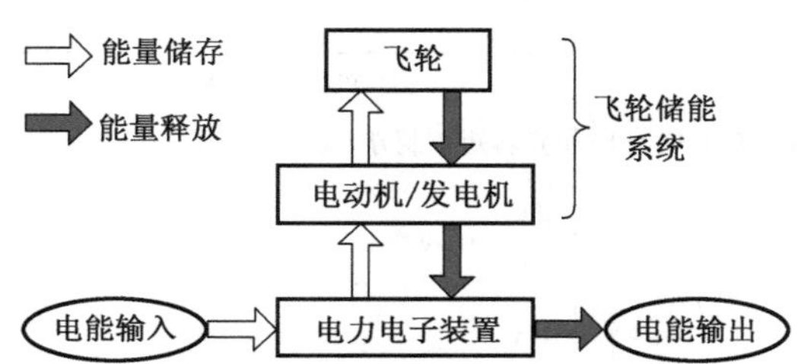

图 2.68　飞轮储能系统工作原理示意图

1）飞轮能量储存模式

在飞轮能量储存模式下，由工频电网提供电能，通过电力电子装置变换后驱动电机带动飞轮高速旋转，使飞轮达到额定最高转速 $\omega_{\max}$，将电能转化为动能储存在高速旋转的飞轮中。在飞轮加速储能过程中，电机作为电动机运行。由于飞轮属于大惯性负载，其速度变化比较慢，为了获得尽可能快的储能速度，对电机的加速控制通常有恒定转矩和恒定功率两种控制方式。前者以系统允许的最大加速转矩 $T_{\max}$为电磁驱动转矩，加速过程保持系统的电磁转矩不变；后者以系统允许的最大功率 $P_{\max}$为电机输入电磁功率，加速过程保持电机输入电磁功率不变。恒定转矩加速控制方式与恒定功率加速控制方式的比较如表 2.3 所示。

表 2.3　恒定转矩与恒定功率加速控制方式比较

<table>
<tr><td></td><td colspan="2">恒定转矩加速控制方式</td><td colspan="2">恒定功率加速控制方式</td></tr>
<tr><td rowspan="2">加速转矩</td><td colspan="2" rowspan="2">T_{max}</td><td>最大电磁转矩</td><td>$T_{max}=P_{max}/\omega_{min}$</td></tr>
<tr><td>最小电磁转矩</td><td>$T_{2min}=P_{max}/\omega_{max}$</td></tr>
<tr><td rowspan="2">电磁功率</td><td>最小电磁功率</td><td>$P_{1min}=T_{max}\omega_{min}$</td><td colspan="2" rowspan="2">P_{max}</td></tr>
<tr><td>最大电磁功率</td><td>$P_{1max}=T_{max}\omega_{max}$</td></tr>
<tr><td>加速时间</td><td colspan="2">$t_1=\dfrac{J_F\omega_{max}-J_F\omega_{min}}{T_{max}}$（角动量定理）</td><td colspan="2">$t_2=\dfrac{J_F\omega_{max}^2-J_F\omega_{min}^2}{2P_{max}}$（动能定理）</td></tr>
</table>

注：(1)下标 1 代表恒定转矩控制方式，下标 2 代表恒定功率控制方式，未加标注 1、2 表示使用的是同一变量。

(2)当达到 t_1 时，恒定转矩控制切换成能量保持模式，角速度维持 ω_{max}，电机输入电磁功率降为零。

(3)当达到 t_2 时，恒定功率控制切换成能量保持模式，角速度维持 ω_{max}，电机输入电磁功率降为接近零。

与表 2.3 相对应，两种加速控制方式下相应的加速转矩、加速率、电磁功率随角速度变化情况如图 2.69 所示。

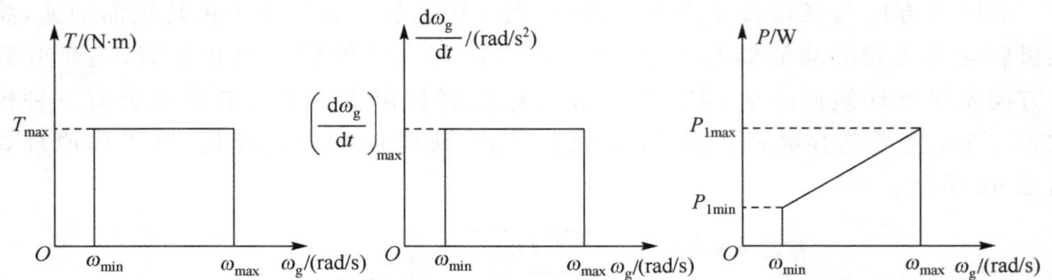

(a) 恒定转矩控制方式加速转矩变化　(b) 恒定转矩控制方式加速率变化　(c) 恒定转矩控制方式电磁功率变化

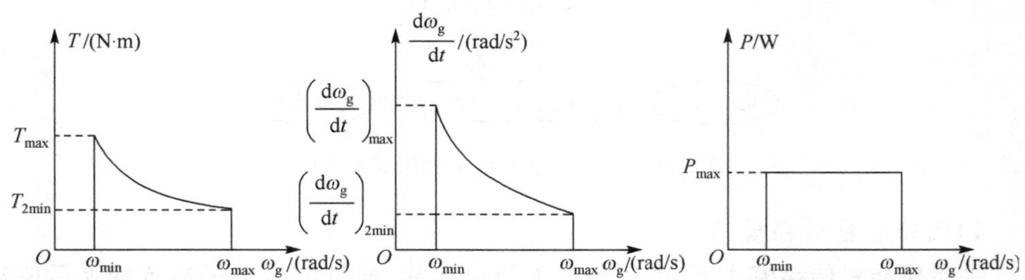

(d) 恒定功率控制方式加速转矩变化　(e) 恒定功率控制方式加速率变化　(f) 恒定功率控制方式电磁功率变化

图 2.69　恒定转矩与恒定功率加速控制方式下的电机运行特性示意图

由图 2.69 可知，对于恒定转矩加速控制方式，随着转速的升高，电机的电磁功率不断加大。对于恒定功率加速控制方式，转子在低速时转矩较大，使得加速率较大、升速较快，容易导致短时间内电机受力过大而损坏。设最小转速 ω_{min} 与最大转速 ω_{max}之间的关系如下所示：

$$\omega_{\min} = k\omega_{\max} \tag{2.121}$$

式中，k 为最小转速与最大转速的比值。两种加速控制方式下最大电磁功率之比为

$$\frac{P_{1\max}}{P_{\max}} = \frac{T_{\max}\omega_{\max}}{T_{\max}\omega_{\min}} = \frac{\omega_{\max}}{\omega_{\min}} = \frac{1}{k} \tag{2.122}$$

加速时间之比为

$$\begin{aligned}\frac{t_1}{t_2} &= \frac{J_F\omega_{\max} - J_F\omega_{\min}}{T_{\max}} \bigg/ \frac{J_F\omega_{\max}^2 - J_F\omega_{\min}^2}{2P_{\max}} \\ &= \frac{2P_{\max}}{(\omega_{\max} + \omega_{\min})T_{\max}} = \frac{2\omega_{\min}}{\omega_{\max} + \omega_{\min}} = \frac{2k}{1+k}\end{aligned} \tag{2.123}$$

由式(2.123)可知，恒定功率加速控制方式所需要的电磁功率小于恒定转矩控制方式下的最大电磁功率；所需要的加速时间长于恒定转矩控制方式。为保证系统运行的稳定性，优化电机运行特性，在飞轮升速过程中，可将两种控制方式结合起来：低速时转矩恒定，高速时功率恒定。在恒转矩控制方式下电机以最大的加速率快速起动，之后转换为恒定功率控制方式可以有效降低电机的功率容量，使得电机和控制器的利用率和效率得到提高。结合图 2.69 给出的电机运行特性，可以得出两种控制方式结合情况下，电机的加速转矩、加速率、电磁功率随角速度变化情况如图 2.70 所示。

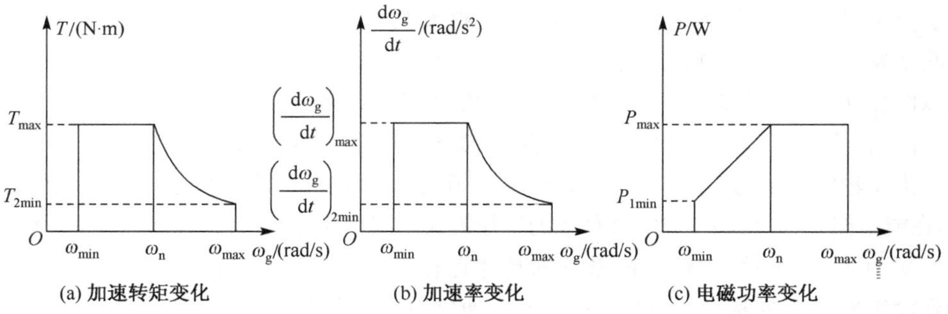

图 2.70 飞轮储能系统恒定转矩与恒定功率联合控制方式下电机运行特性

2)飞轮能量保持模式

在飞轮能量保持模式下，飞轮储能系统仅依靠最小的能量输入，维持飞轮在最高工作转速 $\omega_{\max}$ 下运行，直到接收到能量释放的控制信号。

3)飞轮能量释放模式

在飞轮能量释放模式下，飞轮储能系统接收到能量释放的需求控制信号，高速旋转的飞轮作为原动机拖动电机发电，将动能转换为电能，经电力电子装置变换后输送给电网或向负荷供电。其中，电力电子装置需要具有功率双向流动的能力，通过控制环节的调节实现飞轮能量的释放。

2.6.3 飞轮储能控制系统

飞轮储能系统接入微电网或配电系统的模式依据其作用不同会有所不同，图 2.71 给出了飞轮储能系统两种典型的接入系统方式。

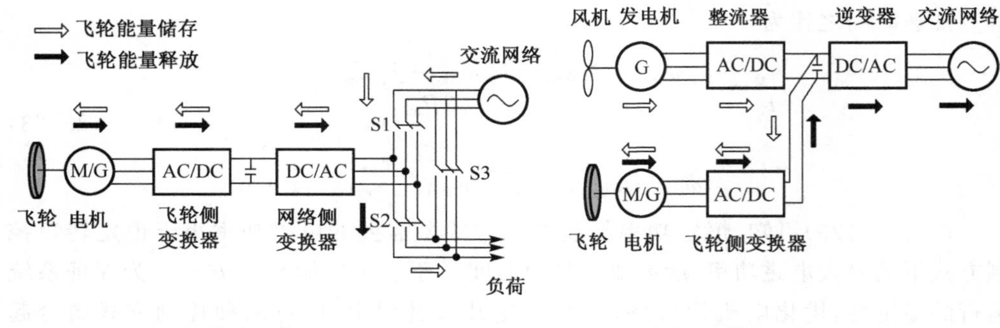

图 2.71 飞轮储能系统典型连接方式示意图

1）起不间断电源作用的并网模式

图 2.71(a)给出了起不间断电源作用的飞轮储能系统并网模式（简称 UPS 模式）。在该并网模式下，当飞轮储存能量时，S1、S2 闭合，S3 打开，交流网络在给飞轮系统充电的同时向负荷供电，飞轮系统一般采取恒功率控制方式实现能量的存储；当网络发生故障时，飞轮释放能量，此时 S2 闭合，S1、S3 打开，飞轮系统起到不间断电源的作用，一般采取恒压/恒频控制，对负荷直接起到稳压/稳频的作用；当飞轮系统故障时，旁路开关 S3 闭合，S1、S2 打开，交流网络直接向负荷供电。

当飞轮储能系统工作于 UPS 模式时，工作过程中通过检测网络电压和飞轮转速情况，在能量储存、能量保持和能量释放的工作模式之间切换，其运行流程如图 2.72 所示。

如图 2.72 所示，飞轮储能系统的具体运行过程如下：当飞轮启动过程结束，转速达到设定的参考转速 ω_{gref} 时（由于转速 ω_g 通常难以严格等于 ω_{gref}，因此 ω_g 只能近似等于 ω_{gref}，但误差不应过大），飞轮系统进入能量保持模式，之后在未发生故障的情况下，飞轮的转速范围为 $\omega_{min}\leqslant\omega_g\leqslant\omega_{max}$（$\omega_{max}$ 和 ω_{min} 分别为飞轮正常工作的最高转速和最低转速）。若网络未出现电压过低情况，且转速近似等于 ω_{gref}，表明飞轮系统的能量已保持为设定值，则飞轮系统将不转换工作模式，一直处于能量保持阶段，如图中过程①所示；若网络未出现电压过低情况，但转速明显低于 ω_{gref} 且无系统中止信号时，飞轮系统储存能量，转速升高，直至 ω_g 近似等于 ω_{gref}，进入能量保持模式，如图中过程②所示；若网络出现电压过低情况，但转速高于最低转速 ω_{min} 且无终止信号时，飞轮系统释放能量，转速下降，如图中过程③所示；若网络出现电压过低情况，且转速已经下降至最低转速 ω_{min} 时，飞轮系统不再释放能量，处于能量保持阶段，如图中过程④所示。按照图 2.72 的框图给出的运行模式，飞轮最大工作转速在 ω_{gref} 附近。

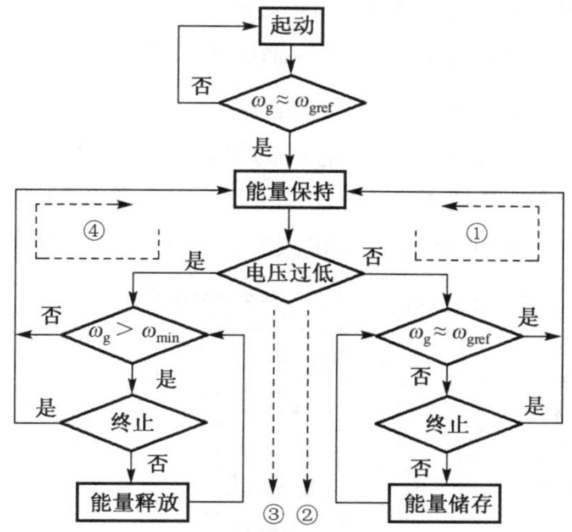

图 2.72 飞轮储能系统运行流程图

2)与其他分布式电源并联运行的接入系统模式

图 2.71(b)给出了飞轮储能系统与其他分布式电源(如风机、光伏等间歇性电源)并联运行的接入系统模式。在这种接入模式下,飞轮是储存还是释放能量由分布式电源的运行情况和交流网络情况所决定。这种并网模式一方面可以有效减少间歇式电源功率波动对外部系统的冲击,另一方面也可以改善这类电源的可调度性。

当飞轮与风机并联运行时,假设风机的输出功率为 P_{wind},风机与飞轮系统共同输出功率的参考值为 P_{total},这里 P_{total} 既可以是恒功率控制方式下的恒定参考功率,也可以是 Droop 控制中按照一定的比例关系分摊的功率不平衡量,还可以是恒压/恒频控制中由频率控制得到的功率参考值,则飞轮的功率可设定为 $P_{ref}=P_{wind}-P_{total}$,$P_{ref}$ 可正可负。由于风速的变化,风机的输出功率是波动的,在正常风速情况下,$P_{total}=P_{wind}$,$P_{ref}=0$,飞轮处于能量保持阶段;当风速变化时,P_{total} 与 P_{wind} 不再相等,其功率偏差值设定为飞轮的功率参考值 P_{ref}。当风速高于正常风速时 $P_{wind}>P_{total}$,P_{ref} 为正值,飞轮系统转速升高储存能量;当风速低于正常风速时 $P_{wind}<P_{total}$,P_{ref} 为负值,飞轮系统转速下降释放能量。通过飞轮系统转速的变化即可实现能量的储存与释放,此时的风机与飞轮混合系统对交流网络不再显现出功率的波动特性。

当风速正常但要求混合系统向网络输出的功率变化时,例如当系统采取 Droop 控制或是恒压/恒频控制时,混合系统输出功率的参考值 P_{total} 是变化的,而当系统采取恒功率输出控制时,输出的有功功率参考值 P_{total} 也可能需要根据系统调度信息进行改变,这些情况下,P_{total} 的变化量都可通过飞轮相应调整储存或释放能量来完成。

在飞轮储能系统中,常用的内置电机有感应电机、开关磁阻电机、同步磁阻电机、永磁无刷电机四种，内置电机类型不同飞轮系统并网控制方式有所不同，本节重点介绍比较常用的以永磁无刷交流电机和感应电机为内置电机时的并网控制系统。

1. 内置永磁无刷交流电机的飞轮储能系统

采用永磁无刷交流电机作为内置电机的飞轮储能系统的并网拓扑结构可看作与单轴结构微型燃气轮机系统类似，可用图 2.73 所示系统描述。飞轮侧变换器一般采取三相电压型变换器，本节重点对飞轮侧变换器的控制系统加以阐述。

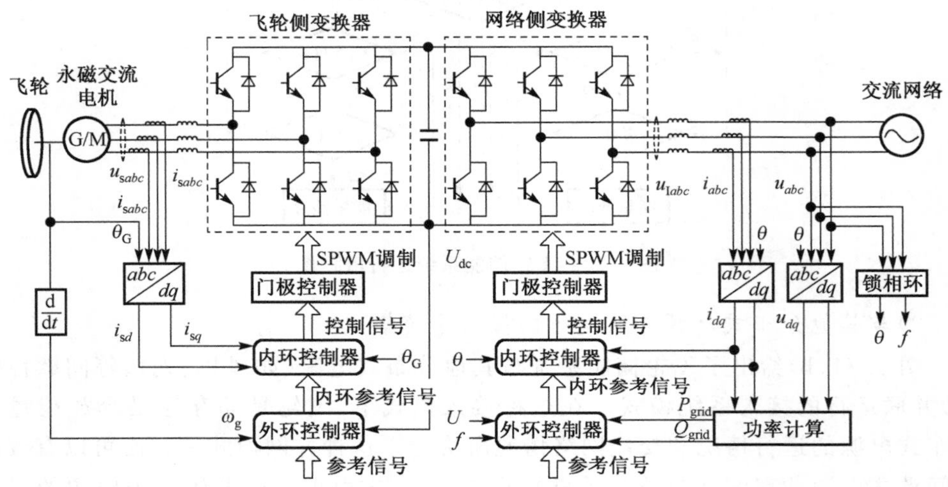

图 2.73　内置永磁无刷交流电机的飞轮储能系统典型并网拓扑结构

飞轮侧变换器主要对永磁电机进行控制，可以采取多种控制方式，具体可以参考 2.5 微型燃气轮机发电系统一节的介绍。图 2.74 给出的是飞轮侧变换器 $i_{sd}=0$ 控制，其内环控制器与单轴结构微型燃气轮机控制系统中 $i_{sd}=0$ 控制的内环控制器一致，在此不再赘述，下面主要介绍外环控制器的工作原理[53]。

在图 2.74 中，ω_g 为飞轮的转速，ω_{gref} 为飞轮转速参考值。飞轮系统以动能的形式储存能量，故飞轮系统储存(释放)能量的过程就是提高(降低)飞轮转速的过程，也就是使内置电机加速(减速)的过程。因此图 2.74 中外环控制器参考电流 i_{sqref} 的形成过程与飞轮储能系统储存或释放的功率相关，飞轮储存或释放的功率为

$$P=\frac{\mathrm{d}}{\mathrm{d}t}\left(\frac{1}{2}J_F\omega_g^2\right)=J_F\omega_g\frac{\mathrm{d}}{\mathrm{d}t}\omega_g \tag{2.124}$$

对式(2.124)进行拉氏变换可得 $P=J_F\omega_g s\omega_g$，由此可以推得相应的传递函数框图如图 2.75 所示。

从图 2.75 可知，通过参考功率 P_{ref} 即可求得转速参考值 ω_{gref}，但应该指出的是，工作于 UPS 模式时，功率参考值 P_{ref} 通过网络侧变换器的恒压/恒频控制得到，具体可参考第 3 章 3.2.3 节逆变器控制方法的介绍；与其他分布式电源并联运行时，功率参考值 P_{ref} 的形成可以参考有关图 2.71(b)的介绍。值得注意的是，在 P_{ref} 为某一数

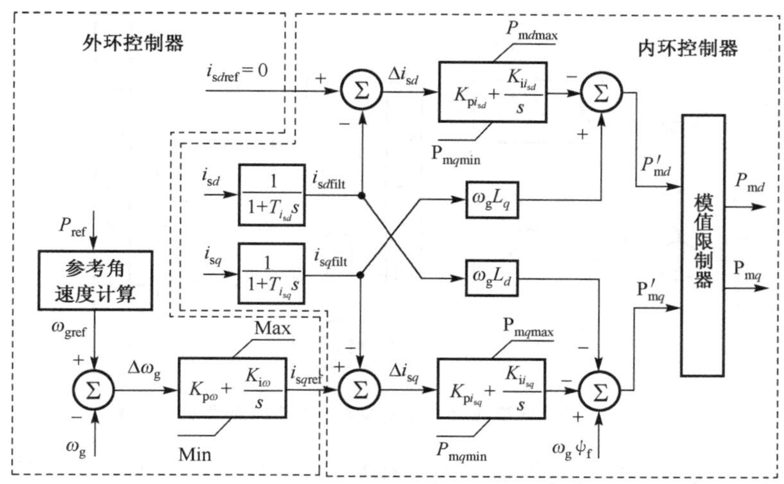

图 2.74 飞轮侧变换器 $i_{sd}=0$ 控制系统示意图

值的条件下，转速参考值 ω_{gref} 将是一个不断变化的量，取决于 P_{ref} 的正负，ω_{gref} 将会随时间持续增加或减小，而图 2.74 中描述的控制系统的控制目标就是使飞轮转速能够跟随 ω_{gref} 变化，从而实现能量的存储与释放。

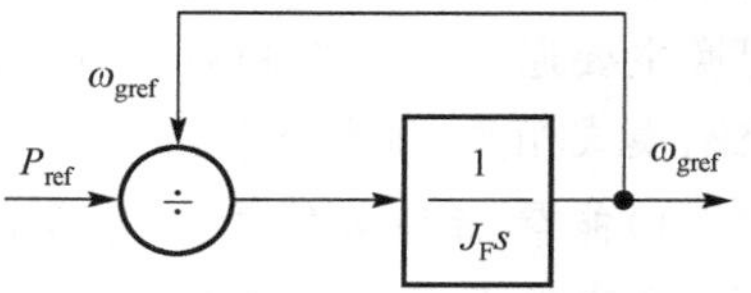

图 2.75 参考角速度计算框图

上述控制方式相对简单，但在该种控制方式下，飞轮储能系统的启动时间较长，且调速范围较窄。这里的“启动时间较长”和“调速范围较窄”均是相对双模控制而言的。因为电机的功率、转矩、转速满足的关系式为：$P=T\omega_g$，在恒功率情况下，若转速 ω_g 非常低时，则转矩 T 应非常大，此时所需要的转矩可能超过其最大转矩，所以在恒功率控制情况下，电机的转速不能过低，即 ω_{min} 不能过小，相应的电机的调速范围也变小，由此飞轮系统可吸收或释放的最大能量 $E_{max}=\frac{1}{2}J_F(\omega_{max}^2-\omega_{min}^2)$ 也相应变小。

式(2.122)与式(2.123)对恒转矩加速方式和恒功率加速方式进行了对比，得出的结论是将两种方式结合起来控制电机较好，即低速时恒转矩控制，高速时恒功率控制。为此，可以采取双模控制策略[54]，即低速时采取恒转矩控制，高速时采取弱磁恒功率控制，这样不仅可以加速启动过程，还可以获得较宽的调速范围(可储存或释放的能量增加)，并具有良好的过载性能和较高的运行效率。飞轮侧变换器采取双模控制时的外环控制器典型结构如图 2.76 所示，内环控制器与图 2.74 中的内环控制器结构一致，在此不再赘述。

当飞轮的转速 ω_g 较低时，整个系统工作于“能量储存”模式，此时开关 K1 连接于“1”处，飞轮侧变换器主要控制飞轮的转速，通过飞轮转速的提高实现能量的存储；当储能系统需工作于“能量释放”模式时，开关 K1 连接于“0”处，飞轮侧变换器主要

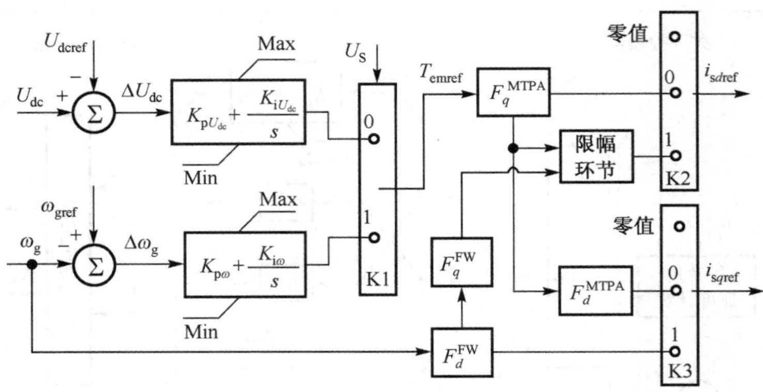

图 2.76　飞轮侧变换器"双模控制"外环控制器典型结构

控制直流电压,通过网络侧变换器的逆变作用,将飞轮中储存的能量回馈交流网络或负荷。上述控制的输出信号为永磁电机的电磁转矩参考值 T_{emref},用于不同转速情况下永磁电机电流参考值的计算。总之,这种控制模式下飞轮储能系统工作模式的切换主要通过外环控制器实现。图 2.76 中 K2、K3 的位置与系统所处的运行状态和控制模式相关,细节解释如下。

1)能量储存与能量保持模式[54]

在飞轮系统能量储存过程中,电机工作于电动机状态,飞轮系统加速,最佳的加速模式为:

在额定转速 ω_n 以下,永磁电机采取最大转矩电流比(maximum torque per ampere,MTPA)控制,图 2.76 中开关 K2、K3 连接于"0"处;

在额定转速 ω_n 以上,永磁电机采取弱磁(flux weakening,FW)控制,开关 K2、K3 连接于"1"处。

根据"最大转矩电流比控制"的相关理论,在该种控制情况下,需要满足的条件为[54]

$$\begin{cases}\min\ i_s^2 = i_{sd}^2 + i_{sq}^2 \\ T_{em} = n_p[\psi_f i_{sq} + (L_d - L_q)i_{sd}i_{sq}]\end{cases} \tag{2.125}$$

式中,"电磁转矩"的计算公式是基于正交派克变换(也即"恒功率派克变换")得到的,若采用的是"经典派克变换"(也称"恒相幅值派克变换")则应为

$$T_{em} = \frac{3}{2}n_p[\psi_f i_{sq} + (L_d - L_q)i_{sd}i_{sq}] \tag{2.126}$$

式(2.125)中其他各符号的含义与"微型燃气轮机发电系统"一节的相关符号含义一致。根据拉格朗日乘数法可以求得满足上述条件的 i_{sd} 与 i_{sq} 之间的关系为

$$i_{sq}^2 = i_{sd}^2 + \frac{\psi_f}{L_d - L_q}i_{sd} \tag{2.127}$$

对上式进一步整理可得

$$i_{sd} = \frac{\psi_f}{2(L_q - L_d)} - \sqrt{\frac{\psi_f^2}{4(L_q - L_d)^2} + i_{sq}^2} \tag{2.128}$$

将式(2.128)代入式(2.125)中的电磁转矩表达式可得

$$T_{em} = \frac{n_p i_{sq}}{2}\left[\sqrt{\psi_f^2 + 4(L_q - L_d)^2 i_{sq}^2} + \psi_f\right] \tag{2.129}$$

因此,在给定电磁转矩参考值 T_{emref} 的情况下,即可通过式(2.129)求得最大转矩电流比控制情况下的电流参考值 i_{sqref},将其代入式(2.128)即可求得电流参考值 i_{sdref}。图 2.76 中 F_d^{MTPA} 与 F_q^{MTPA} 分别与式(2.128)及式(2.129)相关。由于在稳态情况下,忽略变压器电势和定子绕组电阻,由式(2.108)可知永磁电机的电压方程为

$$\begin{cases} u_{sd} = \omega_g i_{sq} L_q \\ u_{sq} = \omega_g(\psi_f - i_{sd} L_d) \end{cases} \tag{2.130}$$

因此电压矢量的幅值为

$$U_s = \sqrt{u_{sd}^2 + u_{sq}^2} = \omega_g \sqrt{(i_{sq} L_q)^2 + (\psi_f - i_{sd} L_d)^2} \tag{2.131}$$

由式(2.131)可知,随着电机转速 ω_g 的升高,永磁电机的端电压不断升高,当端电压达到飞轮侧变换器所能输出的电压极限,即 $U_s = U_{slim}$ 时,电机的转速将不能继续升高。若要继续升高转速,必须采取弱磁控制,此时开关 K2、K3 连接“1”处。弱磁控制的思想源于他励直流电机的调磁控制,当他励直流电机的端电压达到极限电压时,为了使电机恒功率运行于更高的转速,应降低电机的励磁电流,以保证电压平衡。由于永磁电机的励磁磁动势由永磁体产生无法调节,因此弱磁控制只能利用电机的电枢反应,通过调节电枢电流 i_{sd} 和 i_{sq},增加定子直轴去磁电流分量 i_{sd},维持高速运行时电压平衡,达到弱磁升速的目的。由于永磁电机的定子电压和电流受飞轮侧变换器输出电压和电流的限制,即

$$\begin{cases} i_{sd}^2 + i_{sd}^2 \leqslant I_{slim}^2 \\ u_{sd}^2 + u_{sd}^2 \leqslant U_{lim}^2 \end{cases} \tag{2.132}$$

式中,I_{slim} 与 U_{slim} 分别为飞轮侧变换器输出电流和电压的极限值。将式(2.131)代入式(2.132)并进一步整理可得

$$\begin{cases} i_{sd}^2 + i_{sq}^2 \leqslant I_{slim}^2 \\ (i_{sq} L_q)^2 + (\psi_f - i_{sd} L_d)^2 \leqslant \left(\dfrac{U_{slim}}{\omega_g}\right)^2 \end{cases} \tag{2.133}$$

根据式(2.133)可得电压极限曲线和电流极限曲线如图 2.77 所示。

图 2.77 中,电机转速 $\omega_{g1} < \omega_{g2} < \omega_{g3}$。电压极限椭圆与电流极限圆所包围的区域为永磁电机的运行区域,例如图中阴影部分代表转速为 ω_{g2} 时电机的运行区。由式(2.133)以及图 2.77 可知,随着转速的升高,电压极限椭圆相应地缩小,当电机运行于电压极限椭圆边界时,电机端电压 $U_s = U_{slim}$,由式(2.133)可得弱磁控制时电流 i_{sd} 为

$$i_{sd} = -\frac{\psi_f}{L_d} + \frac{1}{L_d}\sqrt{\left(\frac{U_{slim}}{\omega_g}\right)^2 - (i_{sq} L_q)^2} \tag{2.134}$$

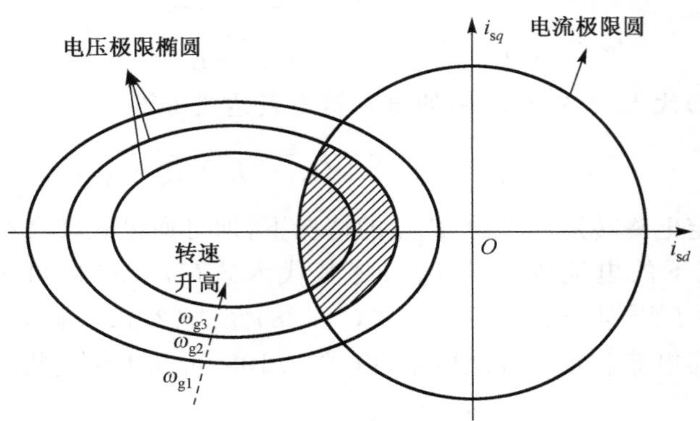

图 2.77 永磁电机定子电压、电流矢量轨迹

且电流 i_{sq} 满足幅值限制关系式

$$i_{sqlim} = \sqrt{I_{slim}^2 - i_{sd}^2} \tag{2.135}$$

式中，i_{sqlim} 为相应的转矩电流限制，该值作为图 2.76 中"限幅环节"的限幅值。相应的图 2.76 中 F_d^{FW} 与 F_q^{FW} 分别与式(2.134)及式(2.135)相关。

根据上述分析，通过开关 K2、K3 的接通位置选择，可以控制不同转速情况下的加速方式，输出内环电流参考信号 i_{sdref} 与 i_{sqref}，从而对飞轮储能系统进行控制。当飞轮转速 ω_g 达到设定的参考转速 ω_{gref} 时，$\Delta\omega_g = 0$，内环电流参考信号 i_{sdref} 与 i_{sqref} 设定为零(相当于图 2.76 中 K2、K3 连接于"零值"处)，使得电机空转，进入能量保持阶段。

2)能量释放模式

飞轮系统能量释放过程中，图 2.76 中开关 K1 连接于"0"处，控制直流侧电压；开关 K2、K3 随着转速的不同进行切换，通过飞轮转速的下降实现能量的释放。

2. 内置感应电机的飞轮储能系统

采用感应电机作为内置电机的飞轮储能系统并网拓扑结构与图 2.73 所示的拓扑结构类似，同样的，网络侧变换器可以采取多种控制策略。本节重点对飞轮侧变换器的控制系统加以阐述。飞轮侧变换器的控制系统可以采取多种不同的控制方式，文献[55]中给出了感应电机常用的四种磁场定向控制方式：转子磁场定向控制、定子磁场定向控制、气隙磁场定向控制、自感磁场定向控制，其中以转子磁场定向控制和定子磁场定向控制应用最为广泛。本节重点以转子磁场定向控制为例介绍飞轮侧变换器控制系统的工作原理。

转子磁场定向控制是指将 $dq0$ 旋转坐标系的参考轴 d 定向于感应电机的转子磁链方向，将定子电流分解为互相垂直的励磁电流分量和转矩电流分量，分别进行控制，从而实现磁场与转矩的解耦控制[56]。

1)外环控制器[57]

如图 2.78 所示为采用转子磁场定向控制的飞轮侧变换器外环控制器典型结构，与内置永磁无刷交流电机的外环控制方式类似，飞轮储能系统工作模式的切换主要通过外环控制器实现，具体工作原理如下。

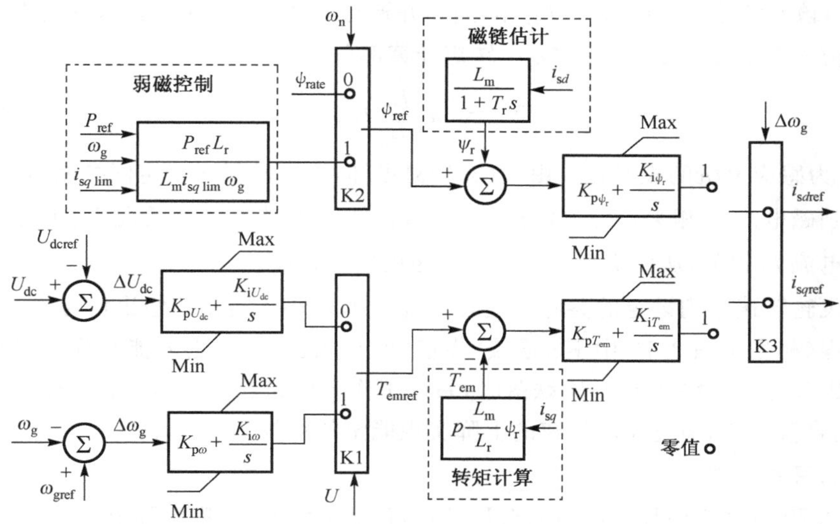

图 2.78 飞轮侧变换器外环控制器典型结构(内置感应电机的飞轮系统)

在飞轮系统能量储存过程中，电机工作于电动机状态，开关 K1 连接“1”处，控制飞轮的转速。在额定转速以下时磁链恒定，参考值为额定值 ψ_{rate}，此时开关 K2 连接“0”处；当转速升高超过额定转速时，由于受电机绕组端电压的限制，随着绕组反电势的增加，要实现电机高速运行必须进行弱磁控制，此时开关 K2 连接“1”处。由于感应电机的电磁功率为

$$P=\frac{L_m}{L_r}\psi_r i_{sq}\omega_g \tag{2.136}$$

式中，L_m为感应电机定子与转子之间的互感；L_r为感应电机转子电感；ψ_r为转子磁链。由式(2.136)可得当采取弱磁控制时，感应电机转子磁链参考值为

$$\psi_{ref}=\frac{P_{ref}L_r}{L_m i_{sqlim}\omega_g} \tag{2.137}$$

式中，P_{ref}为感应电机的参考电磁功率，i_{sqlim}为 q 轴转矩电流分量的最大值。式(2.137)也即图 2.78 中虚线所示的弱磁控制部分。通过开关 K2 的位置选择可以得到电机在不同转速情况下的磁链参考值 ψ_{ref}，该参考值与转子磁链估计值进行比较，偏差通过磁链控制器的调节，输出内环控制器的电流参考信号 i_{sdref}，因此磁链的估计精度很大程度上决定了控制系统的性能。图 2.78 中磁链估计环节为

$$\psi_{r}=\frac{L_{m}}{1+T_{r}s}i_{sd} \tag{2.138}$$

式中，$T_r=L_r/R_r$为感应电机转子时间常数；R_r为感应电机转子电阻。当飞轮系统处于能量储存模式时，开关K1连接“1”处，通过对飞轮转速的控制产生电机转矩参考值T_{emref}，该参考值与实际转矩T_{em}相比较，并通过转矩控制器的调节，输出内环控制器的电流参考信号I_{sqref}。图2.78中转矩计算部分为

$$T_{em}=n_{p}\frac{L_{m}}{L_{r}}\psi_{r}i_{sq} \tag{2.139}$$

式中，n_p为感应电机的极对数。由式(2.138)可知，采用转子磁场定向控制时，转子磁链仅与励磁电流i_{sd}相关；由式(2.139)可知，在转子磁链不变的情况下，电磁转矩仅与转矩电流i_{sq}相关，从而实现了磁场与转矩的解耦控制。

当飞轮转速达到设定的参考转速时，$\Delta\omega_g=0$，外环控制器的输出信号i_{sdref}与i_{sqref}设定为零(相当于图2.78中K3连接“零值”处)，电机空转，进入能量保持阶段。当故障等因素导致网络侧电压U跌落时，系统工作于能量释放模式，开关K1连接“0”处，控制直流电压，通过飞轮转速的下降实现能量的释放。

2）内环控制器[58]

图2.79所示为内环控制器的典型结构，包括电流控制、耦合环节、调制信号坐标变换等，其中耦合环节与电机的电压方程相关。当采用电动机电气量正负定义惯例时[58]，忽略阻尼绕组的影响，$dq0$旋转坐标系下感应电机的磁链方程和电压方程分别为

$$\begin{cases}\psi_{sd}=L_{s}i_{sd}+L_{m}i_{rd}\\ \psi_{sq}=L_{s}i_{sq}+L_{m}i_{rq}\\ \psi_{rd}=L_{m}i_{sd}+L_{r}i_{rd}\\ \psi_{rq}=L_{m}i_{sq}+L_{r}i_{rq}\end{cases} \tag{2.140}$$

$$\begin{cases}u_{sd}=\dfrac{d\psi_{sd}}{dt}-\omega\psi_{sq}+i_{sd}R_{s}\\ u_{sq}=\dfrac{d\psi_{sq}}{dt}+\omega\psi_{sd}+i_{sq}R_{s}\end{cases} \tag{2.141}$$

式中，ψ_{sd}、ψ_{sq}分别为定子磁链经派克变换后的dq轴分量；ψ_{rd}、ψ_{rq}分别为转子磁链经派克变换后的dq轴分量；L_s、L_r、L_m分别为定子电感、转子电感、定子与转子之间的互感；i_{sd}、i_{sq}分别为定子三相电流经派克变换后的dq轴分量；i_{rd}、i_{rq}分别为转子三相电流经派克变换后的dq轴分量；u_{sd}、u_{sq}分别为定子三相电压经派克变换后的dq轴分量；R_s为定子绕组的电阻；ω为同步旋转角速度。当转子磁场定向控制中选取d轴方向与转子磁链方向重合时，$\psi_{rq}=0$，$\psi_{rd}=\psi_r$，将式(2.140)代入式(2.141)，整理后可得

$$\begin{cases} u_{sd} = \dfrac{\mathrm{d}\psi_{sd}}{\mathrm{d}t} - \omega\psi_{sq} + i_{sd}R_s \\ \quad = L_s\left(1-\dfrac{L_m^2}{L_rL_s}\right)\dfrac{\mathrm{d}i_{sd}}{\mathrm{d}t} + \dfrac{L_m}{L_r}\dfrac{\mathrm{d}\psi_r}{\mathrm{d}t} - \omega\left(1-\dfrac{L_m^2}{L_rL_s}\right)L_s i_{sq} + i_{sd}R_s \\ \quad = \left(L_s\sigma\dfrac{\mathrm{d}i_{sd}}{\mathrm{d}t} + \dfrac{L_m}{L_r}\dfrac{\mathrm{d}\psi_r}{\mathrm{d}t} + i_{sd}R_s\right) - \omega\sigma L_s i_{sq} \\ u_{sq} = \dfrac{\mathrm{d}\psi_{sq}}{\mathrm{d}t} + \omega\psi_{sd} + i_{sq}R_s \\ \quad = L_s\left(1-\dfrac{L_m^2}{L_rL_s}\right)\dfrac{\mathrm{d}i_{sq}}{\mathrm{d}t} + \omega\left(1-\dfrac{L_m^2}{L_rL_s}\right)L_s i_{sd} + \dfrac{L_m}{L_r}\omega\psi_r + i_{sq}R_s \\ \quad = \left(L_s\sigma\dfrac{\mathrm{d}i_{sq}}{\mathrm{d}t} + i_{sq}R_s\right) + \omega\sigma L_s i_{sd} + \dfrac{L_m}{L_r}\omega\psi_r \end{cases} \tag{2.142}$$

式中，σ 为感应电机的总漏感系数，其值为 $1-L_m^2/L_rL_s$。通过式(2.142)可得图 2.79 中的耦合环节。由于采取转子磁场定向控制，在上述坐标变换中涉及的变换角均为电机转子磁链角 θ_r，根据定子电流的转矩分量 i_{sq} 可得感应电机的转差角频率 ω_s 为

$$\omega_s = \frac{L_m i_{sq}}{T_r\psi_r} \tag{2.143}$$

同步旋转角速度 ω 为转子角速度(也即飞轮角速度 ω_g)与转差角频率 ω_s 之和，即

$$\omega = \omega_g + \omega_s = \omega_g + \frac{L_m i_{sq}}{T_r\psi_r} \tag{2.144}$$

因此转子磁链角 θ_r 为

$$\theta_r = \int_{t_0}^{t_1}\omega\mathrm{d}t = \int_{t_0}^{t_1}\left(\omega_g + \frac{L_m i_{sq}}{T_r\psi_r}\right)\mathrm{d}t \tag{2.145}$$

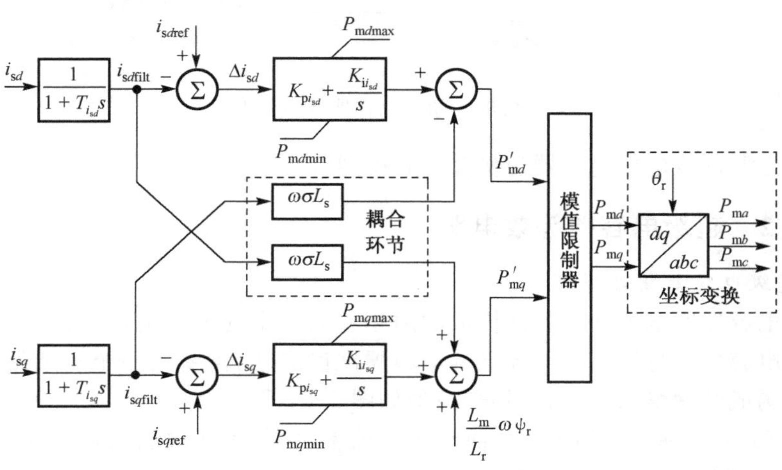

图 2.79 飞轮侧变换器内环控制器典型结构(内置感应电机的飞轮系统)

通过式(2.145)所得的转子磁链角对调制信号 P_{md} 和 P_{mq} 反派克变换，即可得到三相调制信号 P_{ma}、P_{mb}、P_{mc}，实现对飞轮侧变换器的控制。

2.7 超级电容器储能系统

2.7.1 超级电容器工作原理

超级电容器之所以被称为“超级”，是因为与常规电容器不同，其容量可达到法拉级甚至更高[59]。超级电容器的优越性主要表现为[60]：①功率密度高，可实现电荷的快速储存和释放；②充放电循环寿命长，可达万次以上；③可靠性高，维护工作少；④可以并联使用，增加电容量，若采取均压后[61]，还可串联使用，提高电压等级；⑤正常工作的温度范围宽；⑥无环境污染。

超级电容器的结构、工作原理与普通电容器差别很大。从结构上看，超级电容器主要由极化电极、集电极、电解质、隔膜、端板、引线和封装材料等几部分组成[62,63]，各部分的组成、结构均对其性能产生重要的影响。电极的制造技术、电解质的组成以及隔膜的质量对超级电容器的性能起决定性作用。不同类别超级电容器的工作原理大相径庭，但从基本储能机理上讲，可以分为双电层电容器和电化学电容器两大类[60]，图 2.80 所示为超级电容器的基本分类示意图。

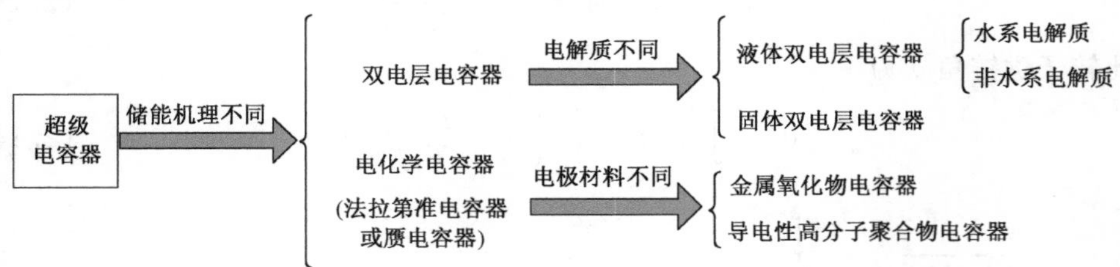

图 2.80 超级电容器基本分类

下面主要以双电层电容器为例介绍其模型。

2.7.2 超级电容器等效电路

1. *超级电容器物理模型*[59]

超级电容器的电极和电解液构成的两相界面是空间分布的，这种分布式结构决定了超级电容器的特性不能用独立的电容器准确表达，需要用一个复杂的电阻和非线性电容构成的网络来描述，其物理模型如图 2.81 所示[59]。

图 2.81 中各种参数的大小取决于多种因素，例如电极材料的电阻率、电解质的电阻率、电极孔的大小、隔膜的性质以及包装技术(电极的浸入、集电极和电极的连接电特性)等[64]。当两极间的绝缘电阻 $R_{\text{insulation}}$ 非常大时，超级电容器的物理模型可以进行相应的简化，可参见文献[65]～[67]。

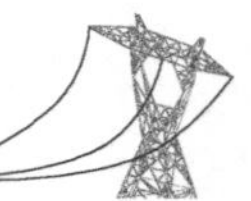

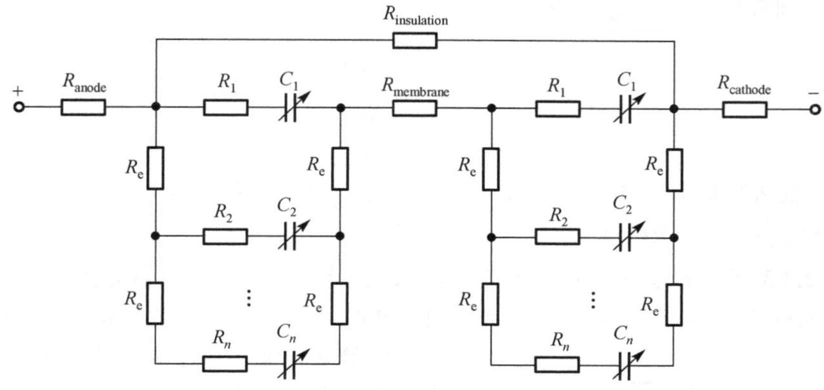

图 2.81　超级电容器物理模型

R_{anode}、$R_{cathode}$代表极化电极与集电极的引线电阻(Ω)；$R_{membrane}$代表隔膜的等效电阻(Ω)；$R_{insulation}$代表超级电容器两极间的绝缘电阻(Ω)；R_1，…，R_n代表电极中单个膜孔的等效电阻(Ω)；C_1，…，C_n代表电极中单个膜孔的等效电容(F)；R_e代表电极间的电阻(Ω)

2. 超级电容器等效电路[59]

通过超级电容器的物理模型可知，超级电容器是一种复杂的电容网络，每一支路都具有各自的电阻以及相应的特性时间常数。这就导致存储的能量与荷电状态、电压等级、放置时间甚至放电电流的大小有关。根据侧重点的不同，超级电容器的等效电路模型有多种，例如：串联 RC 模型、改进的串联 RC 模型、线性 RC 网络模型、非线性 RC 网络模型、神经网络模型等[64]，其中以串联 RC 模型和改进的串联 RC 模型应用最为广泛。

1)串联 RC 模型[59]

图 2.82 所示为超级电容器的串联 RC 模型，是一种最简单的模型。超级电容器等效为一个理想电容器 C 与一个较小阻值的电阻 R_{ES} 相串联的结构。在选择超级电容器时，可以根据所储存的能量，按照公式 $E=\frac{1}{2}CU_C^2$ 大致选择电容器。其中 E 代表电容器储存的能量，U_C代表电容器电压。

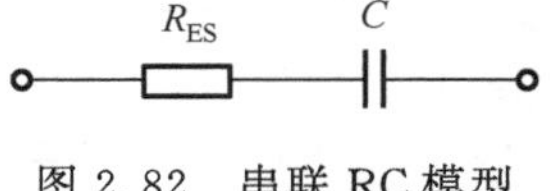

图 2.82　串联 RC 模型

在超级电容器的充放电过程中，R_{ES}是一个非常重要的参数，它不仅表征了超级电容器内部的发热损耗；而且在向负载放电时，随着放电电流的大小变化，R_{ES}将引起不同的压降，尤其在大电流放电过程中，R_{ES}会消耗较大的功率与能量。因此 R_{ES} 对超级电容器的最大放电电流有所约束，并使得超级电容器在充放电过程中的能效不再为 1.0，降低了超级电容器的有效储能。由于该模型只考虑了超级电容器的瞬时动态响应，不适合在复杂的系统中应用。但该模型结构简单，能够较准确地反映出超级电容器在充放电过程中的外在电气特征，串联或并联不会影响其特性，便于进行超级电容器组的充放电分析和计算。当超级电容器进行串并联时，等效的串联电

阻 $R_{ESarray}$ 和等效电容 C_{array} 分别为

$$R_{ESarray} = \frac{N_S}{N_P} R_{ES} \tag{2.146}$$

$$C_{array} = \frac{N_P}{N_S} C \tag{2.147}$$

式中，N_S 代表串联超级电容器数量，N_P 代表并联超级电容器数量。

2）改进的串联 RC 模型[59]

图 2.83 所示为超级电容器的改进串联 RC 模型，超级电容器等效为一个理想电容器 C 与一个较大阻值的电阻 R_{EP} 相并联，同时与一个较小阻值的电阻 R_{ES} 相串联的结构。并联等效电阻 R_{EP} 也称为漏电电阻，表征超级电容器的漏电流效应，是影响超级电容器长期储能的参数。该模型能够正确反映超级电容器的基本物理特性，是目前使用最多的一种模型。当超级电容器通过功率变换器与网络连接，并处于较快的和频繁的充放电循环过程中时，R_{EP} 的影响可以忽略，该模型可以简化为串联 RC 模型。

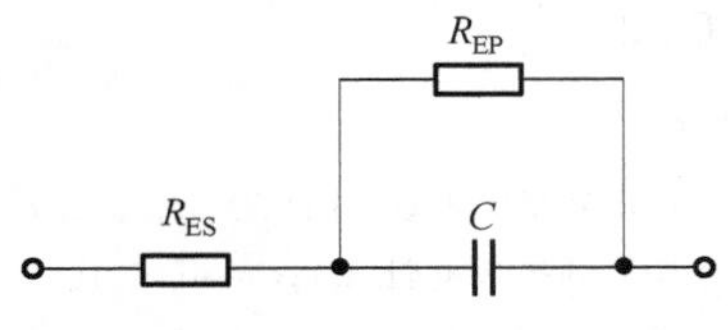

图 2.83　改进的串联 RC 模型

3）线性 RC 网络模型[64]

图 2.84 所示为超级电容器的线性 RC 网络模型，为包括五个不同时间常数的 RC 电路，这些电路的时间常数从左到右依次增大，该模型的电路结构与传输线模型非常相似。这种线性 RC 网络模型粗略地代表了多孔高比表面积电极的超级电容器的等效电路，与超级电容器的物理特性相符，可以反映出多孔电极超级电容器的内部电荷重新分配特性，但该模型中 RC 支路过多，模型参数辨识较为复杂。

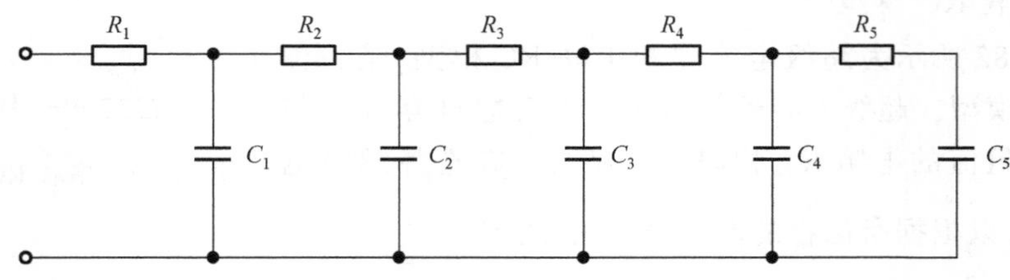

图 2.84　线性 RC 网络模型

4）非线性 RC 网络模型[64]

图 2.85 所示为三个 RC 支路并联构成的超级电容器非线性模型，RC 支路的时间常数从左到右依次增大，分别对应瞬时支路、延时支路、长期支路，因此超级电容器也相应地分成了三个工作时段。瞬时支路的时间常数为秒级，决定了超级电容器两端在瞬时充放电过程中的电气特性，该支路包括电阻 R_1 和电容 $C_1=C_0+C_U$，其中 C_U 的电容大小与瞬时支路的电容电压 U_{C1} 成正比，即 $C_U=C_{U0}\times U_{C1}$，C_{U0} 代表 C_U 的初始值。延迟支路的时间常数为分钟级，体现超级电容器在充放电过程几分钟内的电气特性，该支路包括电阻 R_2 和电容 C_2。长期支路的时间常数为数十分钟级，反映超

级电容器在充放电过程半个小时内的电气特性;该支路包括电阻 R_3 和电容 C_3。电阻 R_L 代表漏电流对超级电容器储能的长期影响。该模型在物理特性上反映了多孔高比表面积电极的特性,也反映了 Stern 模型[63]中扩散层电容随电压变化的特性。

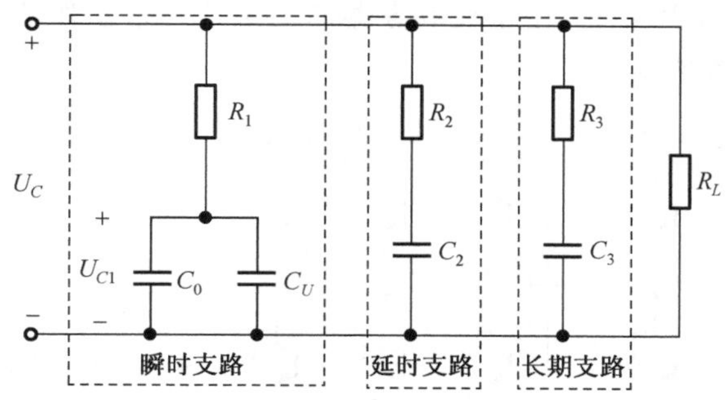

图 2.85 非线性 RC 网络模型

5)神经网络模型[64]

图 2.86 所示为超级电容器的神经网络模型,该模型是一个多输入单输出系统,其输入量包括:工作温度 T、充放电电流 I_C、电容值 C;输出量为超级电容器的电压 U_C。输入量和输出量之间的关系是从大量的充放电历史数据中得到的。该神经网络模型参数辨识复杂,而且只适合应用于同一类型的超级电容器产品中,使用范围较窄。

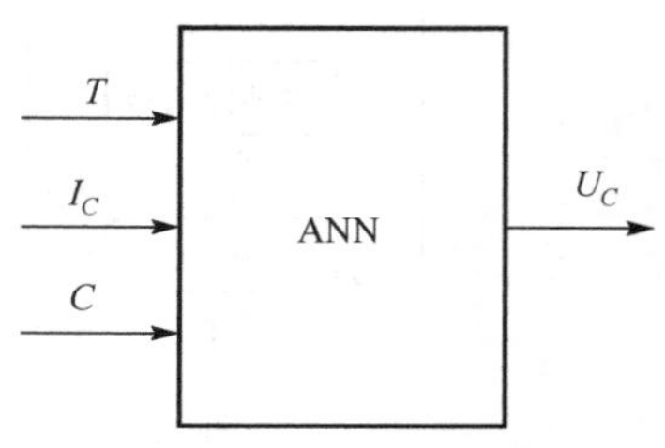

图 2.86 神经网络模型

2.7.3 超级电容器控制系统

与其他储能系统类似,超级电容器储能系统接入微电网或配电系统的模式依据其作用不同也会有所不同,图 2.87 给出了超级电容器储能系统两种典型的接入系统方式:①经过电力电子变换环节直接接入交流系统;②与其他分布式电源并联运行后接入系统模式[68,69]。

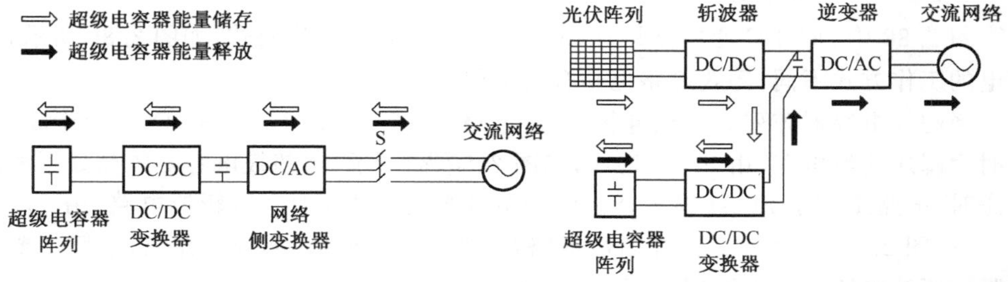

图 2.87 超级电容器储能系统典型连接方式

由于超级电容器阵列的端电压在充、放电过程中变化范围较大，因此图 2.87 中两种接入系统方式下均增设了 DC/DC 变换器，以便为网络侧变换器提供较为恒定的直流电压，并对超级电容器储能系统进行灵活的控制。无论是图 2.87(a)还是图 2.87(b)所示并网系统，在超级电容器储能系统正常工作的情况下，均可采用图 2.88 所示系统等值描述[65]。

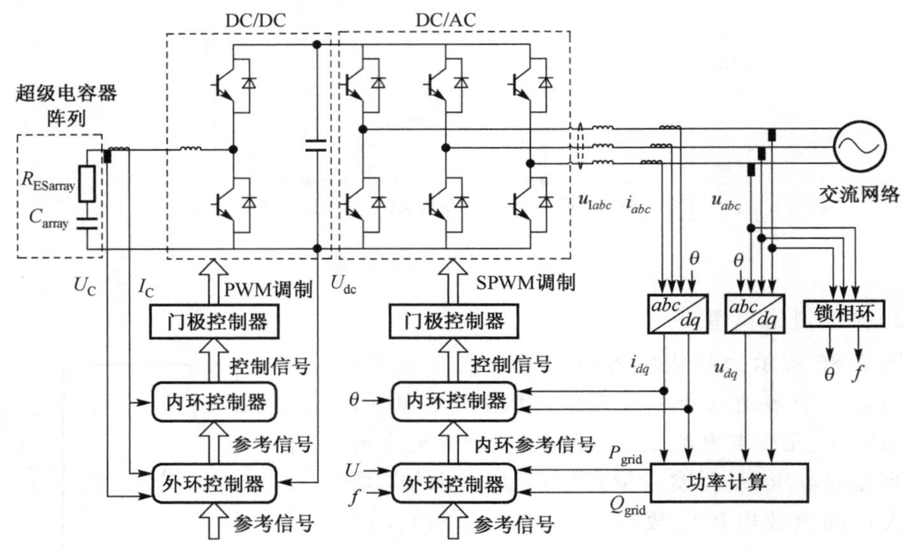

图 2.88　超级电容器储能系统典型并网拓扑结构

由于超级电容器充、放电时，通常可忽略表示静态特性的并联等效电阻的影响，因此图中超级电容器阵列采用串联 RC 模型，其等效的串联电阻 $R_{ESarray}$ 和等效电容 C_{array} 分别如式(2.146)、式(2.147)所示。DC/DC 变换器可采取电流可逆斩波电路，该种变换器具有器件数量少、效率高、控制简单等优点[65]。网络侧变换器一般采取三相电压型变换器，其控制系统可参考“飞轮储能系统”一节的相关介绍，这里不再赘述，本节重点对 DC/DC 变换器的工作原理及其控制系统加以阐述。

1)DC/DC 变换器工作原理

图 2.88 中 DC/DC 变换器具有 Buck 和 Boost 两种工作模式，如图 2.89 所示，充放电的工作方式不同，等效电路也会有所不同。

当超级电容器阵列处于充电状态时，电路工作于 Buck 模式，S_2、D_1 总处于断态，此时为降压斩波电路，由 S_1、D_2 构成，如图 2.89(a)所示；当超级电容器阵列处于放电状态时，电路工作于 Boost 模式，S_1、D_2 总处于断态，此时为升压斩波电路，由 S_2、D_1 构成，如图 2.89(b)所示。升压斩波电路在“光伏发电模型”部分已介绍，下面主要介绍降压斩波电路的工作原理。

假设电路中的电感 L 和电容 C 较大，根据可控开关器件 S_1 所处的导通和关断状态，可将一个开关周期$[t,t+T_s]$分为两个阶段进行分析[70]：

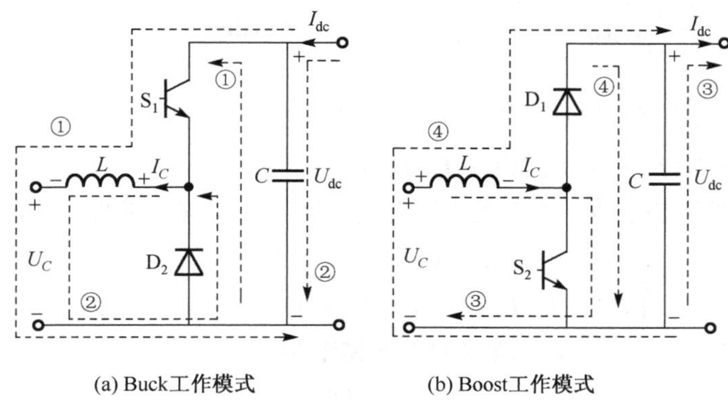

图 2.89 DC/DC 变换器工作模式

(1)S_1 导通状态。假设在时间区间$[t, t+DT_s]$内,开关器件 S_1 处于导通状态,D 为占空比($0<D<1$)。此时后级电路和电容 C 共同向超级电容器充电,电感 L 储存能量,如图 2.89(a)中①所示。此时有

$$\begin{cases} L\dfrac{\mathrm{d}I_C}{\mathrm{d}t}=U_{\mathrm{dc}}-U_C=u_{\mathrm{L(on)}} \\ C\dfrac{\mathrm{d}U_{\mathrm{dc}}}{\mathrm{d}t}=I_{\mathrm{dc}}-I_C=i_{\mathrm{C(on)}} \end{cases} \tag{2.148}$$

(2)S_1 关断状态。假设在时间区间$[t+DT_s, t+T_s]$内,开关器件 S_1 处于关断状态。此时一方面电感 L 释放能量,向超级电容器阵列充电,另一方面后级电路向电容 C 供电,如图 2.89(a)中②所示。此时有

$$\begin{cases} L\dfrac{\mathrm{d}I_C}{\mathrm{d}t}=-U_C=u_{L(\mathrm{off})} \\ C\dfrac{\mathrm{d}U_{\mathrm{dc}}}{\mathrm{d}t}=I_{\mathrm{dc}}=i_{C(\mathrm{off})} \end{cases} \tag{2.149}$$

结合开关器件导通和关断状态下的电压电流关系,可知电感电压在一个开关周期内的平均值为

$$\bar{u}_{\mathrm{L}}=\frac{1}{T_{\mathrm{s}}}\int_t^{t+T_{\mathrm{s}}}u_L(\tau)\mathrm{d}\tau=\frac{1}{T_{\mathrm{s}}}\left[\int_t^{t+DT_{\mathrm{s}}}u_{L(\mathrm{on})}(\tau)\mathrm{d}\tau+\int_{t+DT_{\mathrm{s}}}^{t+T_{\mathrm{s}}}u_{L(\mathrm{off})}(\tau)\mathrm{d}\tau\right] \tag{2.150}$$

由于超级电容器阵列的等效电容较大,电压 U_C 在一个开关周期内变化较小;电容 C 非常大时,电压 U_{dc} 的变化也较小。当忽略上述参数的变化时,将式(2.148)、式(2.149)代入式(2.150)可得

$$\begin{aligned} \bar{u}_{\mathrm{L}} &=\frac{1}{T_{\mathrm{s}}}\left[\int_t^{t+DT_{\mathrm{s}}}u_{L(\mathrm{on})}(\tau)\mathrm{d}\tau+\int_{t+DT_{\mathrm{s}}}^{t+T_{\mathrm{s}}}u_{L(\mathrm{off})}(\tau)\mathrm{d}\tau\right] \\ &=\frac{1}{T_{\mathrm{s}}}[DT_{\mathrm{s}}(U_{\mathrm{dc}}-U_C)+(1-D)T_{\mathrm{s}}(-U_C)] \\ &=D(U_{\mathrm{dc}}-U_C)+(1-D)(-U_C) \end{aligned} \tag{2.151}$$

同理可得电容电流在一个开关周期内的平均值为

$$
\begin{aligned}
\bar{i}_C &= \frac{1}{T_s}\int_t^{t+T_s} i_C(\tau)\mathrm{d}\tau = \frac{1}{T_s}\left[\int_t^{t+DT_s} i_{C(\mathrm{on})}(\tau)\mathrm{d}\tau + \int_{t+DT_s}^{t+T_s} i_{C(\mathrm{off})}(\tau)\mathrm{d}\tau\right] \\
&= \frac{1}{T_s}[DT_s(I_{\mathrm{dc}} - I_C) + (1-D)T_s I_{\mathrm{dc}}] \\
&= D(I_{\mathrm{dc}} - I_C) + (1-D)I_{\mathrm{dc}}
\end{aligned} \tag{2.152}
$$

当电路达到稳态时，在一个开关周期内，电感电压和电容电流的平均值均为0，即

$$
\begin{cases}
\bar{u}_L = D(U_{\mathrm{dc}} - U_C) + (1-D)(-U_C) = 0 \\
\bar{i}_C = D(I_{\mathrm{dc}} - I_C) + (1-D)I_{\mathrm{dc}} = 0
\end{cases} \tag{2.153}
$$

由式(2.153)可得 Buck 斩波器的稳态模型为

$$
\begin{cases}
U_C = DU_{\mathrm{dc}} \\
I_C = \dfrac{1}{D} I_{\mathrm{dc}}
\end{cases} \tag{2.154}
$$

因此，对斩波器的控制主要是通过调节占空比 D，对超级电容器阵列进行充电控制来实现的。

2)DC/DC 变换器控制策略[70]

与电化学储能装置不同，超级电容器在循环使用过程中老化影响非常小，同时超级电容器充电储能没有记忆效应，在理论上可以无限次地进行充放电，因此超级电容器充电控制既可以借鉴蓄电池等电化学储能装置的充电储能方式，同时又由于其具有大容量物理电容的特性，可以简化充电控制。超级电容器阵列的充放电控制主要通过 DC/DC 变换器的控制系统实现，图 2.90 所示为超级电容器储能系统直接接入系统模式下 DC/DC 变换器的典型控制系统。

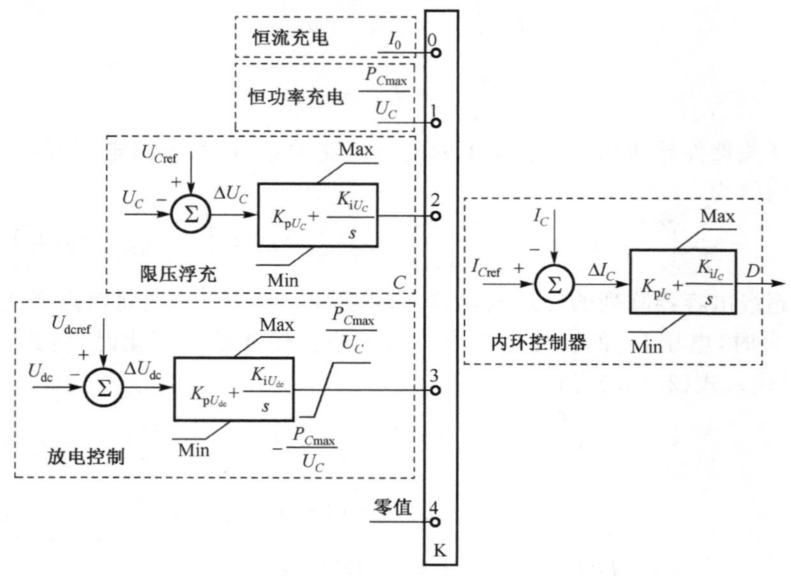

图 2.90　直接接入系统模式下 DC/DC 变换器典型控制系统

超级电容器充电时通常采取“恒流-恒功率-限压”充电方式，或“恒流-限压”充电方式。“恒流-恒功率-限压”充电方式首先进行恒定电流充电，开关 K 连接“0”处，充电电流参考值为 I_0（其值较大），此时超级电容器阵列的端电压为

$$U_C(t) = I_C R_{\text{ESarray}} + U'_C(t) = I_C R_{\text{ESarray}} + \int \frac{I_C}{C_{\text{array}}} \text{d}t \tag{2.155}$$

式中，I_C 为充电电流，其值为电流参考值 I_0。

由式(2.155)可知，恒定电流充电时，超级电容器阵列端电压 U_C 逐渐升高，其充电功率 $P_C = U_C I_C$ 也逐步增大。当充电功率达到最大功率 P_{Cmax} 后，需切换为恒功率充电方式，防止功率过大对超级电容器造成损害，此时开关 K 连接“1”处，充电电流参考值为 P_{Cmax}/U_C，随着端电压 U_C 的升高，充电电流逐渐减小。当端电压 U_C 升高至参考电压 U_{Cref} 后切换为限压浮充方式，开关 K 连接“2”处，迫使充电电流下降至零，超级电容器阵列完成充电过程，之后进入能量保持模式，此时超级电容器系统储存的能量为

$$E = \frac{1}{2} C_{\text{array}} U_C^2 \tag{2.156}$$

在采用“恒流-恒功率-限压”充电方式时，超级电容器阵列的充电电流、充电功率和端电压的变化情况如图 2.91 所示。

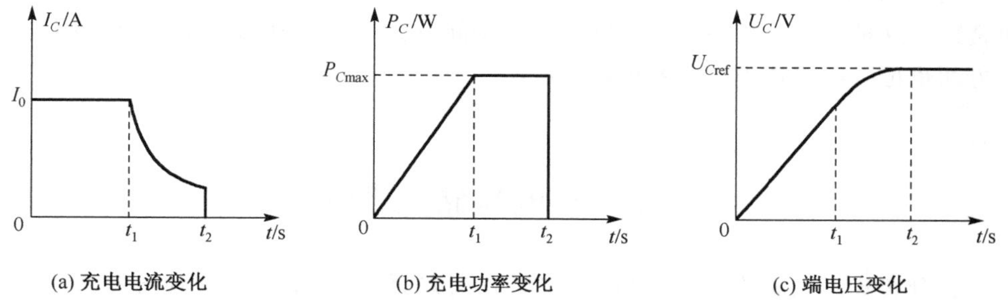

图 2.91　超级电容器阵列充电电流、充电功率、端电压变化特性示意图

“恒流-限压”充电方式是“恒流-恒功率-限压”充电方式在允许充电功率 P_C 较大情况下的简化形式，这种充电方式下首先采取恒定电流充电直至端电压达到参考电压，之后转入限压浮充，迫使充电电流下降至零，完成充电过程。这两种常用的充电方式具有共同的优点：前期采用较大电流充电可以节省充电时间，后期采取限压浮充可在充电结束前达到小电流充电，既可保证充满，又可避免超级电容器内部高温而影响其容量特性。

当超级电容器放电时，其端电压随放电时间而变化，通过实时调节 DC/DC 变换器的占空比 D 既可以使超级电容器快速放电，实现超级电容器阵列和直流电容之间的能量交换，又可以恢复并维持直流电容电压，利于网络侧变换器进行逆变。此时开关 K 连接“3”处，外环控制器对直流电容电压进行调节，以便维持 U_{dc} 恒定；内环控

制器对超级电容器阵列的直流电流 I_C 进行调节，以有效地避免开关器件过流和温度过高[65]，输出的调制信号经门极控制器输出 PWM 脉冲信号，对 DC/DC 变换器进行控制。随着超级电容器阵列放电，端电压逐步下降，当下降至最低端电压 $U_{C\min}$ 时，开关 K 连接"4"处，超级电容器停止放电。超级电容器在给定的最高端电压 $U_{C\max}$ 和最低端电压 $U_{C\min}$ 之间工作时，可以吸收和释放的最大能量为

$$E_{\max} = \frac{1}{2}C_{\text{array}}(U_{C\max}^2 - U_{C\min}^2) \tag{2.157}$$

超级电容器阵列与其他分布式电源并联运行时，超级电容器是充电还是放电由分布式电源的运行情况和交流网络情况所决定，在这种情况下，DC/DC 变换器的典型控制系统如图 2.92 所示。

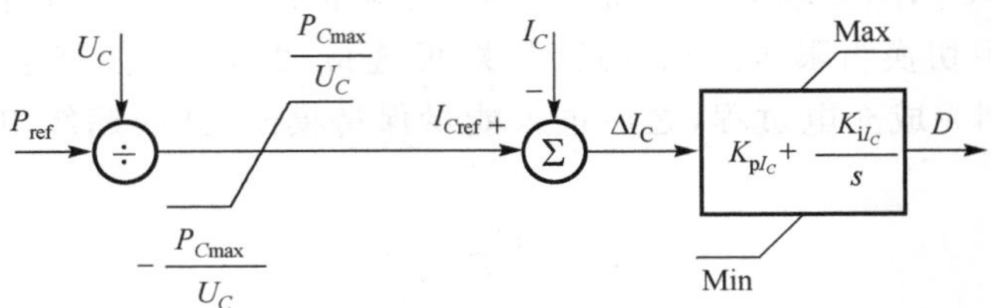

图 2.92　与其他分布式电源并联运行时 DC/DC 变换器典型控制系统

图 2.92 中参考功率 P_{ref} 的形成可参考"飞轮储能系统"一节的相关介绍，这里不再赘述。这种并网模式一方面可以有效减少间歇式电源功率波动对系统的冲击，另一方面也可以改善这类电源的可调度性。

2.8　蓄电池储能系统

在分布式发电系统中，储能系统主要有三方面作用：①尽可能使分布式电源运行在一个比较稳定的输出水平，对系统起稳定作用；②对于太阳能和风能这样的可再生能源，由于其固有的间歇性，相关发电系统的输出随时变化，甚至可能停止发电。此时，储能系统一方面可以发挥平滑功率波动的作用，另一方面也可起到过渡供电作用，保持对负荷的正常供电；③能够使不可调度的分布式发电系统作为可调度机组并网运行[71]。

蓄电池是分布式储能系统中的一种重要的储能装置。根据化学物质的不同，蓄电池有多种类型，如铅酸电池、镍镉电池、镍氢电池、锂离子电池等。近年来钠硫电池、全钒液流电池等新型大功率电池在技术上也实现了重要的进展。考虑到电池类型很多，本节以比较典型的铅酸电池为例，说明蓄电池模型及其充放电控制系统原理。

2.8.1　蓄电池基本概念

与分布式电源不同，储能设备中储存的能量是有限的，且在运行过程中不断变化。在运行中，储能设备实际储存的能量是表征储能设备状态的重要参数，对储能设备本身的模型参数也有影响。

1. 蓄电池的容量

蓄电池在一定放电条件下所能释放的电量称为电池的容量，这里以符号 C 表示，常用的单位为安培小时，简称安时（A·h）。

蓄电池容量可分为理论容量、实际容量和额定容量[72]。理论容量是将活性物质的质量按法拉第定律计算而得到的最高理论值；实际容量是指蓄电池在一定条件下所能输出的电量，其值小于理论容量；额定容量是按国家或有关部门颁发的标准，蓄电池在一定放电条件下放电至最低限度时，输出的电量，通常指温度 20～25℃，蓄电池在充满状态下，静置 24 小时后，以 0.1C 电流放电至其终止电压（如：1.75～1.8V/单体）所输出的电量。

2. 影响实际容量的因素

蓄电池的实际容量受多种因素影响，包括蓄电池放电电流、温度、终止电压等[73]。

1）放电电流影响

铅酸蓄电池的实际容量与放电电流有关，放电电流越大，电池能够释放的电量越小，该特性可参考电化学中多孔电极理论，在此不详细分析。另外，由于极化和内阻的存在，电流增大使蓄电池端电压迅速下降，也是容量降低的原因。铅酸蓄电池的容量随放电电流变化的关系，可用 1898 年 Peukert 提出的经验公式来计算[73]：

$$I_{\mathrm{B}}^{n}t = K \quad \text{或} \quad I_{\mathrm{B}}^{n-1}C = K \tag{2.158}$$

式中，I_{B}为蓄电池的放电电流；t 为放电到终止电压所需的时间；C 为蓄电池以电流 I_{B}放电所能释放的容量；n、K 为 Peukert 常数，与蓄电池本身有关，n 的数值一般在 1.35～1.7 之间。电流在较大范围内变化时，可采用多组 Peukert 常数以减小计算误差。若已知蓄电池以额定电流 I_{BN}放电的容量为 $C(I_{\mathrm{BN}})$，则式(2.158)可改写为

$$C(I_{\mathrm{B}}) = \left(\frac{I_{\mathrm{BN}}}{I_{\mathrm{B}}}\right)^{n-1} C(I_{\mathrm{BN}}) \tag{2.159}$$

文献[74]指出 Peukert 公式在蓄电池以较大的放电电流放电时，计算得到的实际容量误差较大，因此该文献中提出一种新的确定电池实际容量的方法。在温度一定时，电池以电流 I_{B}放电时的实际容量可由下式计算得到：

$$C(I_{\mathrm{B}}) = \frac{K_{\mathrm{c}}C(I_{\mathrm{Bref}})}{1 + (K_{\mathrm{c}} - 1)\,|\,I_{\mathrm{B}}/I_{\mathrm{Bref}}\,|^{\delta}} \tag{2.160}$$

式中，I_{Bref}为选取的参考电流（A）；$C(I_{\mathrm{Bref}})$为在给定温度下以 I_{Bref}放电时的电池容量（Ah）；K_{c}和 δ 为经验参数，需要通过制造商给出的数据或实验数据计算得到[75]。由

于式(2.159)在 I_{Bref}附近较广的范围内都能得到较好的计算结果,因此,I_{Bref}一般取蓄电池的额定电流 I_{BN}。在暂态过程中电流变化时,用平均电流 I_{Bav}代替实际电流,式(2.160)依然成立。

2)温度影响

铅酸蓄电池的实际容量随电解液温度的升高而增大,反之减小,这与温度对电解液黏度和电阻的影响密切相关。电解液性能的变化导致蓄电池容量及活性物质利用率随温度增加而增加,具体来说有两方面的原因:一是由于温度降低时,电解液的黏度增大,离子运动受到的阻力增大,扩散能力降低,活性物质深处由于酸的缺乏,而得不到利用,导致容量下降;二是电解液电阻随温度下降而增大,导致电压降增大,从而使得容量下降。在放电电流恒定时,蓄电池的实际容量可以按下式计算[73]:

$$C_1 = \frac{C_2}{1 + K_z(\theta_2 - \theta_1)} \tag{2.161}$$

式中,C_1为温度 θ_1时蓄电池的容量(A·h);C_2为温度 θ_2时的容量(A·h);K_z为容量温度系数(℃$^{-1}$),即温度变化 1℃时蓄电池实际容量的变化量。对于不同类型的电池,在不同的放电率下 K_z值不同,一般取值在 0.005~0.01℃$^{-1}$。当已知标准温度 θ_{BN}下蓄电池的容量 $C(\theta_{BN})$时,式(2.161)可改写为

$$C(\theta_B) = C(\theta_{BN})[1 + K_z(\theta_B - \theta_{BN})] \tag{2.162}$$

式中,$C(\theta_B)$、$C(\theta_{BN})$分别为温度为 θ_B和 θ_{BN}时蓄电池的实际容量。此外文献[74]还给出了另外一种对温度影响的修正公式:

$$C(\theta_B) = C(0)\left(1 - \frac{\theta_B}{\theta_f}\right)^{\varepsilon} \tag{2.163}$$

式中,θ_B为蓄电池温度;θ_f为电解液的冻结温度(−40~−30℃);$C(\theta_B)$、$C(0)$分别为蓄电池在温度 θ_B和 0℃时的容量;ε 为经验参数,与温度系数之间有以下关系[75]:

$$\varepsilon = K_z(\theta_{BN} - \theta_f) \tag{2.164}$$

若已知标准温度 θ_{BN}下的容量 $C(\theta_{BN})$,则(2.163)可改写为

$$C(\theta_B) = \left(\frac{\theta_f - \theta_B}{\theta_f - \theta_{BN}}\right)^{\varepsilon} C(\theta_{BN}) \tag{2.165}$$

3)终止电压影响

当铅酸蓄电池放电至某电压值之后,其电压将会急剧下降,继续放电实际上能获得的容量很少,其意义不大,相反还会对蓄电池的使用寿命造成不良影响。所以放电时必须在某一适当的电压值停止放电,对应的截止电压称为放电终止电压。一般在给出电池的容量时,会说明其对应的终止电压。

3. 荷电状态

蓄电池在充电和放电的过程中,电池的端电压、内阻等参数会随电池剩余容量的变化而变化。电池的剩余容量通常用荷电状态(state of charge,SOC)来表征。

SOC 的数值定义为电池剩余容量与电池容量的比值：

$$SOC = \frac{Q_r}{C} \tag{2.166}$$

式中，Q_r为电池的剩余容量(A·h)；C 为电池的容量(A·h)。

由于 SOC 无法直接从电池本身获得，因此准确估算蓄电池的 SOC 是非常重要的，目前应用比较广泛的实时估计蓄电池 SOC 的方法为安时计量法。若蓄电池充放电起始状态时，荷电状态为 SOC_0，那么当前状态下的 SOC 为

$$SOC = SOC_0 - \frac{Q_e}{C} \tag{2.167}$$

式中，电池充满电时 SOC_0 为 1；Q_e是电池的放电量(A·h)，可由下式计算得到：

$$Q_e = \int_0^t \eta I_B(\tau)\mathrm{d}\tau \tag{2.168}$$

式中，I_B为蓄电池的充放电电流，设放电时 I_B为正，充电时 I_B为负；η 为充放电效率，针对特定种类的蓄电池需要通过实验得到。

式(2.167)中估计电池 SOC 时所使用的电池容量 C 既可以采用电池的实际容量，也可以采用在一定温度下，蓄电池所能放出的最大电量 C_{max}，此外还可以采用蓄电池的额定容量、标称容量、可用容量等加以表达。当蓄电池在不同的电流、温度条件下工作时，为了更准确地计算 SOC，需要采用电池的实际容量。由前述可知，蓄电池的实际容量受多种因素的影响，因此计算 SOC 时需要对蓄电池的容量进行修正。

另外，从修正 SOC 的角度出发，还存在标称荷电状态和动态荷电状态的概念[76]。标称荷电状态(SOC_B)是指某特定温度下，以标称电流恒流放电时蓄电池释放的标称容量为基准所确定的 SOC 值。由于 SOC_B受到不可恢复性容量影响因素的影响，因此必须对其进行适当的修正：

$$SOC_B = (SOC_0 - Q/C_b)K_N \tag{2.169}$$

式中，Q 为电池在标称电流下所放出的电量；C_b为电池以标称电流放电所能释放的电量；K_N为电池不可恢复性容量影响系数。

动态荷电状态(SOC_D)是指随放电电流、温度参数变化的电池荷电状态，是对 SOC_B的修正：

$$SOC_D = SOC_B K_W f(I_B) \tag{2.170}$$

式中，K_W为温度影响系数，可通过对该类电池的试验获得；I_B为蓄电池的实际放电电流。文献[76]根据几种电池的试验数据提出 SOC_D、SOC_B和放电电流 I_B的经验关系式为

$$SOC_D = SOC_B - K_W \frac{8.156}{C_b}\ln(I_B/I_b) \tag{2.171}$$

式中，I_b为蓄电池的标称放电电流。对于结构和性能差异较大的蓄电池，式中常数 8.156 是否需要修正，应根据具体的电池试验予以确定。

2.8.2 蓄电池等效电路模型

常用的蓄电池充放电动态模型有电化学模型、等效电路模型等。电化学模型涉及一定的电化学知识,等效电路模型更加适合于系统动态特性的仿真研究。由于蓄电池种类繁多、特性各异,其等效电路模型也是多种多样的。针对铅酸蓄电池,目前常见的等效电路模型有简单等效电路模型、戴维南等效电路模型、三阶动态模型和四阶动态模型等[77]。其中最详细的模型为Giglioli等于1990年提出的四阶动态模型,如图2.93所示[78]。

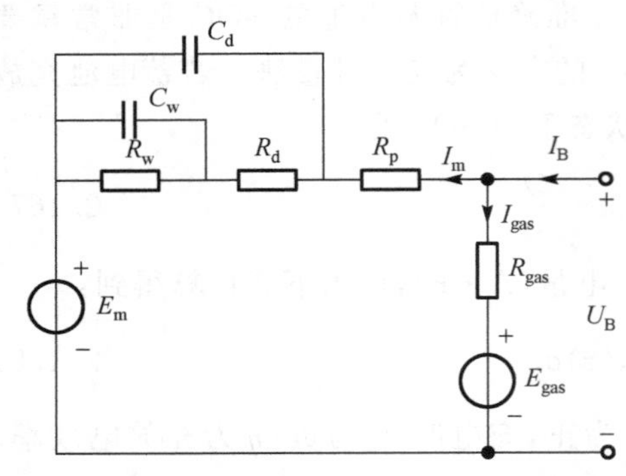

图 2.93 蓄电池四阶动态等效电路模型

该模型能够较好地描述铅酸蓄电池的动态过程,但涉及的经验参数过多,计算复杂。因此,考虑到系统仿真时的不同时间尺度,可根据研究问题的需要对图2.93所示的四阶动态模型加以简化。本节出于这种思路,重点介绍两种蓄电池模型:①蓄电池短期放电模型;②蓄电池长期充放电三阶动态模型。

1. 蓄电池短期放电模型

当系统中电压或功率突然发生扰动,需要蓄电池快速放出能量时,其放电速率较快,响应时间一般在5s以内,而电解液的扩散和温度变化的时间常数比较大,一般为小时级,故电解液的温度在短期动态仿真中可以认为是恒定的,其自放电反应和扩散效应也可以忽略。蓄电池的充电过程较长,且充电电流相对较小,所以一般不考虑对蓄电池充电过程短期动态的描述。根据蓄电池上述放电特点,可采用图2.94所示的等效电路模型对蓄电池的短期放电过程进行描述[79],该模型即戴维南等效电路模型,可以较精确地描述铅酸蓄电池的短期放电特性。

在图2.94中,U_B为蓄电池的端电压(V);I_B为蓄电池的放电电流(A),电池放电时为正;E_m为蓄电池的开路电压(V);R_p为欧姆极化电阻(mΩ),反映由内电阻引起的电压降;R_o为放电过电压电阻(mΩ),反映在双电层内电荷转移引起的能量损失;C_o为放电过电压电容(F),描述电池的双电层的动态效应。设τ_o为双电层效应时间常数(s),一般$\tau_o = R_o C_o$小于1s。假设蓄电池参数恒定,放电时蓄电池的端电压可由下式计算:

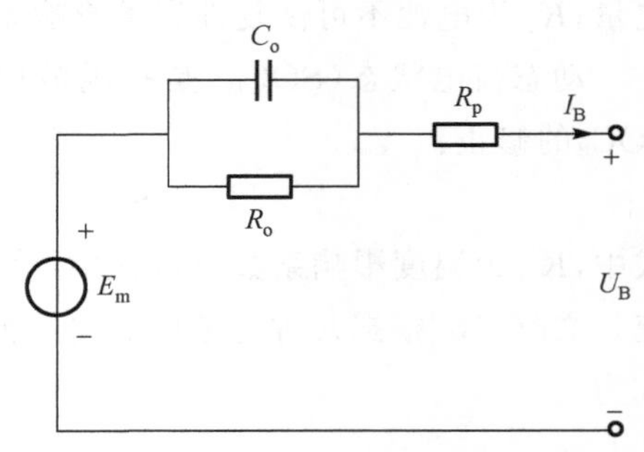

图 2.94 蓄电池短期放电等效电路模型

$$U_B(t) = E_m - I_B(R_p + R_o) + I_B R_o \exp\left(-\frac{t}{\tau_o}\right) \tag{2.172}$$

式中，R_p、R_o、C_o的值受放电电流、荷电状态和温度等因素的影响。在蓄电池短期放电过程中，可认为电池温度恒定，荷电状态保持不变且为100%，因此放电电流成为影响电路参数的主要因素。R_p、R_o、C_o的值可以从制造商给出的曲线差分求得，图2.95所示为某种铅酸蓄电池短期放电模型中R_p、R_o、C_o随放电电流变化的曲线[79]。

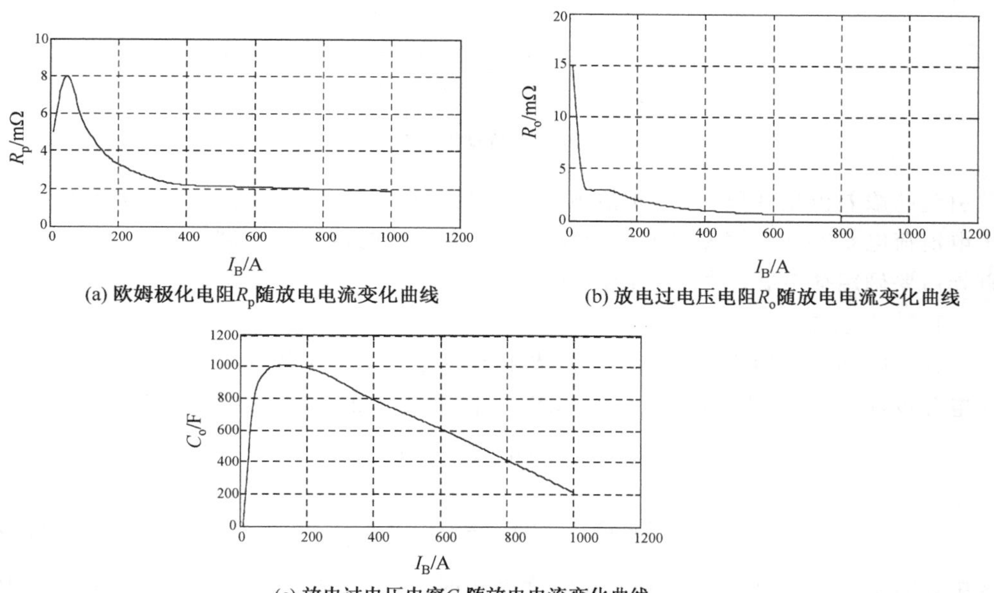

(a) 欧姆极化电阻R_p随放电电流变化曲线

(b) 放电过电压电阻R_o随放电电流变化曲线

(c) 放电过电压电容C_o随放电电流变化曲线

图2.95 R_p、R_o、C_o随放电电流变化曲线

2. 蓄电池长期充放电模型

文献[77]提出了一种三阶动态等效电路模型，该模型在四阶动态模型的基础上进行了简化，并考虑到电池充电时的自放电效应，其等效电路如图2.96所示。该模型考虑了变化相对较慢的温度和荷电状态对模型参数的影响，能够比较准确地描述蓄电池在较大时间尺度内的动态过程。

图2.96所示蓄电池的三阶动态模型由两部分组成：①主反应支路，即电流I_m流过的支路，包括R_p、R_d、R_w、C_w和E_m，表示在充放电过程中，电池中发生的可逆反应；②副反应支路，即I_{gas}流过的支路，包括R_{gas}和E_{gas}，描述电池在充电过程中发生的电解析气反应，即自放电效应。U_B为蓄电池的端电压(V)；I_B为蓄电池的运行电流(A)；E_m为电池的开路电压(V)；I_m为主反应电流(A)；I_{gas}为流过副反应支路的析气电流(A)；R_p为欧姆极化电阻(mΩ)，反映由内电阻引起的电压降；R_d为电荷转移电阻(mΩ)，反映活性材料的活化极化引起的电压降；R_w为扩散电阻(mΩ)，反映电解质扩

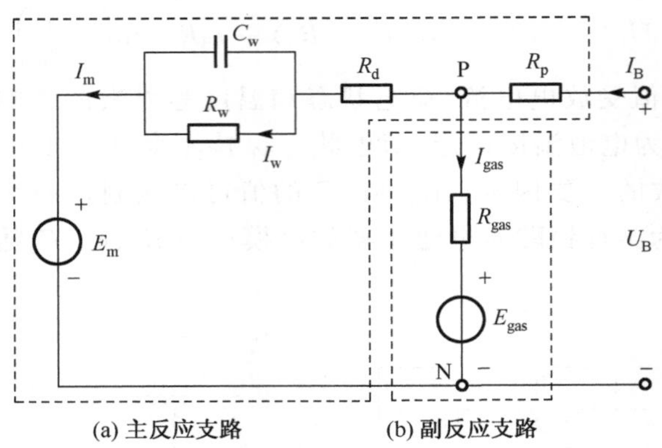

图 2.96 蓄电池三阶动态等效电路模型

散引起的浓差极化现象；C_w为扩散电容(F)，反映电池的扩散动态。模型中各参数均为电池荷电状态和电解液温度的函数。为了确定蓄电池等效电路模型中的参数值，首先需要确定荷电状态和电解液温度。

1)荷电状态

在三阶动态模型中，除 SOC 外还使用了另外一个量来描述电池的剩余电量，即充电深度(depth of charge，DOC)。该模型中，蓄电池的 SOC 和 DOC 定义为

$$\mathrm{SOC} = \mathrm{SOC}_0 - \frac{Q_e}{C(0,\theta_B)} \tag{2.173}$$

$$\mathrm{DOC} = \mathrm{SOC}_0 - \frac{Q_e}{C(I_B,\theta_B)} \tag{2.174}$$

式中，$C(0,\theta_B)$和 $C(I_B,\theta_B)$分别为在温度为 θ_B时，蓄电池放电电流为零和放电电流为 I_B时的容量。联立式(2.160)和式(2.165)可得

$$C(I_B,\theta_B) = \frac{K_c\left(\dfrac{\theta_f - \theta_B}{\theta_f - \theta_{BN}}\right)^{\varepsilon}}{1+(K_c-1)\mid I_B/I_{BN}\mid^{\delta}}C(I_{BN},\theta_{BN}) \tag{2.175}$$

由式(2.175)可以得到 $C(0,\theta_B)$和 $C(I_B,\theta_B)$。$C(0,\theta_B)$为在一定的温度 θ_B下电池的最大容量 C_{max}，$C(I_B,\theta_B)$为电池的实际容量。

2)电解液温度

在实际铅酸蓄电池中，其内部电解液各部分的温度会有所不同，仿真时可以用一个等效温度来表示整个电池的电解液温度。该等效温度可由下式所示的动态方程计算：

$$C_\theta \frac{\mathrm{d}\theta_B}{\mathrm{d}t} = \frac{\theta_a - \theta_B}{R_\theta} + P_s \tag{2.176}$$

经拉普拉斯变换得

$$\theta_B = \frac{P_s R_\theta + \theta_a}{1 + R_\theta C_\theta s} \tag{2.177}$$

式中，C_θ为蓄电池热容（W·h/℃）；θ_B为电解液温度（℃）；R_θ为蓄电池与环境之间的热阻（℃/W）；θ_a为环境温度（℃），即电池周围环境（一般是空气）的温度；P_s为电池内部产生的热量（J）。

3）模型参数

在得到蓄电池的SOC和电解液温度θ_B后，等效电路中的主反应支路各参数可按下述方程式计算。

开路电压（E_m）

$$E_m = E_{m0} - K_e(273+\theta_B)(1-\text{SOC}) \tag{2.178}$$

欧姆极化电阻（R_p）

$$R_p = R_{p0}[1+A_0(1-\text{SOC})] \tag{2.179}$$

电荷转移电阻（R_d）

$$R_d = R_{d0}\frac{\exp[A_{21}(1-\text{SOC})]}{1+\exp(A_{22}I_m/I_{\text{Bref}})} \tag{2.180}$$

扩散电阻（R_w）

$$R_w = -R_{w0}\ln(\text{DOC}) \tag{2.181}$$

扩散电容（C_w）

$$C_w = \tau_w/R_w \tag{2.182}$$

式(2.178)～式(2.182)中，I_{Bref}为参考电流（A）；E_{m0}（V）、K_e（V/℃）、R_{p0}（mΩ）、A_0、R_{d0}（mΩ）、R_{w0}（mΩ）、A_{21}、A_{22}均为经验参数，对于给定的电池为常值；时间常数τ_w一般为小时级；电流I_m需要迭代求解。

在蓄电池充电过程中，能量由电能转化为电池中的化学能，在能量转化的过程中，除了主反应外还会发生副反应。对于铅酸电池，副反应主要指电解析气反应。电解析气反应指在蓄电池充电接近结束时，由于大部分活性物质反应完，输入蓄电池的电能开始用于电解水，在阳极生成氧气，阴极产生氢气的过程。当U_{PN}（图2.96中P、N两点之间的电压）超过析气电压E_{gas}时，开始发生析气反应。对特定的电池，析气电压E_{gas}为常数。随着充电的进行，析气电流I_{gas}成指数形式增长，同时主反应电流随之减小。最终，充电电流全部变为析气电流，电池内部电压不再继续升高[80]。副反应支路的电压电流关系可以用析气电导G_{gas}描述，其电压电流关系可由下式给出：

$$I_{gas} = G_{gas}U_{PN} \tag{2.183}$$

$$G_{gas} = G_{gas0}\exp\left[\frac{U_{PN}}{U_{p0}} + A_p(1-\theta_B/\theta_f)\right] \tag{2.184}$$

式中，G_{gas0}、U_{p0}、A_p均为经验参数。副反应支路产生的能量损失可以用析气电阻R_{gas}描述，$R_{gas}=(U_{PN}-E_{gas})/I_{gas}$，副反应产生的热量$P_{gas}$由焦耳定律计算得到$P_{gas}=R_{gas}I_{gas}^2$。$E_{gas}$为经验值，对于不同的铅酸蓄电池数值不同，文献[78]中给出了一种铅酸蓄电池的E_{gas}值，为1.95V。

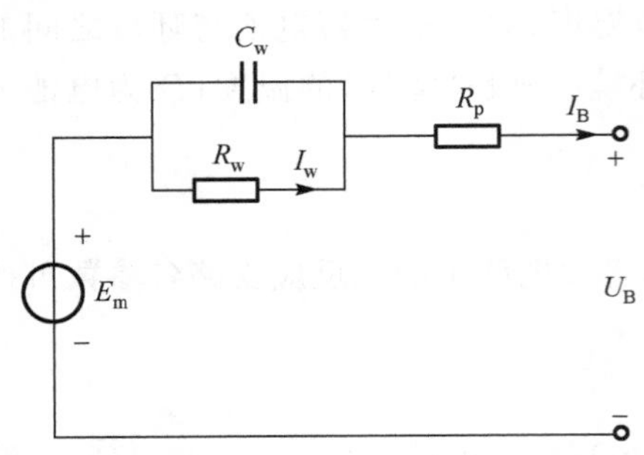

图 2.97　放电三阶动态等效电路模型

在蓄电池放电时，R_d、I_{gas} 值约等于 0，故可以忽略 R_d 和副反应支路的影响，将等效电路模型简化，如图 2.97 所示。

文献[75]中给出了三阶动态模型中的各个经验参数的确定方法和两种铅酸电池的具体参数值，包括一种富液式铅酸电池和一种阀控式铅酸电池。

3. 蓄电池通用模型

蓄电池制造厂家一般会提供蓄电池在不同电流下恒流放电的电压特性曲线，如图 2.98 所示。这些曲线由电池厂家通过实验测得，能够准确地反映蓄电池在不同工况下的外特性。文献[81]基于对蓄电池放电特性曲线拟合的思想，提出了一种蓄电池的通用模型，可用于任意类型的蓄电池。

从图 2.98 可以看出，蓄电池的恒流放电特性曲线可划分为几部分，包括开始放电时的指数特性区和电压平缓变化的额定特性区。对图 2.98 所示的放电特性曲线进行拟合，可得到图 2.99 所示的等效电路模型。

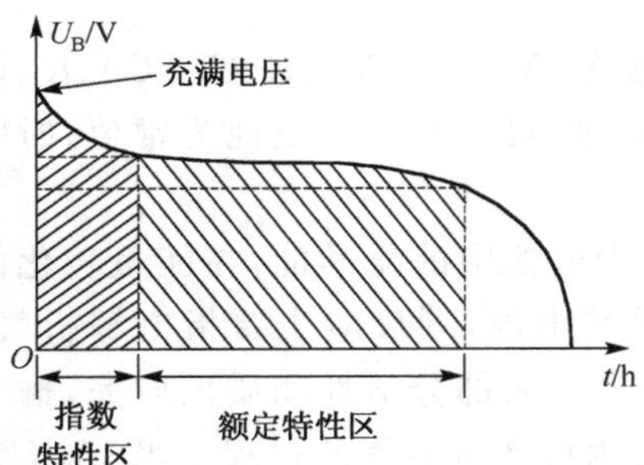

图 2.98　蓄电池恒流放电特性曲线

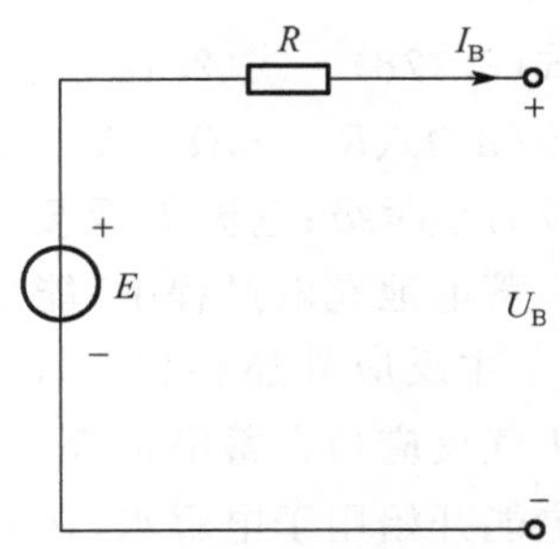

图 2.99　蓄电池通用模型等效电路

图 2.99 中，蓄电池的通用模型由内阻 R 和受控电压源 E 串联组成。R 由电池的制造厂家给出，假设在运行过程中保持不变。E 通过下式计算：

$$E = E_0 - K\frac{C_{max}}{C_{max} - Q_e} + A\exp(-BQ_e) \tag{2.185}$$

式中，E_0 为内电势(V)；C_{max} 为蓄电池的最大容量；Q_e 为放电量，可由式(2.168)计算得到；A(V)、B($A \cdot h^{-1}$)、K(V) 均为拟合参数，可通过蓄电池的放电特性曲线得到[81]；$A\exp(-BQ_e)$ 用于描述初始放电阶段的指数特性；$K\frac{C_{max}}{C_{max} - Q_e}$ 用于表示放电特性的额定特性区。

在给定蓄电池的典型放电曲线时，该模型能够精确地反映蓄电池的电压随电流变化的特性，而且该模型中使用的拟合参数容易通过放电曲线获得。但该模型也有

一定的局限性，如未考虑蓄电池容量和内阻的变化情况等。当蓄电池类型不同时，可以对式(2.185)进行一定的修改，采用不同的电势公式反应不同的蓄电池类型，从而使该模型具有一定的通用性。

上面主要介绍了三种典型的蓄电池等效电路模型，可以看出关注点的不同，蓄电池的等效电路模型也存在差异。因此，在仿真中采用何种蓄电池模型，需要根据研究问题的需要及蓄电池本身的特点来决定。

2.8.3 蓄电池储能控制系统

与其他储能系统类似，蓄电池储能系统也存在两种典型的系统应用方式：起不间断电源作用的模式、与其他分布式电源并联运行的模式，两种模式的拓扑结构及工作原理均与超级电容器储能系统类似(由于SOC是衡量蓄电池充放电程度的重要因素，因此可以将超级电容器端电压的监测变为蓄电池SOC与端电压的共同监测)。与之不同的是，当蓄电池阵列的端电压较高时，也可省略DC/DC变换器，直接通过网络侧变换器并网，即采取单级式并网方式，其拓扑结构与光伏发电系统类似，这里不再赘述，本节重点对蓄电池的充放电控制系统加以阐述。

由于蓄电池充放电的时间、速度和程度等都会对蓄电池的电性能、充电效率和使用寿命产生严重的影响，因此对蓄电池进行充放电时，必须遵循以下原则：①尽量避免蓄电池充电过量或充电不足；②尽量避免深度放电；③尽可能对放电电流值加以控制；④注意环境温度的影响。蓄电池的放电电量随环境温度的降低而减小，因此在不同的环境温度下，放电速度和放电程度也有所不同。

1. 蓄电池充电控制策略

蓄电池的充电控制包括充电方法、各个充电阶段的自动转换、充电程度判断以及停充控制等几个方面。目前蓄电池的充电方法有多种[82]，既包括常用的充电方法，如恒流充电、限压充电、限压限流充电、浮充充电、阶段等流充电、多段式充电、均衡充电、智能充电等；也包括快速充电方法，如脉冲快充、大电流递减快充等。由于蓄电池的充电状况直接影响了蓄电池的电性能和使用寿命，选择合适的充电方法尤为重要，下面主要介绍几种常用的充电方法。

1)恒流充电[73]

恒流充电是指始终以恒定的电流对蓄电池进行充电，一般通过调整充电装置(DC/DC变换器或网络侧变换器)的输出电压来维持充电电流恒定。这种充电方法有较大的适应性，可以根据需要选择和调整充电电流，因此可以对各种情况下的蓄电池进行充电，如新蓄电池的初充电、使用过的蓄电池补充充电以及去硫充电(蓄电池因长期充电不足或极板露出液面而造成极板硫化时采取的充电方法，目的是使蓄电池恢复正常的充放电能力)等，特别适用于小电流长时间充电模式，以及对多个蓄电池串联的蓄电池阵列充电。但这种充电方法也存在一定的缺点：在恒流充电过程中，充电电流是恒定的，因此从整个充电过程考虑，这一充电电流不能过大，否则会使充电后期析出的气体过多，对蓄电池极板的冲击过大，而且能耗过高。在恒流充电时，充电电流的选择必须考虑整个充电过程，数值应较小，小于充电初期蓄电池的可接受充电电流。针对上述不足之处，衍生出了阶段等流充电方法，不同阶段内以不同的电流进行恒流充电。一般可分为两个阶段进行，也可分为多个阶段进行，即充电初期用较大的恒定电流进行充电，使蓄电池的容量得到迅速恢复，缩短充电时间，经过一段时间后改用较小的电流，至充电后期改用更小的电流，直至充电结束。下面以单级式并网方式为例介绍蓄电池的恒流充电控制方法，图 2.100 所示为网络侧变换器外环控制器的典型结构，内环控制器可参考第 3 章 3.2.3 节逆变器控制方法的相关介绍。

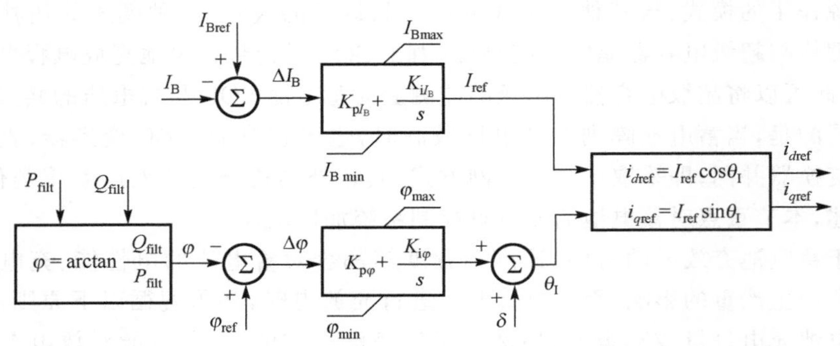

图 2.100　单级式并网方式下网络侧变换器外环控制器典型结构

图 2.100 中，I_B和 I_{Bref}分别代表蓄电池的实际充电电流和参考值，当 I_{Bref}是分阶段恒定时，即可变为阶段等流充电方法，I_{ref}代表网络侧变换器的交流电流幅值参考值；P_{filt}和 Q_{filt}分别代表蓄电池充电状态下网络侧变换器吸收的有功功率和无功功率，φ 和 φ_{ref}分别代表功率因数角和参考值，δ 代表网络侧变换器交流侧电压的相角。上述控制方式可以根据恒功率控制方式变形得到，蓄电池恒流充电过程中，充电电流是恒定的，但充电功率并不恒定，因此可以将恒功率控制中对有功功率的控制转变为对蓄电池充电电流的控制，输出信号作为网络侧变换器电流矢量的幅值参考信号 I_{ref}；而电流矢量的相角参考信号可以通过对功率因数角 φ 的控制得到，经过 dq 分解即可得到 dq 轴电流的参考信号 i_{dref}和 i_{qref}，这种控制方式是一种恒流/恒功率因数充电方式，上述各变量之间的相位关系如图 2.101 所示。

图 2.101 中，$\dot{U}_s$ 代表交流网络侧电压矢量，相角为 θ_s，d 轴与其同方向，q 轴滞后 d 轴 90°；$\dot{U}_I$ 代表网络侧变换器交流侧电压矢量，滞后 d 轴角度为 δ；$\dot{I}$ 代表流入网络侧变换器的电流矢量，滞后 d 轴角度为 θ_I；φ 为功率因数角。

2）限压充电[73]

限压充电是指始终以恒定的电压对蓄电池进行充电，一般通过控制充电装置(DC/DC 变换器或网络侧变换器)输出电压恒定从而实现充电过程。这种充电方法在充电初期由于蓄电池电势较低，因此充电电流较大，加速了充电过程；随着充电的进行，其电势逐渐升高，充电电流逐渐减小，充电末期充电电流降至很小的数值，可避免蓄电池的过充。整个充电过程的充电时间缩短，而且能耗较低，与恒流充电方法相比，限压充电过程更接近于最佳充电曲线，一般适用于蓄电池的补充充电或额定电压较低的情况，但不适用于初充电。这种充电方法也有一定的缺点：由于初期充电电流较大，对放电深度过大的蓄电池充电时，可能会因充电电流急骤上升，使蓄电池因过流而损坏；而充电后期电流较小，容易形成长期充电不足。在单级式并网方式下，蓄电池的限压充电控制方式的拓扑结构与图2.100所示的拓扑结构类似，只是将蓄电池充电电流 I_B 的控制转变为充电电压 U_B 的控制，这里不再赘述。

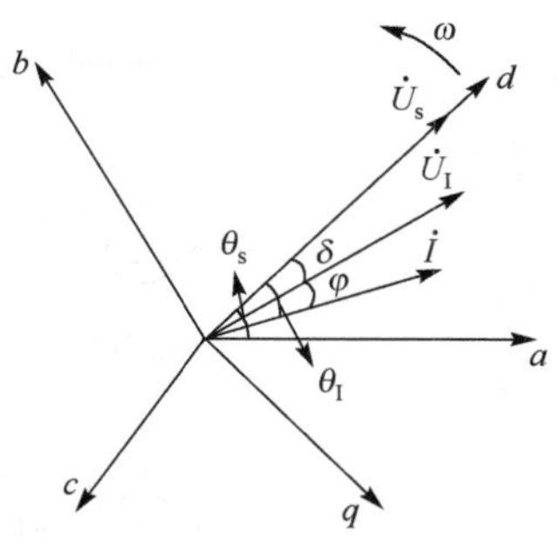

图2.101　蓄电池充电过程中矢量关系示意图

3）浮充充电[73]

浮充充电也称为涓流充电，是指当蓄电池接近充满时，仍以恒定的浮充电压与很小浮充电流进行充电，因为一旦停止充电，蓄电池会自然地释放电能，采用浮充的方式可平衡这种自然放电，浮充是一种限压限流的充电方式。

4）多段式充电[73]

20世纪60年代中期，美国科学家马斯对铅酸蓄电池充电过程进行了大量的试验研究工作，提出了以最低析气率为前提的蓄电池可接受的充电电流曲线，如图2.102所示。

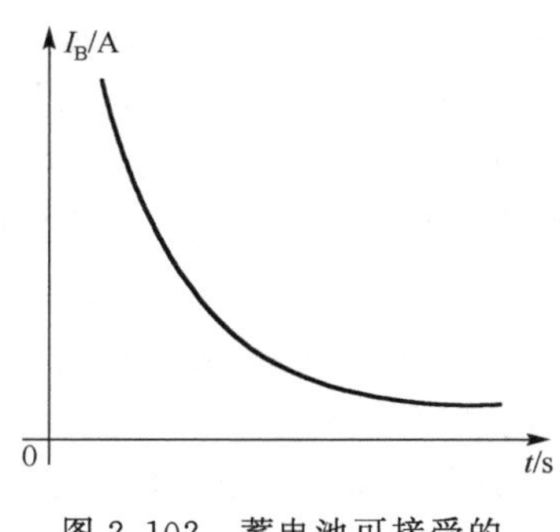

图2.102　蓄电池可接受的充电电流示意图

实验表明：在整个充电过程中，若能使实际充电电流始终等于或接近蓄电池可接受的充电电流，则可以大大缩短充电时间，并且蓄电池内部不会产生大量的气泡，析气率可控制在很低的范围内。但在实际的充电过程中，获得图2.102所示的充电电流曲线是很困难的，根据前述分析，恒流充电与限压充电方式之间存在一定的互补关系，可以考虑将恒流充电、限压充电和浮充充电进行组合（即多段式充电），从而得到较为理想的充电方式。目前多段式充电方式普遍采用“恒流—限压—浮充”三阶段充电控制策略，下面以直接接入系统模式下双极式并网方式为例介绍蓄电池的充电过程，其中三阶段充电控制策略主要通过DC/DC变换器的控制系统实现，如图2.103所示，网络侧变换器的控制方式可参考超级电容器储能系统的相关介绍，这里不再赘述，但必须注意DC/DC变换器和网络侧变换器的协调控制。

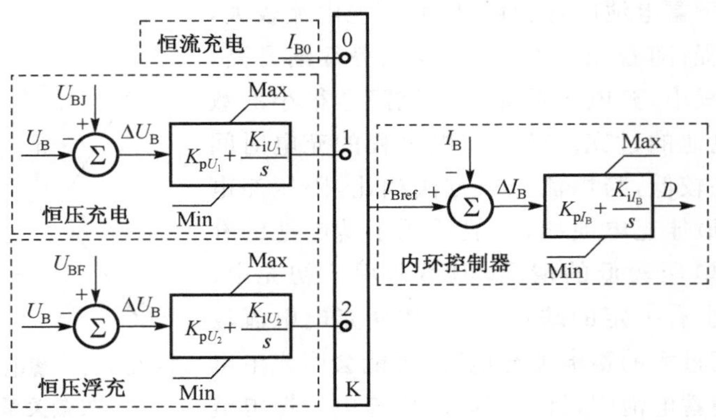

图 2.103 直接接入系统模式下 DC/DC 变换器三阶段充电控制系统

与超级电容器储能系统类似，蓄电池系统中 DC/DC 变换器同样采取双环控制方式，同时实现对电压和电流的控制，减小电压波动，改善动态特性。在充电初始阶段，采取"恒流充电"方式，开关 K 连接"0"处。恒流充电时采用的充电电流是有一定限制的，因为充电初始时蓄电池电势较低，若以很大的电流进行充电，将产生剧烈的化学反应从而影响蓄电池的寿命；若以较小的电流进行充电，则充电时间延长。随着充电过程的进行，蓄电池的端电压逐渐上升，当达到预先设定的电压限值 U_{BJ} 时，恒流充电过程结束，进入第二阶段"限压充电"，否则蓄电池电压会持续升高，从而因过充而损坏蓄电池。实验证明，恒流充电阶段结束时，蓄电池无法充满，必须采用限压方式进行补充充电，此时开关 K 连接"1"处，控制蓄电池端电压稳定在 U_{BJ} 处。随着限压充电的进行，蓄电池的电流逐渐减小，当充电电流降至浮充电流 I_{BF} 时，蓄电池已经基本充满，进入第三阶段"限压浮充"，此时开关 K 连接"2"处。浮充时，必须将浮充电压 U_{BF} 稳定在蓄电池的额定电压附近（U_{BF} 比恒流充电时的电压限值 U_{BJ} 低）。限压浮充可在充电结束前达到小电流充电，既可保证充满，又可避免蓄电池内部高温而影响其容量特性。从上述分析可以看出，恒流充电是为了恢复蓄电池的电压，限压充电是为了恢复蓄电池的储能，限压浮充是为了保持储能并抑制蓄电池的自放电。

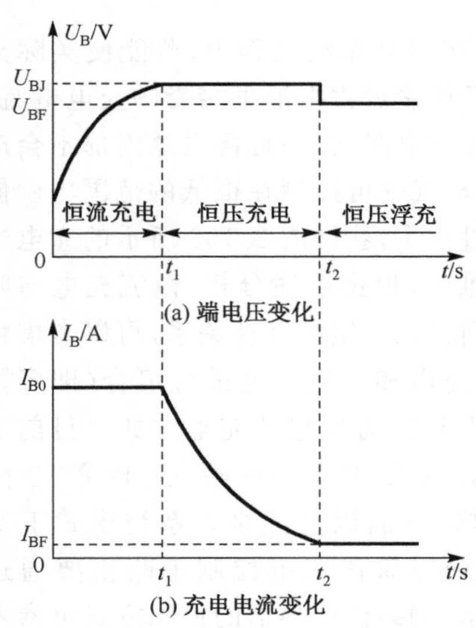

图 2.104 三阶段充电方式下蓄电池端电压和充电电流变化情况

在设定恒流充电、限压充电和限压浮充等参数时，需要经过反复试验才能达到最佳充电效果，使蓄电池的使用寿命得到延长。图 2.104 给出了采用"恒流—限压—浮充"三阶段充电控制策略时，蓄电池的端电压和充电电流的变化情况。

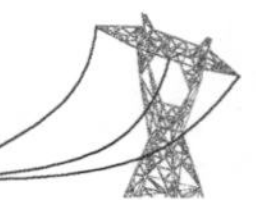

参考“超级电容器储能系统”的相关分析可知，当超级电容器阵列的端电压保持不变时，其充电电流为零，即充电过程结束。与超级电容器阵列充电过程有所不同的是，当蓄电池进行限压浮充时，虽然其端电压保持不变，但仍有一定的充电电流（浮充电流），如图 2.104 所示，当浮充一定时间后，可以采取一定的方法终止充电过程。

常见的充电终止控制方法有以下几种[83]：①时间控制。通过设置一定的充电时间来控制充电终点，一般按照充入 120%～150%电池标称容量所需的时间来设置；②电压变化率 dU_B/dt 与荷电状态控制。当蓄电池充满电时，电池电压会达到一个峰值，然后保持一段时间，此时测量蓄电池端电压，并计算其荷电状态，若端电压始终为一常数（即电压变化率 dU_B/dt 等于零）且荷电状态为 1 时，终止充电过程；③温度控制。蓄电池在充电过程中，温度逐渐升高，充满电时，蓄电池温度与周围环境温度的差值会达到最大，因此当差值最大时终止充电。但是由于蓄电池的储存时间、储存条件、使用环境、放电程度、极板硫化程度以及电解液比重等的不同都会使蓄电池的自身工况较为复杂，采用单一的方法较难准确确定蓄电池的充电终止时刻，可以采取多种方法综合判断充电终止时刻。

在三阶段充电控制策略的基础上，可进一步衍生出四阶段充电方式，即将充电过程分为预充、快充、均充、浮充四个阶段，其充电曲线如图 2.105 所示。

四阶段充电方式尤其适用于对放电深度较大的蓄电池充电，其工作过程与三阶段充电方式类似，有所不同的是，起始时首先采用恒定的小电流对蓄电池进行预充，当蓄电池的端电压上升到能接受较大电流充电时切换为快充方式，采用较大的电流恒流充电，之后依次经过限压充电与限压浮充阶段，直至完成充电过程。

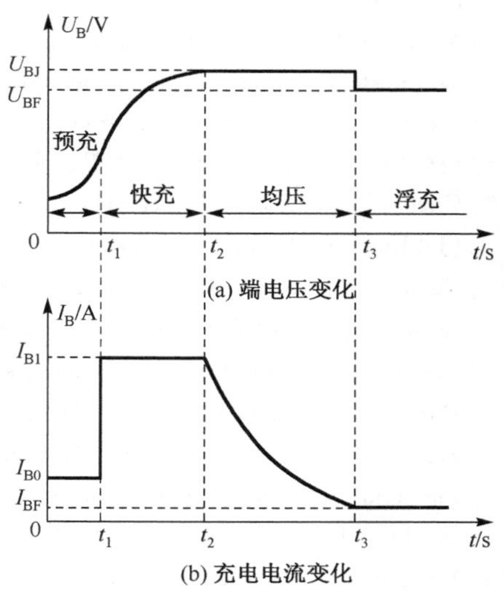

图 2.105　四阶段充电方式下蓄电池端电压和充电电流变化情况

2. 蓄电池放电控制策略

与超级电容器储能系统类似，当蓄电池放电时，其端电压随放电时间而逐渐下降，需要实时调节 DC/DC 变换器的占空比 D；当采用单极式并网方式直接接入系统时，控制策略可根据情况进行选择，其控制过程可参考“超级电容器储能系统”的相关分析，值得注意的是蓄电池放电时，当电压下降至放电终止电压时必须停止放电，否则会因过放而影响蓄电池的使用寿命。

当蓄电池与其他分布式电源并联运行时，充电还是放电的工作状态由分布式电源的运行情况和交流网络情况所决定[84]。这种并网模式既有效地减小了分布式电源功率波动对系统的冲击，又提高了分布式电源的可调度性。

参 考 文 献

[1] Blaabjerg F,Teodorescu R,Liserre M,et al. Overview of control and grid synchronization for distributed power generation systems[J]. IEEE Transactions on Industrial Electronics,2006,53(5):1398-1409.

[2] Bagnall D M,Boreland M. Photovoltaic technologies[J]. Energy Policy,2008,36:4390-4396.

[3] 汉斯 S,劳申巴赫.太阳能阵列设计手册[M].北京:宇航出版社,1987.

[4] Gow J A,Manning C D. Development of a photovoltaic array model for use in power-electronics simulation studies[J]. IEE Proceedings-Electric Power Applications,1999,146(2):193-200.

[5] Cheknane A,Hilal H S,Djeffal F,et al. An equivalent circuit approach to organic solar cell modeling[J]. Microelectronics Journal,2008,39:1173-1180.

[6] Wolf M,Noel G T,Stirn R J M. Investigation of the double exponential in the current-voltage characteristics of silicon solar Cells[J]. IEEE Transactions on Electron Devices,1977,24(4):419-428.

[7] Molina M G,Mercado P E. Modeling and control of grid-connected photovoltaic energy conversion system used as a dispersed generator[C]. Transmission and Distribution Conference and Exposition,Latin America,2008:1-8.

[8] 赵争鸣,刘建政,孙晓瑛,等.太阳能光伏发电及其应用[M].北京:科学出版社,2005.

[9] Chenni R,Makhlouf M,Kerbache T,et al. A detailed modeling method for photovoltaic cells [J]. Energy,2007,32:1724-1730.

[10] Esram T,Chapman P L. Comparison of photovoltaic array maximum power point tracking techniques[J]. IEEE Transaction on Energy Conversion,2007,22(2):439-499.

[11] Ciobotaru M,Teodorescu R,Blaabjerg F. Control of single-stage single-phase PV inverter[C]. European Conference on Power Electronics and Applications,Dresden,2005:1-10.

[12] Hussein K H,Muta I,Hoshino T,et al. Maximum photovoltaic power tracking:An algorithm for rapidly changing atmospheric conditions[J]. IEE Proceedings-Generation, Transmission and Distribution,1995,42(1):59-64.

[13] Wingelaar P J H,Duarte J L,Hendrix M A M. Dynamic characteristics of PEM fuel cells[C]. IEEE Power Electronics Specialists Conference,Recife 2005:1635-1641.

[14] Kong X,Khambadkone A M,Thum S K. A hybrid model with combined steady-state and dynamic characteristics of PEMFC fuel cell stack[J]. Digital Object Identifier,2005,3(2-6):1618-1625.

[15] Mann R F,Amphlett J C,Hooper M A I,et al. Development and application of a generalised steady-state electrochemical model for a PEM fuel cell[J]. Journal of Power Sources,2000,86(1-2):173-180.

[16] Meng N,Leung M K H,Leung D Y C. Parametric study of solid oxide fuel cell performance [J]. Energy Conversion and Management,2007,48(5):1525-1535.

[17] Zhu Y,Tomsovic K. Development of models for analyzing the load-following performance of

micro turbines and fuel cells[J]. Electric Power Systems Research,2002,62(1):1-11.

[18] Li Y,Choi S,Rajakaruna S. An analysis of the control and operation of a solid oxide fuel-cell power plant in an isolated system[J]. IEEE Transactions on Energy Conversion,2005,20(2):381-387.

[19] Jurado F,Valverde M,Cano A. Effect of a SOFC plant on distribution system stability[J]. Journal of Power Sources,2004,129 (1):170-179.

[20] Miao Z,Choudhry M A,Klein R L,et al. Study of a fuel cell power plant in power distribution system -Part I: Dynamic model[C]. Power Engineering Society General Meeting,Denver,2004,6(2):2220-2225.

[21] Padulles J,Ault G W,Mcdonald J R. An integrated SOFC plant dynamic model for power systems simulation[J]. Journal of Power Sources,2000,86(1-2):495-500.

[22] Khan M J,Lqbal M T. Modeling and analysis of electro-chemical,thermal and reactant flow dynamics for a PEM fuel cell system[J]. Fuel Cells,2005,5(4):463-475.

[23] Na W,Gou B. A thermal equivalent circuit for PEM fuel cell temperature control design[C]. IEEE International Symposium on Circuits and Systems,Seattle 2008:2825-2828.

[24] Wang C,Nehrir M H. A physically based dynamic model for solid oxide fuel cells[J]. IEEE Transactions on Energy Conversion,2007,22(4):887-897.

[25] Sedghisigarchi K,Feliachi A. Dynamic and transient analysis of power distribution systems with fuel Cells-Part Ⅱ Control and stability enhancement[J]. IEEE Transactions on Energy Coversion,2004,19(2):429-432.

[26] Uzunoglu M,Alam M. Dynamic modeling,design and simulation of a combined PEM fuel cell and ultracapacitor system for stand-alone residential applications[J]. IEEE Transactions on Energy Coversion,2006,21(3):767-775.

[27] Tanrioven M,Alam M. Modeling,control and power quality evaluation of a PEM fuel cell based power supply system for residential use[C]. Industry Applications Conference,Seattle,2004,4:2808-2814.

[28] Sakhare A R,Davari A,Feliachi A. Control of stand alone solid oxide fuel cell using fuzzy logic [C]. Proceedings of the 35th Southeastern Symposium on System Theory,Morgantown,2003:473-476.

[29] Yu X W,Jiang Z H,Zhang Y. Control of parallel inverter-interfaced distributed energy resources[C]. 2008 IEEE Energy 2030 Conference,Atlanta,2008:1-18.

[30] Arai J,Yamazak S,Ishikawa M,et al. Study on a new power control of distributed generation in an isolated microgrid[C]. 2009 IEEE Power & Energy Society General Meeting,Calgary,2009:1-6.

[31] 王成山,黄碧斌,李鹏,等. 燃料电池复杂非线性静态特性模型简化方法[J]. 电力系统自动化,2010,35(7):64-69.

[32] 刁瑞盛,徐政,常勇. 几种常见风力发电系统的技术比较[J]. 能源工程,2006,(2):20-25.

[33] 汤涌,卜广全,侯俊贤,等. PSD-BPA 暂态稳定程序用户手册[R]. 北京:中国电力科学研究院,2006:93-142.

[34] Iov F, Hansen A D, Sørensen P, et al. Wind turbine blockset in matlab/simulink[D]. Aalborg: Aalborg University, 2004.

[35] Nicholas W, Miller, William W, et al. Dynamic modeling of GE 1.5 and 3.6 MW wind turbine-generators for stability simulations[C]. IEEE Power Engineering Society General Meeting, New York, 2003: 1977-1983.

[36] Pillay P, Krishnan R. Modeling, simulation, and analysis of permanent-magnet motor drives, part I: The permanent-magnet synchronous motor Drive[J]. IEEE Transactions on Industry Applications, 1989, 25(2): 265-273.

[37] Achilles S, Pöller M. Direct drive synchronous machine models for stability assessment of wind farms[C]. Proceedings of the Fourth International Workshop on Large Scale Integration of Wind Power and Transmission Networks for Offshore Wind Farms, Billund, 2003.

[38] 王成山，马力，王守相. 基于双 PWM 换流器的微型燃气轮机系统仿真[J]. 电力系统自动化，2008，32(1)：56-60.

[39] Louis N, George J, Fardanesh B. A governor turbine model for a twin-shaft combustion turbine [J]. IEEE Transactions on Power Systems, 1995, 10(1): 133-140.

[40] Working Group on Prime Mover and Energy Supply Models for System Dynamic Performance Studies. Dynamic models for combined cycle plants in power system studies[J]. IEEE Transactions on Power Systems, 1994, 9(3): 1698-1708.

[41] 孙可，韩祯祥，曹一家. 微型燃气轮机系统在分布式发电中的应用研究[J]. 机电工程，2005，22(8)：55-60.

[42] Bertani A, Bossi C, Fornari F, et al. A microturbine generation system for grid connected and islanding operation[C]. Power Systems Conference and Exposition, Milan, 2004, 10(1): 360-365.

[43] 张崇巍，张兴. PWM 整流器及其控制[M]. 北京：机械工业出版社，2003：154-172.

[44] 唐任远，李振标. 现代永磁电机理论与设计[M]. 北京：机械工业出版社，1997：244-262.

[45] Urasakil N, Senjyu T, Uezatol K, et al. High efficiency drive for micro-turbine generator based on current phase and revolving speed optimization[J]. Power Electronics and Drive Systems, 2003, 17(1): 737-742.

[46] Guda S, Wang C, Nehrir M. Modeling of microturbine power generation systems[J]. Electric Power Components and Systems, 2006, 34(9): 1027-1041.

[47] Gaonkar D, Pillai G, Patel R. Seamless transfer of microturbine generation system operation between grid-connected and islanding modes[J]. Electric Power Components and Systems, 2009, 33(10): 174-188.

[48] Yu X W, Jiang Z H, Abbasi A. Dynamic modeling and control design of microturbine distributed generation system[C]. Electric Machines and Drives Conference, Miami, 2009: 1239-1243.

[49] Al-hinai A, Schoder K, Feliachi A. Control of grid-connected split-shaft microturbine distributed generator[J]. IEEE Transactions on Power Systems, 2003, 1(1): 84-88.

[50] 赵韩，杨志轶，王忠臣. 新型高效飞轮储能技术及其研究现状[J]. 中国机械工程，2002，13(17)：1521-1525.

[51] 李文超，沈祖培. 复合材料飞轮结构与储能密度[J]. 太阳能学报，2001，22(1)：96-101.

[52] 汤双清，杨家军，廖道训. 高速复合材料飞轮的关键技术[J]. 三峡大学学报，2002，24（3）：252-256.

[53] Suvire G O，Mercado P E. Dstatcom with flywheel energy storage system for wind energy applications control design and simulation[J]. Electric Power Systems Research，2009：1-9.

[54] Zhou L，Qi Z P. Modeling and control of a flywheel energy storage system for uninterruptible power supply[C]. Sustainable Power Generation and Supply，Beijing，2009：1-6.

[55] 姬宣德，郭龙钢. 交流异步电动机的磁场定向控制技术[J]. 洛阳理工学院学报，2008，18(2)：46-51.

[56] 陈世浩，冯晓云，李官军. 基于转子磁场定向的异步电机矢量控制仿真研究[J]. 电气技术，2008，3(1)：43-45.

[57] Boukettaya G，Krichen L，Ouali A. A comparative study of three different sensorless vector control strategies for a flywheel energy storage system[J]. Energy，2010，35(1)：132-139.

[58] 安芳. 基于级联逆变器的异步电机矢量控制变频调速系统[D]. 合肥：合肥工业大学，2008.

[59] Spyker R，Nelms R. Classical equivalent circuit parameters for a double-layer capacitor[J]. IEEE Transactions on Aerospace and Electronics Systems，2000，36(3)：829-836.

[60] 张步涵，王云玲，曾杰. 超级电容器储能技术及其应用[J]. 水电能源科学，2006，24(5)：50-52.

[61] 余伟成. 超级电容器直流储能单元研究与应用设计[D]. 北京：华北电力大学，2007.

[62] 李奇睿. 基于超级电容器的统一电能质量调节器的研发[D]. 北京：华北电力大学，2005.

[63] 陈英放，李媛媛，邓梅根. 超级电容器的原理及应用[J]. 电子元件与材料，2008，27(4)：6-9.

[64] 李海东. 超级电容器模块化技术的研究[D]. 北京：中国科学院研究生院，2006.

[65] 王云玲，曾杰，张步涵，等. 基于超级电容器储能系统的动态电压调节器[J]. 电网技术，2007，31(8)：58-62.

[66] Belhachemi F，Rael S，Davat B. A physical based model of power electric double-layer supercapacitors[C]. Industry Applications Conference，Rome，2000：3069-3076.

[67] Lai J，Levy S，Rose M. High energy density double-layer capacitors for energy storage applications[J]. Aerospace and Electronic Systems，1992，7(4)：14-19.

[68] Zaitsu H，Nara H，Watanabe H，et al. Uninterruptible power supply system utilizing electric double-layer capacitors[C]. Power Conversion Conference，Tokyo，2007：230-235.

[69] 张步涵，曾杰，毛承雄，等. 串并联型超级电容器储能系统在风力发电中的应用[J]. 电力自动化设备，2008，28(4)：1-4.

[70] 张慧妍. 超级电容器直流储能系统分析与控制技术的研究[D]. 北京：中国科学院研究院，2006.

[71] 程华，徐政. 分布式发电中的储能技术[J]. 高压电器，2003，39(3)：53-56.

[72] 朱松然. 蓄电池手册[M]. 天津：天津大学出版社，1998.

[73] 朱松然. 铅蓄电池技术[M]. 第二版. 北京：机械工业出版社，2002.

[74] Ceraolo M. New dynamical models of lead-acid batteries[J]. IEEE Transactions on Power Systems，2000，15(4)：1184-1190.

[75] Barsali S，Ceraolo M. Dynamical models of lead-acid batteries：Implementation issues[J]. IEEE Transactions on Energy Conversion，2002，17(1)：16-23.

[76] 麻友良，陈全世，朱元. 变电流下的电池荷电状态定义方法讨论[J]. 电池，2001，31(1)：7-9.

[77] Salameh Z M, Casacca M A, Lynch W A. A mathematical model for lead-acid batteries[J]. IEEE Transactions on Energy Conversions, 1992, 7(1): 93-97.

[78] Chan H L, Sutanto D. A new battery model for use with battery energy storage systems and electric vehicles power systems[C]. Power Engineering Society Winter Meeting, Singapore, 2000, 1: 470-475.

[79] Giglioli R, Buonarota A, Menga P, et al. Charge and discharge fourth order dynamic model of the lead-acid battery[C]. Proceedings of the 10th International Electric Vehicle Symposium, Hong Kong, 1990: 371-382.

[80] Saiju R, Heier S. Performance analysis of lead acid battery model for hybrid power system[C]. Transmission and Distribution Conference and Exposition, Kassel, 2008: 1-6.

[81] Tremblay O, Dessaint L A, Dekkiche A I. A generic battery model for the dynamic simulation of hybrid electric vehicles[C]. Vehicle Power and Propulsion Conference, Arlington, 2007: 284-289.

[82] 胡恒生，王慧，赵徐成，等. 蓄电池充电方法的分析和探讨[J]. 电源技术应用，2009，12(8)：1-4.

[83] 刘亚龙，高玉峰，王志国. 铅酸蓄电池充电终止控制电路设计[J]. 电源技术应用，2008，11(7)：8-10.

[84] Chiang S J, Chang K T, Yen C Y. Residential photovoltaic energy storage system[J]. IEEE Transactions on Industrial Electronics, 1998, 45(3): 385-394.

第3章 微电网运行控制

3.1 微电网控制模式

同简单的分布式发电系统不同，微电网一般应具备两种常态运行模式，即独立运行模式和联网运行模式，微电网应能够在这两种常态运行模式下进行可靠的转换。图3.1给出了微电网各种运行状态及其之间的相互转化关系。微电网中存在多种能源输入（光、风、氢、天然气等）、多种能源输出（电、热、冷）、多种能量转换单元（光/电、热/电、风/电、交流/直流/交流）以及多种运行状态（并网、独立），使其动态特性相对于单个分布式电源而言更加复杂。依据微电网独立运行模式下，各分布式电源所发挥的作用不同，微电网控制模式可以分为主从控制模式、对等控制模式和分层控制模式。

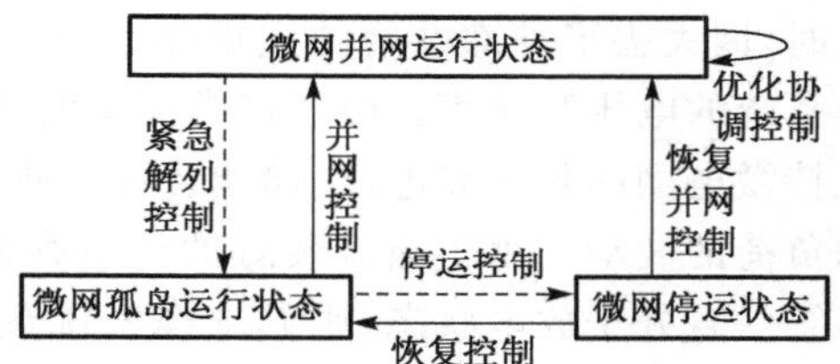

图3.1 微电网运行状态

3.1.1 主从控制模式

所谓主从控制模式，是指在微电网处于孤岛运行模式时，其中一个分布式电源（或储能装置）采取定电压和定频率控制（简称V/f控制），用于向微电网中的其他分布式电源提供电压和频率参考，而其他分布式电源则可采用定功率控制（简称PQ控制）。如图3.2所示，采用V/f控制的分布式电源（或储能装置）控制器称之为主控制器，而其他分布式电源的控制器则称之为从控制器，各从控制器将根据主控制器来决定自己的运行方式[1,2]。

适于采用主控制器控制的分布式电源需要满足一定的条件。在微电网处于孤岛运行模式时，作为从控制单元的分布式电源一般为PQ控制，负荷的变化主要由作为主控制单元的分布式电源来跟随，因此要求其功率输出应能够在一定范围内可控，且能够足够快地跟随负荷的波动变化。在采用主从控制的微电网中，当微电网处于并网运行状态时，所有的分布式电源一般都采用PQ控制，而一旦转入孤岛模式，则需要作为主控制单元的分布式电源快速地由PQ控制模式转换为V/f控制模式，这就要求主控制器能够满足在两种控制模式间快速切换的要求。常见的主控制单元选择包括下述几种。

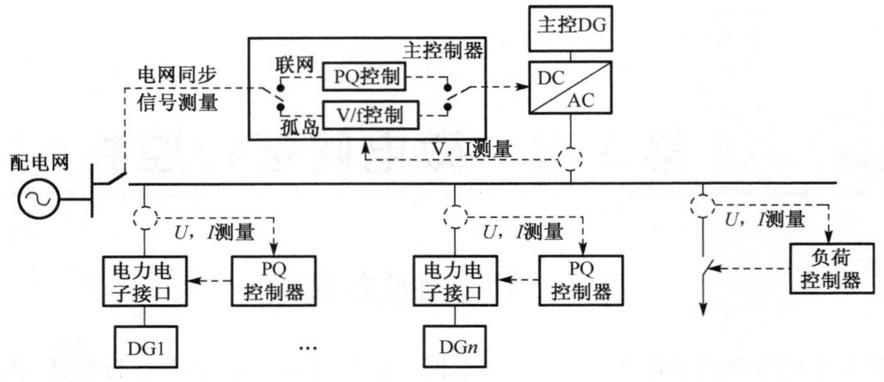

图 3.2　主从控制微电网结构

(1)储能装置作为主控制单元[2-5]。以储能装置作为主控制单元，在孤岛运行模式时，因失去了外部电网的支撑作用，分布式电源输出功率以及负荷的波动将会影响系统的电压和频率。由于该类型微电网中的分布式电源多采用不可调度单元，为维持微电网的频率和电压，储能装置需通过充放电控制来跟踪分布式电源输出功率和负荷的波动。由于储能装置的能量存储量有限，如果系统中负荷较大，使得储能系统一直处于放电状态，则其支撑系统频率和电压的时间不可能很长，放电到一定时间就可能造成微电网系统电压和频率的崩溃。反之，如果系统的负荷较轻，储能系统也不可能长期处于充电状态。因此，将储能系统作为主控制单元，微电网处于孤岛运行模式的时间一般不会太长。

(2)分布式电源为主控制单元[6]。当微电网中存在像微燃机这样的输出稳定且易于控制的分布式电源时，由于这类分布式电源的输出功率可以在一定范围内灵活调节，输出稳定且易于控制，将其作为主控单元可以维持微电网在较长时间内的稳定运行。如果微电网中存在多个这类分布式电源，可选择容量较大的分布式电源作为主控制单元，这样的选择有助于微电网在孤岛运行模式下长期稳定运行。

(3)分布式电源加储能装置为主控制单元[7]。对于光伏和风电这样的可再生分布式电源，由于其输出的波动性，一般不适于作为主控制电源，但可以将储能系统与它们组合起来作为主控制单元，充分利用储能系统的快速充放电功能和这类电源的特点，在充分利用可再生能源的基础上实现较长时间的维持微电网独立运行。采用这种模式，储能系统在微电网转为独立运行时可以快速为系统提供功率支撑。同单独采用储能系统作为主控制单元的情况相比，这种模式可以有效降低储能系统的容量，进而提高系统运行的经济性[8]。

3.1.2　对等控制模式

所谓对等控制模式，是指微电网中所有的分布式电源在控制上都具有同等的地位，各控制器间不存在主和从的关系，每个分布式电源都根据接入系统点电压和频

率的就地信息进行控制，如图 3.3 所示。对于这种控制模式，分布式电源控制器的策略选择十分关键，一种目前备受关注的方法就是 Droop 控制方法[9,10]。众所周知，对于常规电力系统，发电机输出的有功功率和系统频率、无功功率和端电压间存在一定的关联性：系统频率降低，发电机的有功功率输出将加大；端电压降低，发电机输出的无功功率将加大。分布式电源的 Droop 控制方法主要也是参照这样的关系对分布式电源进行控制。

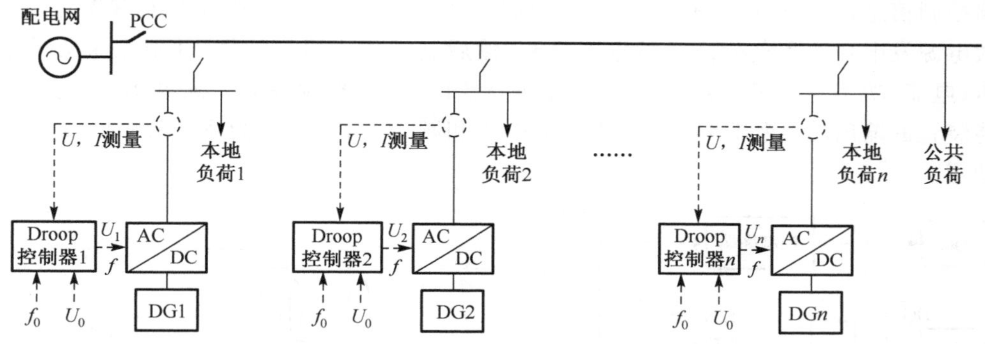

图 3.3　对等控制微电网结构

在对等控制模式下，当微电网运行在孤岛模式时，微电网中每个采用 Droop 控制策略的分布式电源都参与微电网电压和频率的调节。在负荷变化的情况下，自动依据 Droop 系数分担负荷的变化量，亦即各分布式电源通过调整各自输出电压的频率和幅值，使微电网达到一个新的稳态工作点，最终实现输出功率的合理分配。显然，采用 Droop 控制可以实现负载功率变化在分布式电源间的自动分配，但负载变化前后系统的稳态电压和频率也会有所变化，对系统电压和频率指标而言，这种控制实际上是一种有差控制。

与主从控制模式相比，在对等控制中的各分布式电源可以自动参与输出功率的分配，易于实现分布式电源的即插即用[11]，便于各种分布式电源的接入，由于省去了通信系统，理论上可以降低系统成本。同时，由于无论在并网运行模式还是在孤岛运行模式，微电网中分布式电源的 Droop 控制策略可以不做变化，系统运行模式易于实现无缝切换。在一个采用对等控制的实际微电网中，一些分布式电源同样可以采用 PQ 控制，在此情况下，采用 Droop 控制的多个分布式电源共同担负起了主从控制器中主控制单元的控制任务：通过 Droop 系数的合理设置，可以实现外界功率变化在各分布式电源之间的合理分配，从而满足负荷变化的需要，维持孤岛运行模式下对电压和频率的支撑作用等。

目前，采用对等控制的微电网系统大多数仍停留在实验室研究阶段（如美国 Wisconsin 微电网实验系统，新加坡南洋理工微电网实验系统，比利时 Katholieke 微电网实验系统，西班牙 Catalunya 大学微电网实验系统等）[12−15]，应用于实际的示范工程相对较少，仅有的示范工程都对系统参数提出了比较严格的要求。以 CERTS

微电网示范工程为例，其分布式电源采用了三台规格、容量完全一致的60kW微型燃气轮机[16]，以实现对等控制。如何提高对等控制微电网系统的稳定性水平，建立通用性和鲁棒性强的对等控制微电网系统，是微电网研究者正在致力解决的问题。

3.1.3 分层控制模式

所谓分层控制模式，一般都设有中央控制器，用于向微电网中的分布式电源发出控制信息，一种微电网的两层控制结构如图3.4所示[17]。中心控制器首先对分布式电源发电功率和负荷需求量进行预测，然后制定相应运行计划，并根据采集的电压、电流、功率等状态信息，对运行计划进行实时调整，控制各分布式电源、负荷和储能装置的输出功率和起停，保证微电网电压和频率的稳定，并为系统提供相关保护功能。

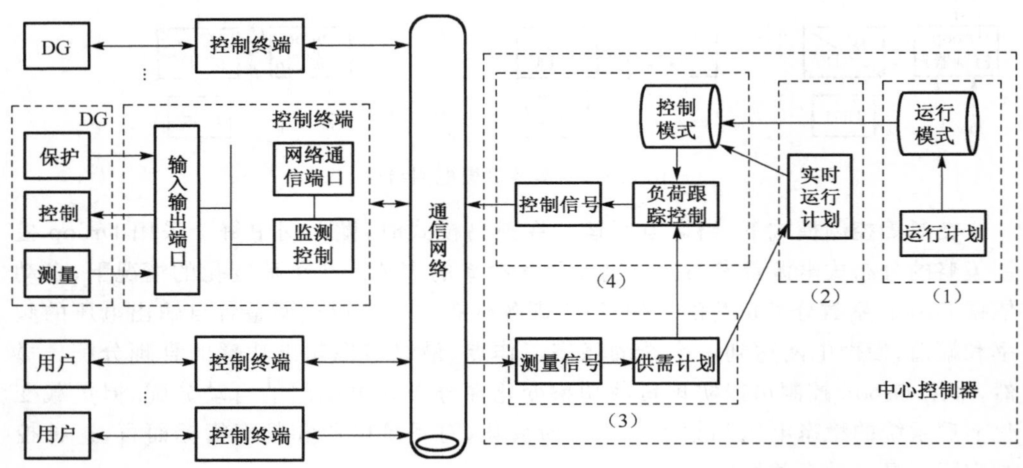

图 3.4 两层控制微电网结构

在上述分层控制方案中，各分布式电源和上层控制器间需有通信线路，一旦通信失败，微电网将无法正常工作。文献[18]提供了一种中心控制器和底层分布式电源采用弱通信联系的分层控制方案，如图3.5所示。在这一控制方案中，微电网的暂态供需平衡依靠底层分布式电源控制器来实现，上层中心控制器根据分布式电源输出功率和微电网内的负荷需求变化调节底层分布式电源的稳态设置点和进行负荷管理，即使短时通信失败，微电网仍能正常运行。

微电网也可以采用三层控制结构[19]，如图3.6所示。最上层的配电网络操作管理系统主要负责根据市场和调度需求来管理和调度系统中的多个微电网；中间层的微电网中心控制器(MGCC)负责最大化微电网价值的实现和优化微电网操作；下层控制器主要包括分布式电源控制器和负荷控制器，负责微电网的暂态功率平衡和负荷管理。整个分层控制可采用多agent技术实现[20,21]。

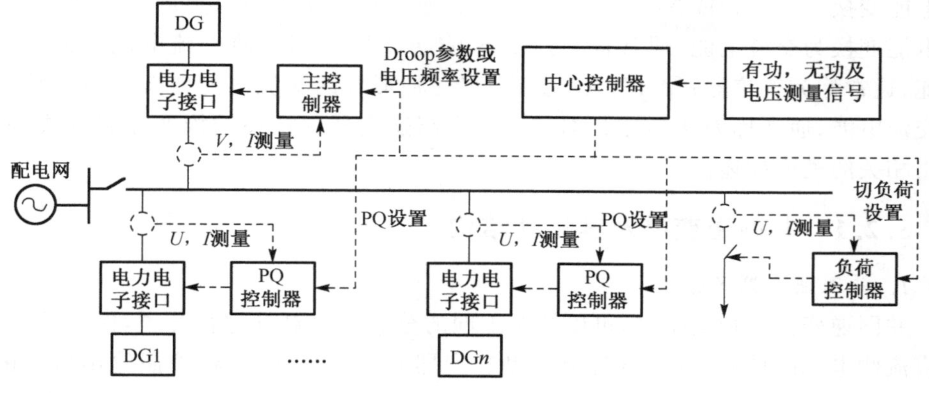

图 3.5 弱通信联系的两层控制结构

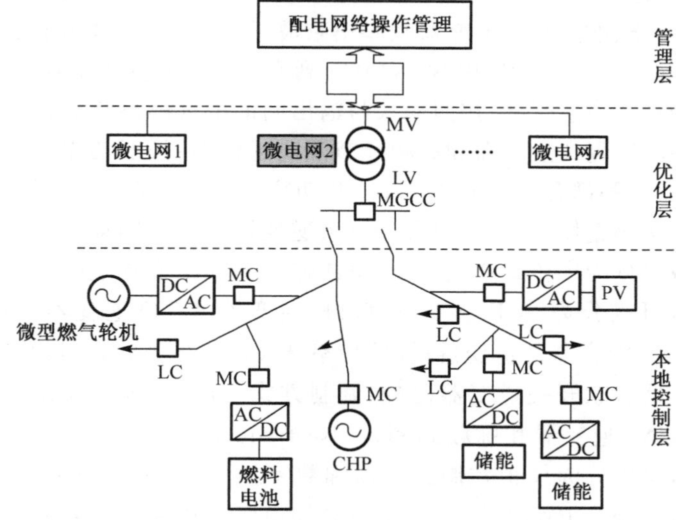

图 3.6 微电网三层控制方案

3.2 分布式电源并网逆变器控制

微电网的稳定运行依赖于各个分布式电源的有效控制，微电网中的分布式电源按照并网方式可以分为逆变型电源、同步机型电源和异步机型电源。其中，小型同步发电机的控制和并网技术已较为成熟，异步发电机的控制也较为简单，大部分微电网的电源是基于电力电子技术的逆变型分布式电源，如光伏发电系统、燃料电池、微型燃气轮机等类型的电源。对于逆变型分布式电源，分布式电源需要通过电能变换装置并网运行。电能变换装置可分为四类[22-25]：①DC/DC 变换，将一种形式的直

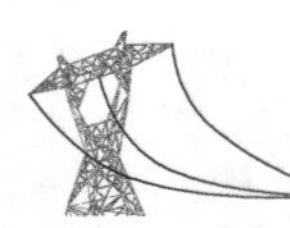

流电能变换为另一种或多种形式直流电能，通常称为斩波器；②DC/AC 变换，将直流电能变换为交流电能，通常称为逆变器；③AC/DC 变换，将交流电能变换为直流电能，通常称为整流器；④AC/AC 变换，将一种形式的交流电能变换为另一种形式的交流电能，通常称为变频器。本节重点介绍逆变器的拓扑结构及控制方式，同时给出相关的模型描述。

3.2.1 并网逆变器及其拓扑结构

1. 并网逆变器的分类

并网逆变器的种类很多，可以按照不同的分类方法对其进行分类，例如[22,23]：按照直流侧电源的性质，可以分为电压型逆变器和电流型逆变器；按照输出电压的相数，可以分为单相逆变器、三相逆变器和多相逆变器；按照输出电压波形的电平数，可以分为二电平逆变器、三电平逆变器和多电平逆变器；按照输出电压的波形，可以分为正弦波逆变器、准正弦波逆变器和非正弦波逆变器；按照输出电能的频率，可以分为工频（50～60Hz）逆变器、中频（400Hz 到几万赫［兹］）逆变器和高频（几万赫［兹］到几十万赫［兹］）逆变器；按照输入与输出间的电气隔离特点，可以分为非隔离型逆变器、低频环节隔离逆变器和高频环节隔离逆变器；按照功率变换的比例，可以分为全功率逆变器和部分功率逆变器；按照功率流动的方向，可以分为单向逆变器和双向逆变器；按照整体结构，可以分为单级逆变器与内高频环逆变器；按照主电路的结构形式，可以分为半桥式逆变器、全桥式逆变器和推挽式逆变器等；按照功率开关器件的种类，可以分为 SCR 逆变器、GTR 逆变器、GTO 逆变器、MOSFET 逆变器、IGBT 逆变器、混合器件逆变器；按照功率开关的工作方式，可以分为硬开关逆变器、谐振式逆变器和软开关逆变器；按照调制方式，可以分为脉宽调制（pulse width modulation，PWM）逆变器和脉频调制（pulse frequency modulation，PFM）逆变器；按照控制技术，可以分为模拟控制逆变器和数字控制逆变器；按照对输出电压波形的改善方式，可以分为 PWM 逆变器、多重叠加逆变器和多电平逆变器；等等。

不同的分类方式突出了不同逆变器的工作特点。尽管逆变器分类方式很多，但最常采用的分类方式主要还是两种[23]：①电压型逆变器和电流型逆变器；②单相逆变器和三相逆变器。

2. 并网逆变器的电路拓扑结构

理想的逆变器将直流变到交流后其功率应保持不变，没有脉动，直流电压波形和电流波形中也不应该产生脉动。根据逆变器直流侧电源的性质可分为电压型逆变器和电流型逆变器。由于逆变器由直流电源提供能量，为了使直流电源的电压或电流恒定，并与负载进行无功功率交换，在逆变器的直流侧必须设置储能元件。当储能元件为电容时，可以保证直流电压稳定，称之为电压型逆变器；当储能元件为电感时，可以保证直流电流稳定，称之为电流型逆变器[22—24]。

图 3.7 所示为单相及三相电压型并网逆变器的拓扑结构，U_{dc}代表直流侧电压，

C_{dc}代表直流侧电容。这种电压型逆变器的特点为[22-24]：逆变器直流电源侧并联有较大的直流滤波电容C_{dc}，相当于电压源，直流侧电压基本无脉动，直流回路呈现低阻抗；由于直流电压源的钳位作用，交流侧输出电压的波形为矩形波，并且与负载阻抗角无关；而交流侧输出电流的波形和相位随负载阻抗的不同而不同；当交流侧为阻感性负载时，需要提供无功功率，由于同一相上下两个桥臂的开关信号是互补的，输出的电压为矩形波，但阻感性负载中的电流不能立刻改变方向，需要二极管续流；当开关器件为通态时，交流侧电流和电压同方向，直流侧向交流侧提供能量，当二极管处于通态时，交流侧电流和电压反方向。因为二极管是交流侧向直流侧反馈能量的通道，故称为反馈二极管，并且二极管起着使交流电流连续的作用，所以又称为续流二极管；换流在同一相上下两个桥臂之间进行，称为纵向换流；输出电压的调节可以通过控制其幅值和相位实现。

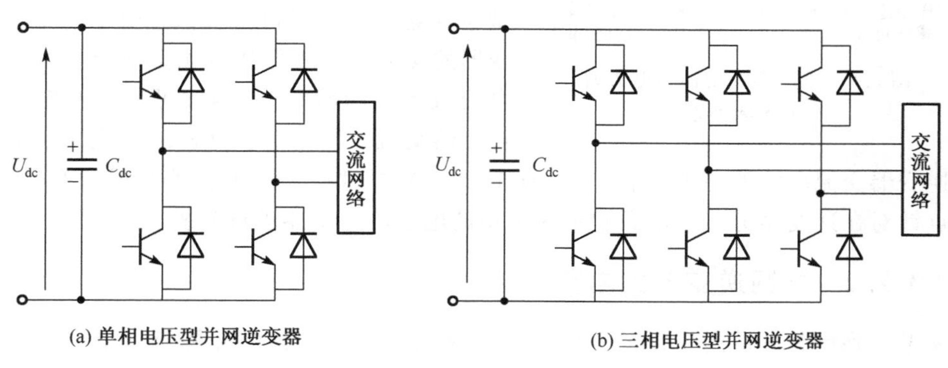

图 3.7　单相及三相电压型并网逆变器

图 3.8 所示为单相及三相电流型并网逆变器的拓扑结构，i_{dc}代表直流侧电流，L_{dc}代表直流侧电感。这种电流型逆变器的特点为[22,24]：逆变器直流电源侧串联有较大的电感L_{dc}，相当于电流源，直流侧电流基本无脉动，直流回路呈现高阻抗；电路中开关器件的作用仅是改变直流电流的流通路径，因此交流侧输出电流为矩形波，并且与负载阻抗角无关，而交流侧输出电压的波形和相位随负载阻抗的不同而不同；当交流侧为阻感性负载时需要提供无功功率，由于直流电流方向不变，直流电压反向时，无功能量向直流电源反馈，此时电感起缓冲无功能量的作用。因为是电流型逆变器，直流电流是恒定的，并不反向，所以不必像电压型逆变电路那样给开关器件反向并联二极管，而是串联二极管以承受反向电压，交流侧并联电容负责吸收换流时负载电感中存储的能量；换流在上桥臂组或下桥臂组的组内进行，称为横向换流；输出电流的调节可以通过控制其幅值和相位实现。

电压型逆变器与电流型逆变器在拓扑结构上存在对偶关系[22,23]，如图 3.9 所示。

所谓对偶关系是指电路中的元件用其对偶元件置换后，所得到的新电路方程一定成立。利用图 3.9 所示的对偶性可以给电路分析带来方便，电压型逆变器的工作

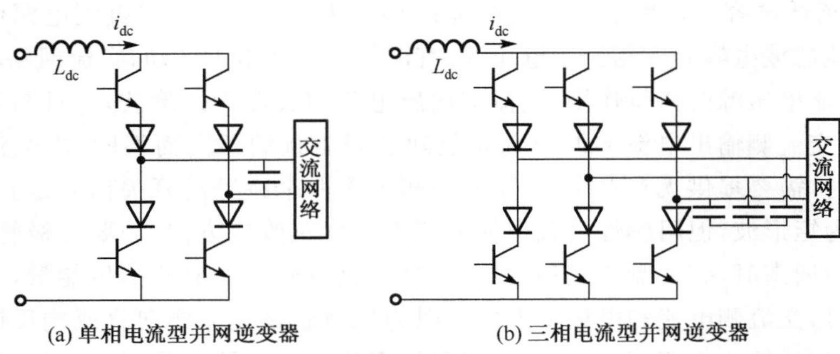

图 3.8 单相及三相电流型并网逆变器

图 3.9 电压型逆变器与电流型逆变器对偶关系

原理及相关结论对偶化,可直接应用于电流型逆变器,使分析简化。例如,由于电压型逆变器的交流电压波形和电流型逆变器的交流电流波形的形状相同,因此可以把对电压型逆变器交流电压的谐波分析结果应用于电流型逆变器交流电流的谐波分析上,从而简化了分析过程。鉴于这种对偶关系,本章重点针对在逆变型分布式电源中更为常用的电压源逆变器进行分析。

3.2.2 并网逆变器主电路

考虑到单相并网逆变器的并网接口电路与三相逆变器的并网接口电路具有相似性,本节主要对三相逆变器的并网接口电路进行分析,其电路如图 3.10 所示[26,27]。逆变器输出电压经电感电容滤波器(LC 滤波器)滤波后,再通过隔离变压器以及一段线路连接至交流网络。LC 滤波器可以滤去输出电压中的谐波分量,提供更佳质量的电能。隔离变压器具有三方面的作用:①实现电压等级变换;②避免分布式电源的零序分量或直流分量进入交流网络;③作为滤波电流的重要滤波电抗。

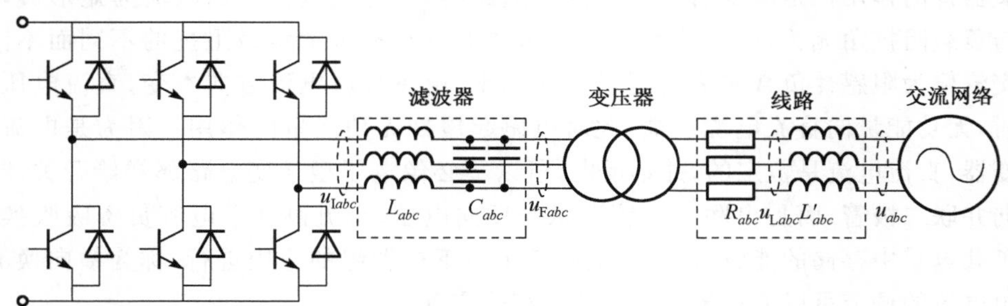

图 3.10 三相逆变器并网电路形式一

u_{Ia}、u_{Ib}、u_{Ic}分别为三相逆变器输出电压;u_{Fa}、u_{Fb}、u_{Fc}分别为经滤波后电压;u_a、u_b、u_c分别为交流网络侧电压;L_{abc}、C_{abc}分别为滤波器中的电感与电容;R_{abc}、L'_{abc}分别为线路的电阻与电感;u_{La}、u_{Lb}、u_{Lc}为电阻之后电压

考虑到图 3.10 中变压器起到电压变换以及隔离作用，当逆变器输出的电压等级与交流网络侧一致，并且滤波器的滤波效果比较理想时，可以在不影响并网问题分析的前提下省去变压器[28−30]，如图 3.11 所示。

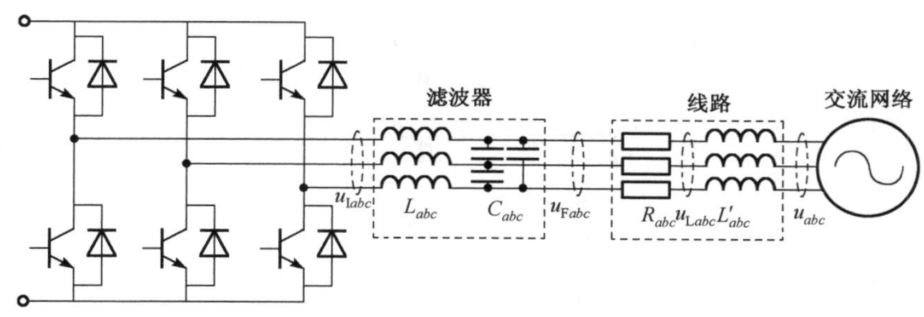

图 3.11 三相逆变器并网电路形式二

将图 3.11 中滤波器电容进行“星角变换”，得到等效的星型电容为 C'_{abc}，对上述电路列写电路方程可得式(3.1)～式(3.3)。

$$\begin{cases} L\dfrac{\mathrm{d}i_{\mathrm{I}a}}{\mathrm{d}t}=u_{\mathrm{I}a}-u_{\mathrm{F}a} \\ L\dfrac{\mathrm{d}i_{\mathrm{I}b}}{\mathrm{d}t}=u_{\mathrm{I}b}-u_{\mathrm{F}b} \\ L\dfrac{\mathrm{d}i_{\mathrm{I}c}}{\mathrm{d}t}=u_{\mathrm{I}c}-u_{\mathrm{F}c} \end{cases} \tag{3.1}$$

$$\begin{cases} C'\dfrac{\mathrm{d}u_{\mathrm{F}a}}{\mathrm{d}t}=i_{\mathrm{I}a}-\dfrac{u_{\mathrm{F}a}-u_{\mathrm{L}a}}{R} \\ C'\dfrac{\mathrm{d}u_{\mathrm{F}b}}{\mathrm{d}t}=i_{\mathrm{I}b}-\dfrac{u_{\mathrm{F}b}-u_{\mathrm{L}b}}{R} \\ C'\dfrac{\mathrm{d}u_{\mathrm{F}c}}{\mathrm{d}t}=i_{\mathrm{I}c}-\dfrac{u_{\mathrm{F}c}-u_{\mathrm{L}c}}{R} \end{cases} \tag{3.2}$$

$$\begin{cases} L'\dfrac{\mathrm{d}i_{a}}{\mathrm{d}t}=u_{\mathrm{L}a}-u_{a} \\ L'\dfrac{\mathrm{d}i_{b}}{\mathrm{d}t}=u_{\mathrm{L}b}-u_{b} \\ L'\dfrac{\mathrm{d}i_{c}}{\mathrm{d}t}=u_{\mathrm{L}c}-u_{c} \end{cases} \tag{3.3}$$

式中，$L=L_a=L_b=L_c$ 代表滤波器单相电感；C' 代表“星角变换”后滤波器的单相电容，具体数值可由变换公式求得；$R=R_a=R_b=R_c$ 代表线路单相电阻；$L'=L'_a=L'_b=L'_c$ 代表线路单相电感；$i_{\mathrm{I}a}$、$i_{\mathrm{I}b}$、$i_{\mathrm{I}c}$ 分别代表逆变器输出的相电流；i_a、i_b、i_c 分别代表流入交流网络的相电流。其他符号含义与图 3.10 中含义一致。考虑到三相平衡，根据变换前后功率不变的原则，对式(3.1)～式(3.3)进行正交派克变换可得

$$\begin{cases} L\dfrac{\mathrm{d}i_{\mathrm{I}d}}{\mathrm{d}t}=u_{\mathrm{I}d}-u_{\mathrm{F}d}-\omega L i_{\mathrm{I}q} \\ L\dfrac{\mathrm{d}i_{\mathrm{I}q}}{\mathrm{d}t}=u_{\mathrm{I}q}-u_{\mathrm{F}q}+\omega L i_{\mathrm{I}d} \end{cases} \tag{3.4}$$

$$\begin{cases} C'\dfrac{\mathrm{d}u_{\mathrm{F}d}}{\mathrm{d}t}=i_{\mathrm{I}d}-\dfrac{u_{\mathrm{F}d}-u_{\mathrm{L}d}}{R}-\omega C' u_{\mathrm{F}q} \\ C'\dfrac{\mathrm{d}u_{\mathrm{F}q}}{\mathrm{d}t}=i_{\mathrm{I}q}-\dfrac{u_{\mathrm{F}q}-u_{\mathrm{L}q}}{R}+\omega C' u_{\mathrm{F}d} \end{cases} \tag{3.5}$$

$$\begin{cases} L'\dfrac{\mathrm{d}i_{d}}{\mathrm{d}t}=u_{\mathrm{L}d}-u_{d}-\omega L' i_{\mathrm{L}q} \\ L'\dfrac{\mathrm{d}i_{q}}{\mathrm{d}t}=u_{\mathrm{L}q}-u_{q}+\omega L' i_{\mathrm{L}d} \end{cases} \tag{3.6}$$

式中，$i_{\mathrm{I}d}$、$i_{\mathrm{I}q}$分别为$i_{\mathrm{I}a}$、$i_{\mathrm{I}b}$、$i_{\mathrm{I}c}$经过派克变换后的d轴和q轴分量；$u_{\mathrm{I}d}$、$u_{\mathrm{I}q}$别为$u_{\mathrm{I}a}$、$u_{\mathrm{I}b}$、$u_{\mathrm{I}c}$经过派克变换后的d轴和q轴分量；$u_{\mathrm{F}d}$、$u_{\mathrm{F}q}$分别为$u_{\mathrm{F}a}$、$u_{\mathrm{F}b}$、$u_{\mathrm{F}c}$经过派克变换后的d轴和q轴分量；$u_{\mathrm{L}d}$、$u_{\mathrm{L}q}$分别为$u_{\mathrm{L}a}$、$u_{\mathrm{L}b}$、$u_{\mathrm{L}c}$经过派克变换后的d轴和q轴分量；i_d、i_q分别为i_a、i_b、i_c经过派克变换后的d轴和q轴分量；u_d、u_q分别为u_a、u_b、u_c经过派克变换后的d轴和q轴分量。

当图 3.11 所示并网系统中的线路比较短时，可忽略线路的影响，即逆变器输出电压经 LC 滤波器滤波后直接连至交流网络，并网电路如图 3.12 所示[31]。

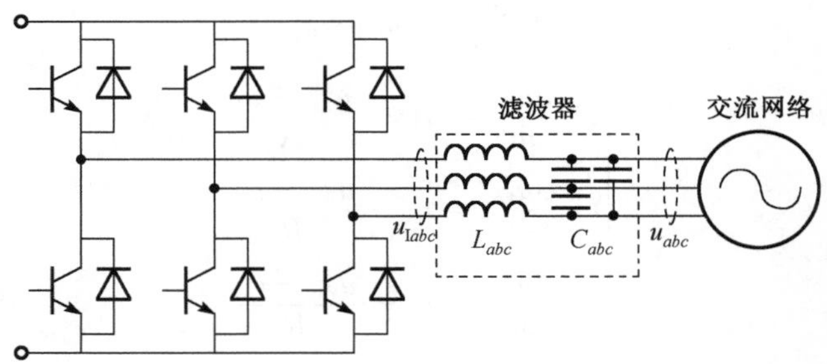

图 3.12　三相逆变器并网电路形式三

由于在该种并网方式下，线路参数 $L'=0$ 且 $R=0$，因此式(3.4)～式(3.6)可变为

$$\begin{cases} L\dfrac{\mathrm{d}i_{\mathrm{I}d}}{\mathrm{d}t}=u_{\mathrm{I}d}-u_{d}-\omega L i_{\mathrm{I}q} \\ L\dfrac{\mathrm{d}i_{\mathrm{I}q}}{\mathrm{d}t}=u_{\mathrm{I}q}-u_{q}+\omega L i_{\mathrm{I}d} \end{cases} \tag{3.7}$$

$$\begin{cases} C'\dfrac{\mathrm{d}u_{d}}{\mathrm{d}t}=i_{\mathrm{I}d}-i_{d}-\omega C' u_{q} \\ C'\dfrac{\mathrm{d}u_{q}}{\mathrm{d}t}=i_{\mathrm{I}q}-i_{q}+\omega C' u_{d} \end{cases} \tag{3.8}$$

图 3.11 与图 3.12 中 LC 滤波器的电感和电容参数选择受下列条件约束[26,32]：

①电感引起的基波电压损耗尽可能小；②电容中基波电流尽可能小；③电感和电容构成的串联谐振频率应尽可能远离逆变器输出电压中的低次谐波频率以及开关频率周围的高次谐波电流。当滤波电容足够小时，可忽略滤波电容中流通的电流[33,34]，且 $i_{\mathrm{I}d}=i_d$、$i_{\mathrm{I}q}=i_q$，此时图 3.11 可简化为如图 3.13 所示。

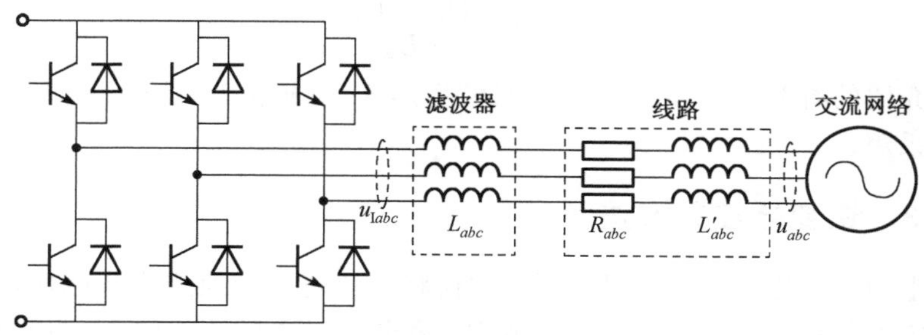

图 3.13 三相逆变器并网电路形式四

将 $C'=0$ 带入式(3.5)并与式(3.4)、式(3.6)整理可得

$$\begin{cases} L_{\Sigma}\dfrac{\mathrm{d}i_d}{\mathrm{d}t}=u_{\mathrm{I}d}-u_d-Ri_d-\omega L_{\Sigma}i_q \\ L_{\Sigma}\dfrac{\mathrm{d}i_q}{\mathrm{d}t}=u_{\mathrm{I}q}-u_q-Ri_q+\omega L_{\Sigma}i_d \end{cases} \tag{3.9}$$

式中 $L_{\Sigma}=L+L'$ 表示逆变器出口与交流网络之间的单相电感参数。当图 3.13 中的线路电阻比较小，或是逆变器经滤波器（忽略滤波电容）直接与交流电网相连时（$R=0$），如图 3.14 所示[35]。

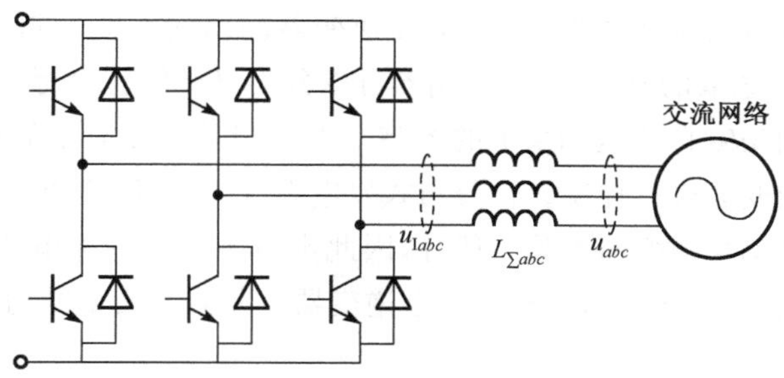

图 3.14 三相逆变器并网电路形式五

式(3.9)可以进一步化简为[26]

$$\begin{cases} L_{\Sigma}\dfrac{\mathrm{d}i_d}{\mathrm{d}t}=u_{\mathrm{I}d}-u_d-\omega L_{\Sigma}i_q \\ L_{\Sigma}\dfrac{\mathrm{d}i_q}{\mathrm{d}t}=u_{\mathrm{I}q}-u_q+\omega L_{\Sigma}i_d \end{cases} \tag{3.10}$$

由图 3.14 可得并网电路的正弦稳态方程为 $\dot{U}_{\mathrm{I}}=\dot{U}+\mathrm{j}\omega L_{\Sigma}\dot{I}$，将其转化到 $dq0$ 坐标系下可得

$$U_{\mathrm{I}d} + \mathrm{j}U_{\mathrm{I}q} = U_d + \mathrm{j}U_q + \mathrm{j}\omega L_\Sigma (I_d + \mathrm{j}I_q) \tag{3.11}$$

即正弦稳态情况下 dq 轴电流分别如下式所示：

$$\begin{cases} I_d = \dfrac{U_{\mathrm{I}q} - U_q}{\omega L_\Sigma} \\ I_q = -\dfrac{U_{\mathrm{I}d} - U_d}{\omega L_\Sigma} \end{cases} \tag{3.12}$$

上述介绍的有关三相逆变器的并网模型形式，可根据问题分析的需要，有针对性地选择采用。

3.2.3 逆变器控制方法

现代电力电子逆变技术不只是研究如何将直流电能转换成交流电能，更重要的还需要研究如何提高逆变器的性能。例如：输出电压波形的正弦化，调节和稳定逆变器输出电压或电流，减少开关损耗，提高逆变效率，减少电磁干扰等。而这一切集中表现在逆变器功率开关器件的开关方式（或开关函数）和逆变器主电路的结构形式上。基于正弦脉宽调制（sinusoidal PWM，SPWM）技术的逆变器具有电路简单，输出电压波形谐波含量小等特点，因而得到了广泛的应用。本节主要介绍采用 SPWM 技术的逆变器控制方法。

逆变器的控制方式多种多样，目前应用较为广泛的主要有逆变器双环控制与多环控制[27,36]。多环控制从其控制环节的拓扑结构及实现的功能方面看也可归为双环控制，因此主要从双环控制的角度讨论逆变器的典型控制模式。在双环控制系统中，外环控制器主要用于体现不同的控制目的，同时产生内环参考信号[28]，一般动态响应较慢。内环控制器主要进行精细的调节，用于提高逆变器输出的电能质量，一般动态响应较快[36]。根据坐标系选取的不同，内环控制器可以分为 $dq0$ 旋转坐标系下的控制、$\alpha\beta 0$ 静止坐标系下的控制、abc 自然坐标系下的控制[27,36]。当采用较简单的控制方式时，也可单独使用外环对逆变器进行控制。在分布式发电系统中，电压型逆变器应用较为广泛，同时考虑到三相较单相逆变器更具一般性，因此本节主要以三相电压型逆变器为例介绍其控制系统。图 3.15 所示为三相电压型逆变器控制系统典型结构示意图[28]。

1. 外环控制器

分布式电源的类型不同，在微电网中所起的作用也可能不相同，其并网逆变器也需要采取不同的控制策略，这种控制策略的不同主要体现在逆变器的外环控制。常见的分布式电源并网逆变器的外环控制方法可分为：①恒功率控制（又称 PQ 控制）；②恒压/恒频控制（又称 V/f 控制）；③Droop 控制。

1）恒功率控制

采用恒功率控制的主要目的是使分布式电源输出的有功功率和无功功率等于其参考功率，即当并网逆变器所连接交流网络系统的频率和电压在允许范围内变化时，分布式电源输出的有功功率和无功功率保持不变。恒功率控制的实质是将有功

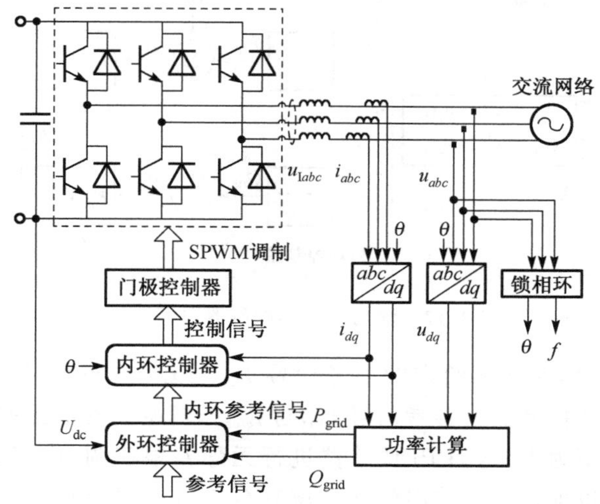

图 3.15 三相逆变器控制系统典型结构

功率和无功功率解耦后分别进行控制,其控制原理如图 3.16 所示。

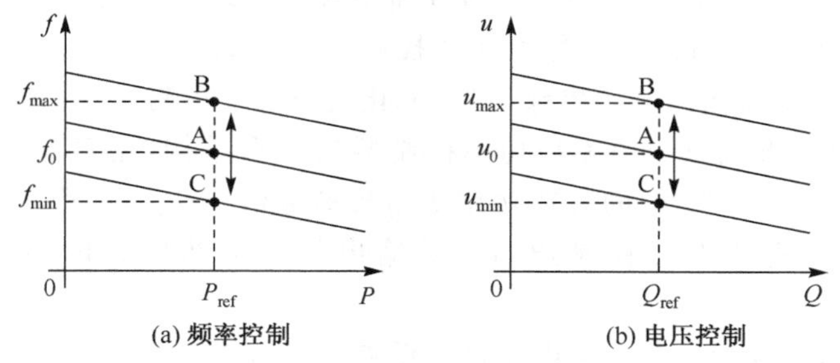

图 3.16 恒功率控制原理

分布式电源系统的初始运行点为 A,输出的有功功率和无功功率分别为给定的参考值 P_{ref}与 Q_{ref}时,系统频率为 f_0,分布式电源所接交流母线处的电压为 u_0。有功功率控制器调整频率特性曲线,在频率允许的变化范围内($f_{min} \leqslant f \leqslant f_{max}$),使分布式电源输出的有功功率维持在给定的参考值;无功功率控制器调整电压特性曲线,在电压允许的变化范围内($u_{min} \leqslant u \leqslant u_{max}$),输出的无功功率维持在给定的参考值。因此,采用这种控制方式的分布式电源并不能维持系统的频率和电压,如果是一个独立运行的微电网系统,则系统中必须有维持频率和电压的分布式电源,如果是并网运行的微电网,则由常规电网维持电压和频率。根据上述控制原理,图 3.17 给出了一种典型的恒功率外环控制器结构[28]。

图 3.17 中,对三相瞬时值电流 i_{abc}与三相瞬时值电压 u_{abc}进行派克变换后,得到 dq 轴分量 i_{dq}、u_{dq},进而获得瞬时功率 P_{grid}、Q_{grid},P_{grid}与 Q_{grid}经低通滤波器后得到平

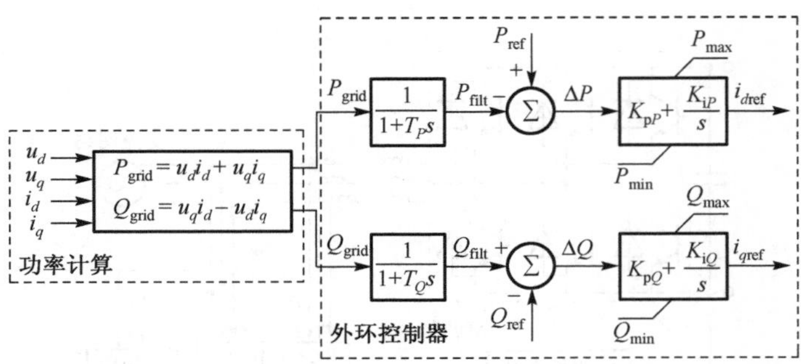

图 3.17　恒功率外环控制器典型结构

均功率 P_{filt} 与 Q_{filt}，然后与所给定的参考信号 P_{ref} 与 Q_{ref} 进行比较，并对误差进行 PI 控制，从而得到内环控制器的参考信号 i_{dref} 与 i_{qref}。当逆变器输出的功率与参考功率不等时，误差信号不为零，从而 PI 调节器进行无静差跟踪调节，直至误差信号为零，控制器达到稳态，也即逆变器输出的功率恢复至参考功率，相当于图 3.16 中运行点 A 在垂直方向移动。

在恒功率控制模式中，由于有功功率和无功功率控制是解耦的，若将某一个控制通道或是上述两个控制通道的输入信号和参考信号进行一定的改变，也可得到其他的恒定参考值控制方式，如三种恒功率控制变形方式：恒直流电压恒无功功率控制[27,28,31,36,37]、逆变器输出电压控制[38,39]、简化的恒功率控制[40]。

图 3.18 为恒直流电压恒无功功率控制器的典型结构，用直流电压 U_{dc} 及参考值 U_{dcref} 分别代替图 3.17 中的有功功率 P_{grid} 及参考信号 P_{ref}，从而可以将有功功率控制通道转变为直流电压控制通道。其输出信号仍然作为内环控制器的参考信号。

图 3.19 中，对逆变器输出的电压进行派克变换可得到 u_{Id}、u_{Iq}，将其替代图 3.17 中有功功率 P_{grid} 及无功功率 Q_{grid}，即可实现对逆变器输出电压的控制，输出信号作为内环控制器的参考信号。其中电压参考信号 u_{Idref} 与 u_{Iqref} 既可以直接给定，也可以通过计算得到。

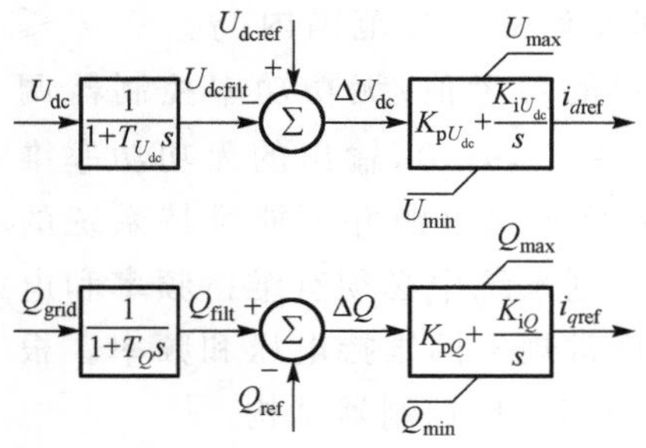

图 3.18　恒直流电压恒无功功率控制器典型结构

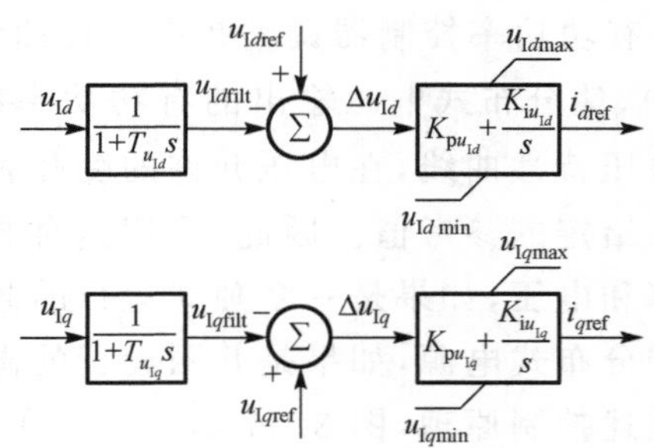

图 3.19　逆变器输出电压控制典型结构

由于分布式电源系统注入交流网络的功率可表示为

$$\begin{cases} P_{\text{grid}} = \dfrac{U_{\text{I}}U}{Z}\cos(\varphi_Z - \phi) - \dfrac{U^2}{Z}\cos\varphi_Z \\ Q_{\text{grid}} = \dfrac{U_{\text{I}}U}{Z}\sin(\varphi_Z - \phi) - \dfrac{U^2}{Z}\sin\varphi_Z \end{cases} \tag{3.13}$$

式中,Z 代表逆变器与交流网络之间的电抗;φ_Z 代表线路阻抗角;U 代表交流网络侧电压幅值;U_{I} 代表逆变器输出电压的幅值;ϕ 代表逆变器输出电压相对于交流网络侧电压的相位差。假定给定逆变器输出功率参考值,则逆变器输出电压的幅值及相角参考值如下式所示。

$$\begin{cases} U_{\text{Iref}} = \sqrt{\dfrac{Z^2}{U^2}(P_{\text{ref}}^2 + Q_{\text{ref}}^2) + U^2 + 2P_{\text{ref}}Z\cos\varphi_Z + 2Q_{\text{ref}}Z\sin\varphi_Z} \\ \varphi_{\text{Iref}} = \varphi_Z - \arccos\left(\dfrac{ZP_{\text{ref}}}{UU_{\text{Iref}}} + \dfrac{U}{U_{\text{Iref}}}\cos\varphi_Z\right) \end{cases} \tag{3.14}$$

式中,P_{ref} 与 Q_{ref} 代表参考功率,其他符号与式(3.13)含义一致。利用电压幅值及相角的参考值,可以得到三相电压的参考值,进而可以得到 $dq0$ 坐标系下的参考值 $u_{\text{I}d\text{ref}}$ 与 $u_{\text{I}q\text{ref}}$,实现外环控制过程。由于在 $dq0$ 坐标系下,分布式电源系统注入交流网络的功率为

$$\begin{cases} P_{\text{grid}} = u_d i_d + u_q i_q \\ Q_{\text{grid}} = u_q i_d - u_d i_q \end{cases} \tag{3.15}$$

如果派克变换中选取 d 轴与电压矢量同方向,可以使得 q 轴电压分量为零。此时,功率输出表达式可以得到简化,有功功率仅与 d 轴有功电流有关,而无功功率仅与 q 轴无功电流有关,从而可以通过功率参考值与交流网络侧电压值计算得到电流参考值,如下式所示,这种控制是一种简化的恒功率控制模式。

$$\begin{cases} P_{\text{grid}} = u_d i_d \\ Q_{\text{grid}} = -u_d i_q \end{cases} \Rightarrow \begin{cases} i_{d\text{ref}} = \dfrac{P_{\text{ref}}}{u_d} \\ i_{q\text{ref}} = -\dfrac{Q_{\text{ref}}}{u_d} \end{cases} \tag{3.16}$$

2) 恒压/恒频控制

采用恒压/恒频控制的目的是不论分布式电源输出的功率如何变化,逆变器所接交流母线的电压幅值和系统输出的频率维持不变,其控制原理如图 3.20 所示。

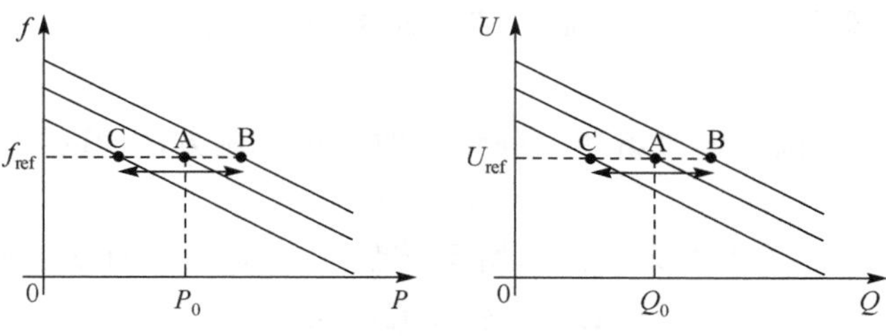

图 3.20 恒压/恒频控制原理

分布式电源系统的初始运行点为 A,系统输出频率为 f_{ref},分布式电源所接交流母线处的电压为 U_{ref},分布式电源输出的有功功率和无功功率分别为 P_0 与 Q_0。频率控制器通过调节分布式电源输出的有功功率,使频率维持在给定的参考值;电压调节器调节分布式电源输出的无功功率,使电压维持在给定的参考值。这种控制方式主要应用于微电网孤岛运行模式,处于该种控制方式下的分布式电源为微电网系统提供电压和频率支撑,相当于常规电力系统中的平衡节点。由于任何分布式电源都有容量限制,只能提供有限的功率,采用此控制方法时需提前确定孤岛运行条件下负荷与电源之间的功率匹配情况。根据上述控制原理,图 3.21 给出了一种典型的恒压/恒频外环控制器结构。

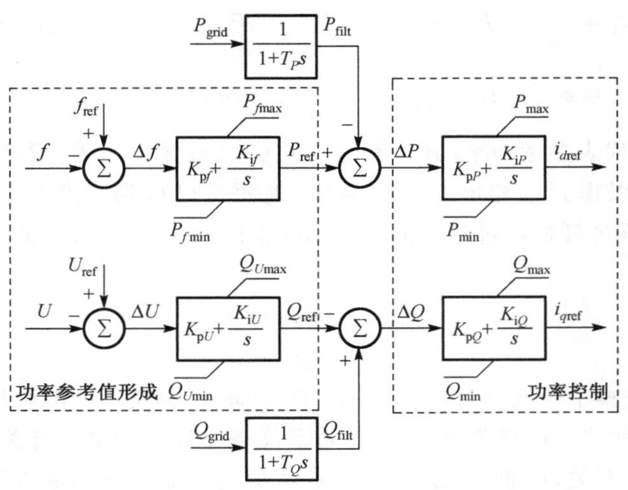

图 3.21　恒压/恒频外环控制器典型结构

图 3.21 中,控制器的结构可以分为两个环节:外部功率参考值形成环节和内部功率控制环节。外部环节中,由锁相环输出的系统频率 f 与参考频率 f_{ref} 相比较,通过 PI 调节器形成有功功率参考信号 P_{ref};电压 $U=\sqrt{u_d^2+u_q^2}$ 与参考电压 U_{ref} 相比较,通过 PI 调节器形成无功功率参考信号 Q_{ref}。外部环节通过对有功功率和无功功率参考值的改变确保系统的频率和分布式电源所接交流母线处的电压幅值分别等于其参考值,相当于图 3.20 中运行点 A 在水平方向移动。内部功率控制环节与图 3.17 中功率调节一致,用于形成电流环控制的参考值。

3) Droop 控制[41]

Droop 控制是模拟发电机组功频静特性的一种控制方法,其控制原理如图 3.22 所示。

图 3.22 中,分布式电源系统的初始运行点为 A,输出的有功功率为 P_0,无功功率为 Q_0,系统频率为 f_0,分布式电源所接交流母线处的电压为 U_0。当系统有功负荷突然增大时,有功功率不足,导致频率下降;系统无功负荷突然增大时,无功功率不

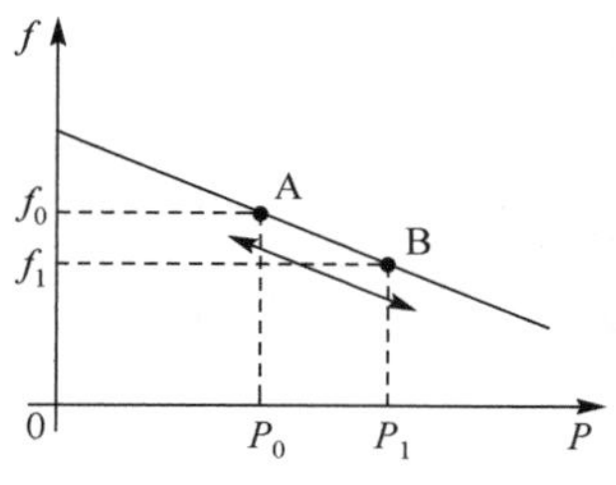

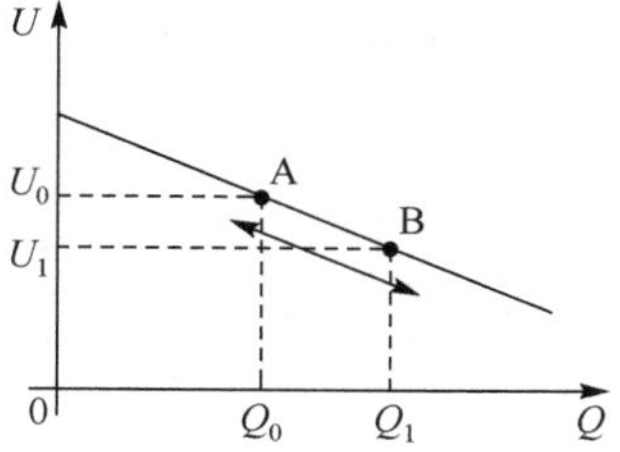

图 3.22 Droop 控制原理

足，导致电压幅值下降。反之亦然。以系统有功负荷突然增大时频率下降为例，逆变器 Droop 控制系统的调节作用为：频率减小时，控制系统调节分布式电源系统输出的有功功率按 Droop 特性相应地增大，与此同时，负荷功率也因频率下降而有所减小，最终在控制系统 Droop 特性和负荷本身调节效应的共同作用下达到新的功率平衡，即过渡到 B 点运行。由图 3.22 可以给出有功功率 P 和频率 f 以及无功功率 Q 与电压 U 的 Droop 关系为

$$\begin{cases} P = P_0 + (f_0 - f)K_f \\ Q = Q_0 + (U_0 - U)K_U \end{cases} \tag{3.17a}$$

或者

$$\begin{cases} f = f_0 + (P_0 - P)K_P \\ U = U_0 + (Q_0 - Q)K_Q \end{cases} \tag{3.17b}$$

基于上面的分析可以看出存在两种基本的 Droop 控制方法：①通过调节电压频率和幅值控制输出的功率，即 f-P 和 U-Q 的 Droop 控制；②通过调节输出的功率控制电压频率和幅值，即 P-f 和 Q-U 的 Droop 控制。

（1）f-P 和 U-Q 的 Droop 控制方法：基本思想是通过系统频率和分布式电源系统所接交流母线处电压幅值的测量值，利用相关的 Droop 特性确定分布式电源有功功率和无功功率的输出参考值，典型控制器框图如图 3.23 所示。

图 3.23 中，控制器框图包含两个环节：外部 Droop 控制环节和内部功率控制环节。外部 Droop 控制环节输出分布式电源有功功率和无功功率的输出参考值，可以实现各个分布式电源（采取 Droop 控制）间的负荷功率分摊。内部功率控制环节与图 3.17 中功率调节一致，为电流环提供电流参考值。

（2）P-f 和 Q-U 的 Droop 控制方法：基本思想是通过分布式电源输出的有功功率和无功功率的测量值，利用相关 Droop 特性确定频率和电压幅值的参考值，典型控制器框图如图 3.24 所示。

图 3.24 中，P-f 和 Q-U 的 Droop 控制输出频率和电压幅值的参考值，该参考值经过控制信号形成环节后可直接用于并网逆变器的控制，即通过分布式电源输出的有功功率调节逆变器输出的电压相角，采用无功功率调节逆变器输出的电压幅值，这是一种仅存在外环的单环控制方式。控制器的输出信号为 P_{md} 与 P_{mq}，用于调节电

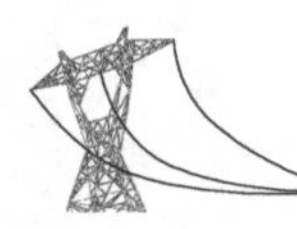

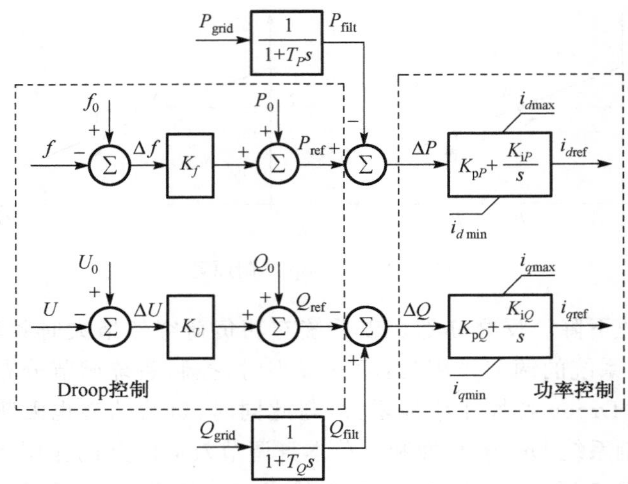

图 3.23 基于 f-P 和 U-Q 的 Droop 控制方法的外环控制器典型结构

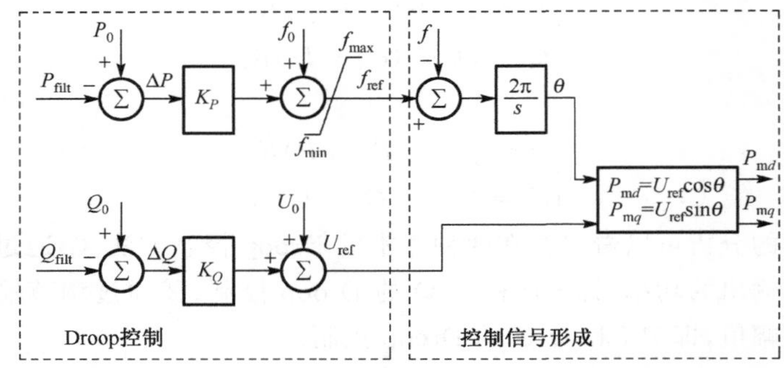

图 3.24 基于 P-f 和 Q-U 的 Droop 控制方法的外环控制器典型结构

压的 dq 轴分量，具体调制原理可参考“内环控制器”的相关说明。由于上述单环控制方式中，逆变器输出的电压受负荷不对称或负荷非线性的影响较大，为了避免逆变器输出电压的波动，可在 Droop 控制方法中增加电压控制[42,43]。

除了上述控制方法外，Droop 控制还存在其他的控制方式，例如文献[14]、[44]提出了一种虚拟阻抗法，采用 Q-L 特性代替 Q-U 特性实现电压控制；文献[45]在考虑低压配电线路呈阻性特点的基础上，提出了 P-U 和 Q-f 控制方法，采用有功功率控制电压幅值，采用无功功率控制输出频率等。

2. 内环控制

内环控制器主要对注入网络的电流进行调节，从而提高电能质量，改善系统的运行性能。从采取不同坐标系的角度，内环控制器又可分为[27,36,46-48]：①$dq0$ 旋转坐标系控制；②$\alpha\beta0$ 静止坐标系控制；③abc 自然坐标系控制。其中 $dq0$ 旋转坐标系控制使用最为普遍。

1) $dq0$ 旋转坐标系控制[27,36,46-48]

$dq0$ 旋转坐标系下控制是基于派克变换思想，将三相瞬时值信号变换到 $dq0$ 旋转坐标系下，从而将三相控制问题转化为两相控制问题。根据式(3.10)所示的逆变器并网电路方程，可得 $dq0$ 旋转坐标系下内环控制器的典型结构如图 3.25 所示[27,28,36]。

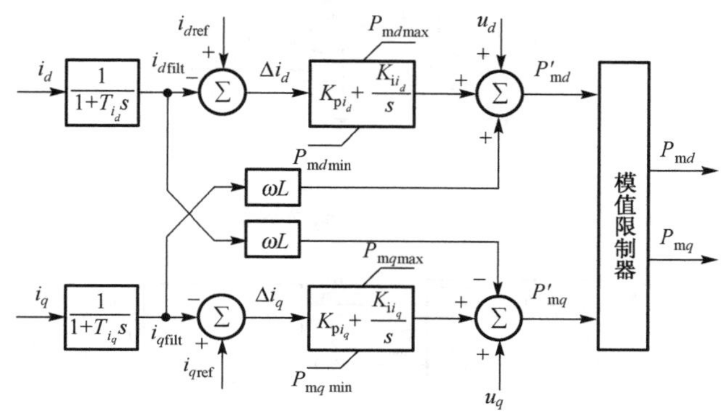

图 3.25 $dq0$ 坐标系下内环控制器典型结构

图 3.25 中，三相瞬时值电流 i_{abc} 经派克变换后变换为 dq 轴分量 i_{dq}，然后经过低通滤波器分别得到 $i_{d\text{filt}}$ 与 $i_{q\text{filt}}$，与外环控制器输出的参考信号 $i_{d\text{fref}}$ 与 $i_{q\text{ref}}$ 进行比较，并对误差进行 PI 控制，同时限制逆变器输出的最大电流，并通过电压前馈补偿和交叉耦合补偿，输出电压控制信号 $P'_{\text{m}d}$ 与 $P'_{\text{m}q}$，该控制信号经过模值限制器的限制作用，输出真正的调制信号 $P_{\text{m}d}$ 与 $P_{\text{m}q}$。在这种控制方式中，电压前馈补偿与交叉耦合补偿的主要目的是将并网方程中的 dq 分量解耦，分别进行控制。但实际补偿时难以实现完全补偿，因此可采取如图 3.26 所示的解耦方式的电流闭环控制。

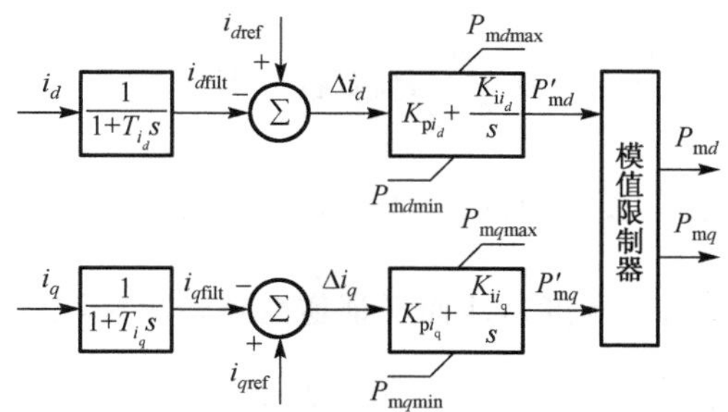

图 3.26 $dq0$ 坐标系下解耦方式内环控制器典型结构

图 3.26 所示的电流闭环控制能够抑制交叉耦合项的干扰。由于无补偿环节，电压输出存在误差，从而导致电流 i_d、i_q 不等于给定值，PI 调节器的输入误差信号 Δi_d、Δi_q 导致调制信号 $P_{\text{m}d}$ 与 $P_{\text{m}q}$ 产生变化，从而校正由于无补偿环节造成的误差，抑制交叉耦合项的干扰，因此这种电流闭环控制是一种自适应的补偿措施。

图 3.25 与图 3.26 所示的控制器结构中均涉及模值限制器，其主要作用是防止输出调制信号 P_{md} 与 P_{mq} 饱和，使得逆变器处于线性调制状态。常用的模值限制器模型分别如图 3.27 与图 3.28 所示。

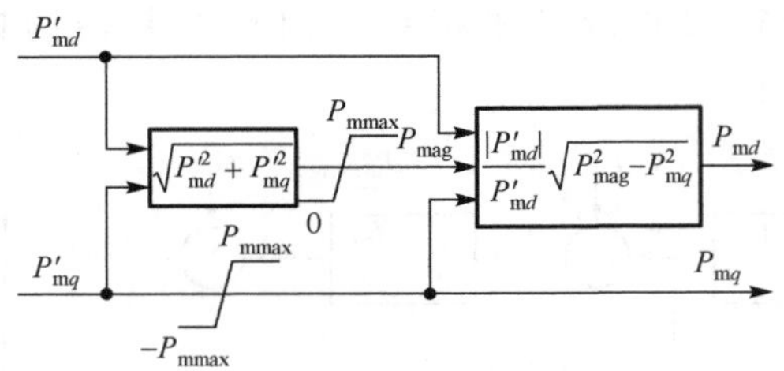

图 3.27　模值限制器模型一

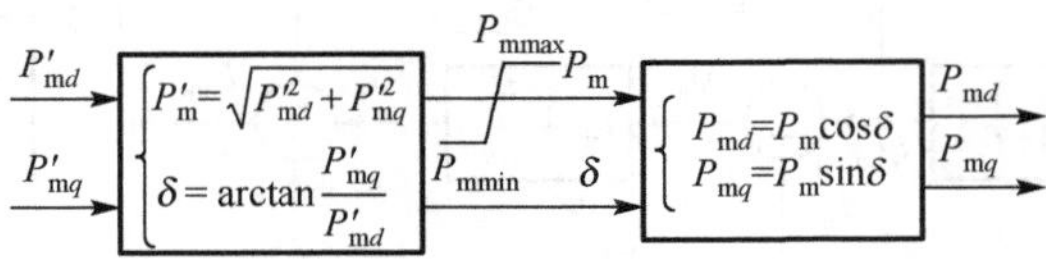

图 3.28　模值限制器模型二

模值限制器输出的信号为调制信号 P_{md} 与 P_{mq}，P_{md} 与 P_{mq} 是对 dq 轴输出电压分量进行控制的信号，将该直流调制信号反派克变换，即可得到三相交流调制信号。假设调制信号的幅值分别为 $P_{ma}=P_{mb}=P_{mc}$，在载波幅值 U_C 不变的前提下，调制波的幅值为 $U_R=P_{ma}U_C$，即通过控制调制信号即可调节调制波幅值 U_R 的大小，从而控制逆变器输出的三相电压。另一方面，根据调制信号 P_{md} 与 P_{mq}，可得逆变器输出基波线电压有效值的 d 轴和 q 轴分量分别为

$$\begin{cases} U_{1ab1d}=\dfrac{\sqrt{3}}{2\sqrt{2}}P_{md}U_{dc}=K_0P_{md}U_{dc} \\ U_{1ab1q}=\dfrac{\sqrt{3}}{2\sqrt{2}}P_{mq}U_{dc}=K_0P_{mq}U_{dc} \end{cases} \tag{3.18}$$

式中，$K_0=\dfrac{\sqrt{3}}{2\sqrt{2}}$ 代表逆变器采用 SPWM 调制时的调制系数；P_{md} 与 P_{mq} 满足 $\sqrt{P^2_{md}+P^2_{mq}}=M$（$M$ 为调制度），从而保证逆变器输出基波线电压的有效值为 $U_{1ab1}=\dfrac{\sqrt{3}}{2\sqrt{2}}MU_{dc}$，与前述分析一致。内环电流控制器通过 PI 调节器实现了电流的无静差跟踪，并且将电流控制信号转化为电压控制信号，该部分是逆变器控制环节中响应最快的部分，反映了电压型逆变器的精细调节作用。

2）$\alpha\beta0$ 静止坐标系控制[27,36,47－50]

$\alpha\beta0$ 静止坐标系控制的基本思想是将三相瞬时值信号变换到 $\alpha\beta0$ 静止坐标系（参见附录 A）下，从而将三相交流控制问题转化为两相交流控制问题。在该种变换方式

下，控制参数是正弦波动的，而 PI 调节器的“无静差控制”只是针对直流量，对交流量的调节存在稳态误差，因此在该种控制方式中，一般使用 PR(proportional resonant)控制器。$\alpha\beta0$ 静止坐标系下内环控制器的典型结构如图 3.29 所示。

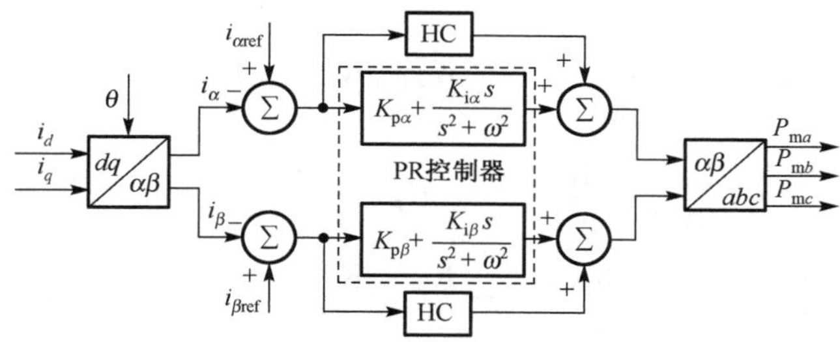

图 3.29　$\alpha\beta0$ 坐标系下内环控制器典型结构

PR 控制器如图 3.29 中虚线部分所示，ω 为控制器谐振频率，$K_{p\alpha}$、$K_{p\beta}$ 与 $K_{i\alpha}$、$K_{i\beta}$ 分别为 PR 控制器的比例增益和积分增益。PR 控制器在谐振频率 ω 附近较窄的带宽内具有较高的增益，从而限制了控制信号和参考信号之间的稳态误差。但较窄的工作带宽限制了 PR 控制器的调节功能，因此需要采用谐波补偿器对低次谐波进行补偿，图中“HC”代表谐波补偿器。谐波补偿器既可以通过多个 PI 调节器级联实现，也可以通过多个 PR 调节器并联实现，例如，当采用 3 个 PR 调节器并联时，谐波补偿器的传递函数表达式为

$$G_{HC}(s)=\sum_{n=3,5,7}K_n\frac{s}{s^2+(\omega n)^2} \tag{3.19}$$

式中，n 代表谐波次数。由于 PR 控制器与谐波补偿器的控制作用均与谐振频率有关，为了得到良好的控制效果，其谐振频率必须与网络侧的额定频率一致。这种控制器的优点是可以对低次谐波进行控制，但正是谐波补偿器的存在增加了控制器的复杂性。

3)*abc* 自然坐标系控制[27,36,46−48]

abc 自然坐标系控制方法的特点是可以获得三相独立的控制器，然而必须对三相系统不同的连接方式(星形连接、角形连接、是否采用中线等)进行不同的考虑。*abc* 自然坐标系下内环控制器的典型结构如图 3.30 所示。

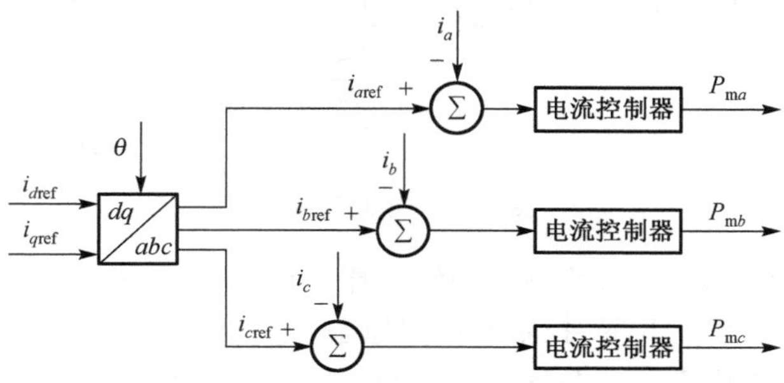

图 3.30　*abc* 坐标系下内环控制器典型结构

图 3.30 中，电流控制器可以采取多种控制器实现[36]，例如 PI 调节器、PR 调节器、滞环控制器和无差拍控制器等。其中 PI 调节器和 PR 调节器为线性控制，滞环控制器和无差拍控制器为非线性控制。当采用 PI 调节器时，电流控制器的传递函数表达式为[36]

$$G_{\mathrm{PI}}(s)=\frac{2}{3}\begin{bmatrix} K_{\mathrm{p}}+\dfrac{K_{\mathrm{i}}s}{s^2+\omega^2} & -\dfrac{K_{\mathrm{p}}}{2}-\dfrac{K_{\mathrm{i}}s+\sqrt{3}K_{\mathrm{i}}\omega}{2(s^2+\omega^2)} & -\dfrac{K_{\mathrm{p}}}{2}-\dfrac{K_{\mathrm{i}}s-\sqrt{3}K_{\mathrm{i}}\omega}{2(s^2+\omega^2)} \\ -\dfrac{K_{\mathrm{p}}}{2}-\dfrac{K_{\mathrm{i}}s-\sqrt{3}K_{\mathrm{i}}\omega}{2(s^2+\omega^2)} & K_{\mathrm{p}}+\dfrac{K_{\mathrm{i}}s}{s^2+\omega^2} & -\dfrac{K_{\mathrm{p}}}{2}-\dfrac{K_{\mathrm{i}}s+\sqrt{3}K_{\mathrm{i}}\omega}{2(s^2+\omega^2)} \\ -\dfrac{K_{\mathrm{p}}}{2}-\dfrac{K_{\mathrm{i}}s+\sqrt{3}K_{\mathrm{i}}\omega}{2(s^2+\omega^2)} & -\dfrac{K_{\mathrm{p}}}{2}-\dfrac{K_{\mathrm{i}}s-\sqrt{3}K_{\mathrm{i}}\omega}{2(s^2+\omega^2)} & K_{\mathrm{p}}+\dfrac{K_{\mathrm{i}}s}{s^2+\omega^2} \end{bmatrix} \tag{3.20}$$

式中的非对角线元素代表了相间耦合关系，这种强耦合关系使得电流控制器较为复杂。当采用 PR 调节器时，电流控制器的表达式如下式所示，可以看出其复杂性明显降低[36]。

$$G_{\mathrm{PI}}(s)=\begin{bmatrix} K_{\mathrm{p}}+\dfrac{K_{\mathrm{i}}s}{s^2+\omega^2} & 0 & 0 \\ 0 & K_{\mathrm{p}}+\dfrac{K_{\mathrm{i}}s}{s^2+\omega^2} & 0 \\ 0 & 0 & K_{\mathrm{p}}+\dfrac{K_{\mathrm{i}}s}{s^2+\omega^2} \end{bmatrix} \tag{3.21}$$

3. 锁相环[27,28,36,51-54]

在前面介绍的许多控制系统中，功率计算以及内环控制器均需要坐标变换（如派克变换和反派克变换），因而需要坐标变换的角度 θ（如附录 A 中图 A.1 所示），目前提取相角的技术有多种，例如：零交叉检测法、网络电压滤波法、锁相环等。其中锁相环技术是使用最普遍的相位同步方法，一种基本的锁相环回路如图 3.31 所示。

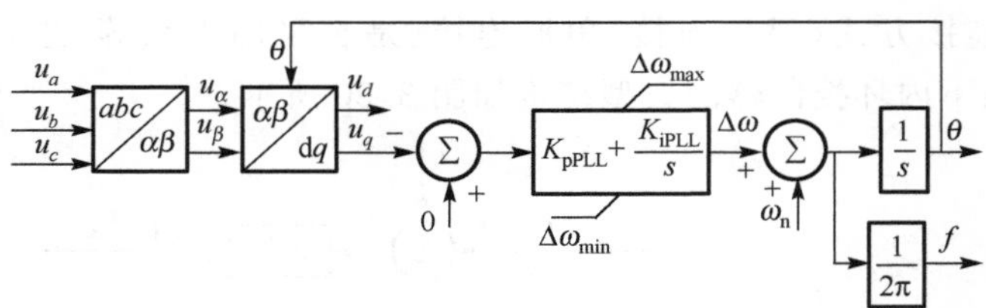

图 3.31　锁相环模型

图 3.31 所示为基于同步坐标系的锁相环回路框图，当满足 $u_\alpha\sin\theta=u_\beta\cos\theta$ 时，PI 调节器的输入信号 u_q 为零，控制器达到稳态，输出频率 f 为分布式电源系统所接交流母线处电压的频率，输出角度为 d 轴与 a 轴间夹角 θ，从而实现“锁相”目的。

3.3　基于对等控制的微电网控制器设计举例

当微电网中的分布式电源采用Droop控制策略时，其输出可以按照预先给定的P-f和Q-U特性进行自动调节，无主从之分，因而可实现对等控制。这种策略的突出优点是易于实现分布式电源的即插即用；同时，在微电网进行运行模式切换时，可以保持控制策略不变。当需要微电网由并网运行模式转换为独立运行模式时，只需直接拉开微电网并网开关，此时采取Droop控制策略的分布式电源将可以自动分担微电网内有功功率和无功功率的不平衡，实现微电网稳定运行；当微电网由独立运行模式转换为并网运行模式时，同样可以直接合上系统的并网开关，分布式电源将根据系统的运行频率和接入点的电压调整输出功率实现稳定运行。值得指出的是，微电网中一些分布式电源采取Droop控制策略，另外一些分布式电源也可以同时采取恒功率(PQ)控制策略，此时仅采取Droop控制的分布式电源参与系统电压和频率的调节，进而保证微电网的功率平衡。

本节以图3.32所示微电网为例，介绍微电网控制器的综合设计方法[9]。为了简化问题，设计时不考虑分布式电源本身的动态响应特性，即假定图中4个分布式电源均为理想直流源或经整流后的直流源，经SPWM调制的逆变器逆变为三相交流电，经LC滤波器滤掉高次谐波，再通过线路、开关、变压器连接到配电网络。其中DG1和DG4采用PQ控制，DG2和DG3采用Droop控制。

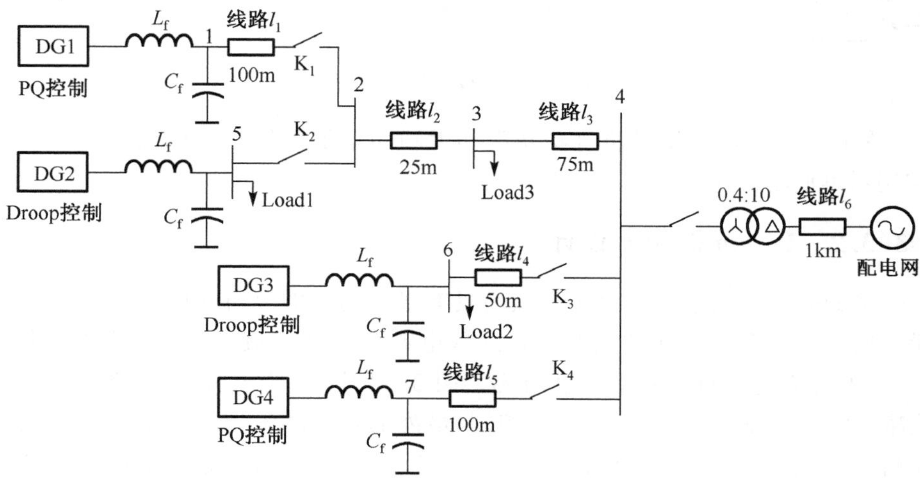

图3.32　示例微电网结构图

3.3.1 PQ 控制器设计

逆变器 PQ 控制的电路拓扑结构如图 3.33 所示。如果派克变换中选取 d 轴与电压矢量同方向,可以使得 q 轴电压分量为零,此时功率输出表达式得到解耦,可得流向馈线的参考电流 $i_{d\text{ref}}$ 和 $i_{q\text{ref}}$ 如式(3.16)所示。对应于图 3.33,与分布式电源直接相连的线路两端电压及电流之间关系可以表述为下述一般形式:

$$\begin{cases} u_{\text{F}d} = u_d + Ri_d + L'\dfrac{\mathrm{d}i_d}{\mathrm{d}t} - \omega L' i_q \\ u_{\text{F}q} = Ri_q + L'\dfrac{\mathrm{d}i_q}{\mathrm{d}t} + \omega L' i_d \end{cases} \tag{3.22}$$

图 3.33 是根据式(3.16)和式(3.22)设计的 PQ 控制器,这一控制器的电流控制部分与图 3.34 给出的内环控制器思路一致,只是在具体表达形式上有些调整,同时省略了一些非关键性环节。

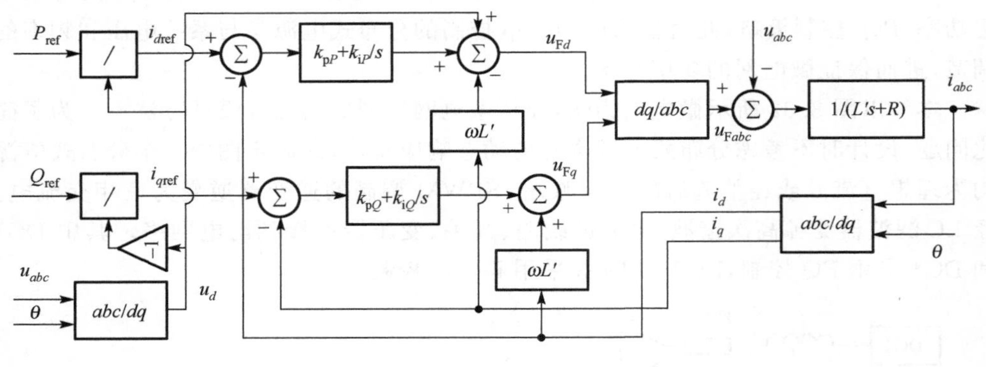

图 3.33 PQ 控制结构图

这种控制方式的实质是将有功功率和无功功率解耦后,对电流进行控制,采用 PI 控制器可使稳态误差为 0。

3.3.2 Droop 控制器设计

采用 Droop 控制策略的电源一般为具有稳定输出的分布式电源或分布式发电单元与储能装置联合组成的电源。若这些电源能维持直流电压基本恒定,则可用图 3.34 的等效电路进行控制特性研究。图 3.34 中 U_{dc} 为直流电压,其他各符号说明从略,其控制策略可采用多环反馈控制,最外的功率环采用基于 Droop 特性的功率控制器,可以对分布式电源输出功率进行控制,也可以对分布式电源输送到电网的功率进行控制,图 3.34 中选取分布式电源输出功率(经滤波电感 L_{abc} 后)进行控制;内部为电压和电流环,电压环的控制变量为负载电压,电流环的控制变量为电容电流,电压环采用 PI 控制器,电流环采用比例控制器。

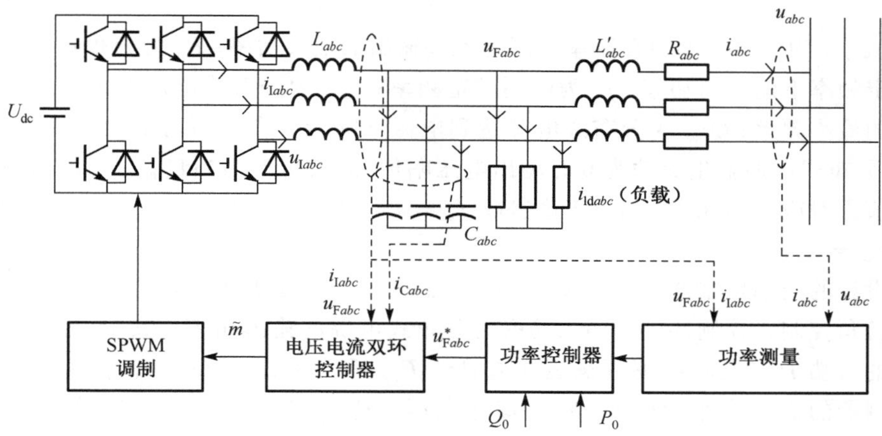

图 3.34　Droop 控制的分布式发电系统示意图

注意到图 3.34 中的逆变器外部线路主回路与图 3.11 略有不同，考虑到图 3.32 系统中采用 Droop 控制的分布式电源端部直接接有负荷，图 3.34 中增加了用 i_{ldabc} 表示的负荷回路。

1. 功率环控制器设计

图 3.34 中的功率控制器既可以采用分布式电源输出功率进行控制，也可以采用经过滤波器和负荷后向电网输送的功率进行控制。分布式电源输出有功功率与频率的 Droop 特性如图 3.35(a)所示，无功功率与电压 Droop 特性如图 3.35(b)所示。

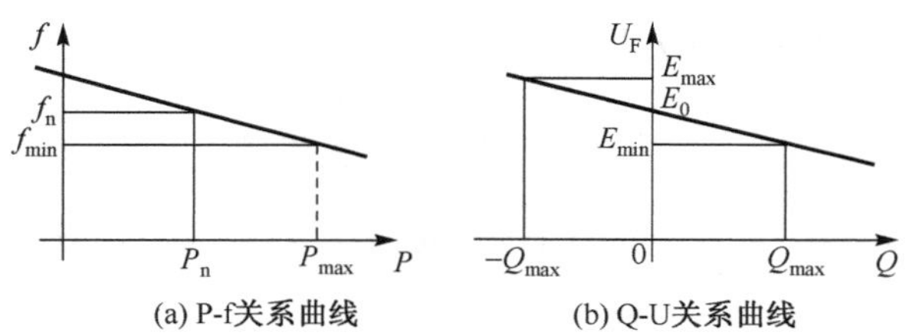

图 3.35　分布式发电单元 Droop 特性

图 3.35 中，Q-U 关系中的电压选择为分布式电源经滤波器 L_{abc} 后的电压 U_F。相关的 Droop 特性方程如下式所示：

$$f = f_n - \frac{P - P_n}{a} \tag{3.23}$$

$$U_F = E_0 - \frac{Q}{b} \tag{3.24}$$

式中，参数 a、b 可以用下式求得

$$a = \frac{P_{max} - P_n}{f_n - f_{min}} \tag{3.25}$$

$$b = Q_{max}/(E_0 - E_{min}) \tag{3.26}$$

式中，P_{max} 为分布式电源在频率下降时允许输出的最大功率；P_n 为分布式电源运行在额定频率下的输出功率；f_n 为电网额定频率；f_{min} 为分布式电源输出最大功率时允许的最小频率；Q_{max} 为分布式电源达到电压下降最大允许值时输出的无功功率；E_0 为分布式电源输出无功为 0 时输出电压幅值（滤波电感后）；E_{min} 为允许的最小电压幅值。对应于图 3.24，相当于这里取 $f_0 = f_n$，$P_0 = P_n$，$K_P = 1/a$；$Q_0 = 0$，$U_0 = E_0$，$K_Q = 1/b$。

设计的功率控制器如图 3.36 所示，由于频率信号便于测量，这里采用频率控制代替相角控制。控制环中的输入功率为分布式电源的输出功率。其中，分布式电源输出的有功 P 和无功 Q 必须满足 $0 \leqslant P \leqslant P_{max}$ 和 $-Q_{max} \leqslant Q \leqslant Q_{max}$ 两个条件，功率控制器的输出将作为内环 dq 轴参考电压。这一控制器是图 3.24 的进一步具体化。

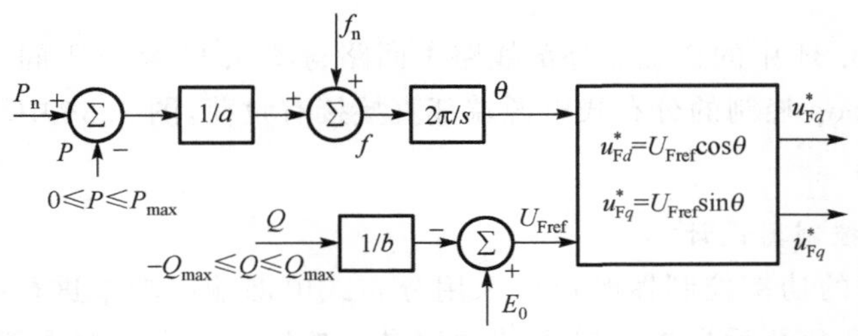

图 3.36　功率控制器结构框图

2. 电压和电流环控制器设计

由图 3.34，滤波电感电压方程为

$$L\frac{\mathrm{d}i_{\mathrm{I}abc}}{\mathrm{d}t} = u_{\mathrm{I}abc} - u_{\mathrm{F}abc} = \frac{1}{2}\tilde{m}U_{dc} - u_{\mathrm{F}abc} \tag{3.27}$$

式中，$\tilde{m} = m\sin(\omega t - \varphi - k\frac{2\pi}{3})$（$k$=0,1,2，对应 a、b、c 三相），为逆变器可控正弦调制信号。

滤波电容的微分方程为

$$C\frac{\mathrm{d}u_{\mathrm{F}abc}}{\mathrm{d}t} = i_{\mathrm{C}abc} = i_{\mathrm{I}abc} - (i_{\mathrm{ld}abc} + i_{abc}) \tag{3.28}$$

由于系统中 L_{abc} 和 C_{abc}（k=a,b,c）是三相对称量，式(3.2)和式(3.29)中分别用 L 和 C 表示。逆变器输出电流和负载电流等均满足 $i_a + i_b + i_c = 0$。

电路中无零序电流，负载电压不含有零序分量，则 $U_{Fa} + U_{Fb} + U_{Fc} = 0$。将式(3.27)和式(3.28)进行 $dq0$ 坐标变换，可得

$$
\begin{cases}
\dfrac{\mathrm{d}u_{\mathrm{F}d}}{\mathrm{d}t} = \omega u_{\mathrm{F}q} + \dfrac{1}{C} i_{\mathrm{C}d} = \omega u_{\mathrm{F}q} + \dfrac{1}{C} i_{\mathrm{I}d} - \dfrac{1}{C}(i_{\mathrm{ld}d} + i_d) \\
\dfrac{\mathrm{d}u_{\mathrm{F}q}}{\mathrm{d}t} = -\omega u_{\mathrm{F}d} + \dfrac{1}{C} i_{\mathrm{C}q} = -\omega u_{\mathrm{F}d} + \dfrac{1}{C} i_{\mathrm{I}q} - \dfrac{1}{C}(i_{\mathrm{ld}q} + i_q) \\
\dfrac{\mathrm{d}i_{\mathrm{I}d}}{\mathrm{d}t} = -\dfrac{1}{L} u_{\mathrm{F}d} + \dfrac{1}{2L} \widetilde{m}_d U_{\mathrm{dc}} + \omega i_{\mathrm{I}q} \\
\dfrac{\mathrm{d}i_{\mathrm{I}q}}{\mathrm{d}t} = -\dfrac{1}{L} u_{\mathrm{F}q} + \dfrac{1}{2L} \widetilde{m}_q U_{\mathrm{dc}} + \omega i_{\mathrm{I}d}
\end{cases}
\tag{3.29}
$$

由式(3.29)设计的双环控制系统如图3.37所示。设计控制器参数使逆变器输出阻抗呈感性，外电压环采用PI控制器，提高稳态精度；内电流环采用比例控制器，提高动态响应。同时由于负载电流和流向馈线的电流在电流环内的前向通道，看作一种扰动可以被有效抑制，此电流变化对电压的稳态影响很小。

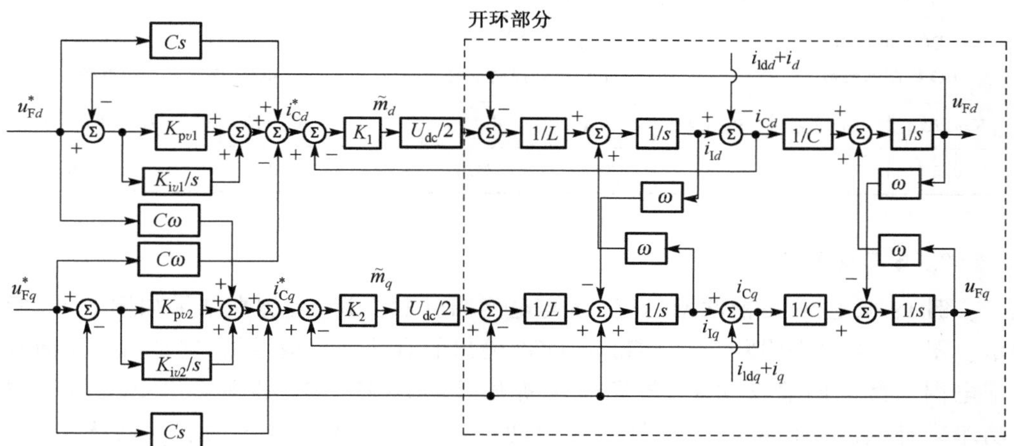

图3.37 电压和电流环控制器结构框图

3.3.3 算例系统

1. 算例参数

在图3.32所示系统中，假定DG1的参考功率 $P_{1\mathrm{ref}}=12\mathrm{kW}$、$Q_{1\mathrm{ref}}=0\mathrm{var}$，DG4的参考功率 $P_{4\mathrm{ref}}=10\mathrm{kW}$、$Q_{4\mathrm{ref}}=0\mathrm{var}$。线路1、线路2、线路3、线路4和线路5为380V线路，$R=0.641\Omega/\mathrm{km}$，$X=0.101\Omega/\mathrm{km}$；线路6为10kV线路，$R=0.347\Omega/\mathrm{km}$，$X=0.2345\Omega/\mathrm{km}$（均为50Hz系统频率下参数）。负荷采用恒阻抗负荷，用 $R_{\mathrm{ld}}+\mathrm{j}X_{\mathrm{ld}}$ 表示。负荷和变压器参数如表3.1所示，控制系统参数如表3.2所示。

表 3.1 负荷和变压器参数

负荷参数	R_{ld1} /Ω	X_{ld1} /Ω	R_{ld2} /Ω	X_{ld2} /Ω	R_{ld3} /Ω	X_{ld3} /Ω
	5.0	0.628	5.0	0.628	10.0	1.57
变压器参数	连接组别	额定容量 /(kV·A)	电压等级 /kV	短路阻抗 /%	短路损耗 /kW	配网电压 /kV
	Dyn11	150	0.4/10	4	4.26	10

表 3.2 控制系统参数

直流侧电压 U_{dc}/V	电网频率 f_n/Hz	载波频率 f_s/Hz	滤波电阻 R_f/Ω	滤波电感 L_f/mH	滤波电容 C_f/μF
750	50	4000	0.01	2.8	25

DG1 和 DG4 PQ 控制器参数		DG2 和 DG3 Droop 功率环控制系数				DG2 和 DG3 电压/电流环控制器参数		
K_{pP},K_{pQ}	K_{iP},K_{iQ}	P_n/kW	$1/a$	E_0/V	$1/b$	$K_1=K_2$	$K_{pv1}=K_{pv2}$	$K_{iv1}=K_{iv2}$
0.5	20	16	3e-5	324.1	5e-4	2	1	0.5

2. 仿真结果分析

例 1：微电网 2s 前联网运行，2s 与电网断开独立运行，仿真结果如图 3.38 所示。图 3.38(a)表明断开后 DG2 和 DG3 输出的有功功率均增加，这是由于联网时配电网向微电网输送功率，与配电网断开后 DG2 和 DG3 必须输出更多的有功功率来补偿原来由配电网提供的有功功率，DG1 和 DG4 输出的有功功率不变。由图 3.38(b)可知微电网系统频率在电网断开后下降，下降量在允许的范围内，这说明 Droop 控制是采用调整频率的方法调整有功功率。图 3.38(c)表明与配电网断开后 DG2 和 DG3 输出无功功率增加，两者的增加值之和即为并网时来自电网的无功功率。同时 DG1 和 DG4 输出的无功功率始终为 0。图 3.38(d)是母线 5 的电压，图 3.38(e)是母线 6 输出电压，由于 DG2 和 DG3 输出的无功功率增大，相应母线的电压幅值下降。母线 5 和母线 6 电压幅值变化始终在允许的范围内，所以在微电网从联网运行到孤岛运行时，电压敏感负荷点电压频率满足负荷要求。

例 2：微电网独立运行，5.36s 时重联到电网，对应结果如图 3.39 所示。图 3.39(a)表明微电网重联到配电网后，DG2 和 DG3 输出的有功功率下降，这是由于此时配电网向微电网系统输入有功功率，DG1 和 DG4 输出的有功功率不变。由于 DG2 和 DG3 输出有功功率减小，由图 3.39(b)可知微电网系统频率有所增加，自动与配电

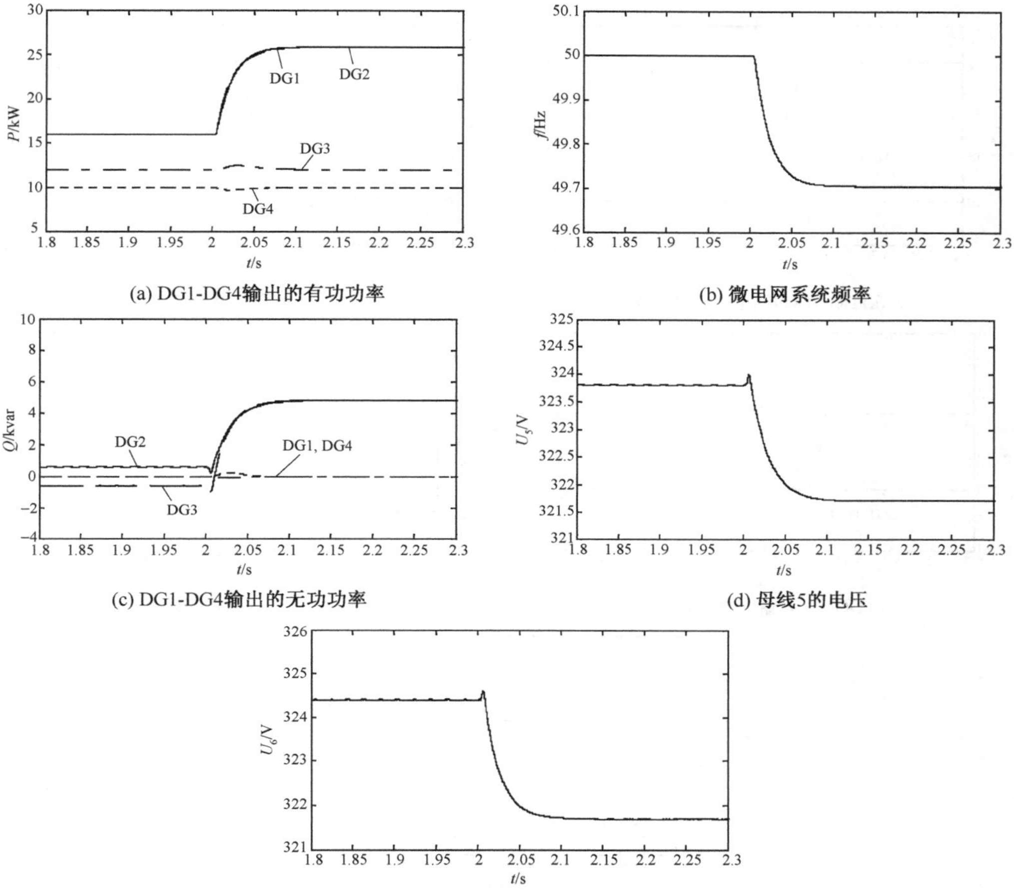

(a) DG1-DG4输出的有功功率

(b) 微电网系统频率

(c) DG1-DG4输出的无功功率

(d) 母线5的电压

(e) 母线6的电压

图 3.38 配电网断开时微电网运行特性

网达到同一频率运行。图 3.39(c)给出了各分布式电源的无功功率输出变化情况，图 3.39(d)和图 3.39(e)表明相关负荷点电压幅值随分布式电源无功功率的变化有相应变化。

例 3：微电网独立运行，2s 时切掉 load3，3s 时重新恢复 load3 供电，对应结果如图 3.40 所示。图 3.40(a)和图 3.40(b)反映了微电网孤岛模式下，当负荷变化时，DG2 和 DG3 能自动调节其功率输出从而达到系统功率平衡，图 3.40(c)的频率响应曲线反映了当有功功率变化时频率相应变化，在 2s 切掉 load3 时，DG2 和 DG3 输出的有功功率减小，频率增加；3s 重新恢复 load3 供电时，DG2 和 DG3 输出的有功功率增加，频率下降。由无功功率的变化引起电压幅值的变化遵循 Q-U 的 Droop 关系曲线，变化规律与前面类似。

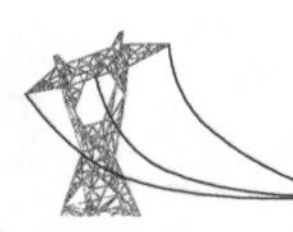

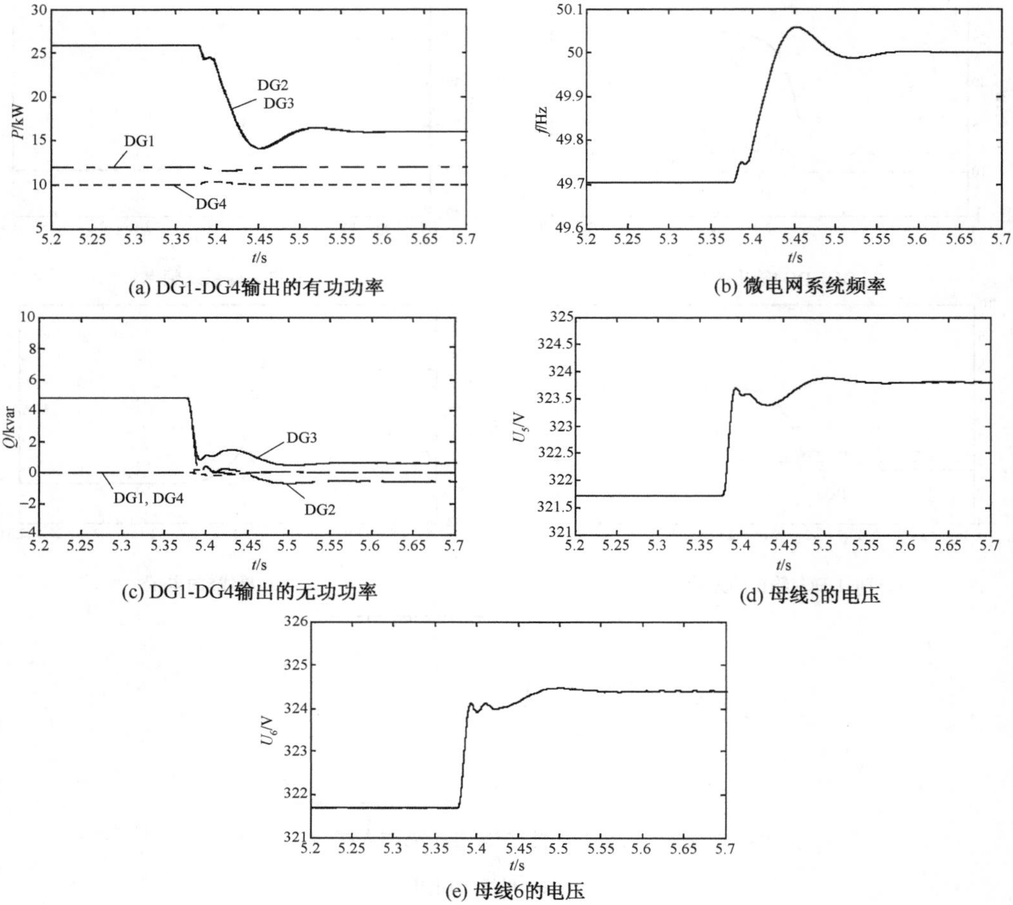

(a) DG1-DG4输出的有功功率

(b) 微电网系统频率

(c) DG1-DG4输出的无功功率

(d) 母线5的电压

(e) 母线6的电压

图 3.39　接入配电网时的微电网运行特性

例 4： 微电网独立运行，2s 时断开 DG1，对应结果如图 3.41 所示。图 3.41(a)和(b)表明当切掉发电单元 DG1 后，DG2 和 DG3 能自动调节其功率输出达到系统功率平衡。图 3.41(c)给出的频率响应曲线表明微电网在孤岛运行下电源输出功率变化时能提供频率支持。这同时也说明采用 PQ 控制的电源能根据实际条件输出相应的功率，微电网系统并不会因为其发电功率变化而影响系统运行。

从以上几种情况下的仿真算例可知，DG2 和 DG3 在微电网运行模式转换、负荷变化和其他分布式电源发出的功率变化时都能通过改变系统频率实现系统不平衡功率分摊，频率变化在系统允许的范围内。DG1 和 DG4 始终能发出指定的功率，而由电压仿真曲线表明，几种情况下电压也能满足微电网中的负荷需求。

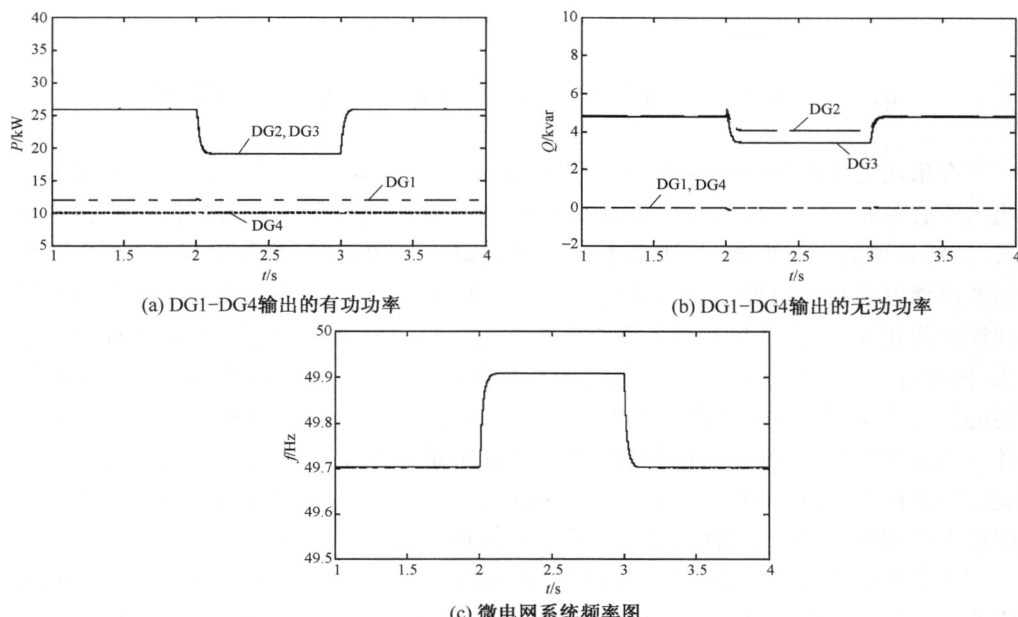

(a) DG1-DG4输出的有功功率

(b) DG1-DG4输出的无功功率

(c) 微电网系统频率图

图 3.40　负荷变化时微电网运行特性

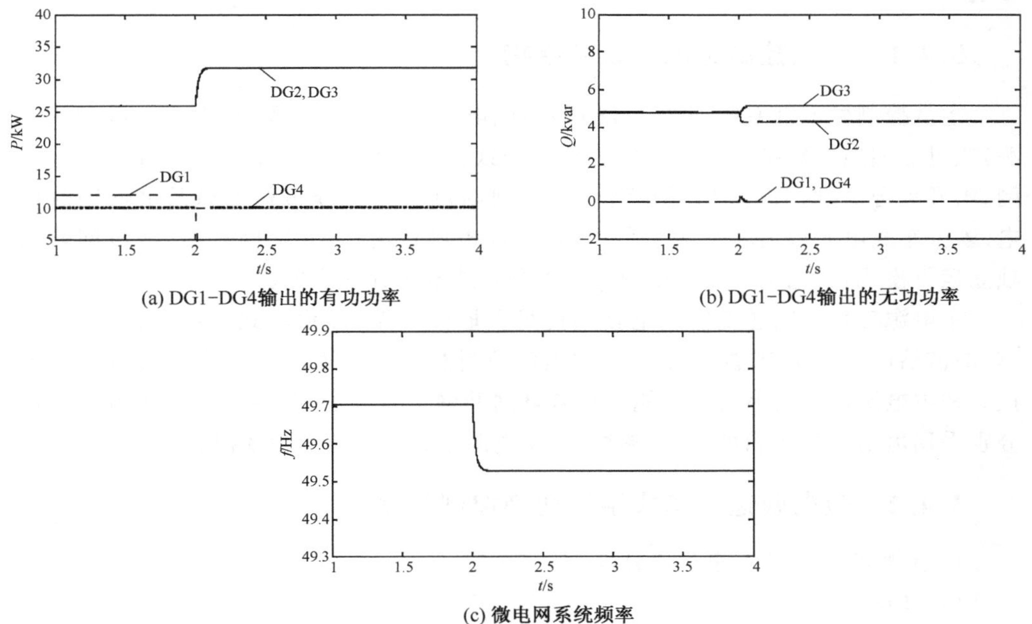

(a) DG1-DG4输出的有功功率

(b) DG1-DG4输出的无功功率

(c) 微电网系统频率

图 3.41　DG1 断开微电网运行特性

3.4 基于主从控制的微电网运行模式平滑切换

在采用主从控制的微电网中，当微电网处于并网运行模式时，由外部电网为系统内所有分布式电源提供电压和频率参考，所有并网逆变器都可采用恒功率控制模式，当转入独立运行模式时，则需有一个主电源采用恒压/恒频控制模式，主电源控制器应能够满足在两种控制模式间快速切换的要求[55－57]。当逆变器电源在两种控制模式间切换时，会导致暂态电流或电压冲击。目前对这一问题已提出各种解决方法，例如有一种方法是内环采用电流滞环控制，外环为电容电压及并网电流并行控制的控制算法[58]，当控制模式切换时不需要改变控制结构，但滞环电流控制要求器件开关频率较高，会增加系统损耗；另一种方法是在电压电流双环控制基础上引入虚拟阻抗压降，并网运行时通过改变虚拟阻抗来控制其输出电流或功率[59]，这属于间接电流控制，在模式切换过程中仍存在一定的电流和功率冲击。

本节重点针对采用主从控制的微电网运行模式切换时容易出现暂态电压或电流冲击问题，介绍一种微电网内主电源并网逆变器运行模式平滑切换补偿控制算法和切换控制逻辑，可以降低微电网运行模式切换对微电网内重要负荷供电造成的影响[60]。

3.4.1 主从控制微电网系统结构

主从控制微电网系统如图 3.42 所示，微电网内分布式电源(包含主电源和从电源)通过三相逆变器接入微电网内的交流母线。微电网通过静态开关(STS)接入电网，当开关合上时，微电网并网运行，微电网内负荷可由分布式电源及电网同时供电，若分布式电源输出功率大于负荷，还可向电网送电；当开关断开时，微电网转入独立运行模式，微电网内负荷由微电网内分布式电源独立供电。

主电源三相并网逆变器主电路结构可采取图 3.11 所示形式，本节将图中原有 LC 滤波器改为了 LCL 滤波器[61]。主电源控制器具有电网故障检测、静态开关切换控制和主电源逆变器控制等功能。在微电网并网运行和独立运行时，主电源控制器分别采用恒功率控制和恒压/恒频控制，从电源则始终采用恒功率控制。

3.4.2 微电网运行模式平滑切换控制策略

1. 主电源逆变器的基本控制模式

1）恒功率控制

当微电网并网运行时，主电源逆变器工作于恒电流控制模式。由电网电压提供电压和频率参考，将 $dq0$ 同步旋转坐标系的 d 轴定向于电网电压矢量方向上，则在电网电压近似不变的情况下，逆变器输出的有功功率和无功功率分别与其输出电流

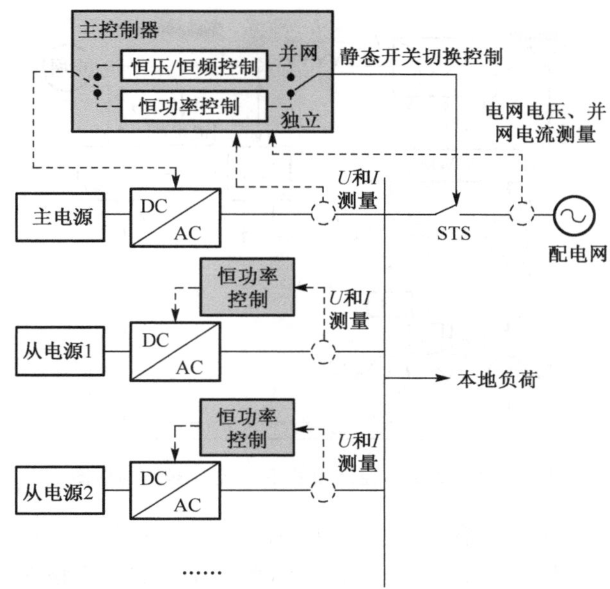

图 3.42　主从控制微电网结构

的 dq 轴分量成正比，如式(3.16)所示。因此，通过调节 i_d、i_q 就可以分别控制逆变器输出至电网的有功功率和无功功率。当控制目标为给定功率时，通过式(3.16)可以将其转换为给定目标电流，而无需增加闭环功率控制，以简化控制系统结构。

忽略滤波器电容支路影响，因为滤波器电容支路主要是过滤掉开关频率附近的谐波电流，且容抗在基波分量下时较大。在同步旋转坐标系下，针对电网电压、逆变器输出电流的基波分量，参考图 3.11，逆变器输出电压的表达式由式(3.4)给出，将形式略作调整如下所示：

$$\begin{cases} u_{\mathrm{I}d} = u_{\mathrm{F}d} + \omega L i_q + L\dfrac{\mathrm{d}i_d}{\mathrm{d}t} \\ u_{\mathrm{I}q} = u_{\mathrm{F}q} - \omega L i_d + L\dfrac{\mathrm{d}i_q}{\mathrm{d}t} \end{cases} \tag{3.30}$$

根据式(3.16)和式(3.30)，可得出采用 PI 调节器的电流环控制方程[36,37]为

$$\begin{cases} u_{\mathrm{I}d} = u_{\mathrm{F}d} + \omega L i_q + \left(K_{\mathrm{p}d} + \dfrac{K_{\mathrm{i}d}}{s}\right)(i_{d\mathrm{ref}} - i_d) \\ u_{\mathrm{I}q} = -\omega L i_d + \left(K_{\mathrm{p}q} + \dfrac{K_{\mathrm{i}q}}{s}\right)(i_{q\mathrm{ref}} - i_q) \end{cases} \tag{3.31}$$

比较式(3.30)和式(3.31)可以得出，电流环控制方程输出 $u_{\mathrm{I}d}$ 和 $u_{\mathrm{I}q}$ 均由三部分组成：电压前馈项、电流耦合项及电流微分项或电流闭环积分项。与式(3.31)对应的逆变器恒功率控制模式结构框图如图 3.43 所示。

2) 恒压/恒频控制

当微电网独立运行时，主电源逆变器需采用恒压/恒频控制模式，维持负荷侧电

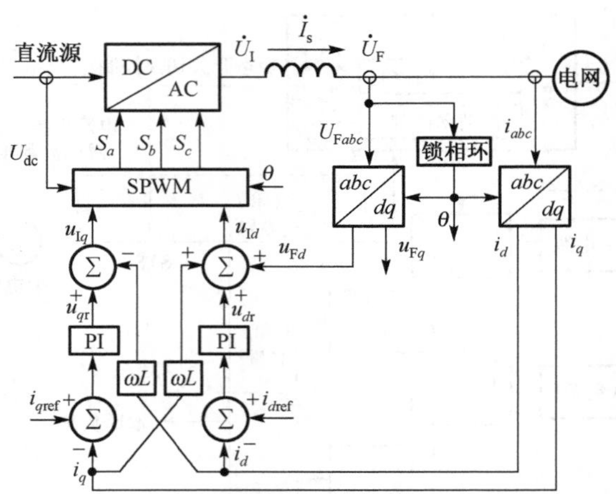

图 3.43　恒功率控制模式下的控制器结构框图

压幅值和频率恒定。逆变器输出频率(50Hz)由控制器内部的参考正弦信号生成，该信号作为定向参考矢量，将 $dq0$ 同步旋转坐标系的 d 轴定向于该矢量方向，用 θ 表示 d 轴同 a 轴的夹角，即为参考矢量的相角，坐标系如图 A.1 所示。在这样的坐标系下，分布式电源并网逆变器经滤波器后的输出电压 d 轴和 q 轴分量的期望值应为

$$\begin{cases} u_{\mathrm{F}d\mathrm{ref}} = U_0 \\ u_{\mathrm{F}q\mathrm{ref}} = 0 \end{cases} \tag{3.32}$$

式中，$u_{\mathrm{F}d\mathrm{ref}}$ 和 $u_{\mathrm{F}q\mathrm{ref}}$ 为电压 d 轴和 q 轴分量有效值的参考。当微电网线电压额定值为 380V，微电网频率为 50Hz 时，$U_0=380\mathrm{V}$，$\omega=2\pi f$，$f=50\mathrm{Hz}$。

为实现恒压控制，通常采用电压电流双闭环控制结构，电压环对输出电压的幅值进行调整，保证输出电压有效值的精度。电压环输出结果作为电流环的电流参考输入指令，采用 PI 调节器的电压环控制方程[62,63]为

$$\begin{cases} i_{d\mathrm{ref}} = \left(K_{\mathrm{p}du} + \dfrac{K_{\mathrm{i}du}}{s}\right)(u_{\mathrm{F}d\mathrm{ref}} - u_{\mathrm{F}d}) \\ i_{q\mathrm{ref}} = \left(K_{\mathrm{p}qu} + \dfrac{K_{\mathrm{i}qu}}{s}\right)(u_{\mathrm{F}q\mathrm{ref}} - u_{\mathrm{F}q}) \end{cases} \tag{3.33}$$

如前文分析所述，仍可以忽略滤波电容支路的影响，电流环控制方程采用式(3.31)，控制框图与图 3.43 相同，结合式(3.33)，可得逆变器恒压控制模式结构框图如图 3.44 所示。

2. 微电网平滑切换补偿控制算法

1) 电压/电流参考值补偿策略

当微电网运行模式进行切换时，主电源逆变器需要快速地在恒功率控制和恒压/恒频控制模式之间切换。如前所述，两种控制模式具有相同的电流环控制方程，均由电压前馈项、电流耦合项和电流闭环积分项三部分组成。假定由并网模式切换

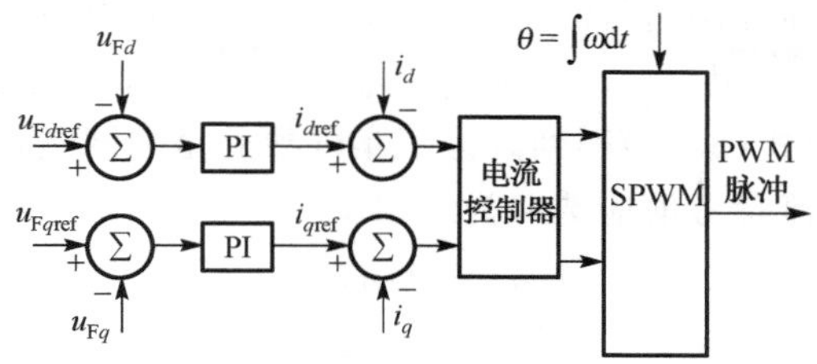

图 3.44 恒压控制模式下的控制器结构框图

到独立运行模式前电流环 PI 调节器输出结果分别用 u_{dri}、u_{qri} 表示，切换后恒电压控制模式下电流环 PI 调节器输出结果分别记为 u_{dru}、u_{qru}。当逆变器从恒功率控制模式切换到恒电压控制模式(对应于并网模式切换为独立运行模式)时，切换前电流环 PI 调节器已达稳态，因此输出结果是稳态值，切换后电流环 PI 调节器的输出则需从零状态开始逐渐调整到稳态，期间需要一定的调节时间。为了防止电流环 PI 调节器输出在模式切换过程中发生突变，实现电压参考调制信号的平滑切换，可在式(3.31)的基础上加入相应补偿项，如下式：

$$\begin{cases} u_{Id} = u_{Fd} + \omega L i_q + u_{dri} + u_{dru} \\ u_{Iq} = -\omega L i_d + u_{qri} + u_{qru} \end{cases} \tag{3.34}$$

式(3.34)同样适合恒压控制向恒功率控制模式的转换。在逆变器控制方式发生切换时，将切换前电流环 PI 调节器输出结果作为补偿项加入到切换后的电流控制方程中，可使该方程中动态调节部分的初值具有连续性，避免由于模式切换造成相关量的突变。

在电流控制方程中，还有一个关键控制变量，即电流参考量。当从恒功率控制直接切换至恒电压控制时，需要增加电压闭环控制。假定切换前有功电流和无功电流参考值分别为 $i_{dref,i}$ 和 $i_{qref,i}$，切换后由电压环 PI 调节器产生的电流参考值分别记为 $i_{dref,u}$ 和 $i_{qref,u}$，同样，这两个参考值需要经过电压环 PI 调节器逐渐进入到稳态，也就意味着切换后电流参考值相比于切换前的稳态参考值有突变(变小)的过程，而内环电流控制器必须跟踪该电流参考指令，因此会导致逆变器实际输出电流在切换后的一段时间内出现持续降低的现象。为实现运行模式的平滑切换，应尽量避免出现这样的现象，否则会由于输出电流减小而造成逆变器出口电压的进一步降低，使微电网电压跌落程度加剧，不利于切换后微电网内交流母线电压的快速恢复。为此，可建立如下的电流参考补偿方程：

$$\begin{cases} i_{dref} = i_{dref,i} + i_{dref,u} \\ i_{qref} = i_{qref,i} + i_{qref,u} \end{cases} \tag{3.35}$$

式(3.35)表明，从恒功率控制切换至恒电压控制时，切换前电流参考 $i_{dref,i}$ 和 $i_{qref,i}$ 作为补偿项加入到实际电流参考中，意味着切换后逆变器进行电压控制时，有电流参考初值，从而能抑制实际输出电流在达到稳态前会出现持续下降的过程。

当微电网需要重新并网运行时，此时主电源逆变器经历过此前的状态切换后输出也已经达到稳定状态，用 $i_{dref\_islanding}$ 和 $i_{qref\_islanding}$ 分别表示主电源逆变器此时的 d 轴和 q 轴电流参考值，由式(3.34)得到。为了实现独立至并网运行状态的平滑切换，主电源逆变器的输出电流参考值应选取为

$$\begin{cases} i_{dref} = i_{dref\_islanding} \\ i_{qref} = i_{qref\_islanding} \end{cases} \tag{3.36}$$

按上述方式选取参考值，表明逆变器切换至并网运行时，其并网电流输出参考值为切换前实际输出电流，这样能减小暂态冲击，有利于运行状态的平滑切换。当切换完成后，可根据并网运行要求逐步调整 i_{dref} 和 i_{qref} 指令，以达到改变逆变器并网输出有功功率和无功功率的目的。需要强调的是，上式中的 i_{dref} 和 i_{qref} 物理意义上表示为逆变器并网运行时输出电流参考值，与式(3.35)中的 $i_{dref,i}$ 和 $i_{qref,i}$ 对应。

2) d 轴定向参考角度保持策略

式(3.33)和式(3.34)均是基于同步旋转坐标系的方程，需要有确定的 d 轴定向。在恒功率控制模式中，d 轴以电网电压矢量为参考；在恒电压控制模式中，d 轴以恒定频率旋转矢量为参考。因此，控制模式切换会导致 d 轴定向参考发生变化。为保证切换时 d 轴定向不发生突变，需要记忆切换前 d 轴定向角度。从恒功率控制模式至恒电压控制模式切换时，d 轴定向从电网电压矢量切换为 50Hz 恒定频率旋转矢量，需记忆切换前电网电压矢量相角，记为 θ_{i0}，作为切换后的旋转矢量初始相位，即图 3.44 中这一时刻有 $\theta=\theta_{i0}$；从恒电压控制模式切换至恒功率控制模式时，前提是微电网并网点电压已满足相位与电网电压相同等并网条件，因此可从 50Hz 恒定频率旋转矢量直接切换为电网电压矢量。

综上所述，可得逆变器控制模式切换的综合控制原理框图，如图 3.45 所示。该图分为上下两部分，上部分产生电流参考信号，下部分为电流控制环。当控制模式发生切换时，在电流控制方程中加入相关控制补偿项，并且记忆切换前同步旋转坐标系中 d 轴相角，本节将上述方法称为平滑切换补偿控制算法。当从并网转入独立运行时，图中 u_{dr}、u_{qr} 分别为式(3.34)中的 u_{dru}、u_{qru}，u_{drcom}、u_{qrcom} 分别表示 u_{dri}、u_{qri}；d 轴定向参考角度则从 θ_i 切换为 θ_u。若从独立转入并网运行时，图中 u_{dr}、u_{qr} 分别为式(3.34)中的 u_{dri}、u_{qri}，u_{drcom}、u_{qrcom} 分别表示 u_{dru}、u_{qru}；d 轴定向参考角度则从 θ_u 切换为 θ_i。该算法中加入补偿控制项，能抑制逆变器实际输出电流在并网转独立运行模式时出现的不正常下降过程，快速恢复微电网交流母线电压；通过记忆 d 轴相位，保证逆变器出口电压相位不突变，能避免模式快速切换过程中易出现的过压或过流现象。

3. 微电网运行模式平滑切换控制逻辑

当微电网并网运行时，如果电网发生故障，则微电网并网点容易出现电压跌落或电压上升，并导致流过静态开关的电流发生变化。在并网稳态运行条件下，流过静态开关的电流越大，微电网内分布式电源与负荷之间功率不匹配程度就越大，微电网与电网断开后对主电源冲击也越大。此外，考虑到静态开关有一定的开断容

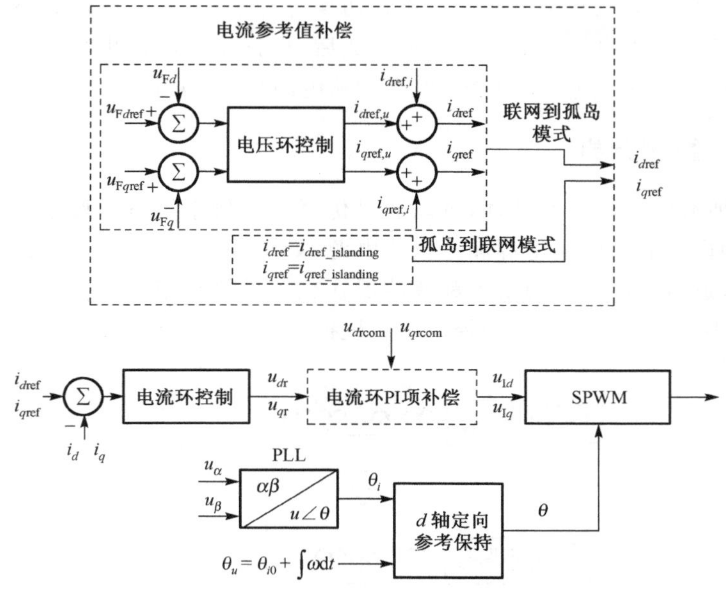

图 3.45 控制器结构框图

量，静态开关只有在其允许电流范围内才能快速隔离故障电网。因此，当微电网从并网运行模式切换至独立运行模式时，应尽量减小切换前流过静态开关的电流，并将其减小至某一设定值[55,56,58]，此处称为允许切换电流阀值。具体的并网至独立运行模式平滑切换控制逻辑如下。

(1)主电源控制器检测到外部电网电压故障后，检测流过静态开关的电流峰值或有效值。如果流过静态开关的电流大于允许切换电流阀值，则可调整主电源输出功率(仅考虑有功功率输出情况，若故障时微网从电网吸收有功功率，则应增大主电源输出；若故障时微网向电网输出有功功率，则需减小主电源输出功率)，在静态开关关断前尽快降低微电网与电网之间联络线上电流。

(2)当主电源控制器检测到并网电流小于允许切换电流阀值后，下达静态开关关断指令，同时主电源控制器按照上文中所述方法进行控制模式切换，由恒功率控制模式切换至恒压/恒频控制模式。在微电网运行模式切换过程中，所有从电源始终运行在恒功率控制模式下。

电网恢复正常后，微电网需要重新并网运行。微电网并网运行前应首先保证静态开关两侧的电压幅值、相位和频率相等，同时还应减小切换后的电流冲击。由独立运行至并网运行模式平滑切换控制的逻辑如下：

(1)主电源控制器检测到电网电压正常后，以当前电网电压作为控制器的输出电压参考，不断调整其输出使静态开关两侧的电压相位和幅值相同。

(2)当主电源控制器检测到静态开关两侧电压满足并网条件后，下达静态开关合闸指令，同时主电源控制器按照上文中所述方法进行控制模式切换，由恒电压控制切换至恒功率控制。在微电网运行模式切换过程中，所有从电源始终运行在恒功率控制模式下。当微电网运行模式切换完成后，根据微电网输出功率特性逐步增加或减小微电网内分布式电源（包括主电源和从电源）输出功率。

3.4.3 算例分析

为验证所介绍方法的有效性，可以通过仿真对算例系统进行验证。在本算例系统中，微电网内含有一个主电源和一个从电源，如图 3.46 所示。分布式电源用直流电压源模拟，通过三相并网逆变器和滤波器在交流母线汇集；负荷为恒阻性负荷；外部电网用带小阻抗的三相理想受控电压源模拟。系统关键参数如表 3.3 所示。

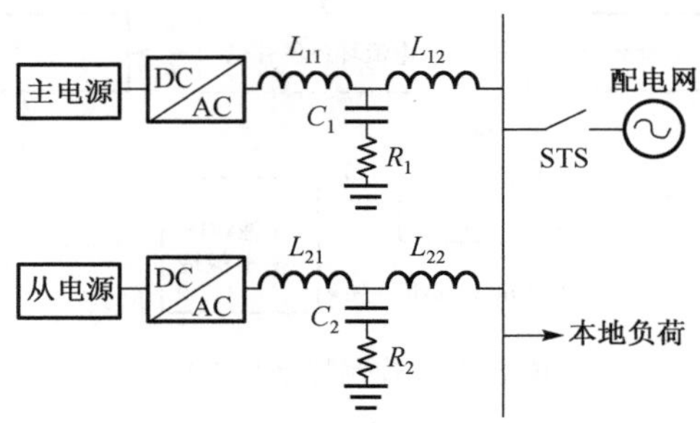

图 3.46 算例系统结构

表 3.3 算例系统及控制器参数

电　　源	参　数　名	仿真参数值
主电源	变流器开关频率	4kHz
	滤波电感（L_{11}/L_{12}）	0.25mH /0.12mH
	阻尼电阻（R_1）	0.16Ω
	滤波电容（C_1）	250μF
	直流母线电压	750V
	额定容量	300kV・A
	电压环控制器（K_{pdu}/K_{idu}，K_{pqu}/K_{iqu}）	2/40，2/40
	电流环控制器（K_{pdi}/K_{idi}，K_{pqi}/K_{iqi}）	0.15/1.154，0.15/1.154
从电源	变流器开关频率	4 kHz
	滤波电感（L_{21}/L_{22}）	0.25mH /0.12mH
	阻尼电阻（R_2）	0.16Ω
	滤波电容（C_2）	250μF
	直流母线电压	750V
	额定容量	100kV・A
	电流环控制器（K_{pdi}/K_{idi}，K_{pqi}/K_{iqi}）	0.15/1.154，0.15/1.154
电网电压/频率		380V/50Hz
本地负荷		200 kW

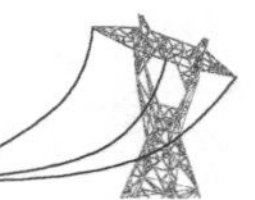

1. 由并网运行模式切换至独立运行模式

仿真中，利用外部电压瞬间跌落模拟电网故障，假定外网故障发生后需要 10ms 的故障检测时间，然后才开始进入运行模式切换过程；静态开关的允许开断阀值用功率来表示，设为 10kW。设定并网运行时主电源和从电源均输出功率 100kW，微电网内负荷为 250kW，微电网从外网吸收有功功率为 50kW。在 $t=0.5\text{s}$ 处外电网发生故障，电压跌落至 80%，负荷有功功率突变为 160kW，而主电源和从电源仍维持 100kW 输出功率，微电网向外电网倒送功率 40kW，该值超过并网开关允许切断的功率阀值，主电源开始调整输出功率。在 $t=0.538\text{s}$ 处，联络线功率降至 10kW，静态开关断开，微电网从并网运行开始切换至独立运行模式。下面针对三种情况进行比较分析。

情况 1：在运行模式切换时，不采用平滑切换补偿控制算法，且不记忆切换前 d 轴相角，允许 d 轴定向参考角度发生变化。

微电网内各分布式电源功率、交流母线线电压和主电源输出三相电流瞬时值波形如图 3.47～图 3.49 所示。从图中可以看出，在微电网运行模式切换时，主电源和从电源输出功率、负荷功率及微电网与电网联络线功率均发生突变，微电网交流母线线电压波形由于相位突变而出现畸变，主电源输出电流出现过流现象，此时，由于微电网中主电源出现的过流将可能导致无缝切换失败。

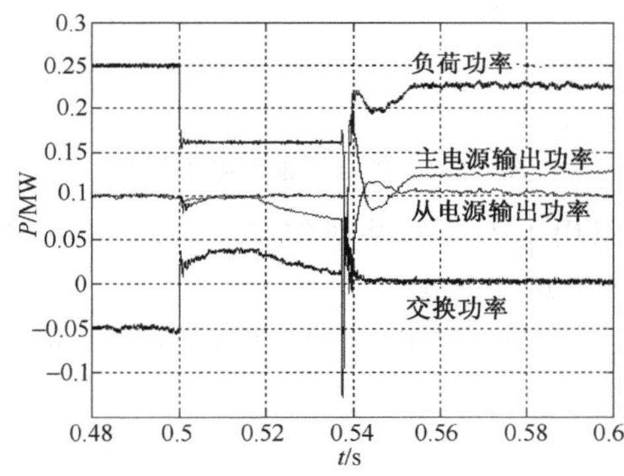

图 3.47 微电网内各电源输出功率

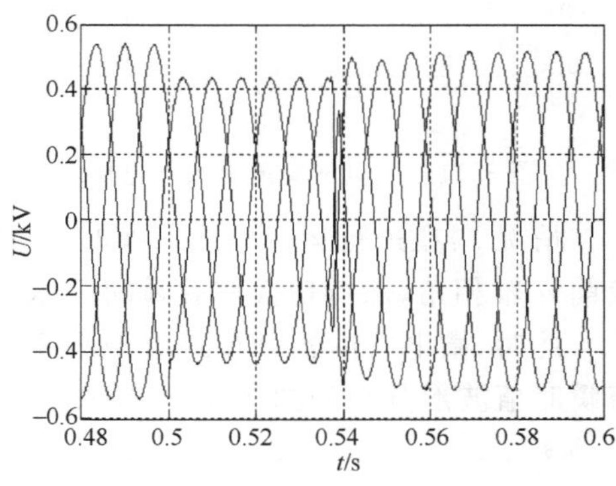

图 3.48 微电网交流母线线电压

情况 2：在进行运行模式切换时，主电源控制器不加补偿控制项，但记忆切换前 d 轴相角，保持切换前后瞬间 d 轴定向参考角度不变。

此时，微电网内各分布式电源功率、微电网交流母线电压和主电源输出的三相电流瞬时值波形分别如图 3.50～图 3.52 所示。

同图 3.47～图 3.49 相比较，可以看出运行模式切换过程中相关功率变化及电压和电流波形都有了很大的改善。但从图 3.50 可看出，在运行模式切换时，主电源输出功率出现了突降，这将不利于微电网运行状态的平滑切换，且容易对主电源造成冲击。从图 3.52 可以给出，主电源三相电流在控制切换时波形有畸变，电流波形出现凹陷，电流减小。有关主电源输出功率和电流下降的原因后面将会加以分析。

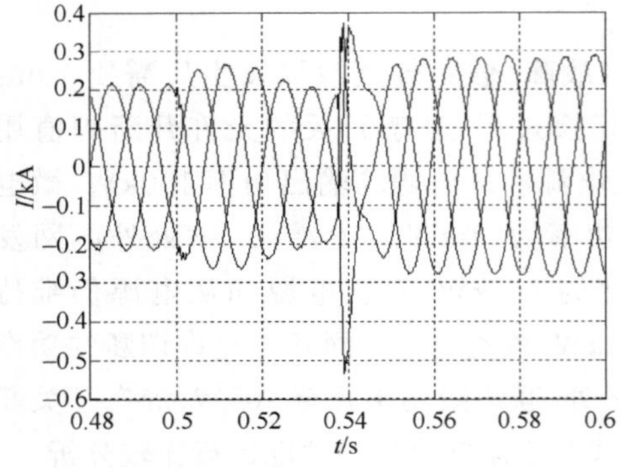

图 3.49　主电源输出电流

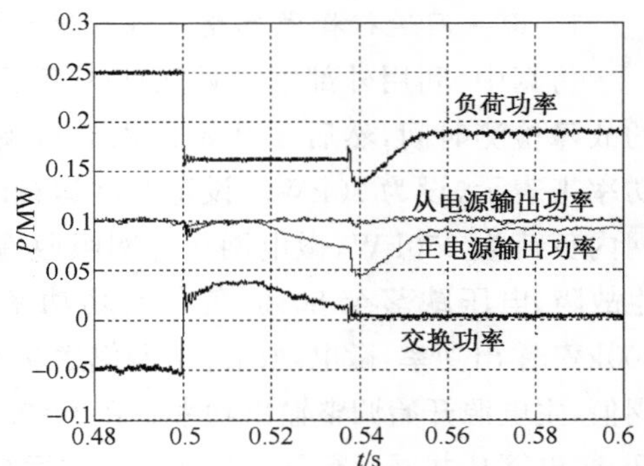

图 3.50　微电网内各电源输出功率

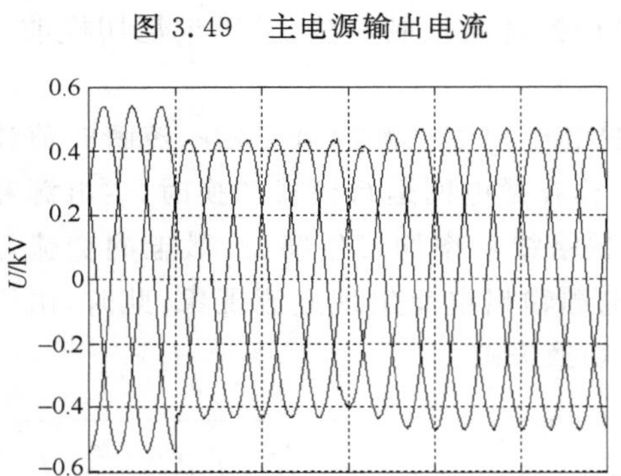

图 3.51　微电网交流母线线电压

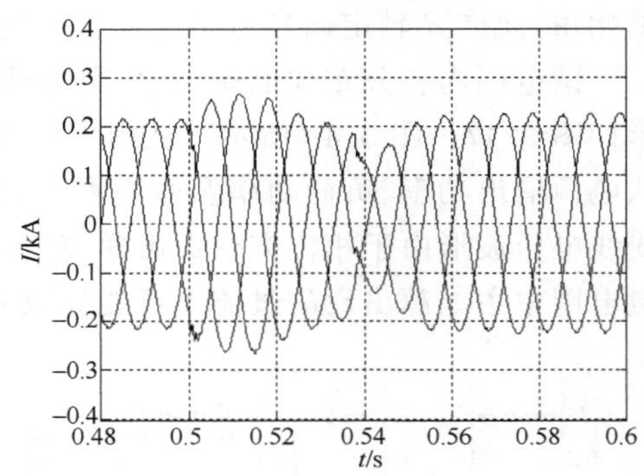

图 3.52　主电源输出电流波形

情况 3:在进行运行模式切换时,主电源采用平滑切换补偿控制算法,且记忆切换前 d 轴相角,保持切换前后瞬间 d 轴定向参考角度不变。

此时,微电网内各分布式电源功率、微电网交流母线电压和主电源输出三相电流瞬时值波形分别如图 3.53～图 3.55 所示。

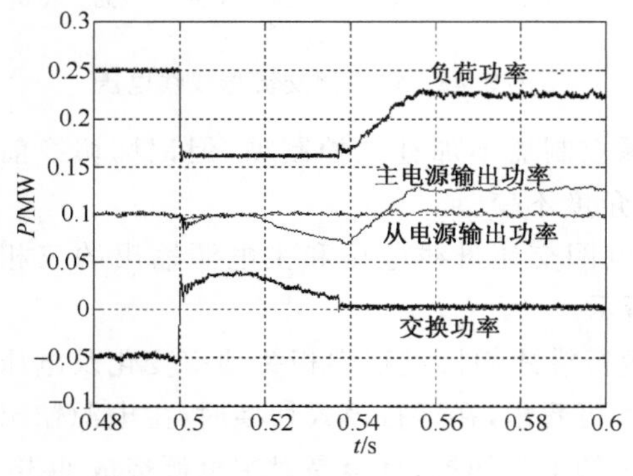

图 3.53　微电网内各电源输出功率

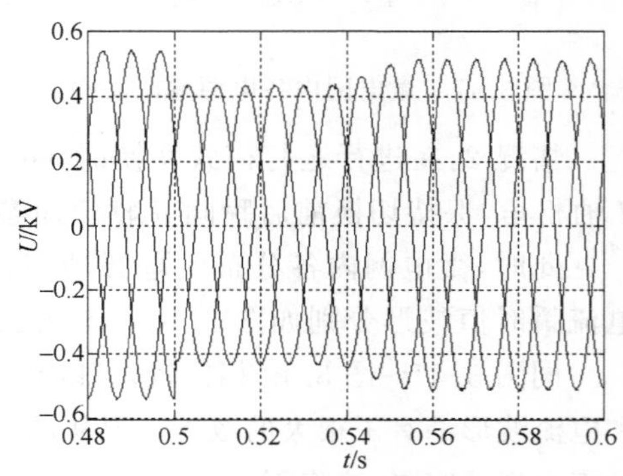

图 3.54　微电网交流母线线电压

从图 3.53 可以看出，在运行模式切换瞬间，主电源输出功率没有突然下降过程出现，而是平滑增大，这说明微电网实现了运行状态的平滑切换。从图 3.54 可知，在运行模式切换过程中微电网交流母线电压幅值和相位也没有出现突变，且切换后电压逐渐恢复。在图 3.55 中，t=0.5～0.51s 时间段有一个电流增大的过程，这是由于当外网电压跌落后，需要 10ms 的故障检测时间，这段时间内主电源采用恒功率控制，故障导致电压下降进而导致其输出电流增大。当检测到外网故障后，主电源开始调整降低其输出电流，当联络线功率小于开关开断阀值时，主电源从电流控制模式切换至电压控制模式，图 3.55 中的波形表明切换过程中主电源没有出现过流现象，且电流波形也没有出现畸变。

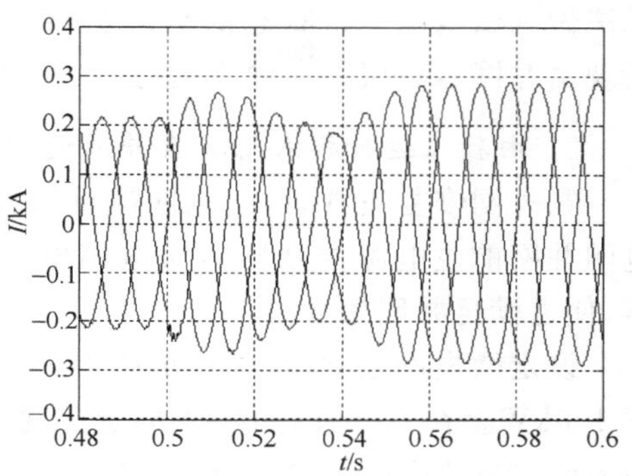

图 3.55 主电源输出电流波形

上述三种情况下的比较表明，本节介绍的控制策略具有很好的控制效果。为了进一步说明相关控制策略的有效性，图 3.56 给出了采用补偿控制算法与不加补偿控制项时并网点电压幅值波形的局部放大图，可以看出不加补偿控制项时电压幅值在切换后出现突降，突降幅值约 25V。若并网点电压瞬间跌落至其保护整定值之内，则主电源保护动作，将导致微电网无法实现平滑切换。在不加补偿项时，电压出现跌落是因为控制方式切换时电流参考值出现了突变，如图 3.57 所示，电流参考值瞬间从 180A 突变至 0 附近，从而导致主电源输出电流减小，这也是主电源输出功率减小的直接原因。

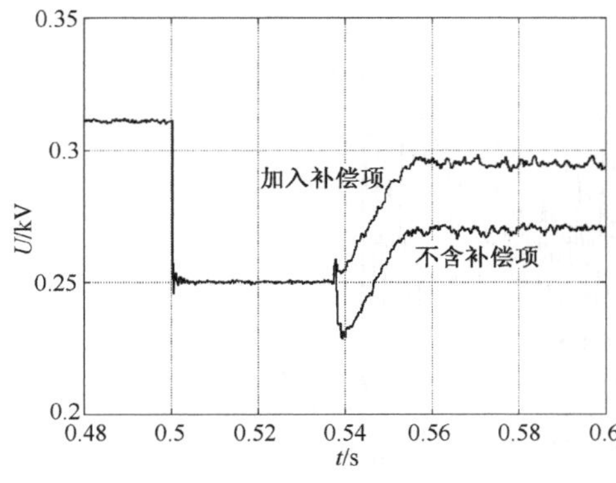

图 3.56 电压幅值比较

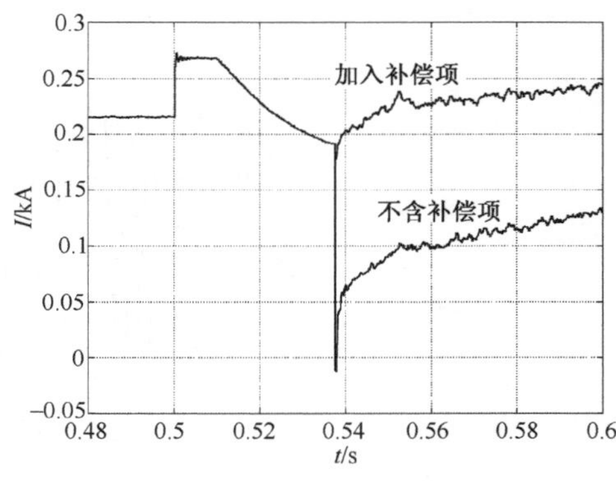

图 3.57 电流参考值比较

综上所述，在主电源控制模式切换时，若不能保持切换前后瞬间 d 轴定向参考角度不变，则会出现过流现象，电压波形在切换时也会畸变；若不加补偿控制项，则无法做到微电网运行状态的平滑切换。平滑补偿控制算法可以很好地保证微电网实现由并网运行模式向独立运行模式的平滑切换。

2. 由独立运行模式切换至并网运行模式

在外网恢复正常后，微电网需重新并网运行。按照前面所述的控制逻辑，在微电网并网前主电源控制器需对电网电压锁相，然后逐渐调整微电网并网点母线电压，使之满足并网条件。

设定微电网独立运行时，负荷为200kW，主电源输出功率100kW，从电源输出功率100kW。在$t=0.5$s处触发同步并网信号，主电源开始调整输出电压幅值和相位，在$t=0.73$s处满足并网条件后，静态并网开关闭合。微电网内各单元功率、微电网并网点两侧线电压、主电源输出电流瞬时值分别如图3.58～图3.60所示。从图3.59可以看出主电源控制器不断调整输出电压幅值和相位使静态开关两侧电压幅值和相位相等的过程。同样，采取前面介绍的控制策略，微电网实现了从独立运行状态到并网运行模式的平滑过渡。

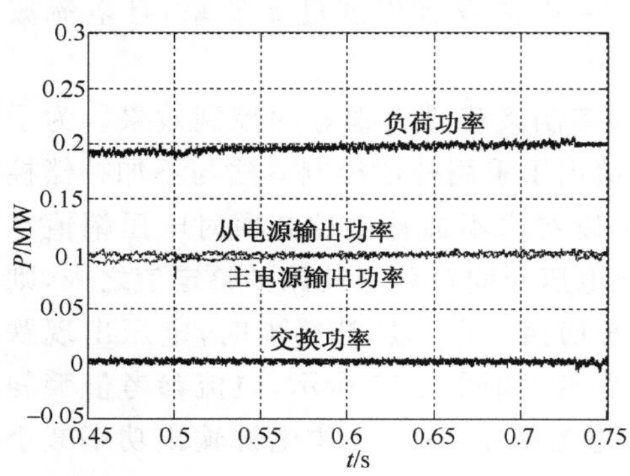

图3.58　微电网内各电源输出功率

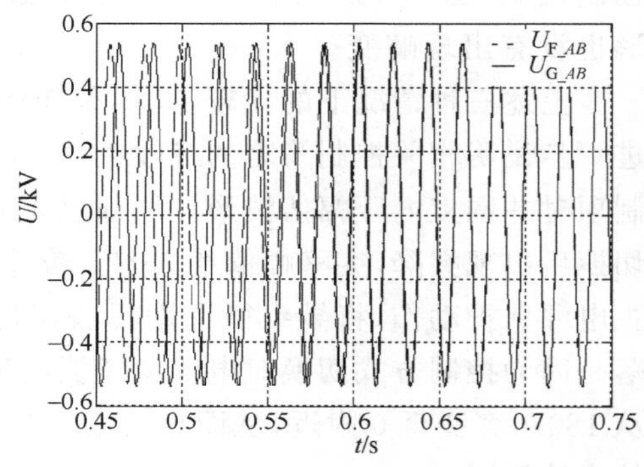

图3.59　微电网交流母线线电压

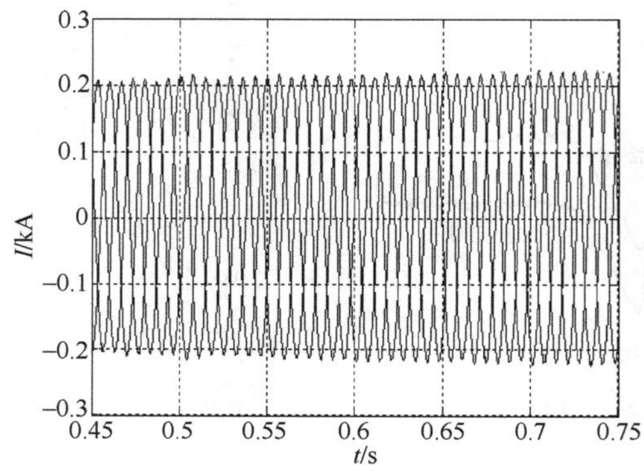

图3.60　主电源输出电流波形

参考文献

[1] Peças Lopes J A, Moreira C L, Madureira A G, et al. Control strategies for microgrids emergency operation[C]. Proceedings of the International Conference on Future Power Systems, Amsterdam, 2005: 1-6.

[2] Milosevic M, Andersson G. Generation control in small isolated power systems[C]. Proceedings of the 37th Annual North American Power Symposium, Ames, 2005: 524-529.

[3] Cobben S. Bronsbergen: The first microgrid in the Netherlands[C]. Proceedings of the Kythnos 2008 Symposium on Microgrids, Kythnos Island, 2008.

[4] Georgakis D, Papathanassiou S, Hatziargyriou N. Operation of a prototype microgrid system based on micro-sources quipped with fast-acting power electronics interfaces[C]. Proceedings of the 35th Power Electronics Specialists Conference, Aachen, 2004: 2521-2526.

[5] Hara R. Demonstration project of 5MW PV generator system at Wakkanai[C]. Proceedings of the Kythnos 2008 Symposium on Microgrids, Kythnos Island, 2008.

[6] Hatziargyriou N. Overview of microgrid R & D in Europe[C]. Proceedings of the Nagoya 2007 Symposium on Microgrids, Nogoya, 2007.

[7] Buchholz B, Erge T, Hatziargyriou N. Long term European field tests for microgrids[C]. Proceedings of the IEEE Power Conversion Conference, Nogoya, 2007: 634-635.

[8] 郭力，王成山. 含多种分布式电源的微电网动态仿真[J]. 电力系统自动化，2009，33(2)：82-86.

[9] 王成山，肖朝霞，王守相. 微电网综合控制与分析[J]. 电力系统自动化，2008，32(7)：98-103.

[10] Chandorkar M C, Divan D M, Adapa R. Control of parallel connected inverters in standalone AC supply systems[J]. IEEE Transactions on Industry Applications, 1993, 29(1): 136-143.

[11] Lasseter R, Paigi P. Microgrid: A conceptual solution[C]. Proceedings of Power Electronics Specialists Conference, Aachen, 2004: 4285-4290.

[12] Piagi P, Lasseter R H. Control and design of micro grid components, final project report[EB/OL]. http://www. pserc. org/cgi-pserc/getbig/publication/reports/2006re- ports/lasseter_MicroGrid control_final_project_report. pdf[2009-03-25].

[13] Li Y W, Viathgamuwa M. Design, analysis, and real-time testing of a controller for multi-bus MicroGrid system[J]. IEEE Transactions on Power Electronics, 2004, 19(5): 1195-1204.

[14] Brabandere K D. Voltage and frequency droop control in low voltage grids by distributed generators with inverter front-end[D]. Leuven: Katholieke University, 2006.

[15] Guerrero J M, VicuñA L G, Matas J, et al. Wireless-control strategy for parallel operation of distributed-generation inverters[J]. IEEE Transactions on Industrial Electronics, 2006, 53(5): 1461-1470.

[16] Nichols D K, Stevens J, Lasseter R. Validation of the CERTS microgrid concept: The CEC/CERTS microgrid testbed[C]. Proceedings of the Power Engineering Society General Meeting, Montreal, 2006: 1-3.

[17] Funabashi T, Fujita G, Koyanagi K, et al. Field tests of a microgrid control system[C]. Proceedings of the 41st International Universities Power Engineering Conference, Newcastle, 2006:232-236.

[18] Peças Lopes J A, Moreir A C L, Resende F O. Control strategies for microgrids black start and islanded operation[J]. International Journal of Distributed Energy Resources, 2005, 1(3):241-261.

[19] Dimeas A L, Hatziargyriou N D. A MAS architecture for microgrids control[C]. Proceedings of the 13th International Conference on Intelligent Systems Application to Power Systems, Washington, 2005:402-406.

[20] Dimeas A L, Hatziargyriou N D. Operation of a multi-agent system for microgrid control[J]. IEEE Transactions on Power Systems, 2005, 20(3):1447-1455.

[21] Tsikalakis A G, Hatziargyriou N D. Centralized control for optimizing microgrids operation[J]. IEEE Transactions on Energy Conversion, 2008, 23 (1):241-248.

[22] 刘凤君. 现代逆变技术及应用[M]. 北京:电子工业出版社,2006:1-171.

[23] 刘凤君. 正弦波逆变器[M]. 北京:科学出版社,2002:1-134.

[24] 王兆安,黄俊. 电力电子技术[M]. 北京:机械工业出版社,2000:132-157.

[25] 徐德鸿. 电力电子系统建模及控制[M]. 北京:机械工业出版社,2005:122-136.

[26] 王志群,朱守真,周双喜. 逆变型分布式电源控制系统的设计[J]. 电力系统自动化,2004,28(24):61-70.

[27] Timbus A, Teodorescu R, Blaabjerg F, et al. Linear and nonlinear control of distributed power generation systems[C]. Proceedings of 2006 IEEE Industry Applications Conference, Tampa, 2006:1015-1023.

[28] Digsilent GmbH. Manuals. Version 14. 0. DIgSILENT PowerFactory, 2008.

[29] 戴珂,段善旭,康勇,等. 三相电压型整流器_逆变器的功能建模仿真方法[J]. 电力电子技术, 2002, 36(5):60-64.

[30] 李勋,朱鹏程,杨荫福,等. 基于双环控制的三相 SVPWM 逆变器研究[J]. 电力电子技术, 2003, 37(5):30-32.

[31] Huibin Z, Arnet B, Haines L, et al. Grid synchronization control without AC voltage sensors [C]. Proceedings of the 18th IEEE Applied Power Electronics Conference and Exposition, Miami Beach, 2003:172-178.

[32] Choi S, Li B, Vilathgamuwa D. Design and analysis of the inverter-side filter used in the dynamic voltage restorer[J]. IEEE Transactions on Power Delivery, 2002, 17(3):875-864.

[33] 刘学功,张俊洪,赵镜红. 一种基于开关函数的逆变器新型模型[J]. 电气传动自动化,2003, 25(2):14-16.

[34] 李建林,王立乔,熊宇,等. 三相电压型变流器系统静态数学模型[J]. 电工技术学报,2004,19(7):11-15.

[35] 陈海荣,徐政. 适用于 VSC_MTDC 系统的直流电压控制策略[J]. 电力系统自动化,2006,30(19):28-33.

[36] Frede B, Remus T, Marco L, et al. Overview of control and grid synchronization for distributed power generation systems[J]. IEEE Transactions on Industrial Electronics, 2006, 53(5): 1398-1409.

[37]Kim S K, Jeon J H, Cho C H, et al. Modeling and simulation of a grid-connected PV generation system for electromagnetic transient analysis[J]. Solar Energy, 2009, 83(5): 664-678.

[38] Wang C, Nehrir M H, Gao H. Control of PEM fuel cell distributed generation systems[J]. IEEE Transactions on Energy Conversion, 2006, 21(2): 586-595.

[39] Wang C S. Modeling and control of hybrid wind photovoltaic fuel cell distributed generation systems[D]. Montana: Montana State University, 2006.

[40] Bertani A, Bossi C, Fornari F, et al. A microturbine generation system for grid connected and islanding operation[C]. Proceedings of 2004 IEEE PES Power Systems Conference and Exposition, New York, 2004: 360-365.

[41] Brabandere K, Vanthournout K, Driesen J, et al. Control of microgrids[C]. Proceedings of 2007 IEEE Power Engineering Society General Meeting, Tampa, 2007: 1-7.

[42] Borup U, Blaabjerg F, Enjeti P. Sharing of nonlinear load in parallel-connected three-phase converters[J]. IEEE Transactions on Industry Applications, 2001, 37(6): 1817-1823.

[43] Piagi P, Lasseter R. Autonomous control of microgrids[C]. Proceedings of 2006 IEEE Power Engineering Society General Meeting, Piscataway, 2006: 1-8.

[44] Guerrero J, Vicuna L, Matas J, et al. A Wireless controller to enhance dynamic performance of parallel inverters in distributed generation system[J]. IEEE Transactions on Industrial Electronics, 2004, 19(5): 1205-1213.

[45] Laaksonen H, Saari P, Komulainen R. Voltage and frequency control of inverter based weak LV network microgrid[C]. Proceedings of 2005 International Conference on Future Power Systems, Amsterdam, 2005: 1263-1270.

[46] Erika T, Holmes D. Grid current regulation of a three-phase voltage source inverter with an LCL input filter[J]. IEEE Transactions on Power Electronics, 2003, 18(3): 888-895.

[47] Hornik T, Zhong Q. Control of grid-connected DC-AC converters in distributed generation experimental comparison of different schemes[J]. Compatibility and Power Electronics, 2009, 20(22): 271-278.

[48] Timbus A, Liserre M, Teodorescu R, et al. Evaluation of current controllers for distributed power generation systems[J]. IEEE Transactions on Power Electronics, 2009, 24(3): 654-664.

[49] Teodorescu R, Blaabjerg F, Liserre M, et al. Proportional-resonant controllers and filters for grid-connected voltage-source converters[J]. Electric Power Applications, 2006, 153(5): 750-762.

[50] Teodorescu R, Blaabjerg F, Borup U, et al. A new control structure for grid-connected LCL PV inverters with zero steady-state error and selective harmonic compensation[C]. Proceedings of the 19th Annual IEEE Applied Power Electronics Conference and Exposition, Anaheim, 2004: 580-586.

[51] Timbus A, Teodorescu R, Blaabjerg F, et al. Independent synchronization and control of three phase grid converters[J]. Power Electronics, Electrical Drives, Automation and Motion, 2006, 23(26): 1246-1251.

[52] Silva S, Lopes B, Filho B, et al. Performance evaluation of PLL algorithms for single phase

grid connected systems[C]. Proceedings of 2004 IEEE Industry Applications Conference, Seattle, 2004: 2259-2263.

[53] Santos R, Seixas P, Cortizo P, et al. Comparison of three single-phase PLL algorithms for UPS applications[J]. IEEE Transactions on Industrial Electronics, 2008, 55(8): 2923-2932.

[54] Karimi M, Iravani M. A method for synchronization of power electronic converters[J]. IEEE Transactions on Power Systems, 2004, 19(3): 1263-1270.

[55] Tirumala R, Mohan N, Henze C. Seamless transfer of grid-connected PWM inverters between utility-interactive and stand-alone modes[C]. Proceedings of the 17th Annual IEEE Applied Power Electronics Conference and Expositions, Dallas, 2002: 1081-1086.

[56] Jung S M, Bas Y S, Choi S W, et al. A low cost utility interactive inverter for residential fuel cell generation[J]. IEEE Transactions on Power Electronics, 2007, 22(6): 2293-2297

[57] Chen C L, Wang Y B, Lai J S, et al. Design of parallel inverters for smooth mode transfer microgrid applications[J]. IEEE Transactions on Power Electronics, 2010, 25(1): 6-14.

[58] Yao Z L, Xiao L, Yan Y G. Seamless transfer of single-phase grid-interactive inverters between grid-connected and stand-alone modes[J]. IEEE Transactions on Power Electronics, 2010, 25(6): 1597-1602.

[59] Rocabert J, Azevedo G, Guerrero J, et al. Intelligent control agent for transient to an island grid[C]. Proceedings of 2010 IEEE International Symposium on Industrial Electonics, Bari, 2010: 2223-2228

[60] Wang C S, Li X L, Guo L, et al. A seamless operation mode transition control strategy for a microgrid based on master-slave control[J]. Science China Technological Sciences, 2012, 55 (6): 1644-1654.

[61] Liserre M, Blaabjerg F, Hansen S. Design and control of an LCL-filter-based three-phase active rectifier[J]. IEEE Transation on Industry Applications, 2005, 41(5): 1281-1291.

[62] Jiang Z H, Yu X W. Power electronics interfaces for hybrid DC and AC-linked microgrids[C]. Proceedings of 2009 IEEE 6th International Power Electronics and Motion Control Conference, Wuhan, 2009: 730-736.

[63] Xun W Y, Zhen H J, Yu Z. Control of parallel inverter-interfaced distributed energy resources [C]. Proceedings of 2008 IEEE Energy 2030 Conference, Atlanta, 2008: 1-8.

第 4 章　微电网稳态分析

微电网稳态分析是微电网运行特性研究的最基本工作之一，也是稳定性仿真分析的基础，其任务是根据给定的分布式发电系统运行方式求解系统的稳态运行点，包括各母线的电压、设备及线路的功率等，也称为潮流计算。微电网另一类稳态分析就是短路故障分析，目的是获取系统各种短路故障下的故障电流，为系统中各种设备和开关容量的选择提供依据。考虑到微电网与配电系统有很多相似之处，配电系统的潮流计算方法对微电网的稳态分析有很强的借鉴作用，本章首先对配电网潮流的基本算法进行了介绍。在此基础上，针对微电网中各种分布式电源控制特性的特殊性，定义分布式电源的新型节点类型，介绍各种类型的节点在微电网潮流中的处理方式，以及微电网交直流混合潮流计算方法；根据各种分布式电源在短路故障时的不同运行特性，建立分布式电源的短路模型，介绍各种故障情况下的系统短路电流计算方法。

4.1　常规元件稳态模型

微电网主要由分布式电源和储能系统、电力电子变换装置、配电网络以及负荷等构成。本节重点阐述配电网络相关的常规元件(变压器、线路、负荷)的稳态模型，其他元件及装置的模型可参见第 2 章。

4.1.1　变压器模型

配电系统中的变压器类型很多，其模型描述方法也需根据研究问题的需要进行合理选择。在微电网中，变压器一般在分布式电源(储能)和网络间起到隔离或升压作用，在微电网和常规配电系统之间有时候也会安装变压器，同样为达到上述目的。以中低压配电系统中常用的Δ/Y0-11 型配电变压器为例，其等值电路如图 4.1 所示。

在变压器实用简化的三相模型中，一般忽略各相间的电磁耦合，而只保留原边和副边线圈之间的电磁耦合。如果已知变压器的短路损耗、短路电压百分比、空载损耗和空载电流百分比等原始名牌参数，则可以容易得到变压器等值电路参数：电阻 R_T，电抗 X_T，电导 G_T，电纳 B_T。在图 4.1 所示变压器等值电路中，记原边短路导纳(又称漏导纳)为 $y_T = \dfrac{1}{R_T + jX_T}$，以及原边线圈的自导纳为 y_p，副边线圈自导纳为 y_s，同一铁

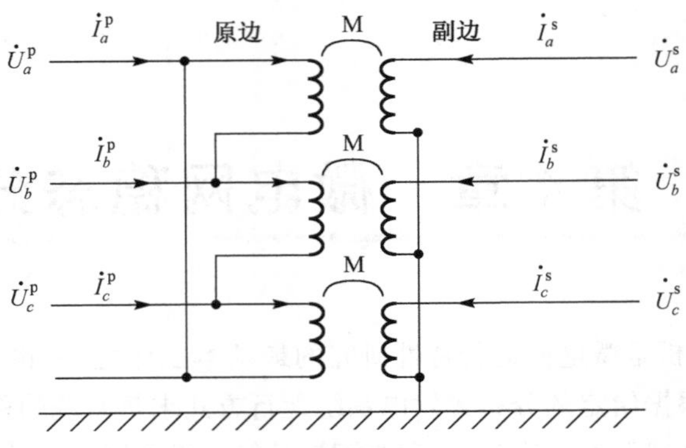

图 4.1　Δ/Y0-11 型变压器等值电路

芯柱上原边线圈和副边线圈之间的互导纳为 y_m，则 $y_p = y_s = y_m = y_T$。考虑到变压器非标准变比影响，变压器节点电流向量 $\boldsymbol{I}_n = [\dot{I}_a^p \quad \dot{I}_b^p \quad \dot{I}_c^p \quad \dot{I}_a^s \quad \dot{I}_b^s \quad \dot{I}_c^s]^T$ 和节点电压向量 $\boldsymbol{U}_n = [\dot{U}_a^p \quad \dot{U}_b^p \quad \dot{U}_c^p \quad \dot{U}_a^s \quad \dot{U}_b^s \quad \dot{U}_c^s]^T$ 之间存在下述关系：

$$\begin{bmatrix} \dot{I}_a^p \\ \dot{I}_b^p \\ \dot{I}_c^p \\ \dot{I}_a^s \\ \dot{I}_b^s \\ \dot{I}_c^s \end{bmatrix} = \begin{bmatrix} \dfrac{y_T}{\alpha^2}\begin{bmatrix} 2 & -1 & -1 \\ -1 & 2 & -1 \\ -1 & -1 & 2 \end{bmatrix} & \dfrac{-y_T}{\alpha\beta}\begin{bmatrix} 1 & -1 & 0 \\ 0 & 1 & -1 \\ -1 & 0 & 1 \end{bmatrix} \\ \dfrac{-y_T}{\alpha\beta}\begin{bmatrix} 1 & 0 & -1 \\ -1 & 1 & 0 \\ 0 & -1 & 1 \end{bmatrix} & \dfrac{y_T}{\beta^2}\begin{bmatrix} 1 & 0 & 0 \\ 0 & 1 & 0 \\ 0 & 0 & 1 \end{bmatrix} \end{bmatrix} \begin{bmatrix} \dot{U}_a^p \\ \dot{U}_b^p \\ \dot{U}_c^p \\ \dot{U}_a^s \\ \dot{U}_b^s \\ \dot{U}_c^s \end{bmatrix} = \boldsymbol{Y}_T \begin{bmatrix} \dot{U}_a^p \\ \dot{U}_b^p \\ \dot{U}_c^p \\ \dot{U}_a^s \\ \dot{U}_b^s \\ \dot{U}_c^s \end{bmatrix} \tag{4.1}$$

式(4.1)中，α、β 为与变压器原、副边分接头位置对应的相关参量，$\boldsymbol{Y}_T$ 为变压器节点导纳矩阵，由于原边是三角形不接地方式，因此 $\boldsymbol{Y}_T$ 是奇异的，在仿真算法中将无法并入全系统节点导纳矩阵之中参与网络求解。若将原边采用线电压代入式中，$\boldsymbol{Y}_T$ 维数将降为 5×5[1]，则可得到变压器的相线分量混合形式的准稳态模型为

$$\begin{bmatrix} \dot{I}_a^p \\ \dot{I}_b^p \\ \dot{I}_a^s \\ \dot{I}_b^s \\ \dot{I}_c^s \end{bmatrix} = \begin{bmatrix} \dfrac{y_T}{\alpha^2}\begin{bmatrix} 2 & 1 \\ -1 & 1 \end{bmatrix} & \dfrac{-y_T}{\alpha\beta}\begin{bmatrix} 1 & -1 & 0 \\ 0 & -1 & 1 \end{bmatrix} \\ \dfrac{-y_T}{\alpha\beta}\begin{bmatrix} 1 & 1 \\ -1 & 0 \\ 0 & -1 \end{bmatrix} & \dfrac{y_T}{\beta^2}\begin{bmatrix} 1 & 0 & 0 \\ 0 & 1 & 0 \\ 0 & 0 & 1 \end{bmatrix} \end{bmatrix} \begin{bmatrix} \dot{U}_{ab}^p \\ \dot{U}_{bc}^p \\ \dot{U}_a^s \\ \dot{U}_b^s \\ \dot{U}_c^s \end{bmatrix} = \boldsymbol{Y}'_T \begin{bmatrix} \dot{U}_{ab}^p \\ \dot{U}_{bc}^p \\ \dot{U}_a^s \\ \dot{U}_b^s \\ \dot{U}_c^s \end{bmatrix} \tag{4.2}$$

采用相分量与线分量混合表述的节点导纳矩阵 $\boldsymbol{Y}'_T$ 可以并入全系统节点导纳矩阵中，由于线分量维数小于相分量，整个系统节点导纳矩阵维数小于 $3n\times3n$，n 为系

统的母线数。当变压器任一侧存在三角形或者星形不接地的接线方式时，均可采用上述思路，将不接地侧改为采用线对线电压，则可得到相分量与线分量混合表述的节点导纳矩阵，如果变压器的两侧均不接地，则两侧都采用线对线电压，用线分量表述的节点导纳矩阵的维数降为 4×4，其他接地形式的变压器模型仍然可以采用相分量正常表达。

4.1.2 线路模型

微电网中的线路经常具有非对称性，特别是在低压微电网中，在线路建模过程中不应对导体排列位置、导体型号和换位等问题进行过多假设。微电网中的线路详细模型如图 4.2 所示，可用三相 π 型等值电路描述，其中，母线 i 和母线 j 分别为线路的入端母线和出端母线。用 $\boldsymbol{Z}_l$ 表示线路的串联阻抗矩阵，$\boldsymbol{Y}_l$ 表示线路的并联（对地）导纳矩阵，则 $\boldsymbol{Z}_l$ 和 $\boldsymbol{Y}_l$ 皆为 $n\times n$ 复矩阵，n 为线路的相数，当 n 取 1、2 和 3 时，分别代表单相线路、两相线路和三相线路。其中串联阻抗矩阵 $\boldsymbol{Z}_l$ 为

$$\boldsymbol{Z}_l=\begin{bmatrix} Z_{aa} & Z_{ab} & Z_{ac} \\ Z_{ba} & Z_{bb} & Z_{bc} \\ Z_{ca} & Z_{cb} & Z_{cc} \end{bmatrix} \tag{4.3}$$

并联对地导纳矩阵为

$$\frac{\boldsymbol{Y}_l}{2}=\frac{1}{2}\times\begin{bmatrix} y_{aa} & y_{ab} & y_{ac} \\ y_{ba} & y_{bb} & y_{bc} \\ y_{ca} & y_{cb} & y_{cc} \end{bmatrix} \tag{4.4}$$

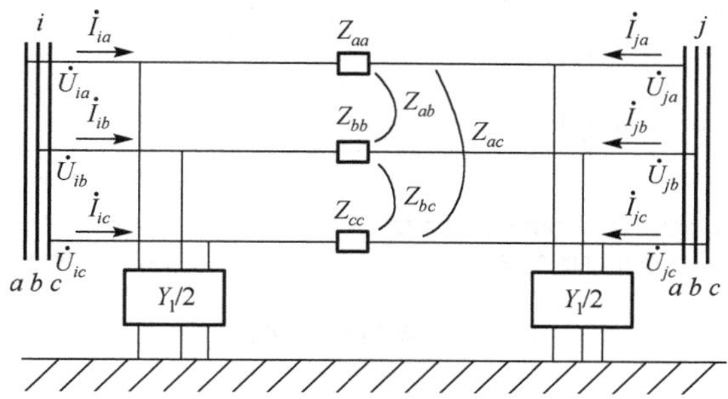

图 4.2 配电线路的精确模型

由式(4.4)和式(4.5)，可得到线路准确模型对应的导纳矩阵 $\boldsymbol{Y}_L$ 为

$$\boldsymbol{Y}_L=\begin{bmatrix} \boldsymbol{Z}_l^{-1}+\dfrac{1}{2}\boldsymbol{Y}_l & -\boldsymbol{Z}_l^{-1} \\ -\boldsymbol{Z}_l^{-1} & \boldsymbol{Z}_l^{-1}+\dfrac{1}{2}\boldsymbol{Y}_l \end{bmatrix} \tag{4.5}$$

一般在低压配电系统中，可忽略配电线路并联对地导纳的影响，则可获得简化修正模型，其对应的导纳矩阵为

$$\boldsymbol{Y}_{\mathrm{L}} = \begin{bmatrix} \boldsymbol{Z}_{\mathrm{l}}^{-1} & -\boldsymbol{Z}_{\mathrm{l}}^{-1} \\ -\boldsymbol{Z}_{\mathrm{l}}^{-1} & \boldsymbol{Z}_{\mathrm{l}}^{-1} \end{bmatrix} \tag{4.6}$$

4.1.3 负荷模型

微电网中的静态负荷可以是星形接地或三角形联结的三相平衡或不平衡负荷，也可以是单相或两相接地负荷，如图 4.3 所示。图中用 x、y、z 表示 a、b、c 三相的任意一种排列，也即表明单相或两相接地负荷可以接在任意一相或两相与地之间。在微电网稳态计算中，由于需要考虑其线路及负荷的三相不平衡性，可由负荷节点电压向量 $\boldsymbol{U}$ 和负荷恒定模型参数，根据需要选择计算负荷导纳矩阵 $\boldsymbol{Y}_{\mathrm{L}}$、负荷注入电流向量 $\boldsymbol{I}_{\mathrm{L}}$、负荷注入功率向量 $\boldsymbol{S}_{\mathrm{L}}$，具体计算方法可参看文献[2]。这里以图 4.3(b)所示不接地三角形恒阻抗负荷为例加以说明。

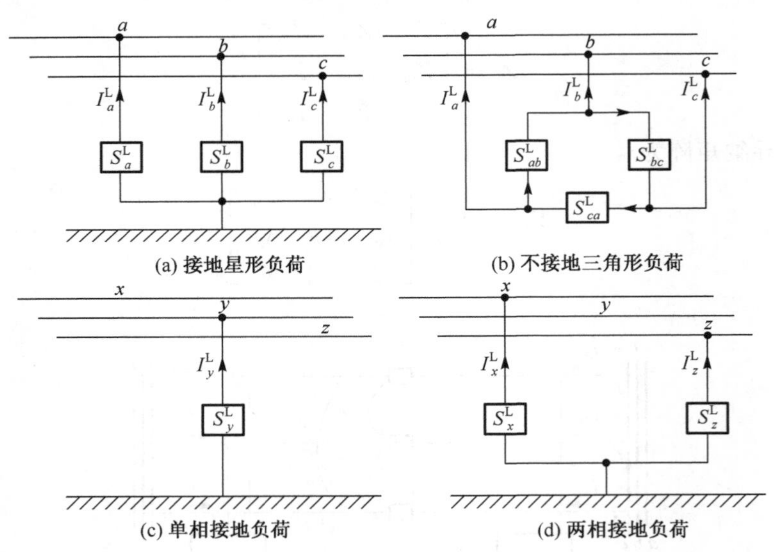

图 4.3　恒阻抗负荷模型

假设在稳态条件下，已知负荷接入点的额定线电压为 $\dot{U}_{ab}^{0}$、$\dot{U}_{bc}^{0}$、$\dot{U}_{ca}^{0}$，负荷额定功率为 $S_{ab}^{\mathrm{L}0}$、$S_{bc}^{\mathrm{L}0}$、$S_{ca}^{\mathrm{L}0}$，则有

$$\begin{aligned} \dot{U}_{ab}^{0} + \dot{U}_{bc}^{0} + \dot{U}_{ca}^{0} &= 0 \\ S_{ab}^{\mathrm{L}0} + S_{bc}^{\mathrm{L}0} + S_{ca}^{\mathrm{L}0} &= 0 \end{aligned} \tag{4.7}$$

进一步可得到负荷导纳值为

$$y_{ab}^{\mathrm{L}} = \hat{S}_{ab}^{\mathrm{L}0} / \mid \dot{U}_{ab}^{0} \mid^{2}$$

$$y_{bc}^{\mathrm{L}} = \hat{S}_{bc}^{\mathrm{L}0} / \mid \dot{U}_{bc}^{0} \mid^{2}$$

$$y_{ca}^{\mathrm{L}}=\hat{S}_{ca}^{\mathrm{L0}}/\left|\dot{U}_{ca}^{0}\right|^{2}=-(\hat{S}_{ab}^{\mathrm{L0}}+\hat{S}_{bc}^{\mathrm{L0}})/\left|\dot{U}_{ab}^{0}+\dot{U}_{bc}^{0}\right|^{2} \tag{4.8}$$

式中，$(\hat{\ })$代表复数取共轭。

如前所述，对于不接地元件，宜采用相线分量混合形式进行描述，三角形联结的恒阻抗负荷上的线电压和相电流之间关系为

$$\begin{bmatrix}\dot{I}_{a}^{\mathrm{L}}\\ \dot{I}_{b}^{\mathrm{L}}\end{bmatrix}=\begin{bmatrix}y_{ca}^{\mathrm{L}}+y_{ab}^{\mathrm{L}} & y_{ca}^{\mathrm{L}}\\ -y_{ab}^{\mathrm{L}} & y_{bc}^{\mathrm{L}}\end{bmatrix}\begin{bmatrix}\dot{U}_{ab}\\ \dot{U}_{bc}\end{bmatrix} \tag{4.9}$$

负荷导纳矩阵 $\boldsymbol{Y}_{\mathrm{L}}=\begin{bmatrix}y_{ca}^{\mathrm{L}}+y_{ab}^{\mathrm{L}} & y_{ca}^{\mathrm{L}}\\ -y_{ab}^{\mathrm{L}} & y_{bc}^{\mathrm{L}}\end{bmatrix}$ 在稳态计算过程中可直接并入系统节点导纳矩阵。对于不接地三角形联结的恒电流、恒功率负荷模型，与恒阻抗模型类似进行表达。

4.2 配电网潮流算法

微电网在运行结构上与配电系统相似，一般为树状结构，但三相不对称问题更加突出，潮流计算需要充分考虑这一结构特点，算法必须能够考虑三相不平衡的影响。另一方面，与配电系统潮流计算中一般仅将源节点作为唯一的电源不同，微电网中可能存在多个分布式电源，这些分布式电源的存在又使其潮流计算方法显著不同于配电系统。配电系统潮流计算方法很多，如隐式 Z_{bus} 高斯算法、牛顿类法(传统牛顿法、快速解耦法、近似牛顿法、改进快速解耦法等)、前推回推法、回路阻抗法等[3-8]。本节对配电系统常用的一些潮流计算方法简单加以介绍，目的是为微电网潮流计算方法的发展奠定基础。

4.2.1 $\mathbf{Z}_{\mathrm{bus}}$高斯算法[2]

配电系统节点电压方程一般可以写成如下形式：

$$\boldsymbol{I}=\boldsymbol{YU} \tag{4.10}$$

式中，$\boldsymbol{I}$ 为节点电流注入向量；$\boldsymbol{U}$ 为节点电压向量；$\boldsymbol{Y}$ 为节点导纳矩阵。如果将配电系统的源节点和其他节点分离，则可以将系统方程写为

$$\begin{bmatrix}\boldsymbol{I}_1\\ \boldsymbol{I}_2\end{bmatrix}=\begin{bmatrix}\boldsymbol{Y}_{11} & \boldsymbol{Y}_{12}\\ \boldsymbol{Y}_{21} & \boldsymbol{Y}_{22}\end{bmatrix}\begin{bmatrix}\boldsymbol{U}_1\\ \boldsymbol{U}_2\end{bmatrix} \tag{4.11}$$

式中，$\boldsymbol{I}_1$、$\boldsymbol{U}_1$ 为源节点的电流和电压向量；$\boldsymbol{I}_2$、$\boldsymbol{U}_2$ 为其他节点的电流和电压向量。

对配电系统而言，一般源节点电压 $\boldsymbol{U}_1$ 是给定的，如果系统负荷节点注入电流 $\boldsymbol{I}_2$ 是已知的恒定电流，则系统中除源节点外其他节点的电压即可求出，如下式所示：

$$\boldsymbol{U}_2=\boldsymbol{Y}_{22}^{-1}[\boldsymbol{I}_2-\boldsymbol{Y}_{21}\boldsymbol{U}_1] \tag{4.12}$$

若负荷包含恒定功率成分，可以用估计电压下的等值电流注入来代替，节点电

流注入向量 $\boldsymbol{I}_2$ 成为节点电压向量 $\boldsymbol{U}_2$ 的函数。因而有

$$\boldsymbol{U}_2 = \boldsymbol{Y}_{22}^{-1}[\boldsymbol{I}_2(\boldsymbol{U}_2) - \boldsymbol{Y}_{21}\boldsymbol{U}_1] \tag{4.13}$$

在高斯迭代算法中，在第 k 次迭代时，利用了第 $k-1$ 次迭代产生的 $\boldsymbol{U}_2$ 的新值 $\boldsymbol{U}_2^{(k-1)}$，即

$$\boldsymbol{U}_2^{(k)} = \boldsymbol{Y}_{22}^{-1}[\boldsymbol{I}_2(\boldsymbol{U}_2^{(k-1)}) - \boldsymbol{Y}_{21}\boldsymbol{U}_1] \tag{4.14}$$

当两次迭代间电压变化值小于精度要求时，算法终止。

由上述迭代过程可以看出，该算法等价于不断左乘阻抗矩阵 $\boldsymbol{Y}_{22}^{-1}$，因此称为 $\mathrm{Z_{bus}}$ 高斯算法，在算法的具体实现中，阻抗矩阵 $\boldsymbol{Y}_{22}^{-1}$ 并不需要显式形成，实际程序中存储和利用的是 $\boldsymbol{Y}_{22}$ 的因子表，因此该算法称为“隐式”算法。高斯算法的实现过程包括两部分，计算 $\boldsymbol{I}_2(\boldsymbol{U}_2)$ 和对式(4.14)利用 $\boldsymbol{Y}_{22}$ 的因子表进行前代和回代运算。算法具体计算步骤如下：

(1)输入原始数据，并初始化各节点电压；

(2)形成和存储节点导纳矩阵 $\boldsymbol{Y}$，并将并联电容器和恒定阻抗负荷一起加入 $\boldsymbol{Y}$；

(3)分离配电系统的源节点和其他节点，得到 $\boldsymbol{Y}_{22}$；

(4)对 $\boldsymbol{Y}_{22}$ 进行因子分解；

(5)利用上一次迭代得到的节点电压计算除源节点外其他节点电流注入向量 $\boldsymbol{I}_2$；

(6)利用高斯迭代法求解方程，得到 $\boldsymbol{U}_2$ 的值；

(7)对各节点计算电压差，并同收敛精度进行比较，判断是否收敛。若不收敛，转(5)，若收敛，迭代结束。

$\mathrm{Z_{bus}}$ 高斯算法是以系统节点导纳矩阵为基础的一种潮流算法，原理比较简单，要求的内存量也比较小，虽然是一阶收敛的算法，但具有接近牛顿法的收敛速度和收敛特性，对于规模不大的系统具有较好的适应性。

4.2.2 牛顿法[2]

传统的牛顿法是将 $\boldsymbol{F}(\boldsymbol{X})=0$ 用泰勒级数展开，并略去二阶以上的高阶项，然后求解。它的实质是逐次线性化，求解过程的核心是反复形成并求解修正方程。其迭代格式为

$$\begin{cases} \boldsymbol{F}(\boldsymbol{X}^{(k)}) = -\boldsymbol{J}^{(k)}\Delta\boldsymbol{X}^{(k)} \\ \boldsymbol{X}^{(k+1)} = \boldsymbol{X}^{(k)} + \Delta\boldsymbol{X}^{(k)} \end{cases} \tag{4.15}$$

式中，$\boldsymbol{X}$ 和 $\Delta\boldsymbol{X}$ 分别为 n 个状态变量和其修正量组成的 n 维列向量；$\boldsymbol{J}$ 是雅可比矩阵；$\boldsymbol{F}(\boldsymbol{X})$ 是由 n 个函数组成的 n 维列向量。

当采取极坐标时，节点电压表示为 $\dot{U}_i = U_i\angle\theta_i = U_i(\cos\theta_i + \mathrm{j}\sin\theta_i)$，用节点电压的幅值和相角表示的节点功率方程为

$$\begin{cases} P_i = U_i \sum_{j=1}^{n} U_j (G_{ij} \cos\theta_{ij} + B_{ij} \sin\theta_{ij}) \\ Q_i = U_i \sum_{j=1}^{n} U_j (G_{ij} \sin\theta_{ij} - B_{ij} \cos\theta_{ij}) \end{cases} \tag{4.16}$$

式中，$\theta_{ij} = \theta_i - \theta_j$ 为节点 i 和 j 的电压相角差。

若取给定节点注入功率 P_i^s 和 Q_i^s 与由节点电压求得的节点注入有功功率和无功功率之差作为节点有功功率和无功功率的不平衡量，则节点功率方程可以写为

$$\begin{cases} \Delta P_i = P_i^s - U_i \sum_{j=1}^{n} U_j (G_{ij} \cos\theta_{ij} + B_{ij} \sin\theta_{ij}) = 0 \\ \Delta Q_i = Q_i^s - U_i \sum_{j=1}^{n} U_j (G_{ij} \sin\theta_{ij} - B_{ij} \cos\theta_{ij}) = 0 \end{cases} \tag{4.17}$$

其牛顿法的修正方程可以表示为

$$\begin{bmatrix} \boldsymbol{\Delta P} \\ \boldsymbol{\Delta Q} \end{bmatrix} = - \begin{bmatrix} \boldsymbol{H} & \boldsymbol{N} \\ \boldsymbol{K} & \boldsymbol{L} \end{bmatrix} \begin{bmatrix} \boldsymbol{\Delta \theta} \\ \boldsymbol{\Delta U}\, \boldsymbol{U}^{-1} \end{bmatrix} \tag{4.18}$$

式中，雅可比矩阵的各元素为

$$\begin{aligned}
H_{ij} &= \frac{\partial P_i}{\partial \theta_j} = -U_i U_j (G_{ij} \sin\theta_{ij} - B_{ij} \cos\theta_{ij}) \\
H_{ii} &= \frac{\partial P_i}{\partial \theta_i} = U_i \sum_{j \in i, j \neq i} U_j (G_{ij} \sin\theta_{ij} - B_{ij} \cos\theta_{ij}) \\
N_{ij} &= U_j \frac{\partial P_i}{\partial U_j} = -U_i U_j (G_{ij} \cos\theta_{ij} + B_{ij} \sin\theta_{ij}) \\
N_{ii} &= U_i \frac{\partial P_i}{\partial U_i} = -U_i \sum_{j \in i, j \neq i} U_j (G_{ij} \cos\theta_{ij} + B_{ij} \sin\theta_{ij}) \\
K_{ij} &= \frac{\partial Q_i}{\partial \theta_j} = U_i U_j (G_{ij} \cos\theta_{ij} + B_{ij} \sin\theta_{ij}) \\
K_{ii} &= \frac{\partial Q_i}{\partial \theta_i} = -U_i \sum_{j \in i, j \neq i} U_j (G_{ij} \cos\theta_{ij} + B_{ij} \sin\theta_{ij}) \\
L_{ij} &= U_j \frac{\partial Q_i}{\partial U_j} = -U_i U_j (G_{ij} \sin\theta_{ij} - B_{ij} \cos\theta_{ij}) \\
L_{ii} &= U_i \frac{\partial Q_i}{\partial U_i} = -U_i \sum_{j \in i, j \neq i} U_j (G_{ij} \sin\theta_{ij} - B_{ij} \cos\theta_{ij}) + 2U_i^2 B_{ii}
\end{aligned} \tag{4.19}$$

式中，$j \in i$ 表示与节点 i 通过线路直接相连的节点结合。

牛顿法的第 $k+1$ 次迭代过程如下：

(1)由第 k 次迭代算出的节点电压 $U_i^{(k)}$ 和相角 $\theta_i^{(k)}$ 计算功率不平衡量 $\Delta P_i^{(k)}$ 和 $\Delta Q_i^{(k)}$；

(2)检验是否收敛,即判断误差是否小于给定误差限值ε,若满足 $\max\{|\Delta P_i^{(k)}|, |\Delta Q_i^{(k)}|\} < \varepsilon$,则迭代结束,否则继续;

(3)利用节点电压的幅值 $U_i^{(k)}$ 和相角 $\theta_i^{(k)}$ 计算雅可比矩阵的各个元素;

(4)解修正方程式(4.18),求得各节点电压的修正量 $\Delta U_i^{(k)}$ 和 $\Delta\theta_i^{(k)}$;

(5)通过式(4.20)修正各节点电压。

$$\begin{cases}\theta_i^{(k+1)} = \theta_i^{(k)} + \Delta\theta_i^{(k)} \\ U_i^{(k+1)} = U_i^{(k)} + \Delta U_i^{(k)}\end{cases} \tag{4.20}$$

4.2.3 近似牛顿法[2]

对配电系统做如下假设:①相邻节点的电压相角差很小,可以近似有 $\sin\theta_{ij} \approx 0$;②没有接地支路,因而式(4.19)中的最后一项不存在。在上述两点假设中,第一个假设一般是合理的,因为典型的配电线路较短且潮流也不大;第二个假设当存在并联电容器以及不可忽略的配电π形等值模型的并联电导时,就不够合理。但是,所有的并联支路都可以利用节点电压转换成节点功率或电流注入,经这样处理之后,第二个假设就合理了。这样,雅可比矩阵元素可近似为

$$\begin{aligned}
H_{ij} &= \frac{\partial P_i}{\partial \theta_j} = U_i U_j B_{ij} \cos\theta_{ij} \\
H_{ii} &= \frac{\partial P_i}{\partial \theta_i} = -U_i \sum_{j\in i, j\neq i} U_j B_{ij} \cos\theta_{ij} \\
N_{ij} &= U_j \frac{\partial P_i}{\partial U_j} = -U_i U_j G_{ij} \cos\theta_{ij} \\
N_{ii} &= U_i \frac{\partial P_i}{\partial U_i} = -U_i \sum_{j\in i, j\neq i} U_j G_{ij} \cos\theta_{ij} \\
K_{ij} &= \frac{\partial P_i}{\partial \theta_j} = U_i U_j G_{ij} \cos\theta_{ij} \\
K_{ii} &= \frac{\partial P_i}{\partial \theta_i} = -U_i \sum_{j\in i, j\neq i} U_j G_{ij} \cos\theta_{ij} \\
L_{ij} &= U_j \frac{\partial Q_i}{\partial U_j} = U_i U_j B_{ij} \cos\theta_{ij} \\
L_{ii} &= U_i \frac{\partial Q_i}{\partial U_i} = U_i \sum_{j\in i, j\neq i} U_j B_{ij} \cos\theta_{ij}
\end{aligned} \tag{4.21}$$

$\boldsymbol{H}$、$\boldsymbol{N}$、$\boldsymbol{K}$、$\boldsymbol{L}$ 与节点导纳矩阵有相同的对称系数特性,可写成下面形式:

$$\begin{cases}\boldsymbol{H} = \boldsymbol{L} = \boldsymbol{A}_{n-1}\boldsymbol{D}_{\mathrm{B}}\boldsymbol{A}_{n-1}^{\mathrm{T}} \\ \boldsymbol{K} = -\boldsymbol{N} = \boldsymbol{A}_{n-1}\boldsymbol{D}_{\mathrm{G}}\boldsymbol{A}_{n-1}^{\mathrm{T}}\end{cases} \tag{4.22}$$

式中,$\boldsymbol{A}_{n-1}$ 为 n 节点系统不考虑源节点的节点-支路关联矩阵;$\boldsymbol{D}_{\mathrm{B}}$ 和 $\boldsymbol{D}_{\mathrm{G}}$ 为对角矩阵,其对角元素为 $U_i U_j B_{ij} \cos\theta_{ij}$ 和 $U_i U_j G_{ij} \cos\theta_{ij}$。因此牛顿法的修正方程式(4.18)可以写为

$$\begin{bmatrix}\Delta\boldsymbol{P}\\ \Delta\boldsymbol{Q}\end{bmatrix}=-\begin{bmatrix}\boldsymbol{A}_{n-1} & 0\\ 0 & \boldsymbol{A}_{n-1}\end{bmatrix}\begin{bmatrix}\boldsymbol{D}_{\mathrm{B}} & -\boldsymbol{D}_{\mathrm{G}}\\ \boldsymbol{D}_{\mathrm{G}} & \boldsymbol{D}_{\mathrm{B}}\end{bmatrix}\begin{bmatrix}\boldsymbol{A}_{n-1}^{\mathrm{T}} & 0\\ 0 & \boldsymbol{A}_{n-1}^{\mathrm{T}}\end{bmatrix}\begin{bmatrix}\Delta\boldsymbol{\theta}\\ \Delta\boldsymbol{U}\,\boldsymbol{U}^{-1}\end{bmatrix} \tag{4.23}$$

如果对节点和支路进行适当编号，$\boldsymbol{A}_{n-1}$是一个上三角矩阵，对角元素为1，所有非零非对角元素为−1。获得这样的$\boldsymbol{A}_{n-1}$的编号方案是对支路按离开根节点的距离分层编号。

若定义

$$\boldsymbol{E}=\Delta\boldsymbol{\theta}+\mathrm{j}\Delta\boldsymbol{U}\,\boldsymbol{U}^{-1} \tag{4.24}$$

$$\boldsymbol{S}=\boldsymbol{P}+\mathrm{j}\Delta\boldsymbol{Q} \tag{4.25}$$

$$\boldsymbol{W}=\boldsymbol{D}_{\mathrm{B}}+\mathrm{j}\boldsymbol{D}_{\mathrm{G}} \tag{4.26}$$

则

$$\boldsymbol{A}_{n-1}\boldsymbol{W}\boldsymbol{A}_{n-1}^{\mathrm{T}}\boldsymbol{E}=\boldsymbol{S} \tag{4.27}$$

或写为

$$\begin{cases}\boldsymbol{A}_{n-1}\,\boldsymbol{S}_{\mathrm{L}}=\boldsymbol{S}\\ \boldsymbol{W}\boldsymbol{A}_{n-1}^{\mathrm{T}}\boldsymbol{E}=\boldsymbol{S}_{\mathrm{L}}\end{cases} \tag{4.28}$$

其中，第一式对应回推过程，第二式对应前推过程。而节点-支路关联矩阵$\boldsymbol{A}_{n-1}$的非零元素不是1就是−1，在程序中无需真正形成。

对于配电系统，近似牛顿法的优点在于它是一种牛顿法，具有二阶收敛性能。另外，雅可比矩阵不需要显式形成，而直接在潮流方程的基础上进行前推回推，这样避免了与雅可比矩阵和LU分解因子相关的可能病态条件的影响。

4.2.4 前推回推法[2]

前推回推潮流算法又称前推回代算法，是求解树状配电网潮流的有效方法。配电网的显著特点是从任一给定母线到源节点具有唯一的路径，前推回推类算法正是利用了配电网的这一特征，沿这些唯一的供电路径修正电压和电流，通过回推过程计算各负荷节点的注入电流或功率流，从末梢节点开始，通过对支路电流或者功率流的求和计算，获得各条支路始端的电流或者功率流，同时可能修正节点电压。在前推过程利用已设定的源节点电压作为边界条件计算各支路电压降和末端电压，同时可能修正支路电流或者功率流，如此不断重复前推和回推两个步骤，直到收敛。

以图4.4所示馈线计算单元为例，给出前推回推算法的计算过程。

母线k的进支又称为支路k，它可以是配电线路、开关或者变压器，其三相导纳矩阵表示为

$$\boldsymbol{Y}_k^{\mathrm{BR}}=\begin{bmatrix}\boldsymbol{Y}_k^{11} & \boldsymbol{Y}_k^{12}\\ \boldsymbol{Y}_k^{21} & \boldsymbol{Y}_k^{22}\end{bmatrix} \tag{4.29}$$

导纳矩阵$\boldsymbol{Y}_k^{\mathrm{BR}}$联系起了支路两端的电流和相对地电压：

$$\begin{bmatrix}\boldsymbol{I}_k\\ \boldsymbol{I}'_k\end{bmatrix}=\boldsymbol{Y}_k^{\mathrm{BR}}\begin{bmatrix}\boldsymbol{U}_{k-1}\\ \boldsymbol{U}_k\end{bmatrix} \tag{4.30}$$

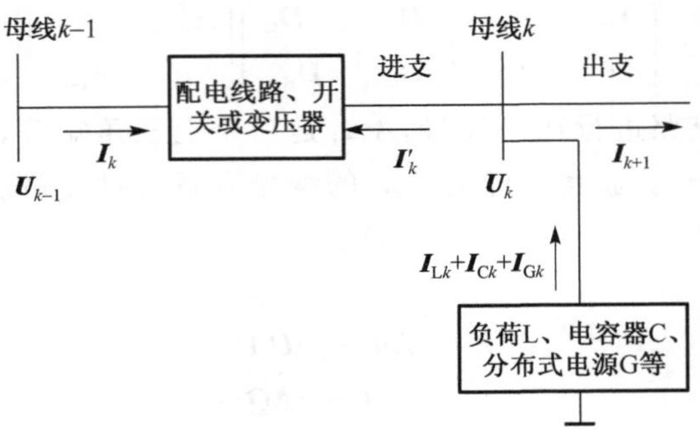

图 4.4　配电网潮流馈线计算单元

根据式(4.30)可获得潮流计算的前推回推过程如下。

(1)回推过程：由母线 k 的三相电压向量 $\boldsymbol{U}_k$ 和进支电流三相向量 $\boldsymbol{I}'_k$，求母线 $k-1$ 的三相电压向量 $\boldsymbol{U}_{k-1}$ 和出支电流三相向量 $\boldsymbol{I}_k$。

$$\boldsymbol{U}_{k-1}=(\boldsymbol{Y}_k^{12})^{-1}(\boldsymbol{I}'_k-\boldsymbol{Y}_k^{22}\boldsymbol{U}_k) \tag{4.31}$$

$$\boldsymbol{I}_k=\boldsymbol{Y}_k^{11}\boldsymbol{U}_{k-1}+\boldsymbol{Y}_k^{12}\boldsymbol{U}_k \tag{4.32}$$

回推过程相当于从线路末端的电压和电流一直回推至首端源节点。在回推过程中，对节点 k，要利用 $\boldsymbol{I}'_k=\boldsymbol{I}_{Lk}+\boldsymbol{I}_{Ck}+\boldsymbol{I}_{Gk}-\boldsymbol{I}_{k+1}$ 考虑对地支路的影响，而对地支路电流有时又需根据对应节点的电压计算更新。

(2)前推过程：由母线 $k-1$ 的三相电压向量 $\boldsymbol{U}_{k-1}$ 和出支电流三相向量 $\boldsymbol{I}_k$，求母线 k 的三相电压向量 $\boldsymbol{U}_k$ 和进支电流三相向量 $\boldsymbol{I}'_k$。

$$\boldsymbol{U}_k=(\boldsymbol{Y}_k^{12})^{-1}(\boldsymbol{I}_k-\boldsymbol{Y}_k^{11}\boldsymbol{U}_{k-1}) \tag{4.33}$$

$$\boldsymbol{I}'_k=\boldsymbol{Y}_k^{21}\boldsymbol{U}_{k-1}+\boldsymbol{Y}_k^{22}\boldsymbol{U}_k \tag{4.34}$$

前推过程相当于由线路首端(电压已知)一直前推至线路末端节点。在前推过程中，对节点 k，要利用 $\boldsymbol{I}_{k+1}=\boldsymbol{I}_{Lk}+\boldsymbol{I}_{Ck}+\boldsymbol{I}_{Gk}-\boldsymbol{I}'_k$ 考虑对地支路的影响，而对地支路电流同样需根据对应节点的电压计算更新。

如此重复上述两个过程，直到各条母线的三相电压向量幅值和相角相对于上一次的数值偏差小于容许值为止。

前推回推类算法直接根据基本的基尔霍夫电压定律(KVL)、基尔霍夫电流定律(KCL)及欧姆定律进行计算，不需要计算潮流方程的偏微分，简单灵活，在具有典型树状结构的配电系统潮流计算中得到了较为广泛的应用。

4.3　电力电子变换器稳态模型

分布式电源种类很多，既有类似于同步电机、异步电机等直接并网的分布式电源，也有类似于光伏电池、蓄电池等通过电力电子变换器并网的分布式电源；分布式

电源并网方式也很多样，既有交流型分布式电源经整流-逆变的形式并网，也有直流型分布式电源直接经逆变器并网，还有直流型电源经斩波-逆变的形式并网，表 4.1 给出了典型分布式电源的并网形式。

表 4.1 分布式电源并网形式

并网形式	并网结构图
直接并网	a, b, c; R_a, X_a; R_b, X_b; R_c, X_c; P,Q; $\dot{U}_a$, $\dot{U}_b$, $\dot{U}_c$; 网络
逆变并网	PWM换流器; I_{dc}; U_{dc}; a, b, c; R_a, X_a; R_b, X_b; R_c, X_c; P,Q; $\dot{U}_a$, $\dot{U}_b$, $\dot{U}_c$; 网络
斩波-逆变并网	DC/DC变换器; PWM换流器; I_{dc}; U_{dc}; a, b, c; R_a, X_a; R_b, X_b; R_c, X_c; P,Q; $\dot{U}_a$, $\dot{U}_b$, $\dot{U}_c$; 网络
整流-逆变并网	PWM换流器; PWM换流器; a, b, c; L; I_{dc}; U_{dc}; a, b, c; R_a, X_a; R_b, X_b; R_c, X_c; P,Q; $\dot{U}_a$, $\dot{U}_b$, $\dot{U}_c$; 网络

4.3.1 PWM 换流器稳态方程

现代电力电子技术的发展，使电力电子变换器的并网特性得到了较大的改善，通过电力电子变换器并网的分布式电源得到了更为广泛的应用。PWM 脉宽调制换流器具有电路简单、交流侧输出电压波形谐波含量小等特点，因而在分布式发电系统中应用较为广泛，无论是交流型分布式电源经整流-逆变的形式并网，还是直流型分布式电源直接经逆变器并网，都需经过换流器的能量变换，它是连接交直流系统的关键环节。换流器工作于整流状态还是逆变状态，取决于能量的传递方向，但无论在何种状态下运行，其控制方式类似。考虑到电压源型换流器在分布式电源并网换流器中应用更为普遍，不失一般性，本节以图 4.5 所示换流器及其并网方式为例进行分析介绍。

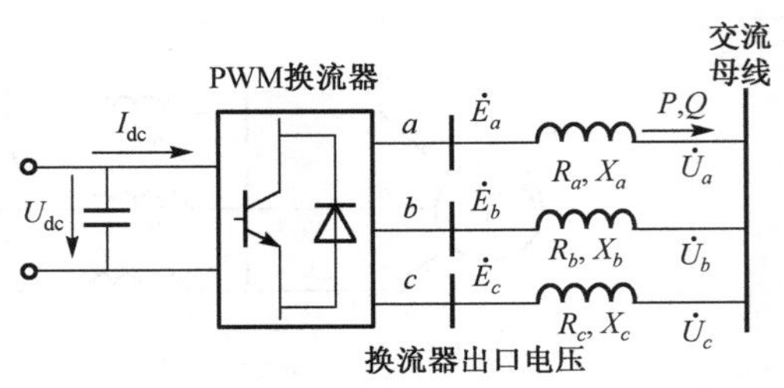

图 4.5　PWM 换流器并网结构

图 4.5 中，U_{dc}、I_{dc}分别为直流电压和直流电流，$i(i=a,b,c)$ 为换流器出口调制电压(本章统一用 E 表示)，$\dot{U}_i(i=a,b,c)$ 为换流器并网电压，P、Q 为换流器注入网络的有功功率和无功功率，$R_i(i=a,b,c)$ 为换流器出口处交流电阻，$X_i(i=a,b,c)$ 为换流器出口处交流电抗。同图 3.12 相比较，这里做了一定的简化，忽略了滤波电容的影响，但考虑了滤波器等值阻抗，考虑到本节涉及的主要是基波稳态量的计算问题，图 3.10～图 3.14 中的 u_{1abc} 这里用 $\dot{E}_i(i=a,b,c)$ 表示，u_{abc} 这里用 $\dot{U}_i(i=a,b,c)$ 表示。

为推导 PWM 换流器的稳态方程，对换流器做如下假设[9−11]：

(1)换流器本身结构三相对称，且输出电压三相对称；

(2)不考虑换流器本身损耗的影响；

(3)直流电压和直流电流波形均为平直的，即为恒定值。

假设(1)是一般 PWM 换流器具有的典型特征，考虑到换流器经阻抗并网后，由于微电网或配电网可能存在的明显三相不对称性，换流器并网点的交流母线电压有可能具有三相不对称性，为了进行稳态问题求解，需要进行相关的变量处理，以解决线路两端分别存在对称和不对称电压条件下的稳态潮流计算问题。一种有效的解决方法就是经过不对称相电压的序分量分解获得对称的正序分量，进而只针对正序电压分量进行分析求解。

利用对称分量法，相分量与序分量可进行相互转化，如式(4.35)所示。

$$\dot{\boldsymbol{U}}_{012}=\boldsymbol{S}\dot{\boldsymbol{U}}_{abc}=\frac{1}{3}\begin{bmatrix}1 & 1 & 1\\1 & \alpha & \alpha^2\\1 & \alpha^2 & \alpha\end{bmatrix}\begin{bmatrix}\dot{U}_a\\\dot{U}_b\\\dot{U}_c\end{bmatrix}\tag{4.35}$$

式中，$\boldsymbol{S}$ 为相序变换矩阵；α 为 e^{j120°。PWM 换流器输出电压的正序分量矢量图如图 4.6 所示。

根据阻抗线路电压降落计算方法，可以得到阻抗上的正序电压降落为

$$\Delta U = \frac{PR_1 + QX_1}{U_1} \tag{4.36}$$

$$\delta U = \frac{PX_1 - QR_1}{U_1} \tag{4.37}$$

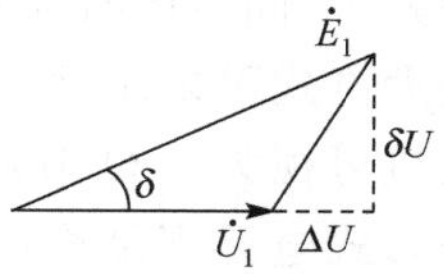

图 4.6 节点电压矢量图

式中，R_1 和 X_1 分别为换流器所接等值线路的正序电阻和正序电抗，一般即为给定的 $R_i(i = a,b,c)$ 和 $X_i(i = a,b,c)$。由上式可得到换流器出口处与 $\dot{E}_i(i = a,b,c)$ 对应的正序电压的幅值和相角，如式(4.38)所示。

$$\begin{cases} E_1 = \sqrt{(U_1 + \Delta U)^2 + (\delta U)^2} \\ \delta = \arctan\left(\dfrac{\delta U}{U_1 + \Delta U}\right) \end{cases} \tag{4.38}$$

根据本节假设(1)，PWM 换流器交流侧出口电压的负序分量及零序分量均为零，则由式(4.39)可计算出换流器交流侧出口电压的相分量，进而可计算换流器向外部网络输出的三相电流如式(4.40)所示。

$$\dot{\boldsymbol{E}}_{abc} = \boldsymbol{S}\dot{\boldsymbol{E}}_{012} = \begin{bmatrix} 1 & 1 & 1 \\ \alpha^2 & \alpha & 1 \\ \alpha & \alpha^2 & 1 \end{bmatrix} \begin{bmatrix} \dot{E}_1 \\ \dot{E}_2 \\ \dot{E}_0 \end{bmatrix} = \begin{bmatrix} 1 & 1 & 1 \\ \alpha^2 & \alpha & 1 \\ \alpha & \alpha^2 & 1 \end{bmatrix} \begin{bmatrix} \dot{E}_1 \\ 0 \\ 0 \end{bmatrix} \tag{4.39}$$

$$\dot{I}_i = \frac{\dot{E}_i - \dot{U}_i}{R_i + \mathrm{j}X_i}, (i = a,b,c) \tag{4.40}$$

针对换流器两侧，必须满足功率平衡约束及电压约束条件

$$P = P_{\mathrm{dc}} = U_{\mathrm{dc}} I_{\mathrm{dc}} \tag{4.41}$$

$$E_1 = K_0 M U_{\mathrm{dc}} \tag{4.42}$$

式中，$K_0 = \dfrac{\sqrt{3}}{2\sqrt{2}}$；$M$ 为调制系数。

4.3.2 PWM 换流器节点类型

分布式电源与电网的接口类型主要可分为三种，分布式电源采取的运行控制策略将直接影响潮流计算节点类型的选择。表 4.2 给出了在潮流计算时不同接口类型对应的潮流计算节点基本类型情况。表中，P-U 节点表示节点有功功率和电压固定，其他类似。

表 4.2 分布式电源接口类型与潮流计算节点类型

接口方案	潮流计算节点类型	典型分布式电源
同步电机	P-U 或 P-Q	分轴微型燃气轮机
异步电机	P-Q 或改进 P-Q	异步风力发电机
电力电子换流器	新的节点类型	光伏系统、燃料电池等

其中,同步电机与异步电机均为典型的直接并网接口方式,在潮流计算中的节点处理方式可采用常规的处理方法,如同步电机可视为 P-U 节点或者 P-Q 节点,异步电机可视为 P-Q 节点[12]或者改进的 P-Q 节点[13-15]。相对于直接并网方式,更多的分布式电源则是通过电力电子变换器并网,如光伏系统、燃料电池、蓄电池及单轴微型燃气轮机等,传统的节点处理方式已经不能满足潮流计算的需求,需要建立新的节点类型。

与常规并网电源不同,无论是交流型分布式电源经整流-逆变的形式并网,还是直流型分布式电源直接经逆变器并网,都伴随有交直流之间的能量转化,PWM 换流器既可以同时控制一些交流侧状态量,也可以同时控制交流侧某些状态量和直流侧某些状态量,根据分布式电源控制状态量的不同,在潮流计算中可将分布式电源归结为如表 4.3 所示的各种节点类型。

表 4.3 PWM 换流器节点类型

节点类型	控制变量	典型应用
U_{ac}-θ 节点	交流侧电压 交流侧相角	等同于平衡节点,如采用 V/f 控制的蓄电池等分布式电源
U_{dc}-Q 节点	直流侧电压 交流侧无功功率	采用 MPPT 控制策略的光伏系统、双馈风机网侧换流器等
P-Q 节点	交流侧有功功率 交流侧无功功率	采用 P-Q 控制策略的燃料电池、微型燃气轮机网侧换流器等
P-U_{ac} 节点	交流侧有功功率 交流电压	直驱风机电机侧换流器
U_{dc}-U_{ac} 节点	直流侧电压 交流侧电压	直驱风机网侧换流器
M-ϕ 节点	换流器调制参数幅值 换流器调制参数相角	不参与潮流控制,相当于换流器开环运行,较少使用

4.3.3 DC/DC 变换器态模型

DC/DC 变换器通常称为斩波器,其功能是将直流电压变为另一直流固定电压或者可调电压,通过 DC/DC 变换器可使直流型分布式电源得到较稳定的直流输出电压,也可通过控制调制比得到所需的电压与 DC/AC 并网逆变器进行接口。

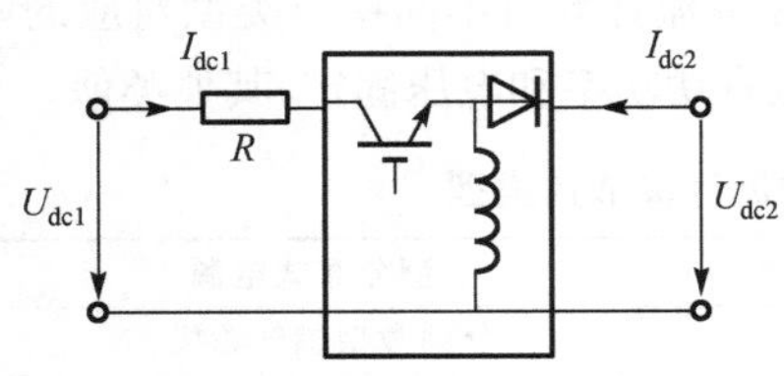

图 4.7 DC/DC 变换器模型

DC/DC 变换器类似于交流系统中的变压器,其功能都是实现升压或者降压,因此可将 DC/DC 变换器当作一种特殊的“直流变压器”,采用类似交流变压器的方式对其进行处理,将 DC/DC 变换器当作一个二端口网络,同交流变压器类似,如图 4.7 所示。

在图 4.7 中,换流器内开关器件的占空比

D 直接控制换流器两端的电压比，式(2.16)给出了斩波器两侧(不考虑 DC/DC 变换器的内阻 R)的稳态电压和电流的关系，当考虑到电阻 R 后，对应于图 4.7，可得到 DC/DC 换流器的稳态模型如式(4.43)所示。

$$\begin{bmatrix} I_{\mathrm{dc1}} \\ I_{\mathrm{dc2}} \end{bmatrix} = \begin{bmatrix} \frac{1}{R} & -\frac{1-D}{R} \\ -\frac{1-D}{R} & \frac{(1-D)^2}{R} \end{bmatrix} \begin{bmatrix} U_{\mathrm{dc1}} \\ U_{\mathrm{dc2}} \end{bmatrix} \tag{4.43}$$

4.4 微电网交直流混合潮流算法

微电网系统中各种分布式电源的存在，使得微电网的节点类型较为复杂，既有常规的交流型节点，也有交直流混合的新型节点。要对包含各种类型节点的微电网进行统一的潮流求解，需要开发新的潮流算法。相对常规配电系统，分布式电源的接入引起的最显著的不同在于直流系统的出现，因此，需将直流系统与交流系统联立进行混合求解。

借鉴传统交直流电力系统混合潮流算法，微电网交直流混合潮流算法也可以分为统一求解法和交替迭代法。统一求解法完整地计及了交直流变量之间的耦合关系，收敛性较好，对各种网络及运行条件都具有较好的适应性，但其雅可比矩阵的阶数比纯交流系统要大，对程序的编制要求较高，同时计算时间较长。交替迭代法中交、直流系统的潮流方程分开求解，因此整个程序可以利用现有的任何一种交流潮流程序再加上直流系统潮流程序模块即可构成。另外，交替迭代法也更容易在计算中考虑直流系统变量的约束条件和运行方式的合理调整，因此本节主要以交替求解法为例进行介绍。

4.4.1 微电网节点电压方程

如图 4.8 所示为交直流潮流交替解法的接口示意图。PWM 换流器与交流系统的接口变量主要有交流母线侧电压、电流及功率，与直流系统的接口变量主要有直流电压和电流。

对于 n 节点交流系统，可定义一个节点三相电压向量 $\boldsymbol{U}_{\mathrm{ac}}$ 和节点三相注入电流向量 $\boldsymbol{I}_{\mathrm{ac}}$：

$$\boldsymbol{U}_{\mathrm{ac}} = [\dot{U}_{a1}, \dot{U}_{b1}, \dot{U}_{c1}, \dot{U}_{a2}, \dot{U}_{b2}, \dot{U}_{c2}, \cdots, \dot{U}_{an}, \dot{U}_{bn}, \dot{U}_{cn}]^{\mathrm{T}} \tag{4.44}$$

$$\boldsymbol{I}_{\mathrm{ac}} = [\dot{I}_{a1}, \dot{I}_{b1}, \dot{I}_{c1}, \dot{I}_{a2}, \dot{I}_{b2}, \dot{I}_{c2}, \cdots, \dot{I}_{an}, \dot{I}_{bn}, \dot{I}_{cn}]^{\mathrm{T}} \tag{4.45}$$

式中，$\dot{U}_{pi}$ 和 $\dot{I}_{pi}$ $(i=1,2,\cdots,n;p=a,b,c)$分别为母线 i 的 p 相电压和注入电流。

在建立系统各元件适当的三相模型基础上，可以形成系统三相导纳矩阵 $\boldsymbol{Y}$，并按照基尔霍夫电压和电流定律联系起母线电压和电流，其节点电流方程如下所示：

$$\boldsymbol{Y}_{\mathrm{ac}} \boldsymbol{U}_{\mathrm{ac}} = \boldsymbol{I}_{\mathrm{ac}} \tag{4.46}$$

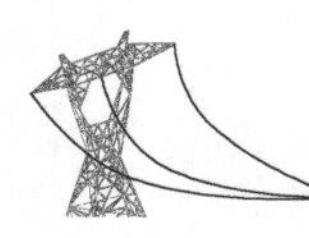

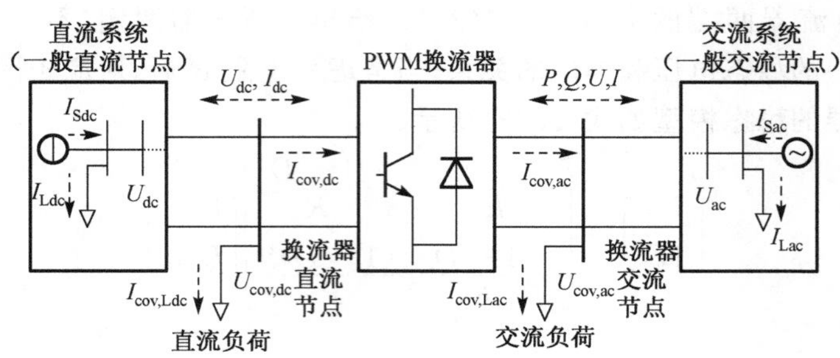

图 4.8　交直流潮流交替解法的接口示意图

式中，系统三相导纳矩阵 $\boldsymbol{Y}$ 为一个 $3n\times 3n$ 的复数矩阵。值得指出的是，为表述简洁，这里没有考虑由于不接地变压器支路的存在而导致的相/线分量混合形式表达，对于这种情形读者可以根据具体情况自行推导。

对于不和换流器直接相连的交流系统的一般节点，其注入电流涉及电源及负荷的注入电流，仅表达为节点交流电压的函数；而对于和换流器直接相连的交流系统特殊节点，如图 4.8 中换流器交流节点，其注入电流涉及换流器的负荷电流及换流器本身向该节点的注入电流，不仅与交流母线电压有关，还涉及直流变量。考虑换流器节点特征后，可将式(4.46)加以扩展，扩展后的交流系统节点方程可表示为

$$\begin{bmatrix} \boldsymbol{Y}_{ac} & \boldsymbol{Y}_{ac,cov} \\ [\boldsymbol{Y}_{ac,cov}]^{T} & \boldsymbol{Y}_{cov} \end{bmatrix} \begin{bmatrix} \boldsymbol{U}_{ac} \\ \boldsymbol{U}_{cov,ac} \end{bmatrix} = \begin{bmatrix} \boldsymbol{I}_{Lac}(\boldsymbol{U}_{ac}) + \boldsymbol{I}_{Sac}(\boldsymbol{U}_{ac}) \\ \boldsymbol{I}_{cov,ac}(\boldsymbol{U}_{cov,ac}, \boldsymbol{F}_{dc}) + \boldsymbol{I}_{cov,Lac}(\boldsymbol{U}_{cov,ac}) \end{bmatrix} \tag{4.47}$$

式中，$\boldsymbol{U}_{ac}$ 表示一般交流节点的电压；$\boldsymbol{U}_{cov,ac}$ 表示换流器交流节点的电压；$\boldsymbol{I}_{Lac}(\boldsymbol{U}_{ac})$ 表示纯交流节点的负荷注入电流；$\boldsymbol{I}_{Sac}(\boldsymbol{U}_{ac})$ 表示纯交流节点的电源注入电流；$\boldsymbol{I}_{cov,ac}(\boldsymbol{U}_{cov,ac}, \boldsymbol{F}_{dc})$ 为换流器注入电流，其中 $\boldsymbol{F}_{dc}$ 为直流变量的函数；$\boldsymbol{I}_{cov,Lac}(\boldsymbol{U}_{cov,ac})$ 为换流器负荷注入电流。

$$\boldsymbol{F}_{dc} = f(U_{dc}, I_{dc}, M, \phi) \tag{4.48}$$

式中，U_{dc} 为换流器直流母线电压；I_{dc} 为换流器直流电流；M 为换流器调制幅值；ϕ 为换流器调制相角。

对于直流系统，在建立系统各元件模型的基础上，可以形成系统电导矩阵 $\boldsymbol{G}_{dc}$，并形成其节点电流方程如下所示：

$$\boldsymbol{G}_{dc}\boldsymbol{U}_{dc} = \boldsymbol{I}_{dc} \tag{4.49}$$

对于不和换流器直接相连的直流系统的一般节点，其注入电流涉及电源及负荷的注入电流，仅表达为节点直流电压的函数；而对于和换流器直接相连的直流系统特殊节点，如图 4.8 中换流器直流节点，其注入电流涉及换流器上的负荷电流及换流器本身向该节点的注入电流，因此扩展后的直流系统节点电流方程可表示为

$$\begin{bmatrix} \boldsymbol{G}_{dc} & \boldsymbol{G}_{dc,cov} \\ [\boldsymbol{G}_{dc,cov}]^{T} & \boldsymbol{G}_{cov} \end{bmatrix} \begin{bmatrix} \boldsymbol{U}_{dc} \\ \boldsymbol{U}_{cov,dc} \end{bmatrix} = \begin{bmatrix} \boldsymbol{I}_{Ldc}(\boldsymbol{U}_{dc}) + \boldsymbol{I}_{Sdc}(\boldsymbol{U}_{dc}) \\ \boldsymbol{I}_{cov,dc}(\boldsymbol{U}_{cov,dc}, \boldsymbol{F}_{ac}) + \boldsymbol{I}_{cov,Ldc}(\boldsymbol{U}_{cov,dc}) \end{bmatrix} \tag{4.50}$$

式中，$\boldsymbol{U}_{dc}$ 表示一般直流节点的电压；$\boldsymbol{U}_{cov,dc}$ 表示换流器直流节点的电压；$\boldsymbol{I}_{Ldc}(\boldsymbol{U}_{dc})$ 表

示纯直流节点的负荷电流；$\boldsymbol{I}_{\mathrm{Sdc}}(\boldsymbol{U}_{\mathrm{dc}})$ 表示纯直流节点的电源注入电流；$\boldsymbol{I}_{\mathrm{cov,dc}}(\boldsymbol{U}_{\mathrm{cov,dc}},\boldsymbol{F}_{\mathrm{ac}})$ 为换流器注入电流，其中 $\boldsymbol{F}_{\mathrm{ac}}$ 为交流系统电压、电流（或有功功率）的函数，与 $\boldsymbol{F}_{\mathrm{dc}}$ 类似；$\boldsymbol{I}_{\mathrm{cov,Ldc}}(\boldsymbol{U}_{\mathrm{cov,dc}})$ 为换流器直流节点负荷电流。

通过式(4.49)与式(4.50)对交流系统及直流系统进行交替迭代，即可实现交直流系统的混合求解。

4.4.2 微电网节点及支路编号

正如配电系统中采用的一些潮流算法一样，微电网潮流计算的一些算法也需要对系统内的节点和支路按照一定的规则进行编号，这样有助于提高算法的计算效率。同时，适当的编号原则也能使系统更加容易获得微电网内各节点和支路的连接信息。从本质上讲，微电网与配电网具有类似的结构，存在唯一的源节点，但这里"源节点"的概念是一个狭义的概念。在微电网中，可能存在多个分布式电源，从一般意义上说，每个分布式电源接入的节点都应该看作源节点，因此这里所说微电网"源节点"定义为微电网接入配电系统的节点。这样定义源节点后，微电网的节点和支路编号方法和配电系统中相关的工作将十分类似。

为了对微电网的各节点和支路进行自动搜索编号，一般通过对微电网进行节点和支路的遍历加以实现。这种遍历可以从源节点开始到末端节点，也可以从末端节点开始到源节点搜索所有的节点和支路。遍历的目的是对节点和支路进行自动编号，同时还可以检测孤立子网的存在，检查各相数据是否匹配，最终建立起正确的微电网潮流计算所需的数据结构。参照配电网的遍历搜索算法[2]，微电网的遍历搜索算法也可以分为图的遍历算法和树的遍历算法，进而又可分为广度优先搜索法和深度优先搜索法。下面以树的广度优先搜索算法为例对微电网节点和支路编号方法进行介绍。

根据图论理论，树是一种应用广泛的具有特殊性质的图，即连通无回路的无向图称为无向树，简称为树，树中的悬挂点又称为叶节点，其他结点称为分支点。树的广度优先搜索算法又称分层搜索，是将树中的节点、支路乃至分支线划分为不同的层次，并按照层次遍历树。根据这种算法搜索策略，首先需将树的根节点（微电网"源节点"）作为第一层节点，接着访问根节点的子节点作为第二层节点，依次按照顺序访问，直到所有节点都被访问完毕，即搜索到全部叶节点。这种策略按照节点距离根节点的远近进行编号，从根节点开始，按节点的层次从小到大的顺序逐层遍历，将遍历到的各节点由小到大编号，在同一层中按照从左到右（或从上到下）的顺序编号。

下面进一步以图 4.9 所示系统为例进行具体说明。

1）交流系统遍历

在图 4.9 中，交流电源代表微电网所接入的配电系统，微电网的根节点为 AC1 节点，编号为 1 号。从根节点引出的所有支路称为第二层支路，第二层支路的出端节

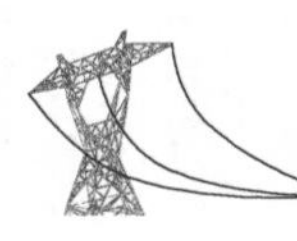

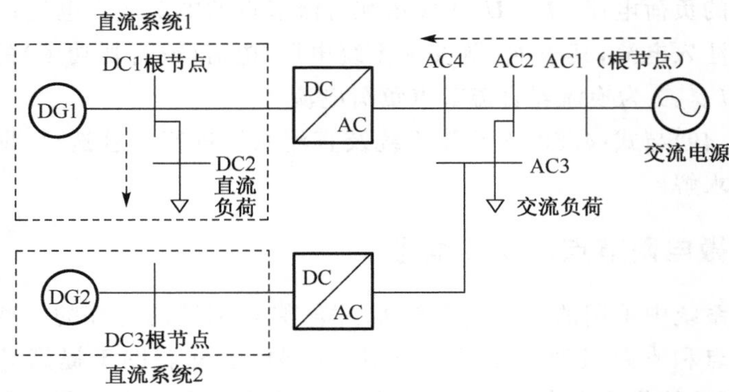

图 4.9　遍历算法图示

点为第二层节点，AC2 母线编号为 2 号，在同一层上按照自上而下的顺序，AC4 编号为 3 号，AC3 编号为 4 号。

2）直流系统遍历

图 4.9 中存在两个由 DC/AC 换流器与交流系统隔离的直流系统。把微电网的交流部分看作外部系统，按照与微电网交流部分类似的逻辑，在各直流系统中存在着自己的根节点。在直流系统 1 中，DC1 为该直流系统的根节点，即 DC1 记为根节点，编号为 1 号，依据同交流系统类似的编号原则，DC2 母线编号为 2 号；在直流系统 2 中，DC3 为根节点，DC3 编号为 1 号。

根据上述原则，图 4.9 所示交流系统及直流系统各母线编号具体如表 4.4 所示，对各直流系统进行了独立的编号，如果需要对属于不同直流系统的节点编号加以区分，也可以在节点编号前加入直流系统的编号，但当采用交直流系统迭代法计算潮流时，一般不需要这样做。

表 4.4　系统各节点编号

交流系统节点	AC1	AC2	AC4	AC3
编号	1(根节点)	2	3	4
直流系统节点	DC1	DC2	DC3	
编号	1(根节点)	2	1(根节点)	

4.4.3　分布式电源节点处理方法

采用交替迭代法计算潮流时，交流系统潮流方程组和直流系统方程组分开单独进行求解。在交流系统求解时，应将直流系统等效施加于交流系统；而在直流系统求解时，应将交流系统等效施加于直流系统上。无论换流器工作于整流状态还是逆变状态，都保持着能量传递上的守恒，根据能量传递的方向，可将两部分系统等效为受能量关系约束的电源或负荷。当换流器工作于整流状态时，直流系统等效成接在相应交流节点上的交流负荷，交流系统等效成加在直流母线上的一个直流电源；当

换流器工作于逆变状态时，直流系统等效成接在相应交流节点上的交流电源，交流系统等效成加在直流母线上的一个直流负荷。因此，整流-逆变形式的 PWM 换流器可以等效为图 4.10 所示电路。

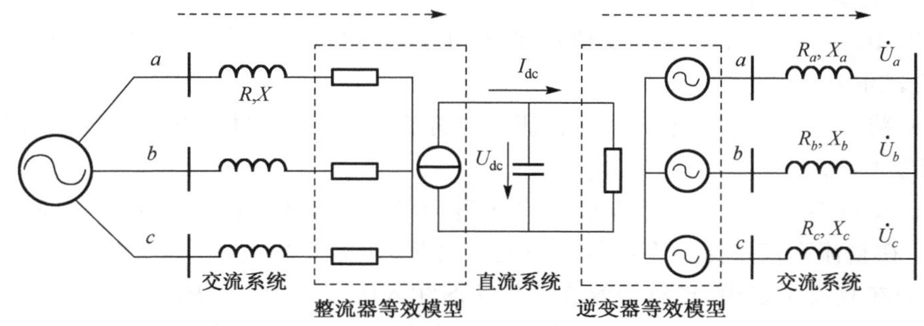

图 4.10 整流-逆变 PWM 换流器等效电路

不管等效成电源还是负荷，其能量传递的约束关系不变，换言之，其注入电流形式一致，因此，对同一类型的节点，不论工作于整流状态还是逆变状态，在节点方程中换流器处理方式基本原理相同。以图 4.11 所示等效结构为例，在节点方程的基础上分别阐述换流器不同节点类型的处理方式。为表述简单起见，在下面的介绍中，分别用 $\boldsymbol{U}_{abc}$、$\boldsymbol{I}_{abc}$ 表示同一节点的稳态三相电压和电流构成的向量。

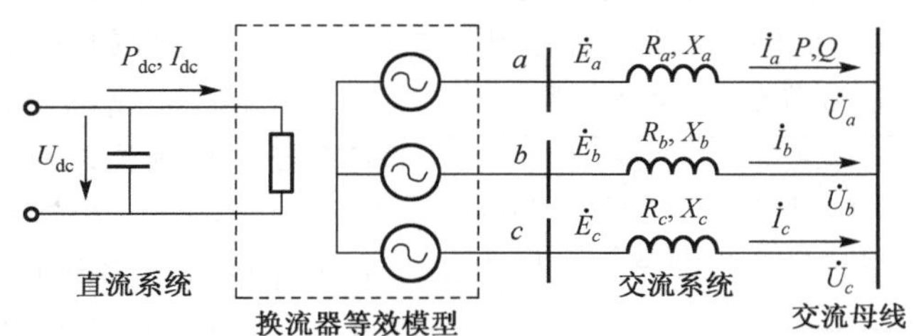

图 4.11 PWM 换流器等效电路

1）P-Q 节点

P-Q 节点对应于换流器的恒功率控制方式，有功功率及无功功率已知，交流电压及直流电压待求。该类型节点方式所涉及变量如表 4.5 所示。

表 4.5 P-Q 节点涉及变量说明

已知量	有功功率及无功功率	P,Q
待求量	直流电压及交流电压	$U_{dc}, \boldsymbol{U}_{abc}$
迭代过程计算量	交流电流及直流电流	$I_{dc}, \boldsymbol{I}_{abc}$
给定初值量	直流电压及交流电压	$U_{dc}^{(0)}, \boldsymbol{U}_{abc}^{(0)}$

在计算之初，需要给定交流电压及直流电压的初始值以启动迭代。迭代计算中，将直流系统等效为交流源，求解其交流注入电流，通过交流节点方程求解交流潮流，将交流系统等效为直流系统的直流负荷，求解其直流注入电流，通过直流节点方程求解直流潮流。假设经过 k 次迭代后其交流电压为 $\boldsymbol{U}_{abc}^{(k)}$，直流电压为 $U_{dc}^{(k)}$，下面以第 $k+1$ 次的迭代过程给出该节点的具体计算步骤。

(1)由式(4.31)计算交流母线正序电压分量 $\dot{U}_1^{(k)}$;

(2)由交流母线正序分量 $\dot{U}_1^{(k)}$ 以及给定的控制量 P 和 Q,通过式(4.32)～式(4.35)计算等效交流源正序电压 $\dot{E}_1^{(k)}$;

(3)由式(4.35)计算等效交流源电压相分量 $\boldsymbol{E}_{abc}^{(k)}$,由公式(4.40)求出每一相的注入电流值;

(4)将交流系统注入电流代入交流节点方程式(4.46),进行交流系统潮流迭代,求出 $\boldsymbol{U}_{abc}^{(k+1)}$ ①;

(5)交流系统潮流 $k+1$ 步求解完毕后,计算交流源的直流系统等效注入功率 $P_{\mathrm{e}}^{(k+1)}$,在直流系统中交流系统等效为直流负荷,其功率为 $P_{\mathrm{dc}}^{(k+1)}=P_{\mathrm{e}}^{(k+1)}$;

(6)在直流系统中,求解等效直流负荷的注入电流 $I_{\mathrm{dc}}^{(k+1)}=P_{\mathrm{dc}}^{(k+1)}/U_{\mathrm{dc}}^{(k)}$;

(7)将直流系统注入电流代入直流节点方程式(4.49),进行直流系统潮流迭代,求出 $U_{\mathrm{dc}}^{(k+1)}$;

(8)判断方程 $\begin{cases}|\boldsymbol{U}_{abc}^{(k+1)}-\boldsymbol{U}_{abc}^{(k)}|<\varepsilon\\|U_{\mathrm{dc}}^{(k+1)}-U_{\mathrm{dc}}^{(k)}|<\varepsilon\end{cases}$ 是否成立,其中 ε 是给定的潮流迭代误差,如果成立则系统潮流收敛,否则返回(1)继续迭代。

2)$\mathrm{U_{dc}}$-Q 节点

$\mathrm{U_{dc}}$-Q 节点对应于换流器的直流电压-无功功率控制方式,直流电压及无功功率已知,交流电压及有功功率待求。该类型节点方式所涉及变量如表 4.6 所示。

表 4.6 $\mathrm{U_{dc}}$-Q 节点涉及变量说明

已知量	直流电压及无功功率	U_{dc},Q
待求量	有功功率及交流电压	$P,\boldsymbol{U}_{abc}$
迭代过程计算量	直流电流及交流电流	$I_{\mathrm{dc}},\boldsymbol{I}_{abc}$
给定初值量	交流电压	$\boldsymbol{U}_{abc}^{(0)}$

由于直流侧电压恒定,首先对直流系统进行潮流求解,在忽略换流器损耗的影响下,交流系统的有功功率可通过在直流系统中的等效负荷获得,进而对交流系统进行潮流求解。假设经过 k 次迭代后其交流电压为 $\boldsymbol{U}_{abc}^{(k)}$,以第 $k+1$ 次的迭代过程给出该节点的具体计算步骤。

(1)求解直流节点方程式(4.45),计算出直流电流 $I_{\mathrm{dc}}^{(k+1)}$;

(2)求解等效直流负荷功率 $P_{\mathrm{dc}}^{(k+1)}=U_{\mathrm{dc}}I_{\mathrm{dc}}^{(k+1)}$,直流系统在交流系统中等效的交流源注入功率 $P_{\mathrm{e}}^{(k+1)}=P_{\mathrm{dc}}^{(k+1)}$;

(3)忽略换流器的损耗,换流器注入到交流系统的有功功率 $P^{(k+1)}=P_{\mathrm{e}}^{(k+1)}$;

(4)通过公式(4.32)～式(4.34)计算等效交流源正序电压 $\dot{E}_1^{(k+1)}$;

(5)由式(4.35)计算等效交流源电压相分量 $\boldsymbol{E}_{abc}^{(k+1)}$,由公式(4.40)求出每一相的注入电流值,其中交流母线节点电压采用上一次迭代的交流电压 $\boldsymbol{U}_{abc}^{(k)}$;

① P-Q 节点是已知的交流侧信息,不需要直流信息即可对交流侧进行求解,待交流侧求解完毕,通过功率的约束关系,在第(5)步开始进行直流侧求解,这两部分交替求解,直至收敛。

(6)将交流系统注入电流代入交流节点方程式(4.46),进行交流系统潮流迭代,求出$\boldsymbol{U}_{abc}^{(k+1)}$;

(7)判断方程$\begin{cases}|\boldsymbol{U}_{abc}^{(k+1)}-\boldsymbol{U}_{abc}^{(k)}|<\varepsilon\\|\boldsymbol{P}^{(k+1)}-\boldsymbol{P}^{(k)}|<\varepsilon\end{cases}$是否成立,其中$\varepsilon$是给定的潮流迭代误差,如果成立则交流系统潮流收敛,否则返回(1)继续重复迭代过程。

值得指出的是,在网络结构较为复杂的直流系统中,直流系统的方程也比较复杂,此时采用$\mathrm{U_{dc}}$-Q控制方式的逆变器的直流侧功率需要进行迭代求解;而在一些可再生能源并网系统(如光伏并网发电系统)中,并网逆变器经常也采用$\mathrm{U_{dc}}$-Q控制方式,但直流系统结构简单,逆变器的直流功率由可再生能源发电系统的有功输出功率确定(如按照MPPT算法获得的光伏系统输出功率),只需计算一次即可,且其大小与交流系统无关。此时,在上面的算法描述中仍然对I_{dc}进行了迭代求解,实际上只是为了说明一种过程。

3)$\mathrm{P\text{-}U_{ac}}$节点

$\mathrm{P\text{-}U_{ac}}$节点对应于换流器的有功功率-交流电压控制方式,有功功率及交流电压幅值已知,无功功率、交流电压相角及直流电压待求。这种类型节点方式所涉及变量如表4.7所示。

表4.7　$\mathrm{P\text{-}U_{ac}}$节点涉及变量说明

已知量	有功功率及交流电压幅值	P,U
待求量	直流电压、无功功率及交流电压相角	U_{dc},Q,θ
迭代过程计算量	交流电流及直流电流	$I_{\mathrm{dc}},\boldsymbol{I}_{abc}$
给定初值量	直流电压、无功功率及交流电压相角	$U_{\mathrm{dc}}^{(0)},Q^{(0)},\theta^{(0)}$

在计算之初,需要给定无功功率、直流电压及交流电压相角的初始值以启动迭代。迭代计算中,如果$\mathrm{P\text{-}U_{ac}}$节点电压幅值不等于给定值,则采用无功电流补偿法修正无功功率[16]。利用补偿算法,每次将节点按P-Q节点考虑计算,计算完成后比较计算的电压与给定的电压,如果不相等,就用误差来修正无功功率,用新的无功功率重新按照P-Q节点计算。在节点方程中重新计算注入电流时,相当于对注入电流做了补偿,直至该节点电压幅值等于给定值。此外$\mathrm{P\text{-}U_{ac}}$节点的无功功率是有限值的,在修正无功功率的同时,还需要判断无功功率是否越限,如果无功功率越限,则$\mathrm{P\text{-}U_{ac}}$节点转化为P-Q节点处理。假设经过k次迭代后其无功功率为$Q^{(k)}$,直流电压为$U_{\mathrm{dc}}^{(k)}$,交流电压相角为$\theta^{(k)}$,下面以第$k+1$次的迭代过程给出该节点的具体计算步骤。

(1)判断第k次迭代后其无功功率$Q^{(k)}$是否满足$Q_{\min}<Q^{(k)}<Q_{\max}$,其中$Q_{\max}$与$Q_{\min}$为并网换流器允许的无功上、下限值。若该式成立,则继续(2),否则将无功功率设定为限定值,$\mathrm{P\text{-}U_{ac}}$节点转化为P-Q节点,其处理方式见P-Q节点处理办法。

(2)由已知有功功率P及第k次迭代后的无功功率$Q^{(k)}$,进行一次交直流系统潮流迭代求解(这个时候 P 以及 $Q^{(k)}$ 已知,可以将 P-U 节点转化为 P-Q 节点,同对 P-Q 节点的处理一样),具体过程同 P-Q 节点的处理方法,求出 $\boldsymbol{U}_{abc}^{(k+1)}$、$U_{\mathrm{dc}}^{(k+1)}$,同时也就得到了 $\theta^{(k+1)}$。

(3)由公式(4.31)计算交流母线正序电压分量 $\dot{U}_1^{(k+1)}$。

(4)计算交流母线电压幅值误差,$\Delta U^{(k+1)}=U_1^{(k+1)}-U$ (U 为已知值);

(5)计算无功功率的修正量 $\Delta Q^{(k+1)}=\dfrac{XU_1^{(k+1)}\Delta U^{(k+1)}}{X^2+R^2}$。其中,$R+\mathrm{j}X$ 为 P-U$_{\mathrm{ac}}$ 节点外部网络的等效阻抗。具体过程如下:

① 通过交流母线电压幅值误差计算出该节点需要新注入的电流值 $\Delta\dot{I}^{(k+1)}=-\dfrac{\Delta\dot{U}^{(k+1)}}{Z}$,其中,$\Delta\dot{U}^{(k+1)}$ 的幅值为 $\Delta U^{(k+1)}$,相角与 $\dot{U}_1^{(k+1)}$ 保持一致,$Z=R+\mathrm{j}X$;

② 通过计算得到的电流值计算出需要注入的功率值 $\Delta P^{(k+1)}+\mathrm{j}\Delta Q^{(k+1)}=\dot{U}_1^{(k+1)}(\Delta\dot{I}^{(k+1)})^*$;

③ 由于有功功率注入恒定,所以只对无功功率进行修正,得到 $\Delta Q^{(k+1)}=\mathrm{Im}[\dot{U}_1^{(k+1)}(\Delta\dot{I}^{(k+1)})^*]=\dfrac{XU_1^{(k+1)}\Delta U^{(k+1)}}{X^2+R^2}$,由于有功功率不变,通过一次修正后的实际电压不能达到给定值,但是通过几次迭代即可实现。

(6)修正无功功率 $Q^{(k+1)}=Q^{(k)}+\Delta Q^{(k+1)}$。

(7)判断 $\begin{cases}|\theta^{(k+1)}-\theta^{(k)}|<\varepsilon\\|Q^{(k+1)}-Q^{(k)}|<\varepsilon\\|U_{\mathrm{dc}}^{(k+1)}-U_{\mathrm{dc}}^{(k)}|<\varepsilon\end{cases}$ 是否成立,其中 ε 是给定的潮流迭代误差。若成立则潮流收敛,否则返回(1)继续迭代过程。

步骤(8)给出的无功功率修正方法是一种基于无功功率对电压近似灵敏度的修正方法,通过将 P-U$_{\mathrm{ac}}$ 节点的外部网络进行戴维南系统等值,忽略等值电路中电源的影响,近似获得的节点电压变化对无功功率注入的灵敏度,进而获得无功功率的修正量。

4)U$_{\mathrm{dc}}$-U$_{\mathrm{ac}}$ 节点

U$_{\mathrm{dc}}$-U$_{\mathrm{ac}}$ 节点对应于换流器的直流电压-交流电压控制方式,直流电压及交流电压幅值已知,系统输出的有功功率、无功功率及交流母线电压相角待求。该类型节点方式所涉及变量如表 4.8 所示。

表 4.8 U$_{\mathrm{dc}}$-U$_{\mathrm{ac}}$ 节点涉及变量说明

已知量	直流电压及交流电压幅值	U_{dc}, U
待求量	有功功率、无功功率及交流电压相角	P, Q, θ
迭代过程计算量	交流电流及直流电流	$I_{\mathrm{dc}}, \boldsymbol{I}_{abc}$
给定初值量	无功功率及交流电压相角	$Q^{(0)}, \theta^{(0)}$

由于直流侧电压恒定，首先对直流系统进行潮流求解。在忽略换流器损耗的影响下，交流系统的有功功率可通过直流系统等效负荷获得，进而可以对交流系统进行潮流求解。在交流系统有功功率及交流电压幅值均已知后，其处理方式同 P-U_{ac} 节点。假设经过 k 次迭代后其无功功率为 $Q^{(k)}$ 和交流电压相角已知为 $\theta^{(k)}$，下面以第 $k+1$ 次的迭代过程给出该节点的具体计算步骤。

(1)求解直流节点方程式(4.45)，计算出直流电流 $I_{dc}^{(k+1)}$。

(2)求解等效直流负荷功率 $P_{dc}^{(k+1)}=U_{dc}I_{dc}^{(k+1)}$，直流系统在交流系统中等效的交流源注入功率为 $P_{e}^{(k+1)}=P_{dc}^{(k+1)}$。

(3)忽略换流器的损耗，换流器注入到交流系统的有功功率 $P^{(k+1)}=P_{e}^{(k+1)}$。

(4)此时交流节点的有功功率及交流电压幅值已知，交流系统可按照 P-U_{ac} 节点计算，获得 $\theta^{(k+1)}$、$Q^{(k+1)}$。这里由于 U_{dc} 已知，无需再求解 $U_{dc}^{(k+1)}$。

(5)判断 $\begin{cases}|\theta^{(k+1)}-\theta^{(k)}|<\varepsilon\\|Q^{(k+1)}-Q^{(k)}|<\varepsilon\\|P^{(k+1)}-P^{(k)}|<\varepsilon\end{cases}$ 是否成立，其中 ε 是给定的潮流迭代误差。若成立则潮流收敛，否则返回(1)继续迭代过程。

5)其他节点

上述四种节点类型与光伏电池、燃料电池等分布式电源较常见的控制策略相对应。除此之外，还有两种节点类型，一种是 U_{ac}-θ 节点类型，这类节点相当于常规电力系统计算中的平衡节点，其处理方式与常规处理方法相同；另一种是 M-ϕ 节点类型，这类节点将换流器调制参数幅值与相角作为控制量，表明这类节点不参与潮流控制，相当于换流器开环运行，较少使用，本节不再详细介绍。

4.4.4 算法流程

采用迭代法对微电网进行潮流计算，实际上就是对微电网中的交流系统部分和直流系统部分交替求解的过程。在计算过程中，将交流系统潮流方程组和直流系统方程组分开单独进行求解，不断获得交流系统和直流系统间的注入电流，彼此进行修正迭代，直到交流潮流和直流潮流均收敛为止。计算流程如图 4.12 所示，可大概分为几个步骤：

(1)读取原始数据，对交流系统及直流系统进行节点遍历及编号。

(2)设置交流潮流收敛的标识符 K_{ac} 及直流潮流收敛标识符 K_{dc}，其初始值设置为 $K_{ac}=0$ 及 $K_{dc}=0$。

(3)计算交流系统及直流系统中各种类型节点的注入电流，对交流潮流及直流潮流求解。

(4)判断潮流是否收敛，当 $K_{ac}=1$ 表示交流潮流收敛，当 $K_{dc}=1$ 表示直流潮流收敛，当满足 $K_{ac}\times K_{dc}=1$ 时，交流和直流潮流均收敛。若 $K_{ac}=1$，而 $K_{dc}=0$，则返回 A 处重新进行直流潮流迭代；若 $K_{ac}=0$，而 $K_{dc}=1$，则返回 B 处重新进行交流系统迭代。

(5)输出结果，计算结束。

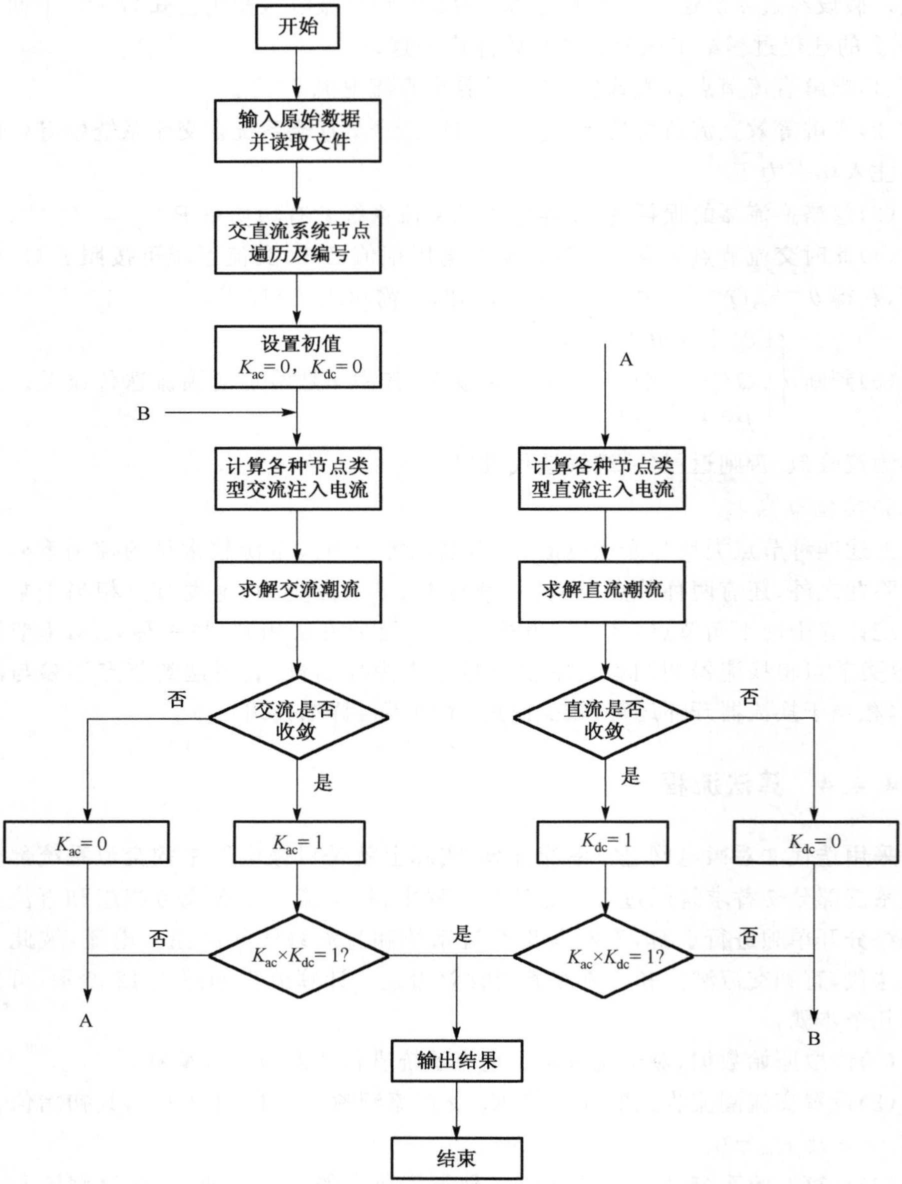

开始
输入原始数据并读取文件
交直流系统节点遍历及编号
设置初值 $K_{ac}=0$，$K_{dc}=0$
B
计算各种节点类型交流注入电流
求解交流潮流
交流是否收敛
否
是
$K_{ac}=0$
$K_{ac}=1$
$K_{ac}\times K_{dc}=1$?
否
A
是
A
计算各种节点类型直流注入电流
求解直流潮流
直流是否收敛
否
是
$K_{dc}=1$
$K_{dc}=0$
$K_{ac}\times K_{dc}=1$?
否
B
输出结果
结束

图 4.12　交直流混合计算流程

4.4.5 算例分析

本节采用如图 4.13 所示的微电网算例进行分析，算例系统的线路和负荷参数见附录 B 中的表 B2.3 和表 B2.4，负荷采用附录表 B2.4 中的峰值数据。在算例系统中，一些节点分别接有光伏发电系统、蓄电池、风机以及燃料电池等分布式电源，是一个含多种分布式电源的微电网，分布式电源具体控制参数如表 4.9。其中，L17 节点上的光伏和蓄电池通过 DC/DC 变换器在直流母线 DC1 汇流，经过统一逆变后接入交流系统。

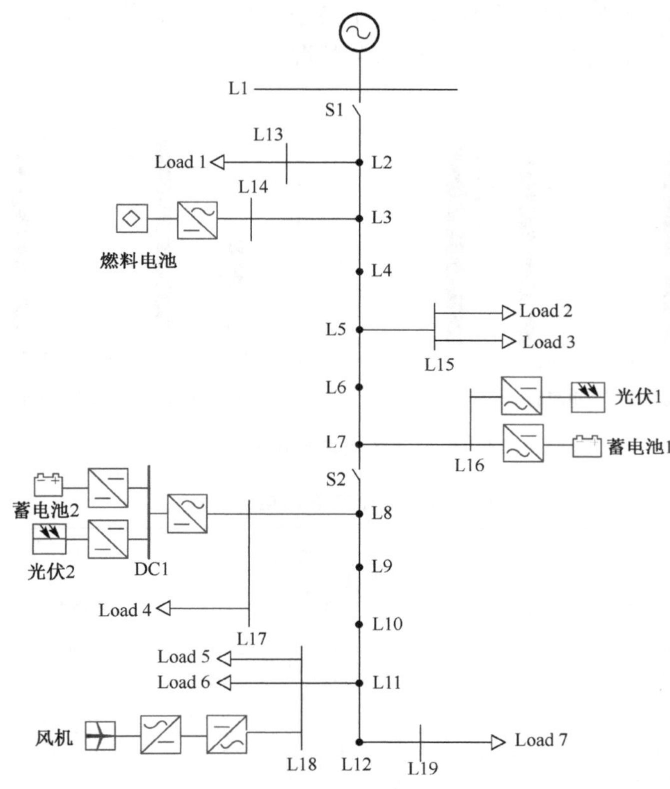

图 4.13 微电网算例结构图

表 4.9 算例系统中 PWM 换流器控制类型及参数

节点	分布式电源	控制类型	控制量设定值
L14	燃料电池	P-Q	P=10kW，Q=0kvar
L16	光伏 1	U_{dc}-Q	U_{dc}=675.5V，Q=0kvar
L16	蓄电池 1	P-Q	P=0kW，Q=0kvar
L17	光伏 2+蓄电池 2	P-Q	P=20kW，Q=0kvar
L18	风机	整流侧：P-Q 逆变侧：U_{dc}-Q	整流侧：P=20kW，Q=0kvar 逆变侧：U_{dc}=800V，Q=0kvar

为了说明分布式电源控制策略对潮流计算结果的影响，图 4.14 和图 4.15 给出了与常规潮流算法计算结果的对比，具体数据详见表 4.10～表 4.12。从计算结果可以看出，采用传统的潮流计算方法，分布式电源的功率输出一般为给定的三相对称值，如图 4.14(a)所示；当采用考虑控制模式的潮流计算方法时，即使是控制分布式电源的输出有功功率为某一固定值，一般也是指三相有功功率的综合值，而很少控制各单相有功功率。从潮流计算结果可知，此时分布式电源的输出功率存在三相不平衡情况，如图 4.14(b)所示，这一点更加接近实际情况。另外，从表 4.10、表 4.11 和图 4.15 可知，两类算法也会导致系统中各节点的电压计算结果不同，考虑分布式电源控制策略时的算法应该更加符合实际情况。

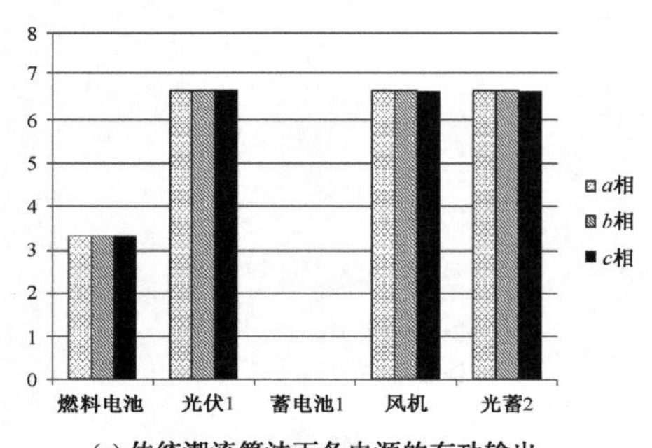

(a) 传统潮流算法下各电源的有功输出

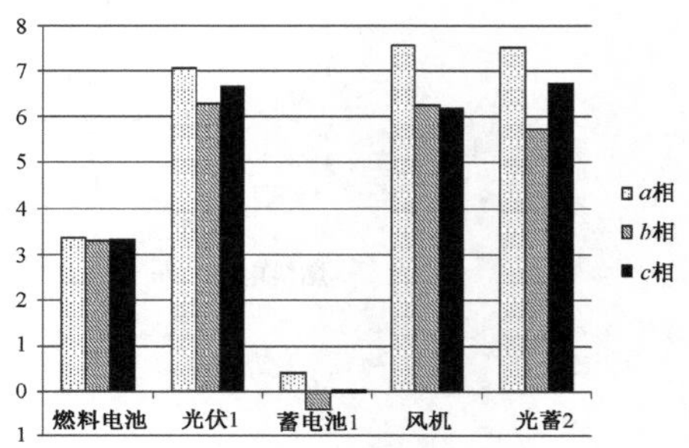

(b) 考虑分布式电源控制策略的有功输出

图 4.14　各分布式电源输出有功功率比较

表 4.10　各个节点的电压幅值

节点	a 相电压/p. u.		b 相电压/p. u.		c 相电压/p. u.	
	考虑控制策略	不考虑控制策略	考虑控制策略	不考虑控制策略	考虑控制策略	不考虑控制策略
L1	1.00000	1.00000	1.00000	1.00000	1.00000	1.00000
L2	1.00000	1.00000	1.00000	1.00000	1.00000	1.00000
L3	0.99700	0.99521	0.99577	0.99765	0.99739	0.99723
L4	0.99295	0.98936	0.99047	0.99424	0.99373	0.99341
L5	0.98891	0.98351	0.98519	0.99085	0.99008	0.98960
L6	0.98617	0.97899	0.98725	0.99476	0.98695	0.98632
L7	0.98344	0.97446	0.98935	0.99870	0.98383	0.98307
L8	0.98344	0.97446	0.98935	0.99870	0.98383	0.98307
L9	0.97484	0.96482	0.98824	0.99816	0.98196	0.98161
L10	0.96625	0.95518	0.98714	0.99762	0.98010	0.98015
L11	0.95766	0.94554	0.98603	0.99708	0.97824	0.97871
L12	0.95363	0.94147	0.98660	0.99765	0.97835	0.97882
L13	0.99878	0.99878	0.99903	0.99903	0.99849	0.99849
L14	0.99786	0.99608	0.99664	0.99851	0.99825	0.99809
L15	0.98833	0.98293	0.98152	0.98721	0.98978	0.98930

续表

节点	a 相电压/p. u.		b 相电压/p. u.		c 相电压/p. u.	
	考虑控制策略	不考虑控制策略	考虑控制策略	不考虑控制策略	考虑控制策略	不考虑控制策略
L16	0.98554	0.97624	0.99067	1.00042	0.98566	0.98482
L17	0.98598	0.97671	0.99083	1.00071	0.98125	0.98025
L18	0.95598	0.94351	0.98548	0.99670	0.97760	0.97823
L19	0.95210	0.93991	0.98678	0.99784	0.97842	0.97890

表 4.11 各个节点的电压相角

节点	a 相电压/deg		b 相电压/deg		c 相电压/deg	
	考虑控制策略	不考虑控制策略	考虑控制策略	不考虑控制策略	考虑控制策略	不考虑控制策略
L1	0.00000	0.00000	−120.00000	−120.00000	120.00000	120.00000
L2	0.00001	0.00001	−119.99999	−119.99999	120.00001	120.00001
L3	0.19555	0.16040	−119.75778	−119.77557	120.21653	120.26705
L4	0.33521	0.26596	−119.56720	−119.60601	120.37678	120.47970
L5	0.47600	0.37279	−119.37457	−119.43528	120.53821	120.69399
L6	0.57494	0.43809	−119.05930	−119.14420	120.75440	120.96334
L7	0.67442	0.50400	−118.74535	−118.85541	120.97196	121.23448
L8	0.67442	0.50400	−118.74534	−118.85540	120.97197	121.23448
L9	0.54062	0.37671	−118.71432	−118.84997	121.09751	121.37519
L10	0.40444	0.24686	−118.68323	−118.84454	121.22354	121.51631
L11	0.26583	0.11435	−118.65207	−118.83910	121.35004	121.65786
L12	0.16583	0.01175	−118.67836	−118.86543	121.39206	121.70035
L13	0.01857	−0.01857	−120.00929	−120.00929	119.98441	119.98442
L14	0.23066	0.19486	−119.72523	−119.74126	120.25196	120.30136
L15	0.50154	0.39828	−119.40542	−119.46581	120.51439	120.67026
L16	0.75469	0.57615	−118.67390	−118.78682	121.03149	121.30475
L17	0.72767	0.54058	−118.63180	−118.74615	120.98658	121.26934
L18	0.26473	0.11955	−118.62651	−118.82447	121.38630	121.69819
L19	0.14150	−0.01322	−118.68947	−118.87655	121.40690	121.71534

表 4.12 各个分布式电源的输出功率

DG	a 相有功功率/kW		b 相有功功率/kW		c 相有功功率/kW	
	考虑控制策略	不考虑控制策略	考虑控制策略	不考虑控制策略	考虑控制策略	不考虑控制策略
燃料电池	3.36586	3.33333	3.29789	3.33333	3.33625	3.33333
光伏 1	7.06333	6.674	6.28652	6.674	6.67184	6.674
蓄电池 1	0.40090	0	−0.41001	0	0.00911	0
风机	7.56503	6.66667	6.25128	6.66667	6.18368	6.66667
光伏 2＋蓄电池 2	7.51657	6.66667	5.73225	6.66667	6.75118	6.66667

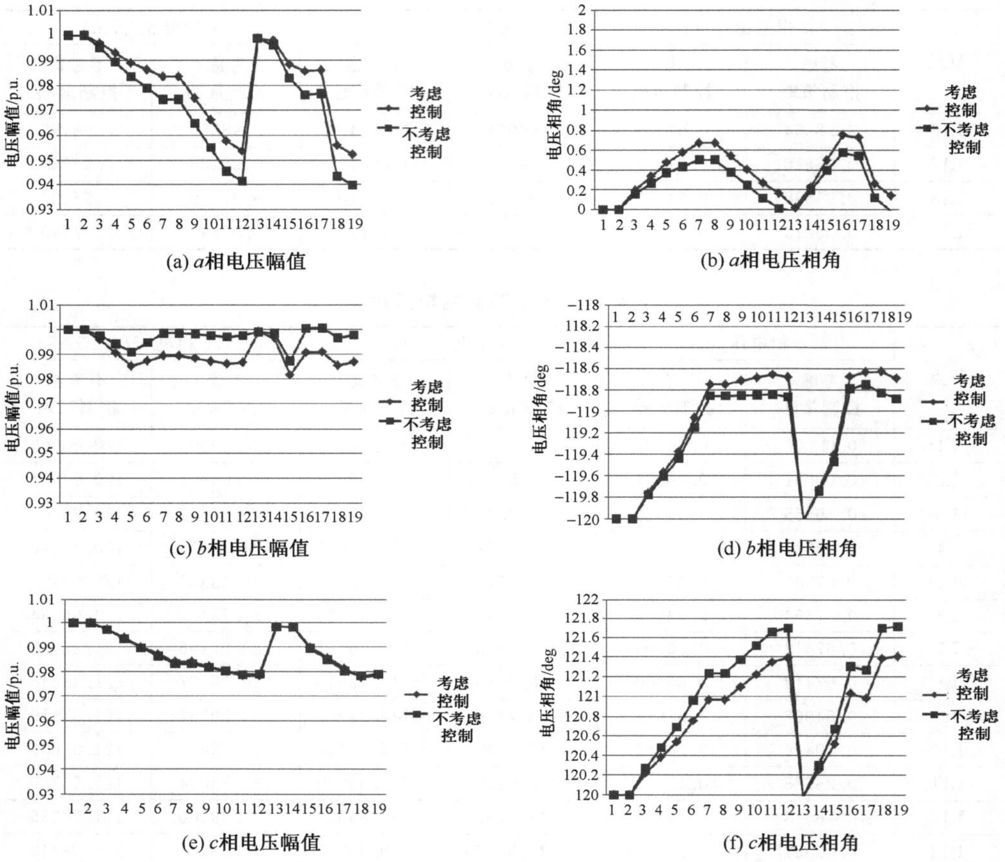

(a) a相电压幅值

(b) a相电压相角

(c) b相电压幅值

(d) b相电压相角

(e) c相电压幅值

(f) c相电压相角

图 4.15　节点电压计算结果比较

4.5　微电网短路电流计算

所谓短路，是指电力系统正常运行情况之外的一切相与相之间或相与地之间的短接[17]。引起短路的原因很多，如电力设备的自然老化、污秽或机械损伤，雷击引起过电压，自然灾害引起杆塔倒地或断线，鸟兽跨接导线引起短路，电力工作人员误操作(如挂地线合闸)等。短路故障会产生非常严重的后果，可能导致电流激增，使设备受损，也可能对人身造成危险。电力系统的运行经验表明，各类短路发生的概率不同，其中单相接地发生得最多，三相短路发生得最少[18]。尽管如此，考虑到三相短路对系统造成的危害最大，因而三相短路电流水平常常更受关注。和常规电力系统一样，短路电流水平也是微电网规划、设计、运行阶段需要考虑的重要指标，合理地确定短路电流水平是一项基本且重要的工作。

在微电网中，故障电流主要有三个来源，包括来自外部配电系统的电流注入、分布式电源的电流注入以及负载注入(感应电机负载)，由于各种分布式电源的特点不同，使得短路计算工作具有了一些新的特征[19-21]，例如：微电网中三相线路参数、系统结构、三相负荷等的不对称更加突出；各种分布式电源的短路特性可能存在较大的差异性，需要有针对性地加以考虑。

针对常规配电系统短路电流计算的方法较多[22,24]，最为常用的问题求解思路是通过模拟短路故障补偿电路，改变潮流计算中的网络导纳矩阵元素，利用潮流计算方法来求解故障电流，然后将稳态短路电流折算为最大短路电流瞬时值。这种方法和潮流计算的思路一致，非常易于在潮流计算软件的基础上加以实现。有关考虑分布式电源的微电网潮流计算方法已经在上节做了详细介绍，本节介绍的短路计算方法也是建立在潮流计算的基础上，先通过潮流计算得到分布式电源的初始特征，然后通过短路故障模拟，修改潮流计算使用的系统矩阵，根据分布式电源的短路特性正确计算分布式电源功率注入节点的电流值，进行稳态短路潮流计算。另外，在短路计算中，不考虑各种保护装置的动作，以获得最严重情况下的短路电流值。

4.5.1 分布式电源处理方法

在短路电流计算时，通常认为当电源容量大于3倍短路容量时，可将其作为恒定输出电源，从而忽略电源在短路时的暂态过程[21]。对于分布式电源近端或者分布式电源容量较小时，为准确计算短路电流，则需要根据具体情况(如短路计算精度要求、短路点的位置、分布式电源的容量等)来选择对分布式电源是否计及其暂态过程。对于常规的配电系统，相关短路计算的方法已经非常成熟，但在微电网短路计算中，由于分布式电源的短路特性差异性很大，还有很多需要进一步考虑的因素，最突出的问题就是如何正确计算各种分布式电源在短路时的注入电流值。由于短路电流属于电磁暂态时间尺度的动态过程，而短路电流计算一般都是计算稳态短路电流值，进而折算为最大瞬时电流值。在计算稳态短路电流时，常常需要做出一些假设，目的是在保证计算结果有效性的前提下简化计算。按照假设条件的不同，微电网稳态短路计算中分布式电源有三类模型可供选择：①稳态模型；②准稳态模型；③暂态模型。所谓稳态模型就是潮流计算时采用的模型，对此上节做了详细的介绍。本节重点对后两种模型进行描述。

1. 同步发电机型分布式电源

1)准稳态模型

在故障时假定发电机的自动励磁调节装置不动作[17]，即同步发电机励磁电动势不变，则可获得同步发电机型分布式电源准稳态模型，其中同步发电机的励磁电动势可在潮流计算的基础上获得。假定同步发电机内部三相对称，正序分量为励磁电动势 $\dot{E}$，负序和零序电势分量都为零，考虑同步发电机正序、负序及零序阻抗的差异性，可采用对称分量法获得输出电流的各序分量。

$$\begin{cases} \dot{I}_{g1} = \dfrac{\dot{E} - \dot{U}_{g1}}{Z_1} \\ \dot{I}_{g2} = \dfrac{0 - \dot{U}_{g2}}{Z_2} \\ \dot{I}_{g0} = \dfrac{0 - \dot{U}_{g0}}{Z_0} \end{cases} \tag{4.51}$$

式中，$\dot{U}_{g1}$、$\dot{U}_{g2}$ 和 $\dot{U}_{g0}$ 分别为同步发电机出口端正序、负序及零序电压；Z_1、Z_2、Z_0 分别为同步发电机等效正序、负序及零序阻抗。对式(4.51)中的序分量进行变换可以得到输出电流的相分量。

2)暂态模型

为简化分析，假定同步发电机 d 轴次暂态电抗与 q 轴次暂态电抗相等，即 $X''_d = X''_q$，则同步发电机的电压方程[17]为

$$\dot{E}'' = \dot{U}_g + \mathrm{j}\dot{I}_g X''_d + \dot{I}_g R_a \tag{4.52}$$

式中，$\dot{E}''$ 为同步发电机次暂态电动势；R_a为同步发电机定子等值电阻；$\dot{U}_g$ 为同步发电机输出电压；$\dot{I}_g$ 为同步发电机输出电流。同步发电机的次暂态模型等效电路如图 4.16 所示。

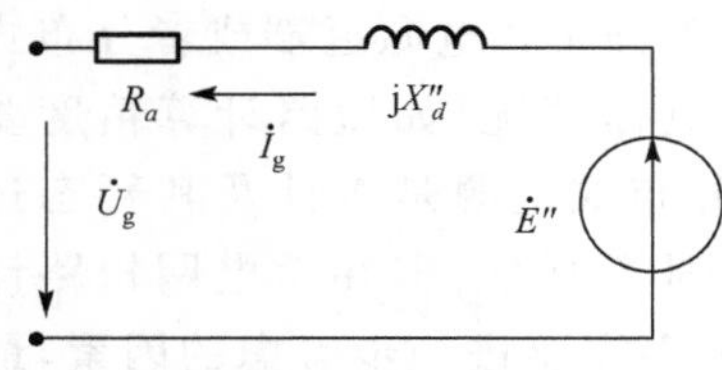

图 4.16 同步发电机的次暂态等值电路

由于次暂态电动势 $\dot{E}''$ 具有短路前后瞬间维持不变的特性，所以可由故障前稳态潮流计算结果获得

$$\dot{E}'' = \dot{U}_{g(0^-)} + \mathrm{j}\dot{I}_{g(0^-)} X''_d + R_a \dot{I}_{g(0^-)} \tag{4.53}$$

式中，$\dot{U}_{g(0^-)}$ 为同步发电机短路前的稳态端电压；$\dot{I}_{g(0^-)}$ 为同步发电机短路前的稳态输出电流。

考虑同步发电机不对称运行以及阻尼绕组的影响，同步发电机各序电抗[17]如下所示：

$$\begin{cases} X_1 = X''_d \\ X_2 = \dfrac{X''_d + X''_q}{2} = X''_d \\ X_0 = (0.15 \sim 0.6) X''_d \end{cases} \tag{4.54}$$

式中，X_1、X_2 及 X_0 为计及阻尼绕组时同步发电机的正序、负序及零序电抗。

根据同步发电机的各序电路，即可得到同步发电机输出的各序电流值。

$$\begin{cases} \dot{I}_1 = \dfrac{\dot{E}''_{(0)} - \dot{U}_1}{R_a + \mathrm{j}X_1} \\ \dot{I}_2 = \dfrac{0 - \dot{U}_2}{R_a + \mathrm{j}X_2} \\ \dot{I}_0 = \dfrac{0 - \dot{U}_0}{R_a + \mathrm{j}X_0} \end{cases} \tag{4.55}$$

经过相电流和序电流的变换，可得到同步发电机输出的三相电流值。

同步发电机型分布式电源短路计算暂态模型建模过程可总结如下：由稳态潮流计算得到 $\dot{U}_{g(0^-)}$ 和 $\dot{I}_{g(0^-)}$，由式(4.53)得到同步发电机次暂态电动势 $\dot{E}''$，根据式(4.55)求得同步发电机的输出电流。

2. 异步发电机型分布式电源

1)准稳态模型

异步发电机简化等效电路如图 4.17 所示。图中，U_g 表示异步发电机的机端电压，X_m 为激磁电抗，R 为转子等效电阻，R_e 为机械负载等效电阻，X_σ 为定子漏抗和转子漏抗之和，s 为转差率。

$$s=\frac{n_1-n}{n_1} \tag{4.56}$$

式中，n 为异步发电机转速；n_1 为异步发电机同步转速，$n_1=\dfrac{60f_1}{p}$；f_1 为电网频率；p 为异步发电机极对数。

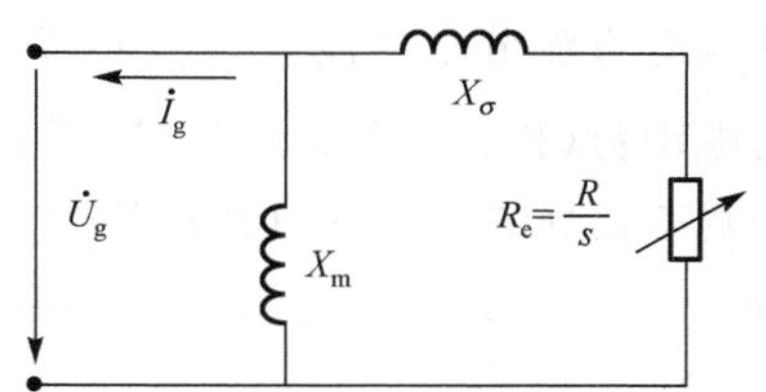

图 4.17　异步发电机等效电路图

当异步发电机外部电网发生故障时，原动机转速由于惯性不能突变，即转子转速 n 不能突变，可假设故障时系统频率不会发生突变，即同步转速 n_1 不会发生突变。根据式(4.56)可以认为，在外电网故障后短时间内异步发电机转差率不会突变。异步发电机的短路计算准稳态模型就是假定短路时保持发电机转差率不变时获得的模型。考虑到微电网不对称性的影响，需要采用对称分量法。一般情况下，异步发电机定子绕组为星形或三角形连接，没有中性线，故不存在零序电流，只需考虑正序和负序电流分量即可。异步发电机正序等效电路如图 4.17 所示，负序等效电路与正序等效电路类似，只是转差率与正序时不同，负序旋转磁场的同步转速为负的同步转速，因此转差率为 $s^{(-)}=\dfrac{-n_1-n}{-n_1}=2-s$，从而可知正序阻抗、负序阻抗分别为

$$Z_1=\frac{\mathrm{j}X_m\left(\mathrm{j}X_\sigma+\dfrac{R}{s}\right)}{\mathrm{j}(X_m+X_\sigma)+\dfrac{R}{s}} \tag{4.57}$$

$$Z_2=\frac{\mathrm{j}X_m\left(\mathrm{j}X_\sigma+\dfrac{R}{2-s}\right)}{(\mathrm{j}X_m+X_\sigma)+\dfrac{R}{2-s}} \tag{4.58}$$

考虑到异步发电机内部正序电势为零，各序输出电流计算如下：

$$\begin{cases} \dot{I}_{g1} = \dfrac{0 - \dot{U}_{g1}}{Z_1} \\ \dot{I}_{g2} = \dfrac{0 - \dot{U}_{g2}}{Z_2} \\ \dot{I}_{g0} = 0 \end{cases} \tag{4.59}$$

经过相电流和序电流的变换，即可得到异步发电机的三相输出电流值。

2)暂态模型

异步电机和同步电机类似，都是旋转式设备，利用电磁感应实现机械能与电能的转换，二者最主要的区别是异步电机没有励磁系统，因而励磁电势为零，直轴和交轴的参数完全相同，转速为非同步速。在微电网故障时，与同步发电机相似，异步发电机的定子绕组和转子绕组构成的等值绕组的磁链均不会突变，在每个绕组中均会感应有直流分量电流，因此，异步发电机可以用一个与转子绕组交链的磁链成正比的电动势（称为次暂态电动势 $\dot{E}''$）、相应的次暂态电抗 X''、定子等值电阻 R_a 构成定子暂态过程的等值电动势和阻抗[17]。其次暂态等值电路与同步发电机相似，如图 4.16 所示。其中，异步发电机次暂态电抗 X'' 的表达式为[25]

$$X'' = X_{a\sigma} + \frac{X_{r\sigma} X_{ad}}{X_{r\sigma} + X_{ad}} \tag{4.60}$$

式中，$X_{a\sigma}$ 为定子漏抗；$X_{r\sigma}$ 为转子漏抗；X_{ad} 为直轴电枢反应电抗，物理意义等同于励磁电抗。

因为异步发电机次暂态电动势 $\dot{E}''$ 是与转子绕组交链的磁链成正比，磁链具有不能突变的特性，所以短路前后次暂态电动势保持不变，$\dot{E}''$ 可由短路前稳态潮流计算结果获得

$$\dot{E}'' = \dot{U}_{g(0^-)} + \mathrm{j}\dot{I}_{g(0^-)} X'' + R_a \dot{I}_{g(0^-)} \tag{4.61}$$

式中，$\dot{U}_{g(0^-)}$ 为异步发电机短路前的端电压；$\dot{I}_{g(0^-)}$ 为异步发电机短路前的输出电流，二者均可由稳态潮流计算获得。

与同步发电机类似，进一步可获得短路情况下异步发电机的三相输出电流。

3. PWM 换流器型分布式电源

以图 4.5 所示逆变器结构为例加以说明。假定图中直流侧输入端并联有大电容，可以维持直流侧电压 U_{dc} 不变，通过大容量储存/释放能量来抑制输出功率波动。

1)准稳态模型

PWM 换流器型分布式电源的有功功率输出与分布式电源发电侧的能量输入特性（例如风速波动、光照强度变化、燃料进料控制特性等）密切相关，同时也与工作环境（如温度、压力、空气密度等）有关。由于发电侧输入能量与工作环境的变化相对

于电磁暂态而言是一个缓慢的过程，在短路情况下的稳态过程中可以假定其输出功率恒定[26]，即有功功率与无功功率均保持短路发生前的输出值不变。在实际系统中，短路瞬间1～2个周波内这种并网逆变器的输出功率会有所变化，但由于逆变器控制器的快速动作，两个周波之后所输出的有功功率和无功功率将会迅速达到短路后的稳定输出值，且其值与短路前瞬间相同。

假定短路前后分布式电源向系统中注入的功率不变，此时的短路计算模型即为PWM换流器型分布式电源的准稳态模型。此时，故障后瞬间逆变器的稳态输出有功功率和无功功率可基于微电网稳态潮流计算结果获得。

2)暂态模型

在稳态运行时，PWM换流器一般需保持直流侧电容电压U_{dc}为一个恒定值。在微电网发生故障的瞬间，如果同样假定这一电压不变，则PWM换流器等价于短路瞬间内电势恒定的电源，此假设条件下获得的分布式电源的短路计算模型即为暂态模型，其内电势值等于系统正常运行时的逆变器出口电势，该值由正常潮流计算获得。

在短路计算时，保持逆变器出口正序电势不变，假定负序和零序电势为零，根据式(4.35)和(4.36)即可得到逆变器输出的三相电流值。

4.5.2　故障模拟

在微电网中，任一节点的短路故障都可用图4.18所示的电路表示，通过对Z_a、Z_b、Z_c、Z_g取值的不同，可以模拟各种类型的金属性短路和非金属性短路故障。各种故障类型对应的阻抗取值见表4.13。

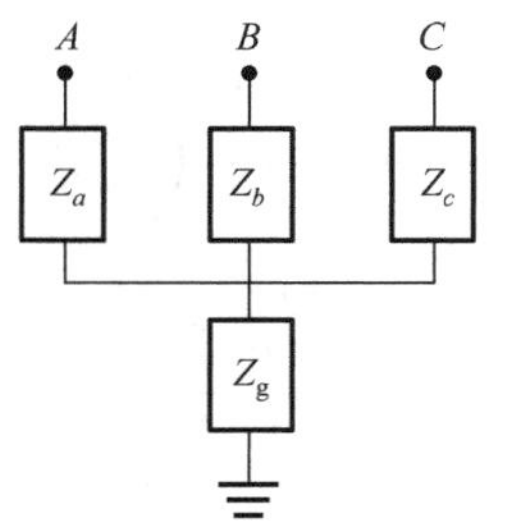

图4.18　故障模拟电路图

表4.13　各种故障类型的表示方法

故障类型	Z_a、Z_b、Z_c和Z_g的取值
三相短路	$Z_a=Z_b=Z_c=Z_g=0$
ab两相短路	$Z_a=Z_b=0, Z_c=Z_g=\infty$
ab两相接地短路	$Z_a=Z_b=Z_g=0, Z_c=\infty$
a相短路	$Z_a=Z_g=0, Z_c=Z_b=\infty$

4.5.3　短路冲击电流和短路容量值

短路冲击电流是指在最恶劣短路情况下，三相短路电流中最严重相的最大电流瞬时值。冲击电流主要用于检验电气设备和载流导体的动稳定度，可用下式近似：

$$I_M \approx \sqrt{2}I_f + \sqrt{2}I_f e^{-\frac{0.01}{T_a}} = \sqrt{2}\left(1 + e^{-\frac{0.01}{T_a}}\right)I_f = \sqrt{2}K_M I_f \tag{4.62}$$

式中，I_M为三相短路冲击电流；I_f为最严重相的短路电流有效值；K_M为短路电流冲击系数；T_a为短路电流非周期分量衰减的时间常数。K_M值可取为1～2，若取最严重情况，$K_M=2$。

为了校验断路器的断流能力，定义短路容量 S_f 为

$$S_f = I_f \times U_N \tag{4.63}$$

式中，U_N 为故障前该点的额定相电压有效值，由于在配电网中三相短路电流不相等，只需要计算三相短路电流最严重相的短路容量。

4.5.4 算例分析

将上述短路计算的模型处理方法以及故障模拟方法在一个 20 节点的微电网算例[27]上进行测试，其结构如图 4.19 所示。该系统电压等级为 4.16kV，负荷采用恒功率类型，其值在图中以标幺值的形式标注，采用的基准功率为 1000kV·A，其中 P_{abc} 表示 abc 三相有功负荷相等，P_{ab} 表示 a 相和 b 相有功功率相等，以此类推，未标注相的负荷功率为零。图中每段线路长度均为 50m，线路参数见表 4.14，变压器参数见表 4.15。算例中各种分布式电源的具体参数如下。

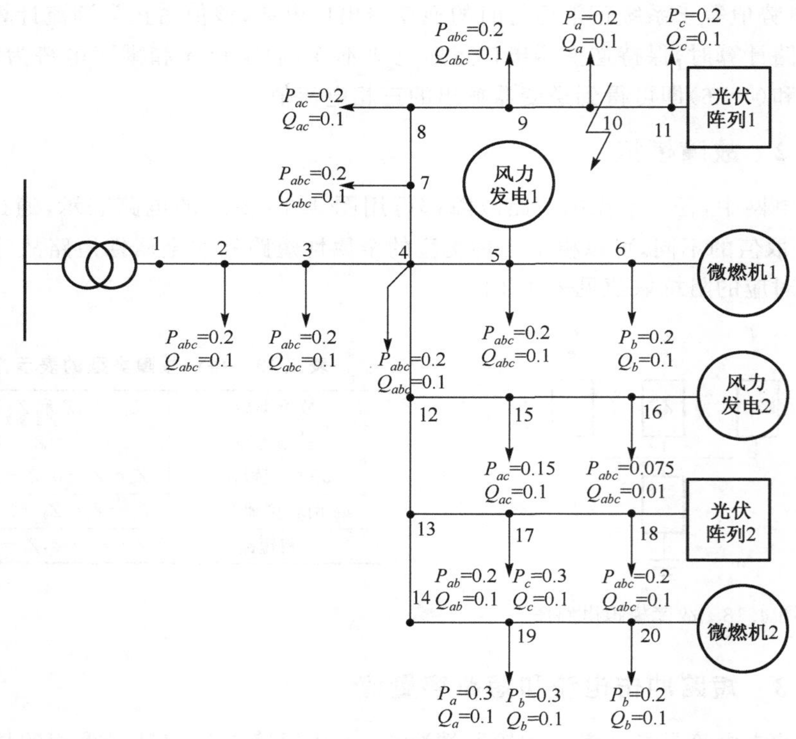

图 4.19　20 节点配电网结构图

表 4.14　线路详细参数

正序电阻 /(Ω/km)	正序电抗 /(Ω/km)	零序电阻 /(Ω/km)	零序电抗 /(Ω/km)	正序并联导纳 /(S/km)	零序并联导纳 /(S/km)
0.301599	0.5763	0.769599	2.0814	7508.4×10^{-6}	2012.7×10^{-6}

表 4.15 变压器详细参数

容量/(MV·A)	电压/kV	短路电压/%	短路损耗/kW	空载电流/%	空载损耗/kW
1.0	23/4.16	8	122	3	39

(1)微燃机:处理为同步发电机型分布式电源,额定容量为 1MV·A,额定电压为 4.16kV,正序、负序以及零序电抗均为 0.2p.u.,忽略电阻;采用恒有功功率和恒交流电压幅值控制,输出电压控制为 4.16kV,微燃机 1 输出有功功率控制为 100kW,微燃机 2 输出有功功率控制为 500kW。

(2)风力发电机:处理为异步发电机型分布式电源,额定功率为 300kW,额定电压为 4.16kV,额定运行时的效率为 0.90698,额定运行时的功率因数为 0.90107,定子漏抗为 0.1p.u.,转子电阻为 0.1p.u.,转子漏抗为 0.1p.u.,励磁电抗为 4.0p.u.,有功功率控制为 300kW。

(3)光伏发电系统:处理为 PWM 换流器型分布式电源,额定容量为 1.0MV·A,额定电压为 4.16kV,滤波器电抗为 0.2p.u.,光伏阵列在并网时采用恒功率控制,有功功率输出为 100kW,无功功率输出为 20kvar。

在该算例上对分布式电源的短路计算建模方法进行测试,包括各种分布式电源的准稳态模型、暂态模型和稳态模型,计算过程中取短路电流冲击系数 $K_M=2$。

1)基于分布式电源准稳态短路电流计算模型

采用准稳态短路电流计算模型,即在短路瞬间保持 PWM 换流器型分布式电源输出功率 S 恒定、同步发电机型分布式电源励磁电动势 $\dot{E}$ 恒定、异步发电机型分布式电源转差率 s 恒定。由稳态潮流计算得到短路瞬间各个分布式电源恒定不变的状态量如表 4.16 所示。

假定在节点 10 处分别发生三相短路和单相短路,按照短路电流计算故障处理方法,相当于在节点 10 接入相应的短路故障模拟电路,并在假定表 4.16 中相关量不变的情况下进行短路潮流计算。短路电流计算如表 4.17 所示,节点 10 三相短路电流冲击值为 33.08kA,a 相单相短路电流冲击值为 20.07kA。

表 4.16 分布式电源正常运行状态(单位 p.u.)

分布式电源	稳态状态量
光伏阵列 1	$S=0.1+j0.019006$
光伏阵列 2	$S=0.1+j0.019242$
柴油发电机 1	$\dot{E}=1.44099-j0.03271$
柴油发电机 2	$\dot{E}=1.2946+j0.04262$
风力发电 1	$s=-0.08582$
风力发电 2	$s=-0.08601$

表 4.17 基于准稳态模型短路故障计算结果 (单位:kA)

短路点:节点 10		a 相	b 相	c 相
三相短路	短路电流	11.66	11.67	11.70
	短路电流冲击值	33.08		
a 相单相短路	单相短路电流	7.31		
	单相短路电流冲击值	20.07		

2)基于分布式电源暂态短路电流计算模型

采用暂态短路电流计算模型,即在短路瞬间保持PWM换流器型分布式电源内电势E恒定、同步发电机和异步发电机型分布式电源次暂态电势$\dot{E}''$恒定。在潮流计算的基础上得到短路瞬间暂态不变状态量如4.18所示。

表4.18 分布式电源正常运行状态(单位:p.u.)

分布式电源	正序运行状态
光伏阵列1	$E=0.98226-j0.01281$
光伏阵列2	$E=0.98485-j0.02340$
柴油发电机1	$\dot{E}''=1.21516-j0.03452$
柴油发电机2	$\dot{E}''=1.14182-j0.00103$
风力发电1	$\dot{E}''=0.98824-j0.03552$
风力发电2	$\dot{E}''=0.98580-j0.03913$

同样考虑在节点10分别发生三相短路和单相短路故障,计算结果如表4.19所示。三相短路最大短路电流冲击值为31.63kA,单相短路最大短路电流冲击值为19.84kA。

表4.19 基于暂态模型短路故障计算结果 (单位:kA)

短路点:节点10		*a*相	*b*相	*c*相
三相短路	短路电流	11.16	11.16	11.18
	短路电流冲击值	31.63		
*a*相单相短路	单相短路电流	7.013		
	单相短路电流冲击值	19.84		

3)基于分布式电源稳态模型

采用稳态模型,即在短路瞬间分布式电源统一采用稳态潮流计算的数学模型,短路电流计算结果如表4.20所示。三相短路最大短路电流冲击值为26.63kA,单相短路最大短路电流冲击值为21.13kA。

表4.20 基于稳态模型短路故障计算结果 (单位:kA)

短路点:节点10		*a*相	*b*相	*c*相
三相短路	短路电流	9.40	9.42	9.40
	短路电流冲击值	26.63		
*a*相单相短路	单相短路电流	7.47		
	单相短路电流冲击值	21.13		

比较采用三种模型后的短路电流计算结果可以发现,就本算例而言,节点10三相短路时采用准稳态模型获得的短路电流最大,*a*相单相短路时采用稳态模型时获得的短路电流最大。尽管这些结论不具有一般性,但采用不同的模型计算可以看出其结果有时相差较大。在短路计算中,对分布式电源采用什么样的模型需要仔细斟酌。

参考文献

[1] Zimmerman R D. Comprehensive distribution power flow: Modeling, formulation, solution algorithms and analysis[D]. Ithaca: Cornell University, 1995.

[2] 王守相,王成山. 现代配电系统分析[M]. 北京:高等教育出版社,2007.

[3] 王守相,李继平,王成山. 配电网三相潮流算法比较研究[J]. 电力系统及其自动化学报,2000,12(2):26-31.

[4] Bompard E, Carpaneto E, Chicco G, et al. Convergence of the backward/forward sweep method for the load flow analysis of radial distribution systems[J]. Electrical Power and Energy System, 2000, 22:521-530.

[5] 孙宏斌,张伯明. 配电潮流前推回推法的收敛性研究[J]. 中国电机工程学报,1999,19(7):26-29.

[6] 毕鹏翔,刘健,谢芳,等. 辐射状配电网支路电流法潮流计算的收敛性特性研究[J]. 中国电机工程学报,2003,23(6):41-44.

[7] Zhang F, Cheng C S. A modified Newton method for radial distribution system power flow analysis[J]. IEEE Transactions on on Power Systems, 1997, 12(1):389-397.

[8] Goswami S K, Basu S K. Direct solution of distribution system[J]. Proceedings of IEE, Part C, 1991, 138(1):78-88.

[9] 郑超,周孝信. VSC-HVDC 稳态特性与潮流算法的研究[J]. 中国电机工程学报,2005,25(6):1-5.

[10] 陈谦,唐国庆. 多端 VSC-HVDC 系统交直流潮流计算[J]. 电力自动化设备,2005,25(6):1-6.

[11] 郑超,盛灿辉. 含 VSC-HVDC 的交直流混合系统潮流统一迭代求解算法[J]. 中国电力,2007,40(7):65-69.

[12] Papadopolos M, Malatestas P, Hatziargyriou N. Simulation and analysis of small and medium size power systems containing wind turbine[J]. IEEE Transactions on Power Systems, 1991, 6(4):1453-1458.

[13] Sorensen P. Methods for calculation of the flicker contributions from wind turbines[R]. Riso-1-939(EN), 1995.

[14] 陈金富,陈海焱,段献忠. 含大型风电场的电力系统多时段动态优化潮流[J]. 中国电机工程学报,2006,26(3):31-35.

[15] 王海超,周双喜,鲁宗相,等. 含风电场的电力系统潮流计算的联合迭代方法与应用[J]. 电网技术,2005,29(18):59-62.

[16] 江兴月. 分布式电源的配电网潮流和短路统一分析方法[D]. 天津:天津大学,2007.

[17] 李光琦. 电力系统暂态分析[M]. 北京:中国电力出版社,2007.

[18] 刘万顺. 电力系统故障分析[M]. 北京:中国电力出版社,1998.

[19] 王守相,江兴月,王成山. 含分布式电源的配电网故障分析叠加法[J]. 电力系统自动化,2008,32(5):32-36.

[20] 傅旭.含分布式电源的配电网故障分析的解耦相分量法[J].电力自动化设备,2009,29(6):29-34.

[21] 肖鑫鑫.记及分布式电源的配网潮流和短路电流计算研究[D].上海:上海交通大学,2008.

[22] Berman A,Xu W. Analysis of faulted power systems by phase coordinates[J]. IEEE Transactions. on Power Delivery,1998,13(2):587-595.

[23] 张小平,陈衍.不对称三相电力系统潮流、故障的统一分析法[J].电力系统自动化.1994,8(8):18-24.

[24] 彭书涛,廖培金,李琳.多 PV 节点的不平衡配电网潮流故障分析方法[J].继电器,2004,32(2):6-9.

[25] 曾令全.电机学[M].北京:中国电力出版社,2007.

[26] 刘森.含分布式电源的配电网保护研究[D].天津:天津大学,2007.

[27] 王成山,孙晓倩.含分布式电源配电网短路计算的改进方法[J].电力系统自动化,2012,36(23):54-58.

第 5 章　微电网电磁暂态仿真

5.1 引　言

对常规电力系统的分析研究常常借助于数字仿真和实物动态模拟来完成，微电网研究也可以采用类似的方法。相对于实物动态模拟，数字仿真因为具有投资少、受硬件条件限制小、系统仿真规模易于扩充、各种元件参数易于调整、可模拟各种极端和复杂运行环境和工作条件下的系统动态行为等特点而获得广泛应用。

由于微电网构成、运行方式、控制模式等的特殊性，相关数字仿真技术的发展面临许多新的要求与挑战，例如：①在元件模型方面，微电网中的元件不但种类繁多，而且很多分布式电源的模型尚在不断完善与发展之中，这需要数字仿真程序具有较强的开放式建模能力。一个完整的微电网由一次能源系统、分布式电源、电力电子变换装置、各种控制器、网络元件与负荷等部分组成，既存在静止的直流电源，也含有旋转的交流电机；既涉及电气参量，又涉及化学能、热能、光能等相关的非电气参量，这需要数字仿真程序具备各种典型环节与典型问题的处理能力。②在数值稳定性方面，微电网中动态过程的时间常数差异较大，整个系统是一个典型的复杂非线性系统。在需要精确计及电力电子装置动态特性的场合，采用开关模型的电力电子器件的频繁动作对程序的计算精度和数值稳定性提出了较高要求。③在计算速度方面，当系统规模较大，电气网络复杂，同时含有众多分布式电源时，提高仿真程序的计算速度，特别是实现实时数字仿真面临很大的困难。④在仿真程序架构方面，需要基于开放的设计架构以面向今后的扩展以及同其他仿真程序的交互、融合。

微电网中的动态过程具有明显的多时间尺度特征，如暂态过电压变化的时间尺度是微秒级，外部环境的光照、温度等变化的时间尺度是秒级，甚至是分钟、小时级。在系统的数字仿真研究中，为了保证仿真结果的精度以及算法的数值稳定性，通常需依据系统中快动态过程的时间常数选取仿真步长，此时如果要全面反映系统在各个时间尺度下所有动态过程的全部特征可能会导致难以忍受的计算时间，这样做在大多情况下是不现实的。根据动态行为的时间尺度选择不同的仿真计算模型与求解方法是解决这一问题的唯一可行思路。

在常规电力系统数字仿真研究中，根据动态过程时间尺度的不同，针对电磁暂态过程与机电暂态过程发展出相应的数字仿真方法，分别称为电磁暂态仿真方法与机电暂态仿真方法。虽然由于系统设备构成不同，微电网中动态过程的时间尺度划

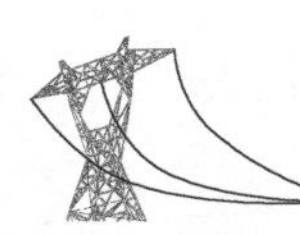

分还需要进一步研究,但是相关数字仿真方法也可以借鉴常规电力系统数字仿真的经验,即以电磁暂态仿真方法为基础研究微电网中相对较快的动态过程,而以机电暂态仿真方法为基础研究其中相对较慢的动态过程。这里“较快”和“较慢”是相对而言的,一般情况下可以工频为界加以区别。本章重点介绍微电网中快动态过程数字仿真的相关问题,即“电磁暂态仿真”问题。与此对应,对系统中相对慢动态过程的数字仿真相关问题,本书中称为“稳定性仿真”问题,将在第 6 章予以介绍。

作为微电网仿真的重要组成部分,微电网电磁暂态仿真侧重于微电网中各种快速变化的暂态过程的详细仿真,利用详细的元件模型对包括电网、电力电子变换装置、分布式电源及各种控制器进行建模,利用常规电力系统电磁暂态仿真与电路仿真的基本理论与方法,目的是捕捉频率范围从几百 Hz 到工频之间系统中的电气量和非电气量的动态变化过程。这一仿真工作需在电路层面上对系统元件进行精确建模,并计算得到各种暂态响应的时域波形,进而从模型、算法到计算结果方面都有别于稳定性仿真。

微电网电磁暂态仿真程序是微电网问题研究的重要工具,在微电网稳态运行条件下的电能质量分析、系统控制器设计、短期负荷跟踪特性研究、微电网故障情况下的暂态短路电流计算、系统动态特性研究、分布式电源故障穿越能力分析、保护与紧急控制系统设计等诸多方面都将获得广泛的应用[1-5]。

5.2 电磁暂态仿真基本方法

5.2.1 方法概要

电磁暂态仿真本质上可归结为对动力学系统时域响应的求取,它包括系统建模和与之相适应的数值算法求解两部分工作。对微电网而言,其数学模型包括两部分:一部分是电气系统模型,包括线路、变压器、电机、电力电子变换装置主电路、分布式电源主系统等的模型;另一部分为控制系统模型,包括分布式电源的控制系统模型、电力电子变换装置的控制系统模型等。其中,电气系统模型又由两类方程描述:一类是由系统网络拓扑结构决定的节点电压和支路电流关系方程;另一类是由系统中各元件自身特性决定的方程。前者是代数方程,后者可能是代数方程,也可能是微分方程。在电磁暂态仿真中,模型描述方法和仿真算法常常耦合在一起,更多情况下是前者决定了后者。尽管电气系统和控制系统的建模方法可能有很大不同,但从仿真计算的基本过程看,二者的建模思路或者模型描述方法又都需与特定类的仿真算法相适应。

电磁暂态仿真算法可以分为两大类,下面对这两大类方法的基本求解原理加以简单介绍。

(1)第一类方法:先对元件级模型进行离散化处理,形成差分方程,将这些差分方程联立成代数方程组,进而利用相关算法进行求解。

以图 5.1(a)所示的电感为例,其基本的伏安关系方程为式(5.1)所给出的微分方程:

$$u_k - u_m = L\frac{\mathrm{d}i_{km}}{\mathrm{d}t} \tag{5.1}$$

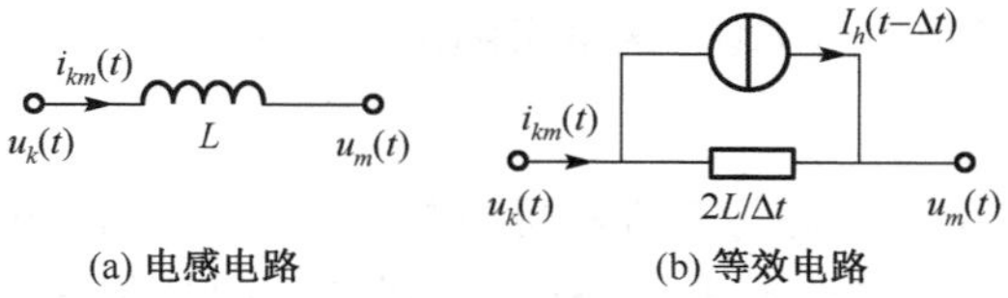

(a) 电感电路　　(b) 等效电路

图 5.1　电感支路及其暂态计算电路

在微电网中,各种元件都可用类似式(5.1)所示的微分方程或代数方程来描述。在这一类电磁暂态仿真求解算法中,对这样的元件模型,需要先采用数值积分方法对其进行差分化,得到代数形式的差分方程。以式(5.1)为例,应用梯形积分法得到的差分方程如下:

$$i_{km}(t) = \frac{\Delta t}{2L}[u_k(t) - u_m(t)] + I_{\mathrm{h}}(t-\Delta t) \tag{5.2}$$

式中,$I_{\mathrm{h}}(t-\Delta t) = i_{km}(t-\Delta t) + \frac{\Delta t}{2L}[u_k(t-\Delta t) - u_m(t-\Delta t)]$。

式(5.2)的差分方程可认为是一个值为 $\Delta t/2L$ 的电导与历史项电流源并联的诺顿等效电路形式,如图 5.1(b)所示。类似于电感元件,构成微电网的电气系统和控制系统中的元件都可以采用类似的思路加以处理,考虑到电路拓扑连接结构决定的节点电压或支路电流方程约束,将这些单一元件对应的差分方程联立可得到用差分方程描述的整个微电网电磁暂态仿真的基本方程

$$\boldsymbol{Gu} = \boldsymbol{i} \tag{5.3}$$

很明显,式(5.3)对应的方程已经包含了具体的数值积分方法,直接求解该方程即可获得在对应时刻系统的电磁暂态响应值。

(2)第二类方法:直接将用微分或代数方程描述的元件级模型联立,形成微分-代数方程组,进而采用特定的算法对这些方程组差分化并求解。

在这一类电磁暂态仿真方法中,在元件模型的基础上,直接形成标准形式的状态-输出方程为

$$\begin{aligned}\dot{\boldsymbol{x}} &= \boldsymbol{Ax} + \boldsymbol{Bu}\\ \boldsymbol{y} &= \boldsymbol{Cx} + \boldsymbol{Du}\end{aligned} \tag{5.4}$$

针对上述具有标准形式的状态方程,可使用各种成熟的数值计算方法进行求解。当然,在算法求解过程中也需要对上述方程组进行差分化处理。

式(5.3)和式(5.4)是微电网电磁暂态仿真中采用的两类基本方程,它们分别对

应于电磁暂态仿真的两类基本方法，与前者对应的称为节点分析法(nodal analysis)，与后者对应的称为状态空间分析法(state space analysis)[6]。

5.2.2 仿真算法分析比较

为了使读者对节点分析法和状态空间分析法有更加清楚的了解，需要对这两类方法的计算过程进一步加以分析。为了简化分析过程，在下面的分析中暂不考虑控制系统的影响，仅以简单电气系统(这里实际是电路系统)为例加以分析。

1. 节点分析法

基于节点分析的电磁暂态仿真方法可概括为先采用数值积分方法(以梯形法为主)对系统中动态元件的特性方程差分化，得到等效的计算电导与历史项电流源并联形式的诺顿等效电路，联立整个电气系统的元件特性方程形成节点电导矩阵，求解得到系统中各节点电压的瞬时值。考虑到系统中一部分节点的电压已知，式(5.3)可分解为如下形式：

$$\begin{aligned} \boldsymbol{G}_{AA}\boldsymbol{u}_{A}(t) + \boldsymbol{G}_{AB}\boldsymbol{u}_{B}(t) &= \boldsymbol{i}_{A}(t) \\ \boldsymbol{G}_{BA}\boldsymbol{u}_{A}(t) + \boldsymbol{G}_{BB}\boldsymbol{u}_{B}(t) &= \boldsymbol{i}_{B}(t) \end{aligned} \tag{5.5}$$

式中，电压 $\boldsymbol{u}_{B}(t)$是已知的，通常是由单端接地的理想电压源产生的，由式(5.5)中的前一部分可得

$$\boldsymbol{G}_{AA}\boldsymbol{u}_{A}(t) = \boldsymbol{i}_{A}(t) - \boldsymbol{G}_{AB}\boldsymbol{u}_{B}(t) \tag{5.6}$$

式(5.6)具有线性方程组 $\boldsymbol{Ax}=\boldsymbol{b}$ 的形式，可使用各种成熟的线性稀疏矩阵算法进行求解。这里以图 5.2 所示的电路为例介绍基于节点方程的电磁暂态仿真方法。对图 5.2 所示系统中的元件模型进行差分化处理，可得到对应的等效计算电路如图 5.3 所示。在采用理想开关模型对开关 S 建模时，开关闭合和断开情况下分别得到的节点电导方程式(5.7)和式(5.8)，可以看出开关状态改变前后，由于系统中节点数的变化而导致计算矩阵的维数也相应发生变化，这将不能充分发挥稀疏算法的计算优势，特别是对于存在大量频繁动作的开关元件的情况。一个完整的基于节点分析的电磁暂态仿真的计算流程如图 5.4 所示。

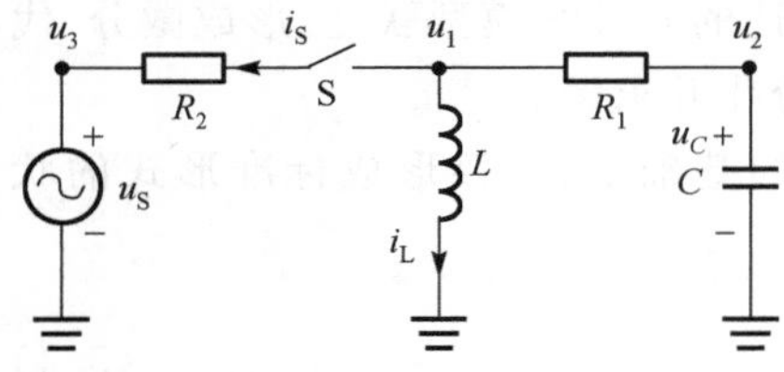

图 5.2 电路示例

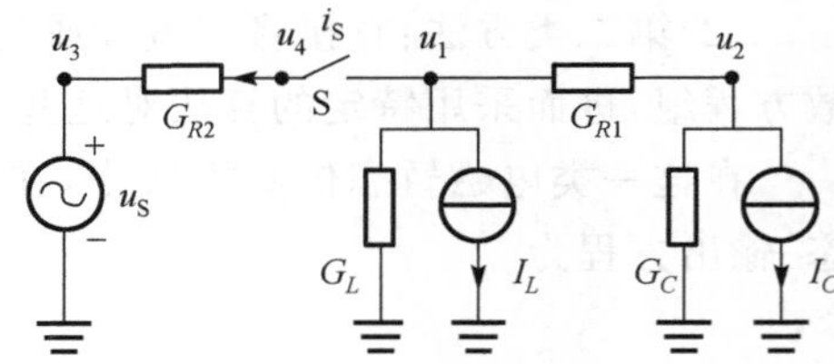

图 5.3 等效计算电路模型

$$\begin{bmatrix} G_L + G_{R1} + G_{R2} & -G_{R1} \\ -G_{R1} & G_R + G_C \end{bmatrix}\begin{bmatrix} u_1(t) \\ u_2(t) \end{bmatrix} = \begin{bmatrix} -I_L + G_{R2}u_S \\ -I_C \end{bmatrix} (\text{开关闭合}) \tag{5.7}$$

$$\begin{bmatrix} G_L + G_{R1} & -G_{R1} & 0 \\ -G_{R1} & G_{R1} + G_C & 0 \\ 0 & 0 & G_{R2} \end{bmatrix} \begin{bmatrix} u_1(t) \\ u_2(t) \\ u_4(t) \end{bmatrix} = \begin{bmatrix} -I_L \\ -I_C \\ G_{R2} u_S \end{bmatrix} \text{(开关打开)} \tag{5.8}$$

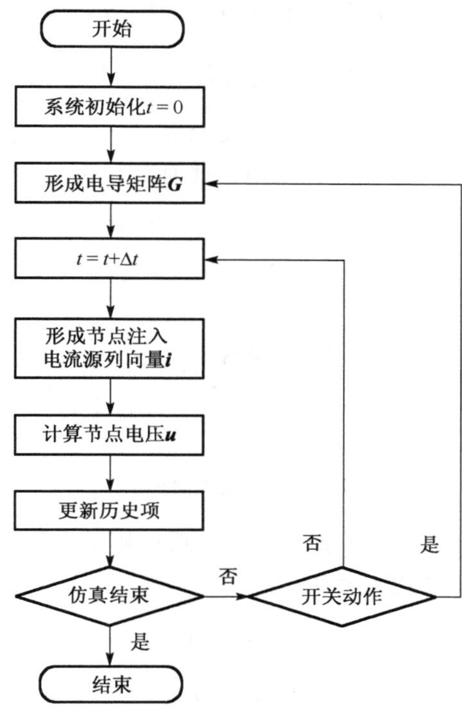

图 5.4 基于节点分析的电磁暂态仿真计算流程

2. 状态空间分析法

状态空间分析法属于一般性建模仿真方法[6]，不仅适于电路与电力系统仿真，同样也适于其他形式的动力学系统的建模与仿真。应用状态空间分析法的基础是形成式(5.4)形式的状态-输出方程。对于形式简单的电路可直接通过手工形成这一方程，再进行计算求解。同样以图 5.2 所示的电路为例，选取图中所示的电容电压与电感电流为状态变量，通过列写电路的基本方程，消去中间变量，可整理出如下的标准形式的状态方程：

$$\begin{bmatrix} \dfrac{di_L}{dt} \\ \dfrac{du_C}{dt} \end{bmatrix} = \begin{bmatrix} -\dfrac{R_1 R_2}{L(R_1+R_2)} & \dfrac{R_2}{L(R_1+R_2)} \\ -\dfrac{R_2}{C(R_1+R_2)} & -\dfrac{1}{C(R_1+R_2)} \end{bmatrix} \begin{bmatrix} i_L \\ u_C \end{bmatrix} + \begin{bmatrix} \dfrac{R_1}{L(R_1+R_2)} \\ \dfrac{1}{C(R_1+R_2)} \end{bmatrix} [u_S] \tag{5.9}$$

对于微电网的数字仿真，应尽可能采用易于程序实现的一般性方法。文献[7]提出了一种自动形成状态方程的方法，它考虑了如图 5.5 所示的一般性支路模型，当开关闭合(state=1)时作为在线支路，其伏安关系可用下式表示：

$$u_i = r_i i_i + p(L_i i_i) + P_i \frac{1}{p}(i_i + j_i) + e_i \tag{5.10}$$

式中，$P_i = 1/C_i$，对于系统中的所有活动支路，可将式(5.10)写为如下的向量形式：

$$\boldsymbol{u}_{\mathrm{br}} = \boldsymbol{r}_{\mathrm{br}}\boldsymbol{i}_{\mathrm{br}} + p(\boldsymbol{L}_{\mathrm{br}}\boldsymbol{i}_{\mathrm{br}}) + \boldsymbol{P}_{\mathrm{br}}\boldsymbol{q}_{\mathrm{br}} + \boldsymbol{e}_{\mathrm{br}} \tag{5.11}$$

式中，$\boldsymbol{q}_{\mathrm{br}} = \frac{1}{p}(\boldsymbol{i}_{\mathrm{br}} + \boldsymbol{j}_{\mathrm{br}})$，定义电容电流列向量 $\boldsymbol{i}_C$，并令 $\boldsymbol{q}_C = \frac{1}{p}\boldsymbol{i}_C$，同时定义矩阵 $\boldsymbol{M}$，当第 i 条支路中有电容存在时其对角线元素 $m_{ii} = 1$，而其他位置则为 0，则有 $\boldsymbol{P}_{\mathrm{br}}\boldsymbol{q}_{\mathrm{br}} = \boldsymbol{P}_{\mathrm{br}}\boldsymbol{M}\boldsymbol{q}_C$ 及 $\boldsymbol{q}_C = \boldsymbol{M}^{\mathrm{T}}\boldsymbol{q}_{\mathrm{br}}$，式(5.11)此时可写为

$$\boldsymbol{u}_{\mathrm{br}} = \boldsymbol{r}_{\mathrm{br}}\boldsymbol{i}_{\mathrm{br}} + p(\boldsymbol{L}_{\mathrm{br}}\boldsymbol{i}_{\mathrm{br}}) + \boldsymbol{P}_{\mathrm{br}}\boldsymbol{M}\boldsymbol{q}_C + \boldsymbol{e}_{\mathrm{br}} \tag{5.12}$$

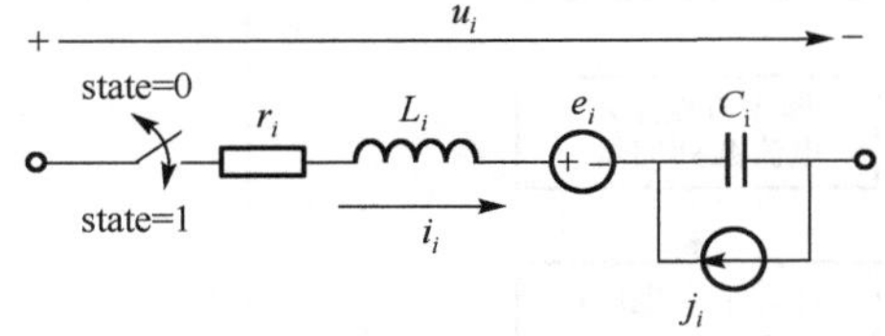

图 5.5　一般支路模型

在电路与电力网络中，网络的拓扑连接关系可用基本回路矩阵 $\boldsymbol{B}_{\mathrm{b}}$ 来描述，支路电压、支路电流满足如下的约束关系[8]：

$$\boldsymbol{B}_{\mathrm{b}}\boldsymbol{u}_{\mathrm{br}} = \boldsymbol{0} \tag{5.13}$$

$$\boldsymbol{B}_{\mathrm{b}}^{\mathrm{T}}\boldsymbol{i}_{\mathrm{x}} = \boldsymbol{i}_{\mathrm{br}} \tag{5.14}$$

式中，$\boldsymbol{i}_{\mathrm{x}}$ 为回路电流（也即连支电流），反映了系统中独立的电流个数，式(5.13)与(5.14)反映了系统中的拓扑约束关系，即 KVL 方程与 KCL 方程，将两式代入式(5.12)中，可得

$$\boldsymbol{0} = \boldsymbol{B}_{\mathrm{b}}\boldsymbol{r}_{\mathrm{br}}\boldsymbol{B}_{\mathrm{b}}^{\mathrm{T}}\boldsymbol{i}_{\mathrm{x}} + \boldsymbol{B}_{\mathrm{b}}p(\boldsymbol{L}_{\mathrm{br}}\boldsymbol{B}_{\mathrm{b}}^{\mathrm{T}}\boldsymbol{i}_{\mathrm{x}}) + \boldsymbol{B}_{\mathrm{b}}\boldsymbol{P}_{\mathrm{br}}\boldsymbol{M}\boldsymbol{q}_C + \boldsymbol{B}_{\mathrm{b}}\boldsymbol{e}_{\mathrm{br}} \tag{5.15}$$

进一步有

$$\boldsymbol{0} = \boldsymbol{B}_{\mathrm{b}}\boldsymbol{r}_{\mathrm{br}}\boldsymbol{B}_{\mathrm{b}}^{\mathrm{T}}\boldsymbol{i}_{\mathrm{x}} + \boldsymbol{B}_{\mathrm{b}}\boldsymbol{L}_{\mathrm{br}}\boldsymbol{B}_{\mathrm{b}}^{\mathrm{T}}p\boldsymbol{i}_{\mathrm{x}} + \boldsymbol{B}_{\mathrm{b}}(p\boldsymbol{L}_{\mathrm{br}})\boldsymbol{B}_{\mathrm{b}}^{\mathrm{T}}\boldsymbol{i}_{\mathrm{x}} + \boldsymbol{B}_{\mathrm{b}}\boldsymbol{P}_{\mathrm{br}}\boldsymbol{M}\boldsymbol{q}_C + \boldsymbol{B}_{\mathrm{b}}\boldsymbol{e}_{\mathrm{br}} \tag{5.16}$$

式(5.16)可以简写为如下形式：

$$\boldsymbol{0} = \boldsymbol{r}_{\mathrm{x}}\boldsymbol{i}_{\mathrm{x}} + \boldsymbol{L}_{\mathrm{x}}p\boldsymbol{i}_{\mathrm{x}} + (p\boldsymbol{L}_{\mathrm{x}})\boldsymbol{i}_{\mathrm{x}} + \boldsymbol{P}_{\mathrm{x}}\boldsymbol{q}_C + \boldsymbol{B}_{\mathrm{b}}\boldsymbol{e}_{\mathrm{br}} \tag{5.17}$$

由于 $\boldsymbol{q}_C = \boldsymbol{M}^{\mathrm{T}}\boldsymbol{q}_{\mathrm{br}}$，因此有 $p\boldsymbol{q}_C = \boldsymbol{M}^{\mathrm{T}}p\boldsymbol{q}_{\mathrm{br}}$，将式(5.14)代入后得到

$$p\boldsymbol{q}_C = \boldsymbol{M}^{\mathrm{T}}\boldsymbol{B}_{\mathrm{b}}^{\mathrm{T}}\boldsymbol{i}_{\mathrm{x}} + \boldsymbol{M}^{\mathrm{T}}\boldsymbol{j}_{\mathrm{br}} \tag{5.18}$$

选取 $\boldsymbol{q}_C$ 和 $\boldsymbol{i}_{\mathrm{x}}$ 为状态变量，式(5.17)和式(5.18)可整理得到

$$p\begin{bmatrix}\boldsymbol{q}_C\\ \boldsymbol{i}_{\mathrm{x}}\end{bmatrix} = \begin{bmatrix}\boldsymbol{0} & \boldsymbol{M}^{\mathrm{T}}\boldsymbol{B}_{\mathrm{b}}^{\mathrm{T}}\\ -\boldsymbol{L}_{\mathrm{x}}^{-1}\boldsymbol{P}_{\mathrm{x}} & -\boldsymbol{L}_{\mathrm{x}}^{-1}(\boldsymbol{r}_{\mathrm{x}} + p\boldsymbol{L}_{\mathrm{x}})\end{bmatrix}\begin{bmatrix}\boldsymbol{q}_C\\ \boldsymbol{i}_{\mathrm{x}}\end{bmatrix} + \begin{bmatrix}\boldsymbol{M}^{\mathrm{T}} & \boldsymbol{0}\\ \boldsymbol{0} & -\boldsymbol{L}_{\mathrm{x}}^{-1}\boldsymbol{B}_{\mathrm{b}}\end{bmatrix}\begin{bmatrix}\boldsymbol{j}_{\mathrm{br}}\\ \boldsymbol{e}_{\mathrm{br}}\end{bmatrix} \tag{5.19}$$

通常情况下，$\boldsymbol{L}_{\mathrm{x}}$ 为时不变的常数阵，因此式(5.19)具有式(5.4)中状态方程的标

准形式，而对于支路电流与支路电压，则有

$$\begin{bmatrix} \boldsymbol{i}_{\mathrm{br}} \\ \boldsymbol{u}_{\mathrm{br}} \end{bmatrix} = \begin{bmatrix} \boldsymbol{0} & \boldsymbol{B}_{\mathrm{b}}^{\mathrm{T}} \\ \boldsymbol{P}_{\mathrm{br}}\boldsymbol{M} - \boldsymbol{L}_{\mathrm{br}}\boldsymbol{B}_{\mathrm{b}}^{\mathrm{T}}\boldsymbol{L}_{\mathrm{x}}^{-1}\boldsymbol{P}_{\mathrm{x}} & (\boldsymbol{r}_{\mathrm{br}} + p\boldsymbol{L}_{\mathrm{br}})\boldsymbol{B}_{\mathrm{b}}^{\mathrm{T}} - \boldsymbol{L}_{\mathrm{br}}\boldsymbol{B}_{\mathrm{b}}^{\mathrm{T}}\boldsymbol{L}_{\mathrm{x}}^{-1}(\boldsymbol{r}_{\mathrm{x}} + p\boldsymbol{L}_{\mathrm{x}}) \end{bmatrix} \begin{bmatrix} \boldsymbol{q}_C \\ \boldsymbol{i}_{\mathrm{x}} \end{bmatrix} + \begin{bmatrix} \boldsymbol{0} & \boldsymbol{0} \\ \boldsymbol{0} & \boldsymbol{I} - \boldsymbol{L}_{\mathrm{br}}\boldsymbol{B}_{\mathrm{b}}^{\mathrm{T}}\boldsymbol{L}_{\mathrm{x}}^{-1}\boldsymbol{B}_b \end{bmatrix} \begin{bmatrix} \boldsymbol{j}_{\mathrm{br}} \\ \boldsymbol{e}_{\mathrm{br}} \end{bmatrix} \tag{5.20}$$

式(5.20)具有式(5.4)中输出方程的标准形式。至此，分别得到了标准形式的状态-输出方程。

当系统中存在晶闸管等电力电子元件时，需要通过采用增广的支路电压向量 $\boldsymbol{u}_{\mathrm{a}}$ 来同时计及在线与非在线支路电压，以正确判断开关的通断状态。$\boldsymbol{u}_{\mathrm{a}}$ 与在线支路电压 $\boldsymbol{u}_{\mathrm{br}}$ 的关系可写作

$$\boldsymbol{u}_{\mathrm{a}} = \boldsymbol{T}\boldsymbol{u}_{\mathrm{br}}$$

式中，$\boldsymbol{T}$ 为由在线支路电压到全部支路电压的映射矩阵，写作

$$\boldsymbol{T} = [\boldsymbol{I} - \boldsymbol{r}_{\mathrm{off}}\boldsymbol{B}_{\mathrm{a}}^{\mathrm{T}}(\boldsymbol{B}_{\mathrm{a}}\boldsymbol{r}_{\mathrm{off}}\boldsymbol{B}_{\mathrm{a}}^{\mathrm{T}})^{-1}\boldsymbol{B}_{\mathrm{a}}]\boldsymbol{u}_{\mathrm{br}}$$

式中，$\boldsymbol{B}_{\mathrm{a}}$ 表示考虑全部支路的增广的基本回路矩阵；$\boldsymbol{r}_{\mathrm{off}}$ 为对角阵，其主对角线元素由 0(对应在线支路)或关断电阻(对应非在线支路)组成。

一个基于状态空间分析并考虑电力电子开关动作的电磁暂态仿真流程如图 5.6 所示。其中，电路拓扑结构依据开关状态确定，以节点关联矩阵 $\boldsymbol{A}_{\mathrm{a}}$ 描述，并据此计算基本回路矩阵 $\boldsymbol{B}_{\mathrm{b}}$ 与映射矩阵 $\boldsymbol{T}$。$\boldsymbol{B}_{\mathrm{b}}$ 可与支路数据一起用于生成标准形式的状态-输出方程，在给定状态方程求解初值 $\boldsymbol{x}_0$ 后可采用各种积分算法进行求解。当发生开关动作时，$\boldsymbol{B}_{\mathrm{b}}$、$\boldsymbol{T}$、$\boldsymbol{x}_0$ 都需要基于新的电路拓扑、开关逻辑与电路状态重新计算，形成新的状态-输出方程后继续进行积分求解。

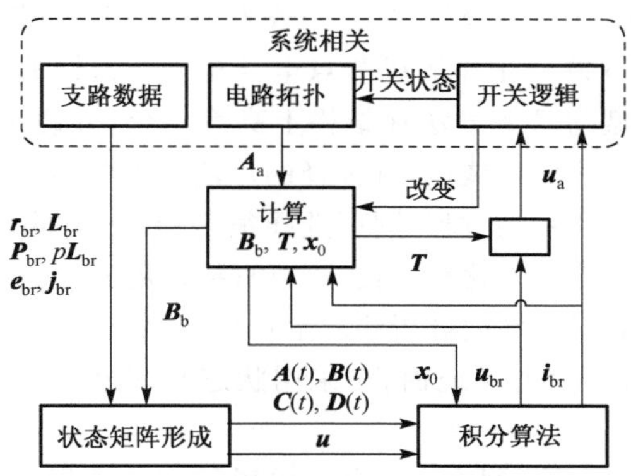

图 5.6　基于状态变量分析的电磁暂态仿真过程[7]

文献[7]中没有给出确定系统中独立变量个数的方法，一个更一般的形成状态方程的过程应该是：先建立网络的初始型(也称中间标准型)状态-输出方程，当网络预选状态变量中存在非独立变量时，需要经过矩阵的初等变换消去一部分预选状态

变量，此时再经若干次适当的变量置换，得到标准形式的状态-输出方程。

对于式(5.4)中状态方程的数值解法则可以使用各种显式或隐式的数值积分方法进行求解，如采用梯形积分法时可以得到

$$\left(\boldsymbol{I}-\frac{\Delta t}{2}\boldsymbol{A}\right)\boldsymbol{x}(t)=\left(\boldsymbol{I}+\frac{\Delta t}{2}\boldsymbol{A}\right)\boldsymbol{x}(t-\Delta t)+\frac{\Delta t}{2}\boldsymbol{B}[\boldsymbol{u}(t)+\boldsymbol{u}(t-\Delta t)] \tag{5.21}$$

与节点电导矩阵相同，式(5.21)也具有线性方程组 $\boldsymbol{Ax}=\boldsymbol{b}$ 的形式，可以使用各种线性稀疏矩阵算法进行求解。

3. 仿真算法比较

对节点分析法与状态空间分析法的基本计算过程进行比较，可以发现二者有各自明显的特点。

(1)模型形成方面：在状态空间分析法中，状态方程的形成过程涉及较多的矩阵运算，在确定状态变量个数时为了保证方法的一般性需要考虑各元件之间可能存在的隐含依赖关系，这将大大增加程序设计与实现的难度；对于节点分析法，节点方程本身已经考虑了电路系统的实际物理意义，因此出现计算求解障碍的可能性要小得多，最重要的是节点方程的形成十分简单与方便。

(2)数值算法方面：以状态方程描述的系统模型可采用各种显式或隐式的数值积分方法求解，但无论哪种方法，保证算法的数值稳定性都是至关重要的问题。变步长算法通过误差控制调整仿真步长使显式方法的数值稳定性也能够得到保证。而对于节点分析法，式(5.3)中已经考虑了具体的数值积分方法，因此，对积分方法本身也提出了要求：首先，算法应该是形式简单的，这样才能使历史项电流源的表达式不至于十分复杂；其次，算法应具有良好的数值稳定性；最后，算法应具有较高的精度。

(3)算法实现方面：在节点分析法中，一般采用定步长的数值积分算法对描述元件特性的微分方程进行差分化并形成节点电导矩阵。这样的设计使得仿真软件将所描述问题的数学模型与求解方法在结构上高度耦合，方便了程序设计，但同时也在一定程度上牺牲了程序的扩展性，可选择的算法相对较少。而在状态空间分析法中，一旦形成了式(5.4)所示的方程，则可选择很多标准化的算法，包括变步长算法，相关方程求解部分的程序开发比较方便，可以直接调用成熟的算法进行求解。

(4)计算速度方面：状态空间分析法求解比较灵活，但节点分析法在计算速度上有更大优势，特别是对于大型系统而言，采用状态空间分析法的仿真时间往往是令人无法接受的。

基于多方面的综合考虑，很多商用化的电磁暂态仿真程序都以节点分析法为基础[9-11]。对微电网电磁暂态仿真而言，采用节点分析法，可选择单步具有二阶精度且 $\boldsymbol{A}$ 稳定的梯形法[9]。考虑到梯形法在稳定性方面的优势，可不必再通过变步长算法进行误差控制，同时采用定步长可以使式(5.3)中的 $\boldsymbol{G}$ 矩阵保持恒定，对于一些元件模型，如分布参数线路中的历史项电流源的计算也更为简便。这样，基于定步长

的梯形法得到的节点方程(5.3)构成了电磁暂态一大类仿真程序的基础。考虑到这类方法的通用性,本章后续内容重点介绍基于节点分析法的电磁暂态仿真方法。

5.2.3　电磁暂态仿真的初始化

电磁暂态仿真的启动需要一个合理的初始运行点,合理的意思是指满足该时刻系统中的所有代数约束,否则可能会引起仿真结果的数值振荡等问题,对于电气系统而言,主要的代数约束包括 KVL 和 KCL 等。当前,稳态解初始化、潮流解初始化及零状态初始化等三种初始化方法在电磁暂态仿真中均得到了应用。基于稳态解的初始化方法对于简单的小规模系统是合适的,但对于大规模电力系统可能采用潮流解初始化的方法更有效[12]。在参数不对称、负荷不平衡的配电系统中可能还需要多相潮流算法的支持[13]。在分布式发电系统中,交直流母线处的谐波成分可能较高,要实现含有各种电机模型及大量开关元件的电气系统的初始化是非常困难的,同时要保证控制系统中的大量非线性元件在同一时刻也被正确初始化则更加困难[6]。分布式发电系统电磁暂态仿真的初始化问题本身就是一个值得研究的科学问题。采用零状态初始化方法是最易于实现的方法,这种方法也被在电网磁暂态仿真中广泛采用的商业在软件 PSCAD/EMTDC[10] 程序所采用,其缺点是程序仿真启动速度较慢,由于一些控制系统的启动模型和正常运行模型可能不一致,此时程序启动过程中尚需考虑这种模型不一致的影响。

5.3　电磁暂态仿真中的模型描述

5.3.1　建模方法

在基于节点分析法的微电网电磁暂态仿真程序中,对于各种功能元件的模型描述是仿真程序设计与开发的关键,特别是建模时应充分考虑到分布式电源及其控制策略具有种类丰富、复杂多变等特点。当前,在电磁暂态仿真程序中,对于各种形式的分布式电源及储能元件的模型实现(即电磁暂态仿真建模)可以有三种方法:①将模型直接内置于程序中,称为内置模型实现;②将系统表述为控制系统框图形式,通过对框图中的各种基本环节建模后组合实现整体建模,称为组合模型实现;③由用户根据仿真对象的特点自己定义模型,称为用户自定义模型实现。

内置模型实现一般适合于系统中传统的电气元件,如微电网中的线路、变压器等,这些元件的模型比较成熟、固定,将其直接内置于仿真程序中,可以具有较高的计算效率。从另一方面看,这些模型固化在仿真程序之内,通常对用户不透明,其在模型的灵活性、适应性与可扩展性方面自然较差,即使很微小的模型改动往往也十分困难,因此,在实现时要充分考虑用户需求上各种可能的变化。例如:对于内置的同步电机模型,需要考虑对不同详细程度的阻尼情况的描述,在内置模型中应尽可能将其建立成通用性比较强的模型。对分布式电源而言，考虑到各种模型尚未完全成熟，同时有些分布式电源模型具有较强的非线性，在系统求解时所采用的一些非线性元件算法可能会对数值稳定性产生影响，综合考虑模型的扩展性与算法的数值稳定性，内置模型实现不适于这类元件的电磁暂态仿真建模。

组合模型实现将系统表述为控制系统框图形式，通过对框图中的各种基本环节建模后组合实现整体建模的方法，具有较强的灵活性。由于提供了丰富的底层环节，可以实现各种元件的建模与求解。在组合模型实现方法中，各种元件模型以输入输出关系加以描述，这种方法既可以用于控制系统建模，也可以用于电气系统建模。对于电气系统，各种电气元件既可以节点电压作为输入支路电流作为输出，也可将电流作为输入而电压作为输出，基于各种基本控制环节实现的电气元件模型的输入可以来自电气系统中的各种测量元件，而输出可以处理为电气系统中的受控电源。这种方法同样适合于各种分布式电源及储能元件建模，建模能力比内置模型要灵活得多，只是在元件数学模型十分复杂的情况下，建模过程对用户而言比较繁琐，且所对应的雅可比矩阵维数较高，一定程度降低了程序的计算效率。尽管如此，考虑到分布式电源等的多样性与复杂性，这种方法适应性强，更加容易被采用。

通过用户自定义模型实现的各种元件模型具有更一般而广泛的建模能力。理论上，良好的用户自定义模型可完全取代上述两种建模方法，其关键问题是对用户接口的规范化设计，即用户通过何种形式描述各类元件模型。一个良好的用户自定义模型应具有强大的模型描述及计算求解能力，同时具有用户友好的接口规范，但往往对于问题普遍性的考虑与用户友好的设计是完全矛盾的。当前，很多仿真工具提供诸如标准形式状态方程及各类非线性代数方程的建模求解能力，但对很多复杂的非线性环节是难以描述的，设计一套通用的用户自定义接口规范并加以实现有时超出了电力系统仿真计算软件的范畴。尽管借助于现有的其他领域的语义描述方式也许是可行的，如 PSCAD 提供了通过 Fortran 语言实现用户自定义模型的方法[10]，但此时需要将 Fortran 编译器同仿真软件一起向用户发布，并且在实现用户自定义模型时需要对这些模型或整个系统进行编译，这一点对用户而言有时并不方便。

总之，就微电网而言，采用什么方式进行系统建模，需要综合考虑各种因素的影响。对于成熟的可标准化的元件，宜采用内置模型实现；对于微电网中结构多样化强、尚需不断完善的元件或子系统，宜采用组合模型实现；对于全新的元件或子系统，可能采用用户自定义模型实现更加可行。

5.3.2　电气系统内置模型实现

尽管电气系统内置模型存在一定的缺陷，缺乏灵活性和可扩展性，但对于微电网中由电感、电容、电阻等常规电气元件组成的线路、变压器等，非常适宜于采用内置电气模型。对于图 5.7 中几种常见的线性电气系统元件，分别使用梯形法和半步

长后向欧拉法得到的元件模型可用等效电导 G_{eq} 和历史项电流源 I_h 表示，如表 5.1 所示。图 5.8 给出了单相元件节点电导矩阵元素的对应位置。

图 5.7　单相 R、L、C 元件

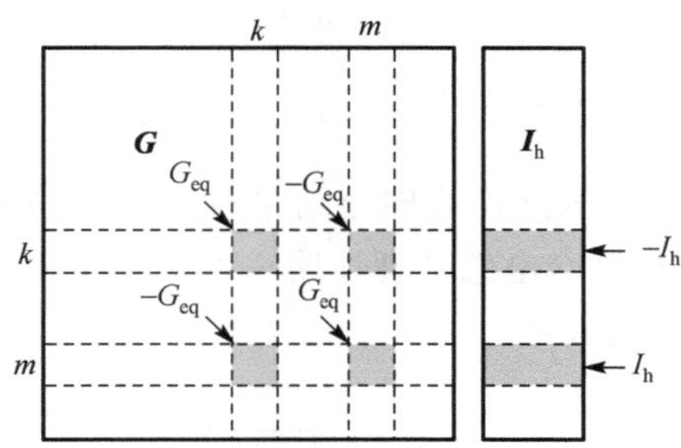

图 5.8　单相元件节点电导矩阵的结构

表 5.1　单相 R、L、C 元件的等效电导与历史项电流源的表达式

元件		梯形法	半步长后向欧拉法
电阻 R	原始方程	$u_k(t)-u_m(t)=Ri_{km}(t)$	
	差分方程	$i_{km}(t)=\dfrac{1}{R}[u_k(t)-u_m(t)]$	$i_{km}(t)=\dfrac{1}{R}[u_k(t)-u_m(t)]$
	G_{eq}	$1/R$	
	I_h	0	0
电感 L	原始方程	$u_k(t)-u_m(t)=L\dfrac{\mathrm{d}i_{km}(t)}{\mathrm{d}t}$	
	差分方程	$i_{km}(t)=\dfrac{\Delta t}{2L}[u_k(t)-u_m(t)]+I_h(t-\Delta t)$	$i_{km}(t)=\dfrac{\Delta t}{2L}[u_k(t)-u_m(t)]+I_h\left(t-\dfrac{\Delta t}{2}\right)$
	G_{eq}	$\Delta t/2L$	
	I_h	$i_{km}(t-\Delta t)+\dfrac{\Delta t}{2L}[u_k(t-\Delta t)-u_m(t-\Delta t)]$	$i_{km}\left(t-\dfrac{\Delta t}{2}\right)$
电容 C	原始方程	$i_{km}(t)=C\dfrac{\mathrm{d}[u_k(t)-u_m(t)]}{\mathrm{d}t}$	
	差分方程	$i_{km}(t)=\dfrac{2C}{\Delta t}[u_k(t)-u_m(t)]+I_h(t-\Delta t)$	$i_{km}(t)=\dfrac{2C}{\Delta t}[u_k(t)-u_m(t)]+I_h\left(t-\dfrac{\Delta t}{2}\right)$
	G_{eq}	$2C/\Delta t$	
	I_h	$-i_{km}(t-\Delta t)-\dfrac{2C}{\Delta t}[u_k(t-\Delta t)-u_m(t-\Delta t)]$	$-\dfrac{2C}{\Delta t}\left[u_k\left(t-\dfrac{\Delta t}{2}\right)-u_m\left(t-\dfrac{\Delta t}{2}\right)\right]$

对于具有互感耦合的多相元件，最常见的如图 5.9 所示的多相耦合电感，同样以梯形法作为数值积分方法，其元件特性、等效电导、历史项电流源均可以用与单相形式对应的向量或矩阵表示如下：

$$\boldsymbol{u}_k(t)-\boldsymbol{u}_m(t)=\boldsymbol{L}\frac{\mathrm{d}}{\mathrm{d}t}\boldsymbol{i}_{km}(t) \tag{5.22}$$

$$\boldsymbol{G}_{\mathrm{eq}}=\frac{\Delta t}{2}\boldsymbol{L}^{-1} \tag{5.23}$$

$$\boldsymbol{I}_{\mathrm{h}}=\boldsymbol{i}_{km}(t-\Delta t)+\frac{\Delta t}{2}\boldsymbol{L}^{-1}[\boldsymbol{u}_k(t-\Delta t)-\boldsymbol{u}_m(t-\Delta t)] \tag{5.24}$$

此外，在一些情况下，作为数学公式的推导结果也可能出现耦合的电阻和电容矩阵项，它们的处理方法与多相耦合电感处理思路一致。图 5.10 给出了多相耦合元件在节点电导矩阵中的元素位置示意。

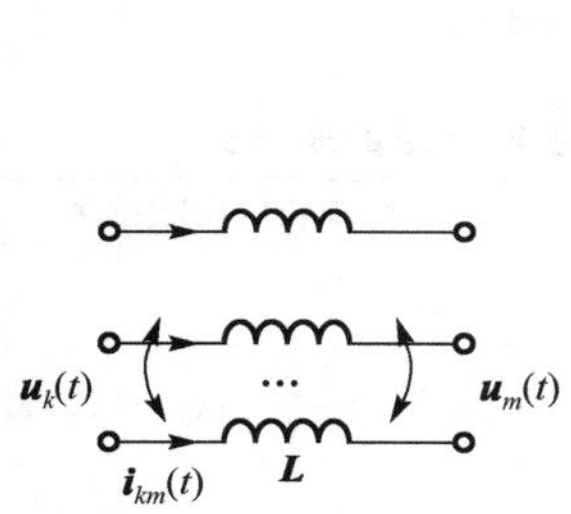

图 5.9　具有互感耦合的多相电感支路

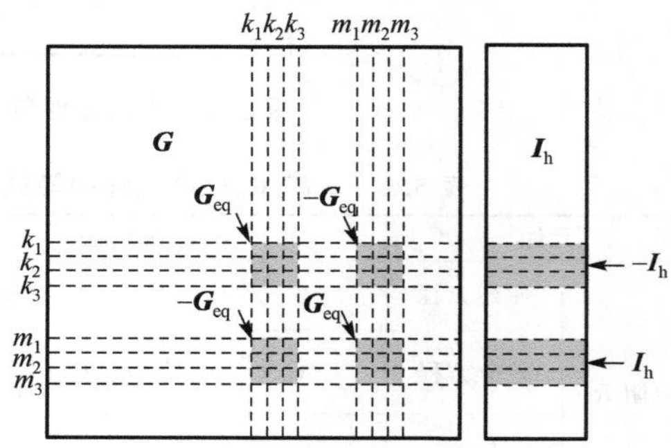

图 5.10　多相耦合元件节点电导矩阵结构

上述基本元件的仿真模型已经非常成熟，因此可以完全内置于电磁暂态仿真程序中。由上述基本元件构成的更广义的元件也可以采用内置模型实现。在微电网中，最典型的广义元件就是线路和变压器。为保持内容的完整性，下面将这些广义元件的模型简单加以归纳。

1. 线路

大多数中小容量的分布式电源在运行时接入到中低压配电网中，此时需要考虑到配电系统中参数不对称、负载不平衡甚至是接地方式的影响，因此在电磁暂态仿真中需要对配电系统进行详细建模，充分反映不同网络结构、不同接地方式与不同负载水平下对分布式发电系统动态过程的影响。在一般情况下，由于配电线路的供电范围较小，采用如图 5.11 所示的以集中参数表示的 π 形等效电路模型是足够精确的[9,14]，其电气参数可由线路的几何参数计算得到[15]。同时，可以忽略线路对地电容的影响，这使得线路模型可以用带互感耦合的多相 RL 串联阻抗表示。更进一步地，由于线路间隔较大或参数获取难等原因，可以忽略线路间的耦合，采用多个单相的串联阻抗来表示线路模型。

需要强调的是，在配电系统中有时需要对系统的接地方式进行详细模拟，此时

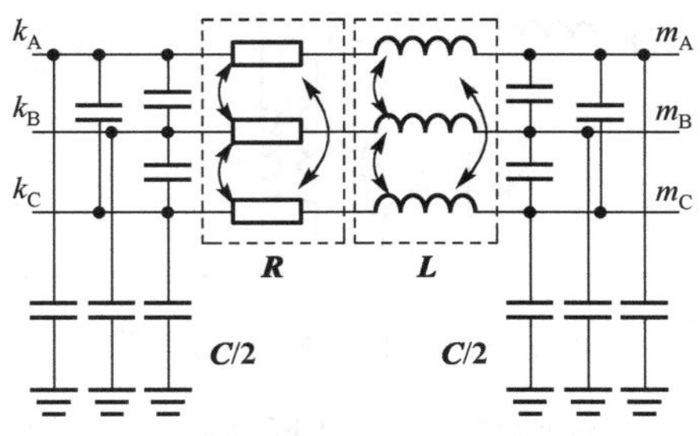

图 5.11 三相常规 π 形线路

需要对系统中的中线进行建模,系统中会出现 1＋N(单相线路＋中线)、2＋N(两相线路＋中线)或 3＋N(三相线路＋中线)等多种形式。虽然系统中的线型种类会比较复杂,但其建模与仿真实现并不困难。前述的各种配电系统常用的线路模型都属于线性元件模型,对此,前文已经给出了对这些元件的处理方法,文献[9]、[16]中详细给出了串联阻抗支路与 π 形等效电路模型的等效计算电导与历史项电流源的推导过程。

2. 变压器

在微电网中,经常会出现一些分布式电源经过变压器接入系统的情况,这既可以实现电压调整功能,有时还被用作抑制注入系统的谐波。对这种变压器,需要着重考虑变压器接线方式的影响。常见的三相变压器的接线方式主要有 Yy0 及 Yd11 两种方式,如图 5.12 所示。

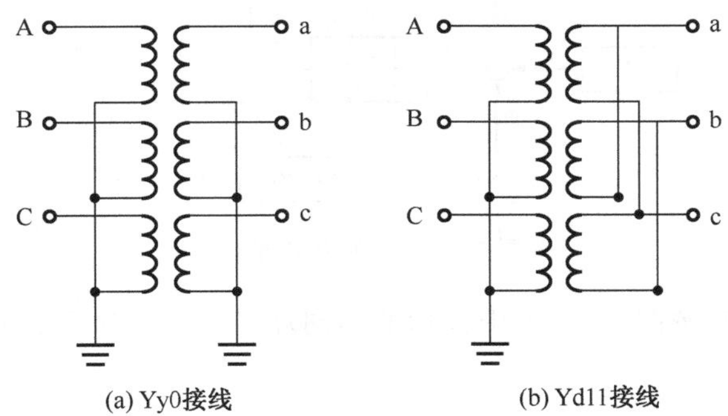

图 5.12 三相双绕组变压器接线方式

对于三相变压器模型,如果不考虑公共磁路上的耦合与不对称,可采用三个单相的变压器模型依据元件的拓扑连接关系实现不同的接线方式。在不考虑变压器饱和及磁滞等非线性特性时,单相变压器模型如图 5.13 所示。模型中,可将一次侧阻抗支路与励磁支路通过增加的内部节点单独加以考虑,将理想变压器模型与二次侧的短路阻抗统一处理为二阶 $\boldsymbol{RL}^{-1}$ 串联阻抗的形式,文献[9]、[14]中给出了这种变压器详细的电磁暂态仿真模型。

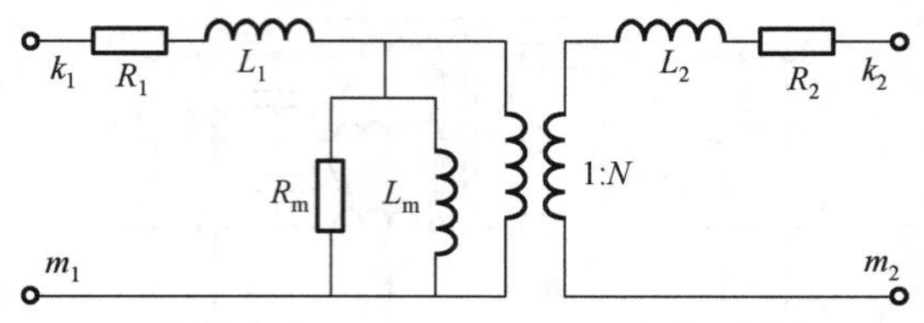

图 5.13 单相线性变压器模型

对于图 5.13 所示的单相线性变压器模型及由此得到的三相变压器模型,适用于不计磁路饱和与磁滞效应情况下的电磁暂态仿真应用。同时,由于没有考虑变压器杂散电容的影响,模型在几千赫[兹]以内的范围内是有效的,适用于一般场景下的电磁暂态仿真应用。对于更为复杂的变压器高频动态过程的仿真,需要使用更为精细的变压器模型。

5.3.3 控制系统组合模型实现

控制系统的建模与仿真是电磁暂态仿真的重要组成部分[9]。在控制系统中,存在很多静态元件和非线性元件,对这些元件,可以通过列写每个基本环节的输入输出关系形成一组方程。这里以图 5.14 所示的控制系统为例,介绍电磁暂态仿真程序中控制系统的建模与解算方法。

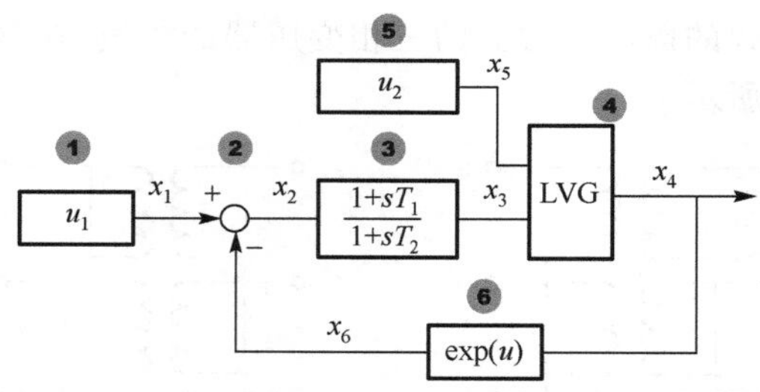

图 5.14 控制系统举例

对于上述系统,按照图 5.14 中标示的不同环节可列写如下的输入输出关系。

(1) 信号源 1: $x_1 = u_1$;

(2) 求和环节: $x_2 = x_1 - x_6$;

(3) 超前滞后环节: $x_3 = k_1 x_2 + c_3$;

(4) 低值门 LVG: $x_4 = x_3$ 或 $x_4 = x_5$;

(5) 信号源 2: $x_5 = u_2$;

(6) 指数运算环节: $x_6 = \exp(x_4)$。

此时,如果认为低值门取超前滞后环节的输出,即 $x_4 = x_3$,对上述方程整理后可得如下方程组:

$$\begin{bmatrix} 1 & 0 & 0 & 0 & 0 & 0 \\ -1 & 1 & 0 & 0 & 0 & 1 \\ 0 & -k_1 & 1 & 0 & 0 & 0 \\ 0 & 0 & -1 & 1 & 0 & 0 \\ 0 & 0 & 0 & 0 & 1 & 0 \\ 0 & 0 & 0 & 0 & 0 & 1 \end{bmatrix} \begin{bmatrix} x_1(t) \\ x_2(t) \\ x_3(t) \\ x_4(t) \\ x_5(t) \\ x_6(t) \end{bmatrix} = \begin{bmatrix} u_1 \\ 0 \\ c_3 \\ 0 \\ u_2 \\ \exp(x_4(t)) \end{bmatrix} \tag{5.25}$$

式(5.25)本质上属于非线性方程组，可以用包括牛顿法在内的各种非线性方程(组)的解法计算求解，但这些解法通常都需要进行迭代计算，由于占用了较多的计算资源，在早期被认为是低效的。为了快速地进行求解，对于系统中非线性环节，可采用伪非线性方法进行处理[9]，即通过在非线性元件的输入端插入一个仿真步长的时延将非线性方程组转化为线性方程组，对图 5.14 所示的控制系统中的非线性元件指数运算环节采用上述方法处理后，得到的系统方程如下：

$$\begin{bmatrix} 1 & 0 & 0 & 0 & 0 & 0 \\ -1 & 1 & 0 & 0 & 0 & 1 \\ 0 & -k_1 & 1 & 0 & 0 & 0 \\ 0 & 0 & -1 & 1 & 0 & 0 \\ 0 & 0 & 0 & 0 & 1 & 0 \\ 0 & 0 & 0 & 0 & 0 & 1 \end{bmatrix} \begin{bmatrix} x_1(t) \\ x_2(t) \\ x_3(t) \\ x_4(t) \\ x_5(t) \\ x_6(t) \end{bmatrix} = \begin{bmatrix} u_1 \\ 0 \\ c_3 \\ 0 \\ u_2 \\ \exp(x_4(t-\Delta t)) \end{bmatrix} \tag{5.26}$$

在式(5.26)中，由于采用了前一步长的计算结果作为输入，此时方程的右端项均是已知量，具有线性方程组 $\boldsymbol{Ax}=\boldsymbol{b}$ 的标准形式，可以使用现有的各种稀疏线性方程组的软件包进行求解。这里需要做几点说明：

(1)超前滞后环节的输入输出关系($x_3=k_1x_2+c_3$)是在考虑了具体的数值积分方法的基础上得到的，后文将详细给出以传递函数表示的控制系统动态环节的处理方法。

(2)在控制系统中，存在两类非线性环节，一种是具有连续特征的非线性环节，如图 5.14 中的指数运算环节，另一类则是具有不连续特征的非线性环节，如图 5.14 中的低值门。如前所述，对于具有连续特征的非线性环节可通过伪非线性的方法进行求解；而对于具有不连续特征的非线性环节，在检测到元件状态改变后，将在下一步长仿真时改变元件状态，而非在该步长上重解，因而同样产生了一个步长的时延，这同具有连续特征的非线性环节的处理思路是一致的，同属于伪非线性方法。

(3)应用伪非线性方法处理控制系统内部的非线性元件导致了控制系统内部的时延，这在一些特殊情况下可能会产生数值问题，尽管应用后文介绍的牛顿法可实现对控制系统的精确求解，但是伪非线性方法在很多情况下仍有非常广泛的应用。

控制系统中除含有各种静态线性与非线性元件外，还存在以传递函数形式描述的各种动态环节。可以应用各种数值积分方法先对动态环节进行差分化，得到描述元件输入输出关系的代数方程，再参与形成控制系统的计算矩阵进行求解。考虑到一般性，这里以 n 阶传递函数为例加以介绍。

n 阶传递函数的通用表达式为

$$X(s)=k\frac{N_0+N_1s+\cdots+N_ms^m}{D_0+D_1s+\cdots+D_ns^n}U(s) \tag{5.27}$$

式中，U 为输入；X 为输出，化为微分方程形式则有

$$k\left(N_0u+N_1\frac{\mathrm{d}u}{\mathrm{d}t}+\cdots+N_m\frac{\mathrm{d}^mu}{\mathrm{d}t^m}\right)=D_0x+D_1\frac{\mathrm{d}x}{\mathrm{d}t}+\cdots+D_n\frac{\mathrm{d}^nx}{\mathrm{d}t^n} \tag{5.28}$$

引入中间变量可得

$$\begin{aligned}x_1&=\frac{\mathrm{d}x}{\mathrm{d}t},x_2=\frac{\mathrm{d}x_1}{\mathrm{d}t},\cdots,x_n=\frac{\mathrm{d}x_{n-1}}{\mathrm{d}t}\\u_1&=\frac{\mathrm{d}u}{\mathrm{d}t},u_2=\frac{\mathrm{d}u_1}{\mathrm{d}t},\cdots,u_m=\frac{\mathrm{d}u_{m-1}}{\mathrm{d}t}\end{aligned} \tag{5.29}$$

则式(5.28)可以化为代数方程

$$k(N_0u+N_1u_1+\cdots+N_mu_m)=D_0x+D_1x_1+\cdots+D_nx_n \tag{5.30}$$

对式(5.29)中各式应用梯形法可得如下形式的差分方程：

$$\begin{aligned}x_i(t)&=\frac{2}{\Delta t}x_{i-1}(t)-\left[x_i(t-\Delta t)+\frac{2}{\Delta t}x_{i-1}(t-\Delta t)\right]\\u_i(t)&=\frac{2}{\Delta t}u_{i-1}(t)-\left[u_i(t-\Delta t)+\frac{2}{\Delta t}u_{i-1}(t-\Delta t)\right]\end{aligned} \tag{5.31}$$

式中，$x_0=x$；$u_0=u$。将式(5.31)代入式(5.30)中消去各中间变量并经过适当变换，可以得到如下的简单线性关系：

$$c_0x(t)=kd_0u(t)+h_1(t-\Delta t) \tag{5.32}$$

式中，历史量的求解依赖于上一时步的历史量，具有如下的递归关系：

$$\begin{aligned}h_1(t)&=kd_1u(t)-c_1x(t)-h_1(t-\Delta t)+h_2(t-\Delta t)\\&\cdots\\h_i(t)&=kd_iu(t)-c_ix(t)-h_i(t-\Delta t)+h_{i+1}(t-\Delta t)\\&\cdots\\h_n(t)&=kd_nu(t)-c_nx(t)\end{aligned} \tag{5.33}$$

c_i和d_i的值也是由递推公式得到的，由于它们的形式相似，这里仅给出c_i的公式：

$$\begin{aligned}c_0&=\sum_{i=0}^{n}\left(\frac{2}{\Delta t}\right)^iD_i\\c_i&=c_{i-1}+(-2)^i\sum_{j=i}^{n}C_j^i\left(\frac{2}{\Delta t}\right)^jD_j\end{aligned} \tag{5.34}$$

只要将式(5.34)中的D_i用N_i代替，n 用 m 来代替，就可以得到d_i的计算公式。零阶传递函数是 n 阶传递函数的一种特例，相当于增益环节，是控制系统中常见的环节，其历史量为 0，且 $c=d=1$。

在上述控制系统建模过程中，元件输出量的个数与描述输入输出关系的元件方程个数一致。对于整个控制系统，联立所有元件的输入输出方程可形成整个控制系

统方程，方程维数与系统中输出量的个数一致。由于控制系统中的各种基本环节大多仅有一个输出，即它们是一维的，此时各基本环节在控制系统联立后的网络方程中构成对应于其输出量位置的一行。特别需要注意的是，对于不同元件的输出应标记为不同的输出以保证整个系统方程从数学上可解。

对于微电网中的各种控制器，可以很方便地利用各种基本控制元件通过组合实现其建模并计算求解。图 5.15 给出了控制器中常用的 PLL 模型[17,18]，由鉴相器、环路滤波器、压控振荡器等环节组成，常用于实现系统频率与相位的测量，可以看出该模型可以由控制系统中的各基本环节组合实现。

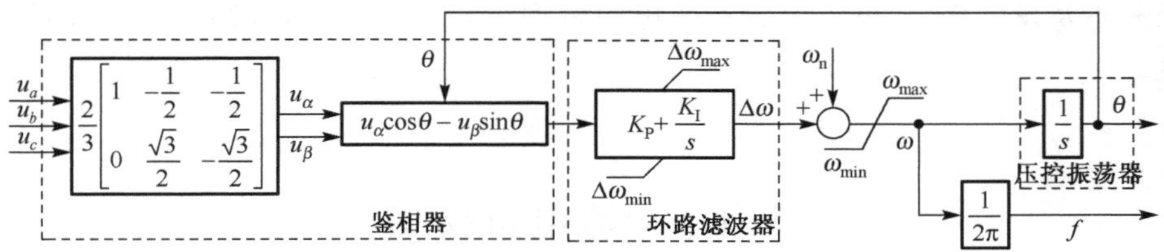

图 5.15 PLL 模型

相对于电气系统内置模型，控制系统组合模型的建模能力更强，不仅可用于对各种控制器以及保护装置等二次设备进行建模，还可以对具有复杂非线性特征的电气元件进行建模。式(5.35)给出了微型燃气轮机发电系统电磁暂态仿真中常用的永磁同步电机模型[19,20]，式中 p_p为电机极对数，ω_r为转子的机械角速度，λ 为永磁体磁通，J 为电机的转动惯量。图 5.16 以传递函数的形式对该模型加以描述，其中函数 $f = T_e = 1.5p_p[\lambda i_q + (L_d - L_q)i_d i_q]$ 。

$$
\begin{aligned}
u_d &= Ri_d + L_d\frac{\mathrm{d}i_d}{\mathrm{d}t} - p_p\omega_r L_q i_q \\
u_q &= Ri_q + L_q\frac{\mathrm{d}i_q}{\mathrm{d}t} + p_p\omega_r L_d i_d + \lambda p_p\omega_r \\
J\frac{\mathrm{d}\omega_r}{\mathrm{d}t} &= T_m - D\omega_r - T_e
\end{aligned}
\tag{5.35}
$$

图 5.16 以传递函数描述的永磁同步电机模型

针对图 5.16 描述的系统，可以很容易地通过控制系统组合建模实现方法进行建模。从这一实例中可以看出，这种组合建模实现方法具有很强的适应性，可以处理包括电机在内的各种复杂系统的建模。对各种分布式电源模型的实现，可以像线路和变压器那样通过内置的完整模型提供给用户，也可以由用户基于框图描述利用各基本环节组合搭建而成。应该说，几乎所有的分布式电源模型都可以传递函数形式表示，因此这种组合模型非常易于应用。

在微电网的动态过程比较复杂时，考虑到相对于机械传动过程、热力学动态以及化学和电化学反应，系统中电场与磁场的相互作用通常具有相对较小的时间常数，这时候往往根据经验认为系统中的机械变量、热力学变量等反映慢动态过程的参数来不及发生变化，可以对分布式电源模型进行适当化简，提高仿真程序的计算速度。

5.4　交流电机模型

在分布式发电系统中，对于分布式电源的数学建模直接影响到整个系统的仿真精度和速度。对于旋转的交流型分布式电源，如微型燃气轮机发电系统、风力发电系统和飞轮储能系统，由于电机具有强非线性耦合特性，如何针对分布式发电系统动态特性研究和建模需要，对分布式电源中各种交流电机进行繁简适当的数学建模，以适应微电网数字仿真需求，保证仿真准确性和高效性，是十分重要的工作。

根据不同层面的仿真需要，电机数学模型可分为等效磁路模型、有限元模型和等效电路模型。等效磁路模型(equivalent magnetic circuit model，EMCM)一般用于分析电机磁场动态性能[21]，由于过度简化，传统的EMCM不能针对磁极数和插槽数准确计算磁通饱和电机性能，通常只能用于交流电机初步设计阶段；有限元分析(finite-element analysis，FEA)[22,23]可以直接计算磁通量，通过模型重建对参数(尺寸、槽数、绕组排列)进行更改，是对EMCM模型的改进和补充，但同时增大了计算量；与上述两种考虑了详细磁场特性的交流电机模型不同，等效电路模型[24]一般基于一些理想化假设条件，如假定电流和磁动势是理想正弦波形，不考虑高于基波含量的绕组磁动势和气隙磁通密度波形中的空间谐波含量等，重点用于交流电机外部电气特性的研究，是电力系统暂态仿真中采用的主要模型形式。按照暂态仿真研究工作的不同需要，等效电路模型分为机电暂态仿真模型(实用模型)[25]和电磁暂态仿真模型(详细模型)。实用模型最重要的简化假定是忽略定子绕组暂态过程，使定子电压方程从微分方程简化为代数方程，并假设定子电压方程中转速为额定，从而将方程线性化。详细模型[9]则是在理想电机基础上，考虑所有绕组电压的详细微分方程和磁路耦合方程，通过自身迭代、预报校正等不同方法进行非线性方程求解的一种交流电机模型，它能够用于描述电机在微秒级的动态过程。

在分布式发电系统中，所涉及的交流电机主要包括同步电机、异步电机、永磁同步电机、双馈电机等。其中，永磁同步电机的应用日益广泛，如单轴型微型燃气轮机发电系统、永磁直驱风力发电系统、飞轮储能系统等都采用永磁同步电机。考虑到交流电机类型很多，建模方法也很多，篇幅所限，在涉及到一些具体交流电机模型时，本节以永磁同步电机为例介绍相关问题求解思路，并对永磁同步电机作如下假设[26]。

(1)电机铁心部分导磁系数为常数，忽略磁路饱和、磁滞、涡流等影响；

(2)电机转子在结构上对于磁极轴线和磁极间轴线完全对称；

(3)定子 abc 三相绕组在空间位置互差 120°电角度，在结构上完全相同，在气隙中产生正弦分布的磁动势。

5.4.1 $dq0$ 坐标系下交流电机模型

基于 $dq0$ 同步旋转坐标系的交流电机模型是交流电机最传统的电磁暂态仿真模型。在 abc 三相自然坐标系下，不论是隐极机还是凸极机，电机定子和转子间的互感系数与转子相对于定子的位置呈周期性变化[27]，导致仿真中涉及的问题求解矩阵是时变矩阵，需在计算过程中反复进行矩阵分解，这将消耗大量的计算资源，降低仿真速度。派克变换是一种将 abc 坐标系下定子电气变量线性变换为旋转坐标系变量的有效方法，经变换后，定子绕组可等值成与转子同步旋转的绕组，因而消除了转子旋转和凸极效应引起的电感时变特性。通过这种等值变换，交流电机基本方程中的电感参数将全部为定常值，有效降低了数学建模和仿真计算的复杂度，$dq0$ 坐标系下的交流电机模型也成为最基本的交流电机模型。

1. 基于补偿法的交流电机模型

20 世纪 70 年代，Hall 和 Gross 等在电磁暂态仿真程序 EMTP 中完成了第一个基于 $dq0$ 坐标系的交流电机仿真模型[28]，采用分布参数线路将电机与外部系统分隔，将电机出口端看出去的网络化简为三相戴维南等值电路，和交流电机模型进行交替迭代求解，对应的仿真建模方法称为“补偿法”。分布参数线路考虑了电磁波的传播过程，即从线路一端必须经过一定传播时间后才能感知到另一端发生的现象，因此由分布参数线路分隔的元件可相互独立求解[9]。补偿法的实质是将电机这一非线性元件模拟为注入电流，在单独求解断开电机的线性网络以后，再将电机注入电流叠加回网络，以求取整个系统的解。其每一时步的求解过程为[9]：

(1)求解不包括电机的其余整个线性网络，得到本时步 abc 三相坐标系下的网络戴维南等效阻抗与开路电压；

(2)基于转速历史量，利用线性外推法预测本时步的电机转速；

(3)利用派克变换得到本时步 $dq0$ 坐标系下的网络戴维南等效阻抗与开路电压；

(4)联立网络戴维南等值电路方程和电机电气方程，求取本时步电机电流及转矩；

(5)求解电机机械方程，得到本时步电机转速；

(6)如果第(4)步中解得的转速与预测值相差过大，则返回第(2)步，否则进行下一步；

(7)将 $dq0$ 坐标系下的电枢电流转换回 abc 三相坐标系；

(8)将电枢电流叠加到网络方程中，求取整个网络的最后解。

在补偿法的求解过程[29]中，主要利用了线性外插和校正的迭代过程来计算电机内部强耦合的非线性方程组，如果存在多个交流电机等非线性元件，需要人为设置分布参数线路将其分隔开，从而使各非线性元件之间相互独立求解，求解过程如图 5.17 所示。这种方法由于需要人为设置分布参数线路，增大了仿真工作的复杂性和仿真误差。

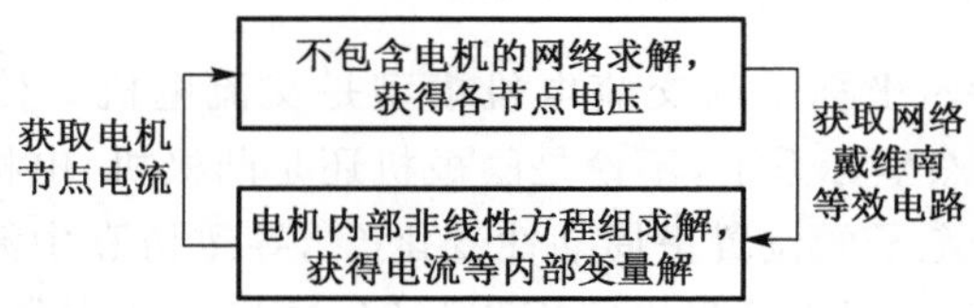

图 5.17　补偿法求解流程图

2. 基于预报校正法交流电机模型

在基于补偿法的交流电机模型提出之后，Brandwajn 等发展了一种预报校正仿真建模方法。这种方法将交流电机表示为平均等效阻抗之后的内部电压源，阻抗值为定常值，可以在系统节点导纳矩阵中加以反映，电压源为时变量，需要在每个时步进行求解。这种方法与补偿法相比，进行交流电机内部变量求解时还需通过线性外插的形式对电气量进行预报和校正。交流电机的建模和求解基于 $dq0$ 坐标系，通过派克变换与采用 abc 三相自然坐标系的外部网络进行接口。EMTP 的 Type-59[9] 和 MicroTran 的 Type-50[11] 均采用了这种基于预报校正法的交流电机模型。

在永磁同步电机中，由于转子结构对称，可以定义直轴(d 轴)轴线处于转子磁极中心、交轴(q 轴)轴线落后于 d 轴 90°电角度，针对一个理想双极永磁同步电机的坐标系定义如图 5.18 所示，对应的派克变换矩阵如式(5.36)所示。

$$\boldsymbol{P}(\theta)=\frac{\sqrt{2}}{\sqrt{3}}\begin{bmatrix}\cos\theta & \cos\left(\theta-\frac{2\pi}{3}\right) & \cos\left(\theta+\frac{2\pi}{3}\right)\\ \sin\theta & \sin\left(\theta-\frac{2\pi}{3}\right) & \sin\left(\theta+\frac{2\pi}{3}\right)\\ \frac{1}{\sqrt{2}} & \frac{1}{\sqrt{2}} & \frac{1}{\sqrt{2}}\end{bmatrix} \tag{5.36}$$

式中，θ 是转子 d 轴相对于静止参考轴(定子绕组 a 轴)的转子角位移。

假定：①定子各绕组和转子阻尼绕组磁链正方向如图 5.18 轴上箭头方向所示；②定子绕组和转子绕组磁链与电流符号一致；③定子绕组和转子绕组电压和电流的

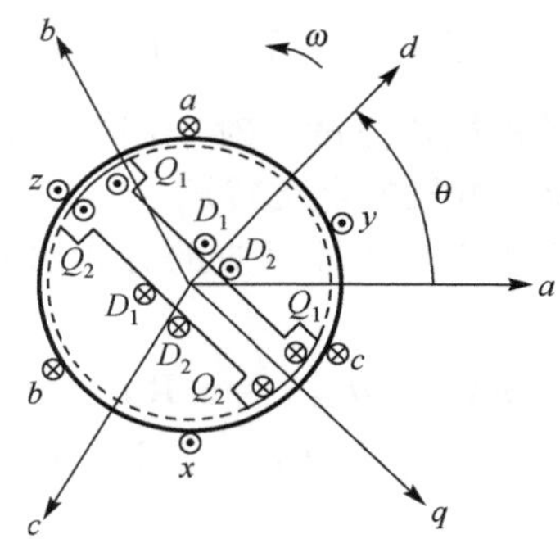

图 5.18　永磁同步电机坐标系定义

正方向按发电机惯例来定义。可以获得永磁同步电机在 $dq0$ 坐标系下电压和磁链方程式如式(5.37)和式(5.38)所示[25]。

(1)电压方程

$$\boldsymbol{u}_{dq0}=-\boldsymbol{R}\boldsymbol{i}_{dq0}-p\boldsymbol{\psi}_{dq0}+\boldsymbol{u}_{\mathrm{com}} \tag{5.37}$$

式中，$\boldsymbol{u}_{dq0}=[u_d\quad u_q\quad u_0\quad 0\quad 0\quad 0\quad 0]^{\mathrm{T}}$ 为电压矢量；$\boldsymbol{i}_{dq0}=[i_d\quad i_q\quad i_0\quad i_{D_1}\quad i_{D_2}\quad i_{Q_1}\quad i_{Q_2}]^{\mathrm{T}}$ 为电流矢量；$\boldsymbol{\psi}_{dq0}=[\psi_d\quad \psi_q\quad \psi_0\quad \psi_{D_1}\quad \psi_{D_2}\quad \psi_{Q_1}\quad \psi_{Q_2}]^{\mathrm{T}}$ 为磁链矢量；$\boldsymbol{u}_{\mathrm{com}}=[-\omega\psi_q\quad \omega\psi_d\quad 0\quad 0\quad 0\quad 0\quad 0]^{\mathrm{T}}$ 为坐标变换后生成的旋转电势矢量；$\boldsymbol{R}$ 是对角元素为 $[R_{\mathrm{s}}\quad R_{\mathrm{s}}\quad R_{\mathrm{s}}\quad R_{D_1}\quad R_{D_2}\quad R_{Q_1}\quad R_{Q_2}]^{\mathrm{T}}$ 而其他元素为零的电阻矩阵。

(2)磁链方程

$$\boldsymbol{\psi}_{dq0}=\boldsymbol{L}\boldsymbol{i}_{dq0}+\boldsymbol{\psi}_{\mathrm{m}} \tag{5.38}$$

式中，$\boldsymbol{\psi}_{\mathrm{m}}=[\psi_{\mathrm{m}}\quad 0\quad 0\quad \psi_{\mathrm{m}}\quad \psi_{\mathrm{m}}\quad 0\quad 0]^{\mathrm{T}}$ 是 d 轴永磁链矢量；$\boldsymbol{L}$ 为电感矩阵，其元素只存在 d 轴或 q 轴自感和互感，不存在两轴之间的交感，为如式(5.39)所示对称矩阵。

$$\boldsymbol{L}=\begin{bmatrix} L_d & 0 & 0 & M_{dD_1} & M_{dD_2} & 0 & 0 \\ 0 & L_q & 0 & 0 & 0 & M_{qQ_1} & M_{qQ_2} \\ 0 & 0 & L_0 & 0 & 0 & 0 & 0 \\ M_{dD_1} & 0 & 0 & L_{D_1} & M_{D_1D_2} & 0 & 0 \\ M_{dD_2} & 0 & 0 & M_{D_1D_2} & L_{D_2} & 0 & 0 \\ 0 & M_{qQ_1} & 0 & 0 & 0 & L_{Q_1} & M_{Q_1Q_2} \\ 0 & M_{qQ_2} & 0 & 0 & 0 & M_{Q_1Q_2} & L_{Q_2} \end{bmatrix} \tag{5.39}$$

电磁功率如式(5.40)所示，折算到电气侧的电磁转矩表达式如式(5.41)所示。

$$P_{\mathrm{e}}=u_d i_d+u_q i_q+u_0 i_0 \tag{5.40}$$

$$T_{\mathrm{e}}=i_q\psi_d-i_d\psi_q \tag{5.41}$$

同步电机转子机械运动方程为

$$J\frac{\mathrm{d}\omega_r}{\mathrm{d}t}=T_m-T_e \tag{5.42}$$

式中，J 为转动惯量；ω_r 为转子机械角速度。对于同步发电机，T_m 为原动机在转子轴上施加的机械转矩；T_e 为同步发电机的电磁转矩。

在进行仿真计算时，需要对 $dq0$ 各轴对应的方程进行数值差分化，以 d 轴方程为例，相关方程为

$$\boldsymbol{u}_d=-\boldsymbol{R}_d\boldsymbol{i}_d-p\boldsymbol{\psi}_d+\boldsymbol{u}_{\mathrm{com}\,d}=-\boldsymbol{R}_d\boldsymbol{i}_d-\boldsymbol{L}_d p\boldsymbol{i}_d+\boldsymbol{u}_{\mathrm{com}\,d} \tag{5.43}$$

式中，$\boldsymbol{u}_d=[u_d\quad u_{D_1}\quad u_{D_2}]^{\mathrm{T}}$；$\boldsymbol{i}_d=[i_d\quad i_{D_1}\quad i_{D_2}]^{\mathrm{T}}$；$\boldsymbol{u}_{\mathrm{com}\,d}=[-\omega\psi_q\quad 0\quad 0]^{\mathrm{T}}$；$\boldsymbol{R}_d$ 和 $\boldsymbol{L}_d$ 分别为 d 轴电阻和电感矩阵。

采用带阻尼的梯形积分方法（α 为阻尼系数倒数）[9] 获得的数值差分方程为

$$\boldsymbol{u}_d(t)=-\boldsymbol{R}_{\mathrm{comp}}\boldsymbol{i}_d(t)+\boldsymbol{u}_{\mathrm{com}d}(t)+\boldsymbol{h}_d(t-\Delta t) \tag{5.44}$$

式中，$\boldsymbol{R}_{\mathrm{comp}}$ 称为伴随阻抗矩阵，并有

$$\boldsymbol{R}_{\mathrm{comp}}=\boldsymbol{R}_d+\frac{1+\alpha}{\Delta t}\boldsymbol{L}_d$$

$$\boldsymbol{h}_d(t-\Delta t)=\left(-\alpha\boldsymbol{R}_d+\frac{1+\alpha}{\Delta t}\boldsymbol{L}_d\right)\boldsymbol{i}_d(t-\Delta t)-\alpha\boldsymbol{u}_d(t-\Delta t)+\alpha\boldsymbol{u}_{\mathrm{com}d}(t-\Delta t)$$

将阻尼绕组变量消去可得定子等效 d 轴绕组方程为

$$u_d(t)=e_d(t)-R_d^{\mathrm{red}}i_d(t) \tag{5.45}$$

式中，e_d 为等效的电压源；R_d^{red} 为简化的 d 轴伴随电阻。同理可以获得 q 轴和零轴相关简化方程，最后获得包含阻尼绕组信息的电机定子绕组方程为

$$\boldsymbol{u}_{dq0}(t)=\boldsymbol{e}_{dq0}(t)-\boldsymbol{R}_{dq0}^{\mathrm{red}}\boldsymbol{i}_{dq0}(t) \tag{5.46}$$

将 $dq0$ 轴坐标系下电机等效阻抗变换到 abc 三相坐标系时会生成一个具有不对称性的时变阻抗矩阵，为了不改变 EMTP 型仿真程序基本的节点法求解方式，需对 dq 轴电机等效阻抗进行平均化处理，以便经过派克变换后得到对称阻抗矩阵。同时，要相应修改等效电压源的表达形式以保证整个表达式的准确性。最终得到的用于电机和外部网络接口的 dq 轴等效模型如下式所示：

$$R_{d\mathrm{mod}}=R_{q\mathrm{mod}}=\frac{R_d+R_q}{2} \tag{5.47}$$

$$\begin{aligned} e_{d\mathrm{mod}}(t)&=e_d(t)-\frac{R_d-R_q}{2}i_d(t)\\ e_{q\mathrm{mod}}(t)&=e_q(t)+\frac{R_d-R_q}{2}i_q(t) \end{aligned} \tag{5.48}$$

对 $dq0$ 坐标系下定子方程进行派克反变换，可得到 abc 三相坐标系下含阻抗的等效电压源，用于与网络方程联合求解。

当不考虑交流发电机多质块轴系影响时，其转子机械运动方程可通过差分化获得，如式(5.49)和式(5.50)：

$$J\frac{\omega_r(t)-\omega_r(t-\Delta t)}{\Delta t}=\frac{[T_m(t)-T_e(t)]-[T_m(t-\Delta t)-T_e(t-\Delta t)]}{2} \tag{5.49}$$

$$\frac{\omega_r(t)-\omega_r(t-\Delta t)}{2}=\frac{\theta_r(t)-\theta_r(t-\Delta t)}{\Delta t} \tag{5.50}$$

综合上述分析，基于预测校正法的交流电机模型求解迭代过程为：

(1)假定已知上一时步 $(t-\Delta t)$ 时刻的所有变量值，并且完成伴随阻抗矩阵和平均值阻抗矩阵等常值参数计算；

(2)利用线性插值方法预报转速 $\omega_r(t)$和 dq 轴电流 $i_d(t)$和 $i_q(t)$，并相应计算出 dq 轴磁链 $\psi_d(t)$和 $\psi_q(t)$的预报值；

(3)计算旋转电势($\omega\psi_d(t)$、$\omega\psi_q(t)$)以及修正的等效电压 $e_{d\text{mod}}(t)$和 $e_{q\text{mod}}(t)$；

(4)将式(5.46)所示等效电压源交流电机模型转变为等效电流源形式；

(5)利用线性插值方法预报转子相角 $\theta_r(t)$，并将 $dq0$ 坐标系下等效电流源进行反派克变换；

(6)将交流电机等效阻抗矩阵和等效电流源纳入节点方程，求解出机端节点电压；

(7)经过派克变换得到 $\boldsymbol{u}_{dq0}$，进一步求解出电枢绕组电流和阻尼绕组电流，计算出磁链和机械转矩，并利用转子机械运动方程的差分方程得到转速和相角；

(8)将求解出的各电气变量和机械变量与预报值进行比较，若误差超过允许值，对机械变量进行校正，回到第(6)步①；

(9)当前时步计算完毕，返回第(1)步进行下一时步求解。

在机械变量和电气变量预报过程中，主要采用线性插值预报方式，利用式(5.51)预报转速这种缓慢变化的机械变量，并根据机械运动的差分方程(5.52)计算出相角预报值。

$$\omega_r(t)=2\omega_r(t-\Delta t)-\omega_r(t-2\Delta t) \tag{5.51}$$

$$\theta_r(t)=\theta_r(t-\Delta t)+\frac{\Delta t}{2}[\omega_r(t)-\omega_r(t-\Delta t)] \tag{5.52}$$

同样采用线性外插的方式进行电流值预报，为了减缓数值振荡，可以采用三点预报，如式(5.53)。对于旋转电势，则先利用已经预报出的电流值进行计算得到磁链，再与预报所得转速相乘最终得到旋转电势。

$$i(t)=\frac{5}{4}i(t-\Delta t)+\frac{1}{2}i(t-2\Delta t)-\frac{3}{4}i(t-3\Delta t) \tag{5.53}$$

3. 时滞电流源交流电机模型

在电磁暂态仿真程序 PSCAD/EMTDC 中，交流电机被作为一个电流源与网络进行接口求解[10,30]。这种交流电机等效电流源模型的计算需利用上一时步计算出的机端电压，因此在求解过程中存在一个时步的延迟。在电流源和网络接口时，为

① 这里只对机械变量进行校正，且网络不参与电机迭代，在电机迭代过程中假设第(5)步求出的 abc 坐标系下的机端电压是不变的。在实际算法完成时，也可对电气量与机械量都进行校正，此时网络也要参与迭代，这样做有时会存在迭代不收敛的情况。

了抑制数值振荡，通常人为设置接口阻抗，并在电机侧增加补偿电流以消除接口阻抗的影响，其等效电路如图 5.19 所示。

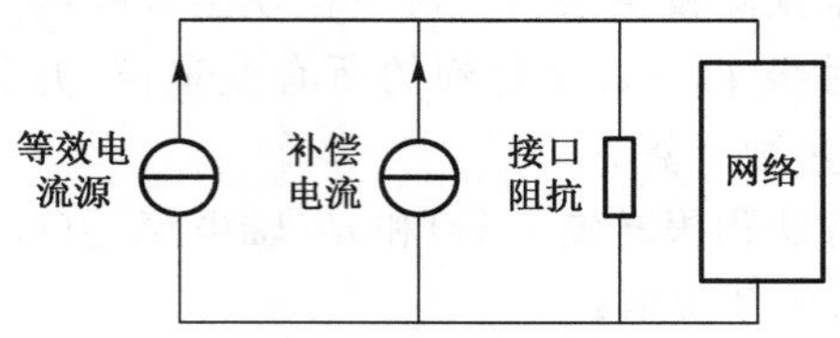

图 5.19　时滞电流源法等效电路

由于在每一时步的计算中电机端口电压都是未知的，补偿电流只能根据上一时步的端口电压来计算，即补偿电流的值存在一个步长的时延。

针对永磁同步电机，EMTDC 中以磁链为状态变量，电流可由式(5.54)获得，代入电压公式中，可以得到以磁链为未知量的电压方程如式(5.55)所示。

$$\begin{aligned} \boldsymbol{i}_d &= \boldsymbol{L}_d^{-1}(\boldsymbol{\psi}_d - \boldsymbol{\psi}_{\mathrm{md}}) \\ \boldsymbol{i}_q &= \boldsymbol{L}_q^{-1}\boldsymbol{\psi}_q \\ i_0 &= L_0^{-1}\psi_0 \end{aligned} \tag{5.54}$$

$$\begin{bmatrix} u_d \\ u_{D_1} \\ u_{D_2} \\ u_q \\ u_{Q_1} \\ u_{Q_2} \\ u_0 \end{bmatrix} = \begin{bmatrix} [-\boldsymbol{R}_d\boldsymbol{L}_d^{-1}]_{3\times3} & \begin{bmatrix} -\omega & & \\ & 0 & \\ & & 0 \end{bmatrix} & \boldsymbol{0} \\ \begin{bmatrix} \omega & & \\ & 0 & \\ & & 0 \end{bmatrix} & [-\boldsymbol{R}_q\boldsymbol{L}_q^{-1}]_{3\times3} & \boldsymbol{0} \\ \boldsymbol{0} & \boldsymbol{0} & -R_0L_0^{-1} \end{bmatrix} \begin{bmatrix} \psi_d \\ \psi_{D_1} \\ \psi_{D_2} \\ \psi_q \\ \psi_{Q_1} \\ \psi_{Q_2} \\ \psi_0 \end{bmatrix} - \begin{bmatrix} p\psi_d \\ p\psi_{D_1} \\ p\psi_{D_2} \\ p\psi_q \\ p\psi_{Q_1} \\ p\psi_{Q_2} \\ p\psi_0 \end{bmatrix} + \begin{bmatrix} [\boldsymbol{R}_d\boldsymbol{L}_d^{-1}\boldsymbol{\psi}_{\mathrm{md}}]_{3\times1} \\ 0 \\ 0 \\ 0 \\ 0 \end{bmatrix} \tag{5.55}$$

式(5.55)可简化为式(5.56)形式表示，利用梯形积分法进行差分计算，可以得到线性方程组(5.57)。

$$p\boldsymbol{\psi}(t) = \boldsymbol{A}\boldsymbol{\psi}(t) + \boldsymbol{U}(t) \tag{5.56}$$

$$\left(\boldsymbol{E} - \frac{\Delta t}{2}\boldsymbol{A}\right)\boldsymbol{\psi}(t) = \left(\boldsymbol{E} + \frac{\Delta t}{2}\boldsymbol{A}\right)\boldsymbol{\psi}(t-\Delta t) + \frac{\Delta t}{2}[\boldsymbol{U}(t) + \boldsymbol{U}(t-\Delta t)] \tag{5.57}$$

采用上一时步的电压值，公式右侧的变量值均为已知，通过求解线性方程组即可获得磁链，进而求出电流值作为等效电流源与网络接口。这种模型的具体求解过程如下：

(1)假定已知上一时步 $(t-\Delta t)$ 时刻的所有变量值，包括机端三相电压值；

(2)利用派克变换得到 $\boldsymbol{u}_{dq0}$，代入式(5.57)，求解出各绕组磁链值；

(3)依据磁链和电流关系求解出 $\boldsymbol{i}_{dq0}$，并通过进一步计算得到的电磁转矩求解机械运动方程，得到转速和相角；

(4)利用新得到的相角对电流进行派克反变换,求得等效电流源;

(5)计算补偿电流,将补偿电流源、电机等效电流源和网络联立求解,得到该时步机端电压,本时步求解完毕。

从上述求解步骤可见,基于前一时步机端相电压的等效电流源模型,避免了电机内部求解的迭代过程,以及对电气变量和机械变量的预测,模型求解过程相对简单。但是这种简便的求解过程是以电机和网络间变量的一个时步延迟为代价的,也就是将网络前一时步的机端电压值近似为当前时步值,这样会对仿真精度有一定的影响。

4. 传递函数组合模型

在 EMTP 型电磁暂态仿真程序中,电气系统采用节点法[6,9,31]的求解框架,通过梯形积分法等数值积分方法将各种电气元件的动态方程进行差分化,转化为等值阻抗和历史电流源的诺顿等效电路形式,在系统的节点方程中联立求解。节点法求解本质是线性方程组的高斯迭代,因此对电机这种强非线性耦合元件的数学建模有很大的局限性。基于节点法求解框架的电机模型通过采用电机内部迭代或是延迟的方式来弥补无法联立进行非线性方程组求解的缺憾。

与电气系统的特性有本质不同的是,控制系统含有大量的非线性元件,因此 EMTP 型电磁暂态仿真程序中控制系统和电气系统需要分别求解,通过信号的传输连接两个系统。控制系统采用牛顿迭代[9,32]的求解框架,具有求解非线性方程组的能力,为电机模型提供了新的思路。电机模型本质就是一个非线性微分方程组,可以转化为传递函数的表达形式,从而可以利用控制系统中的各种元件进行拓扑连接,表达出电机模型的数学关系。最后以可控电流源作为接口与电气系统连接,完成作为电气元件的电机模型在控制系统中的建模求解过程。值得注意的是,两个系统之间的信号传输存在一个时步的延迟,因此电气系统和控制系统求解交替进行引起的外部延迟误差是这种电机模型的局限性所在。

针对永磁同步电机,假定 dq 同一轴上的任意两个绕组间的互感相等,定义 $l_{\mathrm{m}d}=M_{dD_1}=M_{dD_2}=M_{D_1D_2}$ 以及 $l_{\mathrm{m}q}=M_{dQ_1}=M_{qQ_2}=M_{Q_1Q_2}$,则每个轴上各个绕组的自感可以用漏感和互感的形式表示。例如:$L_d=L_{\mathrm{m}d}+l_d$,其中 l_d 表示定子 d 轴绕组的漏感。其他绕组也可以表示为类似形式。由式(5.38)、式(5.39),可以给出以漏磁链和互磁链形式表达的电机磁链方程为

$$\begin{cases}\psi_d=l_di_d+\lambda_{\mathrm{m}d}+\psi_{\mathrm{m}}\\ \psi_{D_1}=l_{D_1}i_{D_1}+\lambda_{\mathrm{m}d}+\psi_{\mathrm{m}}\\ \psi_{D_2}=l_{D_2}i_{D_2}+\lambda_{\mathrm{m}d}+\psi_{\mathrm{m}}\\ \psi_q=l_qi_q+\lambda_{\mathrm{m}q}\\ \psi_{Q_1}=l_{Q_1}i_{Q_1}+\lambda_{\mathrm{m}q}\\ \psi_{Q_2}=l_{Q_2}i_{Q_2}+\lambda_{\mathrm{m}q}\end{cases}\tag{5.58}$$

式中，λ_{md}和λ_{mq}分别是定子绕组和转子绕组自身交互磁链，$\lambda_{md}=l_{md}(i_d+i_{D_1}+i_{D_2})$，$\lambda_{mq}=l_{mq}(i_q+i_{Q_1}+i_{Q_2})$。

根据式(5.58)以及(5.37)～式(5.42)，可以得到图5.20所示用传递函数表达的电机模型。

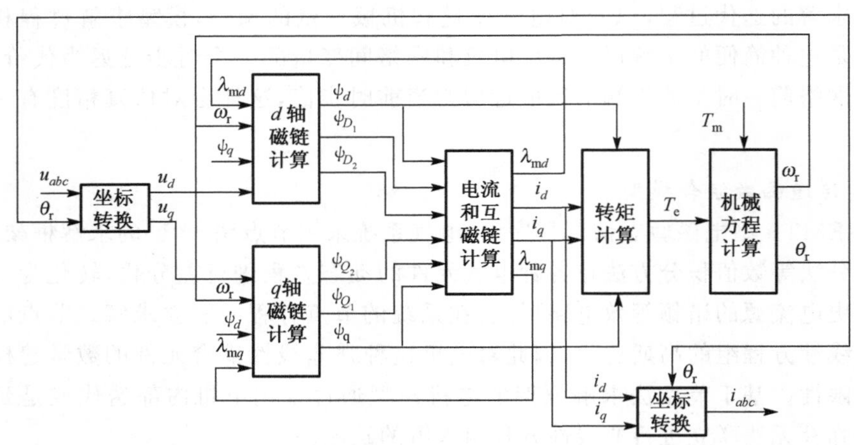

图5.20　永磁同步电机传递函数组合模型

电流和互磁链计算模块、磁链计算模块的内部详图分别如图5.21和图5.22所示。

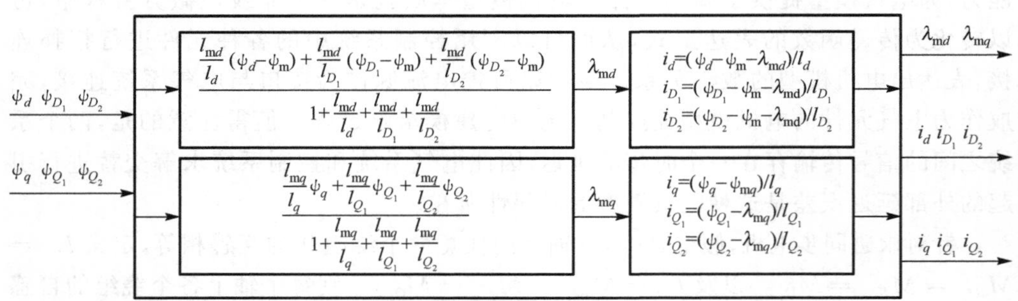

图5.21　电流和互磁链计算模块

5.4.2　三相自然坐标系下交流电机模型

三相自然坐标下的交流电机模型又称相域模型(phase domain model，PD模型)[33-35]。这类模型建立在三相自然坐标系下，可以准确地对电机绕组进行数学表达和建模，能够表征出电机不对称、非正弦或是谐波等现象，因此常用于电机内部故障[36,37]和磁路饱和特性[38,39]的研究模拟。在交流电机PD模型中，定子绕组采用abc三相坐标系，转子绕组采用旋转坐标系，充分利用了不同绕组的物理模型特点。和$dq0$坐标系下的模型相比，PD模型中定子绕组采用了更原始的三相电压和磁路

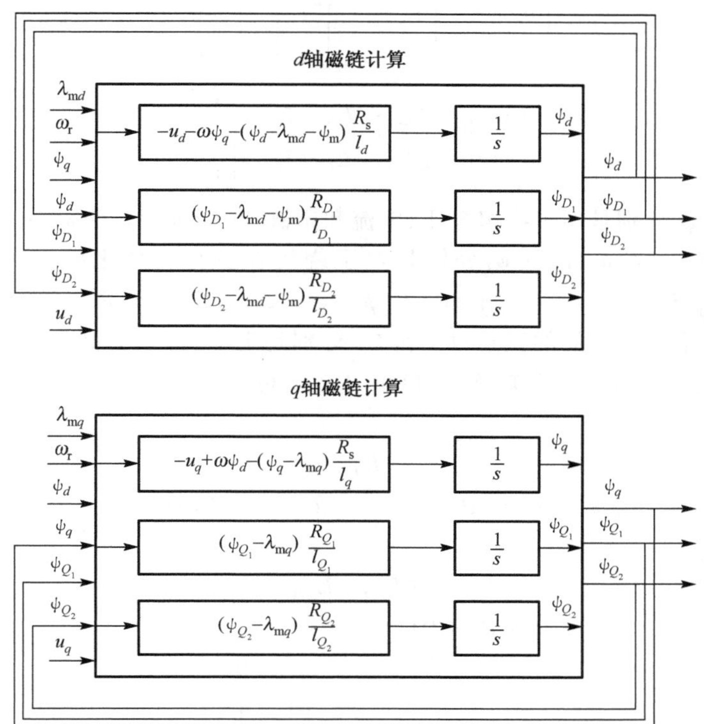

图 5.22　磁链计算模块

方程，避免了派克变换，简化了电机和外部网络接口计算，解决了因派克变换需要而引起的电气变量预报校正和时步延迟等求解方法带来的误差和数值稳定性问题。但是，由于 PD 模型采用了相坐标系建模，不可避免地引入了与电机转子位置相关的时变自感和互感参数。在节点法仿真所采用的导纳矩阵中，要求时变矩阵在每一时步进行矩阵分解以便求解线性方程组，将会给计算带来巨大的负担，因此早期的 EMTP 型电磁暂态仿真软件大多采用 $dq0$ 坐标系下的模型。实践证明，针对规模较小的微电网暂态数字仿真，如需更高的仿真精度或有特定的仿真需要，相域模型也将是一种可行的模型选择[40]。

1. 基本相域交流电机模型

随着计算机计算性能的不断提升，以及实时计算[41]对求解精度和数值稳定性要求的提高，在 20 世纪 90 年代，Marti 等开展了 EMTP 型电磁暂态仿真框架下相域交流电机模型的研究，在文献[42]中完成了基本相域感应电机模型研究，在文献[39]中完成了考虑饱和效应的同步电机基本相域模型研究。

以永磁同步电机为例，将永磁链 ψ_m 看作交链 d 轴互感的电流源，并将阻尼绕组折算到定子侧以获得相等的互感[9]，则可得到定子绕组在三相坐标系下、转子绕组在旋转坐标系下的电压和磁链方程：

$$\begin{bmatrix} \boldsymbol{u}_s \\ \boldsymbol{u}_r \end{bmatrix} = -\begin{bmatrix} \boldsymbol{R}_s & \\ & \boldsymbol{R}_r \end{bmatrix}\begin{bmatrix} \boldsymbol{i}_s \\ \boldsymbol{i}_r \end{bmatrix} - \begin{bmatrix} p\,\boldsymbol{\psi}_s \\ p\,\boldsymbol{\psi}_r \end{bmatrix} \tag{5.59}$$

$$\begin{bmatrix} \boldsymbol{\psi}_s \\ \boldsymbol{\psi}_r \end{bmatrix} = \begin{bmatrix} \boldsymbol{L}_s & \boldsymbol{L}_{sr} & \boldsymbol{L}_{sm} \\ \boldsymbol{L}_{sr}^{\mathrm{T}} & \boldsymbol{L}_r & \boldsymbol{L}_{rm} \end{bmatrix}\begin{bmatrix} \boldsymbol{i}_s \\ \boldsymbol{i}_r \\ \boldsymbol{i}_m \end{bmatrix} \tag{5.60}$$

式中，$\boldsymbol{u}_r$、$\boldsymbol{i}_r$和 $\boldsymbol{\psi}_r$分别是转子绕组电压、电流和磁链，在同步旋转坐标系下的表达式和 $dq0$ 坐标系下一致；$\boldsymbol{u}_s$、$\boldsymbol{i}_s$和 $\boldsymbol{\psi}_s$分别是定子绕组在三相自然坐标系下变量，$\boldsymbol{u}_s = [u_a \quad u_b \quad u_c]$，$\boldsymbol{i}_s = [i_a \quad i_b \quad i_c]$，$\boldsymbol{\psi}_s = [\psi_a \quad \psi_b \quad \psi_c]$；$\boldsymbol{L}_s$、$\boldsymbol{L}_r$分别是定子、转子绕组的自感；$\boldsymbol{L}_{sr}$为定子和转子间的互感；$\boldsymbol{L}_{sm}$和 $\boldsymbol{L}_{rm}$分别是定子、转子绕组和永磁链间的等效互感。一些电感矩阵为时变矩阵，可以由 $dq0$ 旋转坐标系下的恒定电感经派克反变换获得：

$$\boldsymbol{L}_s = \boldsymbol{P}^{-1}(\theta)\begin{bmatrix} L_d & & \\ & L_q & \\ & & L_0 \end{bmatrix}\boldsymbol{P}(\theta) \tag{5.61}$$

$$\boldsymbol{L}_{sr} = \boldsymbol{P}^{-1}(\theta)\begin{bmatrix} L_{md} & L_{md} & 0 & 0 \\ 0 & 0 & L_{mq} & L_{mq} \\ 0 & 0 & 0 & 0 \end{bmatrix} \tag{5.62}$$

$$\boldsymbol{L}_{sm} = \boldsymbol{P}^{-1}(\theta)\begin{bmatrix} L_{md} \\ 0 \\ 0 \end{bmatrix} \tag{5.63}$$

对定子电压方程通过梯形积分法进行数值差分化，并利用转子绕组的电压方程和磁链方程，可将转子电流项用定子绕组相关变量表示：

$$\boldsymbol{i}_r(t) = \boldsymbol{A}\,\boldsymbol{i}_s(t) + \boldsymbol{hist}_r(t-\Delta t) \tag{5.64}$$

式中，

$$\boldsymbol{A} = -\left[\boldsymbol{R}_r + \frac{2}{\Delta t}\boldsymbol{L}_r\right]^{-1}\frac{2}{\Delta t}\boldsymbol{L}_{sr}^{\mathrm{T}}(t)$$

$$\boldsymbol{hist}_r(t-\Delta t) =$$

$$\left[\boldsymbol{R}_r + \frac{2}{\Delta t}\boldsymbol{L}_r\right]^{-1}\left\{\left[-\boldsymbol{R}_r + \frac{2}{\Delta t}\boldsymbol{L}_r\right]\boldsymbol{i}_r(t-\Delta t) + \frac{2}{\Delta t}\boldsymbol{L}_{sr}^{\mathrm{T}}(t-\Delta t)\boldsymbol{i}_s(t-\Delta t)\right\}$$

将式(5.64)代入式(5.59)中，消去转子电流，即可完成定子电流和转子电流耦合方程解耦，获得仅含定子电压和电流的方程，完成电机和网络的联立求解如下：

$$\boldsymbol{i}_s(t) = \boldsymbol{G}\boldsymbol{u}_s(t) + \frac{2}{\Delta t}\boldsymbol{G}\,\boldsymbol{P}^{-1}(t)\,\psi_m + \frac{2}{\Delta t}\boldsymbol{G}\,\boldsymbol{L}_{sr}(t)\boldsymbol{hist}_r(t-\Delta t) + \boldsymbol{hist}_s(t-\Delta t) \tag{5.65}$$

式中

$$\boldsymbol{G} = \left[-\boldsymbol{R}_s - \frac{2}{\Delta t}\boldsymbol{L}_s(t) - \frac{2}{\Delta t}\boldsymbol{L}_{sr}(t)\boldsymbol{A}\right]^{-1}$$

$$\boldsymbol{hist}_{\mathrm{s}}(t-\Delta t)=\boldsymbol{G}\boldsymbol{u}_{\mathrm{s}}(t-\Delta t)+\boldsymbol{G}\left[\boldsymbol{R}_{\mathrm{s}}-\frac{2}{\Delta t}\boldsymbol{L}_{\mathrm{s}}(t-\Delta t)\right]\boldsymbol{i}_{\mathrm{s}}(t-\Delta t)$$
$$-\frac{2}{\Delta t}\boldsymbol{G}\boldsymbol{L}_{\mathrm{sr}}(t-\Delta t)\boldsymbol{i}_{\mathrm{r}}(t-\Delta t)-\frac{2}{\Delta t}\boldsymbol{G}\boldsymbol{P}^{-1}(t-\Delta t)\,\psi_{\mathrm{m}} \quad (5.66)$$

电机作为发电机运行时，对外输出的电磁转矩如式(5.67)所示[25,43]，电机输出的电磁功率可由电磁转矩和电机转速直接获得。

$$T_{\mathrm{e}}=n_{\mathrm{p}}\frac{1}{\sqrt{3}}[\psi_a(i_b-i_c)+\psi_b(i_c-i_a)+\psi_c(i_a-i_b)] \quad (5.67)$$

式中，n_{p}为极对数。

值得注意的是，在利用基本相域方程进行求解的过程中，虽然避免了对电气变量的预报，但是因为在自然坐标系下建模产生的和转子角度相关的时变电感参数，必须对机械变量转子相角进行预报，获取该时步电感参数，才能完成时变导纳矩阵和历史电流量的求解。这种对机械变量的预报校正是由于电机自身电气系统和机械系统的非线性耦合造成的，也是节点法仿真求解框架下不能避免的限制，和电机自身模型无关。基本相域交流电机模型在仿真中的求解过程如下：

(1)假定已知上一时步各电气变量和机械变量；

(2)利用线性外插的方法预报转子相角，并相应计算出该时步各电感值和派克变换矩阵；

(3)计算接口公式中导纳矩阵和历史电流量；

(4)将电机模型等效电路和网络联立求解；

(5)利用求解得到的机端三相电压更新电机内部所有电气变量；

(6)利用机械方程求解转子角度并进行校正。

2.改进的相域交流电机模型

改进的相域交流电机模型又称电抗后电压等值交流电机模型(voltage behind reactance，VBR 模型)，它由 Pekarek 首先提出[44]。这种模型可以准确快速地模拟同步发电机的动态过程，用于交流电机及其伺服系统仿真，并可考虑磁路饱和等非线性特性[45,46]，后来被学者引入到 EMTP 型电磁暂态仿真研究中。相关的交流电机模型包含同步发电机[47]、感应电机[48,49]和包含磁路饱和[50]等多种形式。VBR 模型同时也被应用到多速率仿真[51]、电机内部故障分析[52]和硬件在回路仿真[53]等多个研究领域。

VBR 模型和基本相域模型类似，定子绕组采用 abc 相坐标系以便和网络接口求解，转子绕组则采用旋转坐标系，这种模型形式便于不同数目定子绕组和阻尼绕组的扩展。两者之间最大的区别在于前者的转子方程采用磁链作为状态变量。磁链作为不能突变的慢动态变化量，相关的状态方程在数值差分求解时提高了仿真精度和数值稳定性，这种转子方程也使得 VBR 电机模型本身进行了自然的时域解耦，为定子方程和转子方程解耦的多速率仿真研究奠定了基础。

以永磁同步电机为例，将式(5.58)磁链方程的转子电流消去，代入互磁链中可得下式：

$$\lambda_{md}=L''_{md}\left(i_d+\frac{\psi_{D_1}-\psi_m}{l_{D_1}}+\frac{\psi_{D_2}-\psi_m}{l_{D_2}}\right)$$
$$\lambda_{mq}=L''_{mq}\left(i_q+\frac{\psi_{Q_1}}{l_{Q_1}}+\frac{\psi_{Q_2}}{l_{Q_2}}\right) \tag{5.68}$$

式中

$$L''_{md}=\left(\frac{1}{l_{md}}+\frac{1}{l_{D_1}}+\frac{1}{l_{D_2}}\right)^{-1},\quad L''_{mq}=\left(\frac{1}{l_{mq}}+\frac{1}{l_{Q_1}}+\frac{1}{l_{Q_2}}\right)^{-1}$$

代入定子磁链方程可得

$$\psi_d=L''_d i_d+\psi''_d+\psi_m$$
$$\psi_q=L''_q i_q+\psi''_q \tag{5.69}$$

式中

$$L''_d=l_d+L''_{md},\quad L''_q=l_q+L''_{mq}$$

$$\psi''_d=L''_{md}\left(\frac{\psi_{D_1}-\psi_m}{l_{D_1}}+\frac{\psi_{D_2}-\psi_m}{l_{D_2}}\right),\quad \psi''_q=L''_{mq}\left(\frac{\psi_{Q_1}}{l_{Q_1}}+\frac{\psi_{Q_2}}{l_{Q_2}}\right)$$

将得到的定子磁链表达式代入定子电压方程中，可得

$$u_d=-R_s i_d-p(L''_d i_d+\psi''_d)-\omega(L''_q i_q+\psi''_q)$$
$$u_q=-R_s i_q-p(L''_q i_q+\psi''_q)+\omega(L''_d i_d+\psi''_d+\psi_m) \tag{5.70}$$

根据转子磁链方程和电压方程，可以得到 ψ''_d 和 ψ''_q 的微分项，最终消去定子电压方程中的微分项和转子绕组电流，可得同步旋转坐标系下定子电压方程为

$$u_d=-R''_d i_d-\omega L''_q i_q-pL''_d i_d+u''_d$$
$$u_q=-R''_q i_q+\omega L''_d i_d-pL''_q i_q+u''_q \tag{5.71}$$

式中

$$R''_d=R_s+L''^2_{md}\frac{R_{D_1}}{l^2_{D_1}}+L''^2_{md}\frac{R_{D_2}}{l^2_{D_2}}$$

$$R''_q=R_s+L''^2_{mq}\frac{R_{Q_1}}{l^2_{Q_1}}+L''^2_{mq}\frac{R_{Q_2}}{l^2_{Q_2}}$$

$$u''_d=-\omega\psi''_q-L''_{md}\frac{R_{D_1}}{l^2_{D_1}}(\psi''_d+\psi_m-\psi_{D_1})-L''_{md}\frac{R_{D_2}}{l^2_{D_2}}(\psi''_d+\psi_m-\psi_{D_2})$$

$$u''_q=\omega(\psi''_d+\psi_m)-L''_{mq}\frac{R_{Q_1}}{l^2_{Q_1}}(\psi''_q-\psi_{Q_1})-L''_{mq}\frac{R_{Q_2}}{l^2_{Q_2}}(\psi''_q-\psi_{Q_2})$$

对式(5.71)给出的定子电压方程进行派克反变换：

$$\boldsymbol{u}_s(t)=-\boldsymbol{R}''_s(\theta)\,\boldsymbol{i}_s(t)-p[\boldsymbol{L}''_s(\theta)\,\boldsymbol{i}_s(t)]+\boldsymbol{u}''_s(t) \tag{5.72}$$

式中，$\boldsymbol{u}''_s(t)=\boldsymbol{P}^{-1}(\theta)\,[u''_d\quad u''_q\quad 0]^{\mathrm{T}}$；$\boldsymbol{R}''_s(\theta)$ 和 $\boldsymbol{L}''_s(\theta)$ 为时变电阻和电感矩阵。

对时域方程采用梯形积分法进行数值计算，可得定子接口电压方程如下：

$$\boldsymbol{u}_{\mathrm{s}}(t) = \left[-\boldsymbol{R}''_{\mathrm{s}}(t) - \frac{2}{\Delta t}\boldsymbol{L}''_{\mathrm{s}}(t)\right]\boldsymbol{i}_{\mathrm{s}}(t) + \boldsymbol{u}''_{\mathrm{s}}(t) + \boldsymbol{hist}_{\mathrm{temp}} \tag{5.73}$$

EMTP 型电磁暂态仿真节点法求解框架需要采用等效阻抗和历史电流量并联的形式，针对式(5.73)，将 $\boldsymbol{u}''_s$ 表达为定子电流形式：

$$\boldsymbol{u}''_{\mathrm{s}}(t) = \boldsymbol{K}_{abc}(\theta)\boldsymbol{i}_{\mathrm{s}}(t) + \boldsymbol{hist}''_{abc} \tag{5.74}$$

将 $\boldsymbol{u}''_{\mathrm{s}}$ 代入式(5.73)，可得 VBR 电机模型的诺顿等效电路差分表达式(5.75)和式(5.76)，即和网络联立求解的相域等效方程：

$$\boldsymbol{u}_{\mathrm{s}}(t) = \left[-\boldsymbol{R}''_{\mathrm{s}}(\theta) - \frac{2}{\Delta t}\boldsymbol{L}''_{\mathrm{s}}(\theta) + \boldsymbol{K}_{abc}(\theta)\right]\boldsymbol{i}_{\mathrm{s}}(t) + \boldsymbol{hist} \tag{5.75}$$

$$\boldsymbol{hist} = \left[-\boldsymbol{R}''_{\mathrm{s}}(\theta-\Delta\theta) + \frac{2}{\Delta t}\boldsymbol{L}''_{\mathrm{s}}(\theta-\Delta\theta)\right]\boldsymbol{i}_{\mathrm{s}}(t-\Delta t) + \boldsymbol{u}''_{\mathrm{s}}(t-\Delta t) - \boldsymbol{u}_{\mathrm{s}}(t-\Delta t) + \boldsymbol{hist}''_{abc} \tag{5.76}$$

电机机械部分的求解过程和 $dq0$ 坐标系下的模型一致，此处不再赘述。

由于模型本质上相似，VBR 模型的求解过程和 PD 模型也非常类似，基本流程如下：

(1)假定已知上一时步各电气变量和机械变量；

(2)利用线性外插方法预报转速和转子相角，并相应计算出该时步各电感值和派克变换矩阵；

(3)计算参与网络联立求解部分(式(5.75))的导纳矩阵和历史电流量；

(4)将电机模型等效电路和网络联立求解；

(5)利用求解得到的机端三相电压更新电机内部定子电流和转子磁链等电气变量，计算出定子三相电流，转换为旋转坐标系下，然后求解转子磁链；

(6)利用转子运动机械方程求解转速和转子角并进行校正。

5.5　微电网电磁暂态仿真方法

本节有关电磁暂态仿真方法的介绍将主要从三个方面展开，首先是建模能力的扩展，包括采用增广改进节点方程扩展电气系统建模能力的方法，基于自动微分技术实现各种具有静态复杂非线性特征的元件建模的方法；其次是仿真精度的改进，包括适于电力电子电路仿真的电气系统插值方案策略，应用牛顿法实现控制系统精确求解的方法；最后是计算速度的提高，包括采用伪牛顿法加快控制系统解算速度的方法，实现电气系统与控制系统并行计算的策略。

5.5.1　基于增广改进节点方程的电气系统建模

在利用节点分析法进行微电网电磁暂态仿真过程中，常常将电气系统与控制系统分别进行求解[9,32]，如图 5.23 所示。这样做的原因主要是考虑到电气系统和控制系统在建模方法、响应特性、模型结构等方面的差异性。例如电气系统中绝大多数元件是线性元件，仅含的少量非线性元件（如电机、非线性电感等）可通过补偿法[28,29]或预测校正法[9,11]等加以处理；而对控制系统而言，常含有较多的非线性环节，如非线性代数运算、限幅环节等。按照元件的物理属性分别在电气系统与控制系统中建模并分别求解，将有助于提高问题求解速度或简化问题求解方法。值得指出的是，在图 5.23 所示的求解过程中，电气系统与控制系统之间存在一个步长的时延，这将有可能给算法带来计算精度和收敛性等问题，关于这一点后面将有进一步的分析。

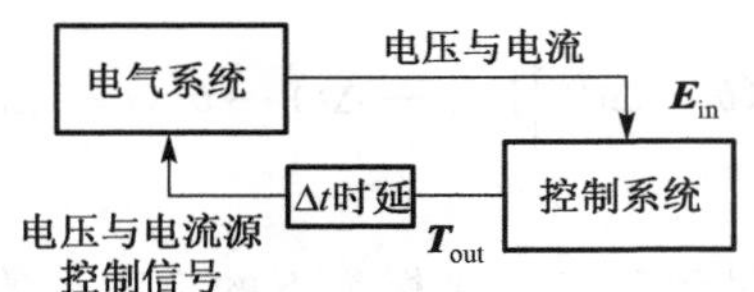

图 5.23 电气系统与控制系统求解示意图

对电气系统的求解主要是求解式(5.3)形式的节点电导矩阵，囿于节点方程的限制，式(5.3)所示的节点电导矩阵不能很好地处理受控源支路（如理想变压器模型）及不接地的理想电压源等模型。为此，商业的仿真软件 SPICE 采用改进的节点方程(modified nodal approach，MNA)[6]以提高程序的建模能力，在此基础上文献[31]提出了增广改进节点方程(modified augmented nodal analysis)，如式(5.77)所示。与改进的节点方程相比，式(5.77)中增加了理想开关支路的元件特性，当开关关断时满足 $i_s=0$，而开关闭合后支路两端电压满足 $u_i-u_j=0$ 的关系。这里采用式(5.77)对微电网的电气网络进行建模，可用于计算电气系统的稳态解、时域仿真及频率扫描。以图 5.2 所示的简单电路为例，采用理想开关模型建模且开关打开或闭合后，电磁暂态仿真时形成的增广改进节点方程如式(5.78)及式(5.79)所示。

$$\begin{bmatrix} \boldsymbol{Y}_{\mathrm{n}} & \boldsymbol{U}_{\mathrm{c}} & \boldsymbol{D}_{\mathrm{c}} & \boldsymbol{S}_{\mathrm{c}} \\ \boldsymbol{U}_{\mathrm{r}} & \boldsymbol{U}_{\mathrm{d}} & \boldsymbol{D}_{\mathrm{VD}} & \boldsymbol{S}_{\mathrm{VS}} \\ \boldsymbol{D}_{\mathrm{r}} & \boldsymbol{D}_{\mathrm{DV}} & \boldsymbol{D}_{\mathrm{d}} & \boldsymbol{S}_{\mathrm{DS}} \\ \boldsymbol{S}_{\mathrm{r}} & \boldsymbol{S}_{\mathrm{SV}} & \boldsymbol{S}_{\mathrm{SD}} & \boldsymbol{S}_{\mathrm{d}} \end{bmatrix} \begin{bmatrix} \boldsymbol{u}_{\mathrm{n}} \\ \boldsymbol{i}_{\mathrm{V}} \\ \boldsymbol{i}_{\mathrm{D}} \\ \boldsymbol{i}_{\mathrm{S}} \end{bmatrix} = \begin{bmatrix} \boldsymbol{i}_{\mathrm{n}} \\ \boldsymbol{u}_{\mathrm{b}} \\ \boldsymbol{d}_{\mathrm{b}} \\ \boldsymbol{s}_{\mathrm{b}} \end{bmatrix} \tag{5.77}$$

$$\begin{bmatrix} G_L+G_{R1} & -G_{R1} & 0 & 0 & 0 \\ -G_{R1} & G_{R1}+G_C & 0 & 0 & 0 \\ 0 & 0 & G_{R2} & -G_{R2} & 0 \\ 0 & 0 & 0 & 1 & 0 \\ 0 & 0 & 0 & 0 & 1 \end{bmatrix} \begin{bmatrix} u_1(t) \\ u_2(t) \\ u_4(t) \\ u_3(t) \\ i_s(t) \end{bmatrix} = \begin{bmatrix} -I_L \\ -I_C \\ 0 \\ u_s \\ 0 \end{bmatrix} \text{（开关打开）} \tag{5.78}$$

$$\begin{bmatrix} G_L+G_{R1} & -G_{R1} & 0 & 0 & 1 \\ -G_{R1} & G_{R1}+G_C & 0 & 0 & 0 \\ 0 & 0 & G_{R2} & -G_{R2} & -1 \\ 0 & 0 & 0 & 1 & 0 \\ 1 & 0 & -1 & 0 & 0 \end{bmatrix} \begin{bmatrix} u_1(t) \\ u_2(t) \\ u_4(t) \\ u_3(t) \\ i_s(t) \end{bmatrix} = \begin{bmatrix} -I_L \\ -I_C \\ 0 \\ u_s \\ 0 \end{bmatrix} \text{（开关闭合）} \tag{5.79}$$

从式(5.78)和式(5.79)可以看出，在同样采用理想开关模型的情况下，增广改进节点方程的维数相对于节点方程有了一定增加，但在开关动作前后矩阵维数保持恒定，这对于开关动作后稀疏矩阵的求解会更为有效，特别是当系统中存在大量开关频繁动作的情况。当由于开关动作导致网络的拓扑结构发生改变时，如开关关断或闭合、非线性元件状态的改变等，需要重新形成电导矩阵，通过节点编号可以仅对受拓扑结构变化影响的部分进行局部重新因子分解以提高计算速度[54]，但这需要稀疏求解算法的配合。

5.5.2　适于电力电子电路仿真的插值算法

当前，各种形式电力电子变流器在分布式发电系统中获得了广泛的应用，它被用于不同频率、不同电压及交直流系统间的能量传递。

1. 电力电子电路仿真问题

在对电力电子电路进行仿真时，由于电力电子电路工作过程中需要电力电子器件不断处于开/合切换状态，当采用定步长仿真算法时，只能在步长的整数倍时刻改变开关状态，这将导致开关动作时间上的延迟并造成电压电流波形出现不真实的“尖峰”，即非特征谐波[54]。为了提高仿真精度，必须要求定步长算法能够精确考虑开关的动作时刻。一种解决方法是在出现开关动作的步长内改用小步长积分到开关动作的准确时刻，这样需要重新计算各元件的等效电导且花费更多的时间用于形成节点电导矩阵并求解。另一种更为有效且被广泛使用的方式是采用图5.24所示的线性插值方法[55]，此时不用重新进行积分就能“还原”到开关动作时刻开关动作前系统中的各变量值。线性插值算法简单、快速、有效，它假设在相邻的两次开关动作之间的系统特性可以用线性关系进行拟合，这在步长较小的情况下是合适的。以二极管的关断为例，在图5.24中，当从$t-\Delta T$到t时刻检测到电流符号发生改变时，系统中的各量应使用式(5.80)插值到开关动作时刻$t_d=t-\Delta T+\alpha\Delta T$前的值：

$$X(t_d^-)=X(t-\Delta T)+\alpha(X(t)-X(t-\Delta T)) \tag{5.80}$$

除了开关动作延迟引起的非特征谐波问题，在开关动作时刻使用梯形法还会引起数值振荡问题。文献[56]、[57]提出的临界阻尼调整(CDA)技术通过在间断点改用两个半步长的后向欧拉法消除了数值振荡，通过使用插值技术也可以解决数值振荡问题[54]。由于数值振荡是围绕“真值”周围的等幅振荡，通过插值到振荡两点的中点即可得到真实值。

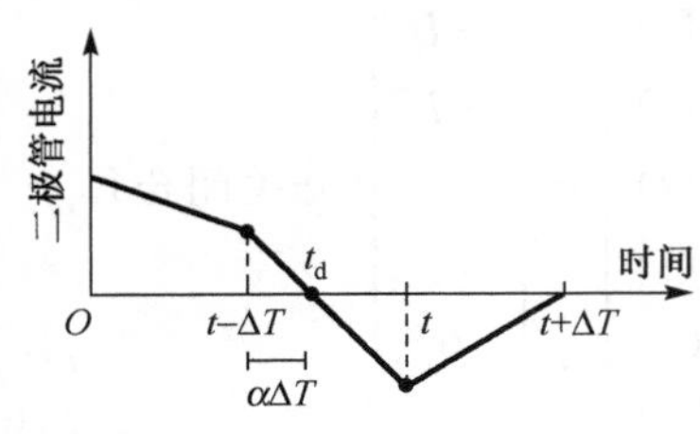

图 5.24　插值算法示意图

同步开关(simultaneous switching)是指在仿真过程的某个时刻有多个开关动作的情况[58]，通常表现为由一个开关动作而引起的连锁反应。如图 5.25 所示的 Buck 电路，当 IGBT 在电感电流不为零的时刻关断时，为了保证电感电流连续，图中的二极管应在 IGBT 关断的瞬间导通，这样 IGBT 就与二极管构成了同步开关。研究表明，在存在同步开关的情况下[59]，必须在同步开关动作时刻对系统重新进行初始化才能得到正确的结果。文献[60]、[61]提出的同步响应法(SRP)改进了 CDA 技术，以解决电力电子装置中的同步开关动作问题，另外，文献[62]改进了文献[63]中的插值算法仅适于自然换向的情况，通过再次插值得到开关动作后梯形法步长的中点值消除了数值振荡，该算法在仿真过程中仅采用梯形法一种数值积分算法与插值算法相配合，较易于算法实现，但它认为插值得到开关动作时刻前的节点注入电流源列向量 $\boldsymbol{i}-$ 和开关动作后的 $\boldsymbol{i}+$ 是相同的，这可能会影响仿真结果的计算精度。文献[64]在 NETOMAC 算法[65]的基础上通过后向插值和后向欧拉法的配合得到了开关动作后新的网络拓扑结构和系统初值，实现了“重初始化”，提高了算法的计算精度。

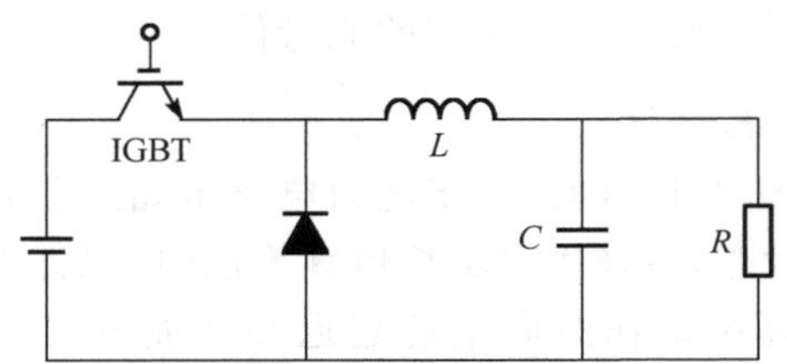

图 5.25　Buck 电路示意图

综上所述，在电磁暂态仿真中应用理想开关模型对电力电子电路进行仿真时需要精确计及开关的动作时刻，解决梯形法引起的数值振荡问题，并在出现同步开关的情况下对系统进行重新初始化，如果能在开关动作时刻 t_d 以 t_d^+ 时刻值重新初始化系统也就自然地消除了数值振荡问题。

2. *考虑多重开关动作的插值算法*

在仿真过程中，在一个步长内的不同时刻有可能出现多次开关动作，这样的情况称为多重开关[66](multiple switching)。多重开关的出现取决于以下因素：①电力电子器件的开关频率；②电力电子系统的复杂性；③仿真步长。一般来说，当电力电子元件的开关频率和系统仿真步长的数量级相差不大，且系统的规模越复杂时，在一个仿真步长内可能动作的开关就越多。对于较复杂的电力电子电路而言，出现多重开关的情况不可避免。理论上，可以通过减小仿真步长消除多重开关现象，实际应用中则要求算法在步长变化时具有较强的稳定性。

一个考虑多重开关动作的电力电子时域仿真插值算法如图 5.26 所示。该算法的核心思想是，在检测到开关动作后插值到最先动作的开关时刻，通过在该时刻以半步长后向欧拉法的试探积分解决开关动作时刻可能出现的同步开关问题，考虑到在半步长积分期间可能出现多重开关动作，将重新初始化的时刻选在开关动作后的半个步长时刻，保证了该时刻在进行下一步梯形积分前已经得到了正确的网络拓扑结构和初值，从而不再产生数值振荡。下面对算法流程简单加以说明：

(1)由 $t-\Delta T$ 时刻使用梯形法积分一个步长至 t；

(2)由 t 时刻使用梯形法积分一个步长至 $t+\Delta T$，此时检测到 t_d 时刻的开关动作；

(3)由 t 和 $t+\Delta T$ 时刻值内插到 t_d 时刻值；

(4) 改变开关状态，重新形成暂态计算矩阵，以后向欧拉法积分半步长至 $t_d+\Delta T/2$，并检测该时刻各开关动作条件，如果没有开关动作则转入下一步，否则重复步骤(4)；

(5)由 t_d 和 $t_d+\Delta T/2$ 外插到 $t_d-\Delta T/2$ 时刻值；

(6)在 $t_d-\Delta T/2$ 时刻以后向欧拉法积分至 t_d；

(7)在 t_d 时刻以后向欧拉法积分至 $t_d+\Delta T/2$；

(8)在 $t_d+\Delta T/2$ 时刻以梯形法积分至 $t_d+3\Delta T/2$，此时需重新检测开关状态。

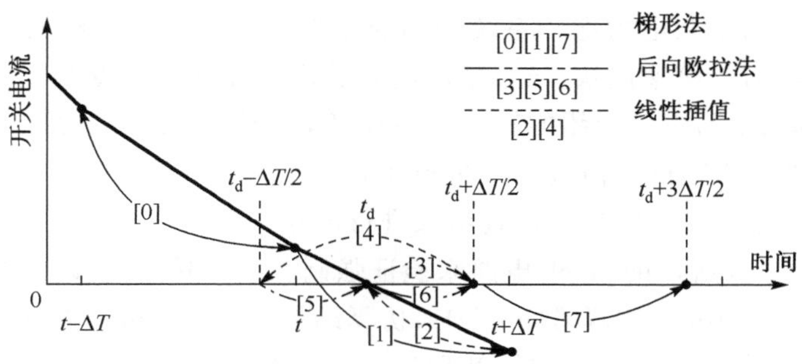

图 5.26　一种用于电力电子电路仿真的插值算法

在上述算法中，网络拓扑的改变仅出现在第(3)和第(4)步，其中第(3)步应选取由 t 积分到 $t+\Delta T$ 过程中最先动作的那个开关时刻，而第(4)步的半步长积分则是用来判断 t_d 时刻可能出现的同步开关动作以及 t_d 到 $t_d+\Delta T/2$ 过程中可能出现的多重开关，此时对于 t_d 到 $t_d+\Delta T/2$ 过程中动作的多重开关不再进行插值，而认为它们和 t_d 时刻动作的开关一样都是在 $t_d+\Delta T/2$ 时刻得到新的开关状态，在步骤(4)的循环完成后可以得到 $t_d+\Delta T/2$ 时刻的网络拓扑结构，第(6)和第(7)两步半步长积分仅起到重新初始化的作用，得到 $t_d+\Delta T/2$ 时刻各个变量正确的初值，而不需要检测开关状态是否发生改变，至此，已经得到 $t_d+\Delta T/2$ 时刻正确的网络拓扑结构和初值，可重新应用梯形法进行下一个完整步长的积分而不会产生数值振荡问题。在步骤(8)之后可以选择继续进行一步插值算法得到 $t+2\Delta T$ 时刻的值而与原来的仿真时标保持同步。与文献[64]相比，这里介绍的方法不仅考虑了 t_d 时刻可能发生的同步开关动作的情况，同时也考虑了 t_d 到 $t_d+\Delta T/2$ 半步长积分时可能出现的多重开关动作，将重初始化点选在 $t_d+\Delta T/2$ 时刻减少了出现多重开关时进行多次插值的计算量，得到同一时刻的网络拓扑结构与初值，此外，文献[64]中电感电压和电感电流是由不同时步中得到的，这给程序设计带来了困难，这里采用后向欧拉法积分得到的电感电流与电容电压值而非插值，在步长不大时二者相差很小。

应用插值算法增加了仿真程序的计算量，由于算法仅在检测到开关动作时得到应用，这与开关的动作频率、系统的复杂性有着比较密切的关系。此外，线性插值的计算量要远小于重新形成节点电导矩阵并因子化的计算量，无论是否采用插值算法，在检测到开关动作后都必须重新形成电导矩阵并进行因子化。这里介绍的算法采用了两次插值、三次半步长后向欧拉法积分，比文献[64]多进行了一次后向欧拉积分，但也减少了可能出现的多重开关的多次插值，并且后两步的积分不再需要检测开关状态、重新形成暂态计算矩阵。总的来说算法对程序的计算负担增加不大，可以满足非实时仿真的计算要求。

3. *算例分析*

PLECS(piece-wise linear electrical circuit simulation)是一个获得广泛应用的电力电子仿真软件，并以工具箱的形式整合到 Matlab/Simulink 中，可以利用 Simulink 自身强大的功能对复杂电力电子系统中的控制部分进行建模。PLECS 采用的瞬时理想开关模型具有计算速度快、仿真精度高以及稳定性好的优点[67]，因此，这里选取 PLECS 的仿真结果与本节介绍的算法加以比较，同时，还与电力系统中广泛用的电磁暂态仿真软件 PSCAD 的仿真结果进行了比较。同时，还与电力系统中广泛采用的电磁暂态仿真软件 PSCAD 的仿真结果进行比较。

首先以图 5.25 所示的 Buck 电路来验证强制关断条件下同步开关的动作情况。这里取仿真步长为 10μs，仿真时间 0.01s，仿真结果分别与 10μs 的 PSCAD 结果及采用 ODE23t 算法最大步长为 1μs 的 PLECS 结果进行了比较。

图 5.27 比较了本节算法得到的电容电压波形与 PLECS 和 PSCAD 的仿真结果。从图中可以看到，本节算法(图中标记为 Improved Method)的结果与步长小一个数量级并采用变步长算法的 PLECS 的结果更为一致，而与同样采用定步长插值算法的 PSCAD 结果稍有差别，说明这一改进方法比 PSCAD 采用的算法[54,62]具有更高的精度。图 5.28 给出了 IGBT 和二极管导通状态的比较，可以看到由本节算法得到的各开关元件的动作情况与 PLECS 的结果是一致的，由于开关的状态是离散的，在采用定步长算法的条件下，无法表示同一时刻的两个状态造成了图 5.28(b)的差异。

在仿真中可采用上述改进后的插值方案作为处理电气系统中电力电子开关的解算方法。线性插值算法简单、方便、有效，它假设在相邻的两次开关动作之间的系统特性可以用线性关系拟合，总的来说对系统计算负担增加不大。控制系统中存在较多的非线性环节(包括连续的和离散的)，并通过迭代计算求解，此时线性假设不成立，且算法实现也较为困难，因此对控制系统的解算不宜进行插值。实际应用上

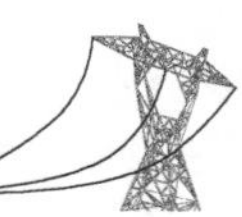

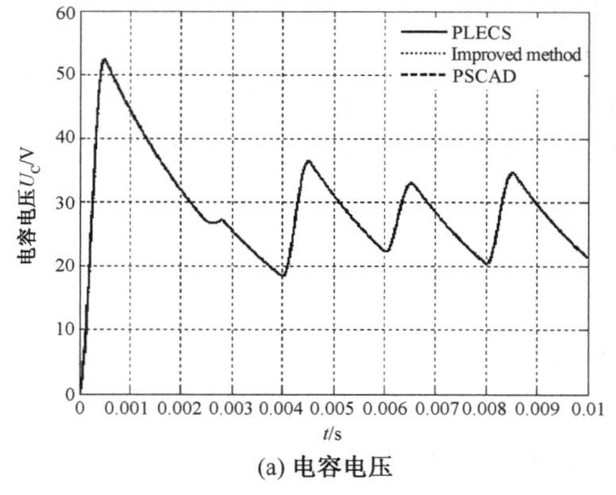

(a) 电容电压

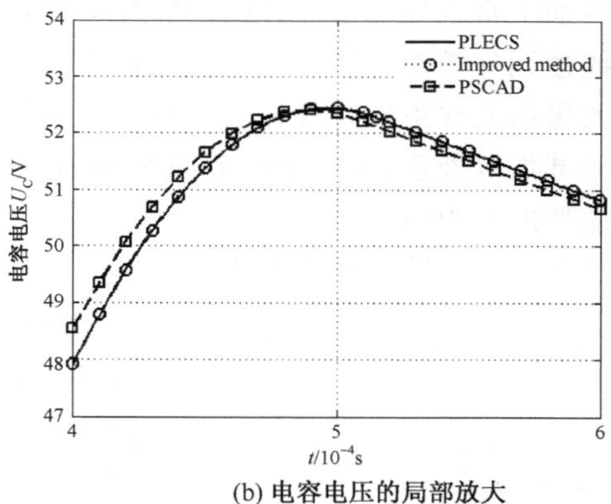

(b) 电容电压的局部放大

图 5.27　电容电压波形及局部放大

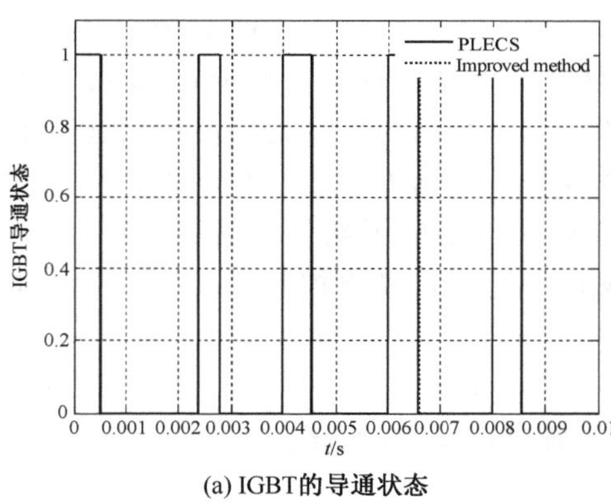

(a) IGBT的导通状态

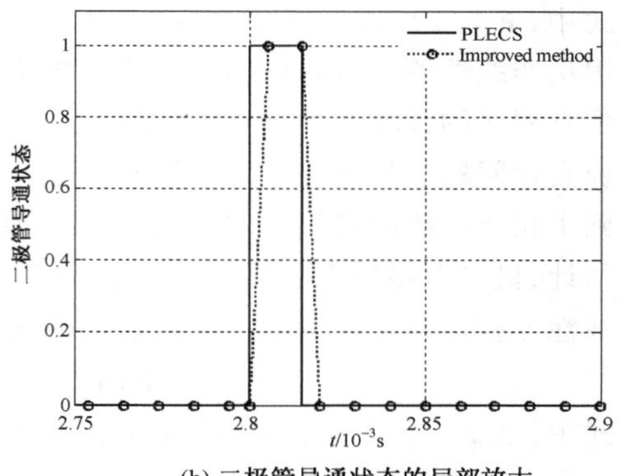

(b) 二极管导通状态的局部放大

图 5.28　开关元件的导通状态

述插值算法时，需要将仿真结果与控制系统在仿真的整步长点上同步，在完成第(7)步的后向欧拉法积分后，需要根据 $t_d+\Delta T/2$ 与 $t+\Delta T$ 的相对位置决定是先同步到 $t+\Delta T$时刻再进行第(8)步的梯形积分，还是先进行步骤(8)再进行同步。

对于上述算法在更为复杂的微电网系统中的仿真测试结果将在后文中给出。

5.5.3　基于牛顿法的控制系统建模与改进

控制系统元件包括了传递函数、典型的非线性环节及各种最基本的代数运算、比较运算、逻辑运算环节等。与电气系统不同，控制系统的元件特性主要以输入输出关系来描述，通过各种基本环节的组合与拓扑连接实现复杂的动态、静态及非线性特性。相对于电气系统，控制系统的建模能力要求更强。

微电网系统中存在大量的非线性元件以及非线性方程，包括电气系统中的开关、非线性电阻(电感)、同步电机、感应电机等模型以及控制系统中的限幅、各种数学运算、逻辑运算和比较环节等。相对于电气系统，控制系统中的非线性元件模型更加丰富也更加多样，既包括了具有连续特征的非线性模型，也包括了不连续的非线性元件模型，这两类模型在处理方法上是不同的。对于电气系统，考虑到系统中大量的元件主要是线性模型的特点，其网络方程是线性方程组，元件的非线性可在局部加以处理，而对于控制系统而言，大量的非线性元件使得系统方程本身就是非线性的方程组。

对于 n 阶非线性方程组

$$\begin{cases} f_1(x_1,x_2,\cdots,x_n)=0 \\ f_2(x_1,x_2,\cdots,x_n)=0 \\ \cdots \\ f_n(x_1,x_2,\cdots,x_n)=0 \end{cases} \tag{5.81}$$

可以写为

$$\boldsymbol{F}(x)=0 \tag{5.82}$$

式中，$\boldsymbol{F}=[f_1,f_2,\cdots,f_n]^{\mathrm{T}}$；$\boldsymbol{x}=[x_1,x_2,\cdots,x_n]^{\mathrm{T}}$；$\boldsymbol{0}=[0,0,\cdots,0]^{\mathrm{T}}$ 。前文通过采用伪非线性的方法将控制系统的非线性方程转化为线性方程组计算求解，这提高了仿真程序的计算速度，但伪非线性方法引入的控制系统的内部延迟则可能引起数值稳定性问题。牛顿法作为求解非线性方程、方程组的首选方法已经在工程领域中得到了相当广泛的应用。对于电力系统而言，牛顿法也已应用到包括潮流计算、状态估计、机电电磁暂态仿真[68,69]等各个方面。文献[32]通过联立控制系统的线性及非线性方程形成了如下的牛顿法迭代格式：

$$\boldsymbol{F}(\boldsymbol{x}^{(k)})+\boldsymbol{J}^{(k)}\Delta\boldsymbol{x}^{(k)}=\boldsymbol{0} \tag{5.83}$$

式中，$\Delta\boldsymbol{x}^{(k)}=[\Delta x_1^{(k)},\Delta x_2^{(k)},\cdots,\Delta x_n^{(k)}]^{\mathrm{T}}$；$\boldsymbol{J}$ 为雅可比矩阵，具有如下形式：

$$\boldsymbol{J}=\begin{bmatrix} \dfrac{\partial f_1(x_1^{(k)},x_2^{(k)},\cdots,x_n^{(k)})}{\partial x_1} & \dfrac{\partial f_1(x_1^{(k)},x_2^{(k)},\cdots,x_n^{(k)})}{\partial x_2} & \cdots & \dfrac{\partial f_1(x_1^{(k)},x_2^{(k)},\cdots,x_n^{(k)})}{\partial x_n} \\ \dfrac{\partial f_2(x_1^{(k)},x_2^{(k)},\cdots,x_n^{(k)})}{\partial x_1} & \dfrac{\partial f_2(x_1^{(k)},x_2^{(k)},\cdots,x_n^{(k)})}{\partial x_2} & \cdots & \dfrac{\partial f_2(x_1^{(k)},x_2^{(k)},\cdots,x_n^{(k)})}{\partial x_n} \\ \vdots & \vdots & & \vdots \\ \dfrac{\partial f_n(x_1^{(k)},x_2^{(k)},\cdots,x_n^{(k)})}{\partial x_1} & \dfrac{\partial f_n(x_1^{(k)},x_2^{(k)},\cdots,x_n^{(k)})}{\partial x_2} & \cdots & \dfrac{\partial f_n(x_1^{(k)},x_2^{(k)},\cdots,x_n^{(k)})}{\partial x_n} \end{bmatrix} \tag{5.84}$$

对于图 5.14 所示的控制系统，形成的雅可比矩阵如下：

$$\boldsymbol{J}^{(k+1)}=\begin{bmatrix} 1 & 0 & 0 & 0 & 0 & 0 \\ -1 & 1 & 0 & 0 & 0 & 1 \\ 0 & -k_1 & 1 & 0 & 0 & 0 \\ 0 & 0 & -1 & 1 & 0 & 0 \\ 0 & 0 & 0 & 0 & 1 & 0 \\ 0 & 0 & 0 & -\exp(x_4^{(k)}) & 0 & 1 \end{bmatrix} \tag{5.85}$$

采用牛顿法得到的控制系统的暂态解，消除了控制系统内部的时延，改善了解的精度和数值稳定性。若整个系统都是线性的，则雅可比矩阵 $\boldsymbol{J}$ 为常数，每个仿真步长下只需一次线性方程组的求解即可得到系统的暂态解，若系统中存在非线性元件则需要进行迭代，实际应用时，可不必在每次迭代中都重新形成雅可比矩阵，通过迭代次数控制雅可比矩阵的更新可在一定程度上提高控制系统的解算速度，这称为伪牛顿法(pseudo Newton method)。

分布式发电系统的控制器模型中常含有较多的不连续的非线性环节，也称硬非线性环节(hard nonlinearity)，如比较环节、选择环节等，此时，描述元件输入输出关系的元件特性方程会随着输入(输出)量的变化而不同，计算求解时需要检测上述环节的控制逻辑并在元件特性变化时重新形成雅可比矩阵，这同电气系统中的开关模型在本质上是一致的，在应用伪牛顿法求解控制系统时需要特别注意，图 5.29 给出了基于伪牛顿法在一个步长下的控制系统求解的基本流程。

5.5.4 基于自动微分的电磁暂态仿真建模方法

在控制系统组合建模实现方法中，尽管该方法具有普遍性和一般性，适于各种形式的分布式电源模型，但也存在建模过程复杂、容易出错、且形成的雅可比矩阵维数较高等缺点。这里将着重研究各种具有静态非线性特性元件的建模改进方法，特别适于包括光伏电池、燃料电池短期动态模型及蓄电池等具有复杂静态非线性特性的分布式电源及储能元件的电磁暂态仿真建模。

考虑如下具有简单形式的静态非线性函数：

$$y = f(x_1, x_2, x_3) = x_1 \mathrm{e}^{x_2} + x_2 \sin x_3 \tag{5.86}$$

式中，$x_1 \sim x_3$ 为输入；$y = x_8$ 为输出。上述函数关系可使用控制系统的基本运算环节实现，如图 5.30 所示。

采用前述的牛顿法求解时需形成如下形式的雅可比矩阵：

$$\boldsymbol{J}_1 = \begin{bmatrix} 1 & 0 & 0 & 0 & 0 & 0 & 0 & 0 \\ 0 & 1 & 0 & 0 & 0 & 0 & 0 & 0 \\ 0 & 0 & 1 & 0 & 0 & 0 & 0 & 0 \\ 0 & -\mathrm{e}^{x_2} & 0 & 1 & 0 & 0 & 0 & 0 \\ -x_4 & 0 & 0 & -x_1 & 1 & 0 & 0 & 0 \\ 0 & 0 & -\cos x_3 & 0 & 0 & 1 & 0 & 0 \\ 0 & -x_6 & 0 & 0 & 0 & -x_2 & 1 & 0 \\ 0 & 0 & 0 & 0 & -1 & 0 & -1 & 1 \end{bmatrix} \tag{5.87}$$

从式(5.87)中可以看到，雅可比矩阵的维数与图 5.30 中基本运算环节的个数是一致的。一种直观的想法是，如果能用一个环节描述式(5.86)的非线性函数关系，则可以大大降低雅可比矩阵的维数，此时雅可比矩阵具有如下形式：

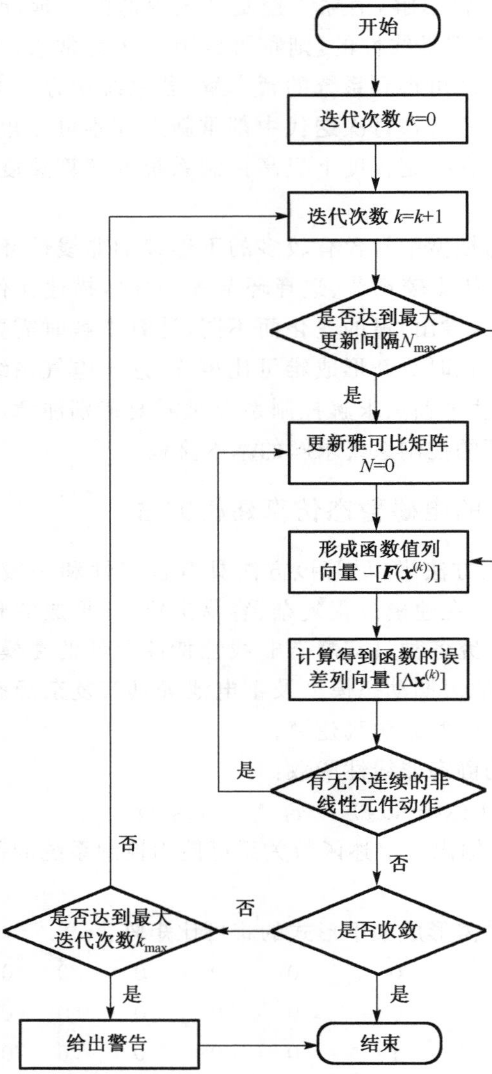

开始

迭代次数 $k=0$

迭代次数 $k=k+1$

是否达到最大更新间隔 N_{max}

否

是

更新雅可比矩阵 $N=0$

更新间隔 $N=N+1$

形成函数值列向量 $-[\boldsymbol{F}(\boldsymbol{x}^{(k)})]$

计算得到函数的误差列向量 $[\Delta\boldsymbol{x}^{(k)}]$

有无不连续的非线性元件动作

是

否

是否收敛

否

是否达到最大迭代次数 k_{max}

是

是

给出警告

结束

图 5.29　基于伪牛顿法的控制系统求解流程

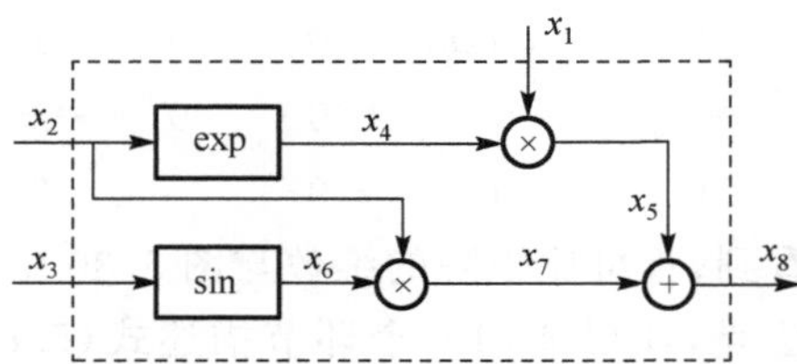

图 5.30　基于控制系统基本运算环节实现的非线性函数模型

$$
\boldsymbol{J}_2=\begin{bmatrix} 1 & 0 & 0 & 0 \\ 0 & 1 & 0 & 0 \\ 0 & 0 & 1 & 0 \\ -\mathrm{e}^{x_2} & -x_1\mathrm{e}^{x_2}-\sin x_3 & -x_2\cos x_3 & 1 \end{bmatrix} \tag{5.88}
$$

相对于$\boldsymbol{J}_1$,$\boldsymbol{J}_2$的维数只有前者的一半。可以想见,对于更加复杂的非线性环节,采用单一环节描述的函数关系相对于采用基本运算环节实现的雅可比矩阵在计算效率上会有明显的改善。但唯一的问题是,对于程序实现而言需要考虑到方法的普适性,而非针对某一具体的函数关系加以实现。此时,实现一个功能强、用户友好的自定义模型接口可能是较好的解决办法。对于通过用户自定义接口实现的各种非线性函数关系,如何得到其导数信息是电磁暂态仿真中必须解决的问题。对于控制系统的各基本运算环节其导数值是事先已知的,而对于基于用户自定义接口实现的各种非线性模型的导数信息,可以通过符号微分和数值差分等方法计算得到。

符号微分适合小规模问题的计算求解,同时难以计算函数的高阶导数,不利于程序的扩展;数值差分方法的实现比较方便,再加上改进的稀疏差分法求解速度相对较快,从而成为应用最为广泛的方法之一[70],但是数值差分方法的缺点在于存在截断误差和舍入误差,同时确定恰当的差分区间也很困难。为此,本节介绍一种基于自动微分技术实现各种具有静态非线性特性模型的电磁暂态仿真建模方法。该方法可利用用户自定义模型接口,通过自动微分技术准确、高效地求取对应组合函数值及导数信息,提高了程序的计算效率,同时也保持了代码的可维护性和可扩展性,特别适于光伏、燃料电池、蓄电池等分布式电源的建模。

1. *自动微分原理*

自动微分技术是一种精确微分算法,与其他微分方法(如数值差分、符号微分)相比,对CPU时间和内存的占用很少,并能得到相当于计算机精度的导数信息,且应用灵活、开发代价小。自动微分技术已在电力系统潮流计算和灵敏度分析等领域广泛应用[71-74]。

自动微分是运用复合函数的链式法则对计算机程序形式的函数进行求导的技术。自动微分实现的原理是:无论描述函数的计算机程序多么复杂,本质上都是执行了一系列的初等代数运算或初等函数运算。通过对这些初等运算连续地运用链式法则,计算机可以自动得到目标函数的任意阶导数和函数值,其计算精度可达到计算机精度,没有截断误差和舍入误差,且目标函数越复杂,越能体现其优点。自动微分的实质是保留了计算函数值的中间过程,使其在计算导数值时充分利用中间值而避免重复计算,从而降低计算量,但同时会增加存储量。

自动微分技术对任意子程序的求导算法分为如下三步:

(1)将子程序分解为一系列的初等运算;

(2)对初等运算求导;

(3)累加第(2)步中得到的初等偏导数。

由于初等运算种类有限，所以第二步的实现过程是固定的。第一步有多种实现方法，目前主要包括两种：源代码转换方法和操作符重载方法。第三步也有两种基本实现模式：正向模式和反向模式，两种模式的区别在于怎样运用链式法则在计算过程中传递导数[75]。

这里仍以式(5.86)的非线性函数关系来介绍自动微分技术的基本思想。设$x_1 \sim x_3$为独立变量，$x_4 \sim x_8$为中间变量，则式(5.86)可分解为如下的基本函数：

$$
\begin{aligned}
&x_1 = x_1, \quad x_2 = x_2, \quad x_3 = x_3 \\
&x_4 = e^{x_2}, \quad x_5 = x_1 x_4, \quad x_6 = \sin x_3 \\
&x_7 = x_2 x_6, \quad x_8 = x_5 + x_7
\end{aligned}
\tag{5.89}
$$

式(5.89)的非线性函数关系的计算过程如图5.31所示。

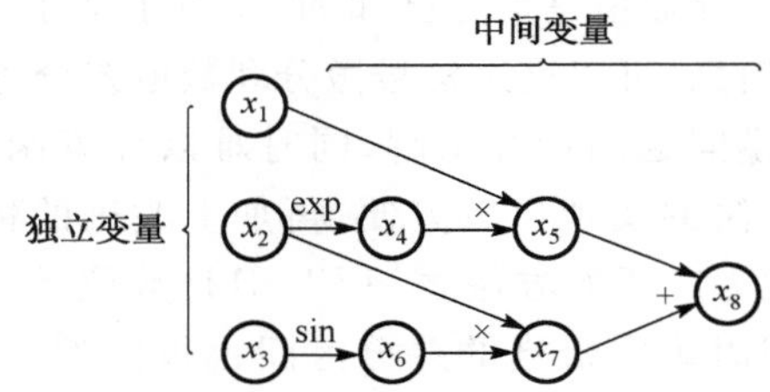

图 5.31　非线性函数 f 的计算过程

运用链式法则求取导数信息有两种基本实现模式：正向模式和反向模式，正向模式是按照从独立变量到依赖变量的方向应用链式法则逐次计算初等运算的偏导数；而反向模式则是从依赖变量到独立变量方向逐次计算。正向模式的实现过程如下所示：

$$
\begin{aligned}
&\nabla x_1 = \nabla x_1, \quad \nabla x_2 = \nabla x_2, \quad \nabla x_3 = \nabla x_3 \\
&\nabla x_4 = e^{x_2}\nabla x_2, \quad \nabla x_5 = x_4\nabla x_1 + x_1\nabla x_4, \quad \nabla x_6 = \cos x_3\nabla x_3 \\
&\nabla x_7 = x_6\nabla x_2 + x_2\nabla x_6, \quad \nabla x_8 = \nabla x_5 + \nabla x_7
\end{aligned}
\tag{5.90}
$$

由链式法则可得

$$
\nabla x_8 = \nabla f(x_1, x_2, x_3) = e^{x_2}\nabla x_1 + (x_1 e^{x_2} + \sin x_3)\nabla x_2 + x_2\cos x_3\nabla x_3 \tag{5.91}
$$

反向模式的实现过程如式(5.92)所示。从式(5.91)和式(5.92)的结果可以看出，正向模式和反向模式得到的结果是完全一致的。

$$
\frac{\partial y}{\partial x_8} = \frac{\partial x_8}{\partial x_8} = 1
$$

$$
\frac{\partial y}{\partial x_7} = \frac{\partial x_8}{\partial x_7} = 1
$$

$$
\frac{\partial y}{\partial x_6} = \frac{\partial x_8}{\partial x_6} = \frac{\partial x_8}{\partial x_7}\frac{\partial x_7}{\partial x_6} = 1 \cdot x_2 = x_2
$$

$$
\begin{aligned}
&\frac{\partial y}{\partial x_5}=\frac{\partial x_8}{\partial x_5}=1\\
&\frac{\partial y}{\partial x_4}=\frac{\partial x_8}{\partial x_4}=\frac{\partial x_8}{\partial x_5}\frac{\partial x_5}{\partial x_4}=1\cdot x_1=x_1\\
&\frac{\partial y}{\partial x_3}=\frac{\partial x_8}{\partial x_3}=\frac{\partial x_8}{\partial x_7}\frac{\partial x_7}{\partial x_6}\frac{\partial x_6}{\partial x_3}=1\cdot x_2\cdot\cos x_3=x_2\cdot\cos x_3\\
&\frac{\partial y}{\partial x_2}=\frac{\partial x_8}{\partial x_2}=\frac{\partial x_8}{\partial x_7}\frac{\partial x_7}{\partial x_2}+\frac{\partial x_8}{\partial x_4}\frac{\partial x_4}{\partial x_2}=1\cdot x_6+x_1\mathrm{e}^{x_2}=\sin x_3+x_1\mathrm{e}^{x_2}\\
&\frac{\partial y}{\partial x_1}=\frac{\partial x_8}{\partial x_1}=\frac{\partial x_8}{\partial x_5}\frac{\partial x_5}{\partial x_1}=1\cdot x_4=\mathrm{e}^{x_2}
\end{aligned}
\tag{5.92}
$$

两种实现模式具有各自的特点。在正向模式中，当其中许多依赖变量对独立变量存在零依赖的时候，生成的雅可比矩阵是稀疏的，使用稀疏矩阵处理技术可以大大减少运行时间和存储需求。相对正向模式而言，反向模式代码较复杂，生成的冗余代码较多。运用反向模式在计算复杂性上优于正向模式，但由于要存储大量中间变量，相应存储代价较大。

在常用的支持 C/C++的自动微分软件中，基于源代码转换的软件有 ADIC[76] 和 OpenAD[77] 等，基于操作符重载的软件有 ADC[78]、ADOL-C[79] 和 CppAD[80] 等。基于操作符重载的自动微分软件的优点主要是简洁和灵活，保持了源程序的语义和原有语言的语法，类的实现策略的改变不必修改源代码，仅仅需要修改类的定义，但要求程序语言支持操作符重载。本节选择了基于操作符重载的 ADOL-C，该软件能够以正向模式和反向模式计算任意阶导数，支持采用雅可比矩阵稀疏性处理方法，可以运行于 Windows 和 Linux 平台，并且是开源的，具有较高的通用性、可移植性和可扩展性。

2. 基于自动微分技术的电磁暂态仿真建模方法

基于自动微分技术，可在控制系统中实现各种具有静态非线性特性模型的电磁暂态仿真建模，其具体步骤如下：

(1)读取分布式电源的基本信息、拓扑连接关系、数学模型表达式及相关参数，声明对应的组合函数；

(2)声明独立变量，为自动微分分配内存，仿真时间置零($t=0$)；

(3)仿真时间向前推进一个仿真步长($t=t+\Delta T$)；

(4)使用自动微分计算对应组合函数的导数信息及函数值；

(5)联立整个系统方程形成牛顿法迭代格式 $\boldsymbol{F}(\boldsymbol{x}^{(k)})+\boldsymbol{J}^{(k)}\Delta\boldsymbol{x}^{(k)}=\boldsymbol{0}$，以自动微分计算得到的结果更新雅可比矩阵及函数值列向量相应位置元素；

(6)利用稀疏矩阵技术求解线性方程组 $\boldsymbol{A}\boldsymbol{x}=\boldsymbol{b}$，得到第 k 步的变量增量列向量 $\Delta\boldsymbol{x}^{(k)}$；

(7)更新变量值，根据迭代收敛判据 $\|\Delta\boldsymbol{x}^{(k)}\|<\xi$ 判断是否收敛，如迭代收敛，则完成该时步的计算，进入下一步骤；否则返回第(4)步；

(8)判断仿真时间是否达到仿真终了时刻,如达到仿真终了时刻,则释放内存,仿真结束;否则返回第(3)步。

与基于控制系统基本环节的建模方法相比,这里介绍的方法有如下特点:①通过用户自定义模型接口实现的基于自动微分技术的电磁暂态仿真建模方法有效地降低了雅可比矩阵的维数,提高了仿真程序的计算效率;②适于各种具有静态非线性特性模型的电磁暂态仿真建模,特别适于包括光伏、燃料电池、蓄电池等在内的具有复杂静态非线性特性的分布式电源及储能元件的电磁暂态仿真建模;③提高了程序代码的可维护性和可扩展性。

3. 自动微分建模举例

这里以前文介绍的燃料电池模型为例,介绍自动微分技术在分布式电源电磁暂态仿真建模中的应用。对于PEMFC,在不考虑双电层效应时,其输出具有如下的静态非线性关系特性[81]:

$$U_{FC}=E_{nernst}-U_{act}-U_{ohm}-U_{con} \tag{5.93}$$

式中,E_{nernst}为可逆开路电压;U_{act}为活化过电压;U_{ohm}为欧姆过电压;U_{con}为浓度过电压,各参数计算详见第2章。这里仅以欧姆过电压为例(参见式(2.29)~式(2.31))给出基于基本控制环节实现的PSCAD建模,如图5.32所示。对于式(5.93)描述的完整的PEMFC建模,大约需要90个左右的基本元件组合而成。由大量基本运算环节实现的分布式电源模型将导致控制系统解算时形成雅可比矩阵的维数较高,这会对系统的仿真计算效率带来不利影响。

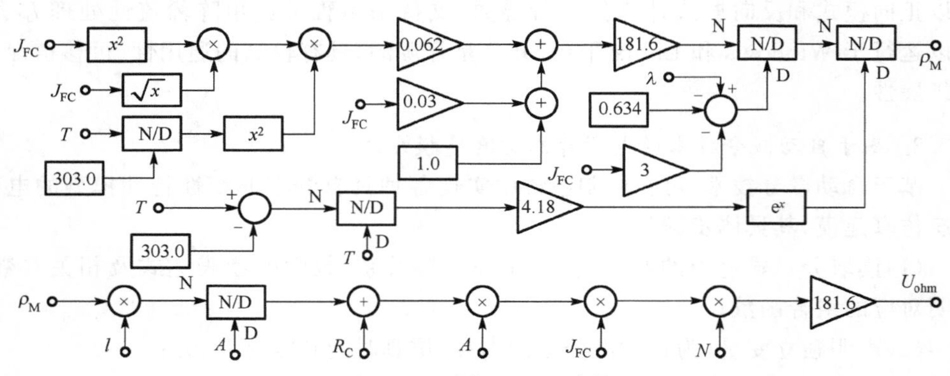

图5.32 欧姆过电压建模

在采用本节介绍的基于自动微分技术实现各种具有静态非线性特性的分布式电源建模时,先利用用户自定义模型接口实现非线性函数关系的读取,特别是对于其中的变量名应能很好地加以识别,对于燃料电池模型而言,其模型输入为T、p_{H_2}、p_{O_2}和I_{FC},输出为U_{FC}。它属于多输入单输出的元件模型,在雅可比矩阵中仅增加一维,相对于基于控制系统基本环节的建模方法,大大降低了雅可比矩阵的维数。在此基础上利用自动微分技术计算U_{FC}的函数值及对变量T、p_{H_2}、p_{O_2}和I_{FC}的导数信息,建模过程如图5.33所示。

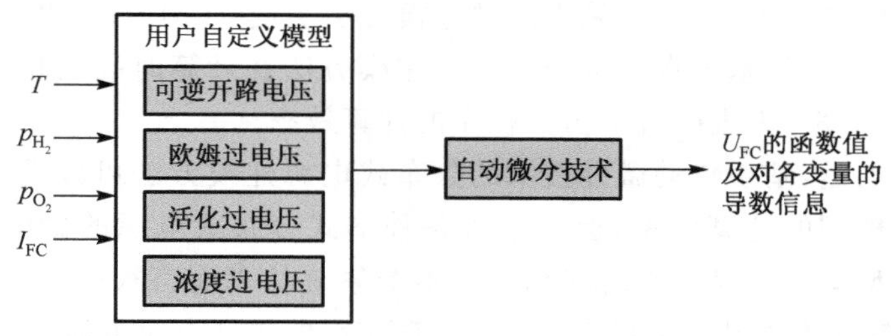

图 5.33　基于自动微分技术的燃料电池建模过程

由于完整的燃料电池运行电压 U_{FC} 的函数关系较为复杂，这里仅以可逆开路电压 E_{nernst} 的函数关系(式(2.23))为例给出自动微分技术计算函数值及导数信息的详细过程。首先将 T、p_{H_2}、p_{O_2} 和 I_{FC} 定义为独立变量，分别用 $x_1 \sim x_4$ 表示，可逆开路电压 E_{nernst} 的计算表达式则改写成如下形式：

$$\begin{aligned} y &= f(x_1, x_2, x_3) \\ &= 1.229 - 0.85 \times 10^{-3}(x_1 - 298.15) + 4.308 \times 10^{-5} x_1 \left(\ln x_2 + \frac{1}{2}\ln x_3\right) \end{aligned} \tag{5.94}$$

利用链式法则计算函数值及导数信息，计算过程如表 5.2 所示。

表 5.2　可逆开路电压的函数值及梯度计算

中间变量	梯度计算(正向模式)
$x_5 = \ln x_3$	$\nabla x_5 = \dfrac{\nabla x_3}{x_3}$
$x_6 = 0.5x_5$	$\nabla x_6 = 0.5\, \nabla x_5$
$x_7 = \ln x_2$	$\nabla x_7 = \dfrac{\nabla x_2}{x_2}$
$x_8 = x_6 + x_7$	$\nabla x_8 = \nabla x_6 + \nabla x_7$
$x_9 = 4.308 \times 10^{-5} x_1 x_8$	$\nabla x_9 = 4.308 \times 10^{-5}(x_8\, \nabla x_1 + x_1\, \nabla x_8)$
$x_{10} = x_1 - 298.15$	$\nabla x_{10} = \nabla x_1$
$x_{11} = 0.85 \times 10^{-3} x_{10}$	$\nabla x_{11} = 0.85 \times 10^{-3}\, \nabla x_{10}$
$x_{12} = 1.229 - x_{11} + x_9$	$\nabla x_{12} = -\nabla x_{11} + \nabla x_9$

这里通过一个简单的 PEMFC 算例对基于自动微分技术建模方法的计算效率进行了测试，为了突出相对于传统建模方法的优势，这里仅考虑燃料电池与负载电阻直接相连的情况，省略了 PEMFC 发电系统的其他组成部分。测试选用的硬件配置为 Intel Pentium D 925 3GHz CPU，1G RAM 的 PC 机，算例仿真时间为 1s，步长为 10μs，仿真测试结果见表 5.3。

表 5.3　计算效率分析

算例	基本元件自定义模型		本节介绍的方法	
	迭代次数	计算时间/s	迭代次数	计算时间/s
PEMFC 算例	100043	33.098	110895	2.781

从表 5.3 的结果可以看出，采用两种建模方法实现 PEMFC 模型时，控制系统的迭代次数相差不大，但基于自动微分技术的建模方法在计算时间上相对于传统建模方法提高了近 11 倍，大大改善了仿真程序的计算效率。

需要说明的是，基于自动微分技术的分布式电源建模方法可以提高各种具有静态非线性特征模型的计算效率，但对于含各种形式分布式电源的微电网，由于静态非线性特征模型运算本身所需时间相对于整个系统仿真而言很少，上述这些静态非线性模型的计算效率提升对于程序整体的计算速度的提高有时可能并不明显。为此，针对仿真程序计算性能的提升在系统层面开发更为高效的仿真算法显得尤为必要。

5.5.5 电磁暂态仿真并行计算方法

依前文所述，在电磁暂态仿真程序中，电气系统与控制系统常常是交替求解的，其计算时序如图 5.34 所示，从图中可以看到整个计算时序是串行的。在每一个步长上，先用前一时步的控制系统输出量将电气系统积分到该时步，再利用已经得到的电气系统的解作为输入将控制系统积分到该时步，以完成一个步长的计算。此时，由于对于电气系统的求解直接使用了前一个步长控制系统的输出作为输入，存在一个仿真步长的时延，而对于控制系统则不存在作为输入的电气量的时延，在不考虑迭代的情况下，可以认为控制系统的解算是准确的。整个仿真计算过程将按图中所示的[1]→[2]→[3]→[4]的时序依次进行。

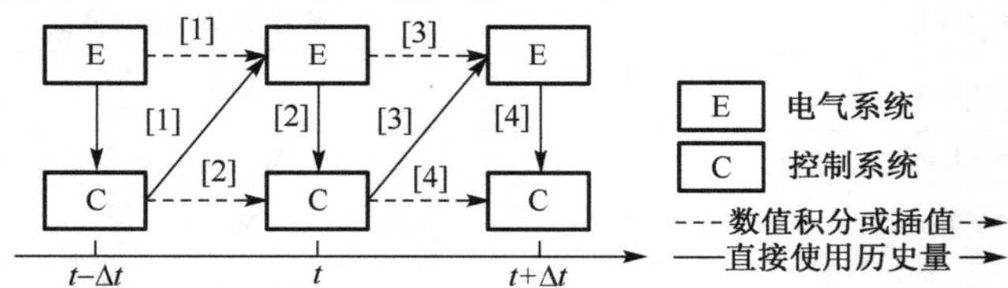

图 5.34　电气系统与控制系统求解的串行时序

对于当前广泛使用的各种含多处理器的高性能计算机，串行的电磁暂态仿真程序并不能充分利用 CPU 的硬件计算资源，若利用多线程技术实现程序的并行求解，就可以有效提高程序的计算速度与计算效率。

1. 电气系统与控制系统基本并行计算策略

为了提高计算速度，一种方案是将电气系统与控制系统串行计算时序改为并行求解。在每一个步长上，可以利用前一时步的控制系统输出量将电气系统积分到该时步，同时也直接使用前一时步电气系统的输出量将控制系统积分到该时步。此时，不仅电气系统的解算存在一个步长的时延，控制系统的解算同样也存在一步时延。这样的处理无疑会牺牲一定的仿真精度，但提高了程序的计算速度，而此时每个步长上的计算时间则是由控制系统与电气系统各自计算时间的最大值决定的。整个计算过程将按图 5.35 中所示的[1]&[1′]→[2]&[2′]的时序依次进行，图中步骤[1]与[1′]、[2]与[2′]均可实现并行求解。

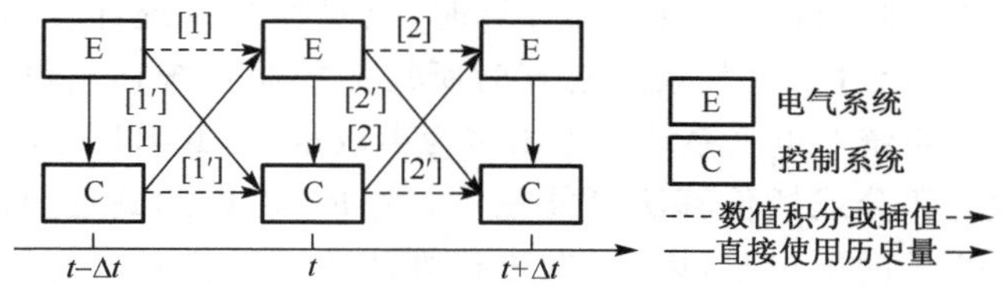

图 5.35　电气系统与控制系统并行计算时序

2. 改进的电气系统与控制系统并行计算策略

为了改善电气系统与控制系统并行求解造成的计算精度下降问题，一种改进的电气系统与控制系统并行计算策略如图 5.36 所示，它既可以实现电气系统与控制系统的并行计算，又可以改善前述并行求解策略的计算精度。与串行计算时序相同，在每一个步长上电气系统仍直接使用前一时步的控制系统输出量积分到该时步，而对于控制系统则使用由上一时步电气系统的输出经过数值积分或插值而得到的预测值作为该时步输入，再将控制系统积分到该时步，此时控制系统的解算也是基于前一时步电气系统的输出量，因此可以实现电气系统与控制系统的并行求解，对于电气量的预测可使用各种显式的数值积分方法，也可以使用线性或非线性插值算法，这主要由程序设计与实现的难易程度决定。为便于实现，可考虑采用如下的三种插值方法[9]：

$$f(t)=2f(t-\Delta t)-f(t-2\Delta t) \tag{5.95}$$

$$f(t)=\frac{5}{4}f(t-\Delta t)+\frac{1}{2}f(t-2\Delta t)-\frac{3}{4}f(t-3\Delta t) \tag{5.96}$$

$$f(t)=\frac{4}{3}f(t-\Delta t)+\frac{1}{3}f(t-2\Delta t)-\frac{2}{3}f(t-3\Delta t) \tag{5.97}$$

式(5.95)属于两点插值，而式(5.96)和式(5.97)属于三点插值，由于使用了前面多个步长点上的信息计算导数值，三点插值对于数值振荡具有较好的抑制作用，这对于非状态变量的预测尤为重要，这一点在后面的仿真结果中也可以看到。由于控制系统所使用的电气系统输出量的个数通常较少，再加上显式积分与插值算法的计算量都很小，改进的并行求解策略对程序计算量的增加很少，通常不会造成明显的计算负担。理论上，改进的并行计算策略能达到串行程序的计算精度。与前述的并行策略相同，整个计算过程仍按图中所示的[1]&[1′]→[2]&[2′]的时序依次进行。

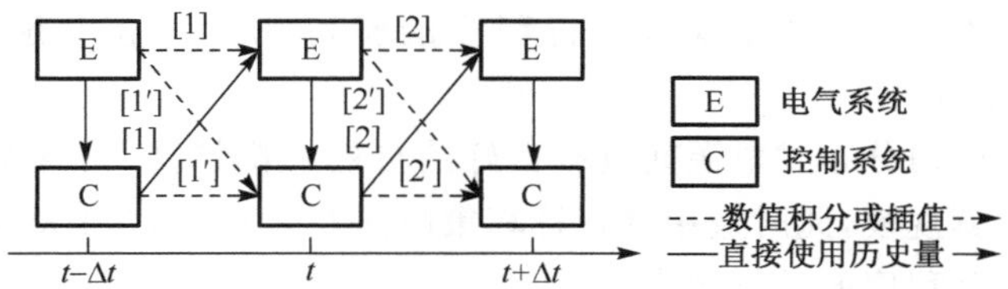

图 5.36　改进的电气系统与控制系统并行计算时序

需要说明的是，在进行下一时步的计算时，仅对控制系统计算所需的电气系统输出量进行了预测，而对于电气系统解算时所需的控制系统输出没有这样处理，这主要是考虑到控制系统对电气系统的输出多为离散量，如 IGBT 的开断信号等，对各种离散量应用数值积分或插值算法可能是不合适的，难以达到理想的效果，反而不如直接使用前个步长的历史量，因此，在进行算法改进时仅对具有物理意义的各种电气量(它们很多是电气系统中的状态变量)进行了预测。

3. 利用自然解耦特性实现的控制系统并行计算策略

考虑到建模的灵活性与算法的稳定性，当利用控制系统组合建模方式实现各种分布式电源及控制器的电磁暂态仿真建模与求解时，此时相对于并不复杂的电气网络而言，控制系统的计算规模将成为仿真程序的主要负担。特别是对于微电网系统而言，当系统中同时存在多个分布式电源且它们均采用基本的控制环节建模实现时，这会导致较高的雅可比矩阵维数，将对程序的计算速度产生较大影响。从各种情况下微电网的测试算例中也可以看到，控制系统的解算时间占整个系统解算时间的比重很高。因此，有效地加快控制系统的计算速度成为提高整个程序计算性能的关键。

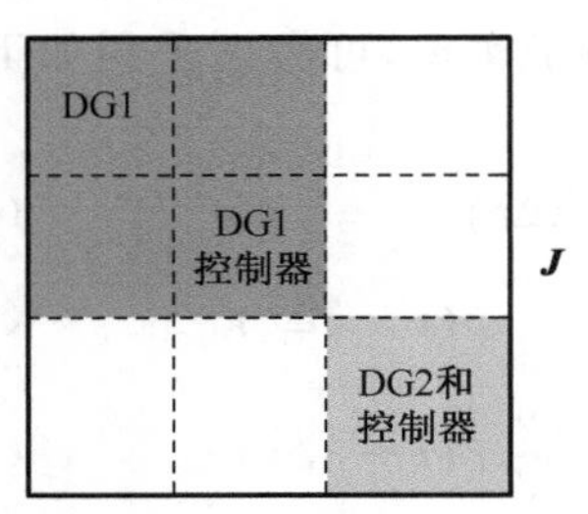

图 5.37　利用控制系统元件实现分布式电源及控制器的建模

在串行程序设计中，考虑到程序的一般性以及实现难度，整个控制系统的计算求解是建立在一个雅可比矩阵基础上的。利用基于自动微分技术的分布式电源建模方法可以在一定程度上降低雅可比矩阵维数，加快程序的计算速度，但此时整个雅可比矩阵仍统一求解，总的来说对程序计算速度提升并不明显。考虑到微电网电磁暂态仿真建模时的特点，在上述的雅可比矩阵中，不同的分布式电源及其控制器之间是自然解耦的，即使对于同一分布式电源(如光伏、燃料电池等)，其电源模型与控制器模型之间也可能存在自然解耦关系，如图 5.37 所示。此时，利用分布式电源及控制器间的自然解耦关系实现雅可比矩阵的降维求解，可以在一定程度上提高程序的计算速度，如图 5.38 所示。更重要的是，在自然解耦情况下，各不同系统的雅可比矩阵可以实现并行求解，进一步加快仿真计算速度，如图 5.38 中可以将串行程序的雅可比矩阵 $\boldsymbol{J}$ 分解为三个子矩阵 $\boldsymbol{J}_1$、$\boldsymbol{J}_2$、$\boldsymbol{J}_3$ 并行求解。

考虑到微电网内分布式电源间具有良好的自然解耦特性，若降维后不同的子系统具有相近的计算规模，此时应用并行计算策略进行求解可以最大限度地利用各种硬件计算资源提高程序的计算效率。

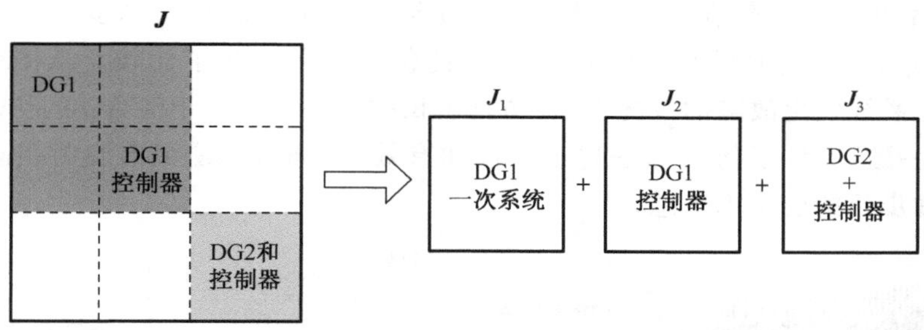

图 5.38 利用分布式电源间的自然解耦关系降维

5.6 算例实现与仿真验证

上一节介绍的各种微电网暂态仿真改进算法已经在本书作者研究组开发的微电网电磁暂态仿真程序 TSDG(transient simulator for distributed generation)中获得实现,本节将对 TSDG 与 PSCAD、Matlab/SimPowerSystems[82] 的仿真结果进行分析比较,验证相关改进算法的计算优势。

5.6.1 燃料电池发电算例系统

1. 系统结构

这里以独立运行的单级固体氧化物燃料电池(SOFC)发电系统为例,研究其故障期间的暂态特性。一个完整的 SOFC 发电系统包括燃料电池堆、直流电容、三相逆变器、LC 滤波器、线路以及负荷等。对于其中的分布式电源,这里采用如图 2.22 所示的燃料电池中期动态模型,它考虑了燃料电池内部气体分压力的变化,并假定运行温度保持恒定,为了适当简化模型的复杂程度,这里用固定阻抗 R_{FC} 来表示燃料电池的内部过电压,如果希望得到更为精确的仿真结果则可以采用详细的非线性模型。

2. 控制策略

SOFC 发电系统工作于独立运行模式时应采用 V/f 控制策略[83,84],以满足正常负载条件下的运行要求,其控制方式如图 2.25 所示。在独立运行方式下,图 2.25 中的 u_{Fd}、u_{Fq} 参考值可根据系统运行要求直接设定。控制器和燃料电池相关参数详见表 2.1 和表 2.2。

3. 仿真验证

系统中燃料电池容量为 50kW,负荷为 48kW 和 18kvar。假定系统在 1s 时刻在负荷侧 C 相发生单相接地故障,0.3s 后故障清除,仿真的总时间为 2s。这里以步长为 1μs 的 PSCAD 仿真结果为基准，图 5.39 给出了 TSDG 在仿真步长为 1μs、5μs、10μs 和 25μs 时的仿真结果，并与 PSCAD 的仿真结果进行了比较。从图中可以看出，即使在系统发生故障的情况下，各仿真步长的结果均能与 PSCAD 的仿真结果保持较好的一致，验证了仿真算法的正确性和有效性，同时算法具有良好的数值稳定性，对仿真步长的变化不敏感。

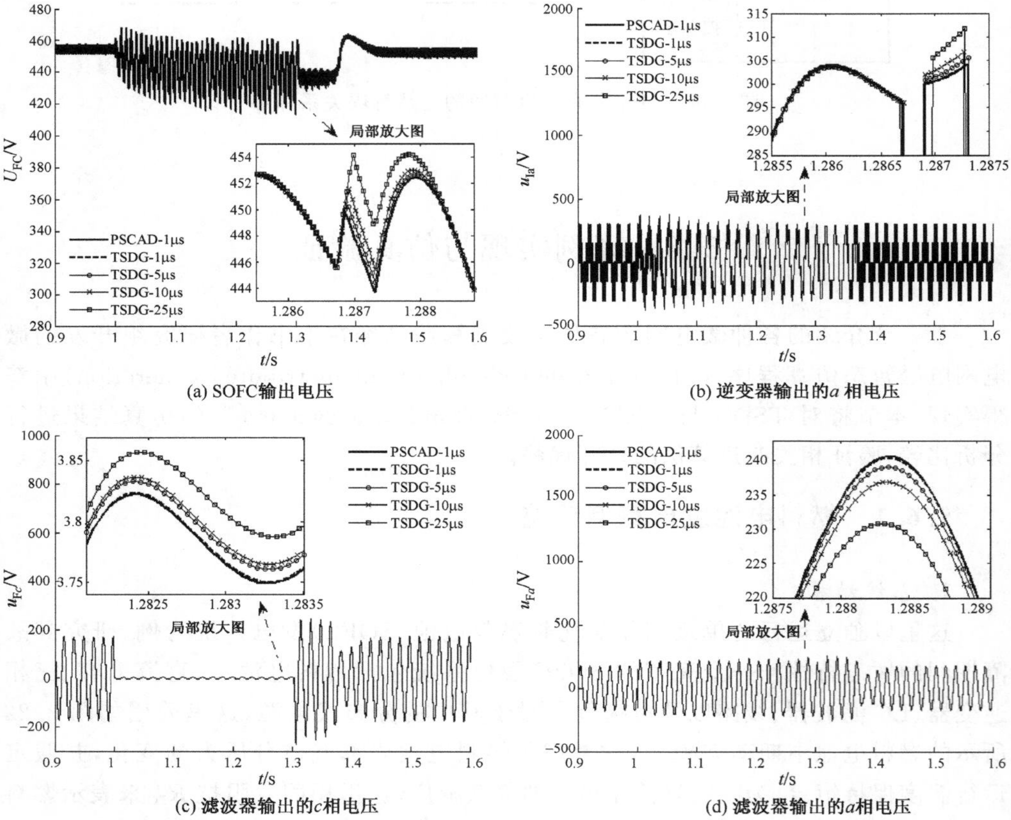

(a) SOFC输出电压

(b) 逆变器输出的a相电压

(c) 滤波器输出的c相电压

(d) 滤波器输出的a相电压

图 5.39　燃料电池发电系统仿真结果

图 5.40 给出了步长为 5μs、10μs 和 25μs 时电容电压的误差曲线，可以看到随着仿真步长的增加，计算误差逐渐增大，但最大相对误差能控制在 1%以内。

5.6.2　微型燃气轮机发电算例系统

1. 系统结构

以并网运行的单轴微型燃气轮机发电系统为例研究其功率跟踪特性。图 5.41 给出了并网运行的微型燃气轮机发电系统结构，包括燃气轮机、永磁同步电机、整流器、逆变器、LC 滤波器、线路等。对于系统中的整流器，既可以采用不可控的三相整

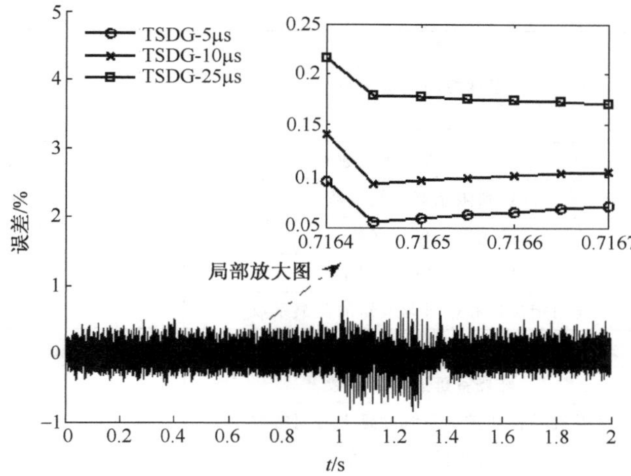

图 5.40 不同仿真步长下电容电压相对于 PSCAD 的误差曲线

流器[19,85]，也可以采用可控的 PWM 整流方式[86,87]，为了充分体现系统中电力电子装置的多样性，这里采用了不可控的三相整流器。对于其中的分布式电源，这里采用图 2.55 给出的微型燃气轮机模型及图 5.16 给出的永磁同步电机模型，相关参数详见表 5.4 和表 5.5。

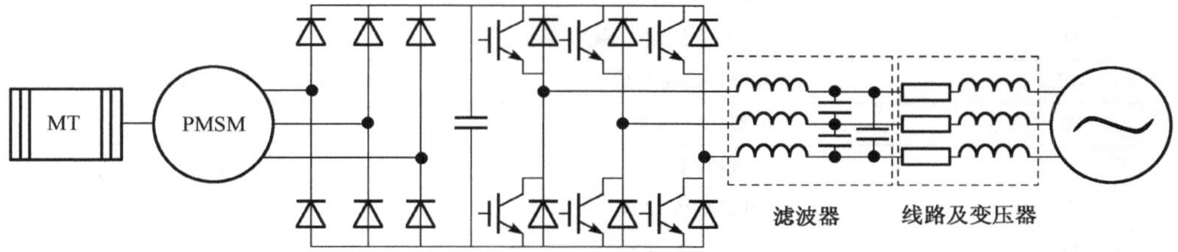

图 5.41 并网运行的微型燃气轮机发电系统结构

表 5.4 微燃机参数

参数	描述	值
W	速度控制增益	25.0
X	速度控制超前时间常数	0.4s
Y	速度控制滞后时间常数	0.5s
Z	控制模式	1
F_{max}/F_{min}	速度控制和温度控制中最大与最小限幅值	1.5/−0.1
K_4	辐射屏蔽比例系数	0.8
K_5	辐射屏蔽比例系数	0.2
T_3	辐射屏蔽时间常数	15.0s
T_4	热电偶时间常数	2.5s
T_t	温度控制器积分时间常数	450s

续表

参数	描述	值
T_5	温度控制比例系数	3.3
T_c	设定的控制温度	950°F
K_3	延迟环节比例系数	0.77
T	燃料限制器时间常数	0.0s
$a/b/c$	阀门定位器参数	1/0.05/1
T_f	燃料调节器的时间常数	0.04s
K_f	阀门定位器和燃料调节器的反馈系数	0.0
K_6	空载条件下保持额定转速的燃料流量系数	0.23
E_{CR}	燃烧室延迟时间常数	0.01s
E_{TD}	燃气涡轮和排气系统的延迟时间常数	0.04s
T_{CD}	压气机排气时间常数	0.2s
f_1	排气口温度函数	$950-700(1-W_{f1})+550(1-\omega)$
f_2	转矩输出函数	$-0.276+1.2W_{f2}+0.5(1-\omega)$

表 5.5 永磁电机参数

参数	描述	值
S	永磁同步发电机额定容量	30kV·A
f	永磁同步发电机额定频率	1600Hz
R	发电机定子绕组电阻	0.25Ω
L_d/L_q	发电机 dq 轴电感	$1.71875\text{e}\times10^{-4}/1.71875\text{e}\times10^{-4}$H
λ	永磁体磁通量	0.0543Wb
p	极对数	1
J	发电机惯性常数	0.005kg·m^2
D	发电机摩擦系数	0 N·m·s^{-1}

2. 控制策略

采用恒功率控制[88]作为并网逆变器的控制策略，它采用双环结构，功率外环根据控制指令输出恒定功率，电流内环则进行快速的动态调节，并网逆变器控制的相关参数详见表 5.6。具体结构如图 5.42 所示。

表 5.6 逆变器控制参数

参数	描述	值
$K_{pP}(K_{pQ})$	逆变器功率外环比例参数	0.1
$K_{iP}(K_{iQ})$	逆变器功率外环积分参数	5.0
$K_{pi_d}(K_{pi_q})$	逆变器电流内环比例参数	1.0
$K_{ii_d}(K_{ii_q})$	逆变器电流内环积分参数	20.0

3. 仿真验证

系统中微型燃气轮机的容量为 30kW。系统在达到空载的稳态运行点后，分别在 8s 和 13s 调整燃气轮机发电系统的有功输出功率至半载(15kW)和满载(30kW)的状态，而系统输出的无功功率则控制在 0kvar，仿真的

总时间为 18s。TSDG 与 PSCAD 及 Matlab/SimPowerSystems 的仿真结果如图 5.43 所示，其中 SimPowerSystems 采用了定步长的四阶龙格-库塔算法（ODE4），为了加快程序的计算速度，这里采用了加速器（accelerator）模式，各程序的仿真步长均为 2.5μs，仿真结果的数据量较大，因此将程序设置为每 100 个步长（即 250μs）输出一次结果。

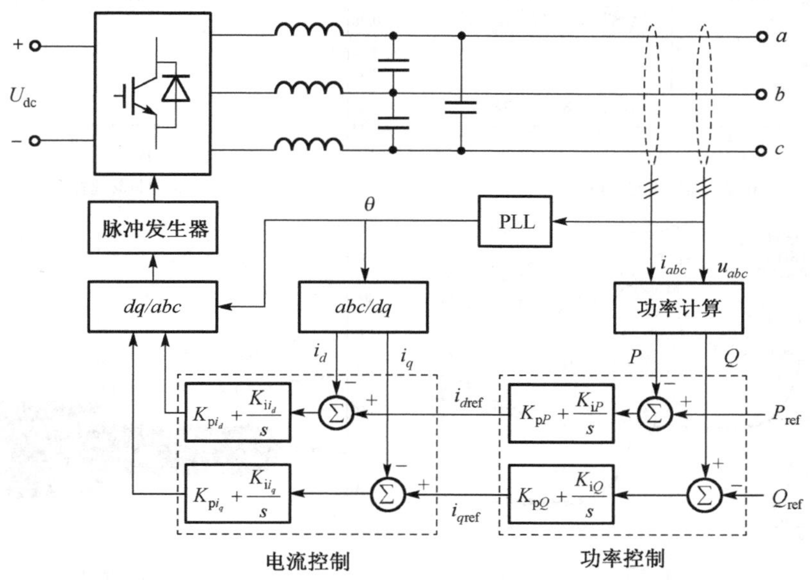

图 5.42 微型燃气轮机发电系统逆变器并网控制策略

由于程序中采用了零状态初始化，对于微型燃气轮机发电系统而言其启动时间较长，需要近 7s 左右的时间才能达到稳态运行点。图 5.43 主要给出了系统进入稳态后对扰动的动态响应，从图中可见，系统对控制器功率信号的跟踪响应速度较快，电气量的动态过程调节时间为 1～2s，非电气量的动态过程调节时间为 4～5s。当系统运行在其他模式时（如负荷跟踪模式），也可以很好地满足系统运行要求。从仿真结果可以看出，TSDG 与其他两种程序的仿真结果保持了较好的一致性。

5.6.3 光伏发电算例系统

1. 系统结构

以并网运行的单级光伏发电系统为例，研究外部光照强度变化时对系统动态特性的影响。并网运行的光伏发电系统结构如图 2.11 所示。对于其中的分布式电源，这里采用式（2.4）给出的光伏阵列模型。光伏阵列相关参数详见表 5.7。

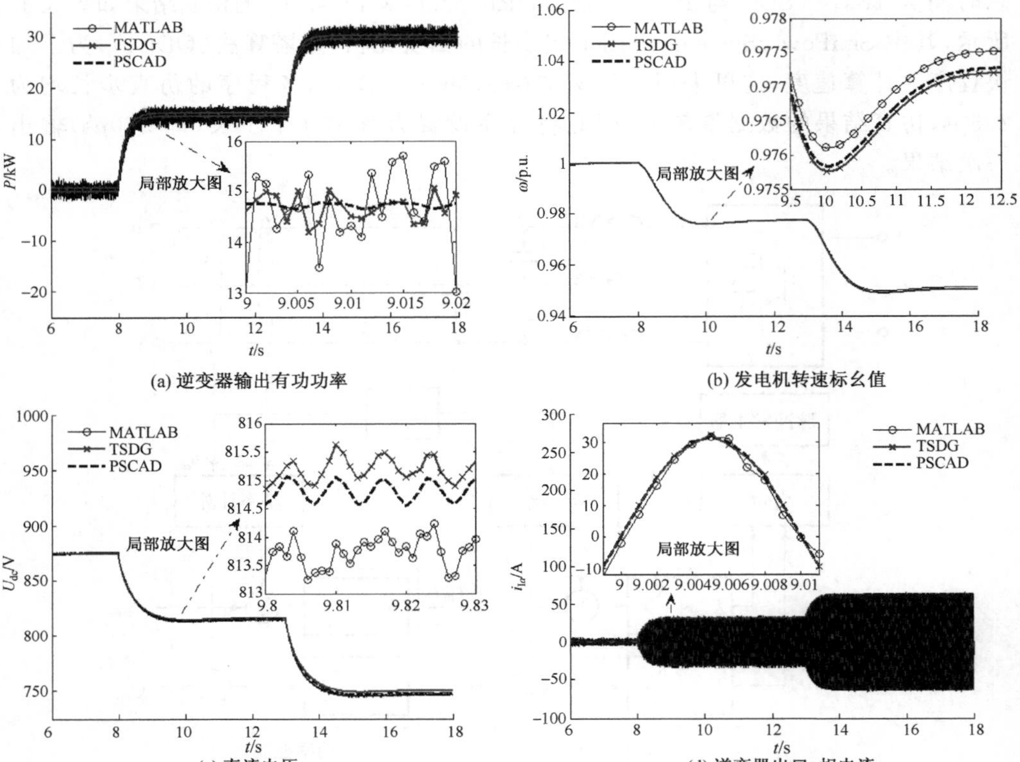

(a) 逆变器输出有功功率

(b) 发电机转速标幺值

(c) 直流电压

(d) 逆变器出口a相电流

图 5.43 微型燃气轮机发电系统仿真结果

表 5.7 光伏阵列相关参数

参数	描述	值
S_{ref}	标准条件下光照强度	1000W/m^2
T_{ref}	标准条件下电池工作温度	298K
I_{phref}	标准条件下的光生电流	3.35A
E_g	禁带宽度	1.237eV
R_s	电池的串联内阻	0.312Ω
A	二极管特性拟合系数	54
C_T	温度系数	0.00217A/K
M	单个光伏模块包括的电池个数	36
N_s	串联的光伏模块个数	20
N_p	并联的光伏模块个数	9
I_{sref}	二极管饱和电流参考值	0.545μA
R_{sh}	光伏电池并联电阻	忽略

2. 控制策略

为获得较好的动态响应特性，这里对并网逆变器也采用双环控制策略。外环控制包括直流电压控制和无功功率控制两部分。内环采用基于前馈电压补偿的电流控制[89,90]，其中的补偿项改善了系统的控制效果，但它不是必须的，其结构如图 2.13 所示，并网逆变器控制的相关参数详见表 5.8。这里采用图 5.44 给出的变步长扰动观测法[91]作为 MPPT 算法。

表 5.8 逆变器控制参数

参数	描述	值
$K_{pU_{dc}}$	逆变器电压外环比例系数	0.5
$K_{iU_{dc}}$	逆变器电压外环积分系数	5
K_{pQ}	逆变器无功功率外环比例系数	0.01
K_{iQ}	逆变器无功功率外环积分系数	0.5
$K_{pi_d}(K_{pi_q})$	逆变器电流内环比例系数	5
$K_{ii_d}(K_{ii_q})$	逆变器电流内环积分系数	100

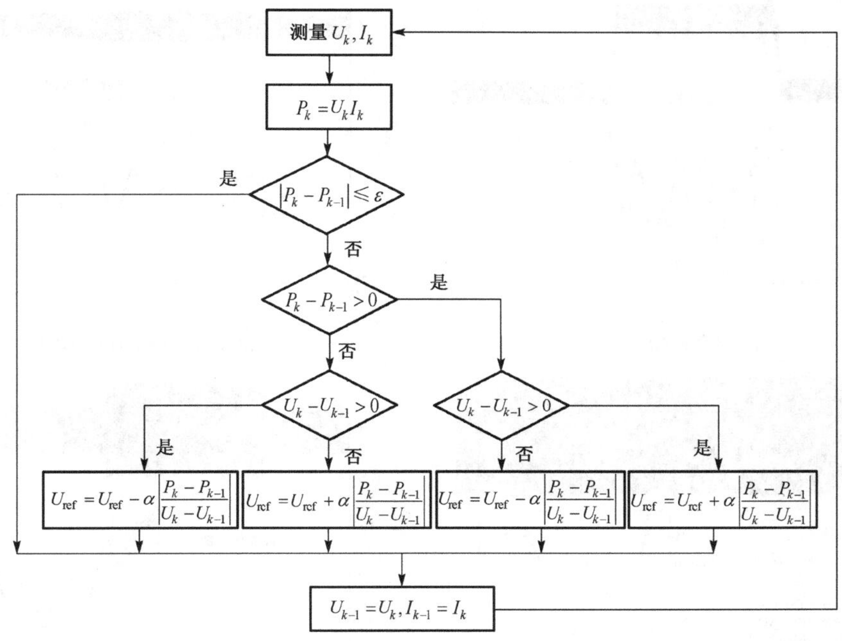

图 5.44 变步长扰动观测法算法流程图

3. 仿真验证

系统中光伏阵列的容量为 10kW。考虑系统最初的光照强度为 500W/m^2，在 1s 时光照强度变为 1000W/m^2，2s 时又变为 500W/m^2，系统中输出的无功功率则控制在 0kvar，仿真的总时间为 3s。TSDG 与 SimPowerSystems 及 PSCAD 的仿真结果如图 5.45 所示，其中 SimPowerSystems 采用了变步长的 ODE23t 算法，同时为了加快程序的计算速度，这里采用了加速器模式，各程序的仿真步长均为 5μs，在 TSDG 中采用了基于自动微分技术实现的光伏阵列模型，而其他程序中则是通过各种基本环节组合得到的。程序设置每 50 个步长（即 250μs）输出一次结果。

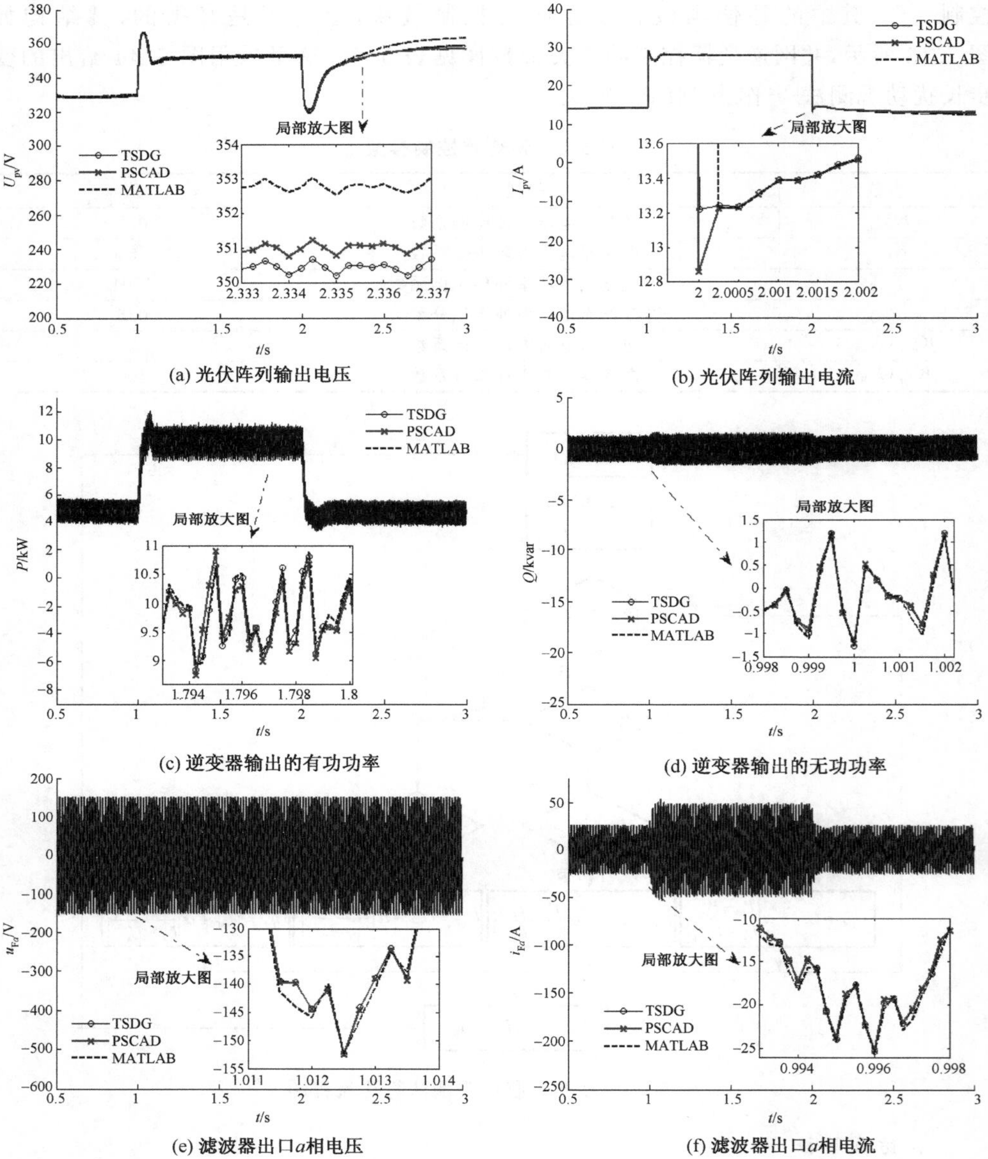

(a) 光伏阵列输出电压

(b) 光伏阵列输出电流

(c) 逆变器输出的有功功率

(d) 逆变器输出的无功功率

(e) 滤波器出口a相电压

(f) 滤波器出口a相电流

图 5.45 光伏发电系统仿真结果

从图 5.45 中可以看出，在光照强度发生变化时，MPPT 算法可以很好地调节光伏阵列的输出，在 500W/m^2 和 1000W/m^2 的光照强度下均实现了最大功率输出，分别为 4800W 和 9800W。可以看到，对于交流侧的各电气量，几种程序的仿真结果是基本一致的，在直流侧 TSDG 与 PSCAD 的结果更接近。结果不可避免存在一定的误差，这是由于各程序中所使用的采样环节实现方式不同造成的，同时变步长扰动观测法的应用积累了采样环节的误差。

5.6.4　低压微电网算例

1. 算例概况

在欧盟第五框架计划支持下的微电网研究项目“Microgrids”[92]中，提出了一个用于微电网设计、仿真与测试的低压微电网算例[93,94]。系统中含有多种线路与负荷类型，可接入多种形式的分布式电源，充分体现了微电网结构与运行的复杂性，这里采用该算例对电磁暂态仿真程序 TSDG 及相关的仿真算法综合加以测试，微电网系统结构和参数详见附录 B1，微电网中配置了微型燃气轮机系统、光伏系统和燃料电池系统三种分布式电源，其接入位置和容量见图 5.46。为了考虑负荷三相不对称性的影响，本算例没有采用表 B1.1 给出的三相对称负荷参数，而是采用表 5.9 所示的不对称负荷参数。

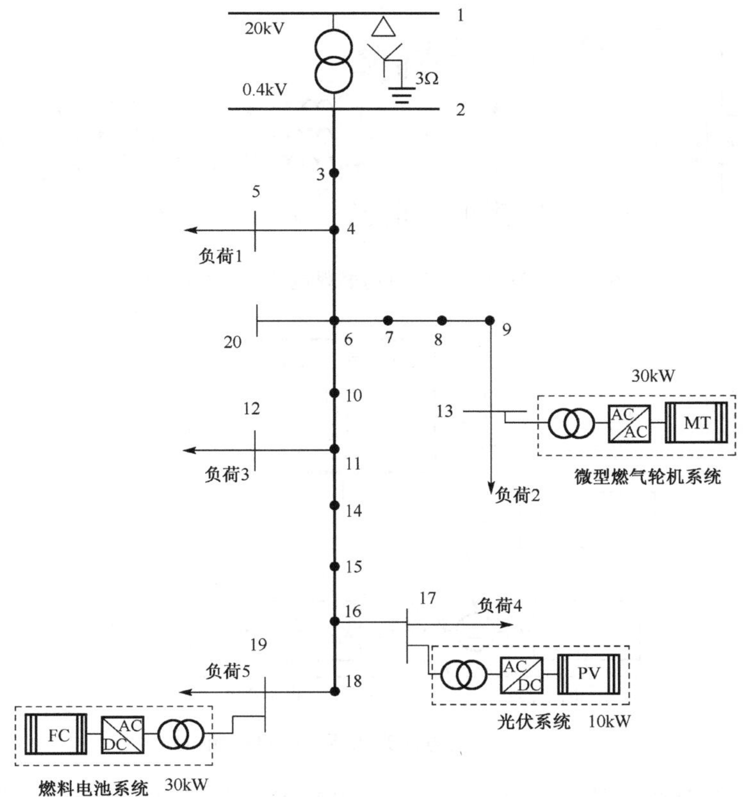

图 5.46　低压微电网算例

表 5.9 算例系统负荷参数

负荷节点	三相负荷参数	
	有功功率/kW	无功功率/kvar
负荷 1	$P_a/P_b/P_c$=3.0/3.0/3.0	$Q_a/Q_b/Q_c$=0.33/0.33/0.33
负荷 2	$P_a/P_b/P_c$=3.0/3.0/3.0	$Q_a/Q_b/Q_c$=0.33/0.33/0.33
负荷 3	$P_a/P_b/P_c$=3.33/3.33/3.33	$Q_a/Q_b/Q_c$=0.0/0.0/0.0
负荷 4	$P_a/P_b/P_c$=3.33/3.33/3.33	$Q_a/Q_b/Q_c$=2.066/2.066/2.066
负荷 5	$P_a/P_b/P_c$=6.0/3.0/6.0	$Q_a/Q_b/Q_c$=2.906/1.453/2.906

2. 动态过程仿真

这里将本节前文涉及的几种形式的分布式发电系统接入到图 5.46 所示的低压微电网算例中，其中微型燃气轮机系统、光伏系统的并网结构与控制方式与前文一致。对于燃料电池系统，这里采用双极式 SOFC 发电系统，其结构如图 5.47 所示，此时燃料电池并网逆变器的控制与前面介绍的微型燃气轮机系统的并网控制策略一致，均采用恒功率控制，如图 5.42 所示，而对于燃料电池系统中的升压斩波电路，采用图 5.48 所示的双环控制，直流电容电压控制在 480V。

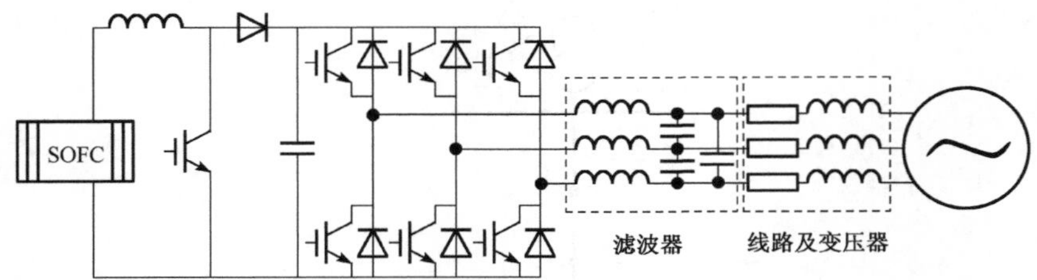

图 5.47 双极并网运行的燃料电池发电系统结构

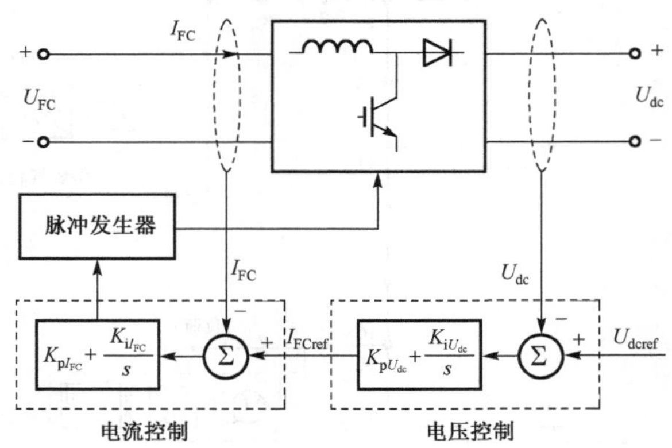

图 5.48 燃料电池升压斩波电路控制策略

系统中，光伏阵列的容量为 10kW，燃料电池容量为 30kW，微型燃气轮机容量为 30kW，其中燃料电池和微型燃气轮机的有功输出分别控制在 30kW 和 15kW，无功

功率控制在 0kvar，光伏系统采用 MPPT 控制，无功功率也同样控制在 0kvar。考虑并网运行的微电网系统 8s 时在节点 15 发生 A 相单相接地故障，0.1s 后故障清除，仿真的总时间为 10s。TSDG 与 Matlab/SimPowerSystems 的仿真结果如图 5.49 所示，其中 Matlab/SimPowerSystems 采用了变步长的 ODE23t 算法，并采用了加速器(Accelerator)模式，各程序的仿真步长均为 2.5μs，程序设置每 200 个步长(即 500μs)输出一次结果。

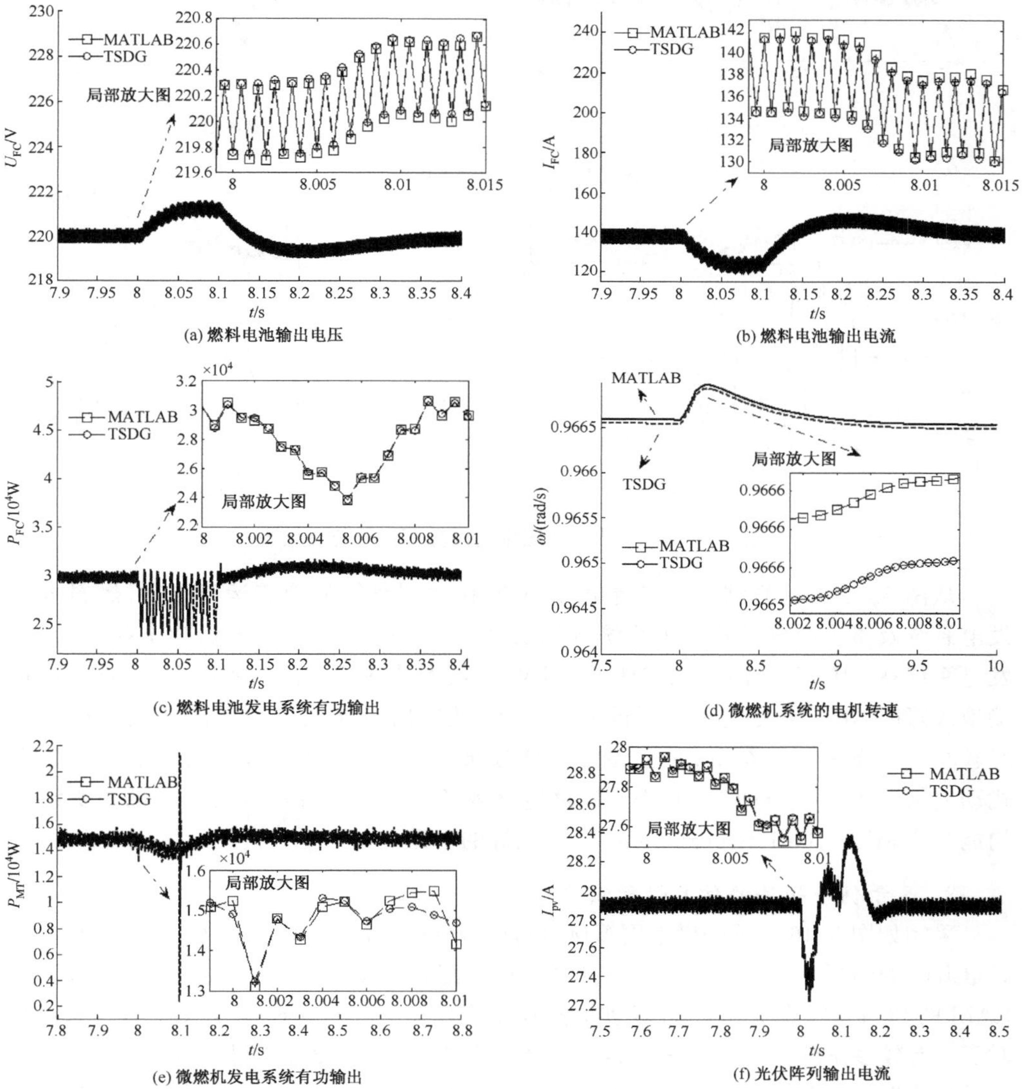

(a) 燃料电池输出电压

(b) 燃料电池输出电流

(c) 燃料电池发电系统有功输出

(d) 微燃机系统的电机转速

(e) 微燃机发电系统有功输出

(f) 光伏阵列输出电流

图 5.49　欧盟低压微电网算例详细仿真结果

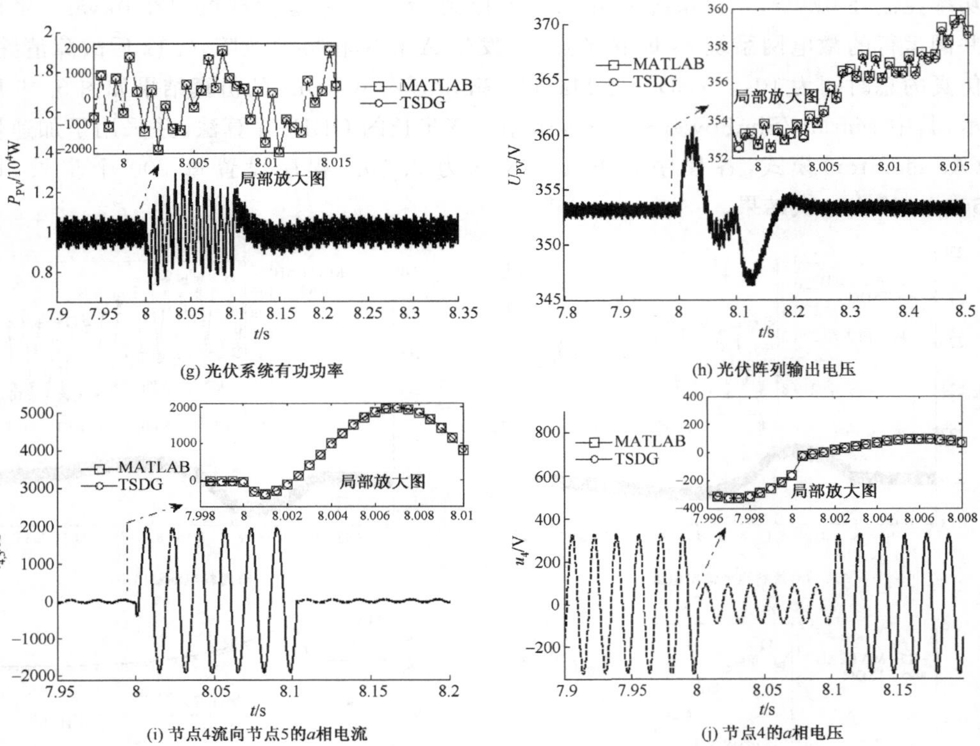

(g) 光伏系统有功功率

(h) 光伏阵列输出电压

(i) 节点4流向节点5的a相电流

(j) 节点4的a相电压

图 5.49(续) 欧盟低压微电网算例详细仿真结果

从图 5.49 的仿真结果可以看出，微电网在达到系统的稳态运行点后，燃料电池发电系统及微型燃气轮机发电系统分别实现了 30kW 和 15kW 的恒功率控制，光伏发电系统在 MPPT 控制下也实现了 10kW 的最大功率输出。当系统在 8s 发生单相接地故障时，由于电力电子装置的隔离作用，故障对分布式电源内部各量的影响相对较小。从图中可以看出，对上述含多种分布式电源的微电网，即使在系统发生大扰动的情况下，由 TSDG 仿真得到的微电网内各分布式电源内部与外部的仿真结果均能与 Matlab/SimPowerSystems 保持较好的一致。

3. 基于伪牛顿法的仿真性能测试

采用如图 5.46 所示的微电网算例进行仿真性能测试，这里考虑仅含光伏一种分布式电源时的情况。程序测试的软硬件环境为：配置为 Intel Core i5 3.2GHz CPU，3G RAM 的 PC 机，操作系统为 QNX 实时操作系统。基于微内核的 QNX 实时操作系统相对于具有较多系统服务的 Windows 分时操作系统计时更精准，有利于测试仿真程序真实的计算性能。图 5.50 给出了采用伪牛顿法时的仿真结果比较，仿真步长取为 5μs，仿真时间 1.0s，图中 N 表示雅可比矩阵更新间隔，$N=1$ 时为真实的牛顿法。

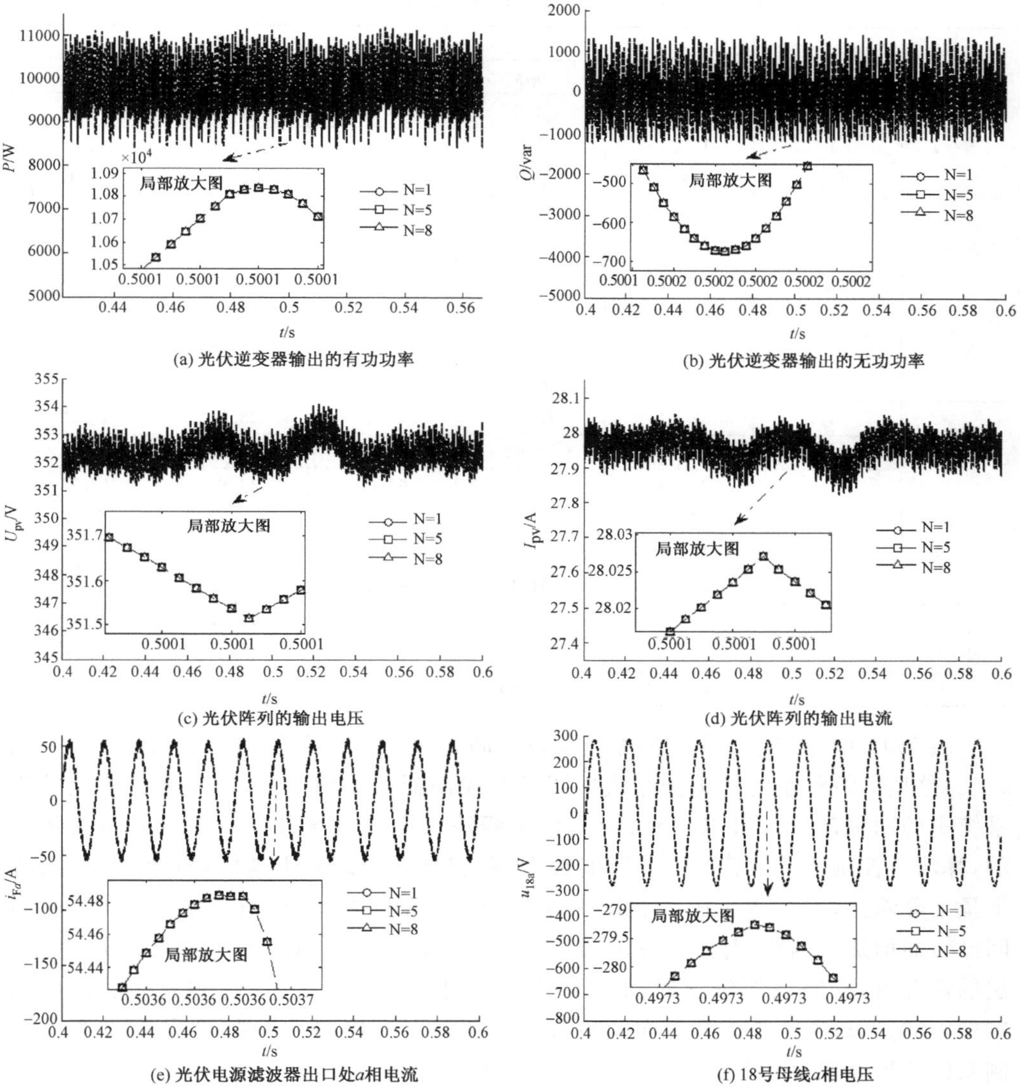

(a) 光伏逆变器输出的有功功率

(b) 光伏逆变器输出的无功功率

(c) 光伏阵列的输出电压

(d) 光伏阵列的输出电流

(e) 光伏电源滤波器出口处a相电流

(f) 18号母线a相电压

图 5.50　仿真步长为 5μs 时伪牛顿法的仿真结果比较

从图 5.50 中可以看出，采用不同的雅可比矩阵间隔时，程序均能收敛且仿真结果同采用真实的牛顿法相比是完全一致的。使用伪牛顿法减少了雅可比矩阵的更新次数，但会增加控制系统解算的迭代次数，整个控制系统计算时间的提高与系统的计算规模密切相关，选择一个较好的雅可比矩阵更新间隔可能需要针对具体的算例系统进行分析。表 5.10 详细给出了不同仿真步长情况下采用不同的雅可比矩阵更新间隔对伪牛顿法仿真时间的影响。

表 5.10　基于伪牛顿法的 TSDG 仿真时间比较(仿真时间:1s)　(单位:s)

更新间隔		步长				
		1μs	5μs	10μs	20μs	50μs
$N=1$	t_c	562.22	150.77	76.81	39.82	17.40
	t_e	153.15	37.81	19.59	12.20	7.69
	t_{total}	**715.37**	**188.58**	**96.40**	**52.02**	**25.09**
$N=2$	t_c	490.53	99.38	50.51	26.15	11.48
	t_e	152.71	37.71	19.75	12.27	7.63
	t_{total}	**643.24**	**137.09**	**70.26**	**38.42**	**19.11**
$N=3$	t_c	309.14	87.22	46.68	24.07	10.46
	t_e	153.04	37.59	19.70	12.29	7.71
	t_{total}	**462.18**	**124.81**	**66.38**	**36.36**	**18.17**
$N=5$	t_c	324.10	76.64	43.45	22.72	10.12
	t_e	152.50	37.61	19.63	12.19	7.61
	t_{total}	**476.60**	**114.25**	**63.08**	**34.91**	**17.73**
$N=8$	t_c	300.01	66.50	36.72	19.30	9.79
	t_e	152.72	37.69	19.71	12.10	7.63
	t_{total}	**452.73**	**104.19**	**56.43**	**31.40**	**17.42**
$N=10$	t_c	287.88	68.17	36.87	19.35	9.09
	t_e	152.69	37.47	19.72	12.16	7.62
	t_{total}	**440.57**	**105.64**	**56.59**	**31.51**	**16.61**

表 5.10 中分别给出了控制系统解算时间 t_c、电气系统解算时间 t_e与计算总时间 t_{total}。这里的控制系统是指分布式电源及其控制器构成的系统,电气系统是指算例系统中的网络部分。可以看到,应用伪牛顿法时电气系统的解算时间基本是固定的,算法对控制系统解算时间的影响较大,随着雅可比矩阵更新间隔的增加,t_c总体上呈下降趋势,但在 $N=10$ 的情况下,t_c的减少已不明显,甚至对于某些步长计算时间已转而增加。因此,对于本算例取 $N=8$ 是合适的。在 $N=1$ 即采用真实的牛顿法的情况下,控制系统解算时间占总计算时间的比重较大,约占到总计算时间的 70%～80%,这主要是因为分布式电源与控制器同在控制系统中建模求解,导致控制系统的计算规模较大,同时牛顿法迭代过程也比电气系统中的线性方程组的求解更为费时,所以有效地减少控制系统的计算时间是提高整个仿真过程计算时间的关键,采用伪牛顿法是加快控制系统计算速度的有效方法之一。

4. 电气系统与控制系统并行计算策略验证

算例系统基本情况和上文一致,图 5.51 比较了 TSDG 串行程序与采用并行策略后的仿真结果,仿真步长均为 5μs,仿真时间 1.0s,为了便于观察与绘图,图中仅给出了前 0.5s 的仿真结果,图中实线是串行程序的计算结果,虚线则为并行程序的仿真结果。

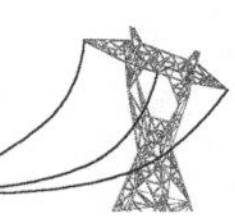

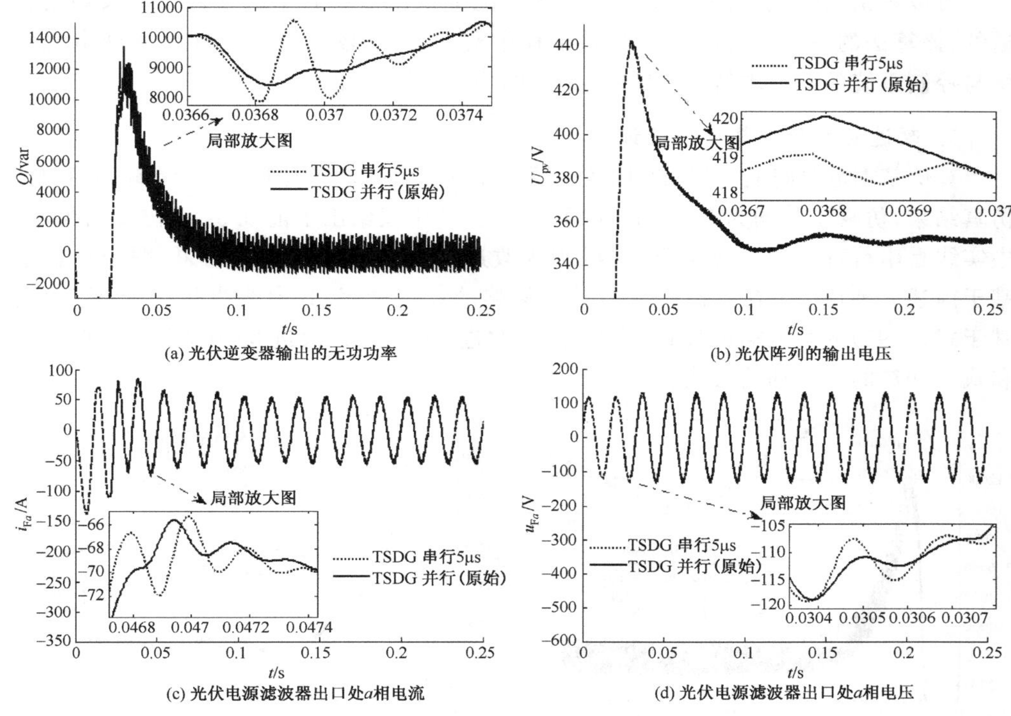

图 5.51　串行与并行计算策略仿真结果比较

从图 5.51 中可以看出，串行程序的仿真结果与并行程序的结果基本是一致的，但在一些波形的局部放大图中，并行程序的计算精度不如串行程序，部分局部暂态特征没有较好的反应，这是由于控制系统解算时电气系统输出量的时延造成的。

表 5.11 给出了分别采用串行与并行计算策略的仿真计算时间比较。在此基础上进一步应用 $N=8$ 的伪牛顿法，可以较大幅度地提高程序的计算速度，其中计算速度的提高都是相对于串行程序而言的。程序仿真时间的测试环境与上文相同。

表 5.11　串行与并行计算策略仿真计算时间比较(仿真时间:1s)

求解方法	步　长				
	1μs	5μs	10μs	20μs	50μs
串行策略	715.37s	188.58s	96.40s	52.02s	25.09s
并行策略	**662.06s**	**172.25s**	**89.96s**	**47.56s**	**22.28s**
速度提高比例	**8.05%**	**9.48%**	**7.16%**	**9.38%**	**12.61%**
并行＋伪牛顿	**397.50s**	**90.21s**	**50.99s**	**28.14s**	**15.57s**
速度提高比例	**79.97%**	**109.05%**	**89.06%**	**84.86%**	**61.14%**

可以看出，在对仿真精度要求不高的情况下采用前文介绍的并行计算策略是合适的，该算法的最大特点在于它极易于程序实现，仅需较少的改动即可实现电气系统与控制系统的并行求解，并加快了程序的仿真计算速度。

5. 改进的并行计算策略验证

算例基本情况同上，图 5.52 比较了原始并行计算策略与改进的并行策略的 TSDG 仿真结果，仿真步长均为 5μs，仿真时间 1.0s。图中仅给出了前 0.5s 的仿真结果，其中实线是串行程序的计算结果，虚线则为改进前并行程序的仿真结果，图中比较了基于前述 3 种插值方法的改进并行计算策略的计算精度，其中曲线并行(改进 1)是基于式(5.95)的两点插值公式，曲线并行(改进 2)和并行(改进 3)则是基于式(5.96)和式(5.97)的三点插值公式。

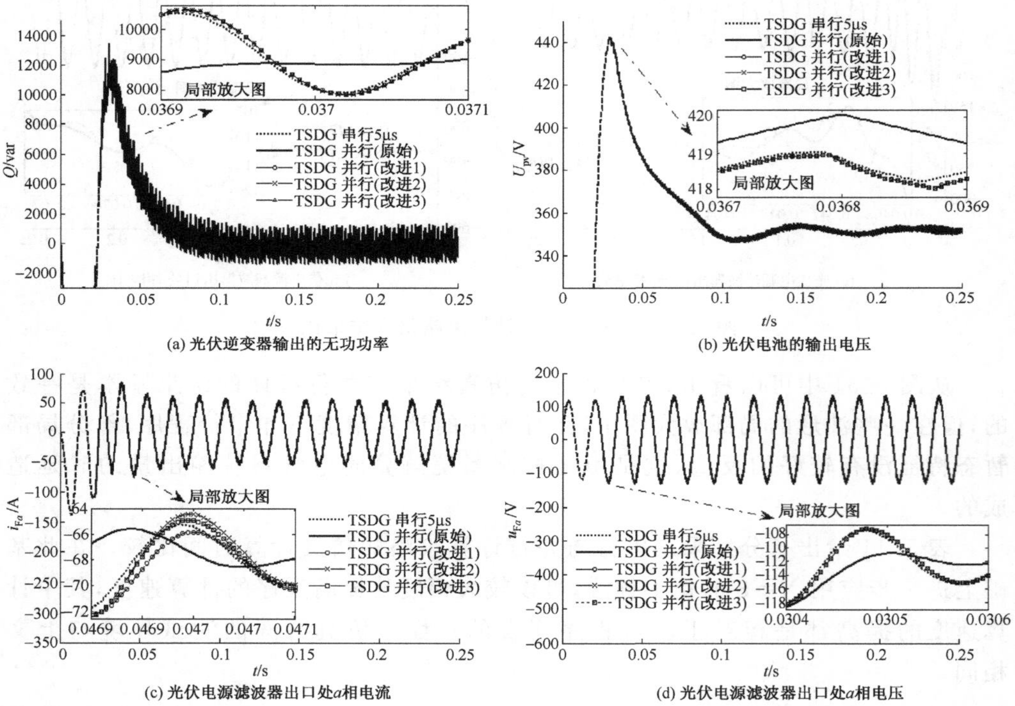

(a) 光伏逆变器输出的无功功率

(b) 光伏电池的输出电压

(c) 光伏电源滤波器出口处a相电流

(d) 光伏电源滤波器出口处a相电压

图 5.52　改进的并行计算策略仿真结果比较

从图 5.52 可以看出，采用改进的电气系统与控制系统并行求解策略后，TSDG 的仿真计算精度有了明显的提高，无论是对接口处的电气量采用何种预测方法，仿真结果的计算精度相对于改进前的结果都得到了明显的改善，可以认为改进后的并行算法基本上可以达到串行程序的计算精度，验证了前文提出的改进的并行算法的有效性。

6. 控制系统并行计算策略性能测试

算例基本情况同上。这里进一步验证利用分布式电源及控制器间的自然解耦特性对控制系统的雅可比矩阵进行降维并实现并行求解策略。表 5.12 给出了利用自然解耦特性实现控制系统并行求解的仿真时间比较。程序仿真时间的测试环境与前文相同。

表 5.12 利用自然解耦特性实现控制系统并行求解的仿真时间比较(仿真时间:1s)

求解方法	步长				
	1μs	5μs	10μs	20μs	50μs
串行策略	715.37s	188.58s	96.40s	52.02s	25.09s
并行策略	662.06s	172.25s	89.96s	47.56s	22.28s
并行+自然解耦	**482.93s**	**105.62s**	**54.75s**	**29.35s**	**13.87s**
速度提高比例	**48.13%**	**78.55%**	**76.07%**	**77.24%**	**80.89%**
并行+自然解耦+伪牛顿	**218.55s**	**50.24s**	**28.69s**	**17.15s**	**10.18s**
速度提高比例	**227.33%**	**275.36%**	**236.01%**	**203.32%**	**146.46%**

从表 5.12 可以看出,在实现电气系统与控制系统并行求解的基础上,利用分布式电源及控制器间的自然解耦特性,实现控制系统的并行求解策略可以进一步减少程序的计算时间,对于本算例,光伏阵列及并网逆变器控制均是在控制系统中建模并自然解耦的,再考虑电气系统的求解可分别绑定 3 个线程分别进行求解,这里所用的测试环境正好允许各线程占用不同的处理器资源实现并行求解,而对于系统分区数大于处理器个数的情况则需要部分线程等待处理器的计算资源。同样的,在此基础上应用 $N=8$ 的伪牛顿法可进一步提高仿真程序的计算速度,最快可以实现相对于串行程序 2 倍以上的计算速度提高。

5.7 电力电子装置典型模型适应性分析

5.7.1 模型典型描述形式

在微电网中存在大量的电力电子装置,其仿真精度和速度对整个微电网的暂态仿真影响很大。针对不同的研究目的和应用场合,对电力电子装置的建模要求也不尽相同,选取简繁适当的数学模型对系统仿真效率的改善十分重要。电力电子装置建模方法通常分为两种[95,96]:①拓扑建模法。该方法强调了开关器件建模的个体性和换流装置建模的组合性,首先将开关个体在器件级或是系统级的层面上等效表示,以此为基础按照各种换流装置的实际电路拓扑结构组合完成装置建模。虽然该方法使电力电子装置模型的复杂程度将随开关数的增加呈指数级增长,不易形成统一的表达式,但是可以得到装置内部的电气信息,在物理意义上更贴近于实际系统,

而且可以采用开关器件模型组合描述任何形式的电力电子装置，具有很强的通用性和一般性；②输出建模法。该方法针对电力电子装置整体，忽略开关器件个体的暂态过程，将电力电子装置看作一个多端口网络，根据输入输出特性进行模块化的等效建模。这种建模方法相对简单，通常将电力电子装置等效为电流源或电压源以及阻抗的组合，在保证换流装置对外等效的同时大大降低了仿真系统规模。但是这种方法忽略了装置的内部信息，无法进行内部特性的分析，而且模型的灵活性和适用范围都有所降低，对于各种电力电子装置都需要进行独立建模，通用性较差。

考虑到可控电压型逆变器存在详细模型、开关函数模型和平均值模型三种形式，且在微电网中应用较为普遍。不失一般性，本节以可控电压型逆变器为例对模型在电磁暂态仿真中的适应性加以分析。

1. 详细模型

详细模型是拓扑建模法的一种实现形式，是在对电力电子开关器件独立建模基础上，利用实际的拓扑连接关系对电力电子装置的建模。

利用详细模型对电力电子装置进行建模时，需要先对每个电力电子开关器件（包括二极管、晶闸管、IGBT 等）进行单独建模，在此基础上按照各种换流装置的实际拓扑电路结构组合完成装置建模。该方法计及了所有开关的开关动作状态，各个开关状态仅由其自身的电压电流和控制信号决定。按建模详细程度，开关器件模型通常分为器件级和系统级：器件级模型可以精确地反映器件本身物理特性和参数对其工作特性和开关过程的影响，但是比较复杂，模型参数不易获得，适用于功率器件的设计和研究；系统级模型用较简单的等效电路表征电力电子开关器件的端点变量，常用理想开关模型和双电阻模型。对于微电网暂态仿真而言，系统级模型能够满足大多数情况下的仿真要求[97]，本节所采用详细模型中的开关器件就是采用双电阻模型。

采用双电阻模型对逆变器进行详细建模，如图 5.53 所示，开关闭合时采用小电阻来表示，模拟短路状态，开关打开时采用大电阻来表示，模拟开路状态。

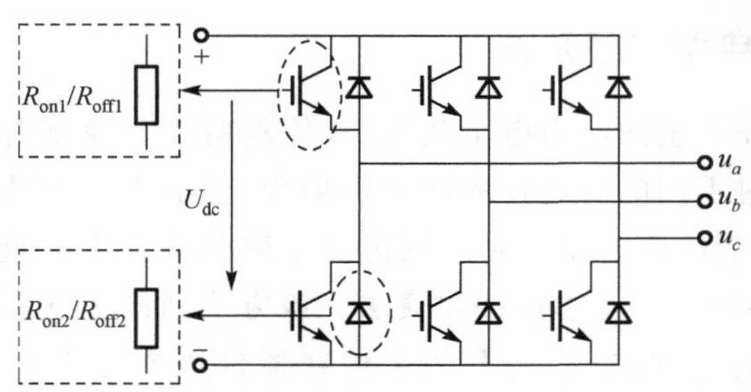

图 5.53　可控逆变器的详细模型

正如图 5.53 所示，逆变器的建模是在每个独立的电力电子开关器件模型的基础上，通过实际电路拓扑结构进行组合而成，所以采用详细模型可以对任意拓扑结构的电力电子装置进行建模，具有较好的通用性，这也是拓扑建模法的优点之一。但采用详细模型会导致仿真时间过长，占用存储资源，也可能存在收敛问题[98,99]，尤其对于含有大量电力电子装置的微电网进行仿真，这些问题就显得更为明显。

2. 开关函数模型

输出建模法利用多端口网络对电力电子装置进行建模，忽略内部具体拓扑结构，该方法可以避免使用详细模型而产生的仿真速度慢和收敛性问题，开关函数模型(switching-function model，SFM)和平均值模型(average-value model，AVM)都属于此类方法。和拓扑建模法相比，两者最大的区别在于拓扑建模法是将电力电子装置中的开关器件作为最小单元进行建模，而输出建模法将电力电子装置作为最小单元进行建模。

开关函数建模法根据电力电子装置的物理特性和主电路拓扑结构，列出其基本方程，并引入开关函数，通过求解这些电路约束方程，实现电力电子装置的建模。

这里采用文献[100]、[101]中的逆变器开关函数模型。在同一时刻，假定逆变器每相中只有一个开关器件导通，定义三相桥臂开关函数 $s_k(k=a,b,c)$，当上桥臂开关闭合时取值为 1，断开时取值为 0，此时三相电压型 PWM 逆变器的拓扑结构如图 5.54 所示。

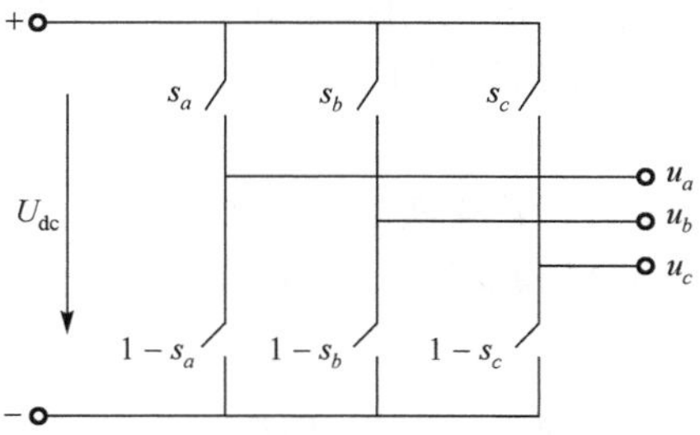

图 5.54　逆变器电路简化拓扑结构

根据该电路拓扑结构可得到逆变器交流侧线电压与直流电压 U_{dc} 的关系为

$$\begin{bmatrix} u_{ab} \\ u_{bc} \\ u_{ca} \end{bmatrix} = \begin{bmatrix} s_a - s_b \\ s_b - s_c \\ s_c - s_a \end{bmatrix} U_{dc} \tag{5.98}$$

式中，u_{ab} 表示逆变器 a 相和 b 相之间的线电压，数值上等于 $u_a - u_b$，其他与此相似。

利用拓扑建模法进行建模时，通常忽略电力电子开关器件的导通和关断过程，视为理想情况处理，不计功率损耗，则逆变器直流侧输入电流 I_{dc} 可以通过能量守恒计算得到，如式(5.99)所示：

$$I_{dc} = P_{ac}/U_{dc} = (u_{ab}i_a - u_{bc}i_c)/U_{dc} \tag{5.99}$$

式中，P_{ac}表示交流侧功率。

结合式(5.98)、式(5.99)和图5.55所示的基于输出建模法的逆变器模型结构图，就可以实现可控逆变器的开关函数模型建模。在图5.55中，虚线框表示一个多端口网络，该多端口网络由两个可控电压源和一个可控电流源组成，由开关函数模型对应的数学计算模块输出决定其参数，另外还包含一个电压测量环节和两个电流测量环节，作为开关函数模型对应的数学计算模块的输入。

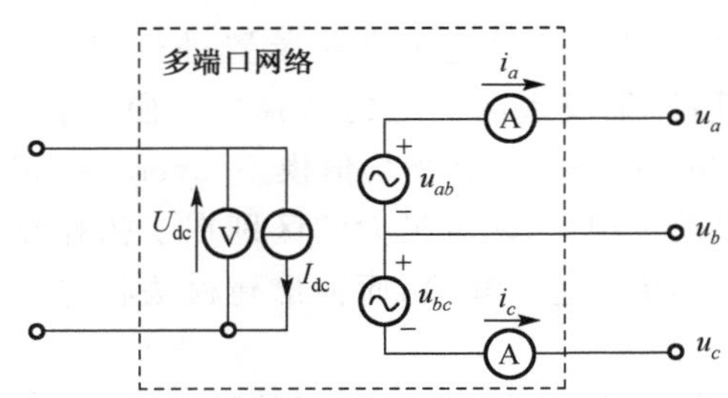

图5.55　基于输出建模法的逆变器模型结构图

开关函数模型采用输出建模法对电力电子装置进行建模，将电力电子装置当作黑箱考虑，此时不再具有开关器件的实际物理意义，也就不能使用开关函数模型进行内部开关的电压电流特性分析。值得一提的是，因为开关函数模型是通过电力电子装置的拓扑关系获得，相互之间是瞬时值关系，所以要求电力电子装置中不存在电感电容等寄生元件，也就是说，Boost、Buck等电路不存在开关函数模型，这也是本节在研究详细模型、开关函数模型以及平均值模型的适应性时采用可控逆变器的原因之一。

这里利用开关函数模型进行建模实现时仍然保留了原有的脉宽调制环节，也可以根据仿真需要考虑对SPWM模块进行化简[102]。

3. 平均值模型

平均值模型是通过开关周期平均运算，用变量在开关周期内的平均值代替其实际值。平均值模型运算的定义如下：

$$\bar{x}(t) = \frac{1}{T_s}\int_t^{t+T_s} x(\tau)\mathrm{d}\tau \tag{5.100}$$

式中，T_s表示开关周期；$\bar{x}(t)$表示变量$x(t)$在开关周期T_s内的平均值。当对换流装置电压、电流等进行平均值模型运算时，原信号的直流和低频部分将被保留，忽略了高频分量。

平均值模型根据简化程度不同具有多种形式，这里采用文献[103]中的平均值模型。文献[103]中的逆变器平均值模型和前文的开关函数模型近似，具有相同的模型结构图，只是可控电压源和电流源的求解计算式存在区别。平均值模型中逆变器交流侧线电压与直流电压U_{dc}的关系如下所示：

$$\begin{bmatrix} u_{ab} \\ u_{bc} \\ u_{ca} \end{bmatrix} = \frac{U_{dc}}{2} \begin{bmatrix} u_{PWMa} - u_{PWMb} \\ u_{PWMb} - u_{PWMc} \\ u_{PWMc} - u_{PWMa} \end{bmatrix} \tag{5.101}$$

式中，u_{PWMa}表示控制系统输出的 a 相调制信号，其他与此相似。逆变器直流侧输入电流的计算和平均值函数模型相同，如式(5.99)所示。

结合式(5.101)、式(5.99)和图 5.55 的逆变器模型结构图，就可以实现可控逆变器的平均值模型建模。

在分布式发电系统仿真中，控制系统对电力电子装置的控制主要包含以下环节：控制系统生成调制信号，调制信号经过 PWM 模块调制产生开关信号，开关信号接入电力电子装置，如图 5.56 所示。

图 5.56　电力电子装置控制示意图

在对整个系统进行详细建模时，控制系统、PWM 模块和电力电子部分全部采用详细模型；在利用开关函数模型进行简化建模时，电力电子部分采用开关函数模型，PWM 模块也可以进行适当化简，但是这两部分的模型仍然是相对独立的；在利用平均值模型进行简化建模时，将 PWM 模块和电力电子部分同时进行了化简。

根据香农定理，采样频率至少要 2 倍于载波频率才能满足采样要求，所以 PWM 模块中的载波频率直接限制了整个系统的仿真步长。在采用详细模型和开关函数模型进行仿真时，系统中存在 PWM 模块，仿真步长受限于 PWM 发生器的载波频率；而采用平均值模型进行仿真时，不含有 PWM 模块，仿真步长不受载波频率限制，可以采用较大的步长来对整个系统进行仿真，只需要保证该步长满足系统最小时间常数的要求。

5.7.2　模型适应性分析

为了避免不必要环节对仿真研究的影响，这里采用直流电压源通过逆变器直接并网算例，对其进行仿真研究，系统结构如图 5.57 所示，控制策略采用直接功率控制[88,104]，控制目标为有功功率 40kW，无功功率为 5kvar，载波频率为 1kHz。研究假设该系统 1s 时发生 c 相接地故障，故障点为线路中点处，持续时间 0.1s，分别利用详细模型、开关函数模型和平均值模型进行仿真。

1. 步长为 10μs 的仿真结果

本场景研究的主要目的是根据三种模型的仿真结果分析其适用范围，取暂态仿真步长为 10μs，所得仿真结果如图 5.58 所示，图中，detailed 表示详细模型。

由于该系统并网运行，并网逆变器输出电压受电网电压约束，基本不会发生变

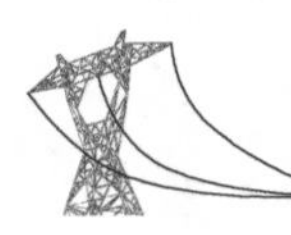

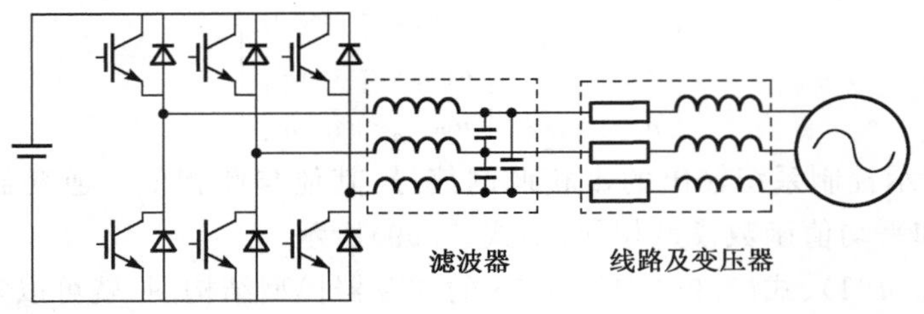

图 5.57　直流电压源并网运行系统结构

化或变化很小，这里没有给出非故障相的输出电压仿真结果。从图 5.58 的仿真结果可以看出，在 10μs 步长下采用详细模型和开关函数模型所得仿真结果几乎完全吻合，与采用平均值模型进行仿真得到的结果相比，前者围绕后者小幅振荡，这也正体现了平均值模型基本不含高频谐波的平均值特性。三种模型所得仿真结果中差别最明显的是逆变器出口输出电压波形，这是由于采用详细模型和开关函数模型得到的逆变器出口输出电压含有较多未经过滤波的高频分量，而采用平均值模型进行仿真则基本不含高频分量。

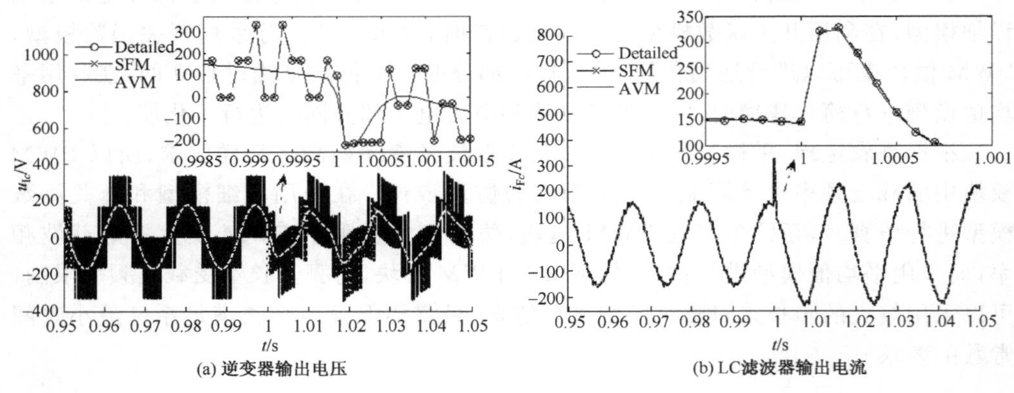

图 5.58　三种模型在 10μs 步长下的仿真结果

Detailed：详细模型，SFM：开关模型，AVM：平均值模型

2. 采用详细模型在不同步长下的仿真结果

本场景主要目的是测试在不同仿真步长下详细模型的精度，步长分别取 10μs、25μs、100μs、250μs，仿真结果如图 5.59 所示。

从图 5.59 的仿真结果可以看出，故障发生后 c 相电压骤降至 0 左右，相电流幅值增大。10μs 步长、25μs 步长、100μs 步长的仿真结果有较好的一致性，在局部放大图中也无明显差异。而步长继续增大到 250μs 时可明显看到仿真波形与小步长相比略有滞后，存在明显差别，可知 250μs 步长仿真结果偏差较大。

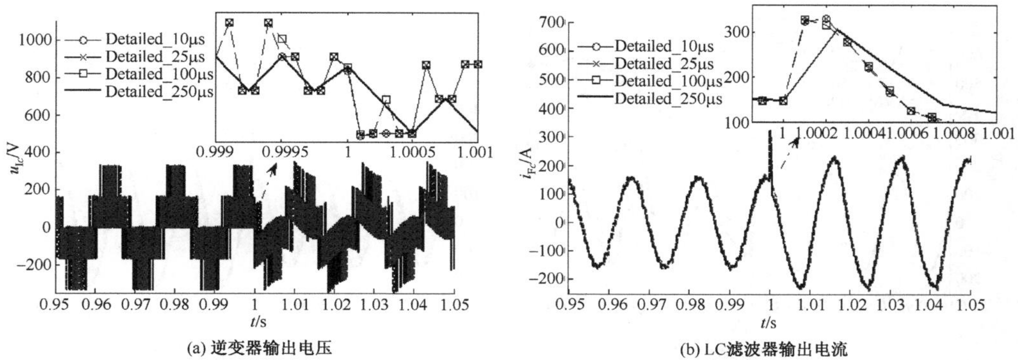

图 5.59　采用详细模型在不同步长下的仿真结果

3. 采用开关函数模型在不同步长下的仿真结果

本场景主要目的是测试开关函数模型在不同仿真步长下的精度，步长分别取10μs、25μs、100μs、250μs，仿真结果如图 5.60 所示。

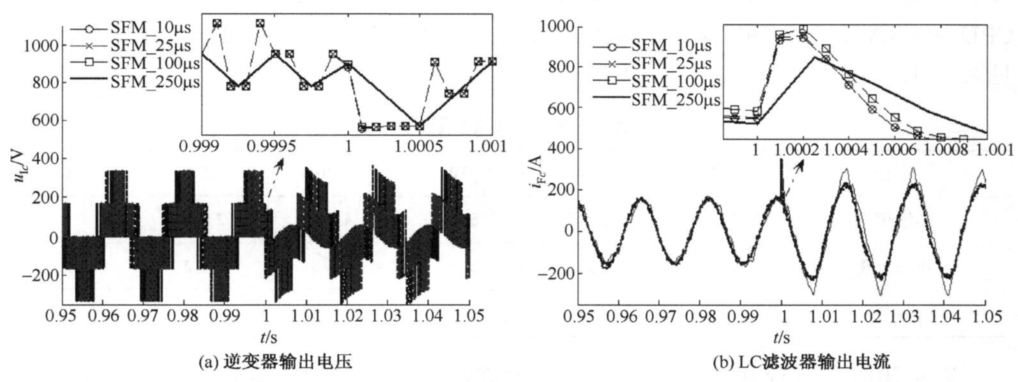

图 5.60　采用开关函数模型在不同步长下的仿真结果

从图 5.60 的仿真结果可以看出，采用开关函数模型后 10μs、50μs 和 100μs 步长的仿真结果与基准结果有较好的一致性，在局部放大图中也无明显差异，而步长继续增大到 250μs 后，逆变器输出电压波形出现滞后，故障期间电流波形振幅偏大，由此可知 250μs 步长下开关函数模型有较大偏差。

4. 采用平均值模型在不同步长下的仿真结果

本场景主要目的是测试平均值模型在不同仿真步长下的精度，步长分别取10μs、25μs、250μs、1000μs，仿真结果如图 5.61 所示。

由图 5.61 可知，10μs、25μs 和 250μs 步长的仿真结果吻合较好，1000μs 步长的仿真结果与小步长相比有较大差异，且步长越大波形中的延迟就越明显。

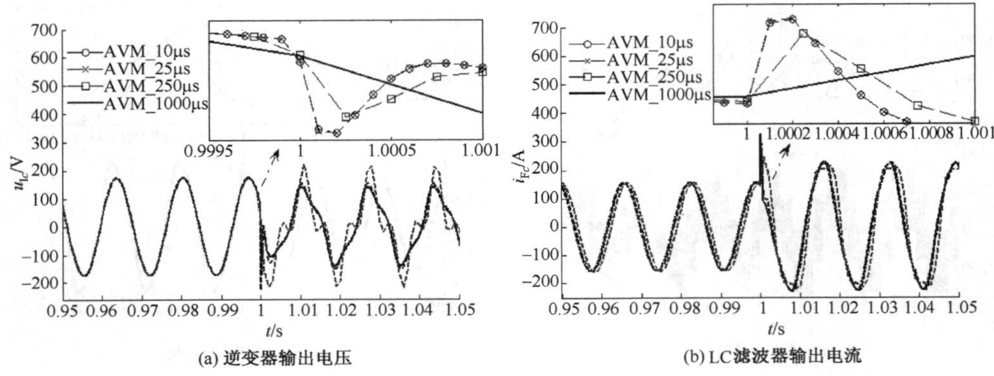

(a) 逆变器输出电压　　(b) LC滤波器输出电流

图 5.61　采用平均值模型在不同仿真步长下的仿真结果

5. 计算效率和数值稳定性分析

为了分析详细模型、开关函数模型和平均值模型对仿真计算量的影响,对上述场景的仿真时间进行了测试。测试硬件平台配置为 Intel Core Quad Q8400 2.66GHz CPU,2G RAM 的 PC 机,操作系统为 Windows 7,仿真软件为 PSCAD 4.2.1,仿真时间见表 5.13。

表 5.13　仿真时间分析　　(单位:s)

步长	1	10	50	100	250	500
详细模型	67.39	9.97	5.05	4.38	**2.61**	
开关模型	56.20	7.82	3.38	2.73	**1.22**	
平均值模型	56.24	7.83	3.31	2.83	1.16	0.67

表中用深色背景并加粗显示部分表示该步长下得到的仿真波形已经存在明显偏差,在实际仿真中不能使用该步长或更大的步长进行仿真。从该表可获得下述结论:

(1)计算效率:在采用同样的步长下,开关函数模型和平均值模型的仿真时间基本相同,这是由于两者模型区别不大,在仿真过程中所需时间也就类似,这两种模型所需仿真时间都比详细模型要少,并且随着步长增大,仿真速度提高率也增大;

(2)数值稳定性:受到载波频率的限制,详细模型和开关函数模型允许步长范围相同,并且都相对较小,平均值模型不受载波频率的限制,可以采用较大步长进行仿真。

在算例典型仿真环境下,采用详细模型和开关函数模型进行仿真可以得到几乎一致的仿真结果,而采用平均值模型得到的结果差别较大,主要原因是平均值模型基本不含高频分量。在需要对电力电子装置内部特性进行分析的情况下,如进行电力电子装置硬件设计、保护设计以及内部详细暂态特性研究时,只能采用包含具体

拓扑结构的详细模型；在研究整个系统的暂态过电压或电能质量等系统问题时，只需要考虑电力电子装置整体的对外输出特性，这时可以采用开关函数模型代替详细模型进行仿真，可以获得更高的仿真效率；平均值模型基本不含高频分量，并不适合详细的暂态研究，如暂态过电压、谐波分析和保护整定等，但是它不受 PWM 载波频率制约，在大步长下进行快速仿真具备优势，因此平均值模型更适于进行控制策略验证和稳定性分析等仿真研究。

另外值得一提的是，除常用拓扑结构的整流器和逆变器之外，其他电力电子换流装置并非一定具有开关函数模型和平均值模型，譬如 Boost 电路只有平均值模型，而没有开关函数模型，详细模型则可以实现任意拓扑结构的电力电子换流装置建模。

参考文献

[1]Karimi H, Davison E J, Iravani R. Multivariable servomechanism controller for autonomous operation of a distributed generation unit: Design and performance evaluation[J]. IEEE Transactions on Power Systems, 2010, 25(2): 853-865.

[2]Stewart E M, Tumilty R, Fletcher J, et al. Analysis of a distributed grid-connected fuel cell during fault conditions[J]. IEEE Transactions on Power Systems, 2010, 25(1): 497-505.

[3]Ramtharan G, Arulampalam A, Ekanayake J B, et al. Fault ride through of fully rated converter wind turbines with AC and DC transmission[J]. IET Renewable Power Generation, 2009, 3(4): 426-438.

[4]John V, Ye Z, Kolwalkar A, et al. Investigation of anti-islanding protection of power converter based distributed generators using frequency domain analysis[J]. IEEE Transactions on Power Electronics, 2004, 19(5): 1177-1183.

[5]Gauchia L, Sanz J. A per-unit hardware-in-the-loop simulation of a fuel cell/battery hybrid energy system[J]. IEEE Transactions on Industrial Electronics, 2010, 57(4): 1186-1194.

[6]Mahseredjian J, Dinavahi V, Martinez J A. Simulation tools for electromagnetic transients in power system: Overview and challenges[J]. IEEE Transactions on Power Delivery, 2009, 24(3): 1657-1669.

[7]Wasynczuk O, Sudhoff S D. Automated state model generation algorithm for power circuits and systems[J]. IEEE Transactions on Power Systems, 1996, 11(4): 1951-1956.

[8]张伯明，陈寿孙. 高等电力网络分析[M]. 北京：清华大学出版社，1996.

[9]Dommel H W. 电力系统电磁暂态计算理论[M]. 北京：水利电力出版社，1991.

[10]Manitoba HVDC Research Center Inc. EMTDC User's Guid[M]. Manitoba, 2004.

[11]MicroTran Power System Analysis Corporation. MicroTran Reference Manual[M]. Vancouver, 2004.

[12]Louie K W, Wang A, Wilson P, et al. Discussion on the initialization of the EMTP-type pro-

grams[C]. Proceedings of the 2005 Canadian Conference on Electrical and Computer Engineering, Saskatoon,2005:1962-1965.

[13]王守相,黄丽娟,王成山,等.分布式发电系统的不平衡三相潮流计算[J].电力自动化设备,2007,27(8):11-15.

[14]Kundur P.电力系统稳定与控制[M].北京:中国电力出版社,2002.

[15]Kersting W H. Distribution System Modeling and Analysis[M]. Boca Raton:CRC Press,2002.

[16]李鹏.配电系统建模与电磁暂态仿真[D].天津:天津大学,2007.

[17]黎小林,黄莹,谢施君,等.基于PSCAD/EMTDC的锁相环建模与性能分析[J].南方电网技术,2008,2(4):42-46.

[18]韩民晓,刘海军.基于EMTDC的三相锁相环仿真及精度的提高[J].华北电力大学学报,2008,35(6):32-38.

[19]Guda S R,Wang C,Nehrir M H. Modeling of microturbine power generation systems[J]. Electric Power Components and Systems,2006,34(9):1027-1041.

[20]Gaonkar D N,Pillai G N,Patel R N. Dynamic performance of microturbine generation system connected to a grid[J]. Electric Power Components and Systems,2008,36(10):1031-1047.

[21]Hsieh M F,Hsu Y C. A generalized magnetic circuit modeling approach for design of surface permanent-magnet machines[J]. IEEE Transactions on Industial Electronics,2012,59(2):779-792.

[22]Yilmaz M,Krein P T. Capabilities of finite element analysis and magnetic equivalent circuits for electrical machine analysis and design[C]. Proceedings of Power Electronics Specialists Conference, Rhodes,2008:4027-4033.

[23]Kim D W,Jung H K,Hahn S Y. Equivalent circuit modeling for transient analysis of induction motors with three dimensional finite element analysis[C]. Proceedings of Electric Machines and Drives,Seattle,1999:201-203.

[24]Wu Z,Ojo O. Coupled-circuit-model simulation and air gap-field calculation of a dual-stator-winding induction machine[J]. IEEE Transactions on Electric Power Applications,2006,153(3):387-400.

[25]倪以信,陈寿孙,张宝霖.动态电力系统的理论和分析[M].北京:清华大学出版社,2002.

[26]陈珩.同步电机运行基本理论与计算机算法[M].北京:水利电力出版社.1992.

[27]李光琦.电力系统暂态分析[M].北京:中国电力出版社,1993.

[28]Gross G,Hall M C. Synchronous machine and torsional dynamics simulation in the computation of electromagnetic transients[J]. IEEE Transactions on Power Apparatus and Systems,1978,PAS-97(4):1074-1086.

[29]Tinney W F. Compensation methods for network solutions by triangular factorization[J]. IEEE Transactions on Power Apparatus and Systems,1972,PAS-91(1):123-127.

[30]Neville W,Jos A. Power System Electromagnetic Transients Simulation[M].北京:水利电力出版社,1991.

[31]Mahseredjian J,Dennetiere S,Dube L,et al. On a new approach for the simulation of transients in power systems[C]. Proceedings of the 2005 International Conference on Power Systems Transients,Montreal,2005:1-6.

[32]Mahseredjian J, Dube L, Zou M, et al. Simultaneous solution of control system equations in EMTP[J]. IEEE Transactions on Power Systems, 2006, 21(1): 117-124.

[33]Subramaniam P, Malik O P. Digital simulation of synchronous generator in direct-phase quantities[J]. Electrical Engineerings, 1971, 118 (l): 153-160.

[34]Rafian M, Laughton M A. Determination of synchronous machine phase-co-ordinate parameters [J]. Electrical Engineerings, 1976, 123(8): 818-824.

[35]Abdel-Halim M A, Manning C D. Direct phase modelling of synchronous generators[J]. IEEE Transactions on Electric Power Applications, 1990, 137(4): 239-247.

[36]Megahed A I, Malik O P. Simulation of internal faults in synchronous generators[J]. IEEE Transactions on Energy Conversion, 1999, 14(4): 1306-1311.

[37]Megahed A I, Malik O P. Synchronous generator internal fault computation and experimental verification[J]. Generation, Transmission & Distribution, 1998, 145(5): 604-610.

[38]Smith I R, Snider L A. Prediction of transient performance of isolated saturated synchronous generator[J]. Electrical Engineerings, 1972, 119(9): 1309-1118.

[39]Marti J R, Louie K W. A phase-domain synchronous generator model including saturation effects[J]. IEEE Transactions on Power Systems, 1997, 12(1): 222-229.

[40]Chan K H, Acha E, Madrigal M, et al. The use of direct time-phase domain synchronous generator model in standard EMTP-type industrial packages[J]. IEEE Transactions on Power Engineering Review, 2001, 21(6): 63-65.

[41]Marti J R, Linares L R. Real-time EMTP-based transients simulation[J]. IEEE Transactions on Power Systems, 1994, 9(3): 1309-1307.

[42]Marti J R, Myers T O. Phase-Domain Induction Motor Model for Power System Simulators [C]. Proceedings of WESCANEX 95 Communications, Power, and Computing. Conference, Winnipeg, 1995: 276-282.

[43]Paul C K, Oleg W, Scott D S. Analysis of Electric Machinery and Drive Systems[M]. USA: John Wiley & Sons Inc, 2002.

[44]Pekarek S D, Wasynczuk O, Hegner H J. An efficient and accurate model for the simulation and analysis of synchronous machine converter systems[J]. IEEE Transactions on Energy Conversion, 1998, 13(1): 42-48.

[45]Pekarek S D, Walters E A, Kuhn B T. An efficient and accurate method of representing magnetic saturation in physical-variable models of synchronous machines[J]. IEEE Transactions on Energy Conversion, 1999, 14(1): 72-79.

[46]Pekarek S D, Walters E A. An accurate method of neglecting dynamic saliency of synchronous machines in power electronic based systems[J]. IEEE Transactions on Energy Conversion, 1999, 14(4): 1117-1183.

[47]Wang L W, Jatskevich J. A voltage-behind-reactance synchronous machine model for the EMTP-type solution[J]. IEEE Transactions on Power Systems, 2006, 21(4): 1539-1549.

[48]Wang L W, Jatskevich J. Modeling of induction machines using a voltage-behind-reactance formulation[C]. Proceedings of Power & Energy Society General Meeting, Calgary, 2009: 1-3.

[49]Wang L W, Jatskevich J, Wang C S, et al. A voltage-behind-reactance induction machine model

for the EMTP-type solution[J]. IEEE Transactions on Power Systems, 2008, 23(3): 1226-1238.

[50]Wang L W, Jatskevich J. Including magnetic saturation in voltage-behind-reactance induction machine model for EMTP-type solution[J]. IEEE Transactions on Power Systems, 2010, 25(2): 975-987.

[51]Pekarek S D, Wasynczuk O, Walters E A, et al. An efficient multirate Simulation technique for power-electronic-based systems[J]. IEEE Transactions on Power Systems, 2004, 19(1): 399-409.

[52]Vilchis-Rodriguez D S, Acha E. A synchronous generator internal fault model based on the voltage-behind-reactance representation[J]. IEEE Transactions on Energy Conversion, 2009, 24(4): 184-194.

[53]Zhu W D, Pekarek S, Jatskevich J, et al. A model-in-the-loop interface to emulate source dynamics in a zonal DC distribution system[J]. IEEE Transactions on Power Electronics, 2005, 20(2): 438-445.

[54]Watson N, Arrillaga J. Power Systems Electromagnetic Transients Simulation[M]. London: The Institution of Electrical Engineers, 2003.

[55]Kuffel P, Kent K, Irwin G. The implementation and effectiveness of linear interpolation within digital simulation[J]. Electrical Power and Energy System, 1997, 19(4): 221-227.

[56]Marti J R, Lin J. Suppression of numerical oscillations in the EMTP[J]. IEEE Transactions on Power Systems, 1989, 4(2): 739-747.

[57]Lin J M, Marti J R. Implementation of the CDA procedure in the EMTP[J]. IEEE Transactions on Power Systems, 1990, 5(2): 394-402.

[58]Sana A, Mahseredjian J, Dai-Do X, et al. Treatment of discontinuities in time-domain simulation of switched networks[J]. Mathematics and Computers in Simulation, 1995, 38(4-6): 377-387.

[59]LIN J M. Elimination of undemonstrable phenomena in the EMTP[C]. Proceedings of the 1998 International Conference on Power System Technology, Beijing, 1998, 2: 895-899.

[60]林集明，陈珍珍. 电力电子和 FACTS 装置数字仿真软件包的研究与开发[J]. 中国电力，2004，37(1): 33-37.

[61]周孝信，郭剑波，林集明，等. 电力系统可控串联电容补偿[M]. 北京：科学出版社，2009.

[62]Irwin G D, Woodford D A, Gole A. Precision simulation of PWM controllers[C]. Proceedings of the 2001 International Conference on Power System Transients, Rio de Janeiro, 2001: 161-165.

[63]Kuffel P, Kent K, Irwin G. The implementation and effectiveness of linear interpolation within digital simulation[J]. Electrical Power and Energy System, 1997, 19(4): 221-227.

[64]Zou M, Mahseredjian J, Joos G, et al. Interpolation and reinitialization in time-domain simulation of power electronics circuits[J]. Electric Power Systems Research, 2006, 76(8): 688-694.

[65]Kulicke B. Simulations programm NETOMAC: Differenzleitwertverfahren bei kontinuierlichen und diskontinuierlichen systemen[J]. Siemens Forshungs-und Entwicklungsberichte, 1981, 10(5): 299-302.

[66]Faruque M, Dinavahi V, Xu W. Algorithms for the accounting of multiple switching events in digital simulation of power-electronic systems[J]. IEEE Transactions on Power Delivery, 2005,

20(2):1157-1167.

[67]Allmeling J, Hammer W. PLECS-Piece-wise linear electrical circuit simulation for Simulink[C]. Proceedings of the IEEE 1999 International Conference on Power Electronics and Drive Systems, Hong Kong, 1999, 1:355-360.

[68]王锡凡,方万良,杜正春.现代电力系统分析[M].北京:科学出版社,2003.

[69]诸骏伟.电力系统分析(上册)[M].北京:中国电力出版社,1995.

[70]王丹,王成山.基于数值微分法求导的分布式发电系统仿真算法[J].电力系统自动化,2009,33(17):1-5.

[71]Jiang Q Y, Geng G C, Guo C X, et al. An efficient implementation of automatic differentiation in interior point optimal power flow[J]. IEEE Transactions on Power Systems, 2010, 25(1): 147-155.

[72]Ibsais A, Ajjarapu V. The role of automatic differentiation in power system analysis[J]. IEEE Transactions on Power Systems, 1997, 12(2):592-597.

[73]Jerosolimski M, Levacher L. A new method for fast calculation of Jacobian matrices: Automatic differentiation for power system simulation[J]. IEEE Transactions on Power Systems, 1994, 9(2):700-706.

[74]Campbell S L, Moore E, Zhong Y. Utilization of automatic differentiation in control algorithms[J]. IEEE Transactions on Automatic Control, 1994, 39(5):1047-1052.

[75]颜力,陈小前,王振国.飞行器MDO中灵敏度计算的自动微分方法[J].国防科技大学学报,2006,28(2):13-16.

[76]Bischof C H, Roh L, Mauer-Oats A J. ADIC: An extensible automatic differentiation tool for ANSI-C[J]. Software-Practice and Experience, 1997, 27(12):1427-1456.

[77]Utke J. OpenAD: Algorithm Implementation User Guide[M]. Chicago: Mathematics and Computer Science Division, Argonne National Laboratory, 2004.

[78]Straka C W. ADF95: Tool for automatic differentiation of a Fort ran code designed for large numbers of independent variables[J]. Computer Physics Communications, 2005, 168(2): 123-139.

[79]Griewank A, Juedes D, Utke J. Algorithm 755: ADOL-C: A package for the automatic differentiation of algorithms written in C/C++[J]. ACM Transactions on Mathematical Software, 1996, 22(2):131-167.

[80]Bell B M. CppAD: A package for differentiation of C++ algorithms[Z]. http://www.coin-or.org/CppAD[2010-4-20].

[81]Mann R F, Amphlett J C, Hooper M A I, et al. Development and application of a generalised steady-state electrochemical model for a PEM fuel cell[J]. Journal of Power Sources, 2000, 86(1-2):173-180.

[82]Matlab SimPowerSystems User's Guide (R2010b)[Z]. http://www.mathworks.com/access/helpdesk/help/toolbox/physmod/powersys[2010-5-30].

[83]Gaonkar D N, Patel R N. Modeling and simulation of microturbine based distributed generation system[C]. Proceedings of the 2006 IEEE Power India Conference, New Delhi, 2006:256-260.

[84]Zhou Y H, Stenzel J. Simulation of a microturbine generation system for grid connected and is-

landing operations[C]. Proceedings of the 2009 Asia-Pacific Power and Energy Engineering Conference, Wuhan, 2009: 1-5.

[85]Guillaud X, Degobert P, Loriol D, et al. Real-time simulation of a micro-turbine integrated in a distribution network[C]. Proceedings of the 2006 International Symposium on Power Electronics, Electrical Drives, Automation and Motion, Taormina, 2006: 487-491.

[86]王成山,马力,王守相. 基于双 PWM 换流器的微型燃气轮机系统仿真[J]. 电力系统自动化, 2008, 32(1): 56-60.

[87]Bertani A, Bossi C, Fornari F, et al. A microturbine generation system for grid connected and islanding operation[C]. Proceedings of the 2004 IEEE PES Power Systems Conference and Exposition, New York, 2004: 360-365.

[88]Yu X W, Jiang Z H, Abbasi A. Dynamic modeling and control design of microturbine distributed generation systems[C]. Proceedings of the 2009 IEEE International Electric Machines and Drives Conference, Miami, 2009: 1239-1243.

[89]Blaabjerg F, Teodorescu R, Liserre M, et al. Overview of control and grid synchronization for distributed power generation systems[J]. IEEE Transactions on Industrial Electronics, 2006, 53(5): 1398-1409.

[90]王志群,朱守真,周双喜. 逆变型分布式电源控制系统的设计[J]. 电力系统自动化, 2004: 28(24): 61-66, 70.

[91] 刘邦银,段善旭,刘飞,等. 基于改进扰动观察法的光伏阵列最大功率点跟踪[J]. 电工技术学报, 2009, 24(6): 91-94.

[92] http://www.microgrids.eu/micro2000/index.php[2011-3-11].

[93] Papathanassiou S, Hatziargyriou N, Strunz K. A benchmark low voltage microgrid network [C]. CIGRE Symposium, Athens, 2005: 1-5.

[94]Rudion K, Styczynski Z A, Hatziargyriou N, et al. Development of benchmarks for low and medium voltage distribution networks with high penetration of dispersed generation[C]. Proceedings of the International Symposium on Modern Electric Power Systems, Wroclaw, 2006: 115-121.

[95]李勋,杨荫福,陈坚. 基于 SPWM 控制的 UPFC 开关函数数学模型[J]. 电力系统自动化, 2003, 27(9): 37-40.

[96]郑超,周孝信,李若梅. 新型高压直流输电的开关函数建模与分析[J]. 电力系统自动化, 2005, 29(8): 32-35.

[97] Gole A, Keri A, Nwankpa C, et al. Guidelines for modeling power electronics in electric power engineering applications[J]. IEEE Transactions on Power Delivery, 1997, 12(1): 505-514.

[98]Salazar L, Joos G. PSPICE simulation of three-phase inverters by means of switching functions [J]. IEEE Transactions on Power Electronics, 1994, 9(1): 35-42.

[99]Lee B K, Ehsani M. A simplified functional simulation model for three-phase voltage-source inverter using switching function concept[J]. IEEE Transactions on Industrial Electronics, 2001, 48(2): 309-321.

[100]Hoang L H, Sybille G, Gagnon R, et al. Real-time simulation of PWM power converters in a doubly-fed induction generator using switching-function-based models [C]. Proceedings of 32nd Annual Conference on IEEE Industrial Electronics, Paris, 2006: 1878-1883.

[101]武小梅，徐新，聂一雄. 基于开关函数的三相电压源型逆变器的新型仿真模型[J]. 电力系统保护与控制，2009，37(11)：74-77.

[102]肖运启，徐大平，吕跃刚. 一种基于 SPWM 的交-直-交型变频器系统简化模型[J]. 系统仿真学报，2008，20(8)：2185-2189.

[103]Wang C. Modeling and control of hybrid wind/photovoltaic/fuel cell distributed generation systems[D]. Bozeman：Montana State University，2006.

[104]Ye Z，Walling R，Miller N，et al. Reliable，low-cost distributed generator/utility system interconnect[R]. New York：National Renewable Energy Laboratory，2006.

第6章 微电网暂态稳定性仿真

6.1 引　　言

在常规电力系统动态过程仿真中，考虑到其动态过程具有较为明显的时间尺度特征，可以按时间尺度划分为电磁暂态过程、机电暂态过程及中长期动态过程，并采用不同的建模和仿真方法分别进行仿真分析。微电网的动态过程与传统电力系统具有一定的相似性，同样可以按照时间尺度进行划分，但由于二者的构成差异很大，具体的划分方式会有所不同。在微电网中，对于大量电力电子换流装置而言，机电暂态的概念已不适合；微电网的规模相对于常规大电网而言小很多，无论基于仿真方法还是仿真速度考虑，已经没有必要将除电磁暂态以外的动态过程再进一步按时间尺度细分。为此，本书仅将微电网仿真工作按照其动态过程的时间尺度划分为两类，即电磁暂态仿真和暂态稳定性仿真。本章重点对暂态稳定性仿真模型和方法加以介绍。

相对于微电网电磁暂态仿真而言，微电网暂态稳定性仿真关注的重点是系统中相对慢的动态过程。为此可以忽略系统中快动态过程的影响，采用简化的网络元件、电力电子装置、分布式电源及各种控制器模型对系统进行建模，各种电气元件可以采用准稳态模型进行描述[1]，例如：对网络元件可以用基频阻抗描述，对电力电子器件可以忽略开关的动态过程[2]。针对分布式电源接入系统的方式不同，在仿真中的处理方式也会有所不同：当分布式电源为直接并网的交流电机时[3-5]，这种情况以燃气轮机和风力发电系统较为普遍，此时其暂态稳定性仿真处理方法和输电系统暂态稳定性仿真没有本质区别；当分布式电源或者储能装置通过电力电子换流装置并入电网时，其暂态稳定性仿真方法会有一些特殊性[6,7]，由于系统的动态过程主要由换流器的控制系统决定，若考虑将输电系统暂态稳定性仿真算法扩展到这类系统，则需要采用数值稳定性更高的仿真计算方法。

微电网结构的特殊性导致了其暂态稳定性仿真方法需要面对一些新的问题，例如：微电网网络可能存在的不对称性，需要在仿真中适当考虑动态元件和网络间的接口问题；微电网模型中可能具备较强的变结构或变参数特征，此时将使仿真系统的开发更加复杂化。

微电网暂态稳定性仿真分析是微电网相关问题研究的重要手段，可用于研究微电网内各种分布式电源间的相互影响、各种扰动下的系统稳定性、微电网与所接入的配电系统间的相互作用、微电网控制策略及控制器设计方法以及微电网负荷跟随

特性等多方面问题。相关仿真分析软件将是微电网规划设计、控制器参数整定与运行优化、系统能量管理策略研究等工作中不可或缺的重要工具。

6.2　并网元件与网络接口

在微电网暂态稳定性仿真算法开发过程中，分布式电源及其并网逆变器一般采用 $dq0$ 坐标系统下的模型，而微电网网络模型多采用 $xy0$、abc 坐标系，为了联立组成整个微电网模型进行求解，需要处理分布式电源和网络接口计算问题。

微电网中和网络相连的分布式电源主要有同步电机、异步电机和 PWM 逆变器三种，各种分布式电源的模型虽然所有不同，但是其并网端电气量部分均可用三序等值电路描述，进而可利用对称分量法将序电路变换为相分量表示的电路和三相网络接口，如图 6.1 所示。为了叙述方便起见，用 1、2、0 代表正序、负序、零序，假定并网元件正序电抗为 $R_1+\mathrm{j}X_1$、负序阻抗为 $R_2+\mathrm{j}X_2$、零序阻抗为 $R_0+\mathrm{j}X_0$、$\dot{U}_1$、$\dot{U}_2$、$\dot{U}_0$ 和 $\dot{I}_{g1}$、$\dot{I}_{g2}$、$\dot{I}_{g0}$ 分别为并网母线端三序电压、电流相量，规定电流方向以流入网络为正。假设并网设备（同步发电机、异步电机或 PWM 换流器）正序内电势保持平衡，则相应的负序、零序网络是无源网络。

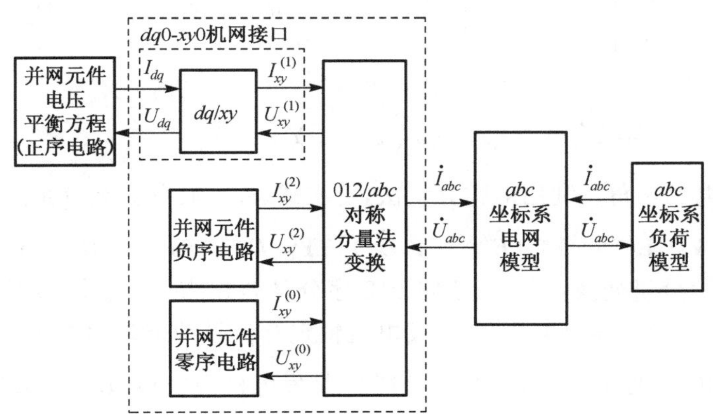

图 6.1　并网元件与 abc 坐标系电网模型的接口

1)同步电机与网络接口

以 6 阶发电机模型为例[8]，$dq0$ 坐标系下定子侧可采用如图 6.2 所示序网电路描述。三序注入电流表达式可写为式(6.1)：

$$\begin{cases}\dot{I}_{g0}=-\dot{U}_0/(R_0+\mathrm{j}X_0)\\ \dot{I}_{g1}=(\dot{E}''-\dot{U}_1)/(R_1+\mathrm{j}X_1)\\ \dot{I}_{g2}=-\dot{U}_2/(R_2+\mathrm{j}X_2)\end{cases}\tag{6.1}$$

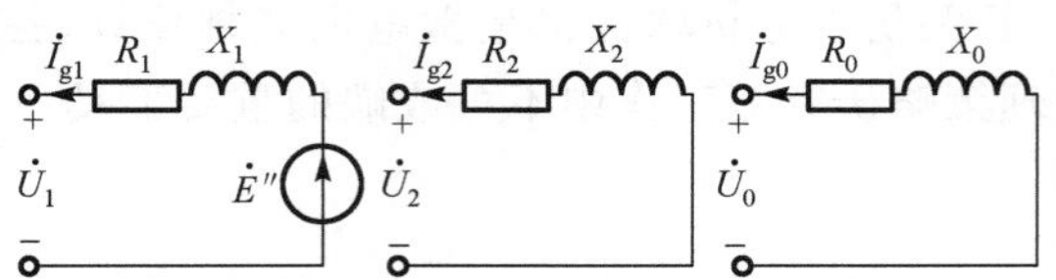

图 6.2 同步发电机三序等值电路图

式中，$\dot{E}''=E''_d+\mathrm{j}E''_q$ 为次暂态电势；$\dot{U}_1$、$\dot{U}_2$、$\dot{U}_0$ 为发电机母线端电压的正序、负序及零序分量；$\dot{I}_{g1}$、$\dot{I}_{g2}$、$\dot{I}_{g0}$ 为发电机注入电流的正序、负序及零序分量。计及凸极效应 $X''_d\neq X''_q$，将式(6.1)$dq0$ 坐标化为 $xy0$ 坐标，可以写成以下矩阵形式，(^)表示复数取共轭：

$$\dot{\boldsymbol{I}}_{\mathrm{g}}^{012}=\boldsymbol{Y}_1^{012}(\dot{\boldsymbol{E}}_{\mathrm{g}}''^{012}-\dot{\boldsymbol{U}}^{012})+\boldsymbol{Y}_2^{012}(\hat{\boldsymbol{E}}_{\mathrm{g}}''^{012}-\hat{\boldsymbol{U}}_1) \tag{6.2}$$

式中

$$\boldsymbol{Y}_1^{012}=\begin{bmatrix}Y_0&&\\&Y_{11}&\\&&Y_2\end{bmatrix},\quad \boldsymbol{Y}_2^{012}=\begin{bmatrix}0&&\\&Y_{12}&\\&&0\end{bmatrix}$$

$$\dot{\boldsymbol{E}}_{\mathrm{g}}''^{012}=\begin{bmatrix}0\\\dot{E}''\\0\end{bmatrix},\quad \dot{\boldsymbol{U}}_{\mathrm{g}}^{012}=\begin{bmatrix}\dot{U}_0\\\dot{U}_1\\\dot{U}_2\end{bmatrix},\quad Y_0=\frac{1}{R_0+\mathrm{j}X_0},\quad Y_2=\frac{1}{R_2+\mathrm{j}X_2}$$

$$Y_{11}=Y'_{\mathrm{G}}=\frac{R_1-\mathrm{j}\dfrac{X''_d+X''_q}{2}}{R_1^2+X''_dX''_q},\quad Y_{12}=\mathrm{j}\frac{\dfrac{X''_d-X''_q}{2}}{R_1^2+X''_dX''_q}\mathrm{e}^{\mathrm{j}2\delta}$$

式中，δ 为发电机功角。利用对称分量法，可将式(6.2)转化为相分量形式：

$$\dot{\boldsymbol{I}}_{\mathrm{g}}^{abc}=\boldsymbol{Y}_1^{abc}\dot{\boldsymbol{E}}_{\mathrm{g}}''^{abc}+\boldsymbol{Y}_2^{abc}(\hat{\boldsymbol{E}}_{\mathrm{g}}''^{abc}-\boldsymbol{A}\hat{\boldsymbol{U}}_1)-\boldsymbol{Y}_1^{abc}\dot{\boldsymbol{U}}^{abc}=\dot{\boldsymbol{I}}_1^{\mathrm{gen}}+\dot{\boldsymbol{I}}_2^{\mathrm{gen}}-\boldsymbol{Y}_1^{abc}\dot{\boldsymbol{U}}^{abc} \tag{6.3}$$

式中，$\boldsymbol{A}$ 为对称分量变换矩阵，用于将 012 序分量转化为 abc 坐标系下的相分量，具体形式见附录 A。$\boldsymbol{Y}_1^{abc}=\boldsymbol{A}\boldsymbol{Y}_1^{012}\boldsymbol{A}^{-1}$ 为发电机恒定等值导纳矩阵，$\boldsymbol{Y}_2^{abc}=\boldsymbol{A}\boldsymbol{Y}_2^{012}\boldsymbol{A}^{-1}$ 是反映凸极效应的时变导纳矩阵，$\dot{\boldsymbol{E}}_{\mathrm{g}}''^{abc}=\boldsymbol{A}\dot{\boldsymbol{E}}_{\mathrm{g}}''^{012}$ 是发电机内电势，$\dot{\boldsymbol{U}}^{abc}=\boldsymbol{A}\dot{\boldsymbol{U}}^{012}$ 为并网母线电压，$\boldsymbol{Y}_1^{abc}\dot{\boldsymbol{U}}^{abc}$ 项仅与电压有关，可将 $\boldsymbol{Y}_1^{abc}$ 并入系统三相节点导纳矩阵，其他部分视为等值电流源，分为两部分：

$$\begin{cases}\dot{\boldsymbol{I}}_1^{\mathrm{gen}}=\boldsymbol{Y}_1^{abc}\dot{\boldsymbol{E}}_{\mathrm{g}}''^{abc}\\\dot{\boldsymbol{I}}_2^{\mathrm{gen}}=\boldsymbol{Y}_2^{abc}(\hat{\boldsymbol{E}}_{\mathrm{g}}''^{abc}-\boldsymbol{A}\hat{\boldsymbol{U}}_1)\end{cases} \tag{6.4}$$

如图 6.3 所示为发电机与三相电网接口模型示意图。

2)异步电机与网络接口

与同步电机相类似，异步电机接口计算也可以采用上述方法[9,10]，鼠笼型感应电机可看作同步电机的特例，即励磁电压恒为零，d 轴、q 轴参数相等，转速为非同步转速，鼠

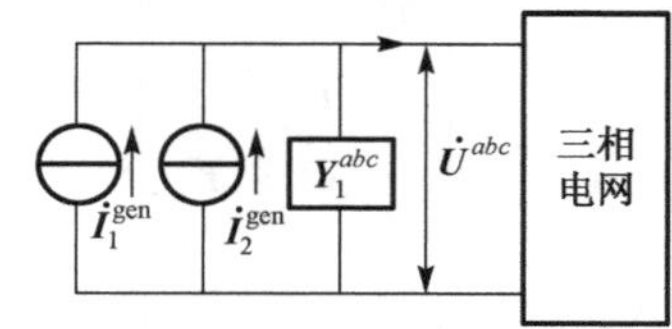

图 6.3 考虑凸极效应的发电机与三相电网接口模型

笼型感应电机实用模型电流方向以流入网络为正,其正序等值电路如图 6.4 所示。

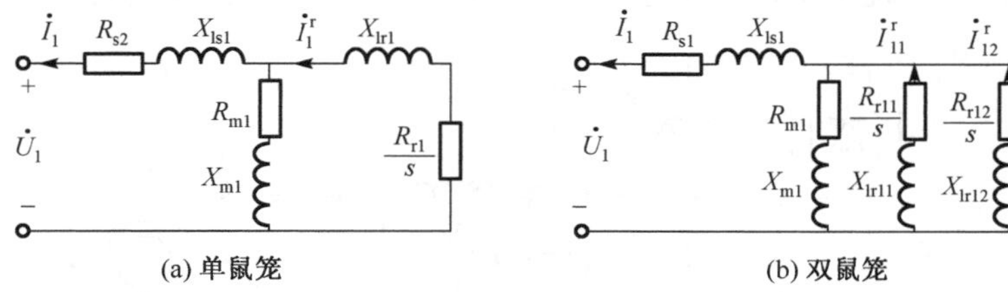

图 6.4 鼠笼型感应电机的正序稳态等效电路

在单鼠笼型感应电机的正序稳态等效电路中,$Z_{s1} = R_{s1} + jX_{ls1}$ 为正序定子阻抗,$Z_{r1} = (R_{r1}/s) + jX_{lr1}$ 为正序转子阻抗,$Z_{m1} = R_{m1} + jX_{m1}$ 为正序励磁支路阻抗,$s = (\omega_0 - \omega_r)/\omega_0$ 为转差率;$\dot{U}_1$ 和 $\dot{I}_1$ 分别为机端电压和电流,$\dot{I}_1^r$ 为流经转子的正序电流;对于双鼠笼型感应电机,在单鼠笼电机的基础上转子侧增加了一条并联支路,参数和变量的说明类似单鼠笼电机。

与同步电机不同,鼠笼型感应电机一般采用 Y 形不接地接线方式,因此转子绕组不存在零序电路,即整个模型不考虑零序变量,其负序稳态等效电路如图 6.5 所示。

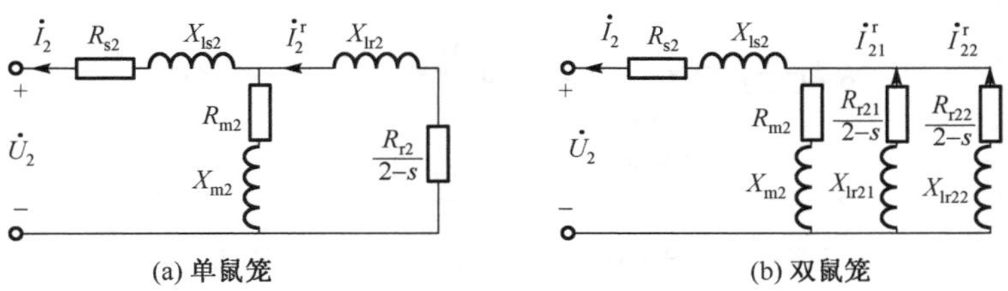

图 6.5 鼠笼型感应电机的负序稳态等效电路

和同步电机相类似,异步电机机网接口可用图 6.6 表示。

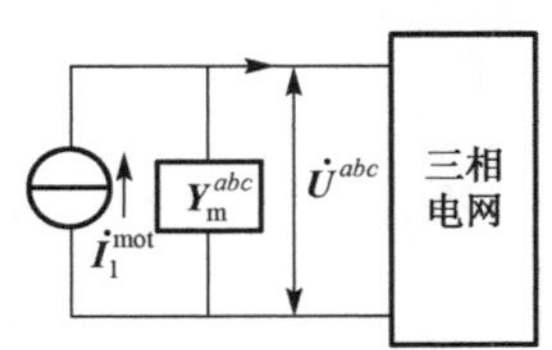

图 6.6 异步电机与三相电网模型接口

图 6.6 中,$\boldsymbol{Y}_m^{abc}$ 为等值导纳矩阵,可直接并入系统三相节点导纳矩阵,等值电流源为 $\dot{\boldsymbol{I}}_1^{mot}$:

$$\dot{\boldsymbol{I}}_1^{mot} = \boldsymbol{Y}_m^{abc} \dot{\boldsymbol{E}}_m^{'abc} \tag{6.5}$$

式中,$\dot{\boldsymbol{E}}_m^{'abc}$ 为异步电机暂态电势。对单鼠笼电机有

$$\boldsymbol{Y}_{\mathrm{m}}^{abc}=\boldsymbol{A}\begin{bmatrix}0 & & \\ & Y_1 & \\ & & Y_2\end{bmatrix}\boldsymbol{A}^{-1}$$

$$Y_1=\frac{1}{R_{\mathrm{s1}}+\mathrm{j}(X_{\mathrm{ls1}}+X_{\mathrm{m1}}//X_{\mathrm{lr1}})},\quad Y_2=\frac{1}{R_{\mathrm{s2}}+\mathrm{j}(X_{\mathrm{ls2}}+X_{\mathrm{m2}}//X_{\mathrm{lr2}})}$$

双鼠笼型感应电机的三序定子电压平衡方程与单鼠笼电机相似。

3)PWM 换流器与网络接口

分布式发电系统中普遍采用电压源型 PWM 换流器，电路结构可用图 6.7 表示：

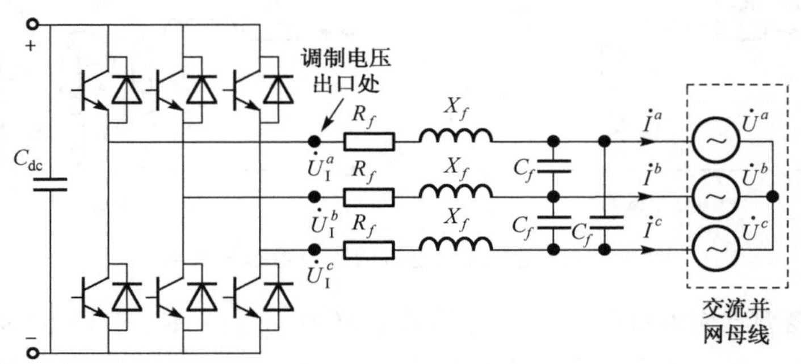

图 6.7　PWM 换流器电路结构图

图 6.7 中，R_f、X_f、C_f 为逆变器调制电压出口处 LC 滤波电路参数，$\dot{U}_{\mathrm{I}}^a$、$\dot{U}_{\mathrm{I}}^b$、$\dot{U}_{\mathrm{I}}^c$ 为换流器调制电压，$\dot{U}^a$、$\dot{U}^b$、$\dot{U}^c$ 为并网端母线电压，PWM 换流器的接网模型和同步发电机类似，可用如图 6.8 三序电路模型表示[1]，假设滤波线路参数平衡，仅正序网络含有电源，其他序网是无源形式。

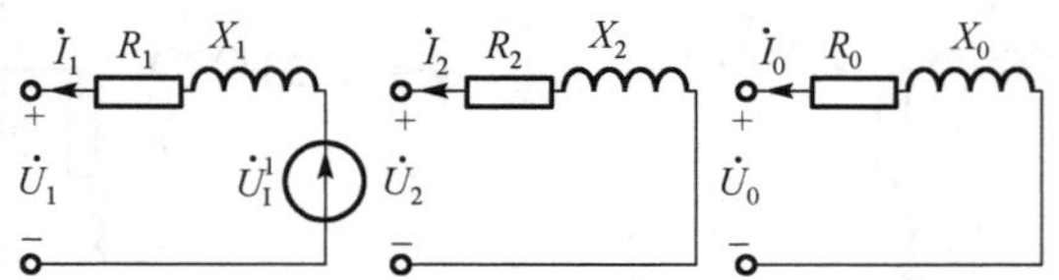

图 6.8　PWM 换流器出口处序等值电路图

假设图 6.7 中每一相滤波电路等值阻抗为 $R_f+\mathrm{j}X_f$，忽略滤波电容，考虑到参数平衡，则可令 $R_1=R_2=R_0=R_f$，$X_1=X_2=X_0=X_f$，三序注入电流表达式可写为式(6.6)。

$$\begin{cases}I_0=-\dot{U}_0/(R_f+\mathrm{j}X_f)\\ I_1=(\dot{U}_{\mathrm{I}}^1-\dot{U}_1)/(R_f+\mathrm{j}X_f)\\ I_2=-\dot{U}_2/(R_f+\mathrm{j}X_f)\end{cases}\tag{6.6}$$

式(6.6)可以写成以下矩阵形式：

$$\dot{\boldsymbol{I}}^{012}=\boldsymbol{Y}_{\mathrm{I}}^{012}(\dot{\boldsymbol{U}}_{\mathrm{I}}^{012}-\dot{\boldsymbol{U}}^{012})\tag{6.7}$$

式中

$$\boldsymbol{Y}_{\mathrm{I}}^{012}=\begin{bmatrix}Y_{\mathrm{I}}^{0} & & \\ & Y_{\mathrm{I}}^{1} & \\ & & Y_{I}^{2}\end{bmatrix},\dot{\boldsymbol{U}}_{\mathrm{I}}^{012}=\begin{bmatrix}0\\ \dot{U}_{\mathrm{I}}^{1}\\ 0\end{bmatrix}$$

$$\dot{\boldsymbol{U}}^{012}=\begin{bmatrix}\dot{U}_{0}\\ \dot{U}_{1}\\ \dot{U}_{2}\end{bmatrix},\quad Y_{\mathrm{I}}^{0}=Y_{\mathrm{I}}^{1}=Y_{\mathrm{I}}^{2}=\frac{1}{R_{f}+\mathrm{j}X_{f}}$$

采用对称分量变换后得到

$$\dot{\boldsymbol{I}}_{\mathrm{I}}^{abc}=\boldsymbol{Y}_{\mathrm{I}}^{abc}\dot{\boldsymbol{U}}_{\mathrm{I}}^{abc}-\boldsymbol{Y}_{\mathrm{I}}^{abc}\dot{\boldsymbol{U}}^{abc}=\dot{\boldsymbol{I}}_{1}-\boldsymbol{Y}_{\mathrm{I}}^{abc}\dot{\boldsymbol{U}}^{abc}\tag{6.8}$$

式中，$\boldsymbol{Y}_{\mathrm{I}}^{abc}=\boldsymbol{A}\boldsymbol{Y}_{\mathrm{I}}^{012}\boldsymbol{A}^{-1}$；$\dot{\boldsymbol{U}}_{\mathrm{I}}^{abc}=\boldsymbol{A}\dot{\boldsymbol{U}}_{\mathrm{I}}^{012}$，其中$\boldsymbol{Y}_{\mathrm{I}}^{abc}\dot{\boldsymbol{U}}^{abc}$仅与并网点母线电压有关，$\boldsymbol{Y}_{\mathrm{I}}^{abc}$为PWM换流器的等值导纳矩阵，可并入系统三相节点导纳矩阵，等值电流源为$\dot{\boldsymbol{I}}_{1}=\boldsymbol{Y}_{\mathrm{I}}^{abc}\dot{\boldsymbol{U}}_{\mathrm{I}}^{abc}$。PWM换流器与三相网络接口模型可用图6.9表示。

在确定了同步电机、异步电机、PWM换流器和三相网络的接口模型后，即可将分布式发电并网系统和网络模型加以集成，进而采用相应的数值计算方法对系统方程进行时域仿真计算。其处理过程是将并网元件转化为等值电流源和等值导纳两部分，等值导纳并入系统节点导纳矩阵，等值电流源作为仿真求解中的注入电流部分。相应的求解方法有两种：一般迭代解法与牛顿法。

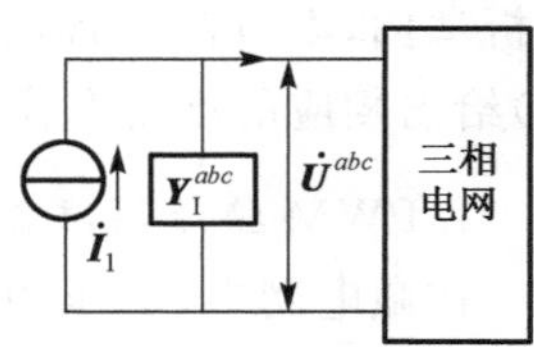

图6.9　PWM换流器与三相网络接口模型

一般迭代解法可采用显式交替求解算法或隐式交替求解算法，计及凸极效应和负荷的非线性时，注入电流是节点电压的函数，即网络方程可以用下式表达：

$$\dot{\boldsymbol{I}}_{abc}(\boldsymbol{x},\dot{\boldsymbol{U}}_{abc})=\boldsymbol{Y}_{abc}^{\mathrm{net}}\dot{\boldsymbol{U}}_{abc}\tag{6.9}$$

式中，$\boldsymbol{x}$是和并网元件有关的状态变量；$\dot{\boldsymbol{U}}_{abc}$是并网点母线节点电压；$\dot{\boldsymbol{I}}_{abc}$为并网元件的等值电流源；$\boldsymbol{Y}_{abc}^{\mathrm{net}}$为并入并网元件等值导纳后的修正节点导纳矩阵。

采用一般交替求解算法进行网络方程求解就是对式(6.9)两侧变量进行交替更新，其优点是只需对$\boldsymbol{Y}_{abc}^{\mathrm{net}}$进行一次三角分解，因为子表不变，计算速度快。

考虑凸极效应的牛顿法实质上是将式(6.9)视为一组非线性方程组：

$$\boldsymbol{f}(\dot{\boldsymbol{U}}_{abc})=\dot{\boldsymbol{I}}_{abc}-\boldsymbol{Y}_{abc}^{\mathrm{net}}\dot{\boldsymbol{U}}_{abc}\tag{6.10}$$

将描述分布式发电系统的微分方程差分为代数方程后，和式(6.10)的网络非线性方程联立，采用牛顿法对其进行求解，该方法适合采用隐式联立求解方法，联立求解没有交接误差。

6.3 电力电子换流装置准稳态模型

在微电网中，除了交流电机采用直接并网方式之外，更为普遍的形式是采用电力电子换流装置并网，因此电力电子装置的建模是整个微电网电气系统及其控制环节建模的关键，有效且合理的描述在暂态稳定性仿真中所采用的电力电子装置的动态特性，对于构建整个微电网模型十分关键。

微电网中的电力电子变换装置的拓扑结构多种多样的，一些模型已在第 3 章中给出了系统介绍。本节针对暂态稳定性仿真的需要，以典型电力电子装置为例，重点阐述暂态稳定性仿真分析中采用的准稳态模型。

6.3.1 基本模型

在微电网暂态稳定性仿真分析中，一般不考虑电力电子变换器电路开关动态行为，仅仅考虑电路的基频模型，同时计及控制器环节的动态，称为准稳态模型。作为分析举例，本节针对常用的两种可控电力电子变换器(PWM 换流器、DC/DC 变换器)给出相应的准稳态模型[11,12]描述。

1. PWM 换流器准稳态模型

在微电网中，电压源型 PWM 换流器应用较多。逆变器的准稳态模型一般在 $dq0$ 坐标系下进行模型描述，而微电网网络多采用正序分量建模或三相对称分量建模，这就涉及到逆变器与网络接口的坐标转化问题。需要将 $dq0$ 分量转化为 $xy0$ 分量与正序网络接口或将三序 $xy0$ 分量合成为相分量与三相网络接口。

考虑网络侧以同步坐标系模型描述为例，换流器对应的稳态模型如图 6.10 所示。换流器内部存在固有空载损耗，空载损耗平均值基本上和直流电压 U_{dc}^2 成正比，因此可以采用在直流电路侧并联的电阻 R_1 来模拟。

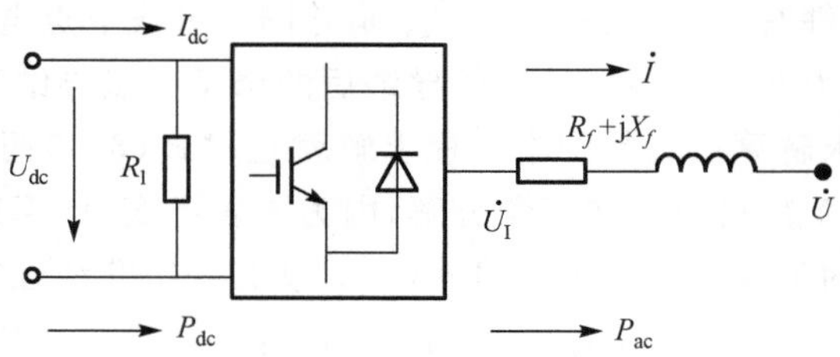

图 6.10 PWM 换流器的稳态模型

在图 6.10 中，$\dot{U}_I$ 为换流器输出电压(即受调制电压)相量，R_f+jX_f 为换流器调制电压出口处 LC 滤波电路参数，$\dot{U}$ 为并网点母线电压相量，$\dot{I}$ 为向网络侧输出的电

流，在 $dq0$ 坐标系下用 I_d、I_q 表示，在 $xy0$ 坐标系下用 I_x、I_y 表示。采用 PWM 矢量调制方式，有以下关系成立：

$$\begin{cases} U_{\mathrm{I}d} = K_0 P_{\mathrm{m}d} U_{\mathrm{dc}} / U_{\mathrm{acBASE}} \\ U_{\mathrm{I}q} = K_0 P_{\mathrm{m}q} U_{\mathrm{dc}} / U_{\mathrm{acBASE}} \end{cases} \tag{6.11}$$

式中，$P_{\mathrm{m}d}$、$P_{\mathrm{m}q}$ 为换流器脉宽调制系数的 $dq0$ 矢量解耦控制分量；K_0 为调制因子，在正弦波调制方式下 $K_0 = \dfrac{\sqrt{3}}{2\sqrt{2}}$；$U_{\mathrm{acBASE}}$ 为交流侧电压基值；U_{dc} 表示直流电压有名值。

换流器出口处馈线电压平衡方程可以写为

$$\begin{cases} U_{\mathrm{I}q} = U_q + R_f I_q + X_f I_d \\ U_{\mathrm{I}d} = U_d + R_f I_d - X_f I_q \end{cases} \tag{6.12}$$

PWM 换流器有功功率等于并网点的输出功率加上馈线铜耗：

$$P_{\mathrm{ac}} = U_x I_x + U_y I_y + (I_x^2 + I_y^2) R_f \tag{6.13}$$

计及换流器损耗，换流器交流侧输出有功功率和直流侧输入有功功率的关系为（均为有名值计算）

$$P_{\mathrm{dc}} = U_{\mathrm{dc}} I_{\mathrm{dc}} = P_{\mathrm{loss}} + P_{\mathrm{ac}} = \frac{U_{\mathrm{dc}}^2}{R_1} + P_{\mathrm{ac}} \tag{6.14}$$

式(6.11)～式(6.14)与相关控制环节结合即构成了 PWM 换流器准稳态模型。

2. DC/DC 变换器准稳态模型

由于传统的 AC/DC 不控整流器存在着功率因数低的缺陷，常常应用 DC/DC 变换器对其进行功率因数校正，通过 DC/DC 变换器，直流型分布式电源一方面可以得到较稳定的直流输出电压，另一方面，通过控制调制比可得到所需的电压与 DC/AC 换流器进行接口。基本的 DC/DC 变换器[13]有 Buck、Boost、Boost-Buck、Cuk 电路等。

几种常用的 DC/DC 变换器准稳态模型介绍如下。

Boost-Buck 变换器：

$$\frac{U_{\mathrm{dc}}}{U_{\mathrm{g}}} = \frac{D}{1-D} \tag{6.15}$$

Buck 变换器：

$$\frac{U_{\mathrm{dc}}}{U_{\mathrm{g}}} = D \tag{6.16}$$

Boost 变换器：

$$\frac{U_{\mathrm{dc}}}{U_{\mathrm{g}}} = \frac{1}{1-D} \tag{6.17}$$

式(6.15)～式(6.17)中，U_{g} 为直流分布式电源的电压；U_{dc} 为 DC/DC 变换器输出电压。式(6.15)～式(6.17)及相关控制环节构成了 DC/DC 变换器的准稳态模型。

6.3.2 通用化模型设计

微电网中分布式电源的控制系统类型很多，基于每一种控制系统模型单独开发仿真系统将会造成很多不便，特别是分布式电源及其控制系统还在不断发展变化中，逐一构建相关模型不利于提高仿真程序的适应性。本节针对微电网暂态稳定性仿真的需要，介绍了一种分布式电源电力电子换流器控制系统的通用建模方法，所构建的通用模型将控制系统分为外环和内环两个通用模块，通过开关对各控制通道的开断选取，可使外环实现功率控制、电压控制、Droop 控制和恒压/恒频（V/f）等控制目标，而内环则以电流控制为目标，模型适应性和通用性强，具有模块化特征，特别适合基于面向对象建模的微电网暂态稳定性仿真软件的开发。这类电力电子换流装置控制器的通用控制结构如图 6.11 所示。控制系统由多条控制通道组成，可实现 DC/DC 变换器以及分布式电源侧和并网侧换流器的多种控制目的，开关的开断状态与控制目标的具体对应关系如表 6.1 所示。

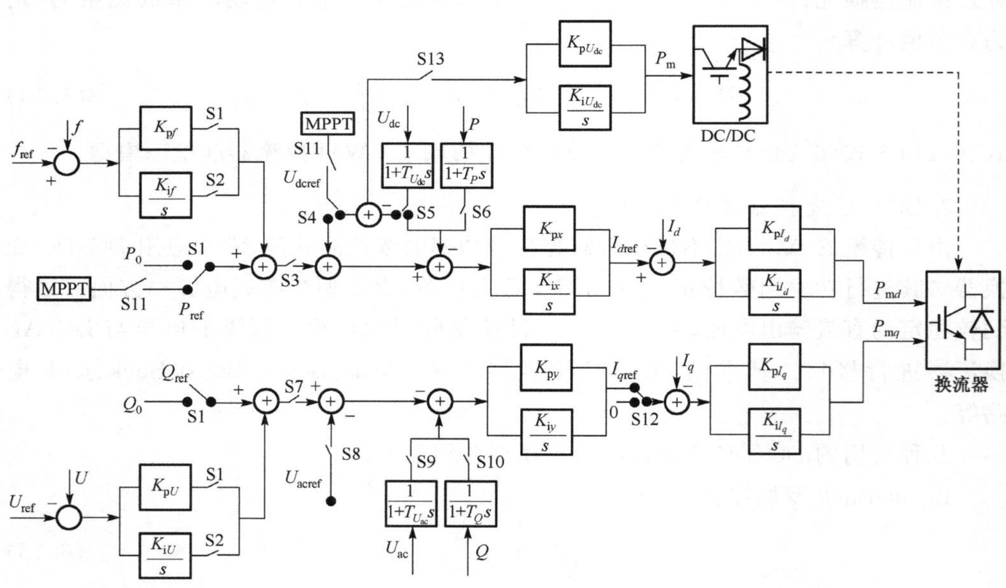

图 6.11 控制器通用结构

图 6.11 中，K_{px}、K_{py}、K_{ix}、K_{iy} 中的 x 和 y 需根据具体控制路径选择具体参数，对应于不同控制量的比例和积分系数；一些开关（如 S4、S5 等）为多态开关，图中所示位置定义为其“打开”状态，也是常态，说“闭合”这类开关是指将其转换为另一联通状态。

通用控制器模型适用于一大类分布式电源的电力电子控制系统模型的构建，下面以几种典型分布式电源为例，对通用控制器模型进行相应分析。

1）直驱风机控制系统

直驱风机的电力电子控制系统由分布式电源侧及网侧换流器控制系统组成，针对分布式电源侧换流器控制系统，将图 6.11 中 S3、S6、S7、S10 及 S11 闭合，其他开关打开，通用控制器即可以转化为图 2.50 的直驱风机侧换流器控制系统，如图 6.12 所示。注意：在开关 S1 正常状态下，P_{ref} 和 Q_{ref} 直接接入系统中，且 K_{px}、K_{py}、K_{ix}、K_{iy} 中 $x=P$、$y=Q$。

表 6.1　控制参数和控制目标对应关系

设备	控制方式	开关状态													控制信号	
		S1	S2	S3	S4	S5	S6	S7	S8	S9	S10	S11	S12	S13		
PWM 换流器	PQ 控制	开	开	合	开	开	合	合	开	开	合	开	开	开	P	Q
	MPPT&PQ 控制	开	开	合	开	开	合	合	开	开	合	合	开	开	P	Q
	U_{dc}-U_{ac}控制	开	开	开	合	合	开	开	合	合	开	开	开	开	U_{dc}	U_{ac}
	U_{dc}-Q 控制	开	开	开	合	合	开	合	开	开	合	开	开	开	U_{dc}	Q
	MPPT&U_{dc}-Q 控制	开	开	开	合	合	开	合	开	开	合	合	开	开	U_{dc}	Q
	U_{dc}控制	开	开	开	合	合	开	开	开	开	开	开	合	开	U_{dc}	$I_{dref}=0$
	P-U_{ac}控制	开	开	合	开	开	合	开	合	合	开	开	开	开	P	U_{ac}
	Droop 控制	合	开	合	开	开	合	合	开	开	合	开	开	开	f	U
	V/f 控制	合	合	合	开	开	合	合	开	开	合	开	开	开	f	U
DC/DC 变换器	U_{dc}控制	开	开	开	开	开	开	开	开	开	开	开	开	合	U_{dc}	/
	MPPT&U_{dc}控制	开	开	开	开	开	开	开	开	开	开	合	开	合	U_{dc}	/

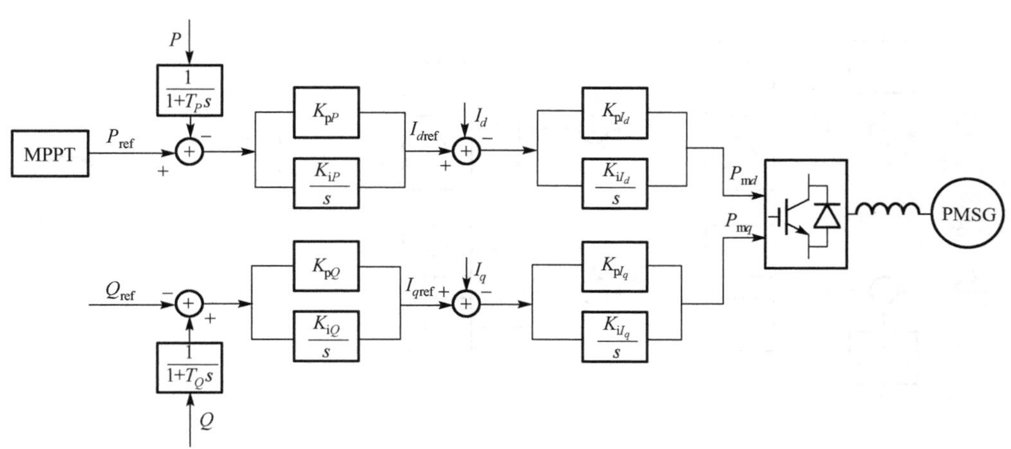

图 6.12　直驱风机分布式电源侧控制系统

针对网侧换流器控制系统，将图 6.11 中 S4、S5、S7、S10 闭合，其他开关打开，

K_{px}、K_{py}、K_{ix}、K_{iy} 中取 $x=U_{dc}$、$y=Q$，通用控制器即可转换为图 2.51 网侧换流器控制系统，如图 6.13 所示。

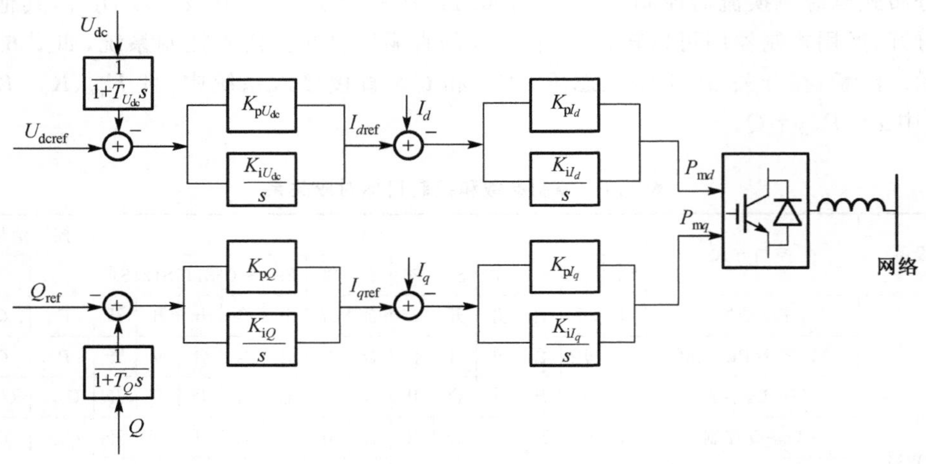

图 6.13　直驱风机网侧控制系统

2）微型燃气轮机控制系统

微型燃气轮机电力电子换流装置的控制系统也由分布式电源侧及网侧换流器控制系统组成，在图 6.11 中将 S4、S5、S8、S9 闭合，其他开关打开，可实现对电压的控制，在 K_{px}、K_{py}、K_{ix}、K_{iy} 中取 $x=U_{dc}$、$y=U_{ac}$，则通用控制器可转换为图 2.63 所示的形式，如图 6.14 所示。

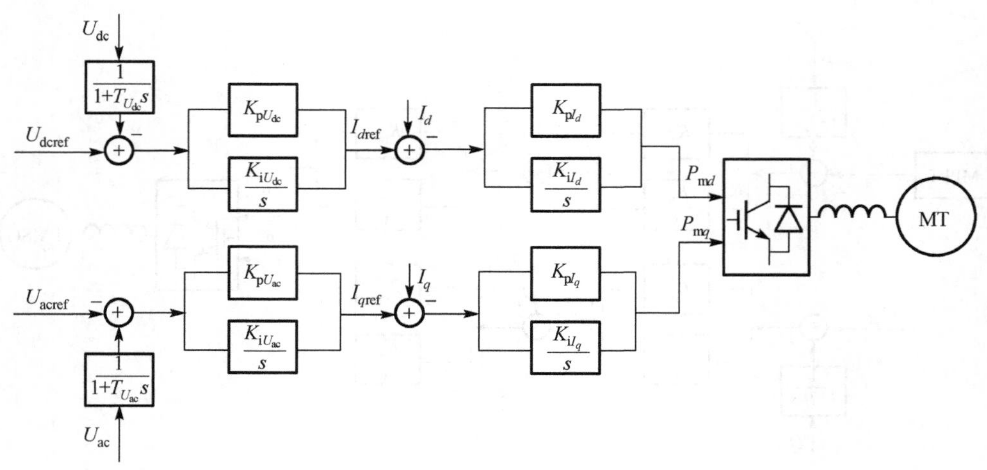

图 6.14　微型燃气轮机分布式电源侧控制系统

针对网侧换流器控制系统，将图 6.11 中 S3、S6、S7、S10 闭合，其他开关打开，

K_{px}、K_{py}、K_{ix}、K_{iy} 中取 $x=P$、$y=Q$，通用控制器可转换为网侧恒功率系统，如图 6.15 所示。

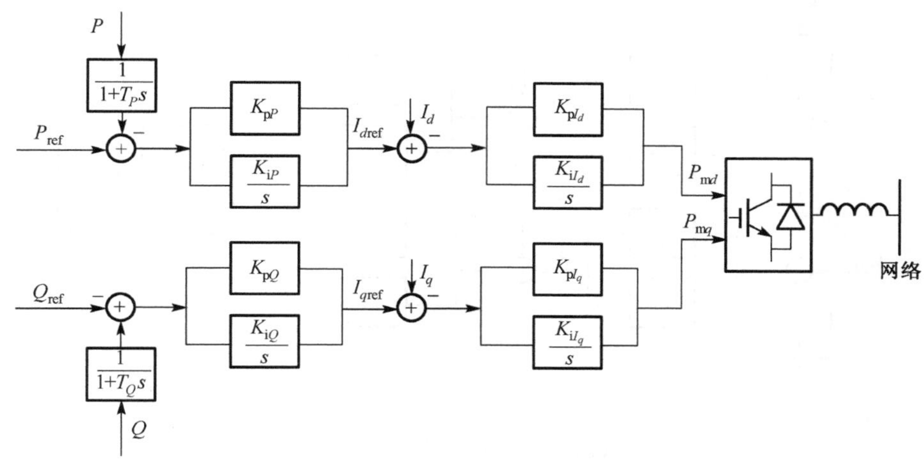

图 6.15 微型燃气轮机网侧控制系统

3)光伏控制系统

光伏电池有单级式与双级式两种并网结构。将图 6.11 中 S4、S5、S7、S10 及 S11 闭合，其他开关打开，K_{px}、K_{py}、K_{ix}、K_{iy} 中取 $x=U_{dc}$、$y=Q$，通用控制器可转换为图 2.12 的光伏电池单级并网控制系统，如图 6.16 所示。

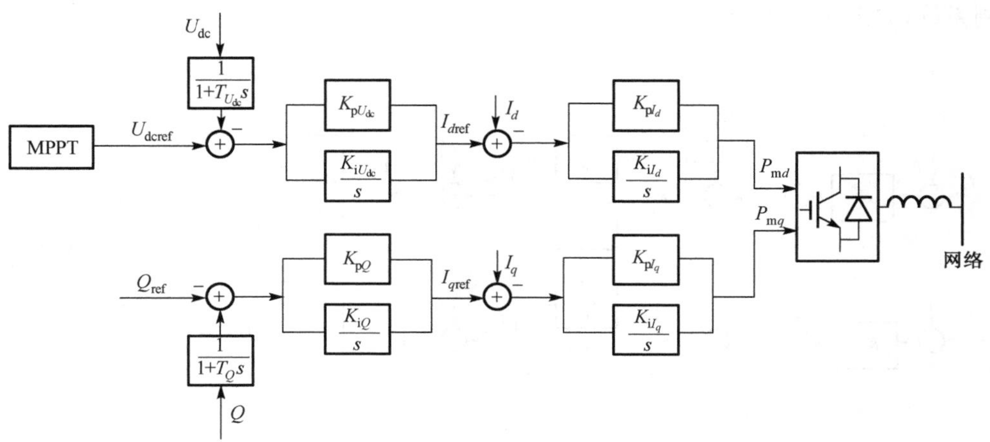

图 6.16 光伏单级并网控制系统

4)燃料电池控制系统

燃料电池同样有单级式与双级式两种并网结构，以单级式并网结构为例，将

图 6.11 中S3、S6、S7 及 S10 闭合，K_{px}、K_{py}、K_{ix}、K_{iy} 中取 $x=P$、$y=Q$，通用控制器可转换为燃料电池网侧恒功率系统，如图 6.17 所示。

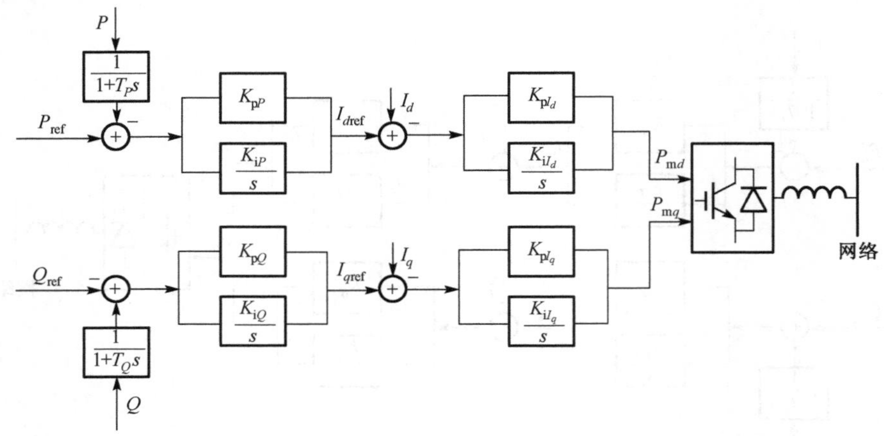

图 6.17　燃料电池并网控制系统

5）蓄电池储能控制系统

蓄电池在微电网运行中起着至关重要的作用，尤其在孤岛运行方式下，蓄电池需通过网侧换流器控制系统实现调压调频的功能。孤岛运行方式下，蓄电池网侧换流器可以采用 Droop 控制[14]或者 V/f 控制[15]，将图 6.11 中 S1 闭合，有功功率及无功功率的参考信号由 Droop 控制给出，再将 S3、S6、S7 及 S10 闭合，取 $f_{ref}=f_0$、$U_{ref}=U_0$，K_{px}、K_{py}、K_{ix}、K_{iy} 中取 $x=P$、$y=Q$，通用控制器可转换为图 3.23 的 Droop 控制系统，如图 6.18 所示。

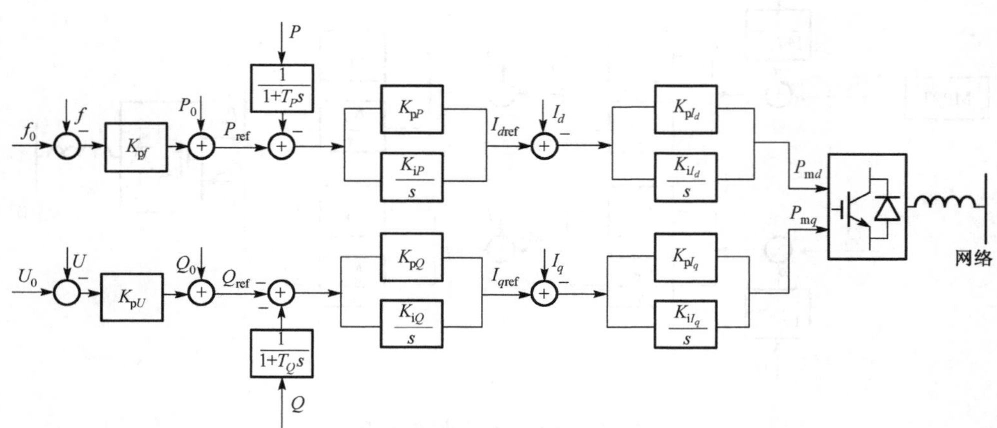

图 6.18　蓄电池下垂控制系统

下垂控制是一种有差调节，当需要对频率及电压实现无差调节时可将图 6.11 中 S1 及 S2 同时闭合，并取 $P_0=0$、$Q_0=0$，有功功率及无功功率的参考信号由 V/f 控制

给出，再将 S3、S6、S7 及 S10 闭合，K_{px}、K_{py}、K_{ix}、K_{iy} 中取 $x=P$、$y=Q$，通用控制器可转换为图 3.21 所示的 V/f 控制系统，如图 6.19 所示。

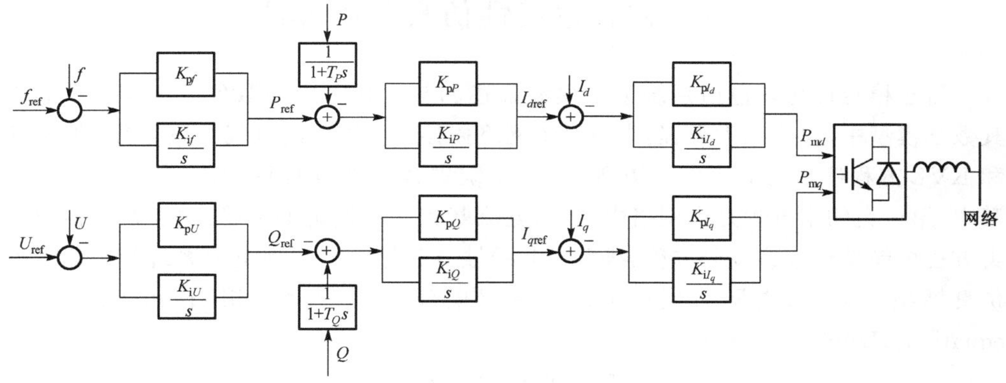

图 6.19 蓄电池 V/f 控制系统

6)光蓄一体化互补控制系统

结合光伏并网控制系统及蓄电池 V/f 控制系统，可在文献[16]并网运行模式的基础上，实现孤岛运行方式下光蓄一体化互补控制，即光伏与蓄电池共用一个换流器实现各自控制目标。将图 6.11 中 S11、S13 闭合，光伏通过 DC/DC 控制实现光伏的最大功率跟踪控制，然后将 S1、S2 闭合并取 $P_0=0$、$Q_0=0$、S3、S6、S7 及 S10 闭合，以 V/f 控制实现蓄电池的调压调频功能，通用控制器转换为图 6.20 所示控制系统。

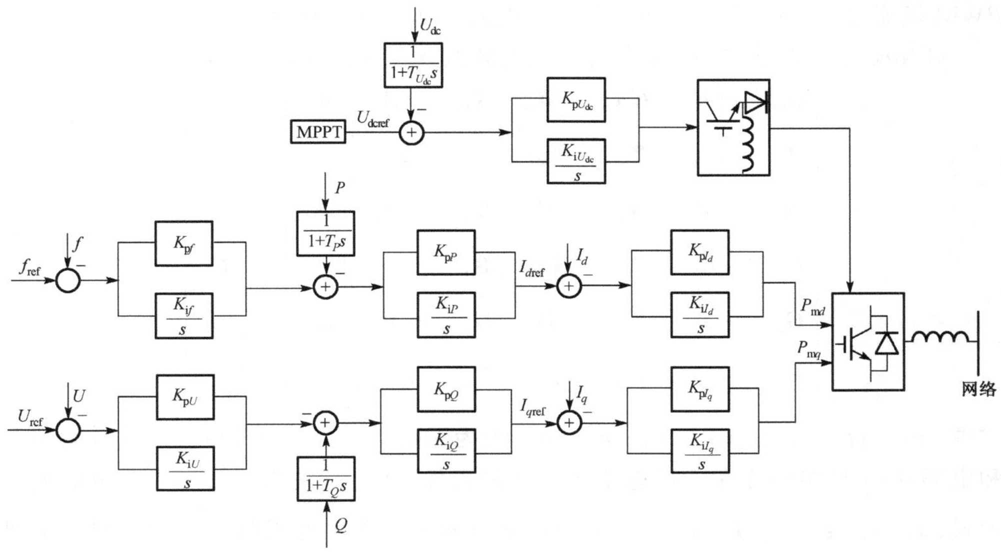

图 6.20 光蓄互补控制系统

6.4 暂态稳定性仿真基本算法

暂态稳定性仿真包括系统数学模型描述和与之相适应的数值算法两部分。在其数学模型中，包含两类方程：①由系统网络拓扑结构决定的电气约束方程，即 KCL 和 KVL 方程确定的节点电压方程；②由系统中各元件自身特性决定的动态方程。其中，第一类约束方程是由网络内电压、电流基频分量确定的准稳态代数方程，第二类方程可能是代数或微分方程、线性或非线性方程等。同常规电力系统暂态稳定性仿真模型一样，微电网模型也可以用一组微分-代数方程（differential algebraic equations，DAE）加以描述：

$$\begin{cases} \boldsymbol{F} = \boldsymbol{f}(\boldsymbol{x},\boldsymbol{y}) - \dot{\boldsymbol{x}} = \boldsymbol{0} \\ \boldsymbol{g}(\boldsymbol{x},\boldsymbol{y}) = \boldsymbol{0} \end{cases} \tag{6.18}$$

式中，第一式为系统微分方程，$\boldsymbol{x}$ 为系统状态变量；第二式为代数方程，$\boldsymbol{y}$ 为系统代数变量。

代数方程有两种具体描述形式：

(1) $xy0$ 坐标系下实部和虚部分开的实数型方程，如式(6.19)所示。

$$\begin{bmatrix} \boldsymbol{G} & -\boldsymbol{B} \\ \boldsymbol{B} & \boldsymbol{G} \end{bmatrix} \begin{bmatrix} \boldsymbol{u}_x \\ \boldsymbol{u}_y \end{bmatrix} = \begin{bmatrix} \boldsymbol{I}_x \\ \boldsymbol{I}_y \end{bmatrix} \tag{6.19}$$

式中，$\boldsymbol{y} = [\boldsymbol{u}_x \quad \boldsymbol{u}_y]^{\mathrm{T}}$ 为同步坐标系下母线电压实部和虚部分量；$\boldsymbol{I}_x$，$\boldsymbol{I}_y$ 为交流电机、PWM 换流器、非线性负荷等节点的注入电流实部和虚部分量。

(2) abc 坐标系下实部和虚部分开的实数型方程，如式(6.20)所示。

$$\begin{bmatrix} \boldsymbol{G}_{aa} & -\boldsymbol{B}_{aa} & \boldsymbol{G}_{ab} & -\boldsymbol{B}_{ab} & \boldsymbol{G}_{ac} & -\boldsymbol{B}_{ac} \\ \boldsymbol{B}_{aa} & \boldsymbol{G}_{aa} & \boldsymbol{B}_{ab} & \boldsymbol{G}_{ab} & \boldsymbol{B}_{ac} & \boldsymbol{G}_{ac} \\ \boldsymbol{G}_{ba} & -\boldsymbol{B}_{ba} & \boldsymbol{G}_{bb} & -\boldsymbol{B}_{bb} & \boldsymbol{G}_{bc} & -\boldsymbol{B}_{bc} \\ \boldsymbol{B}_{ba} & \boldsymbol{G}_{ba} & \boldsymbol{B}_{bb} & \boldsymbol{G}_{bb} & \boldsymbol{B}_{bc} & \boldsymbol{G}_{bc} \\ \boldsymbol{G}_{ca} & -\boldsymbol{B}_{ca} & \boldsymbol{G}_{cb} & -\boldsymbol{B}_{cb} & \boldsymbol{G}_{cc} & -\boldsymbol{B}_{cc} \\ \boldsymbol{B}_{ca} & \boldsymbol{G}_{ca} & \boldsymbol{B}_{cb} & \boldsymbol{G}_{cb} & \boldsymbol{B}_{cc} & \boldsymbol{G}_{cc} \end{bmatrix} \begin{bmatrix} \boldsymbol{u}_{ax} \\ \boldsymbol{u}_{ay} \\ \boldsymbol{u}_{bx} \\ \boldsymbol{u}_{by} \\ \boldsymbol{u}_{cx} \\ \boldsymbol{u}_{cy} \end{bmatrix} = \begin{bmatrix} \boldsymbol{I}_{ax} \\ \boldsymbol{I}_{ay} \\ \boldsymbol{I}_{bx} \\ \boldsymbol{I}_{by} \\ \boldsymbol{I}_{cx} \\ \boldsymbol{I}_{cy} \end{bmatrix} \tag{6.20}$$

式中，$\boldsymbol{y} = [\boldsymbol{u}_{ax} \quad \boldsymbol{u}_{ay} \quad \boldsymbol{u}_{bx} \quad \boldsymbol{u}_{by} \quad \boldsymbol{u}_{cx} \quad \boldsymbol{u}_{cy}]^{\mathrm{T}}$ 为 abc 坐标系下的母线电压相分量实部和虚部，如果网络中存在不接地接线方式的元件，则电压是相分量和线分量的混合形式；$\boldsymbol{I}_{ax}$、$\boldsymbol{I}_{ay}$、$\boldsymbol{I}_{bx}$、$\boldsymbol{I}_{by}$、$\boldsymbol{I}_{cx}$、$\boldsymbol{I}_{cy}$ 为 abc 坐标系下发电机等效电流源 $\dot{\boldsymbol{I}}_1^{\mathrm{gen}}$、$\dot{\boldsymbol{I}}_2^{\mathrm{gen}}$、异步电机等效电流源 $\dot{\boldsymbol{I}}_1^{\mathrm{mot}}$、PWM 换流器等效电流源 $\dot{\boldsymbol{I}}_1^{\mathrm{PWM}}$ 以及负荷节点注入电流相分量。在 012 坐标系下的网络模型可以通过对称分量法变换为式(6.20)。

式(6.18)中的微分方程组可以采用各种显式或隐式的方法对其进行差分化,化为差分方程后与代数方程一起采用联立求解算法求解,也可以采用交替求解算法分别求解。

6.4.1　显式交替求解算法

在逆变器主导型的微电网暂态稳定性仿真研究中,当考虑到电力电子装置控制器的快速动作时,一个以逆变器接入的分布式电源或储能装置,从网络侧可以看成一个可控交流电压源。若系统仿真中刚性问题不是很突出,可以采用显式交替求解算法实现,微分方程采用显式龙格-库塔法,网络代数方程可以采用直接法、牛拉法迭代求解。

显式龙格-库塔(Runge-Kutta)法(R-K 方法)是一类高精度的单步法,是仿真方法中最早应用的数值计算方法之一,其中四阶显式 R-K 方法非常适于 DAE 方程的交替求解。将式(6.18)显式差分化后如下式:

$$\begin{cases} \boldsymbol{x}_{n+1} = \boldsymbol{x}_n + \dfrac{1}{6}(\boldsymbol{k}_1 + 2\,\boldsymbol{k}_2 + 2\,\boldsymbol{k}_3 + \boldsymbol{k}_4) \\ \boldsymbol{g}(\boldsymbol{x}_{n+1}, \boldsymbol{y}_{n+1}) = \boldsymbol{0} \end{cases} \tag{6.21}$$

交替迭代计算步骤如下:

(1)假设 $\boldsymbol{x}_n$、$\boldsymbol{y}_n$ 已知,计算 $\boldsymbol{k}_1 = h\boldsymbol{f}(\boldsymbol{x}_n, \boldsymbol{y}_n)$,这里 h 为积分步长;

(2)计算相量 $\boldsymbol{x}_{(1)} = \boldsymbol{x}_n + \dfrac{\boldsymbol{k}_1}{2}$,然后求解代数方程 $\boldsymbol{g}(\boldsymbol{x}_{(1)}, \boldsymbol{y}_{(1)}) = \boldsymbol{0}$ 得出 $\boldsymbol{y}_{(1)}$,计算向量 $\boldsymbol{k}_2 = h\boldsymbol{f}(\boldsymbol{x}_{(1)}, \boldsymbol{y}_{(1)})$;

(3)计算相量 $\boldsymbol{x}_{(2)} = \boldsymbol{x}_n + \dfrac{\boldsymbol{k}_2}{2}$,然后求解代数方程 $\boldsymbol{g}(\boldsymbol{x}_{(2)}, \boldsymbol{y}_{(2)}) = \boldsymbol{0}$ 得出 $\boldsymbol{y}_{(2)}$,计算向量 $\boldsymbol{k}_3 = h\boldsymbol{f}(\boldsymbol{x}_{(2)}, \boldsymbol{y}_{(2)})$;

(4)计算相量 $\boldsymbol{x}_{(3)} = \boldsymbol{x}_n + \boldsymbol{k}_3$,然后求解代数方程 $\boldsymbol{g}(\boldsymbol{x}_{(3)}, \boldsymbol{y}_{(3)}) = \boldsymbol{0}$ 得出 $\boldsymbol{y}_{(3)}$,计算向量 $\boldsymbol{k}_4 = h\boldsymbol{f}(\boldsymbol{x}_{(3)}, \boldsymbol{y}_{(3)})$;

(5)最后计算 $\boldsymbol{x}_{n+1} = \boldsymbol{x}_n + \dfrac{1}{6}(\boldsymbol{k}_1 + 2\,\boldsymbol{k}_2 + 2\,\boldsymbol{k}_3 + \boldsymbol{k}_4)$,求解代数方程 $\boldsymbol{g}(\boldsymbol{x}_{n+1}, \boldsymbol{y}_{n+1}) = \boldsymbol{0}$ 得出 $\boldsymbol{y}_{n+1}$。

为了消除交接误差带来的影响,每次计算 $\boldsymbol{k}_1$、$\boldsymbol{k}_2$、$\boldsymbol{k}_3$、$\boldsymbol{k}_4$ 之前,均要准确求解网络代数方程 $\boldsymbol{g}(\boldsymbol{x}_{n+1}, \boldsymbol{y}_{n+1}) = \boldsymbol{0}$,以提供和状态变量对应的代数变量值[17]。

显式积分算法实现起来较为简单,为了保持算法的稳定性,需要采用较小的步长。当仿真中考虑分布式电源详细模型时,由于分布式电源和储能装置、电力电子器件之间的时间常数差异很大,需要采用数值稳定性更高的隐式算法来处理系统刚性问题。

6.4.2　隐式联立求解算法

基于预测-校正形式的隐式联立求解法[18,19]是求解 DAE 方程的常用算法之一,

将式(6.18)中的微分方程组隐式差分化并和代数方程组联立后如式(6.22)所示。其中,n 表示当前时刻,h 为积分步长。

$$\begin{cases} \boldsymbol{F}(\boldsymbol{x}_{n+1},\boldsymbol{y}_{n+1})=\boldsymbol{x}_{n+1}-\boldsymbol{x}_n-\dfrac{h}{2}[\boldsymbol{f}(\boldsymbol{x}_{n+1},\boldsymbol{y}_{n+1})+\boldsymbol{f}(\boldsymbol{x}_n,\boldsymbol{y}_n)]=\boldsymbol{0} \\ \boldsymbol{g}(\boldsymbol{x}_{n+1},\boldsymbol{y}_{n+1})=\boldsymbol{0} \end{cases} \tag{6.22}$$

联立求解计算步骤如下:

(1)在求解第 $n+1$ 步 $\boldsymbol{x}_{n+1}$、$\boldsymbol{y}_{n+1}$ 时,为了加快校正步收敛性,可以首先对 $\boldsymbol{x}_{n+1}$、$\boldsymbol{y}_{n+1}$ 进行预测。如式(6.23),可采用单步欧拉法预测状态变量 $\boldsymbol{x}_{n+1}^0$,采用二阶外推法预测代数变量 $\boldsymbol{y}_{n+1}^0$

$$\begin{cases} \boldsymbol{x}_{n+1}^0=\boldsymbol{x}_n+h\boldsymbol{f}(\boldsymbol{x}_n,\boldsymbol{y}_n) \\ \boldsymbol{y}_{n+1}^0=\boldsymbol{y}_n^2/\boldsymbol{y}_{n-1} \end{cases} \tag{6.23}$$

(2)校正阶段,采用牛拉法迭代求解修正方程:

$$\begin{bmatrix} \boldsymbol{A}_{\mathrm{G}} & \boldsymbol{B}_{\mathrm{G}} \\ \boldsymbol{C}_{\mathrm{G}} & \boldsymbol{D}_{\mathrm{G}} \end{bmatrix} \begin{bmatrix} \Delta\boldsymbol{x}_{n+1}^{k+1} \\ \Delta\boldsymbol{y}_{n+1}^{k+1} \end{bmatrix}=-\begin{bmatrix} \boldsymbol{F}_{n+1}^k \\ \boldsymbol{g}_{n+1}^k \end{bmatrix} \tag{6.24}$$

式中,$\boldsymbol{F}_{n+1}^k$、$\boldsymbol{g}_{n+1}^k$ 是第 k 步迭代残差量;$\Delta\boldsymbol{x}_{n+1}^{k+1}$、$\Delta\boldsymbol{y}_{n+1}^{k+1}$ 是状态变量和代数变量的修正量;$\boldsymbol{A}_{\mathrm{G}}$、$\boldsymbol{B}_{\mathrm{G}}$、$\boldsymbol{C}_{\mathrm{G}}$、$\boldsymbol{D}_{\mathrm{G}}$ 为分块雅可比矩阵,如式(6.25)所示

$$\begin{cases} \boldsymbol{A}_{\mathrm{G}}=\dfrac{\partial\boldsymbol{F}}{\partial\boldsymbol{x}}=\boldsymbol{I}-\dfrac{h}{2}\dfrac{\partial\boldsymbol{f}}{\partial\boldsymbol{x}}\Bigg|_{\substack{x=x_{n+1}^k \\ y=y_{n+1}^k}}, \quad \boldsymbol{B}_{\mathrm{G}}=\dfrac{\partial\boldsymbol{F}}{\partial\boldsymbol{y}}=-\dfrac{h}{2}\dfrac{\partial\boldsymbol{f}}{\partial\boldsymbol{y}}\Bigg|_{\substack{x=x_{n+1}^k \\ y=y_{n+1}^k}} \\ \boldsymbol{C}_{\mathrm{G}}=\dfrac{\partial\boldsymbol{g}}{\partial\boldsymbol{x}}\Bigg|_{\substack{x=x_{n+1}^k \\ y=y_{n+1}^k}}, \quad \boldsymbol{D}_{\mathrm{G}}=\dfrac{\partial\boldsymbol{g}}{\partial\boldsymbol{y}}\Bigg|_{\substack{x=x_{n+1}^k \\ y=y_{n+1}^k}} \end{cases} \tag{6.25}$$

(3)更新 $\boldsymbol{x}_{n+1}^{k+1}=\boldsymbol{x}_{n+1}^k+\Delta\boldsymbol{x}_{n+1}^{k+1}$、$\boldsymbol{y}_{n+1}^{k+1}=\boldsymbol{y}_{n+1}^k+\Delta\boldsymbol{y}_{n+1}^{k+1}$,当满足 $\max\{\|\boldsymbol{F}_{n+1}^k\|,\|\boldsymbol{g}_{n+1}^k\|\}\leqslant\xi$(给定的误差允许值)时,则 $n+1$ 步计算迭代收敛,否则代入第二步继续求解修正量。代数变量的预测主要方法有线性几何预测、平方几何预测等。在每一次迭代中,预测方法的好坏直接影响校正步的收敛特性,而算法的稳定性仍然由校正步隐式积分求解算法决定[17]。在该算法中,雅可比矩阵元素一般需要不断更新,为了减少计算量,可采用伪牛顿法,在多个迭代时步中采用恒定雅可比矩阵 LU 分解结果进行计算。

隐式积分联立求解具有较好的数值稳定性。其算法不引入微分方程和代数方程的交接误差,能够适应较长过程的稳定计算。但是在程序设计上较为复杂,而且需要建立联立求解的修正方程,导致程序的可扩展性和灵活性不足。

6.4.3 隐式交替求解算法

隐式交替求解法采用隐式积分方法对微分方程进行求解,同时对代数方程进行求解,两个求解过程是分别进行的。在总的求解过程中,存在着网络代数方程组和微分方程组之间迭代的过程。原则上可以彼此独立地选择不同的方法交替求解系

统的微分方程和网络代数方程。和联立求解法相类似，可以采用预测-校正形式进行。

第 $n+1$ 步，预测 $\boldsymbol{x}_{n+1}^{0}$、$\boldsymbol{y}_{n+1}^{0}$ 之后，将式(6.22)改写成以下形式：

$$\begin{cases}\boldsymbol{x}_{n+1}^{k+1}=\boldsymbol{x}_{n}+\dfrac{h}{2}[\boldsymbol{f}(\boldsymbol{x}_{n+1}^{k},\boldsymbol{y}_{n+1}^{k})+\boldsymbol{f}(\boldsymbol{x}_{n},\boldsymbol{y}_{n})]\\ \boldsymbol{g}(\boldsymbol{x}_{n+1}^{k+1},\boldsymbol{y}_{n+1}^{k+1})=\boldsymbol{0}\end{cases}\tag{6.26}$$

交替迭代计算步骤如下：

(1)预测 $\boldsymbol{x}_{n+1}$ 初值，$\boldsymbol{x}_{n+1}^{0}=\boldsymbol{x}_{n}+h\boldsymbol{f}(\boldsymbol{x}_{n},\boldsymbol{y}_{n})$，采用 $\boldsymbol{g}(\boldsymbol{x}_{n+1}^{0},\boldsymbol{y}_{n+1}^{0})=\boldsymbol{0}$ 预测 $\boldsymbol{y}_{n+1}$ 初值 $\boldsymbol{y}_{n+1}^{0}$；

(2)应用式(6.26)第一式计算 $\boldsymbol{x}_{n+1}$ 的新估计值，$\boldsymbol{x}_{n+1}^{1}=\boldsymbol{x}_{n}+\dfrac{h}{2}[\boldsymbol{f}(\boldsymbol{x}_{n+1}^{0},\boldsymbol{y}_{n+1}^{0})+\boldsymbol{f}(\boldsymbol{x}_{n},\boldsymbol{y}_{n})]$；

(3)将 $\boldsymbol{x}_{n+1}^{1}$ 代入 $\boldsymbol{g}(\boldsymbol{x}_{n+1}^{1},\boldsymbol{y}_{n+1}^{1})=\boldsymbol{0}$ 解得新值 $\boldsymbol{y}_{n+1}^{1}$；

(4)转至第(2)步，计算 $\boldsymbol{x}_{n+1}^{2}=\boldsymbol{x}_{n}+\dfrac{h}{2}[\boldsymbol{f}(\boldsymbol{x}_{n+1}^{1},\boldsymbol{y}_{n+1}^{1})+\boldsymbol{f}(\boldsymbol{x}_{n},\boldsymbol{y}_{n})]$，继续迭代，当满足 $\|\boldsymbol{x}_{n+1}^{k+1}-\boldsymbol{x}_{n+1}^{k}\|\leqslant\xi$（$\xi$ 是给定的误差允许值)时，则 $n+1$ 步计算迭代收敛。

6.5　基于数值微分求导的隐式求解算法

从上一节的分析可以看出，隐式交替求解的仿真框架比较适合于微电网中分布式电源模型的更新和添加，但如果对差分方程采用一般的简单函数迭代方法，可能存在发散或者收敛慢的问题。如果采用联立隐式求解方法，其特有的牛顿法迭代稳定性比简单函数迭代要优越，但这种方法需要不断重新形成雅可比矩阵，而形成雅可比矩阵时处理网络方程和动态元件方程接口比较困难，且联立格式不利于新模型的更新和添加。

一种最理想的方式是结合两种隐式算法的优点，采用交替求解框架，对于差分方程的求解采用稳定性较高的牛顿法迭代格式。这样做的关键问题在于需要对差分方程形成雅可比矩阵用于迭代求解。通过导数解析表达式直接计算雅可比矩阵中的元素是普遍采用的方法，但当需要求导的数学模型具备较强的变结构或变参数特征时，直接解析求导是困难的。

利用对自变量进行扰动操作的数值微分法[20]计算系统的雅可比矩阵元素是小干扰稳定性分析常用算法，此时的雅可比矩阵完全是在原系统状态方程和代数方程的基础上直接通过数值计算获得，不需要事先获得雅可比矩阵元素函数的解析信息，可以自动计及系统模型结构突变时的影响，具有程序开发简单和可靠性高等优点。

基于以上特点，将雅可比矩阵的数值微分求导法与预测-校正形式的隐式交替求解算法相结合，可发展出一种改进的隐式梯形算法，形成一种新的交替求解格式，实现预测-校正算法中的校正迭代求解。

6.5.1 数值微分算法及应用

在式(6.24)中，假定 $\boldsymbol{D}_{\mathrm{G}}$ 可逆，改进算法的基本原理如下：

假设 $\boldsymbol{x}_{n+1}^{k}$、$\boldsymbol{y}_{n+1}^{k}$ 已知，在式(6.24)中通过对 $\Delta \boldsymbol{y}_{n+1}^{k+1}$ 进行消元运算，可将式(6.24)化简为

$$-\boldsymbol{F}_{n+1}^{k}=(\boldsymbol{A}_{\mathrm{G}}-\boldsymbol{B}_{\mathrm{G}}\boldsymbol{D}_{\mathrm{G}}^{-1}\boldsymbol{C}_{\mathrm{G}})\Delta \boldsymbol{x}_{n+1}^{k+1}-\boldsymbol{B}_{\mathrm{G}}\boldsymbol{D}_{\mathrm{G}}^{-1}\boldsymbol{g}_{n+1}^{k} \tag{6.27}$$

令

$$\boldsymbol{A}_{\mathrm{sys}}=\boldsymbol{A}_{\mathrm{G}}-\boldsymbol{B}_{\mathrm{G}}\boldsymbol{D}_{\mathrm{G}}^{-1}\boldsymbol{C}_{\mathrm{G}} \tag{6.28}$$

由于采用交替求解格式，代数部分和微分部分可以分别求解。在代数方程解附近，式(6.27)右端第二项的代数残差约等于零，可采用式(6.27)右端项第一项作为状态变量残差近似值，则有

$$-\boldsymbol{F}_{n+1}^{k}\approx \boldsymbol{A}_{\mathrm{sys}}\Delta \boldsymbol{x}_{n+1}^{k+1} \tag{6.29}$$

采用式(6.24)第一式求解残差 $\boldsymbol{F}_{n+1}^{k}$ 之后，求解式(6.29)可获得修正量 $\Delta \boldsymbol{x}_{n+1}^{k+1}$；更新状态变量 $\boldsymbol{x}_{n+1}^{k+1}=\boldsymbol{x}_{n+1}^{k}+\Delta\boldsymbol{x}_{n+1}^{k+1}$。代入式(6.24)第二式可求解出 $\boldsymbol{y}_{n+1}^{k+1}$。当满足 $\max\{\boldsymbol{F}_{n+1}^{k+1}\}\leqslant\xi$（给定的误差允许值）时，则 $n+1$ 步计算迭代收敛。若不满足，继续进行式(6.29)的迭代求解，直到满足收敛标准。

由于采用的是交替求解的隐式梯形积分方法，算法本身是收敛的，并且本算法中将代数方程参与状态变量的迭代，代数方程和状态方程是严格交接的，可以消除由代数和状态变量交接不同步造成的交接误差，同时和伪牛顿法算法相结合可以加快仿真速度。

在上述计算过程中，式(6.29)中 $\boldsymbol{A}_{\mathrm{sys}}$ 的获取是关键步骤之一。若将 $\boldsymbol{A}_{\mathrm{G}}$、$\boldsymbol{B}_{\mathrm{G}}$、$\boldsymbol{C}_{\mathrm{G}}$、$\boldsymbol{D}_{\mathrm{G}}$ 表达式(6.25)带入式(6.28)，可以得到

$$\begin{aligned}\boldsymbol{A}_{\mathrm{sys}}&=\left(\boldsymbol{I}-\frac{h}{2}\frac{\partial \boldsymbol{f}}{\partial \boldsymbol{x}}\right)-\left(-\frac{h}{2}\frac{\partial \boldsymbol{f}}{\partial \boldsymbol{y}}\right)\boldsymbol{D}_{\mathrm{G}}^{-1}\left(-\frac{\partial \boldsymbol{g}}{\partial \boldsymbol{x}}\right)\\&=\boldsymbol{I}-\frac{h}{2}\left(\frac{\partial f}{\partial x}-\frac{\partial \boldsymbol{f}}{\partial \boldsymbol{y}}\boldsymbol{D}_{\mathrm{G}}^{-1}\frac{\partial \boldsymbol{g}}{\partial \boldsymbol{x}}\right)\\&=\boldsymbol{I}-\frac{h}{2}(\boldsymbol{f}_{x}-\boldsymbol{f}_{y}\boldsymbol{g}_{y}^{-1}\boldsymbol{g}_{x})\end{aligned} \tag{6.30}$$

令 $\boldsymbol{A}_{\mathrm{ODE}}=\boldsymbol{f}_{x}-\boldsymbol{f}_{y}\boldsymbol{g}_{y}^{-1}\boldsymbol{g}_{x}$，根据式(6.30)，差分方程牛顿法迭代格式中所需的雅可比矩阵 $\boldsymbol{A}_{\mathrm{sys}}$ 和原系统 DAE 方程组降阶之后的雅可比矩阵 $\boldsymbol{A}_{\mathrm{ODE}}$ 存在着一一对应关系。可以通过求取 $\boldsymbol{A}_{\mathrm{ODE}}$ 进而获得 $\boldsymbol{A}_{\mathrm{sys}}$。

将式(6.18)给出的微分代数方程组在平衡点处线性化，并消去代数方程，可以得到下述小扰动状态方程形式：

$$\Delta\dot{\boldsymbol{x}}=(\boldsymbol{f}_{x}-\boldsymbol{f}_{y}\boldsymbol{g}_{y}^{-1}\boldsymbol{g}_{x})\Delta\boldsymbol{x}=\boldsymbol{A}_{\mathrm{ODE}}\Delta\boldsymbol{x} \tag{6.31}$$

采用数值微分方法计算 $\boldsymbol{A}_{\mathrm{ODE}}$ 的思路如下：

对 $\boldsymbol{x}$ 中某一个状态变量 x_i（$i=1,\cdots,n$；n 为状态变量个数）进行一个微小扰动，令 $x_i'=x_i+\Delta x_i$，定义 $\boldsymbol{x}'=[x_1,\cdots,x_i',\cdots,x_n]^{\mathrm{T}}$；将扰动后 $\boldsymbol{x}'$ 代入式(6.18)中的代数方程并求解，可以得到代数变量的扰动值，定义为 $\boldsymbol{y}'$；将得到的 $\boldsymbol{x}'$、$\boldsymbol{y}'$ 代入式(6.18)的微分方程，可计算出状态变量导数的扰动值 $\dot{\boldsymbol{x}}'=[\cdots,\dot{x}_j',\cdots]^{\mathrm{T}}$，则 A_{ODE} 的元素为

$$a_{ji}=\frac{\dot{x}_j'-\dot{x}_j}{x_i'-x_i}=\frac{\Delta\dot{x}_j}{\Delta x_i} \tag{6.32}$$

在预测点 $(\boldsymbol{x}_{n+1}^0,\boldsymbol{y}_{n+1}^0)$ 处可采用如上所述的数值微分扰动方法计算 $\boldsymbol{A}_{\mathrm{ODE}}$，进而得到 $\boldsymbol{A}_{\mathrm{sys}}$，然后采用伪牛顿法对式(6.29)迭代求解。整体算法求解过程如图 6.21 所示。

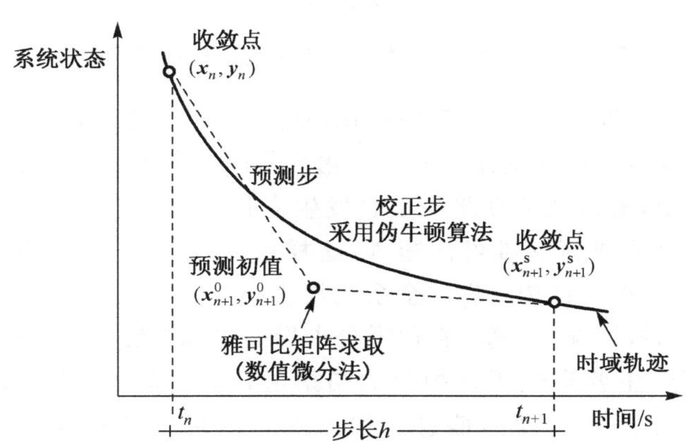

图 6.21　预测-校正型隐式梯形算法示意图

6.5.2　算法模型变结构适应性分析

采用数值微分法计算雅可比矩阵，其最大的特点是当仿真过程中模型结构发生变化时，可以比较容易地实现雅可比矩阵的更新。考虑到微电网中存在大量非连续控制环节，这一特点在微电网仿真软件的开发中具有独特的优势，采用这种方法可以在保证仿真速度的同时，大大简化程序的开发过程。下面以一具体情况为例说明该方法的优点。

图 6.22 为典型的分轴结构微型燃气轮机原动系统框图[21]；图中有三个部分需要通过低值门联结：①速度控制环节；②温度控制环节；③压缩机涡轮系统。当微型燃气轮机运行在正常温度范围内时，温度控制环节不起作用，速度控制环节的输出信号 F_{D} 通过低值门，即 $U_{\mathrm{ce}}=F_{\mathrm{D}}$，仿真路径为路径 1；当微型燃气轮机的运行温度过高时，温度控制环节输出信号 F_{DT} 通过低值门，此时 $U_{\mathrm{ce}}=F_{\mathrm{DT}}$，仿真路径为路径 2。因此仿真过程中需要考虑到两种仿真路径的切换，也就是需要考虑控制系统的变结构特征。

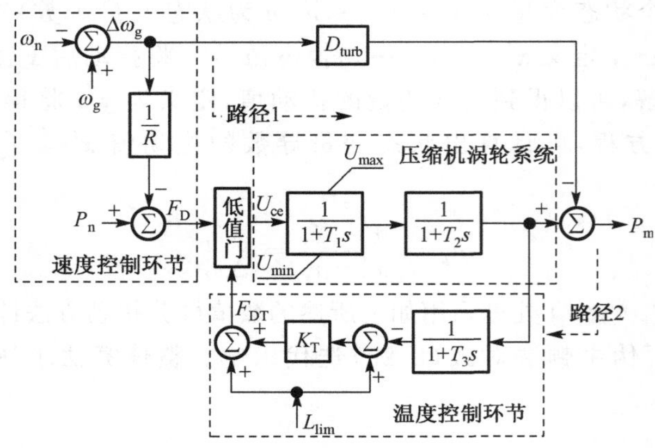

图 6.22　分轴燃气轮机原动系统变结构特点示意图

当仿真路径发生变化时，需要对雅可比矩阵 $\boldsymbol{A}_{sys}$ 进行更新，这种变结构特征将导致雅可比矩阵元素定位和寻址操作的复杂化。采用本节方法，在预测步通过检测低值门信号是否改变，来识别仿真路径是否发生变化，在预测点处可以很容易重新进行状态变量扰动以形成新的雅可比矩阵，这样可以自动计及变结构之后的系统信息，通过校正迭代获得变结构之后的全系统收敛点。

考虑模型变结构情况下，基于数值微分求导的仿真算法可分为四部分：

(1)预测部分：主要实现正常积分的初始值计算，以及仿真路径变化检测，输出变结构仿真策略是否启动的信息。如果没有出现仿真路径改变的情况，则转到下一部分，如果仿真路径改变，则启动变结构仿真策略，转到变结构仿真策略部分。

(2)伪牛拉法算法部分：首先检测伪牛拉法雅可比矩阵需要更新的时步间隔是否达到，如果没有达到，仍然采用上一时步的雅可比矩阵进行校正步迭代，如果达到则更新，在预测点处采用扰动方法获得差分方程雅可比矩阵 $\boldsymbol{A}_{ODE}$，直接计算校正步所需的迭代雅可比矩阵 $\boldsymbol{A}_{sys}$，进入下一部分。

(3)变结构仿真策略：当检测到启动信息，在预测点处重新扰动生成雅可比矩阵 $\boldsymbol{A}_{sys}$，进入校正环节。

(4)校正步计算：计算状态变量的残差，求解状态变量的修正值并更新，再求解网络电压，如果迭代收敛，则转向下一时步仿真。

6.5.3　改进的隐式交替求解算法流程

在基于数值微分算法求导的隐式交替求解算法基本原理基础上，图 6.23 给出了微电网暂态稳定性仿真的整体性算法流程，流程图左侧是考虑了仿真模型含有变结构特征情况下的一个时步内计算流程。

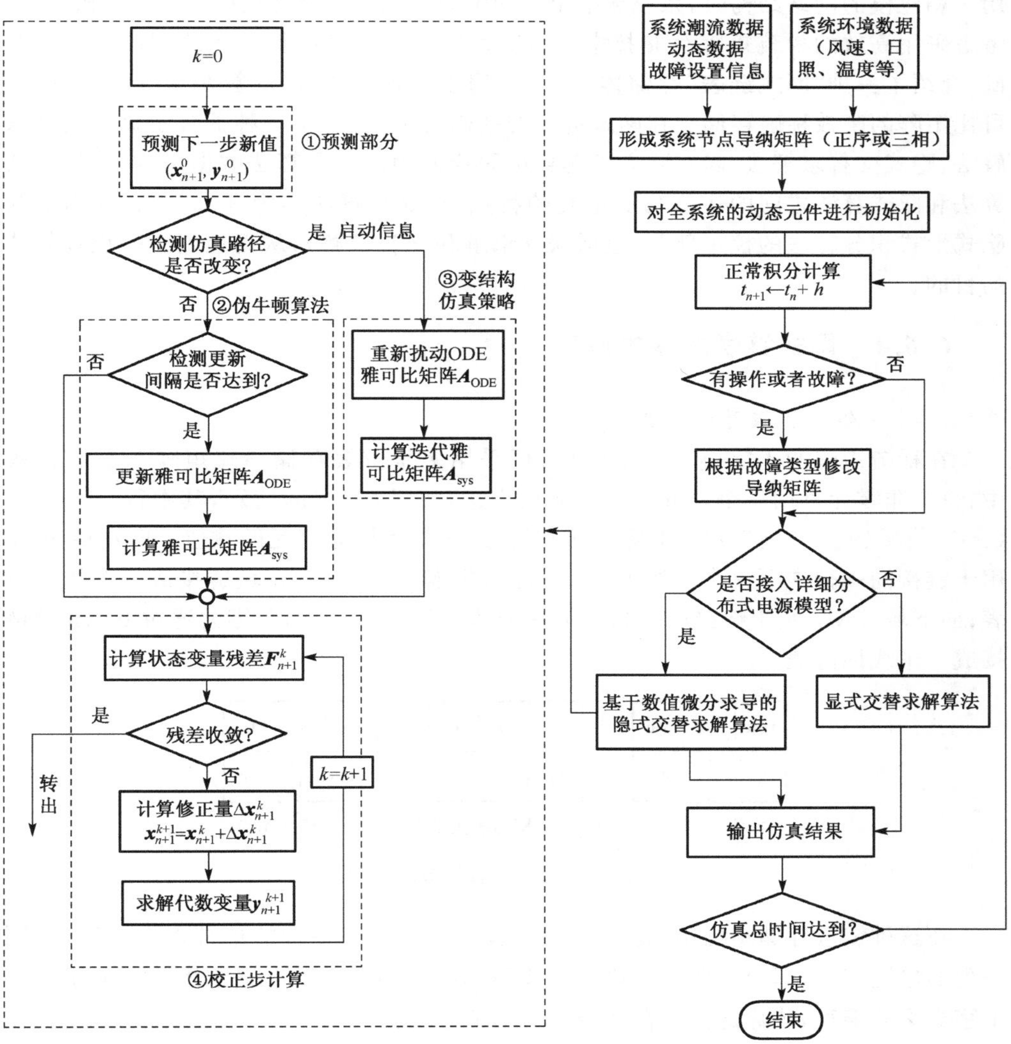

k=0

预测下一步新值 $(\boldsymbol{x}_{n+1}^{0}, \boldsymbol{y}_{n+1}^{0})$

①预测部分

检测仿真路径是否改变?

是 启动信息

③变结构仿真策略

重新扰动ODE雅可比矩阵 $\boldsymbol{A}_{\mathrm{ODE}}$

计算迭代雅可比矩阵 $\boldsymbol{A}_{\mathrm{sys}}$

否 ②伪牛顿算法

检测更新间隔是否达到?

否

是

更新雅可比矩阵 $\boldsymbol{A}_{\mathrm{ODE}}$

计算雅可比矩阵 $\boldsymbol{A}_{\mathrm{sys}}$

计算状态变量残差 $\boldsymbol{F}_{n+1}^{k}$

残差收敛?

是

转出

否

计算修正量 $\Delta\boldsymbol{x}_{n+1}^{k}$

$\boldsymbol{x}_{n+1}^{k+1}=\boldsymbol{x}_{n+1}^{k}+\Delta\boldsymbol{x}_{n+1}^{k}$

求解代数变量 $\boldsymbol{y}_{n+1}^{k+1}$

$k=k+1$

④校正步计算

系统潮流数据 动态数据 故障设置信息

系统环境数据（风速、日照、温度等）

形成系统节点导纳矩阵（正序或三相）

对全系统的动态元件进行初始化

正常积分计算 $t_{n+1}\leftarrow t_n+h$

有操作或者故障?

否

是

根据故障类型修改导纳矩阵

是否接入详细分布式电源模型?

是

否

基于数值微分求导的隐式交替求解算法

显式交替求解算法

输出仿真结果

仿真总时间达到?

是

结束

图 6.23 微电网稳定性算法流程图

6.6 网式链表-双层算法结构及应用

考虑到暂态稳定性仿真计算的特点，描述整个微电网的微分方程组并不依赖于数值积分方法的选择，可以采用各种显式、隐式的算法对其进行解算，即动态模型和数值仿真算法具有相互独立的特点，因此用于实现数值积分方法的数据结构需要具有较强的兼容性，以便适应各种类型数值计算方法，并且可以灵活进行切换。当采用三相建模的网络结构时，系统导纳矩阵的维数可能会扩大为正序建模的 3 倍，需要考虑采用高效的稀疏矩阵存储技术。本节以"十字链表"结构的稀疏存储方式为基础，介绍了一种"网式链表"存储体系[22,23]，用于实现显式、隐式算法中导纳矩阵、雅可比矩阵的高效稀疏存储。在网式链表的基础之上，设计了一种适合于显式交替求解法、隐式交替求解法、隐式联立求解算法联合使用的双层算法数据结构，利用显式算法和隐式算法之间的运算功能重叠的特点，将显式算法作为外层算法，而内层为隐式形式积分算法的校正部分（包括联立求解和交替求解），从而达到统一设计算法的目的。

6.6.1 网式链表的基本原理

1. 十字链表稀疏存储原理

在稀疏矩阵的十字链表表示法中，可采用多重链表存储稀疏矩阵[24]。在链表中，每个非零元可用一个含五个域的节点表达，如图 6.24(a)所示，其中行(row)、列(col)、值域(val)分别表示该非零元所在行号、列号和该非零元的数值。向右域 right 用于链接同一行中下一个非零元，同一行的非零元通过 right 域链接成一个线性链表；向下域 down 用于链接同一列中下一个非零元，同一列的非零元通过 down 域链接成一个线性链表。

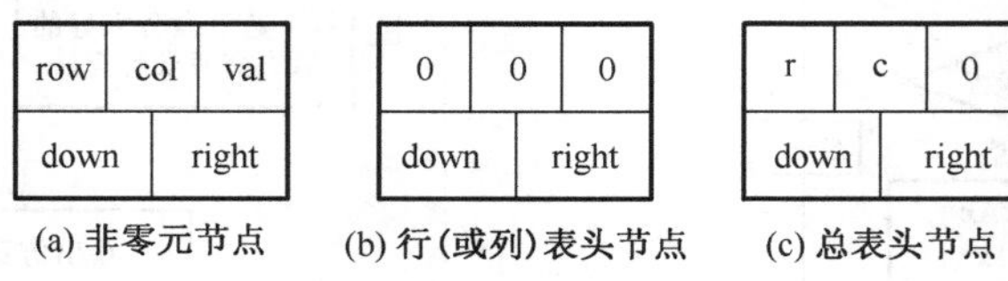

图 6.24　十字链表的节点结构

在这种链接存储结构中，每个三元组节点既处于同一行的单链表中，又处于同一列的单链表中，即处于所在行单链表和列单链表的交点处。整个矩阵构成了一个十字交叉的链表，故称这样的存储结构为十字链表。

为了便于对数据进行处理，每行的循环链表有一个表头节点，每一个表头节点的向右指针指向相应行的第一个非零元素节点；每列的循环链接表也有一个表头节点，每一个表头节点的向下指针指向对应列的第一个非零元素节点；对应的 row、col、val 设为 0 即可。为了节省空间，可以将这两组空表头节点合用，如图 6.24(b)所示。

此外，可以利用指针将各个表头节点也链接成一个链表，这样整个表有一个总表头节点，其中相应的 row 和 col 对应为全矩阵总行数 r 和列数 c，val 设为 0 即可，如图 6.24(c)所示。

利用这个总表头节点的指针就可以访问到此矩阵的所有行和列的头节点，进而可以访问到矩阵中所有的非零元素，如图 6.25 所示，右图给出对应左边一个 5×5 阶稀疏矩阵的十字链表存储结构和描述方法。

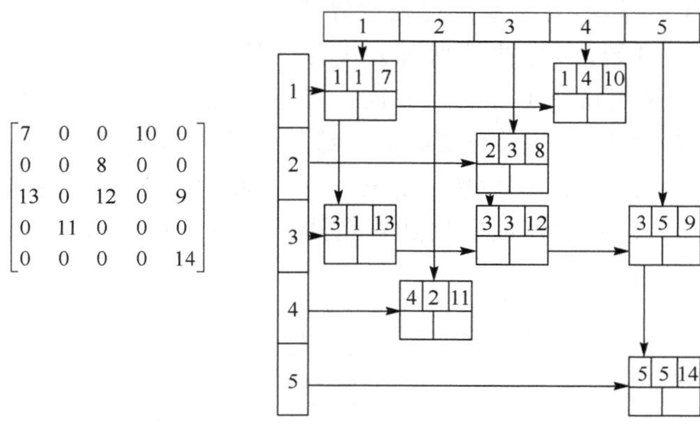

图 6.25　十字链表存储结构图

十字链表从结构上具有以下几个主要特点。

(1)扩展性强:由行和列的表头节点链接成的一个链表是一个单链表,其末尾节点可继续挂接新的头节点,用于扩展矩阵的维数,增加新的行或列元素。相比于采用数组方式稀疏存储结构,十字链表稀疏存储结构采用指针操作进行矩阵维数扩展,编程简单,结构清晰。如图 6.26 所示,将上述 5×5 阶稀疏矩阵扩展为 7×7 阶矩阵,对应的十字链表存储结构相应增加 6、7 行列对应的表头节点,这样就可以扩充新的元素,只要将新元素所在的节点和同行同列相邻元素节点用节点指针链接起来,就可以寻址访问了。

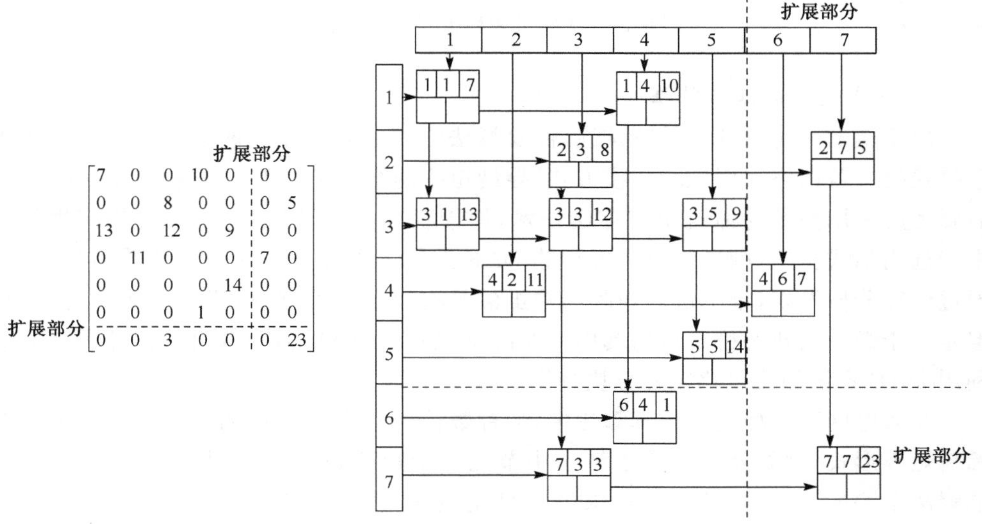

图 6.26　十字链表扩展存储方式

(2)寻址方式多样化:对于某一行列位置确定的元素,十字链表结构常规搜索方式是从总表头节点开始,从行首或列首元素开始的顺序检索,如图 6.27 中,对元素 14 进行寻址,可以采用路径 1、2 所示方向。考虑到在电力系统计算中,有很多情况需要直接存取主对角线元素,部分文献对二维链表进行改进,增加了一个辅助数组,存放主对角线元素,如图 6.27 中按照路径 3 方式搜索元素 14。这样操作不仅能直接存取主对角线元素,而且可以实现从对角线开始进行向下或向右的检索,增加了稀疏矩阵检索的灵活性。

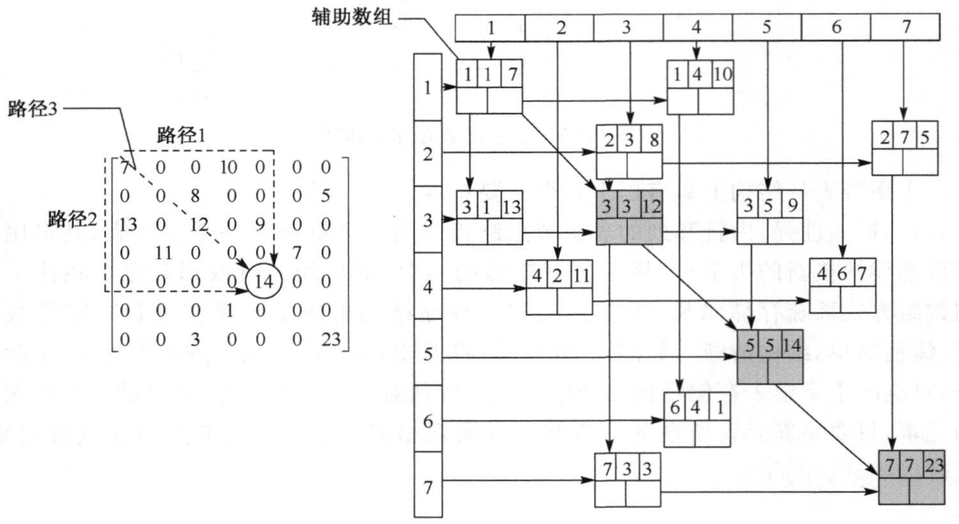

图 6.27　十字链表稀疏存储寻址方式

2. 网式链表的基本特征

由于微电网仿真计算的特殊性,需要算法能够兼容正序电网建模以及三相配电系统建模。若网络采用三相建模方式,导纳矩阵的维数扩大为正序系统的 3 倍,算法需要考虑采用高效的稀疏矩阵存储技术,用于存储高维导纳矩阵,同时稳定性计算中若选用隐式算法,则还需要考虑存储 DAE 系统的差分方程对应迭代雅可比矩阵。通过研究分析发现,十字链表矩阵结构虽然具有可扩展性强、搜索方式灵活等特点,但是对于微电网暂态稳定性仿真中特有的稀疏矩阵结构,辅助数组的存储没有充分利用 DAE 系统的雅可比矩阵分块特征。

在微电网暂态稳定性仿真算法中,各种数值计算方法采用的计算模型一般均为稀疏矩阵形式,例如显式交替求解法中节点导纳矩阵(正序或三相形式)、隐式联立求解法中 DAE 联立代数方程组求解雅可比矩阵、隐式交替求解法中差分方程迭代雅可比矩阵等,隐式算法中的雅可比矩阵均具有分块特征,并且这种分块特征和 DAE 方程中物理元件间的拓扑连接是密切相关的,物理元件包括发电机、控制器、电力电子装置、分布式电源以及电力网络等。

为了能够利用元件之间的这种拓扑关系，达到以一个元件为整体进行快速稀疏填元和寻址的目的，在十字链表稀疏存储结构上，基于动态元件拓扑连接关系，可发展出一种新的稀疏存储结构——网式链表稀疏存储结构，以满足微电网暂态稳定性仿真计算的需要。"网式链表"由十字链表存储结构和DAE方程中物理元件对象指针共同构成。下面采用图6.28所示的发电机并网系统框图加以详细介绍。

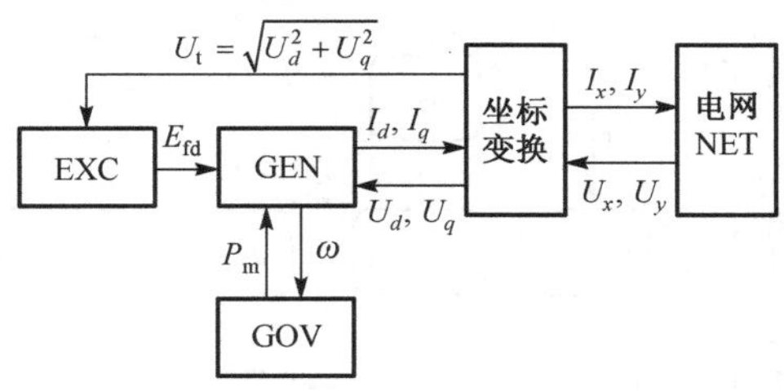

图6.28　发电机并网系统

如图6.28所示，典型发电机并网系统由电网(NET)、发电机(GEN)、励磁系统(EXC)和原动机(GOV)组成。发电机组各个动态设备之间通过各种控制信号相连接，例如励磁系统输入信号为发电机并网母线机端电压V_t，输出励磁电压E_{fd}至发电机，原动设备输入信号为发电机角速度ω，输出机械功率P_m至发电机。

在暂态稳定性仿真计算中，需要形成数值算法所需各元件对应的雅可比矩阵用于迭代计算，令$\boldsymbol{J}_{GEN}$、$\boldsymbol{J}_{GOV}$、$\boldsymbol{J}_{EXC}$，$\boldsymbol{J}_{NET}$(三相导纳矩阵)为元件主对角分块雅可比矩阵，统称为$\boldsymbol{J}_{diag}$，而$\boldsymbol{J}_{GOV_GEN}$、$\boldsymbol{J}_{GEN_GOV}$、$\boldsymbol{J}_{EXC_GEN}$、$\boldsymbol{J}_{GEN_EXC}$、$\boldsymbol{J}_{EXC_NET}$、$\boldsymbol{J}_{NET_GEN}$、$\boldsymbol{J}_{GEN_NET}$为各动态元件、电网之间的耦合部分的非对角分块雅可比矩阵，统称为$\boldsymbol{J}_{non_diag}$，如果直接采用十字链表存储方式，对于雅可比矩阵元素的存取和寻址是低效的，因为相比电力系统其他领域的矩阵计算对象，上述雅可比矩阵间通过物理元件之间的输入输出信号联系在一起，物理概念清晰且结构明确。如果采用十字链表进行存储操作，仅仅将DAE系统雅可比矩阵视为一般稀疏矩阵，则存储和寻址的效率会较低。网式链表则利用各个动态设备之间各种控制信号作为控制信号对象指针，和十字链表寻址方式相结合，实现以上所述对角、非对角分块雅可比的快速定位存储。

对于物理元件的对角分块雅可比矩阵，网式链表数据结构在十字链表行和列的表头节点链表中定义了对应分块矩阵行(或列)元素首地址，如图6.29所示。在每一个动态元件类初始化过程中和仿真计算过程中，通过分块矩阵行(或列)元素首地址可以对其进行填元和更新操作，可以采用十字链表辅助寻址数组加快寻址效率。

对于物理元件之间耦合部分的非对角分块雅可比矩阵，需要采用元件之间的输入输出信号进行识别和定位操作。以发电机和原动机为例，发电机输出角速度ω对原动机施加控制，从算法结构角度看，控制影响主要体现在角速度ω参与$\boldsymbol{J}_{GOV_GEN}$元素的更新操作，可以将发电机类称为控制元件类，而原动机类称为被控元件类，$\boldsymbol{J}_{GEN}$

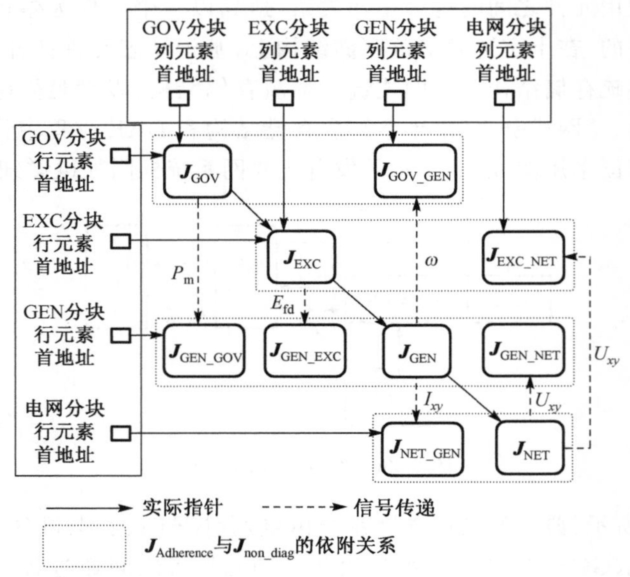

图 6.29　网式链表雅可比矩阵的定义

是控制元件类的计算模型变量，J_{GOV}、J_{GOV_GEN}是被控元件类的计算模型变量。将发电机和原动机相关雅可比矩阵排列成图 6.30 的形式，网式链表存储结构中，角速度ω被定义为发电机类输出控制信号指针，原动机类中相应的耦合矩阵J_{GOV_GEN}接收该指针信息，用于定位操作和仿真计算信息更新。

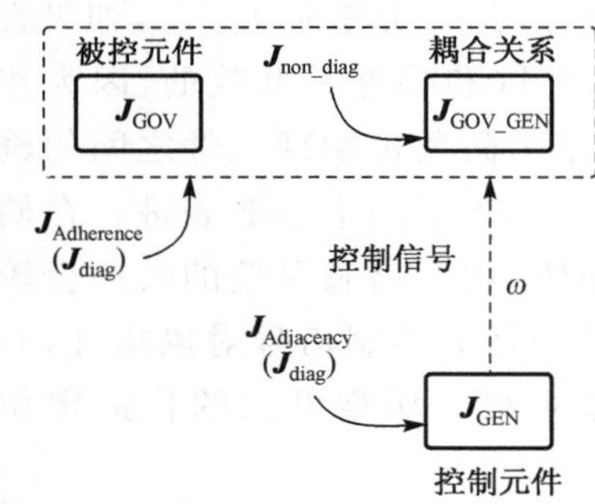

图 6.30　隐式雅可比矩阵的网式链表的组织结构

输入J_{GOV_GEN}的角速度ω控制信号指针含有J_{GOV_GEN}对应分块矩阵首列地址信息，J_{GOV}、J_{GOV_GEN}同属于原动机类，原动机类确定了J_{GOV_GEN}分块矩阵对应首行地址信息，因此可以准确定位J_{GOV_GEN}在全矩阵中的位置，在 GOV 初始化过程中和仿真计算过程中对其进行填元和更新操作。

J_{GEN}和原动机类对应的J_{GOV_GEN}是一种邻接关系，邻接关系体现在控制元件类和被控元件类之间的一一对应关系上，将J_{GEN}称为J_{GOV}、J_{GOV_GEN}的邻接矩阵，简称为$J_{Adjacency}$。J_{GOV}和J_{GOV_GEN}是一种依附关系，依附关系主要体现在J_{GOV}、J_{GOV_GEN}同属于原动机类计算模型变量，同时初始化或者更新填元，自动获得J_{GOV}所代表的被控元件的行（或者列）的首地址信息，将J_{GOV}称为J_{GOV_GEN}的依附矩阵，简称为$J_{Adherence}$，如图 6.30 所定义。

$J_{Adjacency}$和$J_{Adherence}$在网式链表结构中存在两个特征。

（1）唯一性：每一个J_{non_diag}仅仅和两个J_{diag}（$J_{Adherence}$、$J_{Adjacency}$）有关，其定位填元操

作由 $J_{\text{Adherence}}$、$J_{\text{Adjacency}}$ 共同唯一确定，这个特点极大地提高了动态元件隐式积分算法建模的效率，降低了内层算法数据结构设计的难度。

(2)组装性：由于定位操作存在唯一性，每一个 $J_{\text{non\_diag}}$ 在整个隐式算法雅可比矩阵中的位置可以自由分配，不需要按照动态元件之间物理实际连接位置顺序读入，可以根据当前读入信息，安插在全雅可比矩阵确定位置上，动态分配到被控元件内部初始化和更新填元，并随时和控制元件传入控制信号相配合操作。这种设计方式简化了动态参数文件的设计难度，整个动态元件的参数录入更加灵活，可以随时添加或者删除动态模型，具有良好的组装功能。

图 6.29 给出的即为图 6.28 所示的发电机并网系统的全雅可比矩阵的网式链表组织结构图，从图中可以看出实际十字链表指针结构之上"覆盖"着控制信号对象指针，类似一张"网"，对象指针和十字链表指针即构成"网式链表"的基本结构。

6.6.2 双层算法描述

1. 双层算法组织结构分析

采用网式链表可以发展出适合于显式和隐式算法联合使用的双层算法数据结构，显式、隐式算法虽然积分算法原理不同，但是不同算法之间存在内在联系。

(1)显式积分算法(如向前欧拉法、显式四阶龙格-库塔算法等)既可以作为独立积分算法在系统刚性程度不高情况下进行数值积分，也可以在预测-校正形式的隐式联立求解法中、隐式交替求解法中作为预测算法使用，这一点在 6.4 节给出了详细介绍。在隐式联立算法、隐式交替求解算法中，利用显示积分算法预测每一步状态变量的初值，是这些算法每步求解过程中的第一步。图 6.31 给出了以向前欧拉法作为预测环节的隐式联立求解算法、隐式交替求解算法的算法结构。

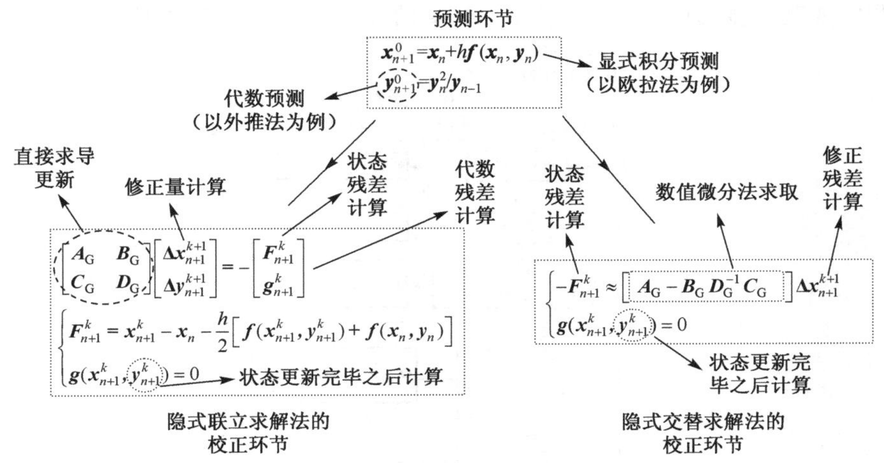

图 6.31 隐式联立求解法、隐式交替算法结构图

(2)在采用数值微分求导的隐式交替求解法中，需要对整个 DAE 系统进行扰动计算，通过分析可以看出，扰动计算过程可以采用一个时步内的显式交替算法实现(以向前欧拉法为例说明)。假设在第 $n+1$ 步初始进行扰动计算，对 $\boldsymbol{x}_{n+1}$ 施加一个微小扰动 $\xi\boldsymbol{x}_{n+1}$，得到扰动后的 $\boldsymbol{x}'_{n+1}=\boldsymbol{x}_{n+1}+\xi\boldsymbol{x}_{n+1}$，通过网络方程迭代求解可以获得代数变量扰动后的值 $\boldsymbol{y}'_{n+1}$，将 $\boldsymbol{x}'_{n+1}$ 和 $\boldsymbol{y}'_{n+1}$ 代入到式(6.18)的微分方程中，可以求得扰动后的 $\dot{\boldsymbol{x}}'_{n+1}$，由向前欧拉法可以得到下一时步状态变量 $\boldsymbol{x}'_{n+2}$(即对应扰动 $\xi\boldsymbol{x}_{n+1}$ 的下一时步值)，根据欧拉法计算公式

$$\boldsymbol{x}'_{n+2}=\boldsymbol{x}'_{n+1}+h\,\dot{\boldsymbol{x}}'_{n+1}=\boldsymbol{x}'_{n+1}+h\boldsymbol{f}(\boldsymbol{x}'_{n+1},\boldsymbol{y}'_{n+1}) \tag{6.33}$$

又考虑到

$$\boldsymbol{x}_{n+2}=\boldsymbol{x}_{n+1}+h\,\dot{\boldsymbol{x}}_{n+1}=\boldsymbol{x}_{n+1}+h\boldsymbol{f}(\boldsymbol{x}_{n+1},\boldsymbol{y}_{n+1}) \tag{6.34}$$

在式(6.34)两边分别对 $\boldsymbol{x}_{n+1}$ 求导有

$$\frac{\partial\boldsymbol{x}_{n+2}}{\partial\boldsymbol{x}_{n+1}}=\boldsymbol{\varphi}_{\mathrm{ODE}}=\boldsymbol{I}+h\frac{\partial\dot{\boldsymbol{x}}_{n+1}}{\partial\boldsymbol{x}_{n+1}}=\boldsymbol{I}+h\frac{\partial\boldsymbol{f}(\boldsymbol{x}_{n+1},\boldsymbol{y}_{n+1})}{\partial\boldsymbol{x}_{n+1}}=\boldsymbol{I}+h\boldsymbol{A}_{\mathrm{ODE}} \tag{6.35}$$

$\boldsymbol{A}_{\mathrm{ODE}}$ 的求解可以采用 $\boldsymbol{\varphi}_{\mathrm{ODE}}$ 间接获得，即

$$\boldsymbol{A}_{\mathrm{ODE}}=\frac{1}{h}(\boldsymbol{\varphi}_{\mathrm{ODE}}-\boldsymbol{I}) \tag{6.36}$$

而 $\boldsymbol{\varphi}_{\mathrm{ODE}}$ 可以近似利用下式求得

$$\boldsymbol{\varphi}_{\mathrm{ODE}}=\frac{\partial\boldsymbol{x}_{n+2}}{\partial x_{n+1}}\approx\frac{\boldsymbol{x}'_{n+2}-\boldsymbol{x}_{n+2}}{\xi\boldsymbol{x}_{n+1}} \tag{6.37}$$

式(6.36)表明，除了通过计算 $\dfrac{\xi\dot{\boldsymbol{x}}_{n+1}}{\xi\boldsymbol{x}_{n+1}}$ 的方式获得 $\boldsymbol{A}_{\mathrm{ODE}}$ 的方法之外，也可以间接求取 $\boldsymbol{A}_{\mathrm{ODE}}$，通过 $\boldsymbol{\varphi}_{\mathrm{ODE}}$ 间接获得 $\boldsymbol{A}_{\mathrm{ODE}}$ 计算方法更加有效，而且编程较为简单，而这个方法实现过程完全可以通过显式交替求解框架实现。由此可以看出，数值微分法的求导过程需要利用显式积分算法来完成。$\boldsymbol{A}_{\mathrm{ODE}}$ 的计算途径如图 6.32 所示。

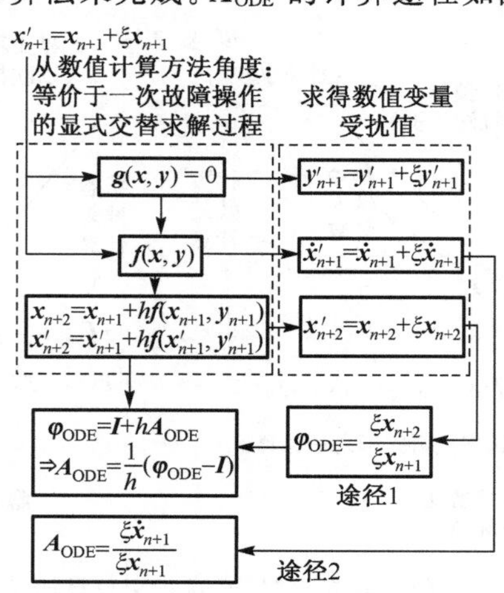

图 6.32 $\boldsymbol{A}_{\mathrm{ODE}}$ 计算与显式积分算法关系

综合以上两点分析可以看出，显式交替求解法和隐式联立求解法、隐式交替求解法之间的运算功能具有重叠性和复用特点，基于这一原理可以设计出一种双层算法，将 DAE 微分方程部分采用的显式积分算法作为外层算法，而内层为 DAE 方程采用的隐式梯形算法迭代部分（包括联立求解和交替求解），从而达到算法统一的设计目的。外层算法不仅仅单纯应用于显式数值积分计算过程，在统一算法的框架下，它可用于完成下述工作：

（1）显式交替求解算法的显式积分；

（2）隐式联立求解算法、交替求解算法的状态变量、代数变量预测；

（3）隐式联立求解算法、交替求解算法的状态残差计算；

（4）数值微分法的状态变量受扰值计算，以实现扰动操作求导。

基于网式链表的结构，内层算法可以实现分块雅可比矩阵定位、填元、更新操作，以实现隐式联立求解法、交替求解法中校正部分的雅可比矩阵迭代、残差更新等。

与式（6.18）给出的 DAE 系统一般性描述方程相对应，针对微电网暂态稳定性仿真的需要，可以给出更为具体的描述形式。在微电网中，根据 6.2 节的分析，参考图 6.3、图 6.6、图 6.9，分布式电源、负荷等元件的数学模型由反映其动态特性的微分方程、描述其电压特性和其他静态特性的代数方程构成，可表达为下述形式：

$$\dot{\boldsymbol{X}}_{\mathrm{d}} = \boldsymbol{f}_{\mathrm{d}}(\boldsymbol{X}_{\mathrm{d}}, \boldsymbol{U}_{\mathrm{d}}) \tag{6.38}$$

$$\boldsymbol{I}_{\mathrm{d}} = \boldsymbol{g}_{\mathrm{d}}(\boldsymbol{X}_{\mathrm{d}}, \boldsymbol{U}_{\mathrm{d}}) \tag{6.39}$$

式中，$\boldsymbol{X}_{\mathrm{d}}$为元件的状态变量；$\boldsymbol{U}_{\mathrm{d}}$为元件所接母线的电压，$\boldsymbol{I}_{\mathrm{d}}$为元件注入电力网络的电流。

将所有分布式电源、负荷等元件的模型和描述微电网网络方程联立，可以得到整个微电网的模型，为如式（6.40）所示的微分-代数方程组：

$$\begin{cases} \dot{\boldsymbol{X}} = \boldsymbol{f}(\boldsymbol{X}, \boldsymbol{U}) \\ \boldsymbol{I}(\boldsymbol{X}, \boldsymbol{U}) = \boldsymbol{Y}\boldsymbol{U} \end{cases} \tag{6.40}$$

式中，$\boldsymbol{X}$ 为系统的状态变量；$\boldsymbol{U}$ 为系统的母线电压；$\boldsymbol{I}$ 为元件对电力网络的注入电流；$\boldsymbol{Y}$ 为电力网络的导纳矩阵，其中第二式又称网络节点电压方程。与式（6.18）相比，式（6.40）更有针对性，反映了微电网的结构特点，因此式（6.40）可作为微电网暂态稳定性仿真的基本方程，后文的分析即采用这一模型描述形式。

2. 显式交替求解算法的实现

显式交替求解算法结构相对简单，这里以图 2.49 所示的永磁同步直驱发电机接电力电子换流设备并网为例说明算法原理，为了使模型更全面，在图 2.49 模型中增加风力发电机原动环节，相关量用下标 WT 表示。图 6.33 给出了显式交替算法在双层算法中的实现示意图。

在图 6.33 中，外层算法主要实现基于显式积分法的状态变量计算，其中需要首先计算相关状态变量的导数值，$\boldsymbol{X}_{\mathrm{WT}}$ 、$\boldsymbol{X}_{\mathrm{GEN}}$ 、$\boldsymbol{X}_{\mathrm{PE}}$ 分别为风力发电机原动环节、永磁发电机、电力电子换流装置及其控制系统对应的状态变量。假定该风力发电系统通过电力电子换流器连接到微电网的交流母线上，通过注入网络的电流和内层算法接口，网络节点注入电流相量 $\boldsymbol{I}$ 用 $\boldsymbol{I}_{\mathrm{NET}}$ 表示。内层算法主要实现网络节点电压方程的求解，内层网式链表存储的是系统节点导纳矩阵 $\boldsymbol{Y}$，用 $\boldsymbol{J}_{\mathrm{NET}}$ 表示，输出节点电压相量 $\boldsymbol{U}$，用 $\boldsymbol{U}_{\mathrm{NET}}$ 表示，$\boldsymbol{U}_{\mathrm{NET}}$ 输入至外层算法中用于状态变量导数的更新计算，然后依据这些变量的导数值，采用显式积分法获得相关变量下一时步的值。

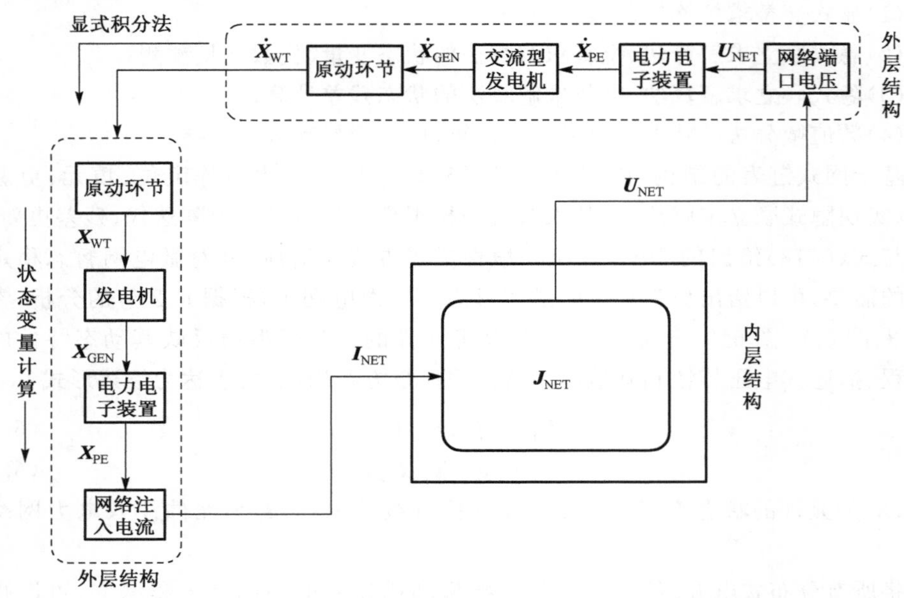

图 6.33　双层算法结构中显式交替求解法示意图

3. 隐式联立求解法的实现

基于双层算法结构的隐式联立求解算法可用图 6.34 加以说明。模型外层是和图 6.33 相同的显式积分部分，作为隐式算法预测部分，可以实现式(6.23)所示的状态变量、代数变量预测，以及式(6.22)所示的残差计算，用于和内层算法迭代计算进行变量交接，$\Delta\boldsymbol{F}_{\mathrm{WT}}$、$\Delta\boldsymbol{F}_{\mathrm{GEN}}$、$\Delta\boldsymbol{F}_{\mathrm{PE}}$ 为原动机、发电机、电力电子控制系统的状态残差，$\Delta\boldsymbol{G}$ 为注入电流残差。

内层算法基于网式链表存储的 DAE 方程雅可比分块矩阵，以及外层算法输入的残差变量，对隐式算法的校正步进行修正方程式(6.24)的迭代计算，具体展开如式(6.41)所示：

$$\begin{bmatrix} \boldsymbol{J}_{\mathrm{WT}} & \boldsymbol{J}_{\mathrm{WT\_GEN}} & 0 & 0 \\ \boldsymbol{J}_{\mathrm{GEN\_WT}} & \boldsymbol{J}_{\mathrm{GEN}} & \boldsymbol{J}_{\mathrm{GEN\_PE}} & \boldsymbol{J}_{\mathrm{GEN\_NET}} \\ 0 & \boldsymbol{J}_{\mathrm{PE\_GEN}} & \boldsymbol{J}_{\mathrm{PE}} & \boldsymbol{J}_{\mathrm{PE\_NET}} \\ 0 & 0 & \boldsymbol{J}_{\mathrm{NET\_GEN}} & \boldsymbol{J}_{\mathrm{NET}} \end{bmatrix} \begin{bmatrix} \Delta\boldsymbol{X}_{\mathrm{WT}} \\ \Delta\boldsymbol{X}_{\mathrm{GEN}} \\ \Delta\boldsymbol{X}_{\mathrm{PE}} \\ \Delta\boldsymbol{U}_{\mathrm{NET}} \end{bmatrix} = -\begin{bmatrix} \Delta\boldsymbol{F}_{\mathrm{WT}} \\ \Delta\boldsymbol{F}_{\mathrm{GEN}} \\ \Delta\boldsymbol{F}_{\mathrm{PE}} \\ \Delta\boldsymbol{G}_{\mathrm{NET}} \end{bmatrix} \tag{6.41}$$

式中，$\Delta \boldsymbol{X}_{WT}$、$\Delta \boldsymbol{X}_{GEN}$、$\Delta \boldsymbol{X}_{PE}$ 为原动机、发电机、电力电子控制系统相对应的修正量；$\Delta \boldsymbol{U}_{NET}$ 为电压残差。返回外层算法后，对状态变量和代数变量进行更新，进行下一步迭代，若迭代步收敛，则转至下一时步计算。

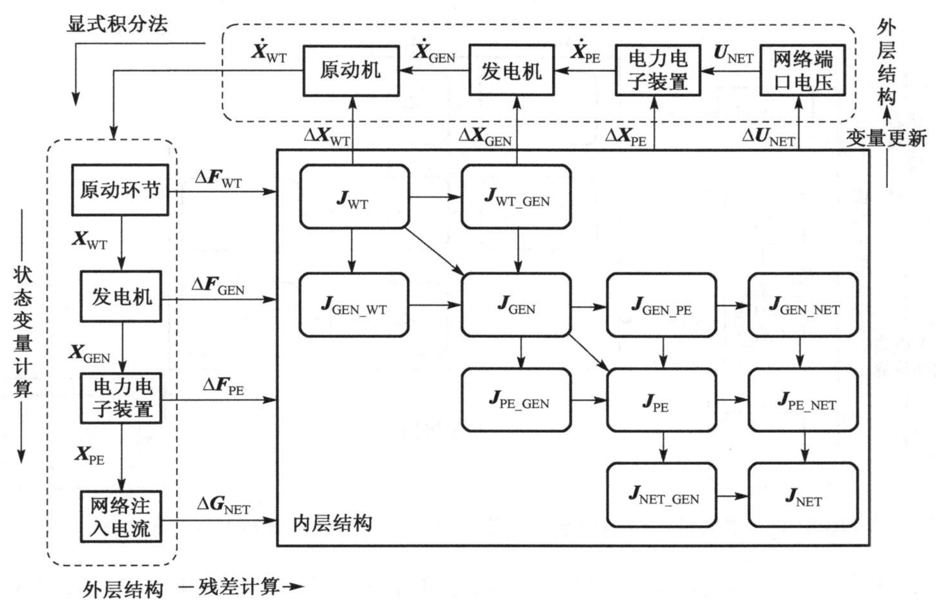

图 6.34　双层算法结构中隐式联立求解法示意图

4. 隐式交替求解算法的实现

基于数值微分法的隐式交替求解算法主要分为两个部分，一部分是数值微分法求导，另一部分是隐式交替求解，在双层算法结构中其求解示意图如图 6.35 所示。通过外层算法的扰动操作和内层网络方程求解可共同实现如图 6.32 所示的计算流程。其中，外层算法实现状态变量导数的扰动计算、状态变量和网络注入电流计算，然后与内层算法的网络方程接口，计算电压相量和状态变量修正量，进一步输入至外层算法，实现变量导数的扰动计算。

隐式交替求解算法的预测部分和联立求解算法相类似，利用外层显式算法对状态变量进行预测，外推法进行代数变量预测，计算状态残差，用于和内层算法迭代计算进行变量交接。

隐式交替求解算法的校正部分实现 DAE 降阶系统的修正方程求解，即求解式(6.29)，内层算法采用网式链表存储的数值微分求导获得的雅可比矩阵，具体展开如式(6.42)所示。

$$\begin{bmatrix} \boldsymbol{A}_{WT} & \boldsymbol{A}_{WT\_GEN} & 0 \\ \boldsymbol{A}_{GEN\_WT} & \boldsymbol{A}_{GEN} & \boldsymbol{A}_{GEN\_PE} \\ 0 & \boldsymbol{A}_{PE\_GEN} & \boldsymbol{A}_{PE} \end{bmatrix} \begin{bmatrix} \Delta \boldsymbol{X}_{WT} \\ \Delta \boldsymbol{X}_{GEN} \\ \Delta \boldsymbol{X}_{PE} \end{bmatrix} = -\begin{bmatrix} \Delta \boldsymbol{F}_{WT} \\ \Delta \boldsymbol{F}_{GEN} \\ \Delta \boldsymbol{F}_{PE} \end{bmatrix} \tag{6.42}$$

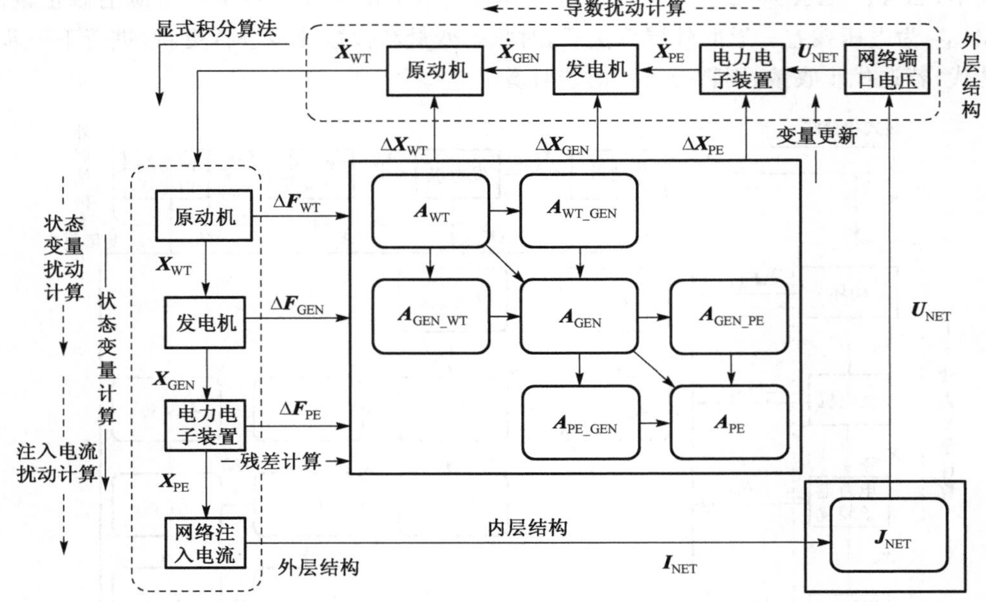

图 6.35 双层算法结构中基于数值微分法求导的隐式交替求解法示意图

求解修正量之后,返回外层算法,对状态变量进行更新,然后重新对网络方程求解,进行下一步迭代,若迭代步收敛,则转至下一时步计算。

与联立求解法不同之处在于,隐式交替求解算法内层采用了两个网式链表分别存储降阶雅可比矩阵 $\boldsymbol{A}_{ODE}$ 和节点导纳矩阵 $\boldsymbol{J}_{NET}$,两部分参与计算的方式也有所不同,$\boldsymbol{A}_{ODE}$ 主要用于校正步状态变量牛顿法迭代,而 $\boldsymbol{J}_{NET}$ 主要参与网络方程的求解,采用的是 LU 分解直接解法。

6.7 显式-隐式混合积分算法

针对式(6.18)所示的由微分-代数方程描述的系统模型,其仿真方法有两类:显式积分算法和隐式积分算法。显式算法数值求解简便,计算效率较高,但数值稳定性差,尤其是当模型中不同状态量动态响应的时间尺度差异比较大时,为保证求解的稳定性,往往在选择仿真步长时需要以快动态变化的时间尺度为依据。隐式积分算法求解复杂,但是数值稳定性较好,允许采用较大的步长,不足是该方法在迭代过程中需要不断形成和求解雅可比矩阵,在同样的步长下,相对显式积分算法求解速度较慢。为兼顾两种算法的优点,众多学者进行了多方面的探讨[25-31],一般原则是根据系统时间常数的不同,可将其划分为快动态子系统和慢动态子系统,对前者采用隐式积分方法求解,对后者采用显式积分算法求解。在系统仿真过程中,合理地划分快和慢动态子系统有时十分困难，就微电网暂态稳定性仿真而言，可以直接结合其元件或设备的物理属性完成这一划分工作。

在微电网中，相对于电力电子换流装置的快速动态响应特性，分布式电源本身（如燃料电池、风机、微型燃气轮机、蓄电池等）的动态响应要慢得多。基于这一点，对微电网中的电力电子换流装置部分，可以看作快变子系统采用隐式积分方法求解，对分布式电源本身，则可以看作慢变子系统采用显式方法求解。这样，可同时兼顾显式算法与隐式算法的优点，既保证了仿真算法的稳定性，同时也可以有效提高仿真问题的求解速度。这种依据元件或设备的自身响应特性进行快、慢划分的原则，具有简单方便、不受系统运行方式影响等优点，具有较好的适应性，所采用的仿真算法称为显式-隐式混合积分算法。

显式-隐式混合积分算法和上一节介绍的隐式交替求解算法具有明显不同，前者需要将微分方程组划分为快、慢两组分别采用不同的积分算法进行求解，后者则对所有微分方程采用统一的隐式积分算法进行求解。隐式交替求解算法指的是微分方程和代数方程的交替求解。

下面针对式(6.40)给出的仿真模型介绍显式-隐式混合积分算法。对于式(6.40)描述的系统，依据快、慢子系统的划分原则，可将其拆分为一个快变子系统和一个慢变子系统，如下式所示：

$$\begin{cases}\boldsymbol{F}_{\text{fast}}=\boldsymbol{f}_{\text{fast}}(\boldsymbol{X},\boldsymbol{U})-\dot{\boldsymbol{X}}_{(\text{fast})}=\boldsymbol{0}\\ \boldsymbol{F}_{\text{slow}}=\boldsymbol{f}_{\text{slow}}(\boldsymbol{X},\boldsymbol{U})-\dot{\boldsymbol{X}}_{(\text{slow})}=\boldsymbol{0}\\ \boldsymbol{G}=\boldsymbol{YU}-\boldsymbol{I}(\boldsymbol{X},\boldsymbol{U})=\boldsymbol{0}\end{cases}\tag{6.43}$$

式中，下标“fast”和“slow”表示相关状态量子集以及对应的函数子集。对快变子系统采用隐式积分方法，慢变子系统采用显式积分方法，其差分方程如式(6.44)所示。

$$\begin{cases}\boldsymbol{X}_{(\text{fast})n+1}=\boldsymbol{X}_{(\text{fast})n}+\dfrac{h}{2}[\boldsymbol{f}_{\text{fast}}(\boldsymbol{X}_{n+1},\boldsymbol{U}_{n+1})+\boldsymbol{f}_{\text{fast}}(\boldsymbol{X}_n,\boldsymbol{U}_n)]\\ \boldsymbol{X}_{(\text{slow})n+1}=\boldsymbol{X}_{(\text{slow})n}+\dfrac{h}{2}[\boldsymbol{f}_{\text{slow}}(\boldsymbol{X}_{n+1}^0,\boldsymbol{U}_{n+1})+\boldsymbol{f}_{\text{slow}}(\boldsymbol{X}_n,\boldsymbol{U}_n)]\\ \boldsymbol{YU}_{n+1}-\boldsymbol{I}(\boldsymbol{X}_{n+1},\boldsymbol{U}_{n+1})=\boldsymbol{0}\end{cases}\tag{6.44}$$

在求解式(6.44)时，可采用欧拉法或改进欧拉法先对全系统显式积分一步，其目的是：①实现慢变子系统的显式求解，并将两系统之间的耦合量显式积分完毕，代入快变子系统进行隐式求解；②实现对快变子系统状态变量及电压初值的预测，得到快变子系统的预测值后，即可对快变子系统进行隐式校正计算。

以一个步长内的计算为例，假定由 t_n 时刻积分到 t_{n+1} 时刻，对式(6.44)的计算过程如图 6.36 所示，具体步骤如下。

(1)以欧拉法或改进欧拉法对全系统微分方程进行求解，用 $(\boldsymbol{X}_{n+1}^0,\boldsymbol{U}_{n+1}^0)$ 表示慢变子系统的显式求解收敛点以及快变子系统的隐式求解预测点；

(2)在 $(\boldsymbol{X}_{n+1}^0,\boldsymbol{U}_{n+1}^0)$ 点计算快变子系统的雅可比矩阵；

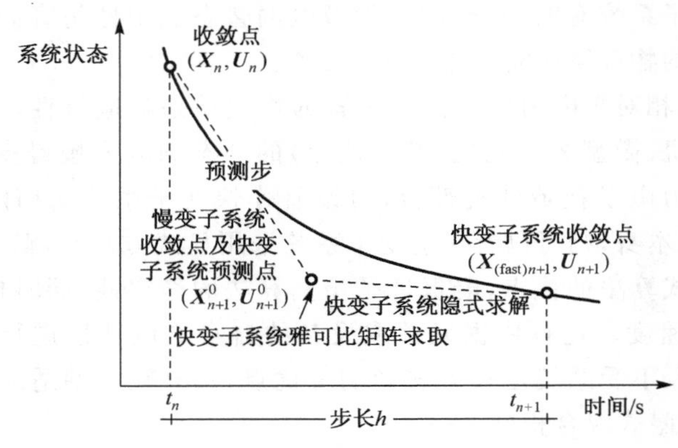

图 6.36　显隐混合算法求解过程

(3)由式(6.45)求解快变子系统的状态变量及代数变量的修正量 $\Delta \boldsymbol{X}^{k+1}_{(\text{fast})n+1}$ 和 $\Delta \boldsymbol{U}^{k+1}_{n+1}$：

$$\begin{bmatrix} \boldsymbol{A} & \boldsymbol{B} \\ \boldsymbol{C} & \boldsymbol{Y} \end{bmatrix} \begin{bmatrix} \Delta \boldsymbol{X}^{k+1}_{(\text{fast})n+1} \\ \Delta \boldsymbol{U}^{k+1}_{n+1} \end{bmatrix} = -\begin{bmatrix} \boldsymbol{F}^{k}_{(\text{fast})n+1} \\ \boldsymbol{G}^{k}_{n+1} \end{bmatrix} \tag{6.45}$$

(4)由式(6.46)对快变子系统进行修正计算，求解 $\boldsymbol{X}^{k+1}_{(\text{fast})n+1}$ 和 $\boldsymbol{U}^{k+1}_{n+1}$：

$$\begin{bmatrix} \boldsymbol{X}^{k+1}_{(\text{fast})n+1} \\ \boldsymbol{U}^{k+1}_{n+1} \end{bmatrix} = \begin{bmatrix} \boldsymbol{X}^{k}_{(\text{fast})n+1} \\ \boldsymbol{U}^{k}_{n+1} \end{bmatrix} + \begin{bmatrix} \Delta \boldsymbol{X}^{k}_{(\text{fast})n+1} \\ \Delta \boldsymbol{U}^{k}_{n+1} \end{bmatrix} \tag{6.46}$$

(5)判断系统是否计算收敛，不收敛则重复(3)。

其中，式(6.45)和式(6.46)中下标 k 表示一个时步内的第 k 次迭代。

这一算法在有效提高系统仿真效率的同时，还具有适应性强的特点。当系统出现变结构操作时，不需要重新进行快变系统与慢变系统的划分，快变系统雅可比矩阵的填元位置具有确定性，不需要对雅可比矩阵各元素进行重新的定位操作，对微电网的变结构运行具有较好的适应性。关于这一算法，其实现同样也可以采用类似图 6.35 的双层算法实现。

6.8　仿真初值计算方法

微电网的稳定性仿真实质上可归结为一组微分-代数方程组的求解，在求解该方程组之前需要根据潮流解确定微分方程求解所需的初值，即需要计算各种动态设备的初始状态量，包括发电机的暂态电势、转子角度、原动机的机械功率、电力电子控制系统的状态量及参考量等。初始化计算是稳定性仿真必不可少的环节，如果初始化出错，状态变量以及其他的控制量都不再是满足平衡关系的初始值，相当于在仿真初始时刻就发生了扰动。在这种情况下，就需要通过系统模型所建立的状态方程

进行动态调整，需要一定的时间达到平衡点，此时可能出现两个问题：

(1)达到平衡之前由于数值积分方法选取的问题，出现数值不稳定；

(2)虽然达到了平衡，但出现和初始的潮流数据不匹配的现象。

可以看出，要准确地判断系统扰动后是否稳定，初值的计算显得尤为重要。在传统电力系统机电暂态稳定性计算中，同步发电机、励磁机和控制系统等模型的初始化计算不会产生特殊的问题，在相关仿真软件中已经集成了初始化程序。但是对于分布式发电系统，由于其特殊的电力电子设备的接口方式，与传统模型的初始化计算相比具有显著的区别，相关初始化计算基本模块如图 6.37 所示。

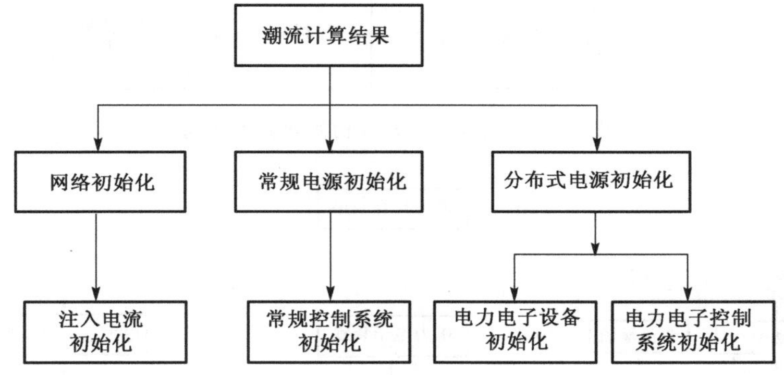

图 6.37　初始化基本模块

网络初始化主要针对各节点由潮流结果计算注入电流，而常规电源及控制系统的初始化方法已经较为成熟，本节重点针对分布式电源介绍相关的参数初始化方法。微电网中分布式电源的种类很多，具体的参数初始化方法可能不同，但思路基本一致。不失一般性，本节以光伏发电系统为例介绍相关参数初始化的方法。

光伏电池是一种直流电源，需要经电力电子装置将直流电变换为交流电后接入电网。光伏电池自身具有的伏安特性使其必须通过最大功率跟踪环节才能获得理想的运行效率，同时，光伏发电系统还需要并网控制环节，以保证光伏阵列的输出在较大范围内变化时，始终以较高的效率进行电能变换。光伏电池、电力电子变换装置、最大功率控制器、并网控制器几部分构成了一个完整的光伏并网发电系统。光伏并网发电系统分为单级式并网系统与双级式并网系统，双级式并网结构涵盖了单级式并网结构的初始化处理过程，本节针对双级式并网结构给出其参数初始化的处理方法。双级式光伏并网发电系统如图 6.38 所示，图中虚线表明初始化过程中信号的流向。

由图 6.38 中可以看出，需要对三个基本模块进行初始化，一是光伏阵列，需结合潮流计算结果及光伏阵列参数；二是电力电子装置，包括 DC/DC 变换器及 PWM 换流器，由潮流计算结果即可直接初始化完毕；三是电力电子控制系统，需要根据具体的控制传递函数进行处理。光伏发电系统的初始化流程如图 6.39 所示。

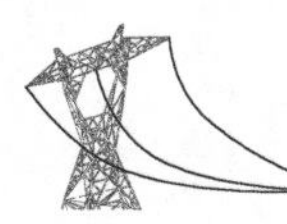

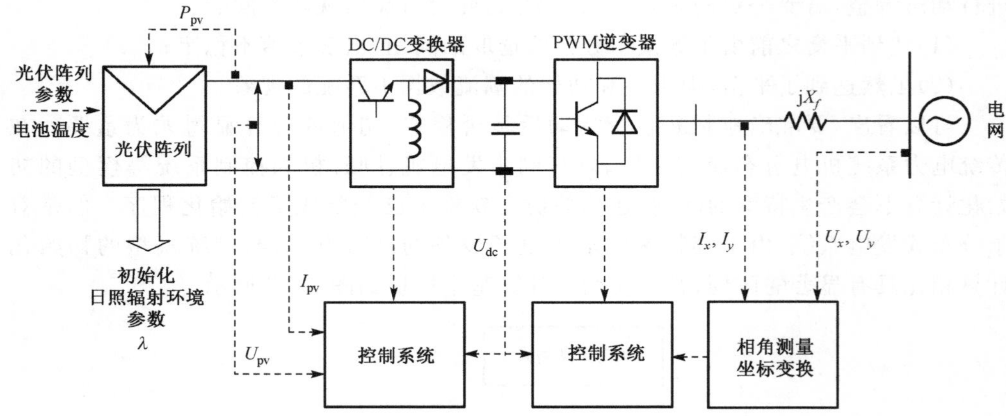

图 6.38　光伏并流系统初始化数据流向

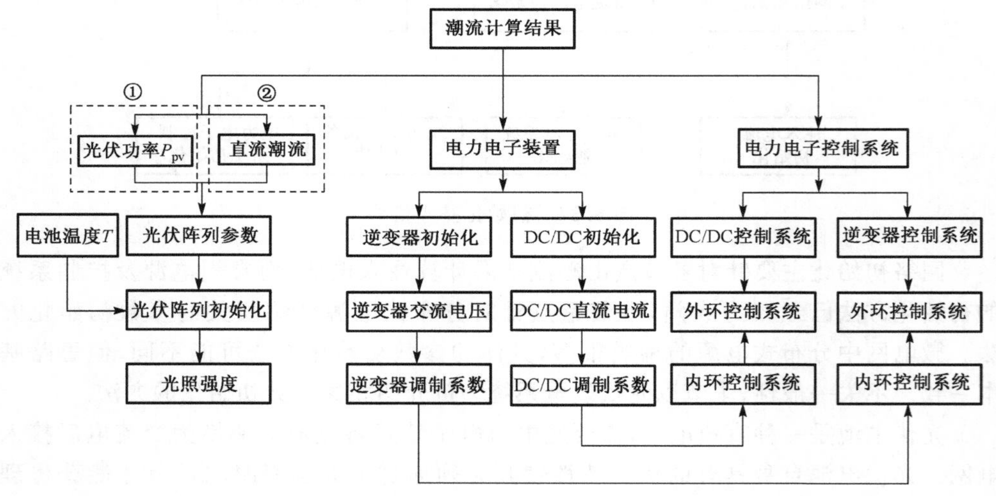

图 6.39　光伏并网系统初始化流程图

1. 光伏阵列参数初始化

根据光伏电池板的内部结构和输出伏安特性可以得到光伏电池的等效电路模型，根据其简易程度一般可分为三种：理想电路模型、单二极管等效电路模型以及双二极管等效电路模型，具体见图 2.2 和图 2.3。由于单体光伏电池输出的电压和电流很低，功率较小，需将光伏电池进行串联和并联组成光伏模块，再将光伏模块经串联和并联组成光伏阵列，如图 2.4 和图 2.5，对应可得到相关的用稳态非线性方程组描述的等效模型[32－35]。

不失一般性，下面以理想单二极管等效电路模型为例进行分析，亦即在图 2.4 所示的等效电路模型中不考虑电阻 R_s 和 R_{sh} 的影响。对应的光伏阵列稳态运行特征方程如式(6.47)所示。

$$
\begin{cases}
I_{\mathrm{pv}} - N_{\mathrm{P}} I_{\mathrm{ph}} - N_{\mathrm{P}} I_{\mathrm{s}} \left(\mathrm{e}^{\frac{qU_{\mathrm{pv}}}{AN_{\mathrm{S}}kT}} - 1 \right) = 0 \\
\dfrac{\mathrm{d}P_{\mathrm{pv}}}{\mathrm{d}U_{\mathrm{pv}}} \Big|_{\mathrm{mpp}} = I_{\mathrm{mpp}} + U_{\mathrm{mpp}} \dfrac{\mathrm{d}I_{\mathrm{pv}}}{\mathrm{d}U_{\mathrm{pv}}} \Big|_{\mathrm{mpp}} \\
\qquad = I_{\mathrm{mpp}} + U_{\mathrm{mpp}} \dfrac{-N_{\mathrm{P}} q I_{\mathrm{s}} \mathrm{e}^{\frac{qU_{\mathrm{mpp}}}{AN_{\mathrm{S}}kT}}}{AN_{\mathrm{S}}kT} = 0 \\
P_{\mathrm{mpp}} - U_{\mathrm{mpp}} I_{\mathrm{mpp}} = 0
\end{cases}
\tag{6.47}
$$

式中，在电压—电流特性方程（式(6.47)第一个方程）中，同式(2.3)相比，为后续分析易于区分，分别用 I_{pv} 和 U_{pv} 表示电池组的输出电流和电压，其他参数含义不变；mpp 代表最大功率运行点，其中第二个方程表示光伏电池运行在最大功率点需满足的条件，第三个方程表示运行在最大功率点时的功率输出。

在进行系统稳态运行参数初始化时，始终假定光伏阵列处于稳定运行状态，且运行在最大功率点处。由式(2.5)、式(2.6)可知，光伏电池的输出特性与温度 T 和光照度 S 直接相关，若假定温度不变，则特性仅与光照度相关，参数的初始化将主要指对电流及光照强度进行初始化。

根据微电网潮流计算的稳态计算结果，可以获知光伏阵列的功率输出及直流电压值，光伏阵列的参数初始化可以通过两条途径进行：①仅利用光伏阵列输出功率信息进行参数初始化，如图 6.39 虚线框 1 所示。此时，可将光伏阵列电流特性方程与输出功率方程相结合进行迭代，不仅能够对光伏阵列的状态量参数进行初始化，还能够对直流电压进行二次计算，实现对初始潮流计算结果的二次校验，以确保初始运行点与潮流匹配；②同时利用光伏阵列输出功率和电压信息进行参数初始化，如图 6.39 中虚线框 2 所示。此时，利用光伏阵列输出功率计算结果及直流电压，可以直接进行光伏阵列电流的计算，然后根据光伏阵列的电流特性方程完成对光照度参数的初始化，该方法计算相对简单，但无法实现对初始潮流结果的二次校验。

当仅利用光伏阵列输出功率信息进行参数初始化时，相当于在假定 P_{mpp} 已知的条件下，对式(6.47)给出的三个方程联立求解，注意到式中的 I_{ph} 是光照度 S 的函数（见式(2.5)）。这一方程写为一般形式如式(6.48)所示。

$$
\begin{cases}
f_1(S, U_{\mathrm{mpp}}, I_{\mathrm{mpp}}) = 0 \\
f_2(S, U_{\mathrm{mpp}}, I_{\mathrm{mpp}}) = 0 \\
f_3(S, U_{\mathrm{mpp}}, I_{\mathrm{mpp}}) = 0
\end{cases}
\tag{6.48}
$$

式中，f_1、f_2、f_3 分别与式(6.47)的三个方程相对应。采用牛顿法迭代求解，对应的修正方程如式(6.49)所示。

$$\begin{bmatrix} \dfrac{-N_{\mathrm{P}}[I_{\mathrm{ph,ref}}+C_T(T-T_{\mathrm{ref}})]}{S_{\mathrm{ref}}} & -\dfrac{N_{\mathrm{P}}I_{\mathrm{s}}q}{AN_{\mathrm{S}}kT}\mathrm{e}^{\frac{qU_{\mathrm{mpp}}^k}{AN_{\mathrm{S}}kT}} & 1 \\ 0 & -\dfrac{N_{\mathrm{P}}qI_{\mathrm{s}}\mathrm{e}^{\frac{qU_{\mathrm{mpp}}^k}{AN_{\mathrm{S}}kT}}}{AN_{\mathrm{S}}kT}\left(1+\dfrac{qU_{\mathrm{mpp}}^k}{AN_{\mathrm{S}}kT}\right) & 1 \\ 0 & -I_{\mathrm{mpp}}^k & -U_{\mathrm{mpp}}^k \end{bmatrix} \cdot \begin{bmatrix} \Delta S^{k+1} \\ \Delta U_{\mathrm{mpp}}^{k+1} \\ \Delta I_{\mathrm{mpp}}^{k+1} \end{bmatrix} = -\begin{bmatrix} \Delta f_1^k \\ \Delta f_2^k \\ \Delta f_3^k \end{bmatrix} \tag{6.49}$$

式中,相关变量的上标 k 和 $k+1$ 分别代表第 k 和第 $k+1$ 次的迭代值。

通过牛顿法进行迭代即可解得光伏阵列对应稳态运行条件下的光照强度 S 和输出电压 U_{mpp}、电流 I_{mpp}。上述迭代过程对光伏阵列的直流电压进行了二次求解,通过求解出的电压值,可对微电网交直流潮流的计算结果进行二次校验,以保证光伏阵列的初始运行点与微电网潮流计算结果的匹配性。

当同时利用光伏阵列输出功率和电压信息进行参数初始化时,其步骤如下:

(1)计算光伏阵列的电流 $I_{\mathrm{pv}}=P_{\mathrm{pv}}/U_{\mathrm{pv}}$;

(2)根据电流方程 $I_{\mathrm{pv}}=N_{\mathrm{P}}I_{\mathrm{ph}}-N_{\mathrm{P}}I_{\mathrm{s}}\left(\mathrm{e}^{\frac{qU_{\mathrm{pv}}}{AN_{\mathrm{S}}kT}}-1\right)$ 及式(2.5),计算光照度 S 初始化值。

上述方法尽管简单,但不如基于式(6.49)的迭代方法准确。

2. 电力电子装置参数初始化

以图 6.38 所示双级式光伏并网系统为例,其中的电力电子装置包括 PWM 换流器及 Boost DC-DC 变换器,根据 6.3.1 节式(6.11)和式(6.17)给出的 PWM 换流器及 DC-DC 变换器的准稳态模型,可得

$$P_{md}=\frac{U_{\mathrm{I}d}U_{\mathrm{acBASE}}}{K_0U_{\mathrm{dc}}},\quad P_{mq}=\frac{U_{\mathrm{I}q}U_{\mathrm{acBASE}}}{K_0U_{\mathrm{dc}}},\quad D=\frac{U_{\mathrm{dc}}-U_{\mathrm{pv}}}{U_{\mathrm{dc}}} \tag{6.50}$$

由微电网潮流计算可得到 $U_{\mathrm{I}d}$ 和 $U_{\mathrm{I}q}$,由光伏阵列初始化参数计算方法可以得到 U_{pv},在 U_{dc} 已获知的条件下,由上式可获得 P_{md}、P_{mq} 和 D 的初始化值。

3. 换流器控制系统参数初始化

同样以双级式光伏并网系统为例,控制系统涉及 PWM 换流器控制系统及 DC/DC 变换器控制系统,控制系统的初始化需要根据具体的传递函数进行处理,表 6.2 给出了两种控制系统的典型结构,其中 PWM 换流器同图 6.16 给出的框图,这里为了叙述方便,增加了状态变量标识,如 $x_{U_{\mathrm{dc}}}$、x_Q、$x_{\mathrm{i}U_{\mathrm{dc}}}$、$x_{\mathrm{i}Q}$、$x_{I_d}$、$x_{I_q}$ 等。

对于 PWM 换流器控制系统,包含有外环及内环两个控制系统、基本的传递函数涉及一阶惯性环节、PI 调节器等,需要对各传递函数的状态变量及代数量参考值进行初始化,需要初始化的变量列于表 6.3。

表 6.2　控制系统具体形式举例

电力电子装置	控制系统结构
PWM 换流器	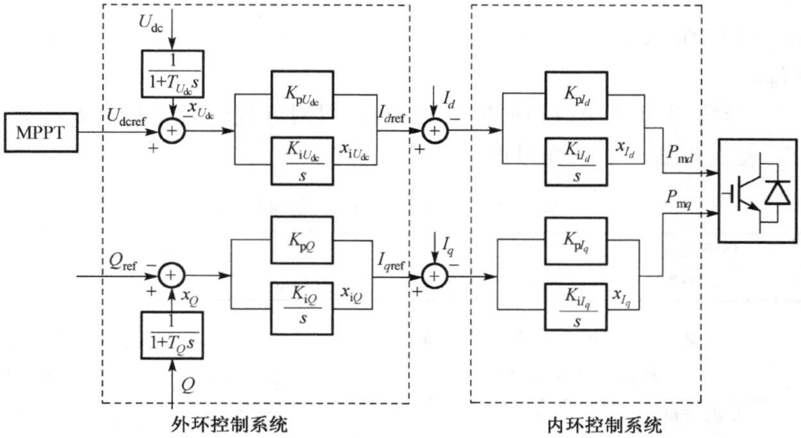 MPPT; U_{dc}; $\frac{1}{1+T_{U_{dc}}s}$; U_{dcref}; $x_{U_{dc}}$; $K_{pU_{dc}}$; $\frac{K_{iU_{dc}}}{s}$; $x_{iU_{dc}}$; I_{dref}; I_d; K_{pI_d}; $\frac{K_{iI_d}}{s}$; x_{I_d}; P_{md}; Q_{ref}; x_Q; $\frac{1}{1+T_Q s}$; Q; K_{pQ}; $\frac{K_{iQ}}{s}$; x_{iQ}; I_{qref}; I_q; K_{pI_q}; $\frac{K_{iI_q}}{s}$; x_{I_q}; P_{mq} 外环控制系统　内环控制系统
DC/DC 变换器	U_{dcref}; U_{pv}; K_{pUpv}; $\frac{K_{iUpv}}{s}$; x_{Upv}; I_{dcref}; I_{pv}; $K_{pI_{dc}}$; $\frac{K_{iI_{dc}}}{s}$; $x_{I_{dc}}$; D; DC/DC变换器 电压外环控制　电流内环控制

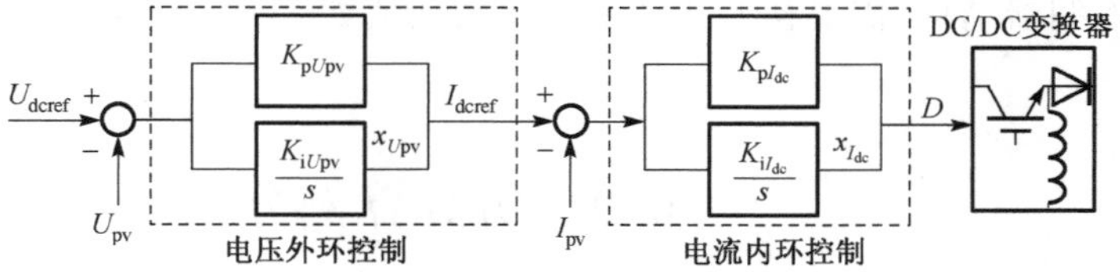

表 6.3　PWM 换流器控制系统初始化变量列表

状态变量	x_{I_d}	x_{I_q}	$x_{iU_{dc}}$	x_{iQ}	$x_{U_{dc}}$	x_Q
参考值	I_{dref}	I_{qref}	U_{dcref}	Q_{ref}		

具体参数初始化步骤如下：

(1)计算 d 轴通道电流控制 PI 调节器状态变量及代数变量参考值，其方程如下式。

$$\begin{cases} P_{md} = K_{pI_d}(I_{dref} - I_d) + x_{I_d} \\ \dfrac{dx_{I_d}}{dt} = K_{iI_d}(I_{dref} - I_d) \end{cases} \tag{6.51}$$

在稳态时，状态量导数为零，故有 $I_{dref}=I_d$，进而可以计算出 $x_{I_d} = P_{md}$ 。

(2)计算直流电压环节状态变量，其状态方程如下式。

$$\frac{dx_{U_{dc}}}{dt} = \frac{U_{dc} - x_{U_{dc}}}{T_{U_{dc}}} \tag{6.52}$$

由稳态时状态量导数为零可得 $x_{U_{dc}} = U_{dc}$ 。

(3)计算 d 通道产生 I_{dref} 电流的 PI 调节器状态变量及参考值，其状态方程如下式。

$$
\begin{cases}I_{dref}=K_{pU_{dc}}(U_{dcref}-x_{U_{dc}})+x_{iU_{dc}}\\ \dfrac{dx_{iU_{dc}}}{dt}=K_{iU_{dc}}(U_{dcref}-x_{U_{dc}})\end{cases} \tag{6.53}
$$

由初始状态量导数为零可得 $U_{dcref}=x_{U_{dc}}$，进而可以计算出状态变量 $x_{iU_{dc}}=I_{dref}$。

(4)按照同 d 通道相同的处理方法，可对 q 通道各量进行初始化。

表 6.4 给出了各变量的初始值。

表 6.4　PWM 换流器控制系统初始化变量列表

状态变量	$x_{I_d}=P_{md}$	$x_{I_q}=P_{mq}$	$x_{iU_{dc}}=I_{dref}$	$x_{iQ}=I_{qref}$	$x_{U_{dc}}=U_{dc}$	$x_Q=Q$
参考值	$I_{dref}=I_d$	$I_{qref}=I_q$	$U_{dcref}=U_{dc}$	$Q_{ref}=Q$		

表 6.5　DC/DC 变换器控制系统初始化变量列表

状态变量	$x_{I_{dc}}=D$	$x_{U_{pv}}=I_{dcref}$
参考值	$I_{dcref}=I_{pv}$	$U_{dcref}=U_{pv}$

对于 DC/DC 控制系统，通过准稳态方程将调制系数 D 计算完毕后，各传递函数初始化处理方法类似于 PWM 换流器，具体步骤不再详述，对应表 6.2 给出的控制器结构，需要初始化的变量及初始值如表 6.5 所示。

6.9　仿真算例分析

1. 算例系统

本节采用附录 B2 给出的算例系统，具体分布式电源类型及接入点如图 6.40 所示，系统由两部分构成。

(1)中压部分，如图 6.40(a)所示，包含三个结构和参数一致的子网(子网 1、子网 2、子网 3)，子网 2 和子网 3 内部结构与子网 1 完全相同，由一个直驱风力发电系统和若干负荷构成，系统网络参数见附录表 B2.1，负荷数据见附录表 B2.2(负荷峰值)。

(2)低压部分，如图 6.40(b)所示，电压等级为 400V，主馈线通过 0.4/10kV 变压器接至中压部分的母线 M5 处，变压器采用常用的 DYn11 联结方式，主馈线具体参数见附录表 B2.3。考虑到低压微电网系统的实际运行特点，系统中既有三相对称和不对称负荷，也有单相负荷，负荷的峰、谷值及功率因数如附录表 B2.4 所示。在结构上，主馈线设置了 S1 和 S2 两个联络开关，开关 S1 以下部分为一个完整的微电网，称为微电网 AB。当开关 S1 和 S2 闭合时，整个微电网并网运行；当开关 S1 打开 S2 闭合时，微电网 AB 处于孤岛运行模式；当开关 S1 和 S2 都打开时，一个大的微电网被解列成两个小的微电网孤网运行，这两个小的微电网分别称为微电网 A 和微电网 B。

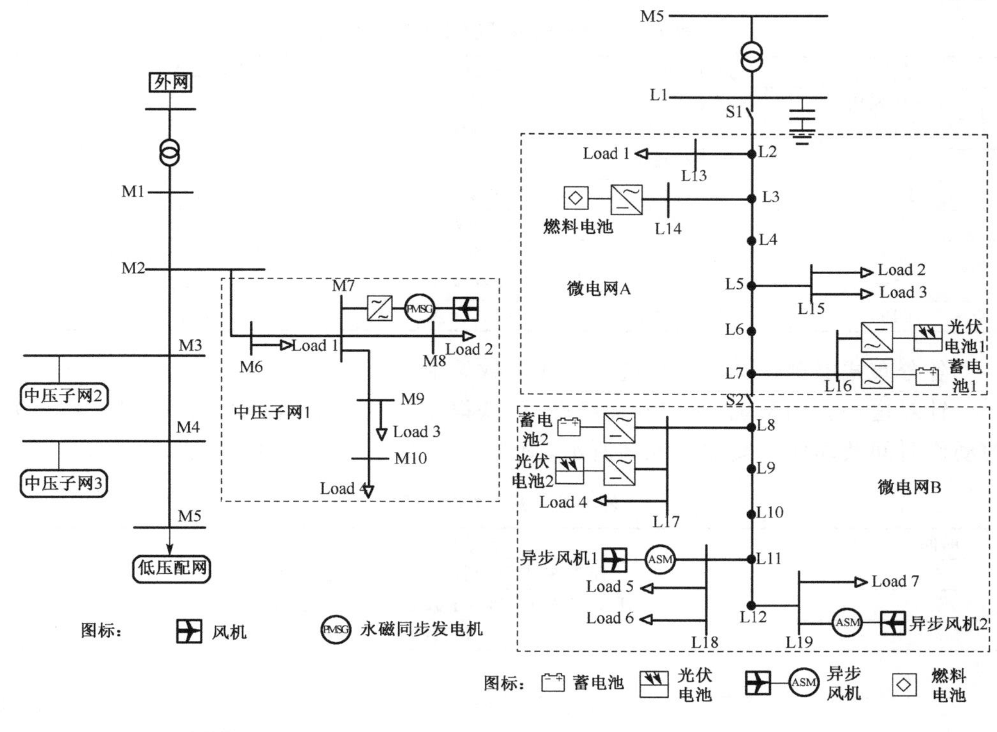

图 6.40 微电网算例系统

2. 算例仿真分析

在图 6.40 所示算例系统中，接入了多种类型的分布式电源，包括具备最大功率跟踪控制的光伏发电系统[36]、直驱式风力发电系统[2]、异步风机发电系统[37]、燃料电池发电系统[38]和蓄电池发电系统[40]。在本节后续分析中这些分布式电源所采用的控制策略如表 6.6 所示，各节点分布式电源接入容量及初始稳态情况下的功率输出如表 6.7 所示，系统中分布式电源及其控制器的参数参见附录表 C.1～表 C.5。

表 6.6 各节点接入分布式电源及控制方式

节点	分布式电源	控制方式	
子网 1：M7（子网 2 和子网 3 与子网 1 类似）	直驱风机	电机侧换流器	网侧换流器
		恒功率控制最大功率跟踪	恒直流电压/恒无功功率控制
L14	燃料电池	恒有功功率/恒无功功率控制	
L16	光伏电池 1	恒直流电压/恒无功功率控制/最大功率跟踪控制	
L16	蓄电池 1	Droop 控制	
L17	光伏电池 2	恒直流电压/无功功率控制/最大功率跟踪控制	
L17	蓄电池 2	Droop 控制	
L18	异步风机 1	主动失速控制	
L19	异步风机 2	主动失速控制	

表 6.7 分布式电源容量及功率输出

节点	分布式电源	最大容量	有功功率输出
中压子网内	直驱风机	300kV・A	250kW
L14	燃料电池	10kW	10kW
L16	光伏电池 1	30kW	20.4kW
L16	蓄电池 1	60kW	并网模式下不输出功率
L17	光伏电池 2	30kW	20.4kW
L17	蓄电池 2	60kW	并网模式下不输出功率
L18	异步风机 1	12kV・A	10kW
L19	异步风机 2	12kV・A	10kW

各分布式电源及其控制系统的具体参数见附录 B2。

针对这一算例系统，改变开关状态，可获得不同的系统运行模式，假定一些开关的动作时间及动作方案如表 6.8 所示，图 6.41 给出了部分仿真结果。

表 6.8 开关切换方案

时间/s	故障及扰动设置
3.0	开关 S1 打开，低压微电网 AB 独立运行
5.0	开关 S2 打开，形成子微电网 A 和 B 独立运行
7.0	仿真结束

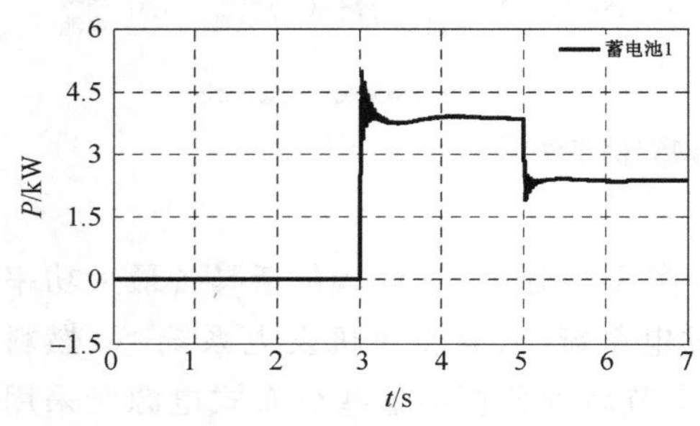

(a) 蓄电池系统1有功功率输出

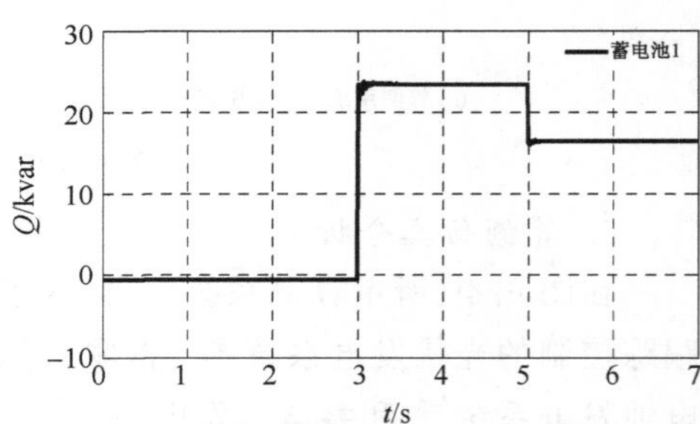

(b) 蓄电池系统1无功功率输出

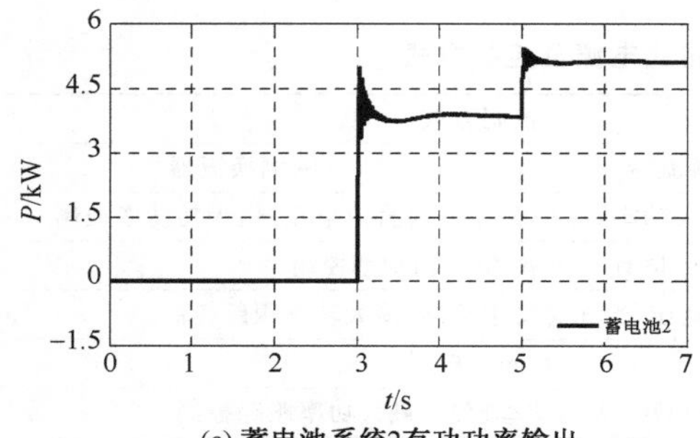

(c) 蓄电池系统2有功功率输出

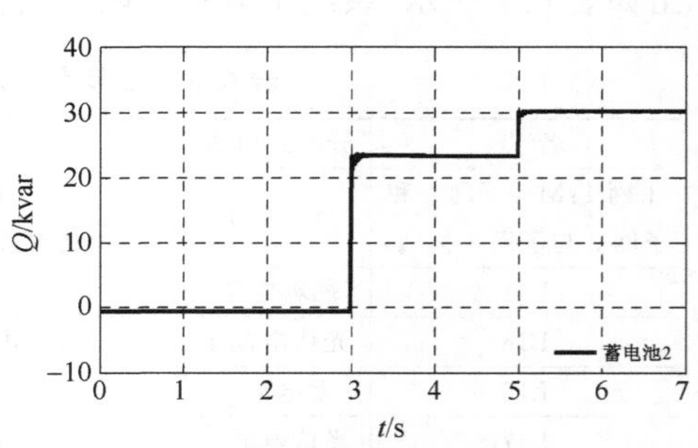

(d) 蓄电池系统2无功功率输出

图 6.41 暂态仿真结果

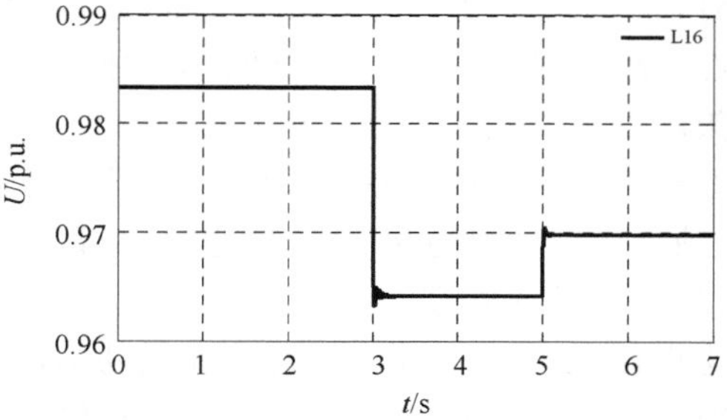

(e) 母线L16电压

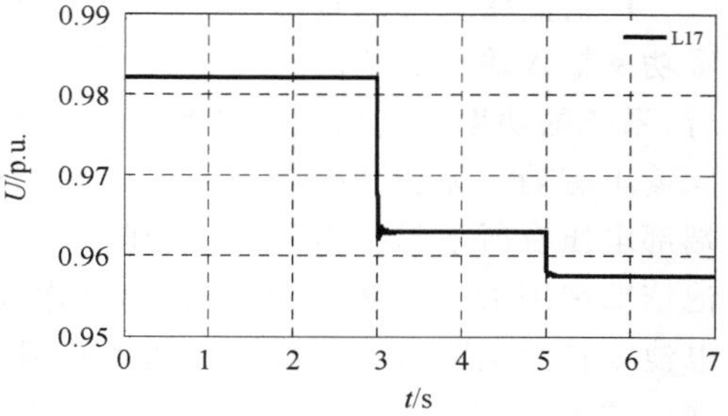

(f) 母线L17电压

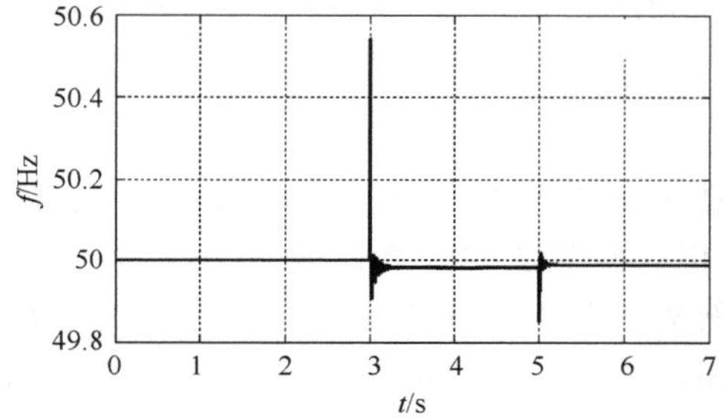

(g) 微电网A频率

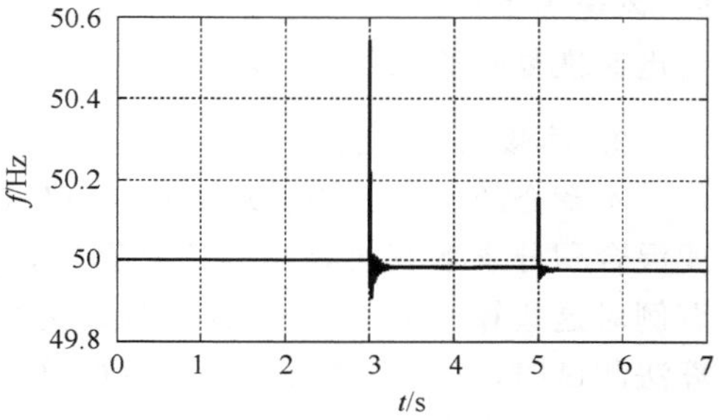

(h) 微电网B频率

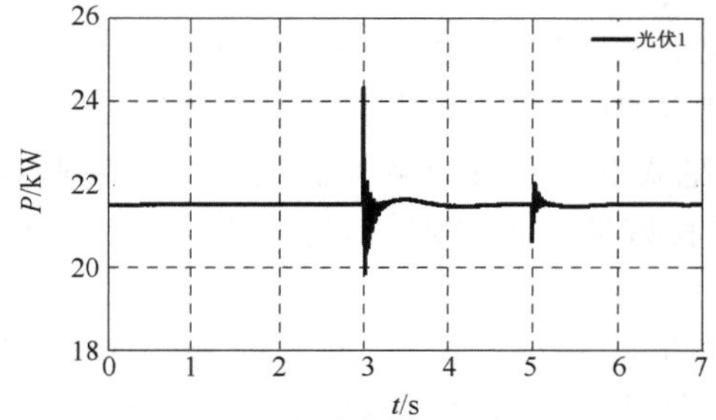

(i) 光伏系统1有功功率

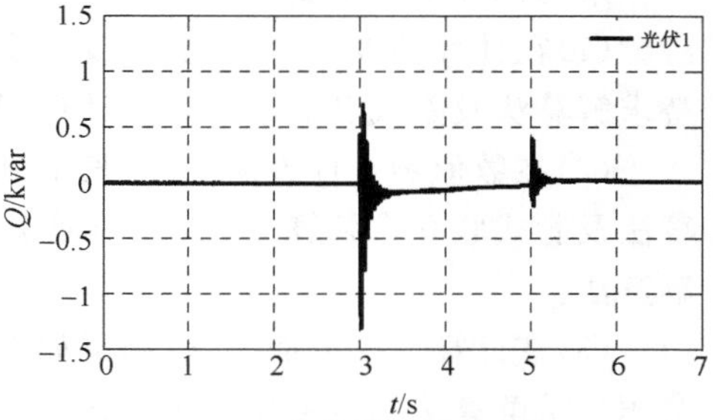

(j) 光伏系统1无功功率

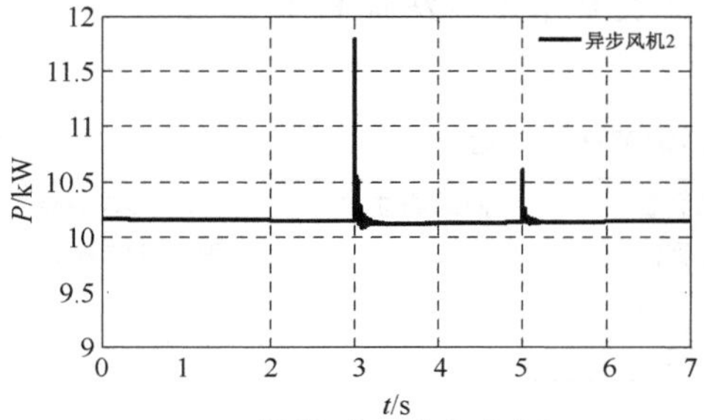

(k) 异步风机系统有功功率

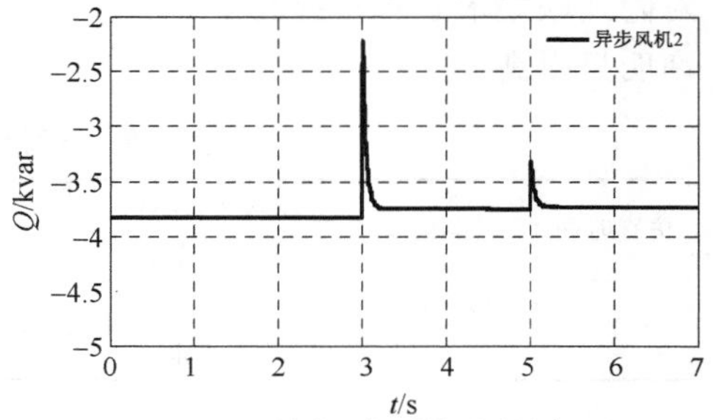

(l) 异步风机系统无功功率

图 6.41(续)　暂态仿真结果

由仿真结果可以看出，微电网并网运行时，蓄电池采用恒功率控制策略，运行于零功率输入输出的状态。开关 S1 打开时，微电网形成单一低压微电网 AB 独立运行，系统的功率平衡由此时转为 Droop 控制策略的蓄电池 1 与蓄电池 2 负责调节，共同输出有功和无功功率实现微电网内部的功率平衡，微电网频率有所降低，蓄电池端部电压有所下降。当开关 S2 打开后，形成独立运行的微电网 A 与微电网 B，蓄电池依旧采用 Droop 控制策略，此时蓄电池 1 在微电网 A 中负责功率的平衡调节，蓄电池 2 在微电网 B 中负责功率的平衡调节，微电网 A 中蓄电池 1 的有功和无功输出功率减少，微电网频率上升，端部电压升高；微电网 B 中蓄电池 2 的有功和无功输出功率增大，微电网频率下降，端部电压降低。光伏发电系统与异步风机由于外部光照、风速等条件未发生变化，在开关 S1 和 S2 动作后，输出功率经过短时的暂态波动后迅速恢复到原来的运行状态。

3. 算法比较分析

本章介绍了显式交替求解算法、隐式交替求解算法、隐式联立求解算法、显式-隐式混合积分求解算法等几种仿真算法，为分析这些算法的计算性能，这里结合上述算例对这些算法进行比较，其中显式交替求解算法采用二阶龙格-库塔法(RK2)。在算法测试时，采用作者研究组开发的称为 SSDG(Stability Simulator for Distributed Generation)的仿真软件。

采用几种不同仿真算法获得的仿真结果表明：

(1)在计算精度方面，小步长及大步长下显式-隐式混合积分求解算法同隐式交替求解算法及隐式联立求解算法计算精度基本相同，显式交替求解算法略差。

(2)在数值稳定性方面，大步长下显式-隐式混合积分求解算法同隐式交替求解算法及隐式联立求解算法相比，同样保持了良好的数值稳定性，均优于显式交替求解算法。

(3)在计算速度方面，比较结果如表 6.9 所示，在小步长及大步长下显式-隐式混合积分求解算法的速度均快于隐式交替求解算法及隐式联立求解算法，大步长下相对隐式联立求解算法提高了 54.9%，相对隐式交替求解算法提高了 26.2%，计算效率明显提高。

表 6.9 不同算法的求解速度对比 (单位：s)

仿真时间	步长	显式交替求解算法(RK2)	隐式交替求解算法	隐式联立求解算法	显式-隐式混合积分求解算法
7	2×10^{-4}	6.76	14.40	20.17	12.34
	2×10^{-3}	不稳定	2.94	3.61	2.33

注意到在上述算例系统中有两次开关操作，这种开关操作属于变结构操作，由仿真结果看出，显式-隐式混合积分求解算法对变结构系统仍然具有较好的适应性。四种算法比较，可以发现显式-隐式混合积分求解算法具有一定的优越性，它兼顾了计算速度与数值稳定性的优点。

参考文献

[1] Soultanis N L, Papathanasiou S A, Hatziargyriou N D. A stability algorithm for the dynamic analysis of inverter dominated unbalanced LV Microgrids[J]. IEEE Transactions on Power Systems, 2007, 22(1): 294-304.

[2] Sebastian A, Markus P. Direct drive synchronous machine models for stability assessment of wind farms[R]. Proceedings of the 4th International Workshop on Large Scale Integration of Wind Power and Transmission Networks for Offshore Wind Farms, Billund, 2003.

[3] Reza M, Schavemaker P H, Slootweg J G, et al. Impacts of distributed generation penetration levels on power systems transient stability[C]. Proceedings of 2004 Power Engineering Society General Meeting, Denver, 2004: 2150-2155.

[4] Slootweg J G, Kling W L. Impacts of distributed generation on power system transient stability[C]. Proceedings of 2002 IEEE Power Engineering Society Summer Meeting, Chicago, 2002: 862-867.

[5] Tran Q T, Le Thanh L, Andrieu C, et al. Stability analysis for the distribution networks with distributed generation[C]. Proceedings of the IEEE Power Engineering Society Transmission and Distribution Conference, Dallas, 2006: 289-294.

[6] Reza M, Sudarmadi D, Viawan F A, et al. Dynamic stability of power systems with power electronic interfaced DG[C]. Proceedings of the 2006 IEEE PES Power Systems Conference and Exposition, Atlanta, 2006: 1423-1428.

[7] Zhang W Y, Arulampalam A, Jenkins N. Electrical stability of large scale integration of micro generation into low voltage grids[J]. International Journal of Distributed Energy Resources, 2005, 1(4): 279-298.

[8] Zambrano V O, Makram E B, Harley R G. Transient response of synchronous and asynchronous machine to asymmetrical faults in an unbalanced network[J]. Electric Power System Research, 1988, 14(2): 155-166.

[9] Harley R G, Correia J M E, Jennings G D, et al. Induction motor model for the study of transient stability in both balanced and unbalanced multi-machine networks[J]. IEEE Transactions on Energy Conversion, 1992, 7(1): 209-215.

[10] Harley R G, Makram E B, Duran E G. The effects of unbalanced networks and unbalanced faults on induction motor transient stability[J]. IEEE Transactions on Energy Conversion, 1988, 3(2): 308-403.

[11] 王兆安，黄俊. 电力电子技术[M]. 北京：机械工业出版社，2003：54-59.

[12] 徐德鸿. 电力电子系统建模及控制[M]. 北京：机械工业出版社，2006：125-135.

[13] 刘凤君. 逆变器用整流电源[M]. 北京：机械工业出版社，2004：202.

[14] Guerrero J M, Vasquez J C, Matas J, et al. Hierarchical control of droop-controlled AC and DC Microgrids-A general approach toward standardization[J]. IEEE Transactions on Industrial Electronics, 2011, 58(1): 158-172.

[15] Kim J Y, Jeon J H, Kim S K, et al. Cooperative control strategy of energy storage system and microsources for stabilizing the microgrid during islanded operation[J]. IEEE Transactions on Power Electronics, 2010, 25(12): 3037-3048.

[16] Fakham H, Di L, Francois B. Power control design of a battery charger in a hybrid active PV generator for load-following applications[J]. IEEE Transactions on Industrial Electronics, 2011, 58(1): 85-94.

[17] 余贻鑫,陈礼义. 电力系统的安全性和稳定性[M]. 北京:科学出版社,1988.

[18] Gear C W. Simultaneous numerical solution of differential-algebraic equations[J]. IEEE Transactions on Circuit Theory, 1971, 18(1): 90-95.

[19] Araujo A E A, Dommel H W, Marti J R. Simultaneous solution of power and control-systems equations[J]. IEEE Transactions on Power Systems, 1993, 8(4): 1483-1489.

[20] 苏永春,程实杰,文劲宇. 电力系统动态稳定性的解析延拓分析[J]. 中国电机工程学报, 2007, 27(4): 9-14.

[21] Wanik M Z C, Erlich I. Dynamic simulation of microturbine distributed generators integrated with multi-machines power system network[C]. Proceedings of the 2nd IEEE International Conference on Power and Energy, Johor Baharu, 2008: 1545-1550.

[22] 高毅,王成山,李继平. 改进十字链表的稀疏矩阵技术及其在电力系统仿真中的应用[J]. 电网技术, 2011, 35(5): 33-39.

[23] 王成山,王丹,郭金川. 基于网式链表-双层结构的电力系统时域仿真算法研究[J]. 电力系统自动化, 2008, 32(16): 6-10.

[24] 朱凌志,安宁. 基于二维链表的稀疏矩阵在潮流计算中的应用[J]. 电网技术, 2005, 29(8): 51-54.

[25] 王成山,彭克,李琰,等. 一种适用于分布式发电系统的显式-隐式混合积分算法[J]. 电力系统自动化, 2011, 35(19): 29-32.

[26] Hofer E. A partially implicit method for large stiff systems of ODEs with only few equations introducing small time-constants[J]. SIAM Journal on Numerical Analysis, 1976, 13(5): 645-663.

[27] Gear C W, Sasd Y. Iterative solution of linear equations in ODE codes[J]. SIAM Journal on Scientific Statistical Computing, 1983, 4(4): 583-601.

[28] Saad Y. Krylov subspace methods for solving large unsymmetric linear systems[J]. Mathematics of Computation, 1981, 37(155): 105-126.

[29] Lopez L, Trigiante D. A projection method for the numerical solution of linear systems in separable stiff differential equations[J]. International Journal of Computer Mathematics, 1989, 30(3-4): 191-206.

[30] Yang D, Ajjarapu V. A decoupled time-domain simulation method via invariant subspace partition for power system analysis[J]. IEEE Transactions on Power Systems, 2006, 21(1): 11-18.

[31] 苏思敏. 基于混合积分法的电力系统暂态稳定时域仿真[J]. 电力系统保护与控制, 2008, 36(15): 56-59.

[32] 汉斯 S,劳申巴赫. 太阳能阵列设计手册[M]. 北京:宇航出版社,1987.

[33] Gow J A, Manning C D. Development of a photovoltaic array model for use in power-electronics

simulation studies [J]. IEEE Proceedings—Electric Power Applications, 1999, 146 (2): 193-200.

[34] Cheknane Ali,H Hikmat S,Djeffal F,et al. An equivalent circuit approach to organic solar cell modeling[J]. Microelectronics Journal,2008,39(10):1173-1180.

[35] Wolf M,Noel G T,Stirn R J. Investigation of the double exponential in the current-voltage characteristics of silicon solar cells[J]. IEEE Transactions on Electron Devices,1977,24(4): 419-428.

[36] Kim S K,Jeon J H,Cho C H,et al. Modeling and simulation of a grid-connected PV generation system for electromagnetic transient analysis[J]. Solar Energy,2009,83(5):664-678.

[37] Hansen A D,Jauch C,Sorensen P E,et al. Dynamic wind turbine models in power system simulation tool DIgSILENT[R]. Risø National Laboratory,Technical University of Denmark Roskilde,Denmark,2003.

[38] Wang C,Nehrir M H. A physically based dynamic model for solid oxide fuel cells[J]. IEEE Transactions on Energy Conversion,2007,22(4):887-897.

[39] Chan H L,Sutanto D. A new battery model for use with battery energy storage systems and electric vehicles power systems[C]. Proceedings of 2000 IEEE Power Engineering Society Winter Meeting,Piscataway,2000:470-475.

[40] 彭克,王成山,李琰,等.典型中低压微网算例系统设计[J].电力系统自动化,2011,35(18): 31-35.

第7章　微电网小扰动稳定性分析

7.1　微电网小扰动稳定性分析

微电网小扰动稳定性分析是微电网控制器设计、系统运行特征研究中不可或缺的重要环节。微电网内包含有大量通过电力电子装置并网的分布式发电单元，虽然这些装置动作快速，可以实现微电网的快速响应和运行方式的灵活变化，但由于电力电子装置缺乏惯性，使得微电网容易受到各种扰动的影响。同时，微电网中分布式电源的数学模型和运行特性与常规同步发电机组相比有显著不同，其小干扰稳定问题也呈现出新的特点。研究微电网在小干扰下的稳定特性，并对系统不稳定现象的影响因素和提高系统运行稳定性的改善措施等方面进行深入的研究，对于微电网的可靠经济运行意义重大。与常规电力系统的小干扰稳定性分析方法类似，微电网的小扰动稳定性分析也需要基于系统的小扰动分析模型，通过系统状态矩阵的特征值和特征向量的计算分析获得相关的稳定性结果。

7.1.1　微电网状态矩阵形成

将微电网中分布式电源、负荷以及网络分别进行建模，然后加以集成，可以得到用微分-代数方程组(DAE)描述[1-4]的一般形式的系统分析模型，如式(7.1)所示。

$$\begin{cases}\dot{\boldsymbol{x}} = \boldsymbol{F}(\boldsymbol{x},\boldsymbol{y},\boldsymbol{p}) \\ \boldsymbol{0} = \boldsymbol{G}(\boldsymbol{x},\boldsymbol{y},\boldsymbol{p})\end{cases} \tag{7.1}$$

式中，$\boldsymbol{x} \in \boldsymbol{R}^n$ 代表系统中的状态变量；$\boldsymbol{y} \in \boldsymbol{R}^m$ 代表系统中的代数变量；$\boldsymbol{p} \in \boldsymbol{R}^p$ 代表系统中的参数变量。将上述 DAE 在给定运行点 $(\boldsymbol{x}_0,\boldsymbol{y}_0)$ 处线性化，可以得到微电网小扰动稳定性分析模型：

$$\begin{cases}\Delta\dot{\boldsymbol{x}} = \boldsymbol{A}\Delta\boldsymbol{x} + \boldsymbol{B}\Delta\boldsymbol{y} \\ \boldsymbol{0} = \boldsymbol{C}\Delta\boldsymbol{x} + \boldsymbol{D}\Delta\boldsymbol{y}\end{cases} \tag{7.2}$$

式中，$\boldsymbol{A} = \boldsymbol{F}_{x|(x_0,y_0)}$；$\boldsymbol{B} = \boldsymbol{F}_{y|(x_0,y_0)}$；$\boldsymbol{C} = \boldsymbol{G}_{x|(x_0,y_0)}$；$\boldsymbol{D} = \boldsymbol{G}_{y|(x_0,y_0)}$

当矩阵 $\boldsymbol{D}$ 非奇异时，式(7.2)给出的用 DAE 描述的系统模型可转化为式(7.3)形式，二者具有等价的小扰动稳定性特征。

$$\Delta\dot{\boldsymbol{x}} = \boldsymbol{A}_{\text{sys}}\Delta\boldsymbol{x} \tag{7.3}$$

式中，$\boldsymbol{A}_{\text{sys}}$ 称为微电网的状态矩阵。

$$\boldsymbol{A}_{\text{sys}} = \boldsymbol{A} - \boldsymbol{B}\boldsymbol{D}^{-1}\boldsymbol{C} = \boldsymbol{F}_x - \boldsymbol{F}_y\boldsymbol{G}_y^{-1}\boldsymbol{G}_x \tag{7.4}$$

针对给定的微电网运行方式，经过潮流计算可获得系统的具体运行点，在该点处将系统方程线性化，即可获得上述的状态矩阵。应该指出的是，微电网状态矩阵具有明显的稀疏性，且具有“分块”特征性质，可以采用改进十字链表的方法对其进行快速稀疏填元和寻址[5]。

7.1.2　微电网特征值和特征向量计算

微电网受到小干扰后的稳定性由状态矩阵的特征值所决定，其特征值问题可表述为如下问题的求解：

$$\begin{cases}\boldsymbol{A}_{\mathrm{sys}}\boldsymbol{v}_i = \lambda_i \boldsymbol{v}_i \\ \boldsymbol{A}_{\mathrm{sys}}^{\mathrm{T}}\boldsymbol{u}_i = \lambda_i \boldsymbol{u}_i\end{cases} \tag{7.5}$$

式中，λ_i 为系统的第 i 个特征值；$\boldsymbol{v}_i$、$\boldsymbol{u}_i$ 分别为对应的右特征向量和左特征向量。

一般情况下，微电网的状态矩阵 $\boldsymbol{A}_{\mathrm{sys}}$ 为实数非对称矩阵。在常规电力系统中，针对实数非对称矩阵已有多种不同的特征值求解方法，如 QR 算法、SMA 法、AESOPS 算法、序贯法、Arnoldi 算法等。考虑到实际微电网的状态矩阵维数一般较低，满足 QR 算法中对矩阵维数的要求[6]，可以选取 QR 方法求解微电网的特征解。本书对 QR 方法不作详细介绍，算法的具体内容可参考相关文献。但这里需要说明的是，微电网状态矩阵 $\boldsymbol{A}_{\mathrm{sys}}$ 中的元素数值大小差异性常常较大，在进行 QR 迭代时，可能会因舍入误差的原因导致特征值的结果误差过大。由于特征解的误差一般与状态矩阵的欧几里得范数成正比，可以采用平衡化方法将状态矩阵对应的行和列范数变得相近，在不改变特征解的前提下减小矩阵范数，提高特征解计算的精确性[6]。

微电网中存在大量通过逆变器并网的分布式电源，电力电子设备动态响应快速，其参数对微电网特征值的分布影响较大。研究表明[7,8]，微电网的特征值分布在复平面内较大的区域内，这种分布的“广域性”主要是由逆变器系统不同控制环节的时间常数和控制参数之间存在较大差异性引起的；而微电网特征值的分布可分为三个典型的集中区域，即低频区、中频区、高频区，这种分布的“区域性”与系统中不同的控制环节密切相关，分布在低频区的特征值主要受 Droop 控制器和相关的低通滤波电路的影响，分布在中频区的特征值主要受逆变器外环功率控制环节的影响，分布在高频区的特征值主要受逆变器内环电流控制环节和系统中 LCL 滤波电路的影响。

7.2　基于矩阵摄动理论的特征解分析

在微电网小扰动稳定性分析中，系统特征值和特征向量对控制器参数的灵敏度分析是一件重要的工作，是系统控制器参数设计、振荡模态分析和鲁棒稳定性研究等的基础[9,10]。

目前,特征值和特征向量灵敏度的求解方法主要可以分为两类[11—13]:解析法和扰动法。解析法求解准确,但推导和计算的过程较为复杂,而且模型的添加和系统的扩展涉及大量求解公式的变更,极为繁琐;扰动法求解简易,但需要反复形成系统状态矩阵并求解系统的特征值问题,而且有时无法针对关键特征值和特征向量进行灵敏度分析。

矩阵摄动理论(matrix perturbation theory)是一种快速的特征解估算和重分析的方法,主要用于研究结构参数有小变化时系统的固有特性和响应特性的变化情况,是解决灵敏度计算、结构动态设计等问题的有力手段[14,15]。目前,矩阵摄动理论在电磁波、结构动态、系统辨识、自动控制等领域已有广泛的研究和应用。相对于解析法和扰动法而言,采用矩阵摄动法求解灵敏度具有多方面优势:①在合适的参数摄动范围内,通过矩阵摄动法获得的灵敏度能够很好地满足精度要求;②避免了求解过程中复杂灵敏度计算公式的推导,或者系统状态矩阵的重复形成及特征值问题的反复求解;③可以更加直观地研究和分析系统关键特征解的灵敏度变化趋势,便于与系统参数设计、动态特性分析等进行结合研究。

根据系统状态矩阵性质的不同,矩阵摄动理论可分为实模态和复模态两种分析方法[14,15]。当系统状态矩阵是实对称矩阵时,系统中的特征值均为实数,即实模态形式,此时采用实模态矩阵摄动理论进行分析。在工程实际中,由于系统元件的非完全一致性,系统状态矩阵多为非对称矩阵,甚至为复数非对称矩阵,一般不再满足 Cauchy 阻尼的对角化条件[14],不能通过实模态变换将系统方程解耦。在这种情况下,系统中的特征值是共轭存在的,即复模态形式。考虑到普适性问题,本书将着重针对广义复模态矩阵摄动理论进行分析,该理论同样适用于实模态矩阵摄动分析。

考虑有限维矩阵对($\boldsymbol{A}$, $\boldsymbol{B}$),其中 $\boldsymbol{A}$ 为实数矩阵,$\boldsymbol{B}$ 为正定矩阵,复模态广义特征值问题可表述为如下形式[14,15]:

$$\begin{cases}\boldsymbol{A}\boldsymbol{v}_i = \lambda_i \boldsymbol{B}\boldsymbol{v}_i \\ \boldsymbol{A}^{\mathrm{T}}\boldsymbol{u}_i = \lambda_i \boldsymbol{B}^{\mathrm{T}}\boldsymbol{u}_i\end{cases} \tag{7.6}$$

式中,λ_i 为系统的第 i 个广义特征值;$\boldsymbol{v}_i$、$\boldsymbol{u}_i$ 分别为对应的广义右特征向量和广义左特征向量,并满足正交性和归一化条件[14,15]:

$$\begin{cases}\boldsymbol{u}_i^{\mathrm{T}}\boldsymbol{B}\boldsymbol{v}_j = \delta_{ij} \\ \boldsymbol{u}_i^{\mathrm{T}}\boldsymbol{A}\boldsymbol{v}_j = \delta_{ij}\lambda_i\end{cases} \tag{7.7}$$

式中,δ_{ij} 为 Kronecker 符号。

从系统是否具有完备的特征向量系的角度而言,可将系统划分为非亏损系统和亏损系统[14,15]。非亏损系统是指每一个特征值的代数重数和几何重数均相等的系统,这样的系统具有完备的特征向量系;亏损系统中至少存在一个特征值的代数重数大于其几何重数,这样的系统不存在完备的特征向量系足以构成整个空间。由于特征解摄动量的求解涉及系统状态矩阵的数学性质,在研究系统特征解摄动问题之

前，需要先判断系统的亏损性，以便对特征解进行不同的摄动分析。目前主要有两种基本的系统亏损性判定方法：矩阵秩分析法和奇异值分解法。这里对这两种方法不作详细分析，判定方法可参见相关文献。当系统是非亏损情况时，有下述定理成立[14,15]。

定理 1：若 λ_{i0} 为系统 $(\boldsymbol{A}_0, \boldsymbol{B}_0)$ 的 m 重广义特征值（$m \geqslant 1, i=1,\cdots,n$），那么当系统经摄动变为 $(\boldsymbol{A}_0+\varepsilon\boldsymbol{A}_1, \boldsymbol{B}_0+\varepsilon\boldsymbol{B}_1)$ 后，对应的特征值和特征向量可分别表示为

$$\lambda_i = \lambda_{i0} + \varepsilon\lambda_{i1} + \sqrt[m]{\varepsilon^{m+1}}\lambda_{i2} + \sqrt[m]{\varepsilon^{m+2}}\lambda_{i3} + \cdots \tag{7.8}$$

$$\boldsymbol{v}_i = \boldsymbol{v}_{i0} + \varepsilon\boldsymbol{v}_{i1} + \sqrt[m]{\varepsilon^{m+1}}\boldsymbol{v}_{i2} + \sqrt[m]{\varepsilon^{m+2}}\boldsymbol{v}_{i3} + \cdots \tag{7.9}$$

$$\boldsymbol{u}_i = \boldsymbol{u}_{i0} + \varepsilon\boldsymbol{u}_{i1} + \sqrt[m]{\varepsilon^{m+1}}\boldsymbol{u}_{i2} + \sqrt[m]{\varepsilon^{m+2}}\boldsymbol{u}_{i3} + \cdots \tag{7.10}$$

式中，λ_{i0}、$\boldsymbol{v}_{i0}$、$\boldsymbol{u}_{i0}$ 为原系统的特征值、右特征向量和左特征向量转置；λ_i、$\boldsymbol{v}_i$、$\boldsymbol{u}_i$ 为摄动后系统的特征值、右特征向量和左特征向量转置；λ_{i1}、$\boldsymbol{v}_{i1}$、$\boldsymbol{u}_{i1}$ 分别为对应的一阶摄动量；λ_{i2}、$\boldsymbol{v}_{i2}$、$\boldsymbol{u}_{i2}$ 分别为对应的二阶摄动量等。根据系统特征值重数（即定理 1 中的 m）的不同，摄动后系统的特征解可分为两种情况进行分析：孤立特征值情况下的矩阵摄动理论和重特征值情况下的矩阵摄动理论。

1. 孤立特征值的矩阵摄动理论

当系统中不存在重特征值时，系统必然是非亏损的，即存在完备的特征向量系足以构成整个空间。根据定理 1（$m=1$），将摄动后系统的特征解代入式(7.6)中，比较 ε 的同次幂系数，并结合式(7.7)以及 Banach 空间定理，可得特征值和特征向量的一阶摄动量分别为

$$\lambda_{i1} = \boldsymbol{u}_{i0}^{\mathrm{T}}\boldsymbol{A}_1\boldsymbol{v}_{i0} - \lambda_{i0}\boldsymbol{u}_{i0}^{\mathrm{T}}\boldsymbol{B}_1\boldsymbol{v}_{i0} \tag{7.11}$$

$$\boldsymbol{v}_{i1} = \sum_{\substack{j=1\\ j\neq i}}^{n}\left(\frac{-\boldsymbol{u}_{j0}^{\mathrm{T}}\boldsymbol{A}_1\boldsymbol{v}_{i0} + \lambda_{i0}\boldsymbol{u}_{j0}^{\mathrm{T}}\boldsymbol{B}_1\boldsymbol{v}_{i0}}{\lambda_{j0}-\lambda_{i0}}\right)\boldsymbol{v}_{j0} \tag{7.12}$$

$$\boldsymbol{u}_{i1} = \sum_{\substack{j=1\\ j\neq i}}^{n}\left(\frac{-\boldsymbol{v}_{j0}^{\mathrm{T}}\boldsymbol{A}_1^{\mathrm{T}}\boldsymbol{u}_{i0} + \lambda_{i0}\boldsymbol{v}_{j0}^{\mathrm{T}}\boldsymbol{B}_1^{\mathrm{T}}\boldsymbol{u}_{i0}}{\lambda_{j0}-\lambda_{i0}}\right)\boldsymbol{u}_{j0} \tag{7.13}$$

2. 重特征值的矩阵摄动理论

具有重特征值的系统称为退化系统，这类系统具有两个重要的特点：①结构参数变化后，原来的一组重特征值可能分离为孤立特征值；②结构参数变化后，特征向量可能产生跳跃现象，这是由于在重特征值情况下原系统特征向量的选取具有一定的随意性。鉴于上述特点，孤立特征值的矩阵摄动理论不再适用于重特征值情况。

假设原系统的某一特征值 λ_{r0} 为 m 重广义特征值（$m>1$），其余为孤立特征值，即系统特征值可表述如下：

$$\lambda_{10}, \lambda_{20}, \cdots, \underbrace{\lambda_{r0}, \cdots, \lambda_{r0}}_{m}, \lambda_{r+m,0}, \cdots, \lambda_{n,0} \tag{7.14}$$

对应的右特征向量和左特征向量转置分别为

$$\begin{cases}\boldsymbol{v}_{10},\boldsymbol{v}_{20},\cdots,\boldsymbol{v}_{r0}^{(1)},\cdots,\boldsymbol{v}_{r0}^{(m)},\boldsymbol{v}_{r+m,0},\cdots,\boldsymbol{v}_{n,0}\\ \boldsymbol{u}_{10},\boldsymbol{u}_{20},\cdots,\boldsymbol{u}_{r0}^{(1)},\cdots,\boldsymbol{u}_{r0}^{(m)},\boldsymbol{u}_{r+m,0},\cdots,\boldsymbol{u}_{n,0}\end{cases} \tag{7.15}$$

式中，重特征值 λ_{r0} 对应的特征向量 $\boldsymbol{v}_{r0}^{(1)},\cdots,\boldsymbol{v}_{r0}^{(m)}$ 和 $\boldsymbol{u}_{r0}^{(1)},\cdots,\boldsymbol{u}_{r0}^{(m)}$ 分别组成了特征空间的完备子空间[14]，式(7.16)、式(7.17)给出的线性组合仍为 λ_{r0} 的特征向量，其中 α_{ij}、β_{ij} 为待定系数。

$$\boldsymbol{x}_{r0}^{(i)}=\sum_{j=1}^{m}\alpha_{ij}\,\boldsymbol{v}_{r0}^{(j)} \tag{7.16}$$

$$\boldsymbol{y}_{r0}^{(i)}=\sum_{j=1}^{m}\beta_{ij}\boldsymbol{u}_{r0}^{(j)} \tag{7.17}$$

根据定理1，将摄动后系统的 m 重特征解代入式(7.6)中，比较 ε 的同次幂系数，并结合式(7.7)以及 Banach 空间定理，可得 m 重特征值的一阶摄动量相关计算式如下所示：

$$[\lambda_{i1}\boldsymbol{I}-(\boldsymbol{U}_{r0}^{\mathrm{T}}\boldsymbol{A}_1\boldsymbol{V}_{r0}-\lambda_{r0}\boldsymbol{U}_{r0}^{\mathrm{T}}\boldsymbol{B}_1\boldsymbol{V}_{r0})]\,\boldsymbol{\alpha}_i=\boldsymbol{0} \tag{7.18}$$

式中

$$\boldsymbol{U}_{r0}^{\mathrm{T}}=[\boldsymbol{u}_{r0}^{(1)}\quad \boldsymbol{u}_{r0}^{(2)}\quad \cdots\quad \boldsymbol{u}_{r0}^{(m)}]^{\mathrm{T}}$$

$$\boldsymbol{V}_{r0}=[\boldsymbol{v}_{r0}^{(1)}\quad \boldsymbol{v}_{r0}^{(2)}\quad \cdots\quad \boldsymbol{v}_{r0}^{(m)}]$$

$$\boldsymbol{\alpha}_i=[\alpha_{i1}\quad \alpha_{i2}\quad \cdots\quad \alpha_{im}]^{\mathrm{T}}$$

在式(7.18)中，待定参数向量 $\boldsymbol{\alpha}_i$ 有非零解的充要条件为其系数矩阵奇异，也即重特征值的一阶摄动量 λ_{i1} 的求解转化为矩阵 $\boldsymbol{U}_{r0}^{\mathrm{T}}\boldsymbol{A}_1\boldsymbol{V}_{r0}-\lambda_{r0}\boldsymbol{U}_{r0}^{\mathrm{T}}\boldsymbol{B}_1\boldsymbol{V}_{r0}$ 的特征值求解问题。在获得一阶摄动量 λ_{i1} 后，即可通过式(7.18)求得参数向量 $\boldsymbol{\alpha}_i$，从而求得式(7.16)。在此基础上，重特征值对应的特征向量一阶摄动分量可分别表示为

$$\boldsymbol{v}_{i1}=\sum_{\substack{k=1\\k\neq r,\cdots,r+m-1}}^{n}\frac{\sum_{j=1}^{m}\alpha_{ij}(-\boldsymbol{u}_{k0}^{\mathrm{T}}\boldsymbol{A}_1\,\boldsymbol{v}_{r0}^{(j)}+\lambda_{r0}\boldsymbol{u}_{k0}^{\mathrm{T}}\boldsymbol{B}_1\,\boldsymbol{v}_{r0}^{(j)})}{\lambda_{k0}-\lambda_{r0}}\boldsymbol{v}_{k0} \tag{7.19}$$

$$\boldsymbol{u}_{i1}=\sum_{\substack{k=1\\k\neq r,\cdots,r+m-1}}^{n}\frac{\sum_{j=1}^{m}\beta_{ij}(-\boldsymbol{v}_{k0}^{\mathrm{T}}\boldsymbol{A}_1^{\mathrm{T}}\boldsymbol{u}_{r0}^{(j)}+\lambda_{r0}\,\boldsymbol{v}_{k0}^{\mathrm{T}}\boldsymbol{B}_1^{T}\boldsymbol{u}_{r0}^{(j)})}{\lambda_{k0}-\lambda_{r0}}\boldsymbol{u}_{k0} \tag{7.20}$$

式中的参数 β_{ij} 可通过类似于 α_{ij} 的求解方式获得。

上述矩阵摄动分析是在已知 $(\boldsymbol{A}_0,\boldsymbol{B}_0)$ 情况下，假定参数发生微小扰动后变化为 $(\boldsymbol{A}_0+\varepsilon\boldsymbol{A}_1,\boldsymbol{B}_0+\varepsilon\boldsymbol{B}_1)$ 的特征解计算，其中 $\varepsilon\boldsymbol{A}_1$、$\varepsilon\boldsymbol{B}_1$ 代表矩阵的摄动量。值得注意的是，这一摄动量的范围是有一定限制的，若超出限制，上述基于矩阵摄动理论求解的特征解将不再适用。因此，不论是对于摄动法的理论发展还是其工程应用，合理地确定矩阵摄动的最大摄动界都是十分重要的。关于摄动分量的摄动界目前已有多种研究方法[14-16]，其中最为典型的是线性摄动直接法和结构参数摄动法，详细内容可参见相关文献。

7.3 微电网状态矩阵摄动分析

7.3.1 状态矩阵参数摄动描述

影响微电网小扰动稳定性的因素很多，如负荷模型参数、分布式电源参数、系统线路参数、控制器参数等。考虑到控制器参数的摄动分析是控制器参数优化设计的基础，也是系统小扰动稳定性分析中最为关注的问题，本章以控制器参数摄动分析为例，介绍相关的小扰动分析理论，所介绍的方法同样适用于微电网中其他一些参数的摄动分析，但需要考虑参数对系统状态矩阵的具体影响。

在控制器参数的摄动分析中，不失一般性，假定控制器参数的摄动仅对式(7.4)所示微电网状态矩阵的子矩阵 $\boldsymbol{A}$、$\boldsymbol{B}$、$\boldsymbol{C}$ 产生影响，且这种影响仅集中在 $\boldsymbol{A}$、$\boldsymbol{B}$、$\boldsymbol{C}$ 矩阵中的部分元素。后面的算例分析将会看出这种假设适用于一大类控制器参数摄动问题的分析。在这一假定下，$\boldsymbol{A}$、$\boldsymbol{B}$、$\boldsymbol{C}$ 矩阵均可表示为如下形式[17]：

$$\boldsymbol{A} = \boldsymbol{F}_x = \sum_{i=1}^{N_1} f_i(\boldsymbol{p})\boldsymbol{F}_{xi} + \boldsymbol{F}_x^0 \tag{7.21}$$

$$\boldsymbol{B} = \boldsymbol{F}_y = \sum_{i=1}^{N_2} g_i(\boldsymbol{p})\boldsymbol{F}_{yi} + \boldsymbol{F}_y^0 \tag{7.22}$$

$$\boldsymbol{C} = \boldsymbol{G}_x = \sum_{i=1}^{N_3} h_i(\boldsymbol{p})\boldsymbol{G}_{xi} + \boldsymbol{G}_x^0 \tag{7.23}$$

式中，$\boldsymbol{F}_{xi}$、$\boldsymbol{F}_{yi}$、$\boldsymbol{G}_{xi}$ 和 $\boldsymbol{F}_x^0$、$\boldsymbol{F}_y^0$、$\boldsymbol{G}_x^0$ 均为常数矩阵；$f_i(\boldsymbol{p})$、$g_i(\boldsymbol{p})$、$h_i(\boldsymbol{p})$ 代表控制参数向量 $\boldsymbol{p}$ 的函数；N_1、N_2、N_3 分别代表上述常数矩阵的个数。将式(7.21)～式(7.23)代入式(7.4)，进一步整理后，可得以控制参数 $\boldsymbol{p}$ 作为变量的系统状态矩阵：

$$\begin{aligned}\boldsymbol{A}_{\text{sys}}(\boldsymbol{p}) = {} & \boldsymbol{M}_0 + \sum_{i=1}^{N_1} f_i(\boldsymbol{p})\,\boldsymbol{M}_{1,i} + \sum_{i=1}^{N_2} g_i(\boldsymbol{p})\,\boldsymbol{M}_{2,i} \\ & + \sum_{i=1}^{N_3} h_i(\boldsymbol{p})\,\boldsymbol{M}_{3,i} + \sum_{i=1}^{N_2}\sum_{j=1}^{N_3} g_i(\boldsymbol{p})h_j(\boldsymbol{p})\,\boldsymbol{M}_{4,ij}\end{aligned} \tag{7.24}$$

式中，$\boldsymbol{M}_0$、$\boldsymbol{M}_{1,i}$、$\boldsymbol{M}_{2,i}$、$\boldsymbol{M}_{3,i}$、$\boldsymbol{M}_{4,ij}$ 分别如下所示，为与控制参数无关的常数矩阵。

$$\boldsymbol{M}_0 = \boldsymbol{F}_x^0 - \boldsymbol{F}_y^0\boldsymbol{G}_y^{-1}\boldsymbol{G}_x^0,\quad \boldsymbol{M}_{1,i} = \boldsymbol{F}_{xi},\quad \boldsymbol{M}_{2,i} = -\boldsymbol{F}_{yi}\boldsymbol{G}_y^{-1}\boldsymbol{G}_x^0$$

$$\boldsymbol{M}_{3,i} = -\boldsymbol{F}_y^0\boldsymbol{G}_y^{-1}\boldsymbol{G}_{xi},\quad \boldsymbol{M}_{4,ij} = -\boldsymbol{F}_{yi}\boldsymbol{G}_y^{-1}\boldsymbol{G}_{xj}$$

当系统中的控制器参数发生微小摄动，例如由 $\boldsymbol{p}_0$ 摄动为 $\boldsymbol{p}=\boldsymbol{p}_0+\Delta\boldsymbol{p}$ 时，相应地系统状态矩阵 $\boldsymbol{A}_{\text{sys}}$ 将由 $\boldsymbol{A}_{\text{sys}}(\boldsymbol{p}_0)$ 摄动为 $\boldsymbol{A}_{\text{sys}}(\boldsymbol{p}_0)+\Delta\boldsymbol{A}_{\text{sys}}$，其中 $\Delta\boldsymbol{A}_{\text{sys}}$ 可表示为

$$\begin{aligned}\Delta \boldsymbol{A}_{\mathrm{sys}} &= \sum_{i=1}^{N_1}\Delta f_i(\boldsymbol{p})\,\boldsymbol{M}_{1,i} + \sum_{i=1}^{N_2}\Delta g_i(\boldsymbol{p})\,\boldsymbol{M}_{2,i} \\ &\quad + \sum_{i=1}^{N_3}\Delta h_i(\boldsymbol{p})\,\boldsymbol{M}_{3,i} + \sum_{i=1}^{N_2}\sum_{j=1}^{N_3}\Delta(g_i(\boldsymbol{p})h_j(\boldsymbol{p}))\,\boldsymbol{M}_{4,ij}\end{aligned} \tag{7.25}$$

式中，$\Delta f_i(\boldsymbol{p})$、$\Delta g_i(\boldsymbol{p})$、$\Delta h_i(\boldsymbol{p})$ 为 $f_i(\boldsymbol{p})$、$g_i(\boldsymbol{p})$、$h_i(\boldsymbol{p})$ 在 $\boldsymbol{p}_0$ 点进行泰勒级数展开后去除 $f_i(\boldsymbol{p}_0)$、$g_i(\boldsymbol{p}_0)$、$h_i(\boldsymbol{p}_0)$ 余下的部分，若取泰勒级数一阶近似，则 $\Delta f_i(\boldsymbol{p})$、$\Delta g_i(\boldsymbol{p})$、$\Delta h_i(\boldsymbol{p})$ 为 $\boldsymbol{p}$ 的线性函数，否则为 $\boldsymbol{p}$ 的非线性函数；$\Delta(g_i(\boldsymbol{p})h_j(\boldsymbol{p}))$ 为 $g_i(\boldsymbol{p})h_j(\boldsymbol{p})$ 在 $\boldsymbol{p}_0$ 点进行泰勒级数展开后去除 $g_i(\boldsymbol{p}_0)h_j(\boldsymbol{p}_0)$ 后余下的部分。

通过对比式(7.5)和式(7.6)可以发现，复模态广义特征值问题是微电网特征值问题更为普遍的表现形式。在分析微电网控制参数摄动的问题时，可以令式(7.6)中的矩阵 $\boldsymbol{B}$ 为单位矩阵 $\boldsymbol{I}$，且不存在摄动量，从而将复模态广义特征值问题转化为微电网复模态特征值问题。

7.3.2 孤立特征值特征解灵敏度计算

式(7.25)右端项由四部分组成，可把每一部分看作对 $\boldsymbol{A}_{\mathrm{sys}}$ 的一种扰动。以第一项为例，按照定理 1 中的扰动表达方式，相当于取 $\varepsilon = 1$、$\boldsymbol{A}_1 = \sum_{i=1}^{N_1}\Delta f_i(p)\,\boldsymbol{M}_{1,i}$、$\boldsymbol{B}_1 = \boldsymbol{0}$。依次将式(7.25)右端四部分对应的扰动项代入式(7.11)，在系统仅存在孤立特征值情况中，利用定理 1 可得参数 $\boldsymbol{p}$ 由 $\boldsymbol{p}_0$ 扰动为 $\boldsymbol{p}=\boldsymbol{p}_0+\Delta\boldsymbol{p}$ 后用一阶摄动量近似表示的特征值增量为

$$\begin{aligned}\Delta\lambda_{k1} &= \sum_{i=1}^{N_1}\Delta f_i(\boldsymbol{p})\lambda_{k1}^{1,i} + \sum_{i=1}^{N_2}\Delta g_i(\boldsymbol{p})\lambda_{k1}^{2,i} \\ &\quad + \sum_{i=1}^{N_3}\Delta h_i(\boldsymbol{p})\lambda_{k1}^{3,i} + \sum_{i=1}^{N_2}\sum_{j=1}^{N_3}\Delta(g_i(\boldsymbol{p})h_j(\boldsymbol{p}))\lambda_{k1}^{4,ij}\end{aligned} \tag{7.26}$$

式中，$\lambda_{k1}^{1,i}$、$\lambda_{k1}^{2,i}$、$\lambda_{k1}^{3,i}$、$\lambda_{k1}^{4,ij}$ 与参数 $\boldsymbol{p}$ 无关，具体表达式为

$$\lambda_{k1}^{1,i} = \boldsymbol{u}_{k0}^{\mathrm{T}}\,\boldsymbol{M}_{1,i}\,\boldsymbol{v}_{k0},\quad \lambda_{k1}^{2,i} = \boldsymbol{u}_{k0}^{\mathrm{T}}\,\boldsymbol{M}_{2,i}\,\boldsymbol{v}_{k0}$$

$$\lambda_{k1}^{3,i} = \boldsymbol{u}_{k0}^{\mathrm{T}}\,\boldsymbol{M}_{3,i}\,\boldsymbol{v}_{k0},\quad \lambda_{k1}^{4,ij} = \boldsymbol{u}_{k0}^{\mathrm{T}}\,\boldsymbol{M}_{4,ij}\,\boldsymbol{v}_{k0}$$

相应地，根据式(7.12)、式(7.13)可获得系统仅存在孤立特征值情况下用一阶摄动量表示的特征向量增量，分别如下式所示。

$$\Delta\boldsymbol{v}_{k1} = \sum_{\substack{l=1\\ l\neq k}}^{n}\left(\begin{aligned}&\sum_{i=1}^{N_1}\Delta f_i(\boldsymbol{p})a_{lk}^{1,i} + \sum_{i=1}^{N_2}\Delta g_i(\boldsymbol{p})a_{lk}^{2,i} \\ &+ \sum_{i=1}^{N_3}\Delta h_i(\boldsymbol{p})a_{lk}^{3,i} + \sum_{i=1}^{N_2}\sum_{j=1}^{N_3}\Delta(g_i(\boldsymbol{p})h_j(\boldsymbol{p}))a_{lk}^{4,ij}\end{aligned}\right)\boldsymbol{v}_{l0} \tag{7.27}$$

$$\Delta \boldsymbol{u}_{k1}=\sum_{\substack{l=1\\l\neq k}}^{n}\left(\begin{array}{l}\sum_{i=1}^{N_1}\Delta f_i(\boldsymbol{p})b_{lk}^{1,i}+\sum_{i=1}^{N_2}\Delta g_i(\boldsymbol{p})b_{lk}^{2,i}\\+\sum_{i=1}^{N_3}\Delta h_i(\boldsymbol{p})b_{lk}^{3,i}+\sum_{i=1}^{N_2}\sum_{j=1}^{N_3}\Delta(g_i(\boldsymbol{p})h_j(\boldsymbol{p}))b_{lk}^{4,ij}\end{array}\right)\boldsymbol{u}_{l0} \tag{7.28}$$

式中，$a_{lk}^{1,i}$、$a_{lk}^{2,i}$、$a_{lk}^{3,i}$、$a_{lk}^{4,ij}$ 与 $b_{lk}^{1,i}$、$b_{lk}^{2,i}$、$b_{lk}^{3,i}$、$b_{lk}^{4,ij}$ 计算方法如下：

$$a_{lk}^{1,i}=\frac{-\boldsymbol{u}_{l0}^{\mathrm{T}}\boldsymbol{M}_{1,i}\boldsymbol{v}_{k0}}{\lambda_{l0}-\lambda_{k0}},\quad b_{lk}^{1,i}=\frac{-\boldsymbol{v}_{l0}^{\mathrm{T}}\boldsymbol{M}_{1,i}^{\mathrm{T}}\boldsymbol{u}_{k0}}{\lambda_{l0}-\lambda_{k0}}$$

$$a_{lk}^{2,i}=\frac{-\boldsymbol{u}_{l0}^{\mathrm{T}}\boldsymbol{M}_{2,i}\boldsymbol{v}_{k0}}{\lambda_{l0}-\lambda_{k0}},\quad b_{lk}^{2,i}=\frac{-\boldsymbol{v}_{l0}^{\mathrm{T}}\boldsymbol{M}_{2,i}^{\mathrm{T}}\boldsymbol{u}_{k0}}{\lambda_{l0}-\lambda_{k0}}$$

$$a_{lk}^{3,i}=\frac{-\boldsymbol{u}_{l0}^{\mathrm{T}}\boldsymbol{M}_{3,i}\boldsymbol{v}_{k0}}{\lambda_{l0}-\lambda_{k0}},\quad b_{lk}^{3,i}=\frac{-\boldsymbol{v}_{l0}^{\mathrm{T}}\boldsymbol{M}_{3,i}^{\mathrm{T}}\boldsymbol{u}_{k0}}{\lambda_{l0}-\lambda_{k0}}$$

$$a_{lk}^{4,ij}=\frac{-\boldsymbol{u}_{l0}^{\mathrm{T}}\boldsymbol{M}_{4,ij}\boldsymbol{v}_{k0}}{\lambda_{l0}-\lambda_{k0}},\quad b_{lk}^{4,ij}=\frac{-\boldsymbol{v}_{l0}^{\mathrm{T}}\boldsymbol{M}_{2,ij}^{\mathrm{T}}\boldsymbol{u}_{k0}}{\lambda_{l0}-\lambda_{k0}}$$

通过上面的分析，在状态矩阵仅具有孤立特征值的条件下，根据式(7.27)、式(7.28)，通过矩阵摄动法可获得特征值和特征向量对参数向量 $\boldsymbol{p}$ 的第 m 个参数 p_m 灵敏度。

$$\frac{\partial\lambda_k}{\partial p_m}=\sum_{i=1}^{N_1}\frac{\partial f_i(\boldsymbol{p})}{\partial p_m}\lambda_{k1}^{1,i}+\sum_{i=1}^{N_2}\frac{\partial g_i(\boldsymbol{p})}{\partial p_m}\lambda_{k1}^{2,i}+\sum_{i=1}^{N_3}\frac{\partial h_i(\boldsymbol{p})}{\partial p_m}\lambda_{k1}^{3,i}+\sum_{i=1}^{N_2}\sum_{j=1}^{N_3}\frac{\partial(g_i(\boldsymbol{p})h_j(\boldsymbol{p}))}{\partial p_m}\lambda_{k1}^{4,ij} \tag{7.29}$$

$$\frac{\partial \boldsymbol{v}_k}{\partial p_m}=\sum_{\substack{l=1\\l\neq k}}^{n}\left(\begin{array}{l}\sum_{i=1}^{N_1}\frac{\partial f_i(\boldsymbol{p})}{\partial p_m}a_{lk}^{1,i}+\sum_{i=1}^{N_2}\frac{\partial g_i(\boldsymbol{p})}{\partial p_m}a_{lk}^{2,i}\\+\sum_{i=1}^{N_3}\frac{\partial h_i(\boldsymbol{p})}{\partial p_m}a_{lk}^{3,i}+\sum_{i=1}^{N_2}\sum_{j=1}^{N_3}\frac{\partial(g_i(\boldsymbol{p})h_j(\boldsymbol{p}))}{\partial p_m}a_{lk}^{4,ij}\end{array}\right)\boldsymbol{v}_{l0} \tag{7.30}$$

$$\frac{\partial \boldsymbol{u}_k}{\partial p_m}=\sum_{\substack{l=1\\l\neq k}}^{n}\left(\begin{array}{l}\sum_{i=1}^{N_1}\frac{\partial f_i(\boldsymbol{p})}{\partial p_m}b_{lk}^{1,i}+\sum_{i=1}^{N_2}\frac{\partial g_i(\boldsymbol{p})}{\partial p_m}b_{lk}^{2,i}\\+\sum_{i=1}^{N_3}\frac{\partial h_i(\boldsymbol{p})}{\partial p_m}b_{lk}^{3,i}+\sum_{i=1}^{N_2}\sum_{j=1}^{N_3}\frac{\partial(g_i(\boldsymbol{p})h_j(\boldsymbol{p}))}{\partial p_m}b_{lk}^{4,ij}\end{array}\right)\boldsymbol{u}_{l0} \tag{7.31}$$

7.3.3 重特征值特征解灵敏度计算

按照仅存在孤立特征值情况下的分析思路，在式(7.25)的基础上，根据式(7.18)～式(7.20)，假设第 k 个特征值的重数为 m，可求得用一阶摄动量表示的系统第 k 个特征值及其特征向量的增量。

$$\Delta\lambda_{k1}=\mathrm{eig}\,(\boldsymbol{U}_{r0}^{\mathrm{T}}\Delta\boldsymbol{A}_{sys}\boldsymbol{V}_{r0})_k \tag{7.32}$$

$$\Delta \boldsymbol{v}_{k1} = \sum_{\substack{l=1 \\ l\neq r,\cdots,r+m-1}}^{n} \sum_{p=1}^{m} \alpha_{kp} \begin{pmatrix} \sum_{i=1}^{N_1} \Delta f_i(\boldsymbol{p}) c_{lrp}^{1,i} \\ + \sum_{i=1}^{N_2} \Delta g_i(\boldsymbol{p}) c_{lrp}^{2,i} \\ + \sum_{i=1}^{N_3} \Delta h_i(\boldsymbol{p}) c_{lrp}^{3,i} \\ + \sum_{i=1}^{N_2} \sum_{j=1}^{N_3} \Delta(g_i(\boldsymbol{p}) h_j(\boldsymbol{p})) c_{lrp}^{4,ij} \end{pmatrix} \boldsymbol{v}_{l0} \tag{7.33}$$

$$\Delta \boldsymbol{u}_{k1} = \sum_{\substack{l=1 \\ l\neq r,\cdots,r+m-1}}^{n} \sum_{p=1}^{m} \beta_{kp} \begin{pmatrix} \sum_{i=1}^{N_1} \Delta f_i(\boldsymbol{p}) d_{lrp}^{1,i} \\ + \sum_{i=1}^{N_2} \Delta g_i(\boldsymbol{p}) d_{lrp}^{2,i} \\ + \sum_{i=1}^{N_3} \Delta h_i(\boldsymbol{p}) d_{lrp}^{3,i} \\ + \sum_{i=1}^{N_2} \sum_{j=1}^{N_3} \Delta(g_i(\boldsymbol{p}) h_j(\boldsymbol{p})) d_{lrp}^{4,ij} \end{pmatrix} \boldsymbol{u}_{l0} \tag{7.34}$$

式中，$\mathrm{eig}()_k$ 表示括号中项的第 k 个特征值；$\boldsymbol{U}_{r0}^{\mathrm{T}}$、$\boldsymbol{V}_{r0}$ 分别为重特征值所对应的特征向量组成的左特征向量矩阵和右特征向量矩阵。式(7.33)和式(7.34)中涉及的系数 α_{kp}、β_{kp} 可在求解式(7.32)特征值问题的过程中获得，待定系数 $c_{lrp}^{1,i}$、$c_{lrp}^{2,i}$、$c_{lrp}^{3,i}$、$c_{lrp}^{4,ij}$ 和 $d_{lrp}^{1,i}$、$d_{lrp}^{2,i}$、$d_{lrp}^{3,i}$、$d_{lrp}^{4,ij}$ 计算方法如下所示：

$$c_{lrp}^{1,i} = \frac{-\boldsymbol{u}_{l0}^{\mathrm{T}} \boldsymbol{M}_{1,i} \boldsymbol{v}_{r0}^{(p)}}{\lambda_{l0} - \lambda_{r0}}, \quad d_{lrp}^{1,i} = \frac{-\boldsymbol{v}_{l0}^{\mathrm{T}} \boldsymbol{M}_{1,i}^{\mathrm{T}} \boldsymbol{u}_{r0}^{(p)}}{\lambda_{l0} - \lambda_{r0}}$$

$$c_{lrp}^{2,i} = \frac{-\boldsymbol{u}_{l0}^{\mathrm{T}} \boldsymbol{M}_{2,i} \boldsymbol{v}_{r0}^{(p)}}{\lambda_{l0} - \lambda_{r0}}, \quad d_{lrp}^{2,i} = \frac{-\boldsymbol{v}_{l0}^{\mathrm{T}} \boldsymbol{M}_{2,i}^{\mathrm{T}} \boldsymbol{u}_{r0}^{(p)}}{\lambda_{l0} - \lambda_{r0}}$$

$$c_{lrp}^{3,i} = \frac{-\boldsymbol{u}_{l0}^{\mathrm{T}} \boldsymbol{M}_{3,i} \boldsymbol{v}_{r0}^{(p)}}{\lambda_{l0} - \lambda_{r0}}, \quad d_{lrp}^{3,i} = \frac{-\boldsymbol{v}_{l0}^{\mathrm{T}} \boldsymbol{M}_{3,i}^{\mathrm{T}} \boldsymbol{u}_{r0}^{(p)}}{\lambda_{l0} - \lambda_{r0}}$$

$$c_{lrp}^{4,ij} = \frac{-\boldsymbol{u}_{l0}^{\mathrm{T}} \boldsymbol{M}_{4,ij} \boldsymbol{v}_{r0}^{(p)}}{\lambda_{l0} - \lambda_{r0}}, \quad d_{lrp}^{4,ij} = \frac{-\boldsymbol{v}_{l0}^{\mathrm{T}} \boldsymbol{M}_{4,ij}^{\mathrm{T}} \boldsymbol{u}_{r0}^{(p)}}{\lambda_{l0} - \lambda_{r0}}$$

由式(7.32)～式(7.34)可得，当第 k 个特征值为具有 m 重数的特征值时，通过矩阵摄动法求解的特征值和特征向量对参数向量 $\boldsymbol{p}$ 的第 q 个元素 p_q 灵敏度可表示为

$$\frac{\partial \lambda_k}{\partial p_q} = \frac{\partial(\mathrm{eig}\ (\boldsymbol{U}_{r0}^{T} \Delta \boldsymbol{A}_{\mathrm{sys}} \boldsymbol{V}_{r0})_k)}{\partial p_q} \tag{7.35}$$

$$\frac{\partial \boldsymbol{v}_k}{\partial p_q}=\sum_{\substack{l=1\\l\neq r,\cdots,r+m-1}}^{n}\sum_{p=1}^{m}\alpha_{kp}\left(\begin{aligned}&\sum_{i=1}^{N_1}\frac{\partial f_i(\boldsymbol{p})}{\partial p_q}c_{lrp}^{1,i}\\&+\sum_{i=1}^{N_2}\frac{\partial g_i(\boldsymbol{p})}{\partial p_q}c_{lrp}^{2,i}\\&+\sum_{i=1}^{N_3}\frac{\partial h_i(\boldsymbol{p})}{\partial p_q}c_{lrp}^{3,i}\\&+\sum_{i=1}^{N_2}\sum_{j=1}^{N_3}\frac{\partial(g_i(\boldsymbol{p})h_j(\boldsymbol{p}))}{\partial p_q}c_{lrp}^{4,ij}\end{aligned}\right)\boldsymbol{v}_{l0} \tag{7.36}$$

$$\frac{\partial \boldsymbol{u}_k}{\partial p_q}=\sum_{\substack{l=1\\l\neq r,\cdots,r+m-1}}^{n}\sum_{p=1}^{m}\beta_{kp}\left(\begin{aligned}&\sum_{i=1}^{N_1}\frac{\partial f_i(\boldsymbol{p})}{\partial p_q}d_{lrp}^{1,i}\\&+\sum_{i=1}^{N_2}\frac{\partial g_i(\boldsymbol{p})}{\partial p_q}d_{lrp}^{2,i}\\&+\sum_{i=1}^{N_3}\frac{\partial h_i(\boldsymbol{p})}{\partial p_q}d_{lrp}^{3,i}\\&+\sum_{i=1}^{N_2}\sum_{j=1}^{N_3}\frac{\partial(g_i(\boldsymbol{p})h_j(\boldsymbol{p}))}{\partial p_q}d_{lrp}^{4,ij}\end{aligned}\right)\boldsymbol{u}_{l0} \tag{7.37}$$

7.3.4 算例分析

以图 6.40(b)所示的低压微电网为例[18]，对基于矩阵摄动理论的微电网特征解灵敏度求解方法进行说明。算例系统中网络参数如附录 B 中的表 B2.3 所示，分布式电源的控制策略如表 6.6 所示，相关控制器的参数见附录 C。假定在稳态运行点处算例系统中分布式电源的输出功率情况如表 7.1 所示，网络中的负荷为三相对称负荷，如表 7.2 所示。

表 7.1　低压微电网中各节点接入的分布式电源输出功率情况

节点编号	分布式电源类型	输出有功功率/kW	输出无功功率/kvar
L14	燃料电池系统	10.0	0.0
L16	光伏电池系统 1	20.4	0.0
	蓄电池系统 1	1.9	21.9
L17	光伏电池系统 2	20.4	0.0
	蓄电池系统 2	12.6	27.4
L18	异步风力发电机 1	10.0	−3.8
L19	异步风力发电机 2	10.0	−3.8

表 7.2　低压微电网中负荷参数

负 荷 编 号	有功功率/kW	无功功率/kvar
Load1	16.56	7.05
Load2	9.78	6.06
Load3	9.10	4.15
Load4	10.68	5.47
Load5	7.05	2.56
Load6	23.76	12.82
Load7	7.52	2.73

针对算例系统的孤岛运行方式,依次进行潮流计算、系统状态变量初始化,可以获得系统的初始工作运行点。图 7.1 给出了在稳态运行点处系统中各节点的电压分布情况。

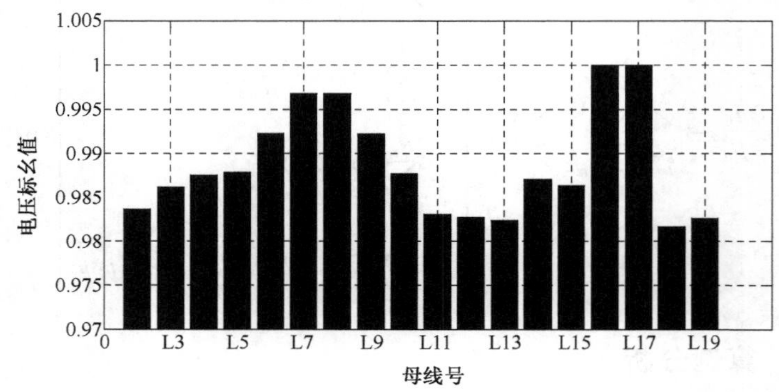

图 7.1　低压微电网电压分布

在上述初始条件下,通过 QR 算法求解算例微电网的特征解,如图 7.2 所示,为表达清晰图中仅给出了部分特征值。

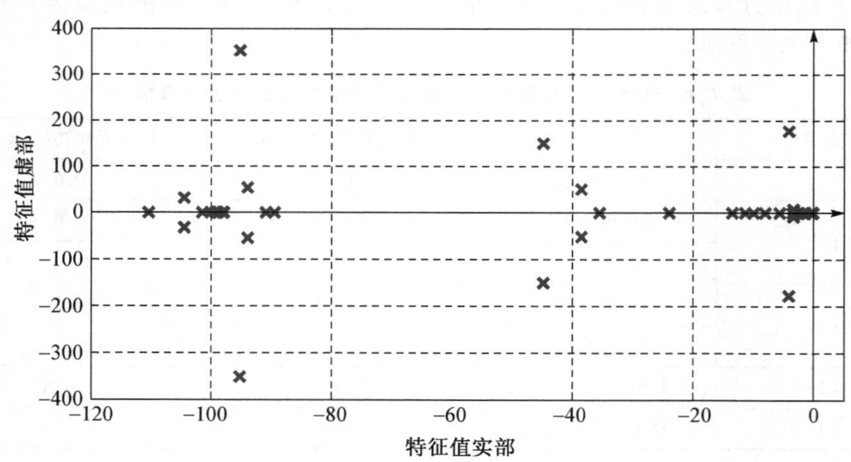

图 7.2　算例微电网特征值分布

值得注意的是，特征值中存在重特征值（－100，0），且为四重特征值。通过对该特征值进行亏损性判定，结果表明该特征值是非亏损的，即所研究的算例系统在该运行点处是非亏损的，存在完备的特征向量系足以构成整个空间。

在获得系统特征解并判定系统为非亏损性系统之后，首先计算参数发生摄动时特征值的摄动解，并与准确解进行对比，以便验证矩阵摄动法的可行性，并为灵敏度的准确计算提供基础。图 7.3 是以 L17 节点处的蓄电池的有功功率 Droop 控制系数 K_f 为例，给出了 K_f 发生＋1％的摄动时，系统特征值的准确解（QR 方法求解）与摄动解（矩阵摄动法求解）之间的对比情况。为了对比清晰起见，图中给出的是部分特征值的对比结果。

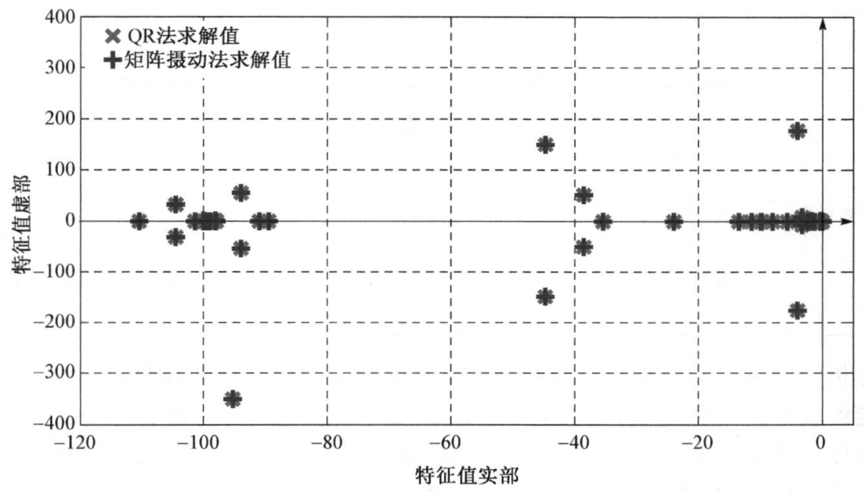

图 7.3　K_f 发生参数摄动时矩阵摄动法和 QR 法特征值计算对比

通过对准确解和摄动解进行相关系数分析[19]，二者一致性指标为 0.9999，非常接近于 1.0，验证了特征值的摄动解能够较好地与准确解相吻合，从而为灵敏度的准确计算奠定了基础。

在上述摄动计算的验证基础上，依次选取算例系统中某些分布式电源的逆变器控制系统中的一些参数，计算特征值对这些控制参数的灵敏度。这些摄动参数包括 L14 节点处燃料电池发电系统中外环功率控制器的参数 K_{pP}、L16 节点处光伏发电系统中内环电流控制器的参数 K_{pi_d}、L17 节点处蓄电池发电系统中的有功功率 Droop 控制系数 K_f。考虑到算例系统的特征值较多，表 7.3 仅给出了部分特征值对上述参数的灵敏度计算结果。解析法灵敏度求解涉及大量灵敏度公式的推导，计算过程较为繁杂不易求解，因此，表中给出的数据分别是采用扰动法（相关参数扰动量为 1％）和采用一阶矩阵摄动法求解的特征值灵敏度及其对比情况。

表 7.3 特征值灵敏度的准确值与摄动值对比

扰动变量	特征值	灵敏度		
		扰动法	一阶摄动法	相对误差
L14 燃料电池 K_{pP}	−1.7033+0.2393i	0.0216−0.0066i	0.0218−0.0066i	0.9259%+0.0000%
	−23.9572	−0.1451	−0.1457	0.4135%
	−35.4636	−0.0127	−0.0127	0.0000%
	−38.5991+50.8051i	−0.9065+0.0550i	−0.9093+0.0556i	0.3089%+1.0909%
	−44.8439+149.8747i	1.4605+0.2554i	1.4655+0.2534i	0.3423%−0.7831%
	−252.8464+246.3123i	**−3.9013+3.3684i**	**−3.9025+3.3732i**	**0.0308%+0.1425%**
L16 光伏电池 K_{pi_d}	−23.9572	0.4455	0.4477	0.4938%
	−35.4636	−1.4723	−1.4804	0.5502%
	−93.9335+54.7665i	7.0207−1.2134i	6.9859−1.2183i	−0.4957%+0.4038%
	−110.4752	−5.6308	−5.6529	0.3925%
	−252.8464+246.3123i	**14.0466−71.7218i**	**14.1470−71.6797i**	**0.7148%−0.0587%**
	−1003.4578+882.2283i	**5.4454+6.1665i**	**5.4451+6.1667i**	**−0.0055%+0.0032%**
L17 蓄电池 K_f	−0.2345	0.1769	0.1789	1.1306%
	−1.3221	0.3120	0.3127	0.2244%
	−1.7033+0.2393i	0.1381+0.0777i	0.1393+0.0783i	0.8689%+0.7722%
	−35.4636	−0.8042	−0.8051	0.1119%
	−38.5991+50.8051i	**−6.1491+13.9921i**	**−6.1429+14.0053i**	**−0.1008%+0.0943%**
	−44.8439+149.8747i	−1.4376+3.7993i	−1.4350+3.8003i	−0.1809%+0.0263%

分析表 7.3 中的数据可以得出两方面的结论：首先，通过摄动法所得的特征值灵敏度能够较好地与扰动法计算结果相吻合，相对误差较小，从而验证了矩阵摄动法在灵敏度计算中的有效性和准确性；其次，特征值对不同控制参数的灵敏度存在较大的差异，这种差异性体现了微电网特征值分布的区域性特征。

与特征值的参数灵敏度计算方法类似，也可以利用摄动法计算特征向量的参数灵敏度。这一求解方法具有较高的计算精度，既避免了解析法求解时复杂灵敏度计算公式的推导，又避免了扰动法求解时系统状态矩阵的重复形成和特征值问题的反复求解。在获得系统特征值和特征向量对控制参数的灵敏度之后，可以利用这一信息完成微电网控制器及其参数的协调优化设计、控制参数的鲁棒稳定性分析、系统振荡模态分析等诸多方面的工作。

7.4 微电网并网逆变器 Droop 参数协调优化

Droop 控制是微电网中可调度分布式电源的典型控制方式，相对于其他的控制方式，Droop 控制具有两方面的优势：一方面，Droop 控制既可应用于微电网联网模式又可应用于孤岛模式，因此当微电网的运行模式发生变化时，分布式电源的控制策略不需发生变化；另一方面，Droop 控制仅需通过当地的量测信息即可实现控制，

因此不需要通信设施，这不仅使微电网易于扩展，而且提高了微电网的经济性。鉴于上述原因，Droop 控制策略的研究受到了广泛的关注。

然而，在 Droop 控制方式中，由于逆变器缺乏一定的惯性，使微电网易于受到扰动的影响，因此有必要对逆变器 Droop 控制所带来的微电网稳定性问题进行深入分析。文献[19]、[20]中指出逆变器的大量接入使微电网的特征模态之间存在较大的差异性，这种差异性主要是由系统各个环节的时间常数不同所引起的。研究表明：高稳定裕度的模态主要受逆变器内环电流控制器和系统中滤波电路的影响，中稳定裕度的模态主要受逆变器外环功率控制器的影响，低稳定裕度的模态主要受逆变器 Droop 控制器参数的影响，尤其以 P-f Droop 系数的影响作用最大。鉴于 Droop 系数在微电网稳定运行中所起的至关重要的作用，研究如何通过对微电网中各个可调度分布式电源 Droop 系数的协调优化来提高微电网的小扰动稳定性，就显得很有价值。

在对微电网中各个分布式电源的 Droop 系数进行协调优化时，将涉及系统状态矩阵和特征值的重复形成和反复计算，经典的方式是每修改一次参数，便求解一次微电网特征值问题，但这一过程不仅繁杂，而且无法得知参数对系统动态特性的影响形式和影响程度，更不利于对参数变化的理论分析。

鉴于上述问题，这里介绍一种基于矩阵摄动理论的 Droop 系数协调优化方法，并形成了系统化的参数优化流程。相较其他特征值求解方法（如 QR 法、幂法、反幂法等），这种方法存在多方面的优势，例如：①当参数摄动引起表征微电网特性的系统状态矩阵发生变化时，通过矩阵摄动法求得的特征解能够很好地满足精度要求，避免了系统状态矩阵的重复形成、特定处理以及特征解问题的反复计算；②通过对微电网状态矩阵进行参数摄动分析，可以获得 Droop 系数对微电网结构特性的影响形式和影响程度，从而便于对系统结构进行深入分析和优化设计；③可以更加直观地研究和分析系统关键特征解的变化形式和变化趋势，便于与系统参数、优化目标或微电网动态特性结合分析；④由于参数迭代过程中涉及系统特征解的一阶摄动量计算，可获取特征值和特征向量对 Droop 系数的近似灵敏度，从而可进一步应用于系统灵敏度分析和模态分析等的相关研究。

7.4.1 Droop 系数摄动矩阵分析

本章前文所介绍微电网状态矩阵的参数摄动分析是一种一般性方法，扰动参数可以为系统中的任意控制参数，当这一摄动参数特定为分布式电源逆变器控制系统中的 Droop 系数时，可以对系统状态矩阵进行更加特定的分析。

在 Droop 控制方式中，由于控制器对功率的调节作用，以及逆变器控制系统的信号传递关系，逆变器线性化分析模型中所涉及的 $\boldsymbol{A}$、$\boldsymbol{B}$、$\boldsymbol{C}$、$\boldsymbol{D}$ 矩阵将均隐含有 Droop 系数 $\boldsymbol{K}_f$ 和 $\boldsymbol{K}_U$，需要针对 Droop 系数对上述矩阵所产生的影响进行深入分析。这里，$\boldsymbol{K}_f$ 和 $\boldsymbol{K}_U$ 表示由 Droop 系数构成的向量。以逆变器系统的 $\boldsymbol{A}$ 矩阵为例，图 7.4 给出了以 Droop 系数 $\boldsymbol{K}_f$ 和 $\boldsymbol{K}_U$ 作为控制参数情况下，矩阵的构成形式。

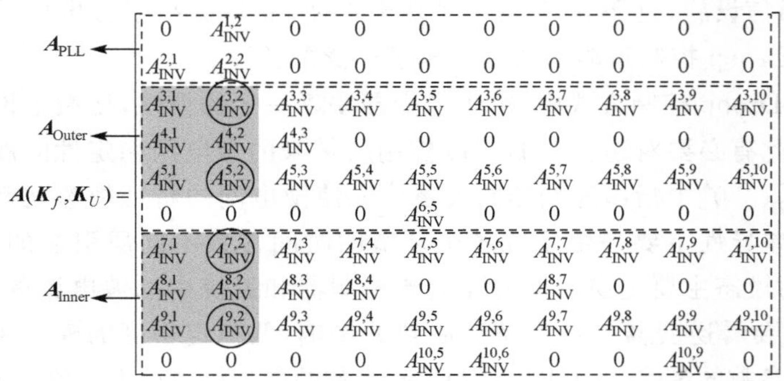

图 7.4　$\boldsymbol{A}$ 矩阵摄动分析图

通过对矩阵 $\boldsymbol{A}(\boldsymbol{K}_f,\boldsymbol{K}_U)$ 进行 Droop 系数摄动分析可知：Droop 系数发生摄动时，仅会引起矩阵 $\boldsymbol{A}(\boldsymbol{K}_f,\boldsymbol{K}_U)$ 中部分元素的改变，如图 7.4 中阴影部分所示，该部分元素均与 Droop 系数 $\boldsymbol{K}_f$ 相关，而阴影中圈出的部分元素不仅与 $\boldsymbol{K}_f$ 相关，还受 $\boldsymbol{K}_U$ 的影响，这种影响方式是由 Droop 控制系统的结构所决定的，这体现了 Droop 控制方式对逆变器系统输出功率的调节作用。通过类似分析，也可发现矩阵 $\boldsymbol{B}$、$\boldsymbol{C}$、$\boldsymbol{D}$ 中仅与 Droop 系数 $\boldsymbol{K}_f$ 和 $\boldsymbol{K}_U$ 相关的矩阵元素。考虑到 Droop 系数对 $\boldsymbol{D}$ 矩阵摄动影响的微弱性，可以将这种影响作用忽略，后面的数值分析表明这种简化不会带来太大的影响。值得指出的是，上述受 Droop 系数 $\boldsymbol{K}_f$ 和 $\boldsymbol{K}_U$ 摄动影响的相关矩阵元素均为 $\boldsymbol{K}_f$ 和 $\boldsymbol{K}_U$ 的线性函数。不失一般性，可将矩阵 $\boldsymbol{A}(\boldsymbol{K}_f,\boldsymbol{K}_U)$、$\boldsymbol{B}(\boldsymbol{K}_f,\boldsymbol{K}_U)$ 和 $\boldsymbol{C}(\boldsymbol{K}_f,\boldsymbol{K}_U)$ 表示为如下形式[21]：

$$\boldsymbol{A}(\boldsymbol{K}_f,\boldsymbol{K}_U)=\boldsymbol{F}_x=\sum_{i=1}^{N_1}K_f^i\boldsymbol{F}_{xf}^i+\sum_{j=1}^{N_2}K_U^j\boldsymbol{F}_{xU}^j+\boldsymbol{F}_x^0 \tag{7.38}$$

$$\boldsymbol{B}(\boldsymbol{K}_f,\boldsymbol{K}_U)=\boldsymbol{F}_y=\sum_{i=1}^{N_1}K_f^i\boldsymbol{F}_{yf}^i+\sum_{j=1}^{N_2}K_U^j\boldsymbol{F}_{yU}^j+\boldsymbol{F}_y^0 \tag{7.39}$$

$$\boldsymbol{C}(\boldsymbol{K}_f,\boldsymbol{K}_U)=\boldsymbol{G}_x=\sum_{i=1}^{N_1}K_f^i\boldsymbol{G}_{xf}^i+\sum_{j=1}^{N_2}K_U^j\boldsymbol{G}_{xU}^j+\boldsymbol{G}_x^0 \tag{7.40}$$

式中，$\boldsymbol{F}_{xf}^i$、$\boldsymbol{F}_{yf}^i$、$\boldsymbol{G}_{xf}^i$ 代表仅与第 i 个 Droop 系数 K_f^i 相关的常数矩阵；$\boldsymbol{F}_{xU}^j$、$\boldsymbol{F}_{yU}^j$、$\boldsymbol{G}_{xU}^j$ 代表仅与第 j 个 Droop 系数 K_U^j 相关的常数矩阵；$\boldsymbol{F}_x^0$、$\boldsymbol{F}_y^0$、$\boldsymbol{G}_x^0$ 代表与 Droop 系数 K_f^i 和 K_U^j 均无关的常数矩阵；N_1、N_2 分别代表 Droop 系数 K_f^i 和 K_U^j 的个数。将式(7.38)～式(7.40)代入式(7.4)中，并进一步整理后，可得到以 Droop 系数 K_f^i 和 K_U^j 作为参数变量的系统状态矩阵可表示为

$$\begin{aligned}\boldsymbol{A}_{\text{sys}}(\boldsymbol{K}_f,\boldsymbol{K}_U)=&\boldsymbol{M}_0+\sum_{i=1}^{N_1}K_f^i\boldsymbol{M}_{1,i}+\sum_{i=1}^{N_2}K_U^i\boldsymbol{M}_{2,i}+\sum_{i=1}^{N_1}\sum_{j=1}^{N_1}K_f^iK_f^j\boldsymbol{M}_{3,ij}\\&+\sum_{i=1}^{N_2}\sum_{j=1}^{N_2}K_U^iK_U^j\boldsymbol{M}_{4,ij}+\sum_{i=1}^{N_1}\sum_{j=1}^{N_2}K_f^iK_U^j\boldsymbol{M}_{5,ij}\end{aligned} \tag{7.41}$$

式中，$\boldsymbol{M}_0$、$\boldsymbol{M}_{1,i}$、$\boldsymbol{M}_{2,i}$、$\boldsymbol{M}_{3,ij}$、$\boldsymbol{M}_{4,ij}$、$\boldsymbol{M}_{5,ij}$ 分别如下所示，均为与 Droop 系数 K_f^i 和 K_U^j 无

关的常数矩阵。

$$\boldsymbol{M}_0 = \boldsymbol{F}_x^0 - \boldsymbol{F}_y^0 \boldsymbol{G}_y^{-1} \boldsymbol{G}_x^0 \tag{7.42}$$

$$\boldsymbol{M}_{1,i} = -\boldsymbol{F}_{yf}^i \boldsymbol{G}_y^{-1} \boldsymbol{G}_x^0 - \boldsymbol{F}_y^0 \boldsymbol{G}_y^{-1} \boldsymbol{G}_{xf}^i + \boldsymbol{F}_{xf}^i \tag{7.43}$$

$$\boldsymbol{M}_{2,i} = -\boldsymbol{F}_{yU}^i \boldsymbol{G}_y^{-1} \boldsymbol{G}_x^0 - \boldsymbol{F}_y^0 \boldsymbol{G}_y^{-1} \boldsymbol{G}_{xU}^i + \boldsymbol{F}_{xU}^i \tag{7.44}$$

$$\boldsymbol{M}_{3,ij} = -\boldsymbol{F}_{yf}^i \boldsymbol{G}_y^{-1} \boldsymbol{G}_{xf}^j \tag{7.45}$$

$$\boldsymbol{M}_{4,ij} = -\boldsymbol{F}_{yU}^i \boldsymbol{G}_y^{-1} \boldsymbol{G}_{xU}^j \tag{7.46}$$

$$\boldsymbol{M}_{5,ij} = -\boldsymbol{F}_{yf}^i \boldsymbol{G}_y^{-1} \boldsymbol{G}_{xU}^j - \boldsymbol{F}_{yU}^j \boldsymbol{G}_y^{-1} \boldsymbol{G}_{xf}^i \tag{7.47}$$

由式(7.41)拆分形式的系统状态矩阵可以更加明确地看出:Droop 控制系数的摄动对系统状态矩阵产生的影响分别是 Droop 系数的一次项、二次项和交叉乘积项的形式,而不会产生高次项或其他的表达方式,这种结构形式是由 Droop 控制系统的结构特性所决定的。

7.4.2　协调优化目标函数及算法流程

1. 协调优化的目标函数

微电网在运行过程中,将时刻受到一些小的扰动,如风、光等环境条件的变化以及负荷的随机波动等,因此微电网的运行点是时刻发生变化的。考虑到微电网运行场景的波动性和多变性,为了提高不同运行场景下微电网的鲁棒稳定性水平,在 Droop 系数的优化过程中可采用基于多运行场景的综合目标函数,如下式所示[21]。

$$\begin{cases} J_1 = \sum_{p=1}^{N_p}\left[m_p \sum_{\forall \alpha_{i,p}>0} \mu_{i,p}\alpha_{i,p}(\boldsymbol{K}_f,\boldsymbol{K}_U)\right] \\ J_2 = \sum_{p=1}^{N_p}\left\{m_p \sum_{\forall \xi_{j,p}<\xi_0} \mu_{j,p}[\xi_0 - \xi_{j,p}(\boldsymbol{K}_f,\boldsymbol{K}_U)]\right\} \\ J_3 = \sum_{p=1}^{N_p}\left\{m_p \sum_{\forall \alpha_{k,p}>\alpha_0} \mu_{k,p}[\alpha_{k,p}(\boldsymbol{K}_f,\boldsymbol{K}_U) - \alpha_0]\right\} \\ \min J = \min(J_1 + J_2 + J_3) \end{cases} \tag{7.48}$$

式中,J 表示总目标函数;J_1、J_2、J_3 为子目标函数;N_p 代表所考虑的微电网运行场景个数;m_p 表示第 p 个运行场景的权重系数,其数值不超过 1.0,运行点出现概率越大,m_p 的数值则越大。

式(7.48)所示的目标函数综合考虑了微电网运行中多方面的要求,包括系统小扰动稳定性、阻尼比和稳定裕度。

1)子目标函数 J_1

J_1 表示当微电网不稳定时,实部为正的特征值所构成的目标函数部分。其中,$\alpha_{i,p}$ 表示第 p 个运行场景情况中系统第 i 个实部为正的特征值的实部,根据前述对微电网 Droop 系数摄动分析可知,$\alpha_{i,p}$ 是 Droop 系数 $\boldsymbol{K}_f$ 和 $\boldsymbol{K}_U$ 的函数;$\mu_{i,p}$ 为相应特征值

的权重系数，可按下式计算：

$$\mu_{i,p} = L(\alpha_{i,p})^2 \tag{7.49}$$

式中，$\mu_{i,p}$为特征值实部$\alpha_{i,p}$的二次函数形式，保证右复平面内的特征值在子目标函数J_1中所起的作用与其实部$\alpha_{i,p}$是正相关的；$L>0$为经验参数，且取值较大，使得相对于J_2和J_3而言，J_1对目标函数J的影响作用更大，从而通过参数优化首先确保微电网是小扰动稳定的，这一特点将在后续算例分析中加以体现。

2）子目标函数J_2

J_2表示微电网特征值中阻尼比小于给定阻尼比ξ_0的特征值所构成的目标函数部分。$\xi_{j,p}$表示第p个运行场景情况中满足$\xi_{j,p}<\xi_0$的特征值阻尼比，与$\alpha_{i,p}$类似，也将受Droop系数$\boldsymbol{K}_f$和$\boldsymbol{K}_U$的影响。$\mu_{j,p}$代表相应阻尼比的权重系数，可按下式计算：

$$\mu_{j,p} = \frac{L'(\xi_0 - \xi_{j,p})^2}{\sqrt{(\alpha_{j,p})^2 + (\beta_{j,p})^2}} \tag{7.50}$$

式中，$\alpha_{j,p}$和$\beta_{j,p}$分别代表阻尼比小于ξ_0的特征值的实部和虚部；$\mu_{j,p}$为阻尼比$\xi_{j,p}$的二次函数形式，保证阻尼比远小于ξ_0且模值较小的特征值在目标函数中的影响作用更大；$L'>0$同样为一经验参数，但数值远小于L。

3）子目标函数J_3

J_3表示微电网特征值中实部大于给定实部α_0（小于零）的特征值所构成的目标函数部分。$\alpha_{k,p}$表示第p个运行场景情况中满足$\alpha_{k,p}>\alpha_0$的特征值的实部，同样受Droop系数$\boldsymbol{K}_f$和$\boldsymbol{K}_U$的影响。$\mu_{k,p}$代表相应特征值的权重系数，可按下式计算：

$$\mu_{k,p} = L''(\alpha_{k,p} - \alpha_0)^2 \tag{7.51}$$

式中，$\mu_{k,p}$为特征值实部$\alpha_{k,p}$的二次函数形式，保证在满足$\alpha_{k,p}>\alpha_0$的条件下，实部大于α_0的特征值在目标函数中的影响更大；同样的，$L''>0$，且数值远小于L。

在式(7.48)所示的目标函数中，需要关注下述两方面的内容。

(1)目标函数中权重系数包含两类：m_p代表的是运行点的权重系数，其数值仅与运行点概率相关，在相同的运行场景下，m_p数值是相同的。$\mu_{i,p}$、$\mu_{j,p}$、$\mu_{k,p}$表示的是在第p个运行场景中，分别与J_1、J_2和J_3相关的权重系数，其数值与运行场景中系统特征值的分布情况有关。因此，在相同的运行场景中，虽然J_1、J_2和J_3中权重系数m_p的数值相同，但权重系数$\mu_{i,p}$、$\mu_{j,p}$、$\mu_{k,p}$存在较大的差异性，从而使J_1、J_2和J_3的数值差异性较大，在后续算例中将进一步分析这种差异性在参数优化过程中的影响。

(2)优化过程中L、L'和L''的数值宜选取经验值。根据目标函数中J_1、J_2和J_3重要程度的不同，L、L'和L''的数值也会有所不同。若优化中更关注于某一部分，则这部分所对应的参数数值应有所加大。

2. *协调优化的算法流程*

图7.5给出了微电网中可调度分布式电源采用Droop控制方式时，基于矩阵摄动理论的Droop系数协调优化的算法流程。

图7.5中的算法流程包括两部分的内容：算法初始化和参数迭代优化。算法初

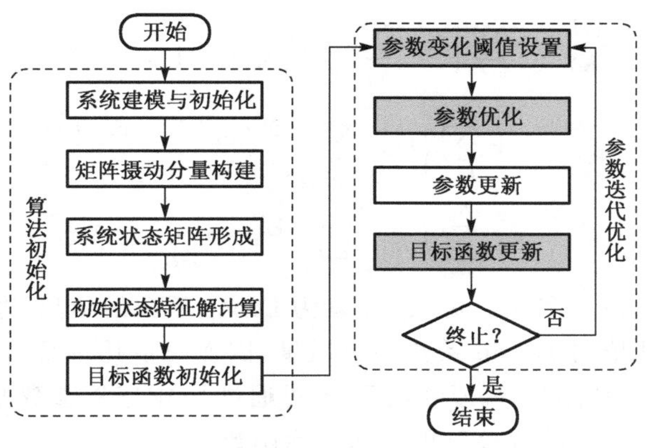

图 7.5　参数协调优化算法流程

始化主要用于初始化微电网运行状态参数，并在此基础上初始化参数优化的目标函数，包含五个环节。系统建模与初始化环节包括微电网中各种相关模型的建立、潮流计算、状态变量初始化以及优化算法中迭代次数的初始化等。矩阵摄动分量构建环节根据式(7.42)～式(7.47)形成微电网状态矩阵的子矩阵 $\boldsymbol{M}_0$、$\boldsymbol{M}_{1,i}$、$\boldsymbol{M}_{2,i}$、$\boldsymbol{M}_{3,ij}$、$\boldsymbol{M}_{4,ij}$、$\boldsymbol{M}_{5,ij}$。系统状态矩阵形成环节根据式(7.4)形成微电网的状态矩阵，便于后续特征解摄动分量的计算。初始状态特征解计算环节是在系统状态矩阵的基础上，通过 QR 方法求解微电网在初始状态下的特征值和特征向量。目标函数初始化环节主要计算式(7.48)所示的目标函数初始值，之后进入参数迭代优化计算。

参数优化迭代主要用于完成基于矩阵摄动理论的 Droop 系数优化，是参数优化求解的核心部分。参数变化阈值设置是指在每次迭代中对 Droop 系数的最大变化范围进行设置，这是由矩阵摄动法中参数摄动量不能过大所决定的。参数优化是 Droop 系数协调优化的核心环节，目标是求解含有约束条件的极小值问题，其中的约束条件为上一步所确定的参数变化阈值，极小值问题为式(7.48)所示的目标函数。这里以序列二次规划算法(sequential quadratic programming，SQP)为例，求解参数变化阈值(约束条件)范围内目标函数的极小值，SQP 算法可参见相关文献的介绍[22]。为了将 SQP 应用于上述优化问题，需要将式(7.48)所示的目标函数进行泰勒级数展开：

$$\begin{aligned} J(\boldsymbol{K}_f,\boldsymbol{K}_U) =& J(\boldsymbol{K}_f^{(i)},\boldsymbol{K}_U^{(i)}) + [\nabla \boldsymbol{J}(\boldsymbol{K}_f^{(i)},\boldsymbol{K}_U^{(i)})]^{\mathrm{T}}(\Delta\boldsymbol{K}_f,\Delta\boldsymbol{K}_U)^{\mathrm{T}} \\ &+ \frac{1}{2}(\Delta\boldsymbol{K}_f,\Delta\boldsymbol{K}_U)\boldsymbol{H}(\boldsymbol{K}_f^{(i)},\boldsymbol{K}_U^{(i)})(\Delta\boldsymbol{K}_f,\Delta\boldsymbol{K}_U)^{\mathrm{T}} \end{aligned} \tag{7.52}$$

式中，$\nabla \boldsymbol{J}(\boldsymbol{K}_f^{(i)},\boldsymbol{K}_U^{(i)})$ 和 $\boldsymbol{H}(\boldsymbol{K}_f^{(i)},\boldsymbol{K}_U^{(i)})$ 分别为 Droop 系数 $\boldsymbol{K}_f$ 和 $\boldsymbol{K}_U$ 在第 i 迭代步对应的雅可比矩阵和海森矩阵。这里需要说明的是，上述矩阵中的元素均通过特征解的一阶矩阵摄动量获得。以矩阵 $\nabla \boldsymbol{J}(\boldsymbol{K}_f^{(i)},\boldsymbol{K}_U^{(i)})$ 中的元素 $\partial J/\partial \boldsymbol{K}_f^{(i)}$ 为例，式(7.53)给出了雅可比矩阵中元素的求解方法。

$$\frac{\partial J}{\partial \boldsymbol{K}_f^{(i)}} = \sum_{p=1}^{N_p}\left[m_p \sum_{\forall \alpha_{i,p}>0} \frac{\partial(\mu_{i,p}\alpha_{i,p})}{\partial \boldsymbol{K}_f^{(i)}}\right] + \sum_{p=1}^{N_p}\left\{m_p \sum_{\forall \xi_{j,p}<\xi_0} \frac{\partial[\mu_{j,p}(\xi_0-\xi_{j,p})]}{\partial \boldsymbol{K}_f^{(i)}}\right\} + \sum_{p=1}^{N_p}\left\{m_p \sum_{\forall \alpha_{k,p}>\alpha_0} \frac{\partial[\mu_{k,p}(\alpha_{k,p}-\alpha_0)]}{\partial \boldsymbol{K}_f^{(i)}}\right\} \tag{7.53}$$

式中，参数 $\alpha_{i,p}$、$\xi_{j,p}$、$\alpha_{k,p}$ 和 $\mu_{i,p}$、$\mu_{j,p}$、$\mu_{k,p}$ 均为 Droop 系数的函数，进一步推导可知最终等价于一些特征值对 Droop 系数的灵敏度，因而可以用前面介绍的方法加以求解。在获得雅可比矩阵和海森矩阵之后，即可通过 SQP 求解参数变化阈值范围内目标函数的极小值。然后进行参数更新和目标函数更新，并判断是否满足终止条件。终止条件包括目标函数值是否为零和迭代次数是否最大的判断，若满足上述条件之一则结束优化，否则转参数变化阈值设置继续优化，直至终止。

这里要说明的是，目标函数中的权重系数 m_p 会在一定程度上影响到优化算法的收敛性，其影响程度会随着权重系数取值的不同而有所不同：

(1)若目标函数中仅考虑一个运行场景情况，则权重系数对算法收敛性没有影响；

(2)若目标函数中考虑多个运行场景情况，但这些运行场景的权重系数均相同，这种情况下权重系数对收敛性仍然没有影响；

(3)若目标函数中考虑多个运行场景情况，并且这些运行场景的权重系数并不完全相同，那么这种情况下权重系数会对收敛性产生影响，但这种影响并不是决定性的。

参数优化算法的收敛性主要依赖于微电网本身的固有特性、参数的摄动量选取以及给定参数的数值大小(例如目标函数中给定的阻尼比 ξ_0 和给定的特征值负实部 α_0)。

7.4.3 算例分析

以图 7.6 所示的微电网为例，对上文所提出的协调优化方法加以验证。系统中接有 8 个分布式电源，其中包括不可调度的分布式电源(3 个光伏发电系统)、可调度的分布式电源(2 个微型燃气轮机发电系统)和可调度的分布式储能设备(3 个蓄电池发电系统)，其中，光伏发电系统中的光伏阵列采用图 2.4 所示的单二极管模型等效电路，蓄电池发电系统中的蓄电池采用图 2.99 所示的蓄电池通用模型，微型燃气轮机发电系统中的微型燃气轮机及整流器部分等效为直流电压源。系统中的逆变器均采用电压源型逆变器，网络参数如附录 B 中的表 B1.2 所示，系统中分布式电源的相关参数参见附录 C。

由图 7.6 可知，系统中可调度的分布式电源和分布式储能系统共 5 个，均采用图 3.23 所示的 Droop 控制方式，光伏发电系统采用图 2.13 所示的 MPPT 控制方式，在系数协调优化过程中，需要对 5 个 P-f Droop 系数和 5 个 Q-U Droop 系数共 10

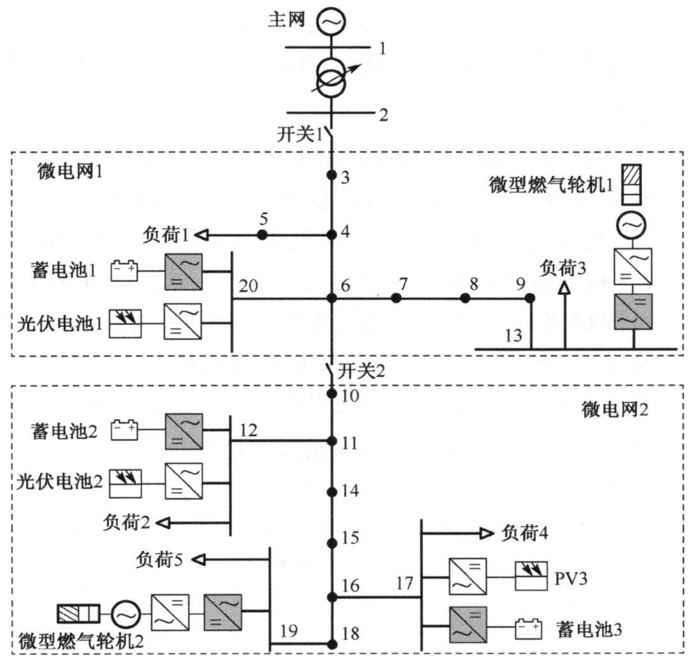

图 7.6　Benchmark 典型微电网结构

个参数进行优化。除了上述待优化的 Droop 系数外，分布式电源及分布式储能设备中逆变器控制系统中的参数如表 7.4 所示。

表 7.4　微电网中逆变器控制系统参数

分布式能源	控制器参数						
蓄电池 1 蓄电池 2 蓄电池 3	外环控制器	T_P	K_{pP}	K_{iP}	T_Q	K_{pQ}	K_{iQ}
		0.01	0.5	25.0	0.01	0.5	25.0
	内环控制器	T_{i_d}	K_{pi_d}	K_{ii_d}	T_{i_q}	K_{pi_q}	K_{ii_q}
		0.008	0.1	5.0	0.008	0.1	5.0
光伏电池 1 光伏电池 2 光伏电池 3	外环控制器	$T_{U_{dc}}$	$K_{pU_{dc}}$	$K_{iU_{dc}}$	T_Q	K_{pQ}	K_{iQ}
		0.01	1.5	1.875	0.01	1.0	1.25
	内环控制器	T_{i_d}	K_{pi_d}	K_{ii_d}	T_{i_q}	K_{pi_q}	K_{ii_q}
		0.01	0.1	0.833	0.01	0.1	0.833
微型燃气轮机 1	外环控制器	T_P	K_{pP}	K_{iP}	T_Q	K_{pQ}	K_{iQ}
		0.01	0.2	20.0	0.01	0.2	20.0
	内环控制器	T_{i_d}	K_{pi_d}	K_{ii_d}	T_{i_q}	K_{pi_q}	K_{ii_q}
		0.008	0.2	10.0	0.008	0.2	10.0
微型燃气轮机 2	外环控制器	T_P	K_{pP}	K_{iP}	T_Q	K_{pQ}	K_{iQ}
		0.01	0.3	15.0	0.01	0.3	15.0
	内环控制器	T_{i_d}	K_{pi_d}	K_{ii_d}	T_{i_q}	K_{pi_q}	K_{ii_q}
		0.008	0.15	7.5	0.008	0.15	7.5

下面将从参数优化分析、仿真结果验证和参数鲁棒适应性分析这三个方面对基于矩阵摄动理论的微电网逆变器 Droop 控制系数的协调优化设计进行说明和分析。

1. 参数优化分析

基于矩阵摄动理论的 Droop 系数协调优化是一种通用方法，该方法不受微电网运行场景个数的限制，运行场景的数目可以根据需要进行设置。为了提高所优化参数的鲁棒性，参数优化过程中选取了三个典型的运行场景，场景中主网、分布式电源、分布式储能设备和负荷的功率情况如表 7.5 所示。这三个典型的运行场景所涉及的微电网运行范围较宽，其中在运行场景 1 和场景 2 中，主网向微电网输送不同的有功功率和无功功率；而在运行场景 3 中，微电网向主网输送有功功率和无功功率。通过选取差异性较大的运行点，也可在一定程度上提高所优化参数的鲁棒性。

表 7.5　三个典型运行场景

	运行场景 1		运行场景 2		运行场景 3	
	有功功率/kW	无功功率/kvar	有功功率/kW	无功功率/kvar	有功功率/kW	无功功率/kvar
主网	26.745	45.356	58.737	69.357	−59.380	−31.266
蓄电池 1 蓄电池 2 蓄电池 3	0.000	0.000	0.000	0.000	0.000	0.000
光伏电池 1	30.000	0.000	31.072	0.000	25.000	0.000
光伏电池 2	20.000	0.000	21.511	0.000	15.000	0.000
光伏电池 3	25.000	0.000	26.291	0.000	20.000	0.000
微型燃气轮机 1	50.000	40.000	50.000	40.000	50.000	40.000
微型燃气轮机 2	20.000	20.000	20.000	20.000	20.000	20.000
负荷 1	12.750	7.902	15.300	9.482	5.100	2.660
负荷 2	42.500	26.340	51.000	31.608	17.000	7.536
负荷 3	61.200	37.929	73.440	45.515	24.480	7.671
负荷 4	12.750	7.902	15.300	9.482	5.100	2.660
负荷 5	39.950	24.759	47.940	29.711	15.980	7.403

目标函数式(7.48)中涉及的参数如表 7.6 所示。算例中 L、L'和 L''采取了一组典型的经验数值：L 取值 99999，L'和 L''取值 10.0。这样选择的依据是：L 的数值要远大于L'和 L''，以确保 J_1 在总目标函数中所起的作用要远大于 J_2 和 J_3，从而使得参数优化的首要目的是确保微电网是小扰动稳定的，之后在系统稳定的基础上提高系统的阻尼比和稳定裕度。上述的优化过程将在后续的分析中加以验证。表 7.6 中三个运行点的权重系数分别是 1.0、0.5 和 0.2，该数值表明了第一个运行场景对目标函数的影响要大于其他两个运行场景的影响。

表 7.6 目标函数中的参数

N_p	L	L'	L''	ξ_0	α_0	m_p		
						$p=1$	$p=2$	$p=3$
3	99999	10	10	0.15	−0.01	1.0	0.5	0.2

根据图 7.5 所示的算法流程，在对 Droop 系数进行优化时，首先需要选择合理的参数摄动范围。通过对不同的参数摄动范围下特征值的准确解和摄动解的对比结果可知，当参数摄动量在 10%之内时，特征值的摄动解能够得到足够的精度，相对误差保持在 10%范围内。同时考虑到参数优化过程中的计算精度与迭代量，本算例选取 10%作为优化迭代的参数最大摄动限制，也即图 7.5 中的参数变化阈值设置结果，而参数优化即为通过 SQP 法寻找该范围内的最优解，之后进行参数、特征解和目标函数的更新；再将更新后参数的 10%作为下次优化迭代的参数变化阈值设置，进一步寻找更新后范围内的最优解；此过程循环进行，直至满足终止条件，获得参数最优值。

在上述运行场景和数据的基础上，进行 Droop 系数的协调优化，Droop 系数优化前后系统中靠近虚轴的部分特征值的对比情况如图 7.7 所示，考虑到特征值关于实轴的对称性，图中仅给出了虚部大于零的相关特征值。

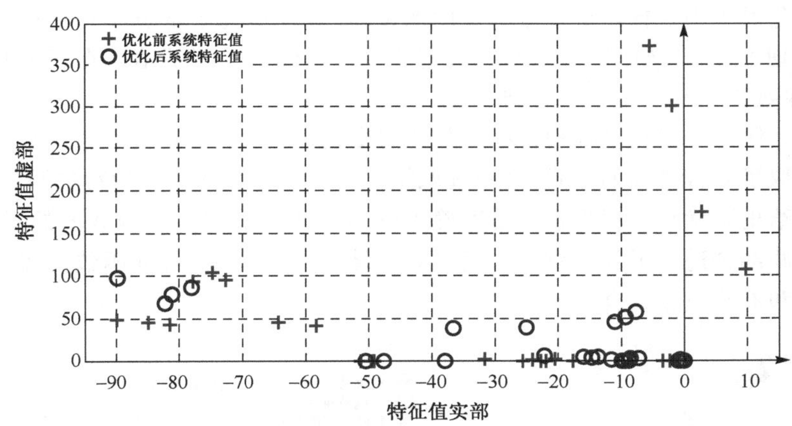

图 7.7 Droop 系数优化前后系统部分特征值对比

由图 7.7 可以看出，参数未优化时，右半平面内存在特征值，此时的微电网是不稳定的；采用协调优化算法进行 Droop 系数优化后，系统的特征值全部位于左半平面内，系统转变为稳定的，且最小阻尼比为 0.1502，满足预先设定的阻尼比 ξ_0 的要求，同时最大特征值的实部为−0.1010，满足稳定裕度 α_0 的要求，验证了所采用优化算法的有效性。另外，Droop 系数的变化对系统中不同特征值所产生的影响是不同的，图 7.8 给出了参数优化过程中受较大影响的四组特征值的变化情况，考虑到特征值关于实轴的对称性，图中仍然仅给出了虚部大于零的相关特征值。

从图 7.8 可以明显看出：在系数优化过程中，特征值 λ_1、λ_2、λ_3、λ_4 的变化非常大，这主要是由优化过程中所采取的目标函数所决定的。初始条件下，由于 λ_1、λ_2 的存

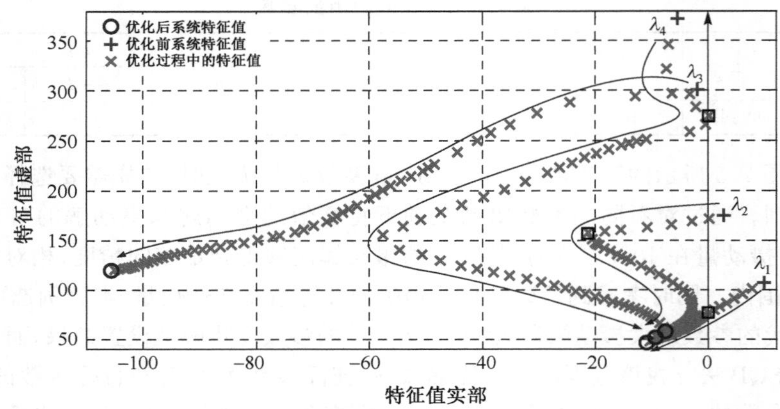

图 7.8　Droop 优化过程中关键特征值变化

在，系统不稳定，此时的目标函数式(7.48)中包含有 J_1，优化的目标是尽可能快的实现系统稳定。随着参数的优化，λ_2、λ_1 依次进入左半平面，当 λ_1 进入左半平面时(如图中 λ_1 的轨迹中"□"所示)，系统转变为稳定，目标函数中 J_1 自动消失，从而使得此后的参数优化过程中目标函数发生一定的调整，在这种情况下部分特征值的变化轨迹将可能出现"拐点"，如图中 λ_2、λ_3 的轨迹中"□"所标示的特征值。在新的目标函数下，进行参数优化直至得到最终结果。

图 7.9 给出了优化过程中目标函数值的变化情况，为了更好地表示其变化过程，纵坐标采取了对数坐标的形式，其中选取第 7 步的目标函数值作为对数函数的基底。图 7.9 中给出了优化过程中特征值准确求解和摄动求解的目标函数值的对比情况，并对其中两部分进行了放大对比。通过对比结果可以看出，目标函数的摄动值均能够较好地和准确值相吻合。

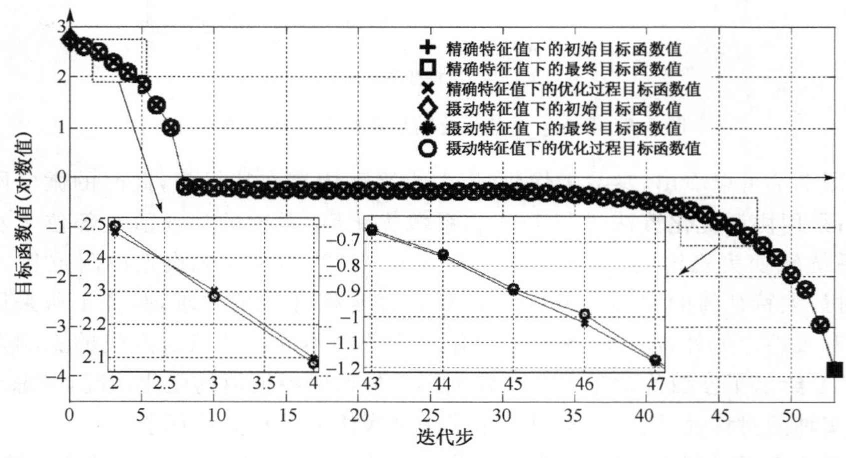

图 7.9　Droop 系数优化过程中目标函数值的变化

从图 7.9 中可以看出，前七次迭代的目标函数值较大，这是由迭代过程中微电网的不稳定性所引起的。目标函数中权重系数 $\mu_{i,p}$ 采取分段函数的形式，当系统不稳定时，$\mu_{i,p}$ 取值不为零，且 $\mu_{i,p}$ 中 L 的数值远大于 $\mu_{j,p}$ 和 $\mu_{k,p}$ 中的 L'、L''，因此 J_1 的数值会比较大，从而使得前七次迭代的目标函数值较大。这也验证了图 7.8 中特征值的变化情况。随着参数优化的进行，系统优化至稳定，此时 $\mu_{i,p}$ 取值为零，目标函数中仅含有 J_2 和 J_3。由于 L' 和 L'' 的数值远小于 L，系统稳定后的目标函数值也会相对较小。参数优化结束后，目标函数值为零，代表系统不仅是稳定的（式(7.48)中 $\forall \alpha_{i,p} \leqslant 0$，即 $J_1 = 0$），而且阻尼比满足 $\forall \xi_{j,p} \geqslant \xi_0$（即式(7.48)中 $J_2 = 0$），同时阻尼裕度满足 $\forall \alpha_{k,p} \leqslant \alpha_0$（即式(7.48)中 $J_3 = 0$）。考虑到零的对数值为负无穷大，难以在图中表示，文中选取一个非常小的数值（10^{-10}）作为目标函数值，并在图中给出了其相应的对数值。表 7.7 给出了 Droop 系数的初始值和优化结果。

表 7.7　Droop 系数优化的初始值和优化结果

分布式能源	K_f		K_U	
	初始值	优化值	初始值	优化值
蓄电池 1	100	9.4001	100	10.3644
蓄电池 2	100	3.7136	100	8.0110
蓄电池 3	100	6.0346	100	4.9836
微型燃气轮机 1	100	0.4661	100	1.3947
微型燃气轮机 2	100	0.4061	100	6.1507

为了更好地说明该方法的有效性，图 7.10 给出了在参数优化过程中 λ_4 的准确计算结果（QR 法）与摄动法计算结果（矩阵摄动法）的对比情况。从对比结果可以看出，在优化迭代过程中，特征值的摄动解均能够较好地和准确解相吻合。

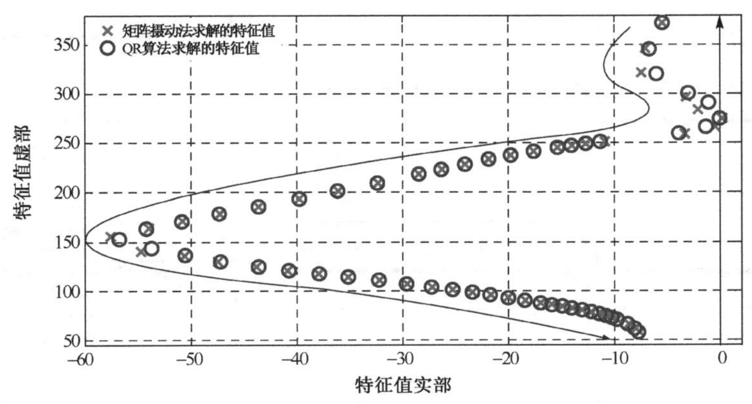

图 7.10　Droop 系数优化过程中 λ_4 的摄动解与准确解对比

2. 协调优化结果仿真验证

为验证 Droop 控制器参数协调优化结果的正确性，下面通过三个算例分析微电网孤岛切换过程及发生内部扰动时的动态特性。

1)微电网由并网运行切换至孤岛运行

当主网发生故障时,微电网脱离主网切换至孤岛运行模式。该模式下采用Droop控制的分布式电源和储能设备调整功率输出,分摊由于主网断开而造成的功率缺额或冗余,保证微电网频率和各母线电压维持在适当的范围内。

具体仿真过程如下:1s时将图7.6中的开关1打开,微电网脱离主网,切换至孤岛运行状态,3s时将开关2打开,形成两个子微电网运行。图7.11、图7.12给出了微电网运行模式切换后各分布式电源和储能设备的输出功率变化情况。

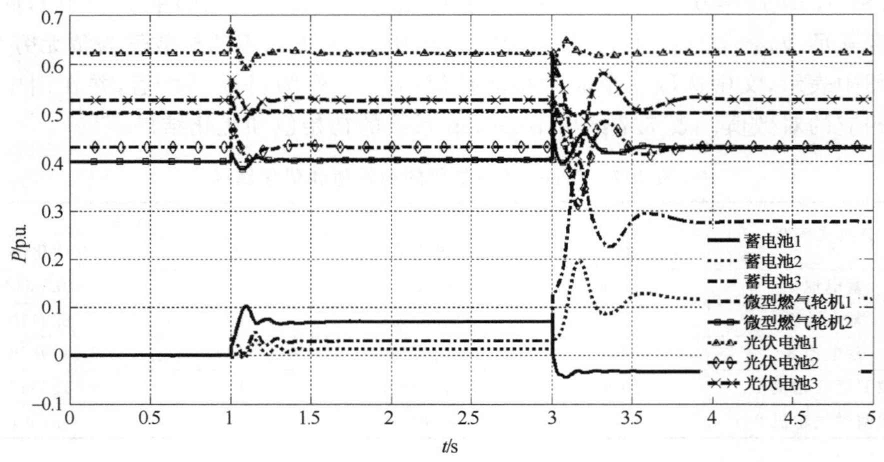

图7.11 微电网切换至孤岛过程中分布式电源有功输出功率变化

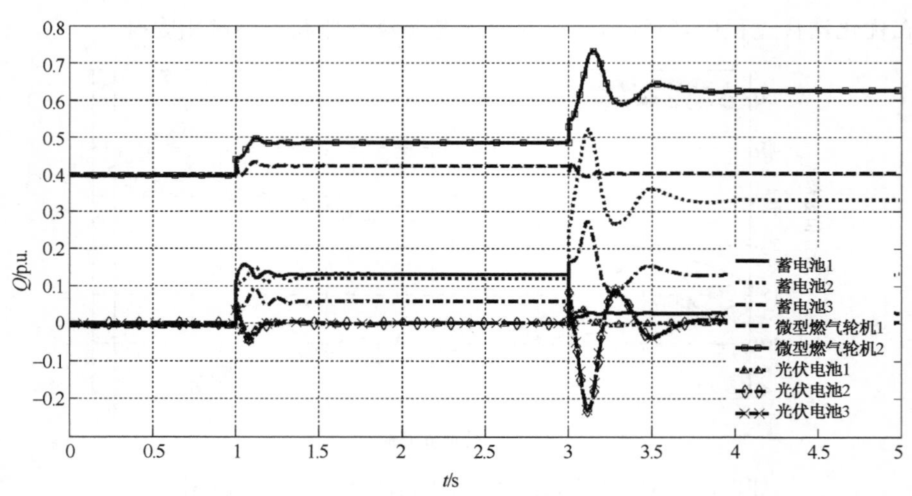

图7.12 微电网切换至孤岛过程中分布式电源无功输出功率变化

从仿真结果可以看出,Droop系数优化后,微电网阻尼比提升,微电网能够快速过渡到稳态运行。同时,通过仿真结果也可以看出,当微电网进入孤岛稳态运行后,微电网 1 经开关 2 向微电网 2 提供有功功率和无功功率。因此，当 3s 断开开关 2 时，微电网 1 出现功率冗余，相应的蓄电池 1 和微型燃气轮机 1 会按比例减小功率输出，系统频率和电压相应地有所升高，微型燃气轮机 1 的 K_f 和 K_U 值远小于蓄电池 1 的 K_f 和 K_U 值，因此微电网 1 内的功率变化主要通过蓄电池 1 平衡，微型燃气轮机 1 的功率变化相对较小；而微电网 2 出现功率缺额，相应地蓄电池 2、蓄电池 3 和微型燃气轮机 2 会按比例增加功率输出，系统频率和电压相应的有所下降。另外，在该算例中，母线电压的最大超调量百分比为 3.5900％，系统频率的最大超调量为 0.0837％。

2）微电网内分布式电源输出功率和负荷发生变化

以光伏发电系统为例，当光照强度发生变化时，会直接导致其输出功率发生变化，在孤岛条件下，该部分功率缺额或冗余仍需要采用 Droop 控制的分布式电源和储能设备进行分摊，从而维持微电网的电压和频率水平。基于微电网孤岛仿真运行条件，假定 6s 时光照强度增加 15％使光伏电源输出功率增加，8s 时负荷 1 和负荷 2 有功功率和无功功率分别增加 20％。图 7.13 及图 7.14 给出了在此扰动过程中，微电网内各分布式电源的输出功率变化情况。

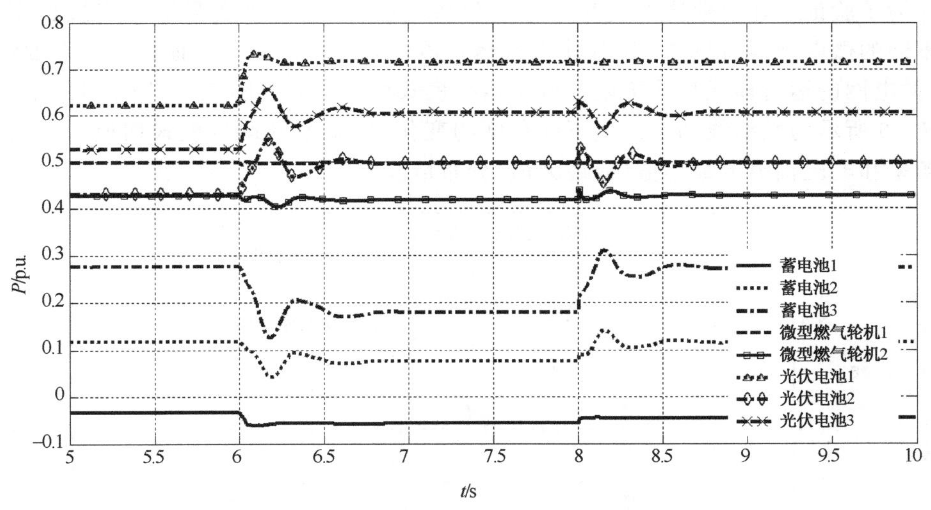

图 7.13 扰动过程中分布式电源有功输出功率变化

由上述仿真结果可以看出，不论是微电网内功率供给发生变化（光照变化所导致的光伏系统输出功率变化），还是微电网内负荷发生波动，采取 Droop 控制的各分布式电源均能够快速地按既定的 Droop 系数合理分摊功率变化，维持微电网的稳定运行。在该算例中，母线电压的最大超调量为 1.7089％，系统频率的最大超调量为 0.0382％。

进一步的仿真结果表明，当微电网向外部电网输出功率时，上述结论仍然成立。

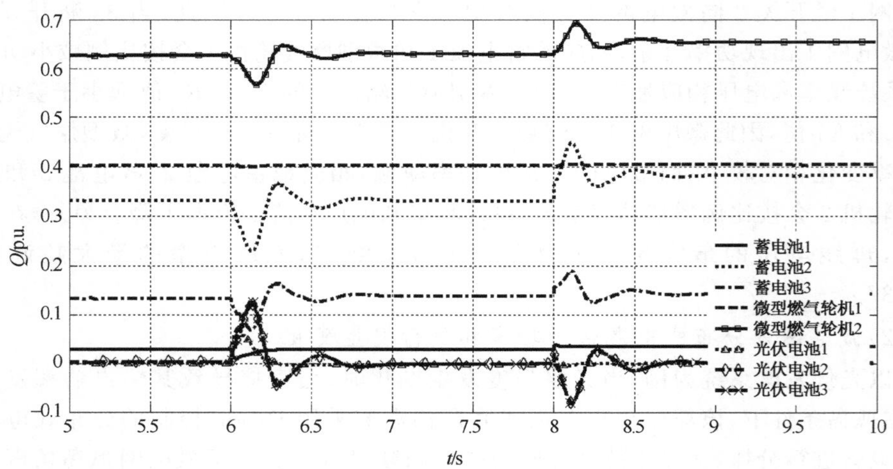

图 7.14　扰动过程中分布式电源无功输出功率变化

3. Droop 系数鲁棒适应性分析

为了验证上述参数协调优化结果的鲁棒适应性，通过改变联络线交换功率，获得不同的微电网运行场景，并对其进行运行测试，从而获得在当前 Droop 系数情况下，微电网的运行模式切换极限。假定运行模式切换方案同图 7.11 场景，图 7.15 及图 7.16 所示为联络线功率发生不同程度的变化时，微电网运行模式切换后，系统中的频率和电压幅值的最小值(或最大值)分布情况。

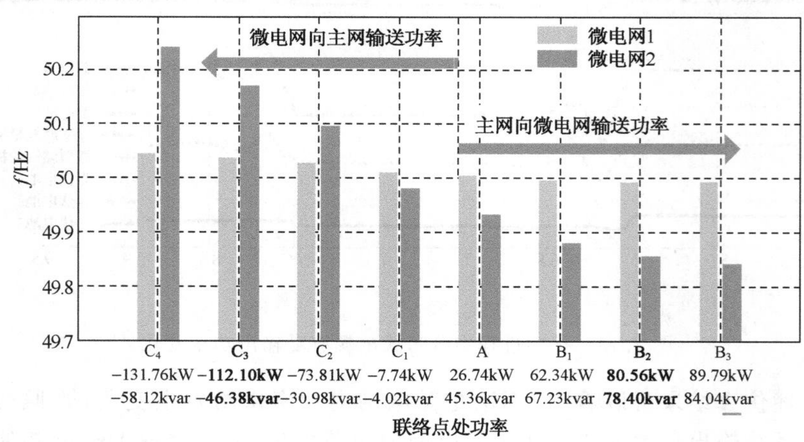

图 7.15　微电网频率随联络线功率的变化

图 7.15、图 7.16 中所示运行场景的仿真过程采取与图 7.11 仿真相同的设置，由仿真过程可知，在按图中数据改变联络线功率后，均能够实现运行模式切换后微电网的稳定运行，但微电网内频率水平和母线电压的变化有所不同。

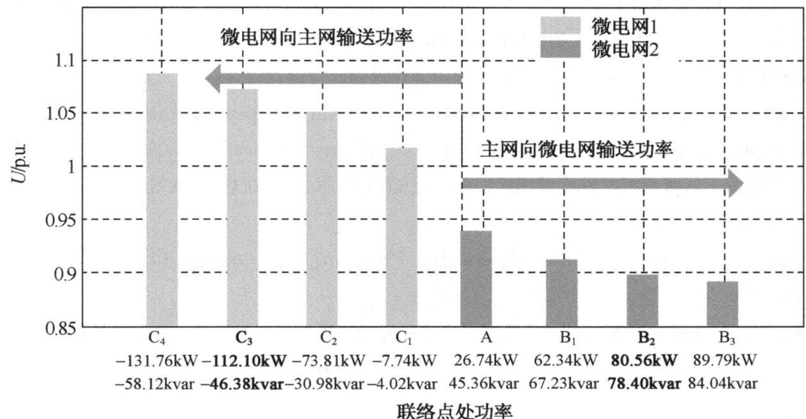

图 7.16　微电网母线电压随联络线功率的变化

当微电网从主网吸收功率时，联络线功率越大，运行模式切换后微电网达稳态时频率变化越大，如图 7.15 所示，但当联络线功率增大到一定程度，微电网切换运行模式后，网络中部分母线的电压幅值或者系统频率可能超出其允许范围[23]，如图中 B_2 所代表的运行点。考虑到微电网内的电压水平，微电网从主网吸收的功率不应超过该临界数值。

当微电网向主网输出功率时，随着联络线功率的增大，微电网运行模式切换后达稳态时，频率和电压均会有所增加，但联络线功率的增大会在一定程度上加剧微电网模式转换的暂态过程，不利于实现运行状态的无缝切换[23]。因此，考虑上述制约因素，微电网向主网提供的功率也不宜过大。

综合考虑频率偏差、电压偏差以及模式切换的过渡过程等因素的制约，在本算例中，利用所优化获得的系统参数，当联络线交换的有功功率占微电网有功负荷的比例为(−66.27％，47.63％)，无功功率占微电网无功负荷的比例为(−44.24％，74.78％)时，协调优化的 Droop 系数能够很好地实现微电网运行模式切换及稳定运行。

参 考 文 献

[1] Wang Y, Lu Z X, Min Y, et al. Small signal analysis of microgrid with multiple micro sources based on reduced order model in islanding operation[C]. 2011 IEEE Power and Energy Society General Meeting, Detroit, 2011: 1-9.

[2] Miao Z X, Domijan A, Fan L L. Investigation of microgrids with both inverter interfaced and direct ac-connected distributed energy resources[J]. IEEE Transactions on Power Delivery, 2011, 26(3): 1634-1642.

[3] Sun Y Z, Wang L X. Li G J, et al. A review on analysis and control of small signal stability of power systems with large scale integration of wind power[C]. 2010 International Conference on Power System Technology, Hangzhou, 2010, 1(6): 24-28.

[4] Coelho E A A, Cortizo P, Gracia P F D. Small signal stability for parallel-connected inverters in stand-alone ac supply systems[J]. IEEE Transactions on Industry Applications, 2002, 38(2): 533-542.

[5] 高毅，王成山，李继平. 改进十字链表的稀疏矩阵技术及其在电力系统仿真中的应用[J]. 电网技术，2011，(05)：33-39.

[6] Wilkinson J H. The Algebraic Eigenvalue Problem[M]. Oxford: Oxford University Press, 1965: 68-70.

[7] Pogaku N, Prodanovic M, Green T C. Modeling, analysis and testing of autonomous operation of an inverter-based microgrid[J]. IEEE Transactions on Power Electronics, 2007, 22(2): 613-625.

[8] Mohamed Y A-R I, El-Saadany E F. Adaptive decentralized droop controller to preserve power sharing stability of paralleled inverters in distributed generation microgrids[J]. IEEE Transactions on Power Electronics, 2008, 23(6): 2806-2816.

[9] Liu J J, Feng X G, Lee F C, et al. Stability margin monitoring for DC distributed power systems via perturbation approaches[J]. IEEE Transactions on Power Electronics, 2003, 18(6): 1254-1261.

[10] Chen J, Fu P L, Niculescu S-I. An eigenvalue perturbation stability analysis approach with applications to time-delay and polynomially dependent systems[C]. WCICA 2008 7th World Congress on Intelligent Control and Automation, Chongqing, 2008, 307(312): 25-27.

[11] Wang C S, Yan L, Ke P, Zhen W, Chongbo S, Kai Y. Matrix perturbation based approach for sensitivity analysis of eigen-solutions in a microgrid[J]. Science China Technological Sciences, 2013, 56(1): 237-244.

[12] 罗键. 系统灵敏度理论导论[M]. 北京：科学出版社，1990.

[13] 苗峰显，郭志忠. 灵敏度方法在电力系统分析与控制中的应用综述[J]. 继电器，2007，35(15)：72-76.

[14] Chen S H. Matrix Perturbation Theory in Structural Dynamic Design[M]. Beijing: Science Press, 2007, 132-137.

[15] Assem S D. Advanced Matrix Theory for Scientists and Engineers[M]. Kent: Abacus Press, 1982, 205-215.

[16] 赵猛，李平，张远志. 摄动矩阵中摄动元素的最大摄动界研究[J]. 甘肃科学学报，2003，(1)：81-84.

[17] Wang C S, Yan L, Ke P, et al. Matrix perturbation based approach for sensitivity analysis of eigen-solutions in a microgrid[J]. Science China Technological Sciences, 2013, 56(1): 237-244.

[18] 彭克，王成山，李琰，等. 典型中低压微网算例系统设计[J]. 电力系统自动化，2011，35(18)：31-35

[19] Pogaku N, Prodanovic' M, Green T C. Modeling, analysis and testing of autonomous operation of an inverter-based microgrid[J]. IEEE Transactions on Power Electronics, 2007, 22(2):

613-625.

[20] Li Y W,Kao C N. An accurate power control strategy for power-electronics-interfaced distributed generation units operating in a low-voltage multibus microgrid[J]. IEEE Transactions on Power Electronics,2009,24(12):2977-2988.

[21] Wang C S,Yan L,Ke P,et al. Coordinated optimal design of inverter controllers in a microgrid with multiple distributed generation units[J]. IEEE Transactions on Power Systems,2013,28(3):2679-2687.

[22] Antoniou A,Lu W S. Practical optimization:Algorithms and engineering applications[D]. New York:Springer Science and Business Media,2007:506-508.

[23] Standards Coordinating Committee 21. IEEE Standard for Interconnecting Distributed Resources with Electric Power Systems. IEEE Standard 1547-2003. New York:The Institute of Electrical and Electronics Engineers. Inc, 2003.

附录A 变量坐标变换

在本书的正文中，根据问题研究的需要经常涉及变量的坐标变换问题。所谓变量的坐标变换，实际上就是一组变量在某一坐标系下的坐标值向另一坐标系下坐标值的转换，这些坐标值又称为对应坐标轴的分量。两组坐标值间通过变换矩阵加以关联，该矩阵要求是满秩矩阵，以保证坐标值间的变换是线性可逆变换。在电力系统问题分析中，常用到的坐标系有 abc 自然坐标系、$dq0$ 旋转坐标系、$\alpha\beta0$ 静止坐标系、$xy0$ 同步旋转坐标系、120 对称分量坐标系，这些坐标系在本书中也都获得过应用，本附录就这些坐标系间最基本的变换关系加以归纳。在坐标变换时，若变换前后保持变量瞬时值的幅值不变，称为恒相幅值变换；若变换前后保持瞬时功率不变，称为恒功率变换。

1. $dq0$ 坐标系与 abc 坐标系间的变量变换

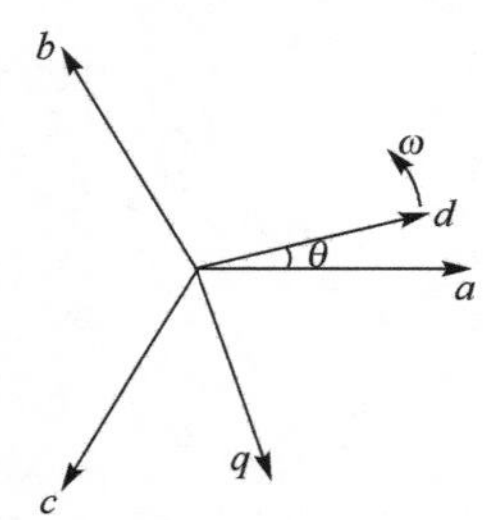

图 A.1 abc 坐标系与 $dq0$ 坐标系

$dq0$ 坐标系与 abc 坐标系之间的变量变换是 $dq0$ 旋转坐标系（设旋转角速度 ω）与 abc 静止坐标系之间的变量变换，又称派克变换，是电力系统仿真模型中最为常用的变换之一。本书中，假设在某一时刻 $dq0$ 坐标系与 abc 坐标系之间的相对位置关系如图 A.1 所示。

图 A.1 中，q 轴滞后 d 轴 90°，d 轴与 a 轴之间夹角为 $\theta=\omega t+\theta_0$。由于 $dq0$ 坐标系中的零轴为独立轴，图中未画出，只有当实际系统含有零序分量时，$dq0$ 坐标系中的零轴分量才不为零。将 abc 坐标系中的分量分别向 $dq0$ 轴投影并乘以待定系数 k_1、k_2，以电流为例，可得 $dq0$ 坐标系中的分量如下式所示：

$$\begin{bmatrix} i_d \\ i_q \\ i_0 \end{bmatrix} = k_1 \begin{bmatrix} \cos\theta & \cos(\theta-120^\circ) & \cos(\theta+120^\circ) \\ \sin\theta & \sin(\theta-120^\circ) & \sin(\theta+120^\circ) \\ k_2 & k_2 & k_2 \end{bmatrix} \begin{bmatrix} i_a \\ i_b \\ i_c \end{bmatrix} \tag{A.1}$$

设式(A.1)中三相相电流为对称正弦波，角频率为对应工频的角频率，用 ω' 表示，则有

$$\begin{cases} i_a = I_{\mathrm{m}}\cos(\omega' t+\alpha_0) \\ i_b = I_{\mathrm{m}}\cos(\omega' t+\alpha_0-120^\circ) \\ i_c = I_{\mathrm{m}}\cos(\omega' t+\alpha_0+120^\circ) \end{cases} \tag{A.2}$$

将式(A.2)代入式(A.1)可得

$$\begin{cases} i_d = \dfrac{3}{2}k_1 I_m \cos[(\theta_0 - \alpha_0) + (\omega - \omega')t] \\ i_q = \dfrac{3}{2}k_1 I_m \sin[(\theta_0 - \alpha_0) + (\omega - \omega')t] \\ i_0 = k_1 k_2 (i_a + i_b + i_c) = 0 \end{cases} \tag{A.3}$$

由式(A.3)可知,当 $dq0$ 坐标系以工频角速度旋转,即 $\omega = \omega'$ 时,abc 三相系统中的对称工频电流将转化为 $dq0$ 坐标系下的直流分量。在恒相幅值变换中,要求变换后 i_d、i_q 的幅值与 i_a、i_b、i_c 的幅值相等,因此可取 $k_1 = \dfrac{2}{3}$。当 abc 三相对称时,无论 k_2 取何值,零轴分量都为零;在三相不对称情况下,一般取 $dq0$ 坐标系下的零轴分量与 abc 坐标系下的零序分量相等,此时应取 $k_2 = \dfrac{1}{2}$。因此,满足恒相幅值变换的派克变换矩阵为

$$\boldsymbol{P} = \frac{2}{3}\begin{bmatrix} \cos\theta & \cos(\theta - 120°) & \cos(\theta + 120°) \\ \sin\theta & \sin(\theta - 120°) & \sin(\theta + 120°) \\ \dfrac{1}{2} & \dfrac{1}{2} & \dfrac{1}{2} \end{bmatrix} \tag{A.4}$$

容易验证矩阵 $\boldsymbol{P}$ 非奇异,存在逆矩阵 $\boldsymbol{P}^{-1}$ 为

$$\boldsymbol{P}^{-1} = \begin{bmatrix} \cos\theta & \sin\theta & 1 \\ \cos(\theta - 120°) & \sin(\theta - 120°) & 1 \\ \cos(\theta + 120°) & \sin(\theta + 120°) & 1 \end{bmatrix} \tag{A.5}$$

恒功率派克变换又称为正交派克变换,要求变换前后的瞬时功率相等。由于变换前后的瞬时功率分别为

$$\begin{cases} p_{abc} = u_a i_a + u_b i_b + u_c i_c = \boldsymbol{u}_{abc}^{\mathrm{T}} \boldsymbol{i}_{abc} \\ p_{dq0} = u_d i_d + u_q i_q + u_0 i_0 = \boldsymbol{u}_{dq0}^{\mathrm{T}} \boldsymbol{i}_{dq0} = (\boldsymbol{P}\boldsymbol{u}_{abc})^{\mathrm{T}}(\boldsymbol{P}\boldsymbol{i}_{abc}) = \boldsymbol{u}_{abc}^{\mathrm{T}}(\boldsymbol{P}^{\mathrm{T}}\boldsymbol{P})\boldsymbol{i}_{abc} \end{cases} \tag{A.6}$$

由 $p_{abc} = p_{dq0}$ 可得 $\boldsymbol{P}^{\mathrm{T}}\boldsymbol{P}$ 为单位矩阵,即 $\boldsymbol{P}$ 为正交矩阵,根据正交矩阵的性质可得

$$\begin{cases} k_1^2[\cos^2\theta + \cos^2(\theta - 120°) + \cos^2(\theta + 120°)] = 1 \\ 3k_1^2 k_2^2 = 1 \end{cases} \tag{A.7}$$

解式(A.7)可得 $k_1 = \sqrt{\dfrac{2}{3}}$,$k_2 = \sqrt{\dfrac{1}{2}}$,因此满足恒功率变换的派克变换矩阵为

$$\boldsymbol{P} = \sqrt{\frac{2}{3}}\begin{bmatrix} \cos\theta & \cos(\theta - 120°) & \cos(\theta + 120°) \\ \sin\theta & \sin(\theta - 120°) & \sin(\theta + 120°) \\ \sqrt{\dfrac{1}{2}} & \sqrt{\dfrac{1}{2}} & \sqrt{\dfrac{1}{2}} \end{bmatrix} \tag{A.8}$$

其逆矩阵 $\boldsymbol{P}^{-1} = \boldsymbol{P}^{\mathrm{T}}$ 为

$$\boldsymbol{P}^{-1}=\sqrt{\frac{2}{3}}\begin{bmatrix}\cos\theta & \sin\theta & \sqrt{\frac{1}{2}}\\ \cos(\theta-120^\circ) & \sin(\theta-120^\circ) & \sqrt{\frac{1}{2}}\\ \cos(\theta+120^\circ) & \sin(\theta+120^\circ) & \sqrt{\frac{1}{2}}\end{bmatrix} \tag{A.9}$$

2. $\alpha\beta0$ 坐标系与 abc 坐标系间的变量变换

$\alpha\beta0$ 坐标系与 abc 坐标系间的变量变换又称克拉克变换，是 abc 静止坐标系与 $\alpha\beta0$ 静止坐标系之间的变换，两种坐标系的相对位置关系如图 A.2 所示。显然 $\alpha\beta0$ 静止坐标系是 $dq0$ 旋转坐标系当 $\theta=0$ 且 q 轴超前 d 轴时的特殊情况，因此容易求得其恒相幅值变换及恒功率变换的变换矩阵。

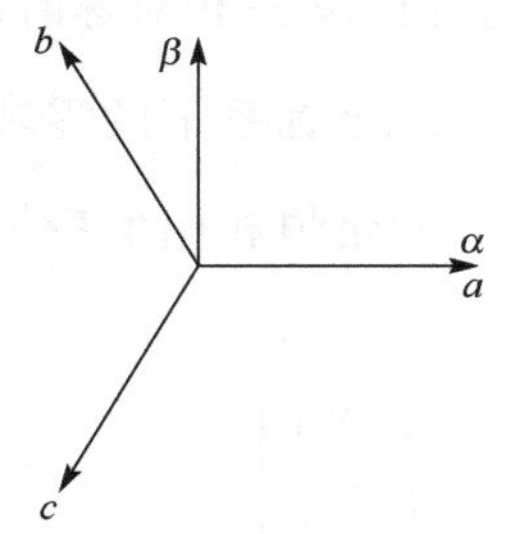

图 A.2　abc 坐标系与 $\alpha\beta0$ 坐标系

令式(A.4)、式(A.5)中 $\theta=0$，且与 q 轴变量相关的系数取负，可得恒相幅值变换的变换矩阵和逆矩阵，分别如下所示。

$$\boldsymbol{C}=\frac{2}{3}\begin{bmatrix}1 & -\frac{1}{2} & -\frac{1}{2}\\ 0 & \frac{\sqrt{3}}{2} & -\frac{\sqrt{3}}{2}\\ \frac{1}{2} & \frac{1}{2} & \frac{1}{2}\end{bmatrix} \tag{A.10}$$

$$\boldsymbol{C}^{-1}=\begin{bmatrix}1 & 0 & 1\\ -\frac{1}{2} & \frac{\sqrt{3}}{2} & 1\\ -\frac{1}{2} & -\frac{\sqrt{3}}{2} & 1\end{bmatrix} \tag{A.11}$$

令式(A.8)、式(A.9)中的 $\theta=0$，可得满足恒功率变换的变换矩阵和逆矩阵，分别如下所示。

$$\boldsymbol{C}=\sqrt{\frac{2}{3}}\begin{bmatrix}1 & -\frac{1}{2} & -\frac{1}{2}\\ 0 & \frac{\sqrt{3}}{2} & -\frac{\sqrt{3}}{2}\\ \sqrt{\frac{1}{2}} & \sqrt{\frac{1}{2}} & \sqrt{\frac{1}{2}}\end{bmatrix} \tag{A.12}$$

$$C^{-1}=\sqrt{\frac{2}{3}}\begin{bmatrix}1 & 0 & \sqrt{\frac{1}{2}}\\ -\frac{1}{2} & \frac{\sqrt{3}}{2} & \sqrt{\frac{1}{2}}\\ -\frac{1}{2} & -\frac{\sqrt{3}}{2} & \sqrt{\frac{1}{2}}\end{bmatrix} \tag{A.13}$$

3. $dq0$ 坐标系与 $xy0$ 坐标系间的变量变换

$dq0$ 坐标系与 $xy0$ 坐标系间的变量变换是 $dq0$ 旋转坐标系与 $xy0$ 旋转坐标系(旋转角速度为系统额定角频率 ω_n)之间的变换。这两个坐标系的区别在于 $dq0$ 旋转坐标系的旋转角速度会发生变化，而 $xy0$ 旋转坐标系的转速一直保持不变，始终为额定角速度。假设在某一时刻 $dq0$ 坐标系与 $xy0$ 坐标系之间的相对位置关系如图 A.3 所示。

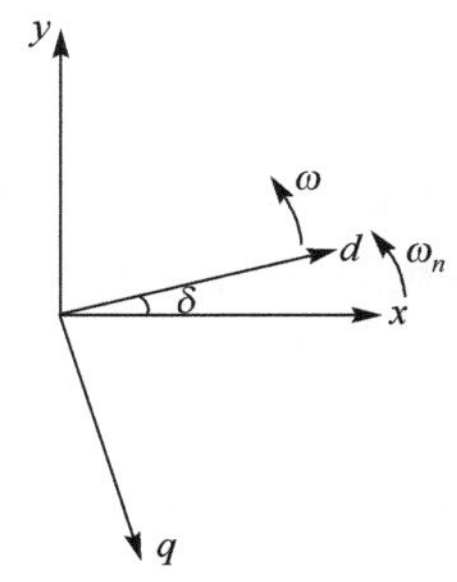

图 A.3　$dq0$ 坐标系与 $xy0$ 坐标系

图 A.3 中，d 轴与 x 轴之间的夹角为 δ。以电流为例，可得坐标变换如下所示：

$$\begin{bmatrix}i_d\\ i_q\\ i_0\end{bmatrix}=\begin{bmatrix}\cos\delta & \sin\delta & 0\\ \sin\delta & -\cos\delta & 0\\ 0 & 0 & 1\end{bmatrix}\begin{bmatrix}i_x\\ i_y\\ i_0\end{bmatrix} \tag{A.14}$$

相应地其逆变换为

$$\begin{bmatrix}i_x\\ i_y\\ i_0\end{bmatrix}=\begin{bmatrix}\cos\delta & \sin\delta & 0\\ \sin\delta & -\cos\delta & 0\\ 0 & 0 & 1\end{bmatrix}\begin{bmatrix}i_d\\ i_q\\ i_0\end{bmatrix} \tag{A.15}$$

4. 120 坐标系与 abc 坐标系间的变量变换

在三相电路中，对于任意一组不对称的三相相量，都可以分解为三组三相对称的相量，这种分解成为对称分量分解，三组对称分量分别称为正序、负序和零序分量，分别用 1、2、0 表示，可统称为 120 分量，也可称为 120 坐标系下的相量。当选择 a 相作为基准相时，三相相量与其对称分量之间的关系如下所示(以电流为例)：

$$\begin{bmatrix}\dot{I}_{a(1)}\\ \dot{I}_{a(2)}\\ \dot{I}_{a(0)}\end{bmatrix}=\frac{1}{3}\begin{bmatrix}1 & \alpha & \alpha^2\\ 1 & \alpha^2 & \alpha\\ 1 & 1 & 1\end{bmatrix}\begin{bmatrix}\dot{I}_a\\ \dot{I}_b\\ \dot{I}_c\end{bmatrix} \tag{A.16}$$

式中，$\alpha=e^{j\frac{2\pi}{3}}$，$\alpha^2=e^{j\frac{4\pi}{3}}$。$\dot{I}_{a(1)}$、$\dot{I}_{a(2)}$ 与 $\dot{I}_{a(0)}$ 分别为 a 相电流的正序、负序和零序分量。b、c 两相电流分别可以写为

$$\begin{bmatrix} \dot{I}_{b(1)} \\ \dot{I}_{b(2)} \\ \dot{I}_{b(0)} \end{bmatrix} = \frac{1}{3}\begin{bmatrix} \alpha^2 & 1 & \alpha \\ \alpha & 1 & \alpha^2 \\ 1 & 1 & 1 \end{bmatrix}\begin{bmatrix} \dot{I}_a \\ \dot{I}_b \\ \dot{I}_c \end{bmatrix} \tag{A. 17}$$

$$\begin{bmatrix} \dot{I}_{c(1)} \\ \dot{I}_{c(2)} \\ \dot{I}_{c(0)} \end{bmatrix} = \frac{1}{3}\begin{bmatrix} \alpha & \alpha^2 & 1 \\ \alpha^2 & \alpha & 1 \\ 1 & 1 & 1 \end{bmatrix}\begin{bmatrix} \dot{I}_a \\ \dot{I}_b \\ \dot{I}_c \end{bmatrix} \tag{A. 18}$$

由式(A. 16)、式(A. 17)、式(A. 18)可以看出，正序分量的相序与正常对称运行下的相序相同，而负序分量的相序与正序相反，零序分量三相同相位。

附录 B1 微电网算例系统 1

欧盟第五框架计划支持下的微电网研究项目(Microgrids)提出了一个微电网算例,其结构如图 B1.1 所示[1,2]。

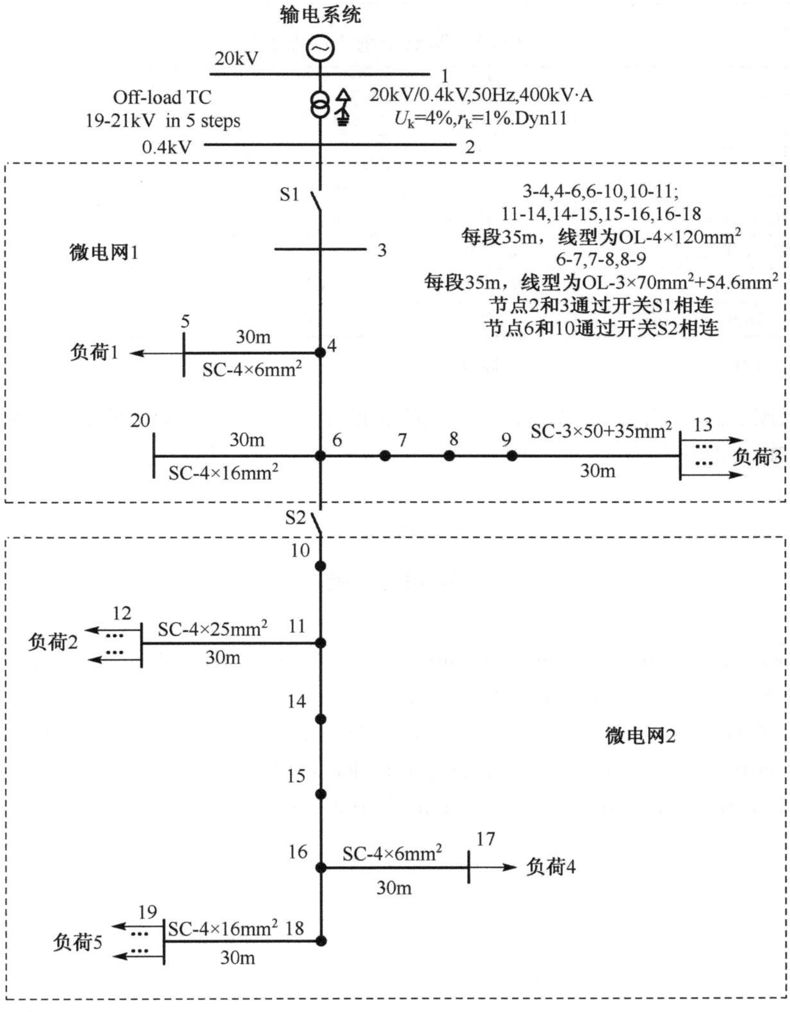

输电系统
20kV
1
Off-load TC
19-21kV in 5 steps
20kV/0.4kV,50Hz,400kV·A
U_k=4%,r_k=1%.Dyn11
0.4kV
2
S1
3-4,4-6,6-10,10-11;
11-14,14-15,15-16,16-18
每段35m，线型为OL-4×120mm²
6-7,7-8,8-9
每段35m，线型为OL-3×70mm²+54.6mm²
节点2和3通过开关S1相连
节点6和10通过开关S2相连
微电网1
3
5
30m
负荷1
4
SC-4×6mm²
20
30m
6
7
8
9
SC-3×50+35mm²
13
负荷3
SC-4×16mm²
30m
S2
10
12
SC-4×25mm²
11
负荷2
30m
14
微电网2
15
16
SC-4×6mm²
17
负荷4
30m
19
SC-4×16mm²
18
负荷5
30m

图 B1.1 网络结构及系统部分参数

在图 B1.1 中，负荷可以是三相对称或不对称负荷。一组三相对称负荷数据见表 B1.1。在本书正文一些算例分析中，为了考虑不对称负荷的影响，有些情况下重新给定了三相不对称负荷值。图中的线路参数如表 B1.2 所示。

表 B1.1 算例系统 1 负荷数据

节点	有功功率/kW	无功功率/kvar
负荷 1	5.13	2.48
负荷 2	22.50	10.90
负荷 3	54.72	15.96
负荷 4	5.13	2.48
负荷 5	22.50	10.90

表 B1.2 算例系统 1 线路参数

线型	R_1	X_1	R_0	X_0
	Ω/km	Ω/km	Ω/km	Ω/km
OL-4×120mm^2	0.284	0.083	1.136	0.417
OL-3×70mm^2+54.6mm^2	0.497	0.086	2.387	0.447
SC-4×6mm^2	3.690	0.094	13.64	0.472
SC-4×16mm^2	1.380	0.082	5.52	0.418
SC-4×25mm^2	0.871	0.081	3.48	0.409
SC-3×50mm^2+35mm^2	0.822	0.077	2.04	0.421

注：OL 为架空线路，SC 为用户服务连接线。

在表 B1.2 中，R_1 和 X_1 分别表示线路的正序电阻和电抗，R_0 和 X_0 分别表示线路的零序电阻和电抗。

参考文献

[1] Papathanassiou S, Hatziargyriou N, Strunz K. A benchmark low voltage microgrid network[C]. CIGRE Symposium 2005, Athens, 2005: 1-5.

[2] Rudion K, Styczynski Z A, Hatziargyriou N, et al. Development of benchmarks for low and medium voltage distribution networks with high penetration of dispersed generation[C]. Proceedings of the International Symposium on Modern Electric Power Systems, Wroclaw, 2006: 115-121.

附录 B2　微电网算例系统 2

1)中压微电网系统

以某实际 10kV 配电网络为基础，通过对部分节点进行简化，形成中压微电网算例系统如图 B2.1 所示[3]。为兼顾不同的研究目的，中压微电网系统以模块化形式设计，包含三个结构和参数一致的子网，每个子网可以根据需要，在任意节点接入一个或多个分布式电源，接入子网数也可根据需要进行进一步的拓展。系统网络参数见表 B2.1，负荷数据见表 B2.2。

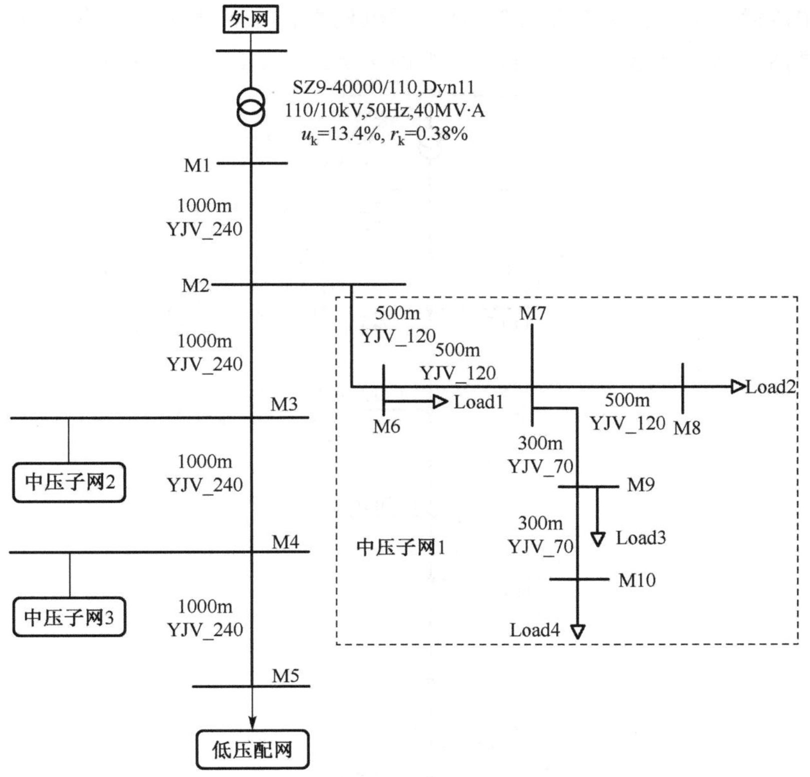

图 B2.1　中压微电网系统结构

表 B2.1 中压微电网线路有名值数据

线型	R_1	X_1	R_0	X_0
	Ω/km	Ω/km	Ω/km	Ω/km
YJV_240	0.069	0.099	0.110	0.159
YJV_120	0.106	0.153	0.169	0.245
YJV_70	0.190	0.268	0.304	0.429

表 B2.2 中压微电网算例负荷数据

节点	负荷峰值/(MV·A)			负荷谷值/(MV·A)			功率因数
	a 相	b 相	c 相	a 相	b 相	c 相	
Load 1	0.40	0.10	0.50	0.30	0.10	0.30	0.95
Load 2	0.30	0.40	0.20	0.20	0.25	0.10	0.91
Load 3	0.30	0.20	0.20	0.15	0.10	0.10	0.93
Load 4	0.25	0.30	0.30	0.10	0.15	0.15	0.89

2)低压微电网系统

与中压微电网算例系统相类似,低压微电网算例系统也可接入多种分布式电源并具有灵活的微电网运行结构,低压微电网算例系统如图 B2.2 所示[1]。

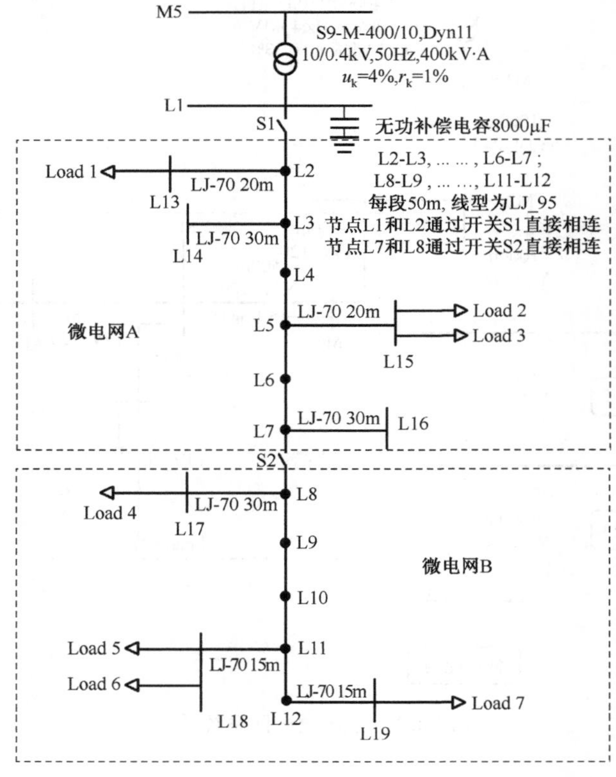

图 B2.2 低压微网算例

低压微电网系统的电压等级为400V，主馈线通过0.4/10kV变压器接至10kV母线M5处，变压器采用我国低压配电网络通常采用的DYn11联结方式，低压侧接入电容进行无功补偿，具体参数如图中所示。主馈线节点间距为50m，具体参数见表B2.3。

表B2.3 低压微网线路有名值数据

线型	R_1	X_1	R_0	X_0
	Ω/km	Ω/km	Ω/km	Ω/km
LJ_95	0.340	0.311	0.544	0.498
LJ_70	0.460	0.318	0.736	0.509

考虑到低压微电网系统的实际运行特点，算例中既有三相对称和不对称负荷，也有单相负荷，负荷的峰、谷值及功率因数如表B2.4所示。在算例结构设计上，主馈线设置了S1和S2两个联络开关，开关S1以下部分为一个完整的微电网系统，称为微电网AB。当开关S1和S2闭合时，整个微电网并网运行；当开关S1打开S2闭合时，微电网AB处于孤岛运行模式；当开关S1和S2都打开时，一个大的微电网被解列成两个小的微电网孤网运行，这两个小的微电网分别称为微电网A和微电网B。根据研究的需要，研究者可在算例系统中的任一节点接入任意类型的分布式电源。

表B2.4 低压微电网算例负荷数据

节点	负荷峰值/(kV·A)			负荷谷值/(kV·A)			功率因数
	*a*相	*b*相	*c*相	*a*相	*b*相	*c*相	
Load 1	6.00	5.00	7.00	2.50	2.00	3.00	0.92
Load 2	3.50	5.00	3.00	2.50	3.00	2.00	0.85
Load 3	0.00	10.00	0.00	0.00	4.00	0.00	0.91
Load 4	0.00	0.00	12.00	0.00	0.00	8.00	0.89
Load 5	7.50	0.00	0.00	4.50	0.00	0.00	0.94
Load 6	9.00	9.00	9.00	5.00	5.00	5.00	0.88
Load 7	8.00	0.00	0.00	5.00	0.00	0.00	0.94

参考文献

[1] 彭克，王成山，李琰，等.典型中低压微网算例系统设计[J].电力系统自动化，2011，35(18)：31-35.

附录C　算例参数

本书第 6 章的算例系统中分布式电源及其控制器的参数分别如下所述。

光伏电池并网系统中光伏阵列采用第 2 章所介绍的单二极管模型等效电路，并忽略并联电阻 R_{sh} 的影响，并网逆变器采用第 3 章中所介绍的直流电压/无功功率控制方式，其参数参见表 C.1。在已知光伏系统输出有功功率的情况下，结合式(2.3)、式(2.5)、式(2.6)，可获得光伏阵列中的其他参数，如光生电流源电流 I_{ph}、二极管饱和电流 I_s 等，从而获得式(2.3)所示的光伏阵列输出电流表达式。

表 C.1　光伏电池并网系统动态数据

光伏阵列	参数	U_{oc}/V	I_{sc}/A	U_{mp}/V	I_{mp}/A	P_{mp}/W	$S_{ref}/(W/m^2)$
	值	21.7	3.35	17.4	3.05	53.07	1000
	参数	T_{ref}/K	k	A	q/C	N_P	N_S
	值	298	1.38×10^{-23}	1.50	1.60×10^{-19}	9	45
并网逆变器	参数	$T_{U_{dc}}, T_Q$	$K_{pU_{dc}}, K_{pQ}$	$K_{iU_{dc}}, K_{iQ}$	T_{i_d}, T_{iq}	K_{pi_d}, K_{pi_q}	K_{ii_d}, K_{ii_q}
	值	0.01	1.00	1.25	0.01	0.20	20.00

异步风机并网系统和直驱风机并网系统中的风机、桨距控制、电机侧变频器、网侧变频器均采用第 2 章所介绍的相关模型，其参数分别参见表 C.2 及表 C.3。

表 C.2　异步风机并网系统动态数据

风机参数	参数	R/m	$\rho/(kg/m^3)$				
	值	4.50	1.225				
桨矩控制	参数	ω_{ref}	$K_{p\omega}$	$K_{i\omega}$	θ_{refmax}	θ_{refmin}	T
	值	1.20	500.00	100.00	70.00	0.00	0.50

表 C.3　直驱风机并网系统动态数据

风机参数	参数	R/m	$\rho/(kg/m^3)$				
	值	4.50	1.225				
桨矩控制	参数	ω_{ref}	$K_{p\omega}$	$K_{i\omega}$	θ_{refmax}	θ_{refmin}	T
	值	1.20	500.00	100.00	70.00	0.00	0.50
电机侧变频器	参数	T_P, T_Q	K_{pP}, K_{pQ}	K_{iP}, K_{iQ}	$K_{pi_{sd}}, K_{pi_{sq}}$	$K_{ii_{sd}}, K_{ii_{sq}}$	
	值	0.01	0.50	2.50	0.30	6.00	
网侧变频器	参数	$T_{U_{dc}}, T_Q$	$K_{pU_{dc}}, K_{pQ}$	$K_{iU_{dc}}, K_{iQ}$	K_{pi_d}, K_{pi_q}	K_{ii_d}, K_{ii_q}	
	值	0.01	1.00	10.00	0.30	6.00	

燃料电池并网系统中的燃料电池堆采用第 2 章所介绍的中期动态模型，并网逆变器采用第 3 章中所介绍的恒功率控制方式，其参数参见表 C.4。

表 C.4　燃料电池并网系统动态数据

燃料电池堆	参数	τ_e /s	τ_{H_2} /s	τ_{H_2O} /s	τ_{O_2} /s	K_{H_2}	K_{H_2O}	K_{O_2}
	值	0.85	26.10	78.30	2.91	0.843	0.281	2.52
	参数	r_{H_O}	K_r	u_{opt}	τ_f /s	u_{max}	u_{min}	F
	值	1.145	0.993×10^{-3}	0.850	5.00	0.90	0.80	96487
	参数	N	E_0	R	T	$R_{con}^{stack}+R_{act}^{stack}+R_{ohm}^{stack}$		
	值	384	1.18	8.314	1273	0.126		
并网逆变器	参数	T_P,T_Q	K_{pP},K_{pQ}	K_{iP},K_{iQ}	T_{i_d},T_{i_q}	K_{pi_d},K_{pi_q}	K_{ii_d},K_{ii_q}	
	值	0.01	0.20	4.00	0.001	0.20	20.00	

蓄电池并网系统中的蓄电池采用第 2 章所介绍的通用模型，并网逆变器采用第 3 章中所介绍的 Droop 控制方式，其参数参见表 C.5。

表 C.5　蓄电池并网系统动态数据

蓄电池	参数	E_0 /V	A /V	B /(Ah^{-1})	K /V	Q_e /C	R /Ω	N_P	N_S
	值	51.2129	4.2998	2.2857	1.3137	315	0.0038	1	15
并网逆变器	参数	K_f	K_U	T_P,T_Q	K_{pP},K_{pQ}	K_{iP},K_{iQ}	T_{i_d},T_{i_q}	K_{pi_d},K_{pi_q}	K_{ii_d},K_{ii_q}
	值	0.8	12	0.01	0.8	40	0.005	0.3	30